옮긴이 지웅배
천문학자.

연세대학교 천문우주학과에서 박사학위를 받고, 은하진화연구센터에서
은하들의 충돌과 진화를 연구했다. 가톨릭대학교, 연세대학교 등에서
천문학을 강의했으며, 현재 세종대학교 대양휴머니티칼리지 자유전공학부
조교수로 재직 중이다.

어린 시절 애니메이션 〈은하철도 999〉를 보고 우주에 매료되었고,
은하 기차 999호의 상냥한 차장처럼 많은 이들에게 우주의 아름다움을 전하고자
과학 커뮤니케이터로도 활동한다. 유튜브 채널 《우주먼지의 현자타임즈》를
운영하고 있다.

저서로『우리는 모두 천문학자로 태어난다』『갈 수 없지만 알 수 있는』
『날마다 우주 한 조각』『하루종일 우주생각』『과학을 보다』(공저, 전 3권) 등이
있고, 역서로『나는 어쩌다 명왕성을 죽였나』『코스믹그래픽』『퀀텀 라이프』
등이 있다.

UFO

UFO
Copyright © 2023 by Garrett M. Graff
Published by arrangement with William Morris Endeavor Entertainment, LLC.
All rights reserved.

Korean Translation Copyright © 2025 by Book21 Publishing Group
Korean edition is published by arrangement with William Morris Endeavor
Entertainment, LLC.
through Imprima Korea Agency.

이 책의 한국어판 저작권은 Imprima Korea Agency를 통해 William Morris Endeavor Entertainment, LLC.와 독점계약한 (주)북이십일에 있습니다.
저작권법에 의해 한국 내에서 보호를 받는 저작물이므로 무단 전재 및 복제를 금합니다.

개릿 M. 그래프 지음
지웅배 옮김

기밀 해제된 진실,
UAP의 과학적 탐구

UFO
The Inside Story of the
US Government's Search for Alien Life
Here—and Out There

arte

일러두기
— 국립국어원의 한글맞춤법과 외래어표기법을 따르되, 일부는 현실발음과 관용을 고려하여 표기했다.
— 책은 겹낫표(『 』), 정기간행물은 겹화살괄호(《 》), 보고서·신문 기사·단편소설 등 짧은 글은 홑낫표(「 」), 영화·TV프로그램·음악 등은 홑화살괄호(〈 〉)로 묶었다.
— 원문에서 이탤릭체로 강조한 부분은 밑줄로 표시했다.
— 각주는 저자의 설명이며, 기호로 표기했다.
— 참고 문헌은 본문에서 언급한 순서에 따라 배열했다. 동일 자료가 반복 인용될 시, 최초 항목에 통합했다.

나의 아들 크리스토퍼에게.
이 세상은 우리가 상상하는 것보다도 넓고 신비롭다.
언제나 미지의 세계에 대한
경이로움을 느끼며 살아가기를 바라며.

차례

프롤로그: 우주 전쟁 9
서론 21

1부. 접시 시대(1947~1960년)

1장. 비행접시 37
2장. 푸파이터스 57
3장. 로켓의 시대 73
4장. 사인프로젝트 89
5장. 고전 104
6장. 그루지프로젝트 120
7장. 대장 루펠트의 귀환 138
8장. 맨텔의 미스터리한 죽음 149
9장. 워싱턴의 회전목마 157
10장. 로버트슨위원회 169
11장. 접시 마니아 180
12장. 프로스트의 비행접시 192
13장. 피접촉자들 200
14장. 맨인블랙 211
15장. 스푸트니크 228
16장. 국회의사당 브리핑 243

2부. 우주 시대(1960~2000년)

17장. 페르미 역설　251
18장. 오즈마 프로젝트　261
19장. 유령 신호　276
20장. 드레이크 방정식　288
21장. 확장된 탐색　301
22장. 소코로 사건　313
23장. 화성 탐사　325
24장. 습지 가스　343
25장. UFO 격차　354
26장. 콘던 보고서　371
27장. 뷰라칸 회의　384
28장. 아레시보 메시지　393
29장. 3종 근접 조우　410
30장. 딕 캐벗 결투　432
31장. 테헤란 사건　436
32장. 와우 신호　447
33장. 적색 상황　461
34장. 코스모스 탐사　474
35장. 외톨이 가설　490
36장. 부두교 전사　496
37장. MJ-12　512
38장. 크롭 서클　518
39장. 벨기에 파동　530
40장. 중단된 여정　533
41장. 외계인과의 섹스　548
42장. 로즈웰 재조사　561
43장. "누가 존 F. 케네디를 죽였는가?"　580
44장. 화성 돌멩이　590
45장. 피닉스 라이트　600

3부. 성간 시대(2000~2023년)

46장. 혜성　613
47장. 스킨워커 목장　624
48장. 스타칩　634
49장. 틱택 사건　645
50장. 생명과학　660
51장. 브레이크스루리슨　671

에필로그: 진실은 저 너머에　683

감사의 말　699
옮긴이의 말: 또 하나의 천체, UFO　711
참고 문헌　717
도판 목록　763
찾아보기　767

프롤로그
우주 전쟁

1939년 10월 30일 일요일. 동부 표준시로 오후 8시가 조금 넘은 시간이었다. 미국의 가정에서 수백만 명이 CBS 라디오 채널을 듣고 있었다. 라디오에서는 뉴욕파크플라자호텔의 머리디언룸에서 라몬 라쿠엘로 오케스트라가 라이브로 연주하는 탱고 음악 〈라 쿰파르시타〉가 흘러나왔다. 그런데 음악이 연주되고 겨우 17초가 지났을 때, 갑자기 방송이 끊기고 누군가의 목소리가 끼어들었다.

"청취자 여러분, 저희는 국제라디오뉴스에서 들어온 속보를 전해 드리기 위해 잠시 음악 프로그램을 중단합니다. 중부 표준시로 오후 7시 40분, 일리노이주 시카고 마운트제닝스천문대에서 근무하는 천문학자 패럴 교수는 화성에서 일정한 간격으로 발생하는 백열 가스의 폭발 섬광을 관측했다고 제보했습니다."

방송은 천문대 분광기 관측 결과에 대해 이야기했다. 이어서 프린스턴대학교천문대 소속이라고 밝힌 천문학자 피어슨 교수가 나와서 다시 한번 패럴 교수의 제보가 정확하다고 재확인해 주었다. 그리고 나서 다시 아무 일 아니라는 듯이 라쿠엘로 오케스트라의 연주가 방송되었다. 그런데 또다시 몇 분 뒤, 또 다른 속보가 이어졌다. "청취자 여러분, 방금 전해 드렸던 속보에 이어서, 또 다른 속보를 전해 드립니다. 정부 기상청은 화성에서 발생하고 있는 추가적인 이상 현상을 지속적으로 모니터링할 수 있도록 전국 천문대에 협조를 요청했다고 밝혔습니다." 이렇게 설명하면서 앵커는 인근 프린스턴대학교천문대와 인터뷰를 하기 위해 연결을 시도하고 있다고 설명했다.

그리고 또다시 오케스트라 음악이 흘러나왔다. 그러나 이윽고, 속보가 업데이트되었다. 방송이 시작되고 나서 겨우 11분 정도 지났을 때, 뉴저지주 프린스턴 근처에 화성에서 날아온 우주선이 착륙했다는 보도가 숨 가쁘게 들려왔다. 이어서 방송에서는 일반인 목격자들과 나눈 인터뷰가 쏟아졌다.

프린스턴대학교의 천문학자는 급하게 11마일을 달려 현장에 도착했다. 기자와 천문학자가 인터뷰를 주고받는 현장에서 내내 그들의 목소리를 뚫고 울리는 사이렌 소리, 웅성거리는 사람들의 소리, 그리고 사람을 통제하느라 경찰이 지시하는 소리가 들렸다. 리포터 칼 필립스는 숨을 헐떡이면서 말했다. "음, 어디서부터 말을 시작해야 할지 모르겠네요. 마치 현대판 아라비안나이트에서 튀어나오기라도 한 장면처럼, 제 눈앞에는 말로 형용할 수 없는 당황스러운 장면이 보입니다. 이걸 여러분께 어떻게 말로 설명해야 할지 난감하네요." 방송에서 필립스는 분명 혼란스러워하고 있었다. 그는 생방송에서 정신을 잃지 않기 위해 애써 노력하고 있었다. "제가 여러분께 말씀드릴 수 있는 건…… 네, 제가 말씀드릴 수 있는 건…… 이것뿐입니다. 제 앞에 있는 무언가가 거대한 구덩이에 반쯤 파묻혀 있습니다. 마치 엄청난 충격으로 땅에 박힌 것 같네요. 그 충격으로 인해 주변은 나무 파편으로 뒤덮였습니다. 제가 봤을 때 이건 평범한 운석처럼 보이지는 않습니다. 적어도 제가 봐 왔던 운석과는 확실히 달라요. 이건 마치 거대한 실린더처럼 생겼어요. 이 물체의 지름은…… 피어슨 교수님은 어떻게 생각하시나요?"

프린스턴의 천문학자 역시 눈앞에서 벌어진 장면을 이해하려고 애쓰고 있었다. "뭐라고요?" 천문학자의 답변을 들은 리포터는 당황하며 되물었다. "뭐라고 하셨나요? 이 물체의 지름이 얼마라고요?"

교수가 대답했다. "30야드 정도는 되는 것 같군요."

즉, 거의 축구장 크기에 맞먹는 실린더라는 뜻이었다. 경찰이 사람들을 뒤로 물러나도록 하는 동안, 필립스는 현장에 있던 농장 주인 윌머스를 인터뷰했다. 그는 함께 걸어가면서 방금 전 이 거대한 물체가 자신의 밭에 추락하던 순간을 설명했다. 필립스는 그 물체에서 나오는 알 수 없는 윙윙거리는 소리가 마이크에 더 잘 잡힐 수 있도록 물체 쪽으로 다가갔다. 피어슨 교수는 이 물체의 정체가 무엇이든, 분명 지구 바깥에서 왔을 거라고 선언했다. 그 순간, 우주선의 윗부분이 열리고 그 안에서 화성인이 등장했다. 가장 먼저 그들의 촉수가 밖으로 튀어나왔다.

"맙소사! 무언가 회색 뱀처럼 꿈틀거리는 게 안에서 나오고 있어요!" 뉴저지주 그로버스 밀의 농장에 있던 필립스가 소리쳤다. "또 하나가 더 나옵니다! 그리고 하나 더 나오고 있어요! 제 눈엔 촉수 같아 보이는데요! 저기, 그들의 몸체가 보입니다. 아주 거대합니다. 덩치는 곰만큼 크고 피부는 물에 젖은 가죽마냥 번들거려요. 그리고 얼굴은…… 아, 여러분, 말로 표현할 수가 없네요. 차마 그들의 얼굴을 계속 바라보고 있기 힘들 정도입니다." 잠시 후, 한 경관이 하얀 깃발을 들고 우주선에 접근하고 있다는 내용이 보도되었다. "저 생명체는 과연 저게 무슨 뜻인지 이해할까요?" 필립스가 경관의 모습을 보면서 의아해하고 있을 때, 화성인들이 갑자기 광선을 쏘아 대기 시작했다. 화성인들은 주변에 있던 모든 사람들을 몰살했다. 그들의 우주선은 화염을 내뿜으면서 순식간에 주변 일대를 쑥대밭으로 만들었다. 그리고 방송이 끊겼고, 오케스트라의 음악이 다시 흘러나왔다. 오후 8시 18분, 또 다른 뉴스가 이어졌다. 보도에 따르면 현장에는 불에 탄 시신들이 있었고, 현장으로 민병대와 군대, 그리고 응급 의료진이 급파 중이었다. 뉴저지주의 주도 트렌턴에서 나온 또 다른 보도에 따르면, 결국 현장에 있던 칼 필립스도 불에 타 사망한 채로 발견되었다. 그의 자리를 대신해서 새로운 앵커가 보도를 이어 갔는데, 그의 말로는 방금 군사작전이 전개되면서 라디오 스튜디오 전체가 주 정부의 관할로 넘어갔다고 했다. 여덟 대대, 총 7000명의 군인들이 뉴저지주에 새롭게 생긴 거대한 구덩이를 에워쌌다. 그리고 그 일대를 쑥대밭으로 만든 외계인들을 생포하고 격리 조치를 하기 위한 작전을 시작했다. 미 육군 통신대 소속 랜싱 대위는 "모든 위협의 원인은 결국 완벽하게 사라지고 말 것이다!"라고 외쳤다. 그는 외계 생명체들이 군의 중화기 공격을 버티지 못할 거라 자신했지만, 곧바로 그의 목소리는 두려움과 경이로움에 휩싸여 떨리기 시작했다. "단단한 금속 같은 게 움직이고 있어……. 실린더에서 방패처럼 생긴 게 위로 올라오고…… 점점 더 올라오고 있어, 다리로 똑바로 선…… 무언가가 금속 구조물 위로 올라간다! 이제 나무 위로 올라갔다! 서치라이트가 우리 비추고 있어! 멈춰!" 그 순간 현장의 신호가 끊겼다. 랜싱 대위의 소식을 아는 사람은 아무도 없었다.

오후 8시 24분을 갓 넘겼을 때, 청취자들은 끔찍한 소식을 듣게 되었다. "중대 발표입니다." 라디오를 통해 목소리가 들렸다. "믿기 어려우시겠지만, 사람들이 눈으로 목격한 사실과 과학적 분석을 바탕으로 판단하건대, 오늘 밤 뉴저지주 농장에 불시착한 그 이상한 존재들은 화성에서 지구를 침략하기 위해 찾아온 침략군의 선봉대일 것으로 추정됩니다."

오후 8시 30분쯤, 뉴저지주에서 미군이 외계인에게 패배했다는 소식이 들렸다. 7000명의 군인들 중 단 120명만 겨우 살아남았다고 설명했다. 통신망은 끊겼다. 이어서 뉴저지주뿐 아니라 버펄로, 시카고, 세인트루이스 등 더 많은 곳에서 외계인의 실린더가 추락하고 있다는 보도가 이어졌다. 사람들은 도시를 탈출하기 시작했고, 계엄령이 선포되었다고 밝혔다. 외계인의 침공은 동시다발적이었다. 나라는 흔들리고 있었다. 라디오 방송을 통해 워싱턴의 내무부 장관은 국가비상사태를 선포했다. "지금 우리 국가가 직면한 심각한 상황을 숨기지 않겠습니다. 현재 우리 정부는 국민 여러분의 생명과 재산을 보호하는 데 있어 큰 우려를 하고 있습니다."

그리고 오후 8시 40분, 이 혼란스러운 방송이 시작되고 나서 40분이 지난 뒤, 다시 모든 게 원래대로 돌아왔다. 라디오에서는 잠깐 방송국의 타이틀 방송이 나왔고, 이어서 더 충격적인 소식이 들렸다. "여러분은 CBS와 오슨 웰스가 제공하는 생방송 머큐리극단과 함께하고 계십니다. 오늘은 H. G. 웰스의 『우주 전쟁』을 각색한 드라마가 방송 중 입니다. 잠시 후 다시 시작됩니다. 이곳은 컬럼비아방송국입니다."

곧 청취자들은 외계인의 침공도, 대규모 전투도, 또 인명 피해도 전혀 사실이 아니었다는 것을 깨달았다. 라몬도 오케스트라도 모두 거짓이었다. 단지 텅 빈 CBS 방송국 스튜디오에서 축음기를 통해 녹음된 노래가 재생되고 있을 뿐이었다. 당시 스태프들이 탱고를 선택한 건 그저 가장 지루한 장르였기 때문이었다. 모든 것이 미국 라디오방송 역사상 가장 드라마틱하게 짜인 하나의 기획이었다.

* *

스물세 살의 패기 넘치는 극작가 오슨 웰스는 대공황의 암담한 시기에도 프랭클린 루스벨트 대통령의 연방극장프로젝트를 통해서 존 하우스먼이라는 이름의 프로듀서와 인연을 맺었고, 그와의 독특한 예술적 협업을 통해 엔터테인먼트산업에서 큰 성공을 거두었다. 1937년 두 사람은 좀 더 혁신적이고 실험적인 제작을 하기 위해 머큐리극단을 열었다. 그리고 얼마 지나지 않아 이들의 노력은 큰 결실을 맺기 시작했다. 머큐리극단은 첫해에 큰 성공을 거두었고, 1938년 7월 11일부터는 라디오 방송을 타기 시작했다. 나중에 하우스먼은 이렇게 회상했다. "우리는 날개를 활짝 편 연방정부라는 독수리 품 아래 미국에서 가장 젊고, 영리하고, 창의적이고, 대담한 제작자였습니다. 우리는 제작자로서 최고의 성공과 명성을 누렸어요. 우리에겐 다른 고리타분한 극장에서나 통하는 뻔한 규칙은 통하지 않았습니다."

1938년 하우스먼과 웰스에게 아주 특별한 기회가 찾아왔다. 일요일 밤 라디오를 통해 기존의 문학작품을 각색한 드라마가 방송될 예정이었고, 이 둘에게 각본을 구성할 수 있는 기회가 주어졌다. 너무 새로운 기획이었기 때문에 아직 방송의 스폰서 기업조차 정해지지 않았다. 웰스는 마침 핼러윈 주간을 맞이해서 아주 대담하고 새로운 시도를 하고 싶어 했다. 그는 당시 상황을 이렇게 회상했다. "정말 실제 위기 상황이 벌어진 것 같은 착각을 일으킬 정도로 실감 나는 방송을 구상했어요. 평범한 라디오드라마가 아니라, 실시간으로 정말 실제 상황이 벌어지고 있는 것처럼 연기를 해야 했죠." 그는 H. G. 웰스의 다소 오래된 고전 SF 소설 『우주 전쟁』을 현대적으로 각색해서 라디오드라마로 다루는 것이 괜찮은 전략이 될 거라고 생각했다. 어떤 작품을 다룰지 결정되자마자, 머큐리극단 팀은 겨우 일주일 만에 잉글랜드에 침공한 화성인들의 이야기를 1인칭 시점에서 다룬 1897년에 쓰인 소설 속 내용을 라디오드라마에 맞게 각색했다. 그리고 그 역할을 맡을 배우까지 준비했다(드라마 속 앵커 역할을 맡았던 배우는 공포에 휩싸이는 듯한 목소리를 연기하기 위해서, 실제로 서른여섯 명이 희생되었던 힌덴부르크 비행선 추락 사고 당시에 녹화된 방송을 참고하기도 했다).

그들의 노력은 끝내 결실을 맺었다. 그날 저녁에는 겨우 열두 명의 배우들이 마이크 뒤에서 스무 명의 캐릭터를 연기를 했지만, 방송은 정말 실제 상황처럼 느껴졌다. 웰스 스스로도 피어슨 교수를 포함한 여러 캐릭터를 맡았고, 인상적인 연기를 선보였다. 한 시간 정도 준비한 쇼가 모두 끝나고 나서, 웰스는 한마디를 남겼다. "청취자 여러분, 잠시 배역을 벗어나 오슨 웰스 인사 드립니다. 『우주 전쟁』이 원래 의도했듯이 오늘 방송은 단지 여러분을 위한 명절 선물, 그 이상 그 이하의 의미도 아니었음을 밝힙니다." 그는 신나는 목소리로 말했다. "숲속에 이불을 뒤집어쓰고 있다가 까꿍! 하고 등장하는 것, 바로 이것이 우리 머큐리극단의 방식입니다."*

하지만 이미 그 시점에서 상황은 심각해져 있었다. 드라마가 방송되고 있던 40분 동안, 실제로 미국의 일부 지역에서는 소요 사태가 벌어졌다. 일부 시민들은 화성에서 날아온 외계인들이 지구에 착륙하고, 주 정부군이 비상 동원령을 발동하고, 사망자와 부상자를 분류하고, 포병대가 현장에 배치되어 포격으로 대응하고, 워싱턴에서 대국민담화를 발표하는 모든 일들이 한 시간도 채 안 되는 사이에 벌어질 수 있다고 정말 믿어 버린 것 같았다. 오후 8시 48분, 결국 AP통신은 "그날 밤 미국 전역의 라디오 청취자들로부터 뉴저지주에 떨어진 유성우가 정말 수많은 사람을 죽였는지에 대해 물어보는 문의가 쇄도했으며, 사태 수습을 위해 전부 스튜디오에서 녹음된 라디오드라마일 뿐이었다는 사실을 밝힌다"라는 내용의 에디터 노트를 발행해야 할 필요성을 느꼈다. 뉴욕주 경찰도 "위협은 없다"라는

---

* 이 소란은 확실히 웰스에게 큰 기회가 되었다. 그의 라디오방송은 마침내 캠벨수프라는 대형 스폰서를 얻었고, 그는 〈시민 케인〉이라는 새로운 작품의 감독을 맡으면서 영화감독으로 데뷔했다.

프롤로그

내용의 텔레타이프 통신문을 돌렸고, 뉴저지주 경찰도 "모든 수신자에게 알림: WABC 방송국이 화성에서 온 외계인으로부터 공격을 받고 있다는 보도는 전부 허위로 드라마 방송 내용임"이라는 전보를 돌렸다.* 이 사건이 있고 나서 며칠 내내 미국 주요 신문의 헤드라인은 핼러윈 연휴 동안 미국 전역이 전국적인 무정부 상태에 빠질 뻔했다고 보도했다. 또 모든 사람이 혼란스러워했다고 보도했다. 전화교환기는 모두 마비되었고, 두려움에 떠는 사람들이 거리로 뛰쳐나왔다고 보도했다. 어떤 사람들은 밖에 독가스가 퍼지고 있다고 생각했고, 젖은 수건으로 얼굴을 가리고 거리를 활보하기도 했다고 보도했다. 《뉴욕타임스》는 해당 방송으로 인해 "미국의 여러 가정이 혼란에 빠졌고, 종교 행사가 중단되었고, 교통정체를 유발했고, 통신시스템을 먹통으로 만드는 등 지대한 영향을 끼쳤다"라고 보도했다.

이 사건이 있고 나서, 웰스는 남은 평생 동안 당시 진행했던 방송이 전부 가짜였다는 사실을 밝히기까지 의도적으로 시간을 끈 게 아니었다고 해명했다. 당시 머큐리극단의 팀원들은 서둘러서 작업을 하고 있었고, 대본의 수정과 편집은 너무 늦

---

* 시간이 흐르면서 당시 벌어졌던 소란에 대한 더 면밀한 연구가 이루어졌다. 학자들은 실제로 얼마나 많은 사람이 혼란스러워했는지, 애초에 정말 대규모 공황 상태가 벌어지기는 했던 것인지에 대해 의문을 갖게 되었다. 조사를 진행한 학자 중 한 사람인 W. 조지프 캠벨은 2010년 연구에서 "당시 보도 대부분은 겉핥기 수준에 불과했다. 세부적인 사항들을 깊이 있게 다룬 것이 아니라 통신사를 통해 들어온 전적으로 일화적인 내용을 대략적으로 보도했을 뿐이다"라고 평가했다. 당시 일부 사람이 실제로 공황 상태에 빠졌는가? 분명 그랬다. 그러나, 수백만 명에 이르는 사람이 전부 그랬을까? 아마도 그렇지는 않았던 것 같다.

게 또는 너무 빠르게 정신없이 진행되었다. 원래 평소라면 생방송으로 라디오드라마가 나오는 중간중간 30분마다 한 번씩 라디오방송사 로고송이 흘러나왔어야 했다. 하지만 너무 정신없게 상황이 흘러가는 바람에 당시 그 누구도 방송국 로고송 소리가 뒤로 밀려서 방송되지 않고 있었다는 사실을 눈치채지 못했다. 결국 〈우주 전쟁〉 드라마가 시작되고 나서 조금 늦게 라디오방송을 듣기 시작한 청취자들은 방송 중간중간 흘러나왔어야 하는 방송국 로고송을 듣지 못했고, 지금 듣고 있는 방송이 각본 짜인 드라마라는 사실을 알려 주는 그 어떤 정보도 얻을 수 없었다. 웰스는 누구라도 당시 상황이었다면 이 중요한 실수를 눈치챌 수 없었을 거라고 변명했다. 결국 청취자들은 라디오에서 나오는 방송이 실제 상황이라고 더 강하게 착각할 수밖에 없는 상황이었다.

훗날 〈우주 전쟁〉 사건의 사례는 미디어가 어떻게 잘못된 정보를 빠르게 퍼뜨릴 수 있는지 그 위험성을 보여 주는 대중문화사의 대표적인 좋지 않은 사례로 손꼽혔다. 더불어, 우리가 외계인의 침공 가능성 앞에서 얼마나 큰 혼란에 빠질 수 있는지, 우리의 취약함을 여실히 보여 주는 전설적인 사례가 되었다. 이 사건에는 다양한 요소가 공존한다. 대중의 혼란, 미디어의 선전선동, 사람들의 맹목적인 믿음, 한 쇼맨의 야욕, 그리고 그 배경에 깔려 있는 정부자금에 대한 이야기까지. 여러 단편적인 사실들과 엉성한 디테일이 복잡하게 맞물려 있다. 이런 다양한 요소들은 앞으로도 수십 년간 이 사건을 다르게 정의하고, 다양한 논쟁을 야기할 것이다.

웰스가 마이크를 끄고 방송을 마친 뒤, 화성인들은 지구에서 더 이상 볼일이 없어졌을지 모르지만, 지구에는 아직도 화성인들과 해결해야 할 일들이 남아 있었다.

서론

UFO(Unidentified Flying Object)가 존재한다는 사실에는 의심의 여지가 없다. 하지만 UFO가 존재한다고 생각하는지 질문하면 대부분의 사람들은 부정적인 태도를 보인다. 민속학자 토머스 불러드는 UFO가 "한편으로는 매우 인기 있으면서 동시에 가장 무시받는" 주제라고 정의했다. 고지식한 사회에서 UFO의 존재를 진지하게 믿는 사람은 사람들로부터 계속 멸시를 받아 왔다. 하지만 동시에 여전히 우리를 매료시키는 매력적인 사회학적 주제다. 실제로 외계생명체가설(Extraterrestrial hypothesis, ETH)이나 행성간생명체기원가설을 뜻하는 용어가 UFO학으로 혼용되는 등 UFO라는 단어의 뜻이 외계인이 타고 온 우주선을 의미하는 줄임말로 자리를 잡아 버리는 바람에 UFO에 대한 인식은 더욱 혼란스러워졌다. 사실 UFO는 말 그대로 "미확인비행물체"를 의미할 뿐이다. 그냥 하늘에 떠 있는 정체를 알 수 없는 무언가라는 뜻이다.

그럼에도 UFO와 외계생명체가설, 외계인 그리고 우주여행이라는 키워드는 수십 년 동안 우리 대중문화를 지배했다. 우주에 대한 우리 이해의 경계를 확장시켰고, 인간의 상상력을 끊임없이 자극했다. 〈스타트렉〉과 〈스타워즈〉에서부터 〈E.T.〉와 〈미지와의 조우〉〈프레데터〉와 〈에이리언〉〈알프〉와 〈엑스파일〉에 이르기까지, 우주여행, 외계인, 초자연적인 현상을 다루는 상징적이고 인기 있는 TV프로그램과 영화가 계속해서 나오고 있다는 사실은 결코 우연이 아니다. 지구 바깥 먼 우주에 또 다른 지적 생명체가 존재하며 그들이 우리를 방문할지도 모른다는 생각은 놀랍고 매력적이다. 역사학자 데이비드 M. 제이컵스는 이렇게 분석했다. "외계 지적 생명체에 대한 주제처럼 아주 쉽게 받아들여지고, 광범위한 영역에서 급속하게 논쟁의 대상이 되고, 또 쉽게 무시받으며, 동시에 굉장히 이해하기 어려운 주제도 드물다." UFO에 관한 논쟁은 계속 꼬리에 꼬리를 문다. 관심이 사람들의 주목을 이끌어 내고, 다시 사람들의 주목이 관심으로 이어진다. 이것은 언젠가 우리 중 누군가 풀 수 있는 수수께끼일 수 있다. 사실 인류가 아는 것과 모르는 것 사이의 경계에 대해서 우리가 이렇다 저렇다 말할 수 있는 건 많지 않다. 나는 우리가 이 수수께끼를 해결할 수 있을 거라고도 생각하지 않는다. 우리는 초끈 이론과 암흑물질에 대해서도 전혀 알지 못하고, 수학적인 능력도 훌륭하지 않다. 우리가 주말에 차고에서 핵융합 발전기를 만들 가능성은 거의 제로에 가깝다. 하지만 우리는 언젠가 창밖으로 밤하늘을 보다가, 텅 빈 고속도로를 달리다가, 우연히 인생을 송두리째 바꿀 만한 단 하나의 밝은 빛을 목격하게 될 수 있다. 이런 이상 현상의 목격담을 이른바 "플랩(flap)"이라고 부른다. 지난 75년간 끊임없이 제보된 "플랩"의 물결은 우주의 광막함을 느낄 수 있게 해 주었고, 우리가 살아가는 이 시공간에 대한 새로운 이해를 정립해 주었다. 그리고 절대 잊을 수 없는 기억을 만들었다.* 이번 책을 집필하기 위한 연구를 하면서 나는 해럴드 윌킨스가 1955년에 쓴 『비행접시 비검열자료』의 낡은 사본을 발견했다. 이 책에는

서론

많은 사람에게 집단적으로 나타났던 이 거대한 수수께끼를 암시하는 감동적인 헌사가 담겨 있었다. "1955년 12월 19일, 나의 사랑하는 아들에게, 1954년 6월 22일 오후 9시 7분 우리가 함께 목격했던 비행접시를 추억하며…… 아빠가." 이 단순해 보이는 문장 안에는 인류 존재에 관한 가장 거대하고 아직 해결되지 않은 질문이 고스란히 녹아들어 있다. 그리고 사람들이 UFO에 관해 물어볼 때 진정 궁금해하는 가장 중요한 질문이 담겨 있다. 그래서 우리는 혼자인가?

* *

"태초에 폭발이 있었다. 지구에서 볼 수 있는 그런 익숙한 폭발과는 달랐다. 어떤 명확한 기폭점을 중심으로 시작해 주변 공기를 조금씩 잠식해 나가는 그런 폭발이 아니라, 모든 곳에서 동시다발적으로 벌어진 폭발이었다. 태초부터 한꺼번에 모든 공간에서 동시에 폭발이 일어났고, 모든 입자들이 빠르게 흩어졌다." 1979년 노벨물리학상을 수상한 스티븐 와인버그는 책에서 이렇게 설명했다. 간단히 말해, 우리는 별 먼지가 되기 전 그 무엇도 아니었다. 와인버그가 그의 책 『최초의 3분』에서 이야기하듯 우주의 시공간은 모두 지금으로부터 약 140억 년 전 빅뱅과 함께 시작되었다. 그 순간 벌어진 태초의 폭발이 모든 공간을 채웠다. 결국 우주는 무한한 공간으로 정의될 수도 있고, 동

* 오늘날 "UFO학"과 이 분야를 연구하고 실천하는 사람을 일컫는 "UFO 연구자"라는 표현은 단순 취미 이상인 동시에, 하나의 독립된 학문 취급을 받지는 못하는 애매한 위치에 있다. 토머스 불러드의 설명에 따르면 "UFO학은 잘 정의된 학문 분야라기보다는 UFO에 대한 신념의 총체에 더 가까운 개념"이라고 볼 수 있다.

시에 구의 표면처럼 다시 원래 자리로 되돌아오는 유한한 세계로도 정의될 수 있다(이에 대해 와인버그는 이렇게 설명한다. "두 가지 가능성이 모두 공존한다고 생각하는 건 이해가 쉽지 않다. 하지만 그것이 우리의 길을 방해하지는 않는다. 태초의 우주가 유한했는지 무한했는지는 사실 크게 중요하지 않다"). 과학자들이 과학적으로 자신 있게 정의할 수 있는 가장 이른 시점은 빅뱅 이후 100분의 1초가 지났을 때다. 이때 우주의 온도는 섭씨 1000억 도에 달했다. 이때 우주에는 그 어떤 은하도, 별도, 행성도 존재하지 않았다. 와인버그는 이 당시 우주를 "이온화된 물질과 빛의 복사가 서로 뒤엉켜 구분되지 않는 수프"와 같은 상태였다고 표현한다. 우주 역사의 첫 3분이 지나면서, 우주의 온도는 빠르게 식었다. 이때 우주의 온도는 10억 도까지 낮아졌다. 이것은 현재 우리 태양 중심 온도의 70배 정도다. 이때부터 비로소 시간이라는 개념이 생겨났고, 그것은 영원히 앞으로 흐르기 시작했다. 이 순간 양성자와 중성자가 함께 탄생했고, 수백만 년에 걸쳐 오늘날 우리가 헬륨과 중수소라고 부르는 원자들의 핵이 만들어졌다. 이들은 우주의 별, 먼지, 그리고 우리의 재료가 되었다.

그 후 약 70만 년이 더 흐르고 나서야 무언가 흥미로운 일이 벌어지기 시작했다.

수십억 년에 걸쳐 세상이 만들어졌다. 바로 우리가 인식하고 분류할 수 있는 존재들, 즉 생명이 창발했다. 천문학자들은 우리 행성의 대기권을 벗어나는 우주공간을 모두 "외우주"라고 정의한다. "태양계"는 태양을 중심으로 그 곁을 도는 천체들을 일컫는다. 우리 태양계는 약 46억 년의 역사를 갖고 있다. 우리 태양은 일반적인 G형 별로, 비공식적으로는 황색 왜성이라고도 부른다. 그 곁에는 수성부터 해왕성까지 여덟 개의 주요한 행성들이 돌고 있다. 한때 행성으로 불렸던 명왕성을 포함해서 오늘날 천문학자들이 일반적으로 인정하는 총 아홉 개의 왜소행성들도 함께 돌고 있다. 그리고 각 행성들 주변에 붙잡혀 있는 650개의 "자연 위성", 그리고 혜성과 소행성을 비롯한 백만 개가 넘는 더 작은 소천체들로 이루어져 있다.

우리 머리 위로 밤하늘을 길게 흐르는 은하수가 있다. 사실 우리 태양계도 이 거대한 우리은하의 한구석에 불과하다. 우리는 회전하는 우리은하 중심으로부터 약 2만 5000광년 거리에 떨어져 있다. 천문학자들은 우리은하가 대략 100억에서 4000억 개의 별로 채워져 있다고 추정한다. 적어도 그에 견줄 만큼 많은 행성이 지름 8만 7400광년에 걸쳐 펼쳐진 우리은하를 함께 채우고 있다. 지구에서 밤하늘을 볼 때는 둥근 접시 모양의 우리은하가 옆에서 보는 것처럼 기다란 단면으로 보인다. 그래서 기다란 은하수를 볼 수 있는 것이다. 페르시아의 천문학자 압드 알라흐만 알수피가 964년에 쓴 『고정된 별들의 책』에서 최초로 우리은하의 모습을 나선 모양으로 표현한 것으로 알려져 있다. 1610년 갈릴레이는 망원경을 통해 하늘에서 뿌옇게 보이던 은하수가 사실 셀 수 없이 많은 어두운 별들로 채워져 있다는 사실을 발견했고, 그로부터 한 세기가 더 지난 뒤 이마누엘 칸트는 우리은하가 수많은 별과 함께 회전하고 있는 거대한 구조라고 생각했다. 이후 200년에 걸쳐 천문학자들은 실제로 우리가 얼마나 거대한 세계에 살고 있었는지 이해하기 시작했다.

이제 우리는 우리은하에서 가장 가까운 이웃 안드로메다은하가 250만 광년 떨어져 있다는 사실을 잘 알고 있다. 이 두 거대한 은하 사이에는 더 작은 왜소 은하들과 위성 은하들이 존재한다. 우리은하와 안드로메다은하에 이어서 세 번째로 가장 큰 삼각형자리 은하가 있다. 이 세 은하를 비롯해 주변의 작은 은하들을 모두 모아 국부은하군이라고 부른다. 그리고 이는 초은하단*으로 분류되는 더 거대한 구조의 일부에 해당한다. 지난 반세기 대부분의 역사 속에서, 우리는 우리은하가 주변에 있는 100여 개 은하들과 함께 "처녀자리 초은하단"을 이루고 있다고 생각해 왔다. 하지만 2014년 하와이 천문학자 R. 브렌트 털리가 이끈 연구 팀은 그 누구도 생각하지 못했던 더 거대한 이웃과 연결되어 있었다는 사실을 발견했다. 우리가 속한 초은하단은 훨씬 광활하다. 서로 다른 네 개의 초은하단이 일제히 중력으로 연결되어, 더 거대한 구조를 이루고 있다. 털리의 발견으로 인해 우리는 우주 지도의 경계를 새롭게 확장시켰다.

우리가 속한 것으로 새롭게 밝혀진 초은하단에는 "라니아케아"라는 이름이 지어졌다. 이것은 하와이어로 "헤아릴 수 없는 천국"을 의미한다. 천문학자들은 520만 광년에 달하는 거대한 공간에 분포하는 10만 개의 은하들조차 "우리 주변 가까이에 있는" 이웃 은하로 정의한다. 이제 라니아케아 초은하단은 더 거대한 10억 광년 규모의 물고기자리-고래자리 복합 초은하단의 일부로 여겨진다. 이 거대한 초은하단 복합체는 60개의

---

* 1959년 천문학자 할로 섀플리는 이 구조에 대해서 "메타 갤럭시"라는 대안 용어를 제안했지만, 학계는 프랑스계 미국인 천문학자 제라르 앙리 드 보쿨뢰르가 제안한 초은하단이라는 용어를 고수했다.

초은하단이 모여 있다. 물고기자리-고래자리 복합초은하단은 현재 우리 우주에 존재하는 가장 거대한 구조로 알려진 "우주 거대 구조의 필라멘트"라고 생각된다. NASA는 전체 구조가 460억 광년에 달하며,* 200억 개나 되는 은하들이 분포한다고 추정한다(이 은하마다 아마도 별을 1억 개 이상 품고 있을 것이다. 가장 큰 은하라면 별을 100조 개까지도 품을 수 있다).

 지구는 유일하고 독보적인 세계처럼 느껴진다. 우리와 같은 지적 생명체가 존재할 가능성은 아주 희박해 보인다. 하지만 우주의 광활한 스케일을 생각해 보면, 아주 희박한 확률일지라도 우주에는 셀 수 없이 많은 생명체가 존재할 가능성이 있다. 가장 최근의 분석에 따르면, 우주에는 생명이 살기 좋은 조건을 갖춘 행성이 1000조 개 넘게 있다고 한다. 물론, 실제로 생명의 탄생까지 이어질 가능성이 높지 않다고 하더라도, 정말 인류가 1000조 분의 1이라는 극악의 확률을 뚫고 탄생한 대단한 존재라고 생각할 수 있을까? SETI 천문학자 세스 쇼스택은 이렇게 말했다. "우주에 또 다른 동반자가 살고 있을 거라는 기대를 할 만한 이유는 계속 늘어나고 있다. 지난 100년간 지구와 유사한 곳이 우주에 아주 많다는 것을 보여 주는 증거들은 느리지만 계속 쏟아지고 있다."

* *

지상 정보 분야에서 활동하는 스파이와 수사관은 항상 비밀과 스파이를 엄격하게 구분하려고 노력한다. 그들은 자신들의 영

---

* 이에 비하면 1985년에 발견된 10억 광년 규모의 페르세우스자리-페가수스자리 필라멘트는 비유적으로 말하자면, 우리 바로 옆 동네라고 볼 수 있다.

역이 주로 대중의 시야에서 의도적으로 감춰진 비밀을 밝혀내는 데 있다고 이야기한다(예를 들면, 중국에서 개발한 최신형 초음속 무기의 능력은 비밀에 해당한다. 반면 이집트인이 어떻게 그 옛날 거대한 피라미드를 지을 수 있었는지는 미스터리에 해당한다). 지난 수년간 대중문화 속 미디어에서 이어진 UFO에 관한 논의들, UFO에 관한 역사, 그리고 정부의 관심 모두, 결국 밝혀낼 수 있는 비밀과 결코 밝혀낼 수 없는 미스터리 사이의 모호한 경계를 정의하기 위해 노력해 온 과정이라고 요약할 수 있다. UFO 현상은 과연 비밀스러운 인간의 기술 또는 지구에 찾아온 외계인들의 기술과 연관되어 있을까? 아니면 우리가 전혀 이해할 수 없는 물리학적, 기상학적, 천문학적인 현상일 뿐일까?*

특히 UFO가 우리를 혼란스럽게 만드는 이유 중 하나는 우리가 여전히 우리를 둘러싼 주변 세계에 대해서 완벽하게 이해하고 있지 못하다는 것이다. 이전에 비해 기상학, 천문학, 천체물리학에서 많은 발견을 했지만 오늘날 알고 있는 지식들이 대부분 얼마나 최근에 밝혀진 것들인지 (또 아직도 진전하고 있다는 것을) 간과해서는 안된다. 시간과 공간, 물리학, 천문학 분야에서 중요한 핵심 발견이 나오기까지 최근 겨우 한두

---

* 이러한 비밀스럽고 미스터리한 요인은, 최근 미국 정부가 미확인비행물체를 의미하던 UFO라는 용어를 미확인 이상 현상을 의미하는 UAP라는 용어로 바꾼 주요 계기가 되었다. 그동안 목격된 UFO들 중에는 미국, 중국, 러시아, 또는 다른 국가에서 비밀리에 개발한 최첨단 항공기가 있을 수 있다. 한편 미국 정부는 오늘날 제보되는 UFO 목격담의 상당 부분은 아직 완벽하게 설명할 수 없는 다양한 물리학적, 기상학적, 천문학적 현상에 의한 것일 가능성을 염두한다.

명이 태어나고 죽는 데 걸리는 시간밖에 걸리지 않았다. 서구의 과학자들은 150년 전까지만 해도 고릴라라는 현존하는 우리와 가장 가까운 친척 종에 대해서 전혀 알지 못했다. 1847년까지 고릴라를 봤다는 목격담은 마치 예티나 유니콘처럼 신화 속 동물을 봤다고 하는 주장과 같은 취급을 받았다. 최초의 "공룡"은 1824년이 되어서야 발견되었고, 심지어 그들이 멸종한 이유가 소행성 충돌 때문이었으며 공룡이 깃털로 덮여 있었을지 모른다는 발견은 내가 살아 있는 동안에 이루어진 발견들이다. 대왕오징어의 존재는 과거 아리스토텔레스 시대와 고대 그리스에 이르기까지, 수천 년 동안 그저 신화로 여겨졌다. 하지만 1861년 프랑스 선박이 실제로 한 마리를 포획하는 데 성공했고, 2004년이 되면서야 비로소 생물학자들은 자연 서식지에서 살고 있는 대왕오징어를 한 마리 목격하게 되었다. 그제야 대왕오징어의 존재는 사실로 받아들여졌다. 고등학교 시절 내게 지질학을 가르쳤던 맥그로 선생님은 오늘날 지구 대륙이 어떻게 움직이는지를 설명하는 판구조론이 자신이 학생이었을 때까지만 해도 증명되지 않은 이론이었다는 사실을 강조해서 언급하곤 했다. 우리는 아직도 달 표면보다 지구의 해저를 더 많이 모른다. 세계에서 가장 영향력 있는 천문학자이자 UFO 연구자이기도 한 J. 앨런 하이넥은 이렇게 말했다. "20세기 과학은 21세기에도 과학이 있을 거라는 사실을 망각하는 경향이 있다. 분명 30세기에도 그 시대의 새로운 과학이 있을 것이다. 미래의 관점으로 본다면 오늘날 우주에 대한 우리의 이해는 전혀 다른 평가를 받을 수 있을 것이다."

**

이번 책은 지난 75년 동안 쌓인 두 가지 이야기를 교차해서 들려주고자 했다. 하나는 지구에서 UFO를 확인하기 위해 군에서 간헐적으로 시도되었던 UFO 사냥에 관한 이야기다. 그리고 다른 하나는 우주에서 외계 지적 생명체를 찾기 위해 노력한 과학자들, 천문학자들, 특히 NASA에서 수행하고 있는 보다 더 진지한 작업에 관한 이야기다. 전통적으로 이 두 가지 이야기는 별개로 여겨졌다. UFO와 관련한 이야기들은 이름 없는 소규모 출판사에서 자비출판한 책들로 추리소설적 음모론 취급을 받았다. 반면 "외계 지적 생명체 탐색(Search for Extraterrestrial Intelligence)"으로 알려진 SETI는 더 공식적이고 학술적인 분야로 인정받았고, 공신력 있는 과학자들의 회고록에서 볼 수 있는 이야기로서 대우를 받고 있다. 하지만 이 두 가지 이야기에 대한 구분은 작위적이다. 이런 태도는 제2차세계대전 이후 사실 두 가지 이야기가 나란하게 평행선을 달려왔다는 사실을 제대로 인식하지 못하게 만든다. 기술이 발전하면서 이제 우리는 조상들이 상상조차 할 수 없던 새로운 방식으로 하늘을 이해할 수 있게 되었다. 사실 따지고 보면 이 두 가지 이야기 모두 전적으로 믿음에 대한 이야기다. 인간은 세포 수준에서조차, 아무리 확률이 희박하더라도 무언가를 바라고 희망하고 싶어 하는 욕망을 갖고 있다. UFO 사냥, 그리고 외계 지적 생명체를 찾는 천문학자들의 이야기, 이 두 이야기는 동전의 양면과 같다. 한쪽에는 믿음, 그리고 다른 한쪽에는 현실, 그 둘 사이의 경계가 아주 복잡하게 얽혀 있다. 저널리스트 조엘 애컨바흐는 이렇게 썼다. "둘 모두 공통점이 있다. 쏟아지는 천문학적 데이터 속에서 진실과 의미를 찾고자 열망하고 있다는 것이다."

앞으로 이어질 책의 내용은 UFO, 외계인과의 접촉, 외계 지적 생명체 탐색에 대한 완결된 해답을 들려주지 않는다. 유명한 "목격담"들 중에는 실제로 언급할 가치도 없어서, 책에 전혀 소개하지 않은 것들도 있다. 또 이 책에 등장하는 많은 사건, 목격, 제보된 조우들에 대해서는 다른 책들에서 더 자세히 다루고 있다. 나는 이번 책을 UFO와 연관된 모든 목격담을 정리하고 그에 대한 명확한 실마리를 정리할 목적으로 집필하지 않았다. 대신, 우리가 동시대에 이 위대한 질문에 대한 답을 찾기 위해서 미국 정부와 군 조직, 그리고 저명한 과학자가 그동안 어떤 노력을 해 왔는지 이야기하는 데 집중했다. 나는 특히 20세기 후반과 21세기 초반 20년 사이에 미국을 비롯해 세계 각 곳에서 제보된 역사적인 UFO 목격담과 외계인 조우 사건을 중점적으로 다뤘다. 또한 해리 트루먼과 지미 카터에 이르기까지, 미국의 현대사에서 빼놓을 수 없는 주요 인물들과 함께, 엔리코 페르미와 칼 세이건과 같은 20세기를 빛낸 가장 훌륭한 지성의 이야기를 담고 있다. 진지한 과학자부터 전형적인 사기꾼에 이르기까지, 국내 최고의 핵물리학자부터 라디오 방송 음모론자 알렉스 존스에게 영감을 주었던 인물에 이르기까지 UFO와 관련된 다양한 인간 군상의 모습을 함께 담고자 노력했다. UFO학 분야에서 악명 높은 실천가로 유명한 제임스 모즐리는 한때 UFO학에 대해 이렇게 설명한 적이 있다. "이 이야기는 인간의 엉뚱한 실패와 욕망으로 얽혀 있는 그물 속에서 매듭을 푸는 게 불가능할 정도로 뒤엉켜 있다. 이 이야기는 언제나 해결할 수 없는 신비로운 사건들투성이다."

모든 진실을 하나로 모을 때 가장 어려웠던 부분은 미국 정부가 자신들이 UFO에 대해서 얼마나 많은 관심을 갖고 있었는지에 대해 전혀 밝히고 있지 않다는 것이다. 그간 이어진 많은 폭로들, 기밀이 해제된 문서들, 그리고 뒤늦게 공개된 보고서들은 분명 수십 년에 걸쳐 정부가 UFO에 대해서 지속적인 관심을 가졌고, 또 은폐가 있었다는 것을 보여 준다. 심지어 지금도 미국 정부는 우리 머리 위 하늘에 무엇이 존재하는지 명확하게 밝히고 있지 않다. 그들은 우리 머리 위에 있는 것들의 존재, 그들에 대한 믿음, 그리고 그들의 작동 원리에 대한 모든 지식을 숨기고 있다. 그렇다고 내가 정부가 숨기고 있는 특급 정보에 접근할 수 있는 특별한 권한을 갖고 있다고 말하는 건 아니다. 단지 미국 정부는 국가안보와의 연관성과 무관하게, 무의미한 정보들까지 일상적으로 숨기고 있을 뿐이다. 무언가 대단한 비밀이 있어서 정보를 숨기는 게 아니라, 그냥 정부는 관성적으로 모든 정보를 폐쇄적으로 운용할 뿐이다. 지금까지 내가 쓴 모든 책들은 수십 년 넘게 국립기록관리청에 갇혀 있을 거라 추정되는 정부의 기밀문서에 맞서는 내용이다. 지금도 미국 정부는, 처음 몇 년 동안은 "미확인 대기(aerial)현상"을 의미하다가 이제는 또 "미확인 이상(anomalous) 현상"을 의미하는 용어로 쓰이는 "UAP"가 러시아나 중국 같은 적국에서 발사한 드론이나 무인기인지 여부를 밝히길 꺼린다. 정부가 정말로 UFO 또는 UAP에 관해 유의미한 정보를 갖고 있어서 그것을 숨기고 있는지는 아직 확실치 않다. 정부가 과연 우주에 대

서론

한 우리의 이해를 완전히 뒤집을 만큼 충격적인 비밀을 확보하고 있는지를 판단하는 건 간단한 문제가 아니다.

미국 정부의 기밀문서, 국가안보와 관련된 문건들, 그리고 군사정보에 대해서 20년 가까이 연구하고 탐사보도를 해 온 사람으로서 이 말을 하고 싶다. 정부와 관련된 음모론 대부분은 미국 정부가 다른 나라 정부는 절대 보여 줄 수 없는 수준의 역량을 갖고 있을 거라는 비현실적 조건을 전제로 한다는 점이다. 물론, 몇 년 심지어 몇십 년 동안 비밀을 유지할 수 있을지도 모른다. 특히 그것이 아주 작은 소규모 그룹에서 벌어진 일이라면 가능할 수도 있다. 하지만 로즈웰 사건, 케네디 대통령 암살 사건, 워터게이트사건, 9·11테러사건과 같은 가장 어두운 사건들 뒤에서 음흉한 음모를 실행할 정도로 정부는 비밀스럽지도, 창의적이지도, 조심스럽지도 않다. 특히 UFO라는 특정 주제에 대해 더 깊게 파고들고 조사하면서, 나는 UFO에 관한 정부의 은폐가 무언가를 알고 있어서라기보다는 오히려 아무것도 모르기 때문에 벌어진 의도치 않은 은폐였다는 사실을 알게 되었다. 정부가 자기들만 알고 있는 비밀을 우리에게 숨기고 말하지 않는 게 아니라, 그들도 아무것도 모르고 있다는 사실을 밝히기 꺼려 하고 있다는 것이다. 이것은 더욱 흥미롭고 매혹적인 사실을 암시한다. 또 아주 당황스럽기도 하다. 저 바깥에는 무엇이 존재하는지, 우리 중 그 누구도 진실을 알지 못한다. SETI 분야의 창시자 중 한 사람인 필립 모리슨은 이렇게 이야기했다. "우리가 우주에서 혼자일까? 이것은 중요하지 않다. 혼자이든 아니든 두 가지 가능성 모두 우리의 마음을 혼란스럽게 만드는 건 똑같기 때문이다."

우주에 또 다른 존재가 있을까? 이 질문에 대한 답은 수학, 물리학, 천문학적으로 봤을 때 아직 미스터리로 남아 있다. 칼 세이건은 우리가 우주에서 정말 혼자인지를 궁금해하며 그 답을 찾기 위해 평생을 바쳤다. 그가 이끌었던 외계 지적 생명체 탐색은 그를 가장 유명한 천문학자로 만들었지만, 동시에 동료 과학자들로부터 비웃음을 받아야 했다. 그에게 "외계 지적 생명체 탐색은 아주 실질적인 의미에서 봤을 때, 우리가 어디에서 왔는가에 대한 답을 찾아가며 인류의 우주론적인 맥락을 찾아가는 여정이었고, 우리의 조상들이 상상했던 것보다 더 광활하고 오래된 우주에서 인류의 미래에 대한 새로운 가능성을 찾는 여정"이었다.

결국 "그들"을 찾는 여정은 사실 우리 스스로를 찾는 여정이다.

1부

접시 시대

(1947~1960년)

1장
비행접시

윌리엄 블랜처드 대령은 잔해를 발견한 순간, 눈앞에 펼쳐진 잔해들이 심상치 않다는 것을 직감했다. 며칠 전 그는 수상한 물체가 추락한 현장에서 수상한 나무조각들과 반짝이는 파편들을 수집했다. 그것은 아무리 봐도 평범한 비행기 부품처럼 보이지 않았다. 파편 조각에는 이해할 수 없는 이상한 기호들이 적혀 있었다. 지구인의 언어가 아니었다. 마치 상형문자처럼 보였다.

이 잔해는 물체가 추락한 곳 주변에 있던 목장 주인 맥 브래즐에 의해 처음 발견되었다. 신고를 받고 출동한 마을 보안관은 처음에 군과 관련된 물체일 거라 추정했다. 그리고 브래즐을 인근의 가장 가까운 공군기지에 보냈고, 그가 목격한 것을 제보하도록 했다. 곧바로 군 정보장교 두 명이 조사를 위해 함께 현장에 방문했다. 브래즐과 제시 마르셀 소령의 기억에 따르면, 당시 현장에 왔던 정보장교는 사복 차림의 남성들이었다. 그들은 현장 곳곳을 돌아다니면서 여기저기 떨어져 있던 "고무줄, 호일, 단단해 보이는 종이, 그리고 막대기"를 수집했다. 그리고 그것을 챙겨서 제509 폭격비행단으로 옮겼다.

미군은 다양한 종류의 항공기를 설계하고 생산한다. 미 육군항공사령부에서 가장 많은 훈장을 받고, 가장 존경받는 파일럿 중 한 명이었던 블랜처드 대령도 이 사실을 잘 알고 있었다. 하지만 그가 현장에서 확인한 파편은 분명 미군 항공기 부품처럼 보이지 않았다. 그가 깊게 몸담고 있던 또 다른 분야인 핵무기와도 딱히 연관이 있어 보이지 않았다.* 당시 기지는 뉴멕시코주의 외딴 지역에 위치하고 있었다. 그래서 이것이 일반 아마추어가 설계한 발명품일 가능성도 낮아 보였다. 어쩌면 어떤 종류의 실험일 수도 있다. 또는 소련제일지도 몰랐다.

그것도 아니라면, 전혀 다른 무언가일 수도 있었다.

"상남자"라는 별명을 갖고 있던 지휘관 블랜처드 대령은 대담하고 결단력 있는 인물이었다. 그는 항상 주변 사람들로부터 한계를 뛰어넘는 재주가 있다는 평가를 받았다(반대로 그를 욕하는 사람들은 그가 "통제 불능"이었다고 이야기한다). 그는 이 특별한 순간에도 특유의 결단력을 발휘했다. 그는 자신이 무엇을 본 건지 아주 잘 알고 있었다.

그는 스스로 질문을 던졌고, 답을 찾았다. 그가 봤던 잔해들은 누가 봐도 사람들이 이야기하는 바로 그것이었다.

그는 공보장교 월터 하우트 중위에게 다음과 같은 내용의 보도 자료를 내도록 했다. "로즈웰에 있는 미 육군항공사령부는 최초로 비행접시를 포획했다."

---

* 미국육군사관학교를 졸업한 블랜처드 대령은 1944년 처음으로 B-29 폭격기를 몰고 중국으로 날아갔고, 일본 본토를 폭격하는 미국의 첫 번째 작전에 참여했다. 1945년에는 히로시마 폭격 당시 폴 티비츠 대령의 예비 파일럿으로 복무했다.

**

이후 맥 브래즐의 발견은 역사상 가장 유명한 발견 중 하나가 되었다. 하지만 제2차세계대전이 끝나고 얼마 지나지 않은 시점이었던 당시에는 미국 하늘에서 정체를 알 수 없는 이상한 물체가 날아다닌다는 제보가 그리 드문 일이 아니었다. 로즈웰 사건이 있기 2주 전에도, 보이시의 사업가 케네스 아널드가 워싱턴주에서 비슷한 현상을 목격했다. 그리고 이것은 오늘날 UFO 현상의 본격적인 시작을 알리는 "플랩"을 촉발시켰다. 본격적으로 수많은 UFO 목격담들이 물밀듯이 쏟아져 들어오기 시작했다.

1947년 6월 24일, 당시 서른두 살이었던 아널드는 4000시간에 달하는 고고도 비행경력을 갖고 있는 숙련된 파일럿이었다. 그는 레이니어산 근처에 추락한 것으로 의심되는 군용수송기를 수색하기 위해 우회 비행을 하고 있었다(당시 추락한 수송기를 발견하는 사람에게 5000달러의 보상금이 걸려 있었고, 그 소식을 듣던 당시 마침 그는 워싱턴주 체할리스와 야키마 사이에서 잠시 짬을 낼 수 있었다). 그는 당시 상황을 이렇게 회상한다. 그는 2인용 콜에어 A-2 프로펠러 비행기를 몰고 주변 지역을 비행하고 있었다. 그런데 갑자기 눈앞에 밝은 빛이 나타났다. 처음에는 다른 비행기에서 나온 불빛 때문에 눈이 부신 거라고 생각했다. 그런데 밝은 빛이 최대 아홉 개까지 나타났고, 5마일 너비에 달하는 하나의 대형을 이루면서 일제히 아주 빠른 속도로 움직이는 게 보였다. "나는 그들이 남긴 그 어떤 흔적도 볼 수 없었다." 아널드는 이렇게 증언했다. "뒤에 비행운도 남기지 않았다. 물체는 날개폭이 최소 100피트는 되는 것처럼 보였다. 나는 그것들이 새로운 종류의 미사일이 아닐까 생각했다." 그는 불빛이 계속해서 "중국 연의 꼬리처럼 움직이고, 엄청나게 빠른 속도로 움직이는 것"을 목격했다. 실시간으로 계기판에 있는 시계를 보면서 그 물체들이 레이니어산과 애덤스산 사이를 날아가는 데 걸린 시간을 측정했다. 그 결과는 놀라웠다. 당시 그가 측정한 결과에 따르면, 물체의 정체가 무엇이었는지는 몰라도 시간당 1200에서 1700마일에 달하는 속도로 움직였다. 이건 당시에 알려진 그 어떤 항공기보다 빠른 속도였다.* 아널드는 약 3분 동안 이 이상한 물체들을 목격했다. 그사이 직접 비행기 창문까지 열어서 앞 유리에 다른 조명이 반사되어 보이는 걸 착각한 건 아닌지 확인하기까지 했다.

야키마에 착륙한 그는 이후 공항에서 만난 친구에게 자신이 경험한 이상한 목격담을 들려주었다. 바로 다음 날, 《이스트 오레고니언》의 기자들은 그의 이야기를 보도했다. 첫 기사에서는 그 물체를 "접시를 닮은 항공기"라고 언급했다. 이후 전국 모든 신문의 헤드라인에 "비행접시"라는 표현이 등장하기 시작했다.†

---

* 당시 그가 목격했던 비행 물체까지의 거리를 어떻게 정확하게 판단할 수 있었는지는 이후 케네스 아널드의 보고에서 가장 논란이 된 주요 쟁점 중 하나였다. 일반적으로 사람 눈으로 인식할 수 있는 최소한의 크기를 감안하면, 물체는 당시 그가 생각했던 것보다 훨씬 가까이 있었을 가능성이 있다. 어쩌면 그는 사실 50피트 정도 길이의 물체가 시속 400마일 정도의 속도로 움직이는 것을 목격했을 가능성도 있다. 그랬다면 그건 지극히 일반적인 비행기 크기의 물체가 평범한 비행 속도로 움직이는 것을 목격한 것에 불과하다.

† "비행접시"라는 개념 자체는 굉장히 새롭고, 예상치 못한 개념이었다. 민속학자 토머스 불러드는 이렇게 설명했다. "SF 소설이나 《파퓰러사이언스》같은 과학 잡지 표지에서 가끔 미래 항공기를 표현할 때 원반 형태가 등장하기

아널드의 기사를 통신사에 보낸 뒤, 기자 두 명이 점심을 먹고 다시 회사에 돌아왔을 때, 그들은 자신들의 조그만 신문사 사무실로 후속기사를 요청하는 문의 전화가 물밀듯 쏟아지는 상황을 마주했다. 불과 몇 시간 만에 그들의 기사는 서쪽 끝에서 동쪽 끝까지 퍼졌다. 더 많은 정보를 취재할 필요성을 느낀 《이스트오레고니언》의 한 기자는 한 번 더 아널드를 인터뷰하기 위해 그가 묵고 있던 호텔로 뛰어갔다. 인터뷰는 두 시간가량 이어졌다. 이어서 또 다른 기자들이 아널드를 찾아왔고, 사건 이후 겨우 이틀이 지난 6월 26일에는 라디오방송에 출연해 자신의 목격담을 이야기했다.

　　그의 목격담은 한낱 꿈 같았고, 반박당하기 아주 쉬운 내용이었다. 하지만 그의 개인 신상에 대한 면밀한 조사가 이어지고 그가 충분히 믿을 만한 사람이라는 사실이 알려지면서, 처음에 아널드를 의심했던 사람들도 결국 그가 진실을 말하고 있다고 확신하게 되었다. 이 사건을 조사하기 위해 육군 정보장교 프랭크 M. 브라운이 배정되었다. 그는 미 육군항공사령부가 보관하고 있던 아주 상세한 정보가 기록된 지도와 파일들을 검토했다. 아널드가 절대 접근할 수 없는 자료들이었다. 그리고 그는 이렇게 결론지었다. "아널드가 그 물체를 목격했다고 주장하는 지역 일대의 항공지도를 검토해 봤다. 그리고 아널드가 진술한 물체의 거리, 속도, 경로 및 크기에 대한 모든 내용이 사실일 가능성이 매우 높다고 결론 내렸다."

　　이어서 브라운은 기밀 보고서에서 다음과 같이 언급했다.

는 했지만, 당시까지 원반 형태의 비행 물체는 대중 매체에서 그다지 큰 인기를 끌지 못했습니다."

"아널드를 인터뷰한 사람에 따르면 그는 분명 그 물체를 목격했다. 만일 아널드가 실제 목격하지 않은 것을 이처럼 자세하게 묘사한 거라면, 그는 지금 하는 일보다는 벽 로저스류의 SF 소설을 쓰는 게 맞을 것이라는 게 인터뷰어의 견해였다."

그가 본 물체의 정체가 무엇이었든, 아널드가 경험한 조우는 곧 미국 역사상 가장 뜨거운 항공기 열풍을 일으켰다. 그해 여름은 비행접시를 찾는 것이 야구를 대체해, 전 국민적인 새로운 취미 생활로 자리매김하는 것처럼 보일 정도였다. 신문들은 연일 하늘에서 이상한 물체를 목격했다고 주장하는 사람들의 이야기를 보도했다. 수많은 군인과 민간 파일럿에 이르기까지 다양한 사람이 이상 현상을 제보했다. 6월 28일, F-51 머스탱을 몰고 네바다주 미드호 근처를 비행하던 파일럿은 오후 3시 15분경 공중에 원형 물체 여섯 개가 떠 있는 것을 목격했다고 제보했다. 그날 밤, 앨라배마주 공군 장교들은 밝은 빛이 상공을 지나다가 날카롭게 90도로 방향을 틀고 다시 남쪽으로 멀리 날아가는 모습을 목격했다고 제보했다. 7월 4일 오전 11시경, 워싱턴주 레드먼드 근처에서는 하늘에서 원반 형태의 비행 물체 네 개가 나란히 날아가는 것을 목격했다는 제보가 들어왔다. 같은 날 오후 1시 5분경, 포틀랜드의 한 경관은 도시 상공에 떠 있는 거대한 원반 다섯 개를 목격했다고 주장했는데, 그의 주장은 곧 비슷한 장면을 목격한 다른 두 명의 경관들과 해안경비대의 증언으로 뒷받침되었다. 시민들의 전화도 빗발쳤다. 시민들은 "알루미늄 아니면 크롬같은 색을 띠고 있었고, 디스크 또는 타이어 휠 캡, 프라이팬 아니면 반달 모양을 하고 있었다. 태양 빛을 받아서 반짝이고 있었고, 비행운도 남기지 않앉다. (윙윙거리는 소리를 제외하고) 소음도 들리지 않았다"라고 묘사했다. 그날 오후, 시애틀 해안경비대 소속의 한 하사관은 하늘에 작은 원형 점 모습을 하고 있는 수상한 물체가 떠 있는 장면을 처음 사진으로 포착했다(이후 진행된 조사에 따르면 사진 속 물체는 기상관측 풍선으로 추정되었다).

처음에 군은 곳곳에서 쏟아져 들어오는 제보들에 대해 어떻게 대응해야 할지 감을 잡지 못했다. 이상한 물체를 목격했다는 제보가 미국 전역에서 들어오는 듯했다. 하지만 세부 정보는 전혀 없었다. 이 물체들이 딱히 적대적으로 보이지도 않았다. 하늘을 떠다니는 이 이상한 존재들은 과연 우리의 친구일까, 적일까? 애초에 그들이 정말 실존하기는 하는 걸까?

군은 이상한 비행 물체들이 우리에게 적대적인지 우호적인지에 대한 답을 찾기 위해 P-61 전투기를 준비시켰고, 수수께끼의 비행 원반의 뒤를 쫓았다. 전투기에는 이상 물체를 마주했을 때 곧바로 사진으로 포착할 수 있도록 망원렌즈가 장착된 카메라가 탑재되었다. 군은 이를 활용해 "카메라 순찰"을 시작했다. 캘리포니아 무록육군비행장을 비롯한 다른 군사기지들도 경계 태세에 들어갔다. 그들은 비행접시가 목격되는 순간 곧바로 추격할 수 있도록 이륙 준비를 마친 P-80 전투기를 활주로에 대기시켰다. P-51 전투기 여덟 대와 A-26 폭격기 세 대가 동원되어 며칠 동안 캐스케이드산맥과 태평양 북서부 상공 일대를 순찰했다. 하지만 텅 빈 하늘 말고는 아무것도 발견할 수 없었다.

군이 아무것도 발견하지 못하고 있는 동안, 계속해서 미국 전역의 수십 개 주에서 목격담이 쏟아졌다. 불과 몇 주 사이에 39개 주에서 이상 현상이 제보되었다. 그중 일부는 별 볼 일 없는 것들도 많이 섞여 있었다. 이를테면 앨라배마주 버밍햄에서는 400명이 넘는 사람이 하늘에서 빛나는 원반을 목격했다고 제보했는데, 수사관들이 곧바로 그것의 정체가 인근 서커스장에서 사용하던 장식용 서치라이트가 주변에 낮게 깔려 있던 구름을 비추면서 생긴 소동이었다는 것을 확인했다. 한편, 7월 4일, 오리건주 포틀랜드에서는 B-29 폭격기와 P-80 전투기가 하늘을 날아가는 장면을 본 시민들이 그것들을 이상한 물체로 오해해서 경찰에 신고하는 해프닝도 있었다. 《로스앤젤레스타임스》는 당시 상황을 이렇게 보도했다. "이제 사람들은 안부 인사를 할 때 가장 먼저 날씨 이야기를 꺼내는 게 아니라, 하늘을 나는 물체에 대한 이야기로 대화를 시작한다." 오리건주의 한 목사는 이 수수께끼의 물체들이 "그리스도의 두 번째 재림을 알리는 선봉대"라는 내용의 설교를 하기도 했다.

결국 군은 무언가 제대로 된 조치를 취할 필요가 있다는 사실을 받아들였다. 그해 7월 4일, 미 육군항공사령부 기술정보 및 연구소 본부가 있는 라이트필드기지는 비행 물체의 목격에 관한 보도 자료를 발표했다. 그들은 비행 물체의 진위 여부에 대해 아직 회의적인 입장이었지만, 공군참모총장의 명령에 따라 비행 물체 목격 건을 공식적으로 조사할 예정이라고 밝혔다. 그러면서 그들은 다음과 같은 문장으로 성명을 마쳤다. "현 상황으로 볼 때, 그것은 어떤 현상이거나 누군가의 상상력으로 만들어진 결과물일 것이라 생각한다."*

---

* 책에서 설명했듯이, 초기 몇 년 동안 비행접시와 관련된 제보들은 전후 빠르게 군 체계가 개편되고 있던 분위기 속에서 이루어졌다. 그래서 책에 등장하

그날 저녁 오후 8시쯤, 보이시에서 오리건주로 비행하고 있던 유나이티드항공 105편의 승무원들은 하늘에서 빠르게 다가오는 빛을 목격했다고 제보했다. 그들은 자신들을 향해 빠른 속도로 접근하는 항공기에 경고하기 위해, 자신들이 타고 있던 더글러스 DC-3 여객기의 착륙등 불빛을 켰다. 하지만 곧바로 그것이 평범한 비행기가 아니라는 사실을 깨달았다. 기장 에밀 스미스와 부기장 랠프 스티븐슨은 네 개에서 아홉 개 사이의 원반을 목격했다. 당시 사건에 관한 보도 내용은 뉴스마다 조금씩 달랐지만, 전반적으로 태평양 북서쪽에서 45마일을 가로질러 순항하고 있던 상업용 프로펠러 비행기에서 약 12분 동안 그들과 함께 같은 속도로 비행하는 이상 물체를 목격했다는 내용이었다. 기장 스미스는 당시 목격했던 물체에 대해 이렇게 묘사했다. "아랫부분은 매끄러웠고 윗부분은 좀 더 거친 느낌이었어요." 하지만 어두운 저녁에 목격했기 때문에, "타원 모양인지 접시 모양인지" 정확하게 형태를 특정할 수는 없었다.*

이런 일이 있은 후 7월 8일, 로즈웰 사건이 벌어진 것이다. 블랜처드 대령은 발견된 비행접시 파편들이 제509 폭격비행단으로 옮겨졌다고 발표했고, 그의 발표 내용은 곧 지역신문을

는 몇몇 지명과 부대 명칭은 매 시기마다 조금씩 달라졌다. 책에서는 독자의 혼란을 막기 위해, 일부 지명과 부대 명칭을 하나로 통일해서 사용했다. 예를 들어 라이트필드기지는 1945년, 1947년, 1948년 세 번에 걸쳐 이름이 변경되었고 지금은 라이트패터슨공군기지로 바뀌었다.

* 유나이티드항공의 파일럿을 인터뷰하고 조사한 육군 정보장교는 "공개적으로 이런 유형의 제보를 한다는 것은 다른 사람들로부터 조롱받을 위험을 무릅쓰고, 정말 자신이 비행접시를 목격했다는 강한 확신을 갖고 있음을 뜻한다"라고 결론 내렸다.

도배했다. 《로즈웰데일리레코드》는 「오스트레일리아왕립공군, 로즈웰 지역 목장에서 비행접시 포획」이라는 기사를 실었다. 그 아래에는 "신원 미상의 목장주가 자신의 목장에서 미지의 원반을 발견했다. 그는 보안관 조지 윌콕스에게 그 사실을 알렸고, 로즈웰 인근 목장에서 미지의 물체가 수거되었다"라고 보도했다. 이어서 제시 마르셀 소령이 수거한 우주선을 조사했으며, 그것을 "상급 부대"로 옮겼지만, 아직까지 비행접시의 자세한 구조나 외관에 대한 그 어떤 세부 사항도 공개되고 있지 않다고 전했다.

한편 기사는 "도시에서 가장 존경받고 신뢰할 수 있는 시민 중 한 명"이라고 소개하면서 댄 윌못과 그 부인의 말을 인용했다. 기사에 따르면 그들은 지난 수요일인 7월 2일 현관에 앉아 있던 중, "빛나는 거대한 물체"가 머리 위를 빠르게 지나가는 것을 목격했다. 윌못 부부는 이렇게 설명했다. "그건 타원 모양이었습니다. 마치 오래된 그릇을 포갠 것처럼 거꾸로 뒤집힌 접시 두 개가 겹쳐 있는 듯 보였어요." 윌못은 이렇게 설명했다. "그 물체의 내부 전체에서 바깥으로 빛이 새어 나오고 있는 것처럼 보였습니다. 그냥 단순히 내부가 밝게 빛난다거나 아랫부분에서 빛이 나고 있다던가 하는 게 아니었어요."

현지 시간 오후 2시 30분경, 블랜처드 대령의 발표가 AP통신을 통해 전달되었고, 이어서 전국 각지, 심지어 전 세계 기자들에게도 소식이 전해졌다. 그리고 세계 곳곳에서 로즈웰로 발길이 이어졌고 문의 전화가 빗발쳤다. 런던 소재의 《데일리메일》은 보안관인 윌콕스의 사무실에까지 전화를 걸었다.

이 혼란스러운 상황 속에서 《샌프란시스코이그재미너》는

블랜처드 대령의 상관이었던 텍사스주 포트워스 제8공군 소속 사령관 로저 레이미 준장에게 연락을 취했다. 이곳은 비행접시의 잔해가 옮겨진 곳이었다. 인터뷰에서 레이미는 비행접시의 잔해가 지구에 알려지지 않은 미지의 물질로 이루어져 있다는 주장을 빠르게 반박했다. 그리고 기지에 있는 전문가들이 로즈웰에서 수거한 잔해를 면밀하게 분석한 결과, 그것은 미지의 존재가 보낸 우주선이 아니라 그냥 하찮은 기상관측 풍선에 불과하다고 주장했다. 뉴멕시코주 시간으로 오후 5시 30분경, AP통신은 새롭게 업데이트된 기사를 내보냈다. "로즈웰의 유명한 '비행접시'는 오늘 오후 포트워스 육군비행장 소속 기상장교의 조사를 통해 평범한 기상관측 풍선으로 확인되었고, 소란은 시시하게 마무리되었다." 이후 군은 로즈웰에서 아무런 일도 벌어지지 않았다는 주장을 거듭해서 강조했다. 특히 그날 밤 레이미가 직접 NBC 포트워스 지역방송에 출연하면서 군의 주장은 절정에 이르렀다. 방송에서 장교는 현장에서 발견된 추락 잔해들이 "지극히 평범한 장치"였고, 조사 결과 "알루미늄 호일로 덮인 상자와 고무로 된 풍선의 잔해"였다고 설명했다.

국민들의 관심은 빠르게 다른 곳으로 옮겨 갔다. 로즈웰에 착륙한 것의 정체가 무엇이었든 결국 사람들의 미스터리를 시원하게 풀지 못했다. 그리고 로즈웰 사건을 덮어 버릴 만큼 충격적인 또 다른 목격담들은 너무나 많았다. 바로 인근 애리조나주에서 사건이 벌어졌다. 《애리조나리퍼블릭》은 7월 9일자 신문 첫 페이지에서 뉴멕시코주 로즈웰에서 벌어진 "가짜" 접시 사건에 대해 작게 보도했다. 그리고 더 큰 특종으로서 다른 기삿거리가 첫 페이지 대부분을 차지하고 있었다. 기사에는 지역 주민 윌리엄 로즈가 촬영한 두 장의 흐릿한 사진이 실려 있었는데, 그중 하나에 흐릿한 비행접시가 찍혀 있었다. 로즈는 비행접시들이 남쪽으로 비행하다가 집 근처 고도 1000피트에서 급하게 방향을 틀더니 빠르게 서쪽 하늘로 날아서 사라졌다고 말했다.

항공 분야 전문가들은 로즈의 사진에 찍힌 물체가 당시 미국에 알려져 있던 그 어떤 비행 물체와도 일치하지 않는다는 데 동의했다. 군에서 "플라잉 팬케이크"라는 별명으로 불리던 비슷한 접시 모양의 비행기, 보우트 V-173이 있기는 했지만 이 기체는 실제 생산에 들어간 적이 없었고, 제2차세계대전이 벌어지는 동안 진행된 실험 비행에서 코네티컷주 바깥으로 벗어난 적도 없었다. 실제로 1947년 3월, 해군은 결국 이 항공기가 전투에 필요한 속도를 달성할 수 없다는 이유로 공식적으로 개발을 포기했다.* 그렇다면 대체 로즈의 사진에 찍힌 건 무엇일까? 이 물음에 적절한 답을 할 수 없게 되자 군은 당혹스러워졌다. 1947년 여름은 미군이 공식 석상에서 자신들의 당혹스러움을 감추고 싶어 한 마지막 순간이 되었다.

* *

비행접시에 대한 전 국민적 관심은 이제 미국 정부와 군뿐 아니라, 항공기에 대한 일반인들의 인식까지 바꿔 버렸다. 몇 년밖

---

* 이후로 많은 시간이 흘렀고, 기밀이 해제된 다양한 항공기 관련 기록에 더 광범위하게 접근할 수 있게 되었지만, 1940년대 후반 미국 정부가 비행접시의 움직임, 속도 또는 형태를 모방할 수 있는 수준의 항공기를 보유하고 있었음을 입증하는 증거는 없다.

에 안 되는 짧은 전쟁을 치르면서, 비행기와 항공기는 이제 더 이상 단순한 호기심의 대상이 아니게 되었다. 전투를 하는 도구로 역할이 바뀌었다. 결국 이해할 수 없는 비행 물체들의 새로운 등장과 이에 대한 국민과 정부의 관심은 더 커다란 안보 위협에 대한 우려로 이어질 수밖에 없었다.

1945년, 제2차세계대전을 겪으면서 미국은 경제적으로나 군사적으로 적국과 동맹국을 통틀어 그 어느 국가보다 강력하고 유리한 위치에 서게 되었다. 전통적인 유럽의 강호들은 전쟁과 기근으로 황폐해졌고, 이제 국제 안보의 운명은 미국의 비호 아래 놓이게 되었다. 미국은 이제 막 자신들에게 주어진 새롭고 중차대한 임무를 맡을 준비를 하고 있었다. 1946년과 1947년 유럽 전역에서 새로운 갈등의 그림자가 드리우면서, 실권 국가로서 미국의 필요성은 더욱 분명해지고 있었다.

1946년, 외교관 조지 케넌은 공산주의 소비에트연방 세력의 확장을 막는 "봉쇄" 정책을 촉구했다. 그는 이 정책이 전쟁으로 폐허가 되어 버린 국가와 그 정부가 잿더미에서 벗어날 수 있으리라 믿었다. 1947년 3월, 해리 S. 트루먼 대통령은 당시 새로운 공산주의 정권이 들어서려던 그리스와 튀르키예에 미국의 지원을 약속하면서 이렇게 선언했다. "소수의 무장단체나 외부의 압력으로부터 민족의 자유를 지키고 그들을 돕는 것이 미국의 정책이다."* 그해 4월에는 정치인 버나드 바루크가 계속해서 냉랭해지는 소비에트연방과 서방세계 사이의 갈등을

---

* 1950년대에 등장한 이른바 트루먼 독트린은 "도미노 이론"으로 이어졌고, 이는 미국이 한국전쟁과 베트남전쟁에 개입하게 만드는 주요한 요인으로 작용했다.

묘사하면서 "냉전"이라는 단어를 처음 사용했다. 그리고 6월 초, 케네스 아널드의 운명적인 목격이 있기 딱 3주 전, 국무장관 조지 마셜은 하버드대학교 봄 졸업식 연설에서 유럽을 재건하고 보호할 것이라는 내용의 대담한 계획을 발표했다.

이 모든 문제에 대처하기 위해 이제 군은 전시가 아닌 평시에도 자신들의 역할과 기능을 새롭게 바꿀 필요가 있었다. 전통적으로 미국은 전쟁이 벌어지지 않을 때는 상비군을 거의 유지하지 않았다. 지난 75년간 존재했던 미국의 육군과 해군은 사실 세계적인 수준의 전투력을 갖추고 있지도 않았다. 제1차 세계대전이 시작될 무렵, 미국은 세계에서 가장 큰 경제 규모를 자랑했지만, 군 규모는 포르투갈보다도 뒤인 열일곱 번째 수준에 머물렀다(이에 한 군사학자는 당시 미군을 "노쇠하고 술에 찌든 침체된" 군대라고 평가하기도 했다). 하지만 이제 전 세계 모든 육지와 바다, 하늘에서 싸워야 했던 전 지구적인 전쟁을 경험한 이후, 기존의 나태함과 낙후된 모습은 허락되지 않았다.

다행히 트루먼은 나중에 "군산복합체"라고 불리게 될 새로운 군 체제 개념에 대해서 독특한 관점을 갖고 있었다. 그는 상원의원으로서 광범위한 전쟁 비용 지출을 감시했고, 방산 비리를 색출하고, 낭비되는 국방예산이 없는지를 관리감독하는 위원회를 이끌었다. 그리고 오랜 세월 동안 해군부와 전쟁부로 나뉘어 각자 다른 장관의 지휘 아래 있던 군 체계가 점차 비대해지는 걸 지켜봤다. 제2차세계대전이 시작될 무렵, 미군은 여기에 또 다른 세 번째 준자치 군사 부서인 미 육군항공사령부를 창설하면서 혼란을 가중시켰다. 1944년《콜리어스위클리》

에 트루먼은 「우리의 군대는 반드시 하나로 통합되어야 한다」라는 사설을 실었다. 그는 이미 늦었지만 지금이라도 오랫동안 따로 놀았던 육군과 해군 체계를 하나로 통합해야 한다고 주장했다. 그의 주장은 이랬다. "현재 우리 군 체계는 엉망진창이다. 이건 우리를 재앙으로 인도하는 초대장을 공개적으로 뿌리는 꼴이다. 우리를 방어하고 적을 공격하는 모든 힘은 [반드시] 하나의 텐트, 하나의 권위, 하나의 책임 있는 명령체계 아래에서 굴러가야 한다." 결국 그는 대통령이 되고 나서 전쟁부, 국가안보부, 국방부로 불리던 부서들을 하나로 통합했고, 자신의 주장을 실행에 옮겼다. 이를 통해 그는 기존에 두 가지로 구분되어 있던 군 체계를 하나로 묶었고, 동시에 이와는 독립된 별도의 공군 체계를 새롭게 만들려고 했다.

　드와이트 아이젠하워 장군도 이와 같은 군 체계 개편에 동의했다. 제2차세계대전은 공군력의 중요성을 입증했고, 핵무기의 등장은 전쟁이 비행기 하나로 종식될 수도 있다는 사실을 보여 주었다. 동시에 미래의 전쟁은 더 짧은 시간 안에 끝날 수도 있다는 불안감을 안겼다. 이것은 미국이 더 많은 상비군을 유지해야 한다는 것을 뜻했다. 이제 다음 전쟁에서는 제1차와 제2차세계대전 발발 초기 1~2년처럼 무기 생산량을 갑작스럽게 늘릴 수 있을 만큼 시간적인 여유가 없을 거라는 뜻이었다. 미 공군의 공식적인 역사는 이렇게 언급한다. "재래식무기와 핵무기 모두 공군력에 의해 좌우되는 새로운 전쟁의 시대가 도래했다. 전시가 아닌 평시에도 새로운 군사 기구를 통해 현역 병력을 유지해서 갈등을 억제할 수 있어야 한다."

　1947년 여름 내내 신문은 비행접시 목격담으로 가득했다.

결국 워싱턴에 모인 상원의원들은 이 모든 상황에 대처하고 다가올 냉전에 대비하기 위한 군사 기구를 설립했다. 그리고 이후 1947년 국가보안법으로 불리게 되는 혁신적인 법안의 입법을 논의했다. 이 법안은 육군과 해군을 하나의 단일 부서로 통합하고, 국가안보위원회, 합동참모본부, 그리고 최초의 평시 정보기관인 중앙정보국과 같은 기관을 창설할 수 있도록 했다. 한편 이 법안은 미 공군을 완벽하게 독립된 별개의 군 체계로 만들었고, 공군을 포함한 세 가지 군 체계를 한꺼번에 감독하는 국방 장관이라는 새로운 직책을 만들었다. 그해 7월, 법안은 상원을 통과했다. 이것은 핵무기 시대의 "평화"가 미국이 과거에 경험했던 것과는 완벽히 다른 종류의 평화일 것임을 의회가 공식적으로 선언하는 사건이었다. 해리 트루먼은 로즈웰 추락 사고가 있고 18일 만에 "미국의 미래 안보를 위한 포괄적인 프로그램"을 약속하는 법안에 서명했다.*

* *

지정학적인 불확실성과 기술의 진보 속에서, 전 국민적인 불안감을 진정시키는 것은 가장 중요한 과제였다. 그래서 군 지도자들은 비행접시에 대한 그 어떤 이야기도 인정하지 않았다. 제2차세계대전 당시 공군의 전설적 리더였고, 이제는 공군의 연구 프로그램을 이끌고 있던 커티스 르메이 소령은 기자들에

---

* 맨 처음에 이 새 조직은 국가군사기구(National Military Establishment)라는 이름으로 발족했고, 많은 사람이 그 약칭인 NME를 적을 의미하는 "에너미"로 발음했다. 그러나 이 이름은 이 조직이 추구하는 목표와 충돌하는 것처럼 보였기 때문에, 결국 1949년에 국방부라는 이름으로 변경되었다. 그사이 2년의 공백은 이후로 수십 년 동안 UFO학 분야에서 아주 중요하게 여겨진다.

게 이렇게 말했다. "그 사람들이 무엇을 목격했든, 그건 미 육군항공사령부의 실험과는 아무 관련도 없다. 내가 보기에 그 사람들이 봤다고 하는 건 별 게 아니다. 그저 호들갑을 떠는 사람들이 안타까울 뿐이다." 또 다른 군 대변인은 우스꽝스러운 주장을 하기도 했는데, "그 비행접시라는 건 납작하고 매끄럽게 깎인 거대한 우박"일 수 있다고 주장했다. 7월 초, 워싱턴 미 해군천문대 관계자들은 비행접시를 단순 천문 현상이라고 보기는 어렵다고 발표했고, 원자력에너지위원회 데이비드 릴리엔솔 위원장은 사람들이 목격한 비행 물체는 핵무기 프로젝트와 아무런 연관이 없다고 밝혔다. 그러면서 자신도 그 물체의 정체가 대체 무엇인지 알고 싶다는 개인적인 한마디를 덧붙였다. 오하이오주 라이트필드기지에서 미 육군항공사령부의 대변인은 사람들을 안심시키기 위해 이런 발언을 하기도 했다. "만약 어떤 외국 세력이 미국 상공으로 비행접시를 날려 보내고 있는 거라면, 그것을 먼저 알아채고 조치를 취하는 게 우리 임무이다." 하지만 그의 발언은 오히려 사람들을 더 불안하게 만들었다.

이러한 불협화음은 논란에 더욱 불을 지폈고, 새로운 질문과 논란이 이어졌다. <u>정말로 미국은 소련에서 만든 비밀 우주무기에 의해 감시를 당하고 있는 걸까?</u>

무록육군비행장은 가장 비밀스러운 군 시설 중 하나다.*
외딴 곳에 위치한 30만 에이커 면적의 이 비행장은 외부 감시를 받지 않고 아무런 방해 없이 실험용 비행기를 개발하고 연

---

* 이곳은 1950년에 에드워즈공군기지로 이름이 바뀌었다.

구할 수 있는 최적의 조건을 갖추고 있다. 그리고 이곳에서 실험용 비행기를 테스트하면서 엘리트 파일럿을 양성할 수 있었다. 사막 근처 로저스드라이호에는 목재와 닭장용 와이어로 만든 일본 중순양함의 실물 크기 복제품이 까만 타르가 칠해진 종이로 덮여 있었다. 이 모형은 "무록 마루"라는 별명으로 불렸다. 제2차세계대전이 벌어지는 동안 파일럿들은 이 선박 모형을 대상으로 모의 공격 훈련을 실시했다.

7월 8일, 오전 9시 30분경, 기지 밖으로 막 나온 조지프 매켄리 중위는 다른 동료 파일럿들과 함께 전국 각지에서 쏟아지는 비행접시 관련 보도를 두고 열띤 토론을 나누고 있었다. "누군가 진짜 비행접시가 찍힌 사진을 하나라도 들고 와서 보여주기 전까지 나는 믿을 수 없어." 이렇게 말하면서 그는 자신의 사무실로 들어갔다. 바로 그때 그는 우연히 본 하늘에서 "구형 또는 원반 형태"의 물체를 목격했다. 그의 추정에 따르면 당시 그가 목격한 물체는 고도 8000피트 상공에서 시속 300마일 정도의 속도로 움직였다. 옆에 있던 병장 두 명과 행정보급관 한 명도 같은 장면을 목격했다. 맨 처음에 보였던 두 물체가 시야에서 사라졌고, 얼마 뒤 이번에는 비슷한 모습을 한 또 다른 은색 구체 또는 원반 형태를 한 물체가 등장했다. 훗날 그는 정보 장교에게 제출한 진술서에서 이렇게 진술했다. "내가 본 물체는 내가 알고 있는 그 어떤 항공기로도 재현할 수 없는 너무나 예리한 각도로 원을 그리며 움직였다."

매켄리 중위의 목격이 있고 나서 불과 30분이 지난 오전 10시경, J. C. 와이즈라는 이름의 테스트 파일럿은 XP-84 선더제트의 프로토타입 기체 엔진을 예열하면서 대기하는 동안, 멀리 서쪽 상공을 지나가는 무언가를 목격했다. 처음에는 평범한 기상관측 풍선이라고 생각했다. 그런데 자세히 보니 놀랍게도 그 물체는 바람이 부는 방향의 반대 방향으로 움직이는 것처럼 보였다. 와이즈 소령은 이렇게 증언했다. "그 물체는 노란빛이 도는 흰색이었고, 크기는 약 5에서 10피트 정도 되는 구체였습니다." 옆에 같이 있던 다른 장교들과 파일럿들도 서쪽을 향해 날아가는 비슷한 세 물체를 목격했다고 제보했다.

그날 정오 무렵, 로저스드라이호 근처에서도 또 다른 목격이 있었다. 호수 근처에서 비상 탈출용 좌석의 분리 테스트를 진행하기 위해 대기하고 있던 관측 팀은 하늘 위에서 거세게 부는 바람의 반대 방향으로 움직이는 알루미늄 색상의 둥근 물체를 발견했다. 관측 팀의 보고서는 다음과 같이 전했다. "그 물체가 낮은 고도까지 내려왔을 때, 옆모습의 윤곽을 뚜렷하게 볼 수 있었다. 윤곽은 선명한 타원 형태였다. 윗부분 표면에는 두꺼운 지느러미, 혹은 노브처럼 보이는 돌기 두 개가 튀어나와 있었다. 연기, 불꽃, 프로펠러, 엔진 소음은 들리지 않았고, 또 그럴듯하게 보이는 추진 수단도 전혀 보이지 않았다"(목격자 중 한 사람인 존 폴 스텝 대위는 진술서에서 방어적으로 이렇게 언급했다. "내가 본 건 단순한 착각이나 환각에 의한 것이 아니었습니다").

이날의 사건은 무록육군비행장 남쪽에 있던 또 다른 P-51 파일럿이 자신보다 훨씬 높은 고도에서 비행하고 있는 "빛을 반사하는 평평한 물체"를 목격하면서 마무리되었다. 그는 수상한 물체를 추격하려고 했지만, 그 정체가 무엇이었든 그가 조종하는 비행기로는 그 물체만큼 높은 고도까지 올라갈 수 없었다.

비행접시의 등장은 그 정체가 무엇인지와는 무관하게, 그들의 가장 비밀스러운 기지에 세간의 관심이 쏠리게 된다는 점에서 공군을 당황스럽게 만들었다. 이에 펜타곤은 크게 우려했다. 미디어에 퍼진 루머 중에는 "비행접시"가 소련에서 비밀리에 개발한 새로운 초음속 원자력 추진 비행기라는 소문이 있었다. 심지어 소련의 외무장관은 《뉴욕타임스》와의 인터뷰에서 그해 여름 미국에서 "접시 대소동"을 일으키는 데 자국이 일조했다는 허풍을 떨기까지 했다. 그는 이렇게 농담했다. "어쩌면 올림픽 출전을 위해 훈련하고 있는 우리 소련의 원반던지기 선수들이 그만 힘을 주체하지 못한 바람에 미국까지 날아간 게 아닐까요?" 하지만 군은 점점 비행접시의 존재가 단순한 농담거리에 지나지 않을 수 있다고 생각하기 시작했다.

그들의 정체가 무엇이든, 일단 그 물체들은 우리에게 해를 끼치려는 의도를 갖고 있는 것처럼 보이지는 않았다. 그렇다고 또 특별하게 우호적인 의도를 갖고 있는 것처럼 보이지도 않았다. 그렇다면 대체 미국 전역에 등장한 이 이상한 물체들의 정체는 무엇이란 말인가?

결론적으로 그건 중요하지 않다. 진짜 중요한 건, 이 사건으로 인해 국가 단위의 새로운 강박, 바로 정부의 새로운 골칫거리가 등장했다는 점이다. 비로소 접시에 집착하는 시대가 시작된 것이다.

2장
푸파이터스

1947년 여름은 비행접시 열풍이 일었다. 하지만 사람들의 목격담보다 더 중구난방이었던 것은 군의 대응이었을 것이다. 전국 각지 군사기지에서는 각자 성명을 발표했고, 자체적으로 정보 요원을 현장에 파견해 조사를 진행했다. 하지만 더 공식적이고 큰 규모에서 이루어진 국가 차원의 반응은 전혀 찾아볼 수 없었다. 당시 하늘에서 벌어지는 이상한 현상들을 연구하고 대응할 수 있는 공식적인 기구나 접근방식에 대한 논의가 전혀 없었다. 그 이유는 이런 현상이 드물기 때문이 아니었다. 오히려 드물지 않기 때문이었다. 인간은 이미 지난 수천 년간 하늘에서 이상한 현상을 목격하고 제보해 왔다. 어떤 사람들은 성경 속 에스겔이 천국을 꿈꾸는 장면에서 등장하는 "바퀴 속의 바퀴"가 비행접시를 묘사한 것이라고 주장하기도 했다.* 이미 정부의 당국자들은 몇 세기에 걸쳐 하늘에서 이상한 것을 봤다고

---

* 구약성경 에스겔 1장 4절에서 8절은 다음과 같이 언급한다. "내가 보니 북쪽에서부터 폭풍과 큰 구름이 오는데 그속에서 불이 번쩍번쩍하여 빛이 그 사방에 비치며 그 불 가운데 단 쇠 같은 것이 나타나 보이고, 그속에서 네 생물의 형상이 나타나는데 그들의 모양이 이러하니 그들에게 사람의 형상이 있더라. 그들에게 각각 네 얼굴과 네 날개가 있고, 그들의 다리는 곧은 다리요. 그들의 발바닥은 송아지 발바닥 같고 광낸 구리같이 빛나며, 그 사방 날개 밑에는 각각 사람의 손이 있더라."

주장하는 사람들의 비행 물체 광풍을 경험해 왔다. 그러니 이번에도 그저 그런 소동일 거라 생각했던 것이다.

1896년 11월에서 1897년 4월 사이 약 6개월 동안 상당한 소동이 있었다. 이 기간 동안 미국 일간지에는 캘리포니아 상공을 지나 저 멀리 동쪽에 있는 웨스트버지니아를 향해서 시속 5마일에서 150마일에 이르는 엄청난 속도로 날아가는 신비한 비행 물체에 대한 목격담이 가득했다(후자의 추정치는 아이오와주의 한 철도 기관사가 기차를 타고 그 물체를 따라잡으며 추정한 수치다). 일리노이주의 한 보고서에 따르면 밭에서 일하던 한 목격자는 이 물체를 이렇게 묘사했다. "비행 물체가 근처에 착륙했어요……. 그 안에서 여섯 명이 내렸고, 몇 분 정도 대화를 나누다가 다시 비행 물체를 타고 저 위로 멀어졌어요."

정확히 동시에, 또 거의 비슷한 시점에 여러 장소에서 비슷한 현상이 목격되었고, 이는 미국 대륙을 가로질러 비행하는 수상한 비행 물체의 함대가 존재할지 모른다는 의심을 불러일으켰다. 어쩌면 단 한 대가 미국 전역을 쏜살같이 가로질러 돌아다니고 있을 가능성도 있었다. 목격자들의 진술이 담긴 보고서에 따르면 사람마다 세부적인 묘사는 조금씩 달랐지만, 전반적으로 밤에 흰색 또는 붉은색으로 밝게 빛나는 물체를 목격했다는 공통적인 묘사가 있었다. 낮에 목격된 경우, 그 모습은 아래쪽에 작은 바구니나 차량 같은 게 매달린 채 프로펠러 같은 추진체로 움직이는 소형 비행선과 같은 모습이었는데, 이 세상 물건이 아닌 것처럼 보였다. 마치 우주선이라기보다는 하늘을 나는 공중 요트와 같은 모습이었다. 1897년 4월 10일 《디트로이트프리프레스》는 이렇게 보도했다. "이상한 비행 물체가 아이오와주, 웨스트리버티와 시더래피즈 사이 선로를 따라 그 지역에 있던 모든 기관사들과 역무원들에게 목격되었다. 그들은 모두 같은 상황을 목격했다고 제보했다." 같은 날 《시카고트리뷴》은 이렇게 보도했다. "어제 저녁 8시 30분경, 태평양 연안을 출발한 비행선이 긴 비행을 마치고 시카고에 도착하는 장면이 목격된 것일 수 있다. 또는 밤하늘에서 밝게 빛나는 오리온자리의 알파별이 평소보다 더 유난히 밝게 빛났던 것 같다."

이 사건에 대해 또다시 다양한 가설들이 튀어나왔다. 누군가는 당대의 하워드 휴즈나 토니 스타크와 같은 신비로운 발명가가 무언가 비밀스러운 비행기를 만든 것일지도 모른다고 추정했고, 쥘 베른과 H. G. 웰스의 SF 소설에서 영감을 받은 또 다른 부류는 그 비행 물체가 화성에서 날아왔을지 모른다고 주장하기도 했다.* 아주 광범위하게 진행된 서면 보고와 구두 보고에도 불구하고, 비행 물체의 존재를 입증하는 사진이나 기록 영상, 잔해와 같이 확실한 증거는 확보할 수 없었다. 사람들에게 착각을 일으킬 만한 별다른 기술도 확인되지 않았고, 추측만 무성해졌다. 1890년대 후반 당시의 발명가들은 비행기의 실현을 앞두고 있었다. 당시 유럽의 발명가들은 실제로 사람이 직접 타서 조종할 수 있는 경식 비행선을 개발하고 테스트 중이었다. 1897년 5월에는 미국의 아서 버나드 교수가 내슈빌에서 개최된 테네시센테니얼박람회에서 자전거 페달로 구동되는

---

* 텍사스주 유밸디에서 한 보안관에 의해 목격된 건을 포함해서, 4월 19일에서 30일 사이에 텍사스주 일대에서 이상한 물체가 여러 번 목격되었다. 그 안에 타고 있던 한 누군가가 자신을 "윌슨"이라고 소개했다는 이야기가 퍼지기도 했다.

비행선을 타고 이륙했다가 멤피스 방향으로 12마일을 날아갔다는 기록도 있다. 하지만 그 당시 사람들이 하늘에서 목격했던 비행 물체의 특징은 당시뿐 아니라 현재까지도 그 어떤 발명품과도 일치하지 않는다.

그해 여름이 지나면서 목격담은 서서히 줄어들었다. 그리고 비행 물체에 관한 이야기가 신문에서 조금씩 사라지기 시작했다. 신문들은 당시 사건 전체가 사기였을지도 모른다고 생각했다. 또는 끔찍할 정도로 지루했던 한 통신사 기자가 친 장난이 걷잡을 수 없을 정도로 커진 게 아닐까 하고 결론지었다.

하지만 이게 끝이 아니었다. 별다른 뚜렷한 이유 없이 신비로운 현상이 벌어졌다가 사라지는 건 이제 시작이었다.

* *

1944년 말과 1945년, 몇 주 그리고 몇 달 동안 미국의 전투기와 폭격기는 유럽 상공에서 정체를 알 수 없는 이상한 비행 물체들을 마주했다. 일반적으로 이 물체들은 날개 끝이나 후미가 공처럼 둥글게 빛나는 모습으로 묘사되었다. 그리고 불가능해 보이는 방식으로 재빨리 기동했다. 크리스마스 즈음, 제415야간전투비행편대 소속 파일럿과 전파 감시병은 독일과 국경을 맞대고 있는 프랑스 동부에서 새벽 비행을 하던 중 무언가가 그들을 향해 다가오는 것을 목격했다. 그들은 고도 1만 피트 상공에서 비행하고 있었다. 당황한 파일럿은 이렇게 보고했다. "땅에서부터 우리를 향해 빠르게 솟아오르는 두 개의 불빛을 봤다. 우리와 비슷한 고도에 도달하자, 물체는 방향을 틀어서 수평하게 움직였고 우리 꼬리 쪽으로 달라붙었다. 거대한 주황색 불빛이 보였고, 그것은 2분 정도 우리와 함께 나란히 움직이다가 곧바로 다시 완벽하게 다른 쪽으로 방향을 틀어서 하늘 멀리 사라졌다."

지상으로 복귀한 일부 파일럿들은 자신들이 이상한 불빛을 목격한 이유가 그날 식당 밥이 별로였기 때문이었을 거라고 치부했다. 그리고 단순히 반복된 전투로 인해 누적된 피로, 긴장, 스트레스 때문일 거라 생각했다. 하지만 점점 더 많은 사람이 하늘에 떠 있는 둥근 불빛을 목격하기 시작했고, 결국 이 물체는 〈스모키스토버〉만화에 등장하는 아무 의미 없는 단어들을 조합해서 "푸파이터스"라는 이름으로 불리게 되었다.

정보장교들과 군 관계자들은 당황할 수밖에 없었다. 이건 대체 무엇일까? 새로운 종류의 조명탄일까? 로켓일까? 아니면 어떤 마법을 부리면서 움직이는 적군의 비행기일까? 제트기일까? 그 어떤 방식으로도 설명할 수 없었다. 이 수수께끼의 물체를 향해 사격을 가하는 것엔 딱히 효과가 없어 보였다. 회피기동 역시 쓸모가 없었다. 이 미지의 불빛은 어디를 가든 계속 따라왔다. 전투기와 폭격기에 직접적인 위협을 가할 것처럼 보이지는 않았지만, 파일럿들은 충분히 혼란스러워했고 이를 불길하게 생각했다. 한 파일럿은 심각한 불안감을 호소했고, 어떤 전파 감시병은 목격 후 24시간이 지났음에도 과호흡 증세를 보이기까지 했다. 더욱 이상한 점이 있었다. 태평양전쟁에서 전투에 참여하고 있던 미군 파일럿과 승무원들에게서도 이와 비슷한 목격을 했다는 제보가 적지 않게 들어오고 있다는 점이었다.

1945년 1월 1일, 이 미스터리한 사건이 미국 일간지에 처음으로 소개되었다. 곧바로 과학자들은 사람들이 목격한 것이 성

엘모의 불이라고 불리는 현상일 것이라고 추측했다. 이것은 폭풍이 치는 날씨에 교회 첨탑, 배의 돛대 또는 높은 기둥 주변에서 밝은 플라즈마 섬광이 발생하는 현상을 말한다. 하지만 파일럿들은 과학자들의 이러한 설명에 대해, 자신들도 성 엘모의 불 현상에 대해 잘 알고 있다며 화를 냈다. 그리고 자신들이 목격한 건 분명 그런 자연현상이 아니라고 반박했다. 이 사건에 대해 여전히 의문을 갖고 있던 기자들도 과학자들의 설명을 납득하지 않았다. 기자들은 자신들이 취재한 파일럿과 승무원이 충분히 믿을 만한 사람이라고 생각했다. 그들 중 일부는 유럽 상공에서 가장 뛰어난 에이스 파일럿이었다.

결국, 전쟁이 끝나면서 유럽 상공에서 목격된 푸파이터에 대한 제보도 점차 사라졌다. 일부 사람들은 그 정체가 독일에서 만든 비밀 무기였을지 모른다고 의심했다. 하지만 전쟁이 끝나고 연합군 과학자, 엔지니어, 군인이 해방된 독일의 공장, 비행장, 사무실을 뒤져 봤지만 하늘에서 벌어진 이상 현상을 설명할 수 있는 그 무엇도 발견할 수 없었다. 결국 군은 사건 전체를 "대규모 환각"으로 처리하며 공식 기록에서 삭제했다. 이러한 군의 설명은 정부 관료들을 안심시켰다. 하지만 바로 그다음 해 시가, 로켓 그리고 유성처럼 보이는 다양한 비행 물체가 스웨덴 상공에 등장하면서 상황이 달라졌다. 1946년 7월 9일, 대낮 하늘에 유성 같은 밝은 빛이 나타났다. 스웨덴 정부는 사건을 조사하기 위해 특별위원회를 소집했다. 이 사건은 미군과 정보 당국을 당황시켰다. 그 이유는 이상 현상이 목격된 지역이 소련 접경 지역이었기 때문이다. 미국 정부는 소련에서 비밀리에 로켓 무기 시스템을 시험한 것일지도 모른다고 생각했다. 어쩌면 소련의 과학자가 나치 독일 엔지니어의 도움을 받아 V-1 또는 V-2 로켓의 최신 버전을 개발하고 있던 것일지 모른다. 스웨덴에서 벌어진 "유령 로켓" 사건은 맨해튼계획 이후 미국에 만연해 있던 핵무기 개발에 대한 두려움을 더욱 촉발시켰다.*

그해 8월 《뉴욕타임스》는 "수수께끼의 미사일"이 국가를 "거의 폭발 직전"에 다다르게 만들었다고 보도했다. 그리고 군이 이 정체를 알 수 없는 발사체를 정말 제대로 추적할 수 있을지조차 확실치 않은 고급 레이더 장치를 개발해야 하는 상황에 내몰리고 있다고 보도했다. 8월 20일, 미국은 비밀리에 두 명의 비행 전사 출신 거물을 스톡홀름에 파견했다. 한 사람은 제2차 세계대전 초기에 항공모함을 활용해 도쿄를 향한 대규모 공습 작전을 이끌었던 제임스 둘리틀 전 장군이었다. 또 다른 한 명은 아이젠하워와 함께 런던 부대에서 복무했고, 그 뒤로 라디오코퍼레이션오브아메리카의 회장이 된 데이비드 사르노프였다. 둘리틀은 전후 새롭게 맡은 셸 오일 부사장 자격으로 스웨덴을 방문했고, 사르노프는 유럽 라디오 시장조사를 위한 출장이 표면적인 이유였지만, 두 사람은 비밀리에 스톡홀름에서 스웨덴 국방 관료들과 자리를 함께했다. 이후 둘리틀은 평생 동안 이 회의의 존재와 회의 내용에 대해 언급하지 않았다. 당시 회의가 끝나자마자, 중앙정보그룹(CIG)의 국장인 호이트 S.

---

* 전쟁이 끝나 갈 무렵 발트해 연안의 페네뮌데육군연구소 시험장에서 발사된 V-2 로켓은 지구 대기권과 우주의 경계를 의미하는 카르만 선이라고 알려진 해발고도 100킬로미터를 돌파하면서, 인류가 만든 물체 중 처음으로 우주에 진입한 물체가 되었다.

반덴버그 중장은 트루먼 대통령에게 수상한 비행 물체가 목격된 독일 해안 지역은 과거 소련의 영토였으나 지금은 독일의 일부가 되었으며, 이곳에서 비밀리에 로켓 발사 실험이 진행되었을 가능성이 있다고 보고했다. 그는 이렇게 전했다. "증거의 대부분이 미사일의 출처가 페네뮌데일 것이라고 가리키고 있다. 소련의 일차적 목표는 과학 실험일 것이다. 중앙정보그룹은 소련에게 정치적인 목적도 있을 거라고 보지만 그건 이차적 목표일 것으로 추정된다." 하지만 당시 하늘을 가로질러 날아간 물체의 정체가 무엇이었든, 그에 관한 정확한 증거나 구체적인 단서는 지금까지 공개된 적이 없다.

결국 1946년 10월 10일, 스웨덴 국방부 참모는 일부 예외를 제외하고 사람들이 제보한 목격담 대부분은 유성 같은 일반적 천문 현상이었다고 공개적으로 발표했다. "목격담은 대체로 불분명하다. 따라서 아주 조심스럽고 신중하게 접근해야 한다. 하지만 개중에는, 일반적인 자연현상이나 스웨덴의 항공기, 또는 목격자의 상상이라고 치부할 수 없는, 오해의 여지가 없는 확실한 목격들도 존재한다. 음파, 레이더 및 기타 관측 장비로 물체를 인식했지만, 물체의 성질에 대해서는 전혀 파악하지 못한 경우들이 있다."* 공식 조사는 끝내 12월 종료되었다. 정부

---

* 수치로 보면, 스웨덴에서 발생한 목격 사례의 약 80퍼센트는 실제로 유성이나 다른 오해로 인해 벌어진 것으로 빠르게 확인되었다. 하지만 여전히 20퍼센트는 미스터리로 남아 있다. 이런 목격 사례들이 실제 소련에서 진행한 로켓 발사 실험일 수 있다는 가능성을 염려하기 시작한 스웨덴 정부가 공식 보고 문건의 내용을 검열하기 시작하면서, 이 수치도 정확하지 않게 되었다. 그사이 소련 정부는 이런 목격 사례들이 자신들과는 아무런 관련이 없다고 부인했다.

의 최종 공식 보고서는 이렇게 선언했다. "로켓 발사 실험이 진행되었다는 실체적인 증거는 존재하지 않는다."

결국 1890년대에 벌어진 비행선, 푸파이터, 그리고 유령 로켓, 이 세 가지 에피소드는 모두 설명할 수 없는 미스터리로 남았다.* 딱히 적대적으로 보이는 징후도 없었고, 이 신비로운 물체들이 고도로 발전된 기술로 우리를 공격하려고 한다는 증거도 없었다. 푸파이터와 유령 로켓에 대한 목격담이 떠돌던 당시, 사실 그 누구도 이 물체들이 외계인이 타고 온 우주선일 거라고 생각하지 않았다. 그러나 1947년 여름에 벌어진 비행접시 파동을 지나면서, 정부는 새로운 난제와 맞닥뜨리게 되었다. 소련과 접하고 있는 해안 지역에서 소련의 비밀 로켓 발사 실험이 있었을지 모른다는 두려움과 아예 정체를 알 수 없는 누군가 또는 무언가가 미국 상공을 가로질러 비행하고 있을지 모른다는 두려움은 완전히 차원이 다른 문제였다. 과연 그들은 적대적일까? 아니면 모두 환각을 본 것일까? 어쩌면 교활한 공산주의자들이 우리를 선동하고 있는 건 아닐까?

* *

1947년 여름이 되면서, 전국 각지에서 온갖 목격담이 쏟아지기 시작했다. 뷰트! 필라델피아! 버밍엄! 롱비치! 버몬트! 곳곳에서 목격담이 쌓이면서, 언론의 관심도 다른 곳으로 옮겨 갔다. 처음 몇 주 동안은 신문과 잡지가 모든 목격담을 열광적으로

---

* 이 사건은 보통 "스웨덴 유령 로켓"이라는 이름으로 알려져 있지만, 비슷한 시기에 스웨덴뿐 아니라, 그리스, 포르투갈, 벨기에를 비롯한 다른 유럽 국가들에서도 "유령 로켓" 목격 사례가 발생했다.

실었다. 계속해서 주요 기사로 다루었고, 미 전역과 전 세계에서 물밀듯 들어오는 목격담을 보도했다. 한 해에만 다 합해서 850건에 달하는 이상 현상이 제보되었다. 그해 8월, 갤럽은 미국 성인의 약 90퍼센트가 비행접시에 대해 들어 봤다는 통계를 발표하기도 했다.

몇 주가 더 지나면서, 언론의 태도가 급변했다. 처음에는 케네스 아널드의 UFO 목격담을 시작으로 전국, 전 세계에서 들어오는 다양한 목격담을 숨 가쁘게 보도하던 언론들은 이제 훨씬 절제된 어조로 소식을 다루었다(심지어 조롱하는 기사들도 있었다). 결국 추락한 비행접시의 증거는 발견되지 않았고, 윌리엄 로즈가 촬영했던 불사조 느낌의 흐릿한 사진보다 더 선명한 인증 사진도 등장하지 않았다.* 한 신문사는 비행접시가 존재한다는 확실한 증거를 제시하는 사람에게 3000달러의 현상금까지 걸었는데, 이것은 사기꾼들이 더 많은 거짓 신고를 하도록 빌미를 주어서 "실제" 목격담과 거짓 목격담을 더욱 구분하기 어렵게 만들어 버렸다. 아주 정교하게 짜인 사기 사건 중 하나로 두 남성이 워싱턴주 퓨젯사운드 모리섬에서 비행접시를 봤다고 주장한 사건이 있다. 그들의 거짓 신고를 받고 추

---

* 남아프리카, 이란, 호주, 멕시코, 영국에 이르는 세계 각지에서 목격담이 쏟아졌다. 언론은 이제 국제적인 현상이 되어 버린 이 상황을 조롱했다. 한 통신사 보도에서는 "중국 난징에서 향수병에 시달리는 미국인들 몇몇이 오늘 중국 하늘에서 '비행접시'를 찾을 수 있는 방법을 발견했다. 새벽이 오기 직전, 황주 열한 잔을 내리 원샷 때린 뒤 곧바로 미국산 버번 위스키를 한 잔 더 마신다. 그다음 무릎을 꿇고 샌프란시스코 방향으로 세 번 절을 하면 된다. 그러면 그날 새벽 하늘에 비행접시가 등장한다. 어떤 건 녹색, 어떤 건 노란색인데 대부분 보라색이다"라고 비아냥거렸다.

가 분석을 위해 잔해를 수거하러 파견된 B-25 비행기가 돌아오던 중에 추락해서 정보장교 두 명이 목숨을 잃는 비극이 벌어지기도 했다.* UFO 역사학자 제이컵스는 당시 상황을 이렇게 요약했다. "7월 말이 되면서, 신문기자들은 하늘에서 이상한 물체를 목격했다고 주장하는 사람들을 자연스럽게 괴짜 카테고리로 분류하기 시작했다." 《라이프》 매거진은 이런 주장들을 네스호에서 괴물을 봤다고 이야기하는 사람들의 주장과 비슷하게 취급했다.

아널드는 자신이 목격한 비행 물체에 대한 미국 정부의 무능한 대처에 점점 실망을 느꼈다. 그는 그해 여름 오하이오주 데이턴에 있는 라이트필드기지의 한 책임자에게 이런 내용의 편지를 보냈다. "저는 분명 그 물체들이 우리 정부와 어떤 연관이 있을 거라고 생각합니다. 그 비행 물체에 대한 설득력이 있는 설명을 제공받을 수 없다는 사실이 참으로 실망스럽습니다. 그 물체들은 우리에게 해를 입히려는 의도는 없었을지 모르지만, 만약 우리의 핵무기와 결합해서 파괴 수단으로 사용된다면 우리 행성과 생명을 모두 사라지게 할 정도로 끔찍한 영향을 끼칠 수 있습니다." 아널드는 유나이티드항공 소속 파일럿 스미스와 스티븐슨을 직접 만나 서로의 목격담을 대조해 봤다고 설명했다. "[우리는] 크기, 모양, 형태가 동일한 유형의 비행 물체를 목격했다는 사실을 확인했습니다. 우리는 이것을 절대 가볍게 여기지 않습니다. 우리도 당신들만큼 국가안보에 관심이

---

* 프랭크 브라운 중위는 이 사고로 사망한 장교 중 한 명이다. 그는 6월에 있었던 케네스 아널드의 첫 목격 사건 당시 함께 대응에 나서기도 했다. 브라운의 죽음은 이후 수많은 음모론을 만드는 빌미가 되었다.

많은 사람들입니다. 이건 우리에게 아주 심각한 문제란 말입니다."*

하지만 비행기의 공동 발명가이자 비행 물체 목격담이 몰려드는 군사 비행장에 이름을 제공한 장본인인 오빌 라이트조차 비행접시 소동은 터무니없다고 말했다. "이건 외국 세력이 미국을 위협하는 음모를 꾸미고 있다고 사람들을 선동해서, 사람들을 동요시키고 전쟁에 열광하도록 만드려는 수작일 뿐이다." 그의 말대로 이 모든 게 누군가의 선전선동이었다면, 그건 분명 정부에 중요한 문제였다.

목격담이 줄어들 기미를 보이지 않자, 공군은 결국 FBI 국장 J. 에드거 후버를 호출했다. 무록육군비행장에서 다수의 비행접시 목격이 있고서 이틀이 지난 뒤, 한 FBI 간부는 미 육군 항공사령부 정보요구처장인 조지 F. 슐겐 준장을 만났다. 그들은 비행접시에 관해, 그리고 군 체계 개편으로 새로 출범하게 되는 군에서 이 문제를 어떻게 대응할지 논의했다. "항공대는 비행접시가 정말 사실인지 진위 여부를 파악하고, 만약 사실이라면 그 정체에 대한 모든 정보를 밝히기 위해 최선의 노력을 기울여야 한다는 태도를 취하고 있다." 한 FBI 간부는 내부 문건에 이렇게 메모했다. 또한 공군은 군 소속 과학자들이 "비행

---

* 케네스 아널드가 이 모든 목격 사건의 중심에 서게 되면서 그는 혹독한 대가를 치러야 했다. 그의 사업은 기울었고, 그가 실제로 무엇을 본 건지 명확한 검증이나 증거가 없는 채로 시간이 흐르면서 그는 사람들에게서 조롱을 받았다. 이후 그는 자신이 목격한 것을 이야기한 걸 후회한다고 털어놓았고, 다시는 같은 실수를 반복하지 않을 거라 다짐했다. 그는 이렇게 말했다. "만일 10층짜리 건물이 통째로 하늘에서 추락하는 장면을 보게 되더라도, 절대 단 한마디도 하지 않을 겁니다."

물체가 단순 천문 현상일 가능성이 있는지…… [또는] 기계적으로 설계되어 누군가에 의해 제어되고 작동되는 외국산 기체일 가능성이 있는지"를 확인하기 위해 면밀한 조사를 하고 있다고 설명했다. 문건의 메모는 "최초로 제보된 목격담은 소련제 비밀 무기에 대한 막연한 공포심을 불러일으키기 위한 공산주의자들의 짓일 수도 있다"라고 덧붙였다. 슐겐이 설명했듯이, 군은 가능한 모든 가능성을 열어 두고 추적하고 있었다. 그는 비행접시를 목격했다고 강력하게 주장하는 한 파일럿을 개인적으로 만나 심문하기도 했다. 하지만 해군과 전쟁부에서는 비행 물체와 관련되어 보이는 그 어떤 연구 프로젝트도 없었다. 그는 비행 물체에 관한 사람들의 목격담을 추적해서 그 원인을 파헤칠 수 있도록 모든 자원을 제공해 줄 것을 FBI에 요청했다.

  그의 요청은 논쟁을 촉발시켰다. 일부 사람들은 하늘에서 벌어진 이상 현상이 FBI의 관할이 아니라고 주장했다. 하지만 또 다른 사람들은 FBI의 목표가 애초에 국가를 향한 공격에서 국가를 보호하는 것인 만큼 이상 현상을 조사하는 것도 FBI의 책임이라고 주장했다. 부국장 대니얼 밀턴 D. M. 래드는 너무 나 많은 목격담이 결국 "장난"으로 밝혀졌기에, FBI가 이 문제를 완벽하게 무시하는 게 좋겠다고 의견을 내놓았다.* 반면 국장 J. 에드거 후버와 가장 가까웠던 부국장 클라이드 톨슨은 FBI가 직접 이 문제에 관여해야 한다고 생각했고, 결국 후버는

---

* 그해 7월 래드의 책상에 올라온 보고서 중에는 메릴랜드주 로럴에서 발생한 "비행접시" 사건에 대한 내용이 있었다. 보고서에 따르면, 경찰은 사건 직후 해당 물체가 걸프 오일사의 로고 표지판과 쓰레기통 뚜껑으로 만들어진 가짜 물체라는 것을 확인했다. 실제로 당시 조사관들이 현장에 방문했을 때 아직 페인트도 마르지 않은 상태였다.

톨슨의 의견에 동의했다. 그러고는 다음과 같은 혼란스러우면서도 흥미로운 내용의 손글씨 메모를 남겼다. "다만 동의 이전에, 우선 수거한 비행 물체에 대한 모든 접근 권한을 FBI가 확보해야 한다. 예를 들어 La. 케이스의 경우 군은 그들이 수거한 비행 물체에 대해서 아주 피상적인 조사만 허락했다."*

늘 그렇듯 국장의 말은 곧 법이었다. FBI는 곧바로 전국 각 지부에 공문을 보냈다. 그리고 "비행접시" 목격담을 조사하도록 했다. 그에 대한 회신으로, 수십 건에 달하는 목격담과 뉴스 스크랩이 본부에 쏟아졌다. 1947년 8월 중순, FBI와 군은 힘을 합쳐 매일 새롭게 쌓이는 제보들을 분류했다. 그중 일부는 다른 제보에 비해 좀 더 신뢰할 만한 것들도 있었다. 그들은 목격담을 처음 신고한 신고자의 이름순으로 정리했고, 신고자의 뒷배경도 조사했다. 그들이 혹시 공산주의자나 위험인물은 아닌지, 혹은 단순한 사기꾼인지를 조사했다.

곧 수사관들 사이에서 조심스럽게 새로운 질문이 피어오르기 시작했다. <u>만약 이 모든 목격담의 진짜 원인이 우리 정부에 있는 거라면</u>? 어느 시점에서 FBI 수사관들은 이 가능성을 열어 두고 조사를 이어 갔다. 그리고 그들은 공군정보사의 한 중령과 은밀하게 접촉을 시도했다. 수사관들은 만약 비행접시 소동이 미국 정부에서 비롯된 것으로 밝혀지면 그건 국가와 FBI

---

* 메모에서 언급된 La. 케이스란 7월 7일 루이지애나주 슈리브포트에서의 목격 건을 뜻하는 것으로 보인다. 이 사건에서는 16인치 크기의 알루미늄 "잔해"가 수거되었는데, 거기서 "메이드 인 USA"라는 글씨가 발견되면서 사기라는 게 밝혀졌다. 이 사건에 대해 뉴올리언스주 지부에서 FBI 본부에 올린 "매우 긴급"한 보고 내용에 따르면, FBI가 현장에 도착했을 때는 이미 박스데일공군기지 소속 정보 요원들이 잔해를 수거한 상태였다.

모두에게 부끄러운 일이 될 것이라고 중령에게 경고했다.* 이어서 계급이 더 높은 자들을 대상으로도 조사가 진행되었지만, 군 지휘관들에게는 이 목격담을 설명할 수 있는 능력이 없다는 사실이 분명해졌다. 결국 공군정보사의 책임자는 르메이 장군이 목격한 물체가 미국 정부에서 만든 게 아니라는 데 동의한다는 메모를 남겼다.

9월 초, FBI 샌프란시스코 지부의 책임자는 FBI의 노력이 단순히 "재떨이 덮개, 변기 뚜껑으로 밝혀진 수많은 사례들을 추적해야 하는 공군의 임무를 덜어 주는 시도"에 불과하다고 일축한 국방부 내부 문건 하나를 공개했고, 이 문건은 후버를 비롯한 FBI 지도부를 분노하게 만들었다. 래드 부국장이 지적했듯이, FBI는 누군가의 하수인이 아니었다. FBI는 "그간 제보된 목격담이 국가를 전복시키려 하는 개인과 연루되어 있다는 그 어떤 증거도 밝혀내지 못했지만" 그저 선의와 호의를 가지고 공군과 조사를 함께한 것이다. 하지만 이 군 내부 문건으로 인해 FBI는 적대감을 가지게 되었고, "이와 관련된 모든 활동을 중단"할 수밖에 없었다. 그렇게 진실을 찾고자 노력했던 최초의 협력은 별다른 진전을 이루지 못한 채 무너졌다.

9월 말, 후버는 공군 측에 짧은 편지를 보내면서 공식적으로 협력 중단을 밝혔다. 이어서 각 FBI 지부에 다음과 같은 공문을 보냈다. "FBI 수사 활동 중단. 모든 효력 즉시 발생."

---

* FBI 조사관들과 하급 장교들조차 이러한 군의 공식적 부인을 그대로 믿어야 할지 정확한 판단을 할 수 없었다. FBI 내부 문건 메모에 따르면, 이 질문을 처음 접한 한 정보장교 대령은 "이건 단지 가능성일 뿐 아니라, 개인적으로는 그럴 확률이 굉장히 높다고 생각한다"라고 밝히기도 했다.

FBI는 이렇게 비행접시와 관련된 조사에서 빠져나왔다. 그 뒤로 20년 동안 UFO는 오롯이 공군만의 문제가 되었다.

3장
로켓의 시대

가을이 시작되었고, FBI와 결별한 공군은 다시 자리를 잡기 위해 고군분투했다. 1947년 국가보안법이 제정되면서, 공군은 9월 18일부터 새로운 체계에 따라 독립적으로 운영될 예정이었다. 이건 의심의 여지 없이 공군에 좋은 소식이었다. 하지만 계속해서 밀려드는 비행접시 목격담에 공군 지휘관들은 분명 난처해하고 있었다. 그들은 공군이라는 군 체계가 국가를 지키는 주요한 방어 수단이자 공격 수단으로서 당당하게 한자리를 차지할 가치가 있다는 것을 보여 주고 싶었다. 하지만 공교롭게도 매일 신문 전면에 보도되는 이상 현상을 단 하나도 해결하지 못하고 있었다. 결국 공군은 새로운 전략을 마련했다. 역사학자 케이트 도시는 이렇게 평가했다. "공군은 비행 물체의 존재를 확인할 수도, 부인할 수도 없었다. 그들의 가장 중요한 목표는 일단 그 물체들이 누구에 의해 조종되고 있는지 여부를 확인하는 것이었다. 만약 그 물체들이 다른 나라에서 온 것이라면, 그것이 가능한 곳은 딱 한 곳뿐이었다. 바로 소련이다. 그렇다면 소련에서 더 큰 공격을 예상하고 태평양 북서부 상공에서 초고속 항공기를 테스트한 것일까? 만약 그 물체들이 다른 나라가 아닌 미국 국내에서 만들어진 것이라면, 그렇다면 공군의 최고 상급자들조차 알지 못하는 비밀스러운 항공기가 개발되고 있었던 걸까?"

하늘에서 예상치 못한 위협이 닥칠지 모른다는 두려움은 실재했다. 그리고 이것은 당시 진행되고 있던 국가 방위 체계를 재편성하는 데 도움이 되었다. 국가보안법이 발효된 9월 17일, 초대 국방 장관으로 제임스 포레스털이 취임했다. 바로 다음 날 공식적으로 공군이 창설되었고, 일주일 후인 9월 26일에는 미 육군항공사령부 소속 인력들이 공군으로 이관되었다.*이것은 핵무기 시대 사람들이 느끼던 불안감을 종식시키기 위해 국가가 보여 줄 수 있는 아주 중요한 대응 중 하나였다.

승전의 기쁨이 서서히 사그라들면서, 이제 미국 시민들은 히로시마에서 벌어진 지옥에 대해 알게 되었다. 특히 1년 전 여름《뉴요커》의 기자 존 허시가 3만 단어에 달하는 기사로 히로시마의 생존자 여섯 명의 인터뷰를 실으면서 세간의 관심을 받기 시작했다. 이제 미국 정부와 대중들 사이에는 깊은 우울감이 퍼져 있었다. 초창기 미국의 보도 통제로 인해 미국인들은 히로시마와 나가사키에서 벌어진 진정한 공포에 대해 전혀 알지 못했다. 하지만 이제 그곳에서 벌어진 참상을 보도하는 다양한 책과 기사를 통해, 사람들은 전국 그리고 전 세계에서 쏟아지는 참혹하고 끔찍한 실상을 알게 되었다. 이와 관련된 이야기들은 발간되자마자 불티나게 팔려 나갔고, 라디오방송에서도 쉬지 않고 거론되었다. 허시의 전기작가 레슬리 블룸은 이렇게 설명했다. "[허시의 이야기는] 인류 문명을 위협하는

* 공군이 독립된 새로운 군 조직으로 출범했을 때, 일부 군 관계자들은 새로운 법안이 "네 조각으로 쪼개진 군 항공대의 존재를 합법화한 것"이라면서 불만을 표했다. 새로운 법안이 육군과 해군뿐 아니라, 해군에 포함된 해병대에도 독자적 제공권을 유지할 수 있도록 보장했기 때문이다. 이로 인해 수십 년 동안 "왜 해군의 육군에 별도의 공군이 필요하냐"라는 조롱이 이어졌다.

핵무기의 존재론적 위협을 처음 진지한 목소리로 이야기한 가장 효과적이고도 국제적인 경고였다."

기사에 담긴 핵무기에 대한 자세한 묘사와 그 의미를 접한 대중은 큰 충격에 빠졌다. 원자력의 진정한 미래가치를 이해하고 있는 정부 관료들, 군사 및 전문가 집단이라고 해서 크게 다르지 않았다. 정부 보고를 위해 피해 규모를 촬영하러 히로시마를 방문한 한 육군 중위는 "이런 종류의 무기가 지구상에 존재하는 한 인류가 지구에서 절대 살아갈 수 없을 거라 생각한다"라는 말을 남겼다. 1947년, 핵무기의 위력을 심각하게 고민한 과학자들, 특히 핵무기를 직접 개발했던 맨해튼계획에 참여했던 과학자들이 다수 모여서《미국핵과학자회》회보를 창간했다. 그들은 이른바 "종말의 날 시계"라는 것을 만들었다. 이것은 세계가 종말을 맞이하기까지 얼마큼의 시간이 남았는지를 한눈에 보여 주는 시계다. 시계가 "자정"에 가까워질수록 종말에 가까워졌다는 것을 의미한다. "종말의 날 시계"가 세상에 처음 공개되었을 때, 시계는 자정으로부터 7분 전을 가리켰다. 세계를 구하고 싶다면 누구든 빨리 행동을 취해야 했다.

* *

미군 역사상 가장 오랜 기간 복무한 공군 장교 중 한 사람인 네이선 트와이닝 중위는 비행접시를 무시하려고 노력했던 인물이다. 그에게는 다른 신경 써야 할 것들이 있었다. 그는 공군물자사령부 책임자로서, 공군의 자재 연구, 개발, 조달, 유지보수와 공급이라는 오하이오주 라이트필드기지의 대규모 작전을 담당하고 있었다. 그는 오리건주방위군에서의 경력을 시작으로 제1차세계대전 중에 육군사관학교를 졸업했으며, 그 뒤 공군의 전신 조직인 미 육군항공대, 미 육군항공단, 미 육군항공사령부를 두루 거치며 사병에서 삼성장군까지 오르는 데 성공한 참군인이었다. 준장이었던 제2차세계대전 무렵에는, 몰던 수송기가 남태평양에 불시착해서 6일 동안 구명보트에서 연명한 끝에 해군에 의해 구조된 적도 있었다. 전후에는 세 대의 B-29 폭격기를 이끌고 인도와 유럽을 가로질러 괌에서 워싱턴 D.C.까지, 60시간 안에 주파하는 대담한 비행을 이끌기도 했다. 이런 그조차 다른 사람들과 마찬가지로 물밀듯이 쏟아지는 비행접시 목격담에 혼란스러워했다. 9월 23일, 그과 그의 팀은 "비행접시"에 관한 공식 의견을 담은 서한을 공군의 한 책임자에게 전달했다.

    트와이닝은 많은 사람이 목격 중인 이상 현상을 유성과 같은 자연현상이라고 생각했다. 하지만 일부 사람은 정말 "인공 비행물로 보일 정도로 상당히 큰 접시 형태의 물체"를 목격했을 수도 있었다. 보고서들은 비행 물체의 기술적 능력에 대해 "극단적인 상승률, (특히 롤링에 있어) 엄청난 기동성, 그리고 다른 항공기나 레이더에 발각되었을 때 빠르게 도망가는 회피기동"을 보인다고 설명했고 이것은 초자연적인 현상이나 외계 현상이 아니며 "일부 비행 물체는 수동, 자동, 또는 원격으로 제어되고 있을 가능성도 있다"라고 언급했다. 이 가설을 테스트하기 위해, 공군 소속의 과학자들은 직접 비행접시와 성능이 비슷한 항공기를 설계해서 시험해 보고 싶어 했다. 비록 "광범위한 연구개발 과정이 필요"하고 제작비용이 "매우 비싸며 제작에 많은 시간"이 들지만 트와이닝은 이게 충분히 가치 있는 시도라고 생각했다. 그의 공식적 제안에 공군은 이런 상황을 모니터링하기 위해 더 공식적인 절차를 가동시켰고, "이 문제를 자세히 연구하기 위한 적합하고 유효한 모든 자료 준비를 유도하기 위해 그 우선순위에 따라 보안 분류와 코드명을 지정했다". 아울러 그는 예비 보고서를 15일 안에 작성하고, 그 뒤로는 30일마다 더 자세한 내용을 담은 보고서를 작성하라고 덧붙였다. 그는 조만간, 즉 몇 달 혹은 1년 정도면 비행접시의 정체에 관한 질문에 답을 찾을 수 있을 거라 생각했다.

「트와이닝 서한」으로 알려진 이 문서를 통해 추정할 수 있는 사실은, 정부 역시 공식 조사 결과 외에는 아무것도 알아내지 못했거나, 혹은 이와 관련한 정보를 숨겨야 할 필요가 있었다는 것이다. (아직 생각지도 못하던) 정보공개법 제정까지는 몇 년이 걸릴 것이었다. 이런 비밀주의의 분위기 속에서도 트와이닝은 미국과 다른 나라에서 운용하고 있는 모든 항공기 관련 정보를 파악하고 있을 거라 여겨지는 국가 고위급 관료와 공군 장교들에게 서한을 보냈다. 하지만 대중들 사이에서 벌어지고 있는 비행접시 논쟁의 배후에 미국의 항공기나 정부에서 비밀리에 진행하고 있는 프로젝트가 있다는 그 어떤 징후나 단서도 찾을 수 없었다. 나라의 영공을 지키는 공군 최고위층도 누구보다 이 상황을 혼란스럽게 받아들였다.

* *

미 공군의 창설은 문화적이고 행정적인 측면에서 크고 작은 변화를 가져왔다. 예를 들어, 모든 군 체계에서 사용하던 "추격기"라는 명칭은 "전투기"로 변경되었고, P-51의 이름도 F-51로 바뀌었다. 공군이 독립된 군 체계로 자리 잡고 몇 주 뒤인 1947년 10월 14일, 척 예거 대위는 음속을 돌파할 수 있도록 설계된 XS-1("연구용"을 의미하는 "X", "초음속"을 의미하는 "S")이라는 이름의 600만 달러짜리 시험용 비행기를 타고 시험비행을 하는 비밀 프로젝트에 참여했다.

8월부터 무록육군비행장에서는 단 13명의 승무원으로 구성된 인원이 글래머러스 글레니스라는 이름의 비행기와 익숙해지기 위해 비행훈련을 실시하고 있었다. 이 비행기의 이름은 예거가 자기 아내의 이름을 따서 붙인 것이었다. 이 비행은 소름 끼치는 경험이었다. B-29 폭격기의 폭탄 투하실에 실려 있던 X-1[=XS-1]이 공중에서 분리되었다. 이 비행기는 일직선으로 곧게 뻗은 날개를 갖고 있었다. 그 내부에는 최첨단 장비와 재래식 장비들이 혼용되어 있었다. 단단한 비행 전용 헬멧이 아직 존재하지 않던 시절, 예거는 군용 탱크 헬멧을 개량해서 자신만의 헬멧을 만들었다. 그는 B-29 폭격기가 목표 고도까지 상승하는 동안 폭격기 내부에 있던 사과 상자 위에 걸터앉아 있었다. X-1에는 화씨 영하 296도의 액체산소 연료로 가득 채워져 있어서 비행기가 살얼음같이 추웠고, 분당 1톤에 달하는 연료를 소비했다. 예거는 "누구든 뇌세포가 있는 놈이라면, 폭탄 투하실에 실려 투하를 앞둔 살아 있는 폭탄 속에 갇힌 상황에서 진짜 지옥에서는 대체 무엇을 경험하게 될지 궁금해하지 않을 수 없을 것이다"라고 농담을 던졌다. 그들이 시험비행을 하는 동안 확신할 수 있었던 건 단 한 가지, X-1에 걸리는 부하 변동성을 감안해서 테스트를 진행할 때마다 기지 전체를 폐쇄해야 한다는 것이었다.

예거의 첫 비행에서 그의 동료들은 마하 0.82까지만 도달할 것이라 예상했다. 하지만 예거가 비행을 너무 즐긴 나머지 마하 0.85까지 도달했다. 이것을 지켜본 지휘관들은 크게 걱정했다. 앨버트 보이드 대령은 시험비행을 마친 그를 꾸짖으며 말했다. "공군 역사상 가장 중요한 첫 연구 프로젝트를 위험에 빠뜨리려고 작정했는가?" 당시 진행된 그 어떤 풍동실험에서도 마하 0.85의 속도를 견뎌 내지 못했다. 그래서 그 너머의 속도에 도달했을 때 비행기에 어떤 공기역학적, 과학적 문제가 벌어질지 아무도 알지 못했다. 이후 이어진 시험비행에서 X-1은 시속 20마일씩 더 빠른 속도로 밀어붙였다. 이를 통해 음속의 장벽에 서서히 접근하며 비행 팀은 충격파, 공기의 파동, 그리고 기체의 안정성에 대한 새로운 문제들을 차근차근 배워 나갔다.

　열네 번째 비행이 진행될 때, 예거는 상태가 좋지 않았다. 주말 사이 승마를 즐기다가 낙마하면서 갈비뼈가 부러지는 사고를 당했다. 통증 때문에 뒤를 돌아보기 어려웠다. 하지만 그는 프로그램에서 배제되고 싶지 않았고, 군의관에게 부상 사실을 솔직하게 고백하지 않았다. 그는 동료와 함께 X-1 격납고에 몰래 숨어들어 뒤를 돌아보지 않은 채 청소용 빗자루를 써서 조종실 해치를 닫는 법을 연습했다. 원래 비행은 시속 7백 마일 밑으로, 마하 0.97까지 도달할 계획이었다. 그런데 그가 마하 0.965까지 접근했을 때, 장비들이 심하게 요동치기 시작했다. 그리고 최대 1.0까지만 표시되는 그의 계기판이 눈금을 벗어나기 시작했다. 지상에서 그를 추적하고 있던 동료 밴은 강력한 소닉붐 소리를 들었다. 이것은 당시 지구상에서 비행기가 날아가며 일으킨 최초의 소닉붐이었다.

하지만 정작 조종석에 타고 있던 예거가 회상한 바에 따르면 음속을 돌파하는 비행은 그다지 격렬하지 않았다. 김빠질 정도로 부드러운 비행이었다. "비행 경로상에 음속의 장벽을 깔끔하게 돌파했다는 것을 알려 주기 위한 표지가 있어야 눈치챌 수 있었을 것이다." 비행을 마치고 그는 이렇게 이야기했다. 그는 마하 1.07까지 도달했고, 몇 분 뒤 메마른 호수 바닥에 무사히 착륙했다. 비행을 마치자마자 그가 보인 첫 번째 반응은 갈비뼈가 아프다는 것이었다.

이후 예거는 더 빠른 속도에 도달했다. 결국 그는 마하 1.45의 속도, 대략 시속 945마일에 달하는 속도까지 도달하면서 정점을 찍었다. 이것은 제2차세계대전 당시 그가 몰았던 P-51 머스탱으로 도달할 수 있었던 최고 속도의 두 배를 넘는 수준이었다. 테스트가 계속 진행되면서, 이제 도전 과제들은 일상적이고 예측 가능한 수준이 되었다. 예거는 당시 비행에 대해 이렇게 회상했다. "마하 0.88과 0.91 사이에서 가벼운 흔들림과 불안정감을 느꼈다. 마하 0.94와 0.97 사이에서는 기체의 상승 효율이 떨어지는 것을 느꼈고, 마하 0.98까지 가속하자 '프로펠러 후류'를 통과할 때와 비슷한 날카로운 충격이 한 번 느껴졌다. 초음속을 돌파한 이후 다시 속도를 늦출 때, 이러한 효과를 다시 거꾸로 경험했다."* 기념비적인 성공이었지만 미

---

* 사실 이 프로젝트의 성공 소식은 그해 12월 《애비에이션위크》를 통해 유출되었다. 하지만 공군은 1948년 6월까지 이를 공식적으로 인정하지 않았다. 이후 척 예거는 1948년 백악관에 초청을 받았고, 해리 트루먼 대통령으로부터 항공 분야 업적에 대한 미국 최고상인 콜리어 트로피를 수여받았다. 하지만 축하 연회에서 예거의 아버지는 끝까지 트루먼과 악수하기를 거부했다. 그의 어머니는 미주리주 출신인 대통령과 옥수수빵 레시피로 대화를 나누면

공군은 소련을 확실하게 앞지르기 전까지 이 사실을 비밀에 부쳤다. 비행 팀은 그날 밤 주전자에 담긴 마티니 몇 잔을 나눠 마시면서 조용히 축하했다.

※ ※

무록육군비행장에서 진행된 예거의 초음속 비행기 실험처럼 여러 군사시설에서는 비밀리에 세상을 바꿀지도 모르는 다양한 프로젝트가 진행되고 있었다. 화이트샌즈미사일기지, 그리고 지속 가능한 핵무기 개발을 위해 운영되고 있던 시설 등 각종 실험 기지는, 점차 늘어나는 비행접시 목격담에 더욱 민감하게 반응할 수밖에 없었다. 그리고 사람들이 목격한 것의 정체가 단순히 어떤 임의의 물체가 아니라, 소련에서 자신들을 감시하기 위해 몰래 보낸 스파이 항공기일 수 있지 않을까 하는 끔찍한 상상으로 이어졌다. 어쩌면 소련이 미국이 알지 못한 나치 독일의 비밀 기술을 입수하기라도 한 걸까?* 그 정체가 무엇이든, 이 이상한 물체들이 하필이면 화이트샌즈미사일기지 근처 하늘에서 등장하고 있다는 사실은 결코 단순 우연으로 치부하기는 어려워 보였다. 뉴멕시코주의 황량한 사막 한복

    서 분위기를 환기시키려고 했지만, 옆에 있던 공군참모총장 스튜어트 사이밍턴은 어색한 분위기를 눈치챘다. 예거의 어머니는 "그이가 좀 고집이 세요"라고 말했고, 사이밍턴은 웃음을 참지 못하고 박장대소했다.

* 어떤 면에서 이건 자연스러운 질문이었다. 미국도 똑같은 짓을 했기 때문이다. 미군과 연합군이 유럽을 가로질러 진격하는 동안, 미군 정보장교들은 나치 독일의 로켓 프로그램과 관련한 모든 문서를 수집했다. 그리고 전쟁이 벌어지는 동안 독일에서 일했던 로켓 과학자들을 미국으로 데리고 왔다. 이것은 훗날 "페이퍼클립작전"으로 불리게 되는 것으로, 기술 경쟁에서 우위를 점하고자 미국이 앞날을 내다보고 시도했던 작전이었다.

판, 눈부시게 하얀 석고와 황산칼륨 침전물이 고여 있는 곳에 있는 화이트샌즈미사일기지에서 미국은 천천히 본격적인 우주 시대로 발을 내딛고 있었다. 이곳은 그 면적이 3200 제곱 마일에 달하는 가장 거대한 기지였다. 바로 여기에서 세계 최초로 핵무기 실험, 일명 트리니티 실험이 진행되었다. 이 실험으로 인해 주변 모래가 순식간에 녹아 독특한 유리 성분이 되어 버렸는데, 이를 트리니타이트라고 불렀다.

핵무기의 등장으로, 예상보다 훨씬 빨리 전쟁이 끝난 이후 (맨해튼계획의 존재를 알지 못했던 당시의 과학자들과 군사전문가들은 제2차세계대전이 적어도 1년 넘게 이어질 것이라 전망했다) 뉴멕시코주의 기지는 더 새롭고 비밀스러우며 야심 찬 프로젝트를 진행하는 곳으로 빠르게 변해 갔다. 일반적으로 이곳은 V-2 로켓을 개발을 위한 지구의 상층대기 연구소로 알려졌는데, 이곳에서는 평시에 나치 독일의 탄도미사일 설계와 전문 지식을 앞으로 미국이 어떻게 활용할 수 있을지, 군 소속 엔지니어들과 외부 전문가들이 함께 머리를 맞대고 연구 중이었다. "V-2 연구는 미국과 나치 독일이라는 전혀 다른 두 세계가 전쟁통에 결합하면서 탄생한 결과다." 역사학자 데이비드 디보킨은 이 프로젝트에 대해 이렇게 평가했다. "전쟁이 일어나기 전부터 이미 확립되어 있던 핵물리학, 천문학, 화학과 같은 다른 분야들과 달리 우주과학에 대해선 그것을 활용하는 기술과 경험이 전무했다. 기관과 인프라도 부족했다. V-2 연구 프로젝트는 우주과학에 대한 학술적 인프라를 대체하는 역할을 수행했다." 당시 미국은 최초로 로켓을 제작하기 위해 제너럴일렉트릭과 계약이 막 진행되었을 뿐, 로켓 관련 실무 경험이 있는 사람은 전혀 없었다.

1946년 초 육군병기국 소속 홀거 토프토이 대령에 의해 V-2 연구 프로젝트는 빠르게 조직되었다. 그는 민간 출신 과학자를 비롯해 육군과 해군, 그리고 각종 실험실에서 총 마흔 명의 인재를 모집했다. 군은 이 프로젝트를 통해 앞으로 2년 안에 V-2 로켓 스물다섯 대를 만들기로 했고, 그 실험방법과 활용법에 대한 계획을 세웠다.*

첫 번째 실험 중 하나는 존스홉킨스 응용물리학연구소에서 제임스 밴앨런이 이끌었다. 그가 속한 존스홉킨스 응용물리학연구소는 로켓 발사에 필요한 근접 신관을 개발하는 데 도움을 준 곳이다. V-2 프로젝트에 소속된 밴앨런의 연구 팀은 V-2 로켓을 활용해서 지구의 상층대기와 가장 가까운 우주 환경을 연구하기 위한 경쟁에 뛰어들었다. 그들은 1946년 V-2 로켓의 첫 시험발사에 탑재될 우주선 검출기를 설계했다.

밴앨런은 이 새로운 실험을 진행하기 위해, 전쟁 중 근접 신관을 개발하는 데 도움을 준 동료들의 도움이 필요하다는 사실을 잘 알고 있었다. 그는 과학적 목적을 위해 V-2 로켓에 어떤 장비를 실어야 할지 V-2 프로젝트의 연구 팀이 이해할 수 있도록 알려 줄 천문학자가 필요하다고 생각했다. 그래서 한 천

---

* 1946년부터 1952년 사이에 진행된 이 프로젝트에서 총 60번에 걸쳐 V-2 로켓이 발사되었다. 이 미사일들은 기상학, 태양물리학, 우주선(線) 물리학 그리고 미사일 제어 기술에 관한 연구를 위한 장비를 비롯해, 총 20톤가량의 다양한 실험 장비를 싣고 날아갔다.

문학자를 불러들였다. 그는 당시까지만 해도 별로 알려지지 않은 인물이었다. 하지만 수십 년 뒤, 그는 진정한 "UFO 연구자"로 불리며 군과 UFO 커뮤니티를 잇는 가장 중요한 가교 역할을 하게 된다.

그는 바로 J. 앨런 하이넥이었다.

**

앨런 하이넥은 일곱 살 때부터 우주공간에 매료되었다. 1910년에 태어난 그는 대대로 시가 제조업을 이어 온 가문 출신이었다. 1917년 성홍열을 앓았을 때, 그의 어머니는 그에게 몇 주 동안 책을 읽어 주었다. 집에서 읽어 줄 만한 책이 다 떨어졌을 때, 어머니는 결국 집에 있던 천문학 교과서인 『천문학 개론』을 읽어 주기 시작했다. 하이넥은 곧바로 이 책에 빠져들었다. 이후 그는 이렇게 회상했다. "체계와 법칙, 사물의 질서가 곧바로 나를 빠져들게 만들었다." 그로부터 3년 뒤, 부모님은 그에게 시어스로벅사의 망원경을 선물해 주었다. 그렇게 그의 운명도 결정되었다. 그는 시카고대학교에서 과학을 전공했고 1932년 천문학 전공으로 박사학위를 받았다. 그가 대학원생으로서 위스콘신대학교에 있는 여키스천문대에 자리를 얻었을 때는 대공황이 절정한 달한 시기였다.

천문대는 굉장히 낡았지만, 하이넥에게는 웅장하게 느껴졌다. 지붕에서는 물이 샜고, 겨울 주말에는 난방이 꺼졌기 때문에 그곳에 머무는 48시간 내내 추위에 떨면서 버텨야 했지만 하이넥은 그곳이 품고 있는 "어떤 신비로운 감각"을 사랑했다. 그리고 그곳에서 과로로 쓰러질 때까지 헌신하면서 우주에 대한 애정을 증명했다. 여키스천문대의 한 직원은 하이넥이 채용되고 며칠 만에 천문대장 오토 스트루베에게 편지를 보냈다. "하이넥이 과로와 불규칙한 식사 때문에 쓰러졌다고 의사가 말하더군요. 그는 식사도 거의 하지 않았고, 일하는 날의 절반은 밤을 새는 것 같았어요."

신입의 헌신에 감명받은 스트루베는 곧바로 그의 멘토를 자처했다. 1897년 우크라이나 귀족 가문 출신의 천재였던 스트루베는 20세기 그 어떤 천문학자보다 다채롭고 명망 있는 배경을 갖고 있었다. 그의 증조할아버지는 니콜라이 1세의 황실 천문학자였다. 그는 코페르니쿠스주의를 입증하는 데 도움을 준 선구자이기도 했다. 또한 스트루베의 아버지와 할아버지도 모두 각각 두각을 나타내며 뛰어난 경력을 쌓았던 인물들이다. 4대째인 스트루베는 겨우 여덟 살 무렵부터, 아버지와 함께 관측대에서 일을 시작했다. 제1차세계대전이 발발했을 때, 그는 튀르키에 전선에 참여하기도 했고, 이후 러시아 내전에서는 러시아 백군 편에서 싸웠다. 이후 그는 볼셰비키를 피해 튀르키예로 탈출했고, 마침내 미국에 정착했다. 1944년 그는 영국왕립천문학회에서 금메달을 받았는데, 이것은 그의 가문 역사에서 네 번째였다.

저명한 천문학자로서 시카고대학교에 자리를 잡은 스트루베는 별의 스펙트럼을 전문적으로 연구했다. 이 분야는 1800년대까지 거슬러 올라간다. 당시 과학자들은 별빛을 분광기로 분석하면 별의 원소 구성과 별의 나이를 파악할 수 있다는 사실을 알아냈다. 원소는 각각 다른 파장의 빛을 뿜으며, 분광기가 있으면 별빛을 프리즘 형태로 분리해서 별 내부에 존재하는 원소들을 선으로 구성된 독특한 바코드 형태로 변환할 수 있다. 나이가 많은 별들은 대부분 수소와 헬륨으로만 이루어진 반면, 태양처럼 훨씬 최근에 태어난 어린 별들은 더 다양한 원소로 구성된다. 또한 도플러효과를 이용하면 더 많은 정보를 알 수 있다. 도플러효과란 빛을 내는 광원이 관측자에게서 멀어질 때 빛의 파장이 길어지고(스펙트럼의 붉은 쪽으로 이동하고), 가까워지면 빛의 파장이 짧아지는(스펙트럼의 푸른 쪽으로 이동하는) 현상을 가리킨다.* 이를 연구하면 각 천체가 지구 쪽으로 다가오고 있는지, 지구에서 멀어지고 있는지 알 수 있다. 스트루베는 수십 년 된 이 고전 과학을 새로운 수준으로 끌어올렸다. 그리고 별과 별 사이에도 수소가 존재한다는 사실을 처음으로 발견했다. 이것 자체만으로도 획기적이었지만, 이건 앞으로 이어질 더 많은 중요한 발견의 첫 단추에 불과했다.

하이넥은 다소 거리감은 있지만, 자신에게 영감을 주는 스트루베와 일하는 것을 좋아했다. 그의 다소 거칠고 퉁명스러운 인생관과 철학까지도 말이다(한번은 하이넥이 스트루베와 함께 시카고대학교 캠퍼스에서 여키스천문대로 차를 타고 이동하면서 만약 인류가 지적 생명체가 아니라 감정적 생명체로 진화했다면 어땠을지 물었는데, 이에 스트루베는 정색하며 "음, 그런 생각은 하지 않는 편이 훨씬 나을 것 같네"라고 일축했다).

* 도플러효과는 1842년 수학자 크리스티안 요한 도플러에 의해 발견되었다. 이 효과를 쉽게 이해할 수 있는 가장 대표적 예는, 앰뷸런스가 다가왔다가 멀어질 때 사이렌 소리의 음높이가 달라지는 현상이다. 이 개념은 천문학자들이 별의 스펙트럼선에서 도플러효과를 추적하기 시작한 1868년부터 천문학 분야에도 지대한 혁신을 가져왔다. 이 효과를 통해 천문학자들은 빛을 보내는 천체의 빠르기와 그 방향을 알 수 있게 되었다.

여키스천문대 근무가 끝날 무렵 하이넥은 박사학위를 받고 오하이오주립대학교로 떠났고, 제2차세계대전이 발발 후 전쟁 지원이라는 새로운 역할을 맡기 전까지 계속 승승장구했다. 이후 그는 존스홉킨스대학교 응용물리학연구소에서 밴 앨런과 함께 일하게 되었고, 근접 신관을 개발했다. 이것은 무기를 사용하는 방식과 구조를 완전히 바꿔 버린 혁명적인 장치였다. 하지만 하이넥은 자신의 연구 팀이 맡은 개발 업무를 "악마의 짓"이라고 말하면서 이 모든 계획을 불편해했다. 그는 연구소의 역량을 "[연구소가 하루 동안 쓰는 75만 달러의 예산 중 일부라도] 파괴를 위한 무기 개발이 아니라 더 건설적인 목적으로 돌릴 수만 있다면 얼마나 더 많은 영감을 주는 일들을 해낼 수 있을까?"라며 탄식했다.

그리고 드디어 화이트샌즈미사일기지에서 그 꿈을 실현할 수 있는 기회가 온 것처럼 보였다. 밴 앨런은 내내 파괴를 위한 무기였던 나치의 V-2 로켓을 인류의 지식을 넓히고 우리 주변 세계에 대한 이해를 새롭게 하는 과학 실험 도구로 바꾸는 데 도움을 달라고 부탁했다. 하이넥은 곧 자기 일을 다시 사랑하게 되었다. 그는 동료들과 함께 지금껏 건드린 적 없는 전혀 새로운 분야를 창조하고 있다고 느꼈다. 그리고 다른 과학자들이 경험하지 못한 자유를 누렸다. 그의 팀이 얼마나 자유로운 분위기 속에서 연구할 수 있었는지는, 매 발사 실험 시 지상 기반 실험에서 일반적으로 허용되는 것보다 훨씬 더 많은 폭파 시험을 진행할 수 있었던 것으로 알 수 있다. 이 경험은 하이넥에게 과학자로서 흥미진진한 시간이었다. 새로운 생각들이 멈추지 않고 계속 떠올랐다. 결국 그들은 음속의 장벽을 돌파하는 데 성공했고, 로켓이 우주공간으로 나아가는 날이 머지않은 것처럼 보였다. 미국은 이제 새로운 차원의 항공 시대로 접어들고 있었고, 곧 시작될 우주 경쟁 시대를 앞두고 있었다. 겨우 10~20년 전까지만 해도 SF 소설 취급을 받았던 기술들이 정말로 실현되고 있었다. 국가의 미래, 그리고 인류 문명 전체가 비로소 하늘 위에 존재하게 된 순간이었다.

4장
사인프로젝트

1947년 말, 드디어 공군은 미스터리한 비행 물체를 설명할 수 있는 방법을 찾아낸 듯 보였다. 제2차세계대전이 절정에 달한 무렵, 호르텐 형제라는 이름으로 유명한 독일의 두 항공우주 기술자 발터 호르텐과 라이마르 호르텐은 나치에서 아메리카 봄버라고 부르던 새 비행기를 개발하고 있었다. 유럽에서 미국 본토까지 직접 날아가 타격할 수 있는 장거리 폭격기를 만드는 게 목표였다. 모든 면에서 호르텐 형제의 설계는 전익기 형태를 하고 있었다. 당시 나치 정권은 터보제트기 물량이 부족했음에도, 그들은 설계도와 놀라울 정도로 유사한 프로토타입을 세 대나 제작했다. 특히 나치 독일과 미국 사이 갈등이 가장 첨예해진 시기에 서둘러 대규모 생산을 시작했다. 나치 정권은 이른바 자신들의 "기적의 무기"가 연합군의 진격을 저지할 수 있기를 바란 것이다. 하지만 그들의 신무기 개발은 너무 늦게 이루어졌다. 이후 미국은 호르텐 H.XVIII이라는 이름의 프로토타입 한 대를 입수했고, 그것으로 연구를 진행했다. 미 공군은 소련에서도 이와 비슷한 실험을 진행하고 있을지 모르며, 소련제 항공기들이 미국 상공을 날면서 시험비행을 할까 우려했다. 실제로 모스크바 주재 육군 무관의 보고서에 따르면 소련은 호르텐 형제의 설계를 바탕으로 약 1800대의 폭격기를 제작하고 있을 가능성이 있었다. 하지만 실제로 소련에서 이를 바탕으로 비행기를 만들고 시험비행을 진행했다는 증거는 찾을 수 없었다.

한편, 다른 사람들은 또 다른 더 분명한 해답이 숨어 있지는 않을지 궁금해했다. 당시 해군에서 한때 "플라잉 플랩잭"이라는 별명으로 불리던 비행기를 개발하다가 포기했다는 소문이 퍼져 있을 때였다. 어쩌면 공식 보고서와 달리, 사실은 해군이 그 비행기를 몰래 만들어서 현재 존재하고 있는 게 아닐까? 한 수사관은 "해군이 XF-5-U-1 프로젝트를 종료했다던데 그게 사실일까?"라는 메모를 남기기도 했다.

진실이 무엇이든, 일단 그 진실에 한 발짝 더 다가가야 한다는 것이 군이 당면한 가장 중요한 과제였다. 12월 말, 공군정보사 문건 속 메모는 "비행접시"에 대해 "지속적으로 신뢰할 수 있는 목격자들로부터 최근까지 제보가 이어지고 있기 때문에 공군물자사령부는 여전히 이 문제에 대해 관심을 갖고 있다"라고 썼다. 며칠 뒤, L. C. 크레이기 소장은 이 상황에 대한 한 가지 의견을 제시했다. 그는 이렇게 썼다. "대기 중에서 목격된 현상들을 무시하지 않는 것이 우리 공군의 기조다. 이런 성격의 정보를 수집하고, 정리하고, 평가하고 행동에 옮기는 것이 바로 우리 공군의 임무다."

"이를 조사하기 위해서, 공군물자사령부는 국가안보에 위협이 될 수 있는 대기 중 이상 현상과 목격담에 대한 모든 정보를 수집하고, 정리하고, 평가할 것이다. 그리고 이 사안에 관심을 가진 다른 정보기관 담당자들에 대한 정보 제공을 목표로 하는 새 프로젝트를 진행하려고 한다."

크레이기 소장은 이 새로운 프로젝트에 공군에서 두 번째로 긴요한 "우선순위 2A" 등급을 부여하면서 자신의 강력한 의지를 보여 주었다. 그리고 프로젝트의 암호명으로서 사인프로젝트라는 이름이 붙었다.

그리고 그로부터 불과 2주 만에 첫 번째 임무를 맡게 되었다.

**

1948년 1월 7일 오후 이른 시간, 켄터키주 경찰서로 한 통의 전화가 걸려 왔다. 렉싱턴 북동쪽 오하이오강 주변에 있는 작은 마을 메이즈빌 상공에서 범상치 않아 보이는 이상한 비행 물체를 목격했다는 신고였다. 지역 주민들의 증언에 따르면 그 물체는 원형이었고, 지름은 250에서 300피트 정도로 꽤 컸다. 신고를 받은 경찰관은 곧바로 바로 인근에 있는 포트 녹스 고드먼육군비행장에 전화를 걸었다. 곧이어 인근 어빙턴과 오웬스보로 지역에서도 새로운 추가 제보가 들어오기 시작했다. 이후 정부는 이 사건을 공식적으로 "UFO 사건 33"이라고 명명했다. 고드먼육군비행장에서 분대장 폴 오너 중위가 공항 관제탑으로 소환되었다. 그는 오후 1시 45분쯤 남서쪽 하늘에서 "작고 하얀 물체"가 움직이는 것을 발견했다. 그는 이후 수사관들에게 다음과 같이 증언했다. "그것의 상부는 태양 빛이 밝게 반사되는 실크 재질의 낙하산처럼 보였다. 한편 아래쪽에서도 무언가 붉은빛이 보이는 것 같았다."

당시 그와 함께 관제탑에 있던 사람들은 처음에는 비행접시를 목격했다고 제보하기를 꺼려 했다. 하지만 6×50 배율 쌍안경으로 충분히 긴 시간 동안 관찰한 끝에 모두 그 물체가 평범한 항공기는 아니라고 확신했다. 고드먼육군비행장 소속 사령관이었던 가이 힉스 대령은 특히 당혹스러웠다. "맨눈으로도 분명하게 그 물체를 볼 수 있었다. 보름달의 4분의 1 정도 크기로 보였고, 색은 흰색이었다."

한편, 켄터키주방위군 소속 P-51 전투기 네 대가 조지아주 마리에타에서 이륙해 비행하고 있었다. 관제탑의 책임자 중 한 명이었던 기술 하사관 퀸턴 블랙웰은 파일럿들에게 하늘에 나타난 이상한 물체를 자세하게 살펴봐 달라고 요청했다. 네 대의 전투기 중 한 대는 연료가 부족해서 끝까지 추적할 수 없었지만, 나머지 세 대는 그 물체를 계속 쫓았다. 처음에 확인했을 때 그 이상한 물체는 고도 약 1만 5000피트 또는 살짝 더 높은 고도에 떠 있었다. 그리고 P-51 전투기의 절반 정도의 속도로 움직이는 것처럼 보였다.

오후 2시 45분경, 전투기들은 남쪽으로 상승하면서 물체를 요격했다. 비행단장 토머스 맨텔 대위는 "그것"의 정체가 무엇이든, "앞쪽과 위쪽에서 물체가 보인다. 나는 위로 상승 중이다"라고 무전을 보냈다(다른 파일럿은 "대체 우리가 보고 있는 게 뭐지?"라고 묻기도 했다). 그들은 더 높은 곳까지 추격했다. 맨텔이 타고 있던 전투기에는 고고도 작전을 위해 필요한 산소 공급 장치가 없었다. 그럼에도 그는 다른 전투기보다 앞장서서 공기가 희박한 높은 고도까지 올라갔다. 켄터키주 출신 파일럿이었던 그는 제2차세계대전 당시 유럽의 노르망디상륙작전, 그리고 네덜란드에서 진행된 마켓가든작전에서 C-47 수송기를 몰았다. 그는 낙하산부대원들을 수송하는 임무를 수행했고, 이러한 공로로 수훈비행십자장과 항공훈장을 네 개나 수여받

앉다. 하지만 그는 여전히 총 비행 연습 시간이 67시간밖에 안 되는 초보 파일럿이었다.

약 오후 3시 15분경, 관제탑은 추격을 이어 가고 있는 맨텔에게 해당 물체에 대한 설명을 부탁했다. 비행단장은 계속해서 그 물체의 뒤를 쫓고 있었고, 무전으로 고도 2만 피트에서 접근을 시도하고 있다고 답했다. 하지만 뒤이어 들린 두 번째 무전 내용에 대해서는 여전히 논란이 남아 있다. 일부는 맨텔이 당시 "금속성 물체가 보인다……. 엄청난 크기다"라고 말했다고 기억하는 반면, 다른 사람들은 "나보다 더 높은 곳에 있다. 현재 물체를 향해 접근 중이다"라고 좀 더 모호한 설명을 했다고 기억한다. 맨텔을 제외한 다른 파일럿들은 그에게 고도를 낮춰 함께 따라갈 수 있도록 해 달라고 무전을 시도했다. 하지만 5분 만에 이상한 물체와 그것을 뒤쫓던 맨텔 모두 사라졌다. 결국 연료가 부족해진 파일럿들은 더 높은 고도로 올라가는 것을 포기하고 비행장으로 귀환했다.

이후 이 사건에 대해 B. A. 해먼드 중위는 이렇게 보고했다. "나는 두 물체를 보았다. [다른 파일럿, A. W.] 클레멘츠 중위와 속도를 맞춰 옆에서 함께 비행하면서 제스처를 주고받았는데, 그는 나한테 산소마스크가 없다는 사실을 알려 주려고 했다. 그리고 나는 손가락으로 머리 주변을 빙글빙글 돌려서 클레멘츠가 곧 정신을 잃을지 모른다는 신호를 주었다. 그는 곧바로 내 신호를 이해했고, 우리는 함께 비행장으로 돌아왔다." 고드먼육군비행장 상공을 지나 귀환한 파일럿 한 명은 기지로 돌아오는 동안 관제탑 유리에 태양 빛이 반사된 것 말고는 아무것도 보지 못했다고 증언했다.

곧이어 이번에는 산소 장비를 갖춘 다른 비행기들이 이륙해서 비행 물체 추적 작전에 합류했다. 하지만 비행장에서 남쪽으로 100마일, 3만 피트 고도까지 올라가서 샅샅이 뒤졌지만 결국 아무것도 발견하지 못했다.

한 시간도 지나지 않아 기지에 있던 사람들은 맨텔이 결국 사망했다는 소식을 들었다. 주 경찰관이 테네시주 경계로부터 남쪽으로 90마일 정도 떨어진 곳에 위치한 프랭클린 외곽의 한 작은 농장에 비행기가 추락했다는 신고를 받았고, 그곳에서 전투기가 발견되었다. 수사관들은 파일럿이 2만 5000피트까지 무리해서 올라가면서 산소부족으로 의식을 잃었을 거라 추정했다. 결국 그의 비행기는 나선을 그리며 땅으로 추락했고, 너무나 빠른 속도로 떨어진 바람에 비행기는 땅에 닿기도 전에 공중에서 분해되었다. 소방관들은 추락 현장에서 맨텔의 손목시계를 발견했는데 바늘이 오후 3시 18분에 멈춰 있었다. 이것이 그의 사망 시각으로 추정된다.

맨텔의 사고로 인해, 오랫동안 그저 호기심의 대상 정도로 여겨졌던 비행접시는 이제 더 어둡고 비극적인 색채를 띠게 되었다. 역사학자 데이비드 제이컵스는 이렇게 설명했다. "실제 비행접시와 조우한 사람이 비극적인 사고로 목숨을 잃는 일이 벌어지자 대중들의 관심이 폭발했다. 이때부터 UFO에 대한 새롭고 극적인 관점이 등장하게 되었다. 그것은 UFO가 단순히 외계에서 온 방문자가 아니라, 어쩌면 우리를 공격할 수 있는 적대적 존재일지 모른다는 가능성이었다." 수사관들은 이 사건을 그저 너무 열정적이었던 파일럿이 흥분한 나머지 하늘에 떠 있던 금성의 밝은 빛을 UFO로 착각해서 벌어진 사건으로 종

결지었다. 하지만 다수는 경험이 풍부한 파일럿이 천체를 오인해서 목숨을 잃었을 거라는 주장에 동의하지 못했다. 이후 밴더빌트대학교의 한 천문학자가 "그날 오후 4시 30분에서 4시 45분 사이에 쌍안경으로 하늘을 보고 있었는데, 벌룬 하단에 케이블로 바구니를 단 이상한 물체를 목격했다"라고 주장하며 비행 물체의 존재를 지지하기도 했다.

**

사인프로젝트, 즉 공군 프로젝트 XS-304는 1948년 1월 22일, 맨텔의 추락 사고가 발생하고 몇 주 뒤 공식 조사에 착수했다. 제1차세계대전 당시 미육군통신대 비행제작부서의 해외 정보수집 파트를 기반으로 탄생한 라이트패터슨정보부대의 조사 결과를 바탕으로 사인프로젝트의 수사관들은 맨텔 사건 같은 사례를 설명할 방법을 찾기 위해 신속히 관련 자료들을 수집하고 분석했다. 그들은 일부 목격담의 배후로서 대기 중에서 둥근 공 모양으로 발광하는 "구상 번개"라는 기상현상에 주목했고, 상무부 기상청에 도움을 요청하기도 했다. 제너럴일렉트릭과 MIT 소속 민간 과학자들도 전국에서 수집된 제보들의 유형을 분류하고 카테고리를 정리하는 데 도움을 주었다. 한편 공군은 물자사령부에 제보된 모든 항공기들의 비행 특성을 이해하기 위해서 설계 및 기술 관련 보고서를 수집했다. 그리고 공군항공기상국을 통해 공군에서 운용한 모든 기상관측 풍선의 경로를 추적하고 지도에 옮겼다. 비행선과 유도미사일 시험발사 기록도 꼼꼼하게 확인했다. 동시에 공군항공의학연구소에서는 단순한 인간의 시각적 착각 또는 오해일 가능성을 두고도 종합적 연구를 실시했다. 사인프로젝트에서 세운 가장 중요한 원칙 중 하나는 "심리적 요인"이 완벽하게 배제되기 전까지는 목격 사례에 대해 공학적 분석을 최대한 하지 않는 것이었다(역사학자 케이트 도시는 이렇게 지적했다. "흥미롭게도 사인프로젝트는 분명 목격 사례의 가능한 '원인' 중 하나로 사람들의 착각 가능성을 고려했지만, 최초 조사에서 사회과학자나 철학자를 참여시키지 않았다"). 데이비드 제이컵스가 평가했듯이, 전반적으로 봤을 때 사인프로젝트의 조사 절차는 꽤 괜찮았다. "하지만 큰 문제는 조사에 참여한 인원이 수집한 목격 사례들 중에서 무엇을 조사해 할지 분간하는 데 필요한 경험이 너무나 부족했다는 것이다." 게다가 그들은 목격자들의 신빙성에 대해서도 고민했다. 사인프로젝트는 목격자들의 뒷배경을 조사했다. FBI에 여러 차례 의뢰해서, 목격자들이 어떤 반체제 집단과 연루되어 있지는 않은지 재확인했다. 그리고 그 친구들, 가족, 동료 등 주변 사람을 인터뷰하느라 시간을 허비했다.

사인프로젝트는 소위 "우주선"의 디자인과 성능을 더 잘 이해하기 위해서, 더글러스에어크래프트에 새롭게 설립된 사업 부서인 RAND와 협력했다. 연구 및 개발(Resarch And Development)을 의미하는 RAND라는 조직은 제2차세계대전이 끝난 바로 다음 달에 시작되었다. 당시 햅 아널드 장군은 로켓과 미사일처럼 전쟁 기간 동안 빠르게 성장한 주요 과학기술 분야가 전쟁이 갑작스러운 종료로 더 이상 성장하지 못하고 정체될 것을 염려했다. 그는 미사일, 로켓과 같은 무기 기술이 보통 전쟁이 끝나 갈 때 등장하지만, 전후에도 평화를 지키기 위해서 중요한 기술이라고 생각했다. 아널드는 테스트파일럿 출신이었던 프랭클린 콜봄과 함께 불과 이틀 만에 새로운 부서를 창설하기 위한 세부 계획을 완성했다. 사인프로젝트의 수사관들은 RAND와 협력하면서 과연 우주에 이런 우주선을 만들 수 있을 정도로 "물리적이고도 문화적으로 발전한" 행성이 존재하는지에 대한 물음에 답을 찾고자 했다.*

더글러스에어크래프트에서 13년간 근무한 항공공학자 제임스 E. 립은 1946년 3월, RAND에 처음 합류한 네 명 중 한 명이었다. 연구센터의 규모가 크지는 않았다. 그래서 그에게 주어진 "미사일 부서 디렉터"라는 직함은 다소 과분해 보였다. 하지만 그는 동료들과 함께 「실험적 지구 순항 우주선 예비 설계」라는 RAND의 첫 논문을 발표했다. 평범한 제목이었지만 그 내용은 아주 획기적이었다. 이를 통해 그는 궤도 발사체에 대한 진지한 공학적 아이디어를 최초로 제시했다. 덕분에 그는 미국을 이끄는 주요한 지식인 중 한 명으로 서둘러 자리매김했고, 이것은 우주 경쟁이라고 불리는 새로운 분야로 미국이 뛰어드는 데 일조했다.

"얼마 지나지 않아, 미국 혹은 다른 나라에서 위성을 만들기 시작할 것이다." 1년 뒤 RAND 보고서에 그는 이렇게 썼다. "인류의 역사는 기술적 진보가 정신적 진보를 따라잡을 수 없을 정도로 크게 뒤처지지 않았음을 보여 준다." 미국은 이미 공군력과 해군력에서 우위를 점하고 있었다. 이 사실은 소련을 비롯해 미국에 도전장을 내미는 다른 적국들이 미국을 앞지를 수

---

* 계획이 너무 급박하게 진행된 나머지, 더글러스에어크래프트의 경영진은 아널드의 미팅 현장까지 고 루스벨트 대통령이 생전에 전용기로 사용했던 "신성한 소"라는 이름의 C-52를 타고 가야 했다.

있는 "가장 빠른 지름길"로서 로켓 개발에 초점을 맞출 것이란 사실을 가리켰다. "미국이 로켓 분야 발전을 소홀히 한다면 결국 미국은 세계 무기 경쟁에서 뒤처지게 될 것이다."

RAND는 이제 RAND 법인이라는 별도의 비영리기관으로 독립했다. 립은 이곳에서 로켓과 추진 시스템에 대한 모든 것을 상상하면서 우리가 어떻게 다른 행성까지 날아갈 수 있을지 고민했다. 항공우주 분야의 역사학자 커티스 피블스는 이렇게 언급했다. "이것은 처음으로 미국 정부의 후원을 받아 우주에 존재할지도 모르는 비인간 생명체를 연구한 사례다."

처음에 립은 단순히 공학적이고 수학적인 방식으로 접근했다. 다른 행성에 생명체가 존재할 가능성은 얼마나 될까? 누군가 혹은 무언가가 아직 인간이 정복하지 못한 놀라운 기술을 터득했을 가능성은 얼마나 될까? 그의 대략적 계산에 따르면 두 가지 모두 "가능성이 매우 높다"라는 게 답이었는데, 작업에 더 깊이 빠져든 그는 비행 물체들이 정말 다른 별에서 찾아온 것인지 의문을 갖기 시작했다.

이제 그는 대중의 추측과 질문에 대한 답을 찾는 데 초점을 두었다. 그가 고민한 첫 번째 질문은 1947년에 목격된 비행 물체들이 바로 몇 년 전 진행되었던 핵무기 폭발과 직접 관련되어 있는지에 대한 물음이었다. 지구에서 벌어진 핵폭발은 지구 바깥에서 볼 수 있을 정도로 강력한 행성 간 신호 역할을 했을 가능성이 있었다. 케네스 아널드가 처음으로 비행 물체를 목격했던 당시, 미국에서는 다섯 개의 핵폭탄을 폭파시켰다. 립은 그중에서 딱 두 번의 폭발만을 화성에서 목격할 수 있었을 거라 추정했다. 화성인이 존재한다면 지구에서 벌어진 핵폭발을 볼 수 있을 정도로 뛰어난 망원경을 만들 수 있을 테지만, 그들이 지구에서 보낸 신호를 뒤늦게 확인하고 이제야 지구에 찾아온다는 건 별로 타당한 시나리오 같지 않았다. 화성을 벗어나 더 먼 우주까지 고려하면, 더 다양한 수학적 가능성이 있었다. 지구에 지적 생명체가 존재한다면 당연히 다른 곳에도 지적 생명체가 존재할 가능성이 있었다. 하지만 그러한 문명이 이 광활한 거리를 가로질러 지구까지 찾아올 가능성은 그리 높아 보이지 않았다. 립은 한편 "기술 발전 측면에서 인류 문명은 평균 수준"이라고 가정했다. 우주에 존재하는 거주 가능한 또 다른 행성 중 절반은 인류보다 더 뒤처져 있을 수 있고, 나머지 절반은 인류보다 앞설 수 있다는 뜻이었다. 이 계산에 따르면 지구로부터 16광년 안쪽에 있는 스물두 개의 별들이 태양의 특성을 공유하고 있었고, 그중에서 성간 여행이 가능한 수준의 문명은 열 개 정도 존재할 수 있으리라 추정했다.

이어서 그는 태양계의 다른 행성에서 지구까지 찾아올 수 있는 우주선이 어떻게 제작 가능한지 고민했다. 하지만 이 부분을 고민하자 외계인의 방문 가능성은 크게 흔들렸다. 인간이 상상할 수 있는 가장 효율적인 시스템, 이를테면 핵연료나 수소 추진체를 사용해서는 우주선의 크기와 무게가 너무 거대해졌다. 그의 계산에 따르면 성간 여행을 하는 데 시간이 너무 걸려서 성공 가능성이 없어 보였다. "다른 행성에서 지구까지 여행을 하기 위해서는 우리의 상상을 넘어서는 새로운 추진체 기술이 필요하다." 그는 이렇게 메모했다. "우리 은하계 안에 존재하는 수많은 행성 중 하나 또는 그 이상에서 하나 이상의 종족이 우리보다 훨씬 발전된 환상적인 우주 여행법을 터득했을

지도 모른다. 그러나 그 가능성을 높이기 위해 고려해야 하는 우주의 부피가 커질수록 그 종족이 지구를 발견하고 방문할 가능성은 낮아진다." 인간에게는 지구가 특별하게 느껴질 수 있다. 하지만 사실 지구는 광활한 은하계 끄트머리에 존재하는 평범하고 작은 한 행성에 불과하다. "(그들이 우주에 빈번히 출몰하지 않는 한) 초고도로 발전한 외계 문명이 은하계 한구석에 있는 지구를 우연히 발견할 가능성은 높지 않다." 립은 이렇게 결론지었다.

립의 연구는 어느 정도 도움이 되었다. 하지만 외계 공간에 대한 군의 새로운 질문에 대해선 전혀 의미 있는 답을 제공하지 못했다. 공군은 과학적 연구 또는 안보 관련 정보 분석, 둘 중 한 곳에서 비행접시 미스터리를 해결할 실마리를 찾을 수 있으리라 생각했다. 공군은 자체적으로 운영하는 정보 요원을 확보하고 있었지만, 동시에 립과 같은 외부 과학자들에게 적극적으로 도움을 요청했다. 특히 그들은 공군 수사관들이 인류가 우주공간을 어떻게 바라보고 있는지 이해하는 것을 도왔다.

이 목적을 실현하기 위해 오하이오주립대학교에서 천문대장을 맡고 있던 천문학자 J. 앨런 하이넥이 함께했다. 하이넥은 지난 10년에 걸친 천문학 연구 경력에 전시 중 연구 및 V-2 로켓 개발에 참여한 경험에 더해, 그의 멘토 스트루베가 "특이한 별들에 대한 연구"라고 부른 분야에서도 성실하다는 평판을 얻었다. 하이넥의 전기작가는 그를 이렇게 적었다. "정신없는 속도로 질량이 탈출하는 거문고자리 베타별, 급변하는 수소스펙트럼을 볼 수 있는 황소자리 제타별의 '패러독스', '놀라운' 수소스펙트럼 선을 보여 주는 페르세우스자리 파이별, '매력적인 천체물리학적 문제'를 품고 있는 백조자리 P별, '놀라운 스펙트럼의 변화'를 보이는 카시오페아자리 감마별처럼, 항상 하이넥의 망원경은 예기치 못한 특성을 보여 주는 별을 바라보았다. 하이넥은 항상 우주에서 가장 혼란스럽고 이상한 별들이 찍힌 사진건판을 분석했고, 분광 관측 데이터를 해석할 때 빠지지 않았다."

천문학 분야에서 그의 이러한 독특한 이력은, 공군이 이상 현상을 연구하기에 적합한 두 번째 민간 전문가로서 그를 선발한 요인이었다. 그는 제보된 목격 사례를 정리하고, 그중에서 분명하게 천문학적 현상으로 보이는 것들을 걸러 낼 수 있는 전문가였다. 하지만 하이넥은 공군의 제안을 선뜻 받아들이지 않았다. 사실 이 과학자는 처음에 사인프로젝트에 참여해 달라는 요청을 받았을 때, 이 문제를 별로 중요하게 생각하지 않았다. 그는 비행접시에 대한 세계적인 권위자도 아니었고, 엄청 유명한 천문학자도 아니었다. 심지어 비행접시의 존재를 믿을 수 있는지조차 확신하지 못했다. "UFO에 대해 처음 들었을 때, 나는 그것이 완전히 터무니없는 헛소리라고 생각했다. 어떤 과학자라도 처음에는 다 그렇게 느꼈을 것이다." 그는 이후 이렇게 회상했다. "초기에 작성된 보고서 내용은 전부 애매모호했다. 물을 마시러 나갔는데 창밖 하늘에서 밝은 빛을 봤다던가, 위아래 그리고 옆으로 빠르게 움직였다던가, 다시 하늘을 봤더니 사라졌다던가 하는 식이었다." 그래서 그는 이런 목격담만으로는 진지한 결과를 얻는 것이 거의 불가능하다고 생각했다. 하지만 이런 이상한 사건들을 조사하는 것이 굉장히 독특한 기회가 될 수 있다고 생각했다. 약간의 고민 끝에 그는 공군의 제안을 받아들였다. 적어도 그는 라이트패터슨기지까지 차를 몰고 왔다 갔다 할 수 있는 오하이오주 중부 지역에서 최고의 천문학자였다. 게다가 재미도 있어 보였다. "항상 하늘과 별은 인간의 이해를 아득히 초월했습니다. 이런 이해할 수 없는 상황들은 다양한 비과학적인 추측으로 이어지곤 했다." 1936년에 있은 한 강연에서 그는 이렇게 말했다. 이토록 재미있는 일이라면 왜 다가가지 않겠는가?

* *

결과적으로, 그해 봄 영국의 과학자들은 공군의 목격을 하나의 천문학적 현상으로 설명할 수 있다는 사실을 보여 주었다. 1947년에 벌어졌던 비행접시 소동의 많은 부분들을 쉽게 설명할 수 있었다.

이 발견은 과학자들이 전파 잔향을 통해 낮에도 유성우를 식별하고 추적할 수 있다는 사실을 알게 되면서 이루어질 수 있었다. 이전까지 유성우는 주로 밤의 어두운 시간에만 추적이 가능했다. 그리고 유성에 대한 진지학 과학적 연구는 거의 이루어지지 않았다. 그저 12월의 쌍둥이자리 유성우, 8월의 페르세우스자리 유성우처럼 해마다 특정 시기에 지구의 밤하늘에 쏟아지는 몇몇 정기적인 유성우 현상들에 대한 관측만 이루어지고 있을 뿐이었다. 전쟁이 끝나 가던 무렵, 당시 영국군 관계자들은 독일의 V-2 로켓을 추적하기 위해 레이더로 하늘을 감시하고 있었다. 그런데 "로켓이 없는데도 [레이더] 경보가 울리는 상황"이 여러 번 반복되면서 혼란스러워했다. 전쟁이 모두 끝난 뒤, 영국의 과학자들은 이 미스터리에 다시 주목했다.

이를 분석하기 위해, 체셔주 조드럴뱅크에 새로운 전파천문대를 건설했다. 과학자들은 기부받은 잔여 전시 레이더 관측 장비에 부분적으로 의존해서 작업을 수행했다. 1947년 5월, 과학자들은 당시까지 잘 알려져 있지 않았던 물병자리 뮤 유성우를 포착했다. 1948년 《피직스투데이》는 이렇게 적었다. "낮에도 유성이 떨어질 걸 전혀 예상치 못한 건 아니었다. 하지만 그것은 단지 하나의 유성이 떨어지는 게 아니라, 한꺼번에 쏟아지는 일련의 유성우였다. 이 유성우는 여름 내내 이어졌고 6월이 되면서 절정에 달했다. 그리고 마침내 9월 초가 되면서 활동이 끝났다." 놀랍게도 케네스 아널드가 캐스케이드산맥 위에서 밝은 빛을 목격해서 "비행접시" 소동이 벌어지던 바로 그 시간에 영국의 과학자들은 창밖으로 당시까지 알려지지 않은 새로운 유성우를 추적하고 있었던 것이다.

수많은 이상 현상에 대한 제보를 촉발한 1947년 여름의 목격들은 어쩌면 하늘에서 유성우를 보고 착각해서 벌어진 해프닝이었을지 모른다. 아널드도 하늘에서 유난히 밝게 빛난 유성을 보고 착각했을 수 있다. 결국 그 진실을 확인할 수 있는 방법은 하나뿐이었다.

5장
고전

1948년 맨텔 사건은 이후 사인프로젝트가 "고전"으로 명명하게 되는 대표적인 세 가지 사건 중 첫 번째 사건이 되었다. 두 번째 사건은 1948년 7월 24일에 벌어졌다. 휴스턴에서 애틀란타로 향하던 이스턴항공 소속 DC-3 항공기가 저녁 하늘 어둠 속에서 자신을 향해 다가오는 밝은 빛을 목격했다. 파일럿 클래런스 차일스는 이상한 점을 눈치채고 이렇게 말했다. "저기 봐! 육군의 신형 제트기가 우리를 향해 접근하고 있어!" 하지만 곧바로 그것이 다른 일반적인 제트기보다 훨씬 빠르게 움직이고 있다는 사실을 깨닫고 비행기를 빠르게 왼쪽으로 틀었다. 미확인물체는 약 700피트 거리를 두고 윙윙거리는 소리를 내면서 빠르게 그들을 스쳤다. 함께 있던 파일럿 존 휘티드는 어깨 너머로 이 미확인물체가 빠르게 상승하는 장면을 목격했다. 차일스는 당시 상황을 이렇게 회상했다. "마치 그 안에 타고 있는 파일럿이 일부러 우리를 아슬아슬하게 회피하는 것처럼 보였다. 뒤쪽에서 엄청난 화염을 내뿜으면서 구름 속으로 화려하게 솟구치면서 사라졌다."

두 사람은 자신들이 본 것을 확신했다. 그들이 본 물체는 B-29에서 날개를 빼고 동체만 남은 것 같은 형태였다. 동체 아래쪽에서는 "진하고 푸른빛"이 났고, "두 줄의 창문에서 밝은 빛이 새어 나오고" 있었다. 동체 뒤쪽 끝으로는 "황적색으로 보이는 50피트 길이의 불꽃"이 보였는데 추진체 같은 곳에서 나오는 불꽃처럼 보였다. 당연하게도 그들이 목격한 물체의 크기, 근접성, 속도를 감안하면 그것이 빠르게 공기를 가르고 스쳤을 때 그 바람의 떨림을 느꼈어야 했다. 하지만 그들은 "공기의 파동과 난류를 전혀 느낄 수 없었다. 물체가 우리 곁을 지나갈 때 그 어떤 기계적인 진동도 느껴지지 않았다"라고 증언했다. 같은 날 저녁, 버지니아주-노스캐롤라이나주 경계 근처를 홀로 비행하고 있던 또 다른 파일럿도 앨라배마 쪽 방향에서 "밝은 유성"으로 보이는 빛을 목격했다고 보고했다. 조지아주 메이컨 근처에 위치한 로빈슨공군기지에 있던 정비 책임자도 하늘 위로 빠르게 지나가는 밝은 빛을 목격했다. 수사관들이 이들의 증언을 토대로 삼각측량을 해 본 결과, 모두 신빙성 있고 일관성 있는 주장이었다.

라이트패터슨정보부대 소속 사인프로젝트 수사관들은 당혹스러웠다. 앞뒤가 전혀 맞지 않은 목격담들이 너무 많다는 게 문제였다. 또 그들은 이 문제에 더 깊이 파고들수록 혼란스러워졌다. 다행히 대부분의 미디어는 "비행접시" 목격담에 크게 관심을 갖지 않았다.* 그저 시간이 갈수록 이상 현상을 목격

---

* 이 시기 동안 공군은 하나의 독립된 군 조직으로서 가장 중요한 시험대에 오르고 있었다. 1948년 6월, 소련이 서베를린을 봉쇄하면서 영국과 미국 공군은 역사상 가장 큰 규모의 재보급 작전을 개시했다. C-47과 C-54 수송기가 독일을 드나들었다. 한창일 때는 30초마다 한 대씩 새로운 군 수송기가 착륙할 정도였다. 석탄에서 사탕에 이르는 수많은 물자들이 24시간 내내 쉬지 않고 운송되었다. 각 항공기들은 지상과 하늘에서 조금씩 시차를 두고 아주 조심스럽게 운행되었다. 하지만 그해 여름이 지나면서, 미국을 비롯한 동맹국들은 결국 이 작전이 단기간 안에 끝나지 않을 것이란 현실을 직감하기 시작했다. 점차 공수 작전은 흔들리기 시작했다. 수송기를 유지보수하는 데 문제

했다고 주장하는 사람들에 대한 근거 없는 조롱과 비아냥만 늘어나고 있을 뿐이었다. 덕분에 수사관들은 외부의 간섭과 방해 없이 조용하게 조사를 수행할 수 있었다. 하지만 여전히 정부 관료들의 마음속에는 미심쩍은 의문이 남아 있었다. 심지어 트루먼 대통령도 여기서 자유롭지 못했다. 1948년 어느 날 오후, 그는 공군 보좌관 로버트 랜드리 대령을 대통령 집무실로 불러들였다. 그리고 "UFO 제보를 비롯해 이런 황당한 목격담이 대체 무엇을 의미하는지"에 대해 대화를 나누었다. 랜드리는 당시를 이렇게 회상했다. "사람이 하늘에서 볼 수 있는 모든 종류의 물체와 현상이 논의의 대상이 되었다."

트루먼은 랜드리에게 자신이 사람들의 제보를 아주 심각하게 생각하고 있지는 않지만, 실체적인 위협이 과소평가되지 않도록 염두해야 한다고 설명했다. 트루먼 대통령은 이렇게 말했다. "국가안보를 해할 수 있는 잠재적이고 전략적인 위협의 증거가 있을지 모른다. 중앙정보국에서 수집한 UFO 관련 자료들에 대한 분석과 평가는 정부 최고 수준에서 더 면밀하고 집중적으로 이루어져야 한다." 트루먼은 랜드리와 공군으로부터 정말 UFO가 실제적인 위협을 의미하는지에 대해 분기마다 구두 보고를 받고 싶다고 했다.

트루먼은 이후 남은 재임 기간 동안, 랜드리로부터 정기

> 가 생겼고, 누적된 피로로 승무원들이 지쳐 가면서 사고도 잦아졌다. 공군은 새로운 사령관을 임명했지만, 그의 도착을 앞두고 비구름 속에서 연이은 실수로 인해 추락 사고 여러 건이 발생하자 결국 베를린 템펠호프공항 상공을 선회할 수밖에 없었다. 이후 몇 주 동안은 다시 물자 수송이 재개되면서 공군이 안정화되었지만, 세계적인 군사력을 갖춘 진정한 자유의 수호자로 거듭나기에는 아직 갈 길이 멀었다.

적인 브리핑을 받았다. 하지만 이후에 랜드리는 이렇게 회상했다. "정보국 보고에 따르면 국가에 위협으로 간주할 수 있는 믿을 만한 증거는 하나도 없었다." 또 "저 위"에서 대체 무슨 일이 벌어지고 있는지에 대한 결정적인 단서도 나오지 않았다. 대부분의 목격 사례들이 단순한 기상학적, 천문학적 자연현상을 보고 오해한 것이었더라도, 여전히 상당히 신뢰할 만한 목격자들로부터 꾸준히 제보가 들어오고 있었기 때문에 사인프로젝트의 수사관들은 모든 목격담이 단지 지평선 위에 떠 있는 밝은 행성을 잘못 봐서 착각한 것이라고 단언할 수는 없었다. 수사관 대부분은 "비행접시"가 미국 정부의 비밀 프로젝트와 관련이 없다고 생각했고, 그렇다고 소련이 겁도 없이 비밀리에 제작한 항공기를 미국 영공에 띄우고 시험비행을 하는 거라는 주장도 타당해 보이지 않았다. 그 비행 물체가 적대적이라는 그 어떤 증거도 찾을 수 없었고, 직접적인 충돌, 착륙, 또는 지상에서의 접촉도 전혀 없었다. 물리적인 잔해도 전혀 수거하지 못했다. 지구상에 알려진 그 어떤 추진 시스템으로도 비행접시의 빠른 속도를 따라잡을 수 없었다. 한편 빠르게 가속하는 비행기 안에서 사람이 중력가속도를 얼마나 버틸 수 있는지 연구하던 공군항공의학연구소에서는 그 어떤 인간도 UFO가 보여 주는 초고속 기동을 버틸 수 없을 거라 생각했다. 사인프로젝트의 한 수사관은 어쩌면 그 비행 물체들이 "알 수 없는 종족"에 의해 조종되고 있을지 모른다는 내용의 메모를 남겼다. "그들은 대체 누구기에, 인간의 몸으로는 절대 견딜 수 없는 이런 끔찍한 기동력을 견딜 수 있는 걸까? 그들을 지구인의 관점에서 판단하면 안 되는 게 아닐까?"

이후 사인프로젝트를 이끈 에드워드 루펠트의 증언에 따르면, 수사관들은 "상황 추정"이라는 이름으로 가로 22센티미터 세로 36센티미터 판형인 두꺼운 극비 정보 분석 문건을 작성했고, 그것을 펜타곤 고위 간부들에게 보고했다. 이 보고서는 과학자, 파일럿, 군 지휘관을 비롯해 신빙성 있는 많은 목격자들에게서 수집한 다양한 목격담을 담고 있었다. 그리고 그들이 지구인의 비행 능력과 평범한 자연현상으로는 설명할 수 없는 이상 현상을 일관되게 제보했다는 사실을 밝혔다. 보고서의 결론은 단 한 지점을 가리켰다. 바로 외계인이었다. 루펠트가 회고한 바에 따르면 당시 보고서에는 "이 현상은 UFO다. 행성과 행성 사이를 오가는 것으로 추정된다!"라고 느낌표까지 찍혀 있었다.

하지만 펜타곤은 수사관들의 의견에 동의하지 않았다. 공군참모총장 호이트 반덴버그 장군을 비롯한 펜타곤의 고위 간부들은 사인프로젝트가 내린 결론이 너무 성급하다고 여겼다. 그리고 유의미한 증거들이 아직 부족하다고 생각했다. "장군은 행성 간 우주선이라는 분석 결과를 받아들이지 않았다." 결국 사인프로젝트의 수사관들과 공군은 보고서의 내용이 너무 충격적이고 폭발적인 내용을 담고 있다고 판단하게 되었다.

이후 몇 달 만에 군은 존재하는 모든 문건의 사본을 소각한 것으로 추정된다.*

* 이 보고서의 존재를 입증하는 유일한 증거는 에드워드 루펠트와 J. 앨런 하이넥의 개인적인 증언뿐이다. 그들은 1971년 2월 인터뷰에서 이 보고서의 존재를 확인했다고 주장했다. 하지만 이 문서는 전혀 흔적이 없다. 그 내용이 직접 인용된 적도 없다. 2019년 역사학자 케이트 도시는 이렇게 썼다. "문서의 내용은 고사하고 그 존재를 입증하는 그 어떤 증거도 전혀 발견되지 않

* *

펜타곤 내부에서 "상황 추정"이라는 문건이 돌고 도는 동안, 또 다른 세 번째 "고전"으로 불리게 되는 가장 극적인 사건이 벌어졌다. 이 사건은 1948년 노스다코타주 파고 상공에서 벌어졌다. 제2차세계대전 당시 활약했던 베테랑 파일럿이자 전후에 노스다코타주방위군에서 근무하기도 했던 전직 중위 출신 트랙터 판매 사원 조지 고먼은 10월 1일 오후 9시경, F-51 머스탱을 이끌고 도시 상공을 비행하고 있었다. 그는 항공교통관제소에 알 수 없는 밝은 빛이 자신을 스쳐 지났다고 보고했다.[*] 관제사는 고먼의 비행기보다 아래에서 날던 파이퍼 컵 경비행기 말고는 상공에 별다른 물체가 없다고 확인해 주었지만, 고먼은 불빛을 추적하기로 결정했다. 그리고 약 30분 동안 그는 자신이 목격한 밝은 빛과 드라마틱한 공중전을 벌였다. 고먼은 자신의 머스탱을 최고 속도까지 밀어붙이면서 1000야드 거리까지 접근했다. 하지만 그 물체는 빠르게 다시 멀어졌다. 그는 자신이 목격한 구형의 물체가 1피트 조금 안 되는 너비를 갖고 있었다고 추정했다. 그리고 그 정체가 무엇이든 자신이 타고 있던 최신 전투기보다 더 빠르고 날카로운 회전이 가능했다고 설

았다. 보고서의 초안도 없고, 군 관계자나 자문 과학자의 증언도 전혀 없다. (루펠트가 '황금기의 기념품'으로서 일부를 보관했다고 주장하지만) 배포된 것으로 알려진 많은 사본 중 단 한 부도 남아 있지 않다." 도시는 이 문서가 실제로 존재하기는 했는지조차 확신할 수 없다고 결론지었다. "이것은 당시 UFO와 관련해 무성했던 소문들의 상당 부분이 얼마나 취약한 증거에 기대고 있는지를 여실히 보여 준다."

[*] UFO 관련 서적에서 보통 고먼의 직업은 "건설관리자"로 소개되곤 하지만, 정보 요원과 나눈 인터뷰에 따르면 그는 자신의 직업을 "인터내셔널 하베스터사의 유제품 장비 영업자"라고 기재했다.

명했다. 날카로운 궤적을 그리는 물체를 무리해서 뒤쫓던 고먼은 중간에 잠시 의식을 잃기도 했다. 그는 현존하는 그 어떤 파일럿도 버티기 어려울 정도의 급회전을 시도했다. 그는 물체를 추격하다가 정면충돌을 할 것 같은 위협을 느껴서 빠르게 회피하기도 했다. 그는 수사관들에게 이렇게 설명했다. "좀 겁이 났다. 내가 빠르게 하강했을 때, 그 빛은 제 캐노피보다 500피트 위를 지나가고 있었다. 그러고는 약 1000피트 위에서 왼쪽으로 원을 그렸다. 나는 다시 그 빛을 뒤쫓았다."

빛을 추적하는 고먼의 공중 발레는 수백 마일까지 이어졌다. 그 빛의 속도는 시속 400마일에 다다랐고, 고도 1500피트와 1만 7000피트 사이를 빠르게 오르내렸다(그는 이 밝은 빛이 자신의 아래에 나타났다가, 또 어떨 때는 위에도 나타났다고 증언했다). 고먼은 오후 9시 30분경, 자신이 몰던 비행기가 고도 1만 4000피트까지 올라가고 나서야 공중전을 멈추고 비행장으로 돌아왔다. 이후 그는 이렇게 회상했다. "날개도 달려 있지 않은 무언가가 공중에 나타나서 눈길을 사로잡고는 순식간에 사라지는 광경을 두 눈으로 봤다는 걸 정말 믿기 어렵다."

이 사건은 같은 시간 하늘에 있었던 파이퍼 컵 경비행기 파일럿과 동승객, 그리고 비행장에 있던 항공교통관제사들에게도 목격되었다. 그 지역의 의사였던 경비행기 파일럿은 "물체가 아주 빠르게 움직였다. F-15보다 더 빨랐다"라고 말했다. 쌍안경으로 공중전이 벌어지는 광경을 지켜봤던 관제사들은 "물체 혹은 빛이 빠른 속도로 남서쪽 방향으로 날아가는 것을 봤다. F-51은 일정 간격을 두고 그 뒤를 쫓았다. 하지만 그 물체는 전투기로부터 더 멀리 벗어날 수 있을 정도로 충분히 빨랐다. 물체의 경계는 아주 선명했어요. 바깥으로 밝게 빛이 새어 나오지도 않았다. 그냥 깔끔한 둥근 형태였다. 그 외 다른 독특한 특징은 발견할 수 없었다. 우리가 식별할 수 있는 가장 중요한 특징은 분명 엄청난 속도로 날아가고 있다는 것뿐이었다"라고 진술했다.

지상으로 복귀한 이후 고먼은 군 지휘관과 수사관을 만났다. 그리고 자신이 무엇과 접촉했는지에 대해 이야기를 나누었다. 그는 그 물체가 분명 어떤 "생각이나 목적"을 갖고 움직였다고 말했다. "그 물체는 확실히 누군가의 의지에 따라 조종되고 있었다고 확신한다. 그리고 관성의 법칙에 따라 움직였다. 그 물체는 아주 빠르게 가속하기는 했지만 급가속은 아니었다. 상당히 빠른 속도로 회전했지만 충분히 자연스러운 곡선을 그리며 움직였다."

공군에서 "사건 번호 172"로 명명된 고먼의 목격담은 전국 신문의 헤드라인을 장식했고, 비행접시에 대한 폭발적인 관심을 불러일으켰다. 이에 대해 사인프로젝트 수사관들은 다양한 가설을 조합했다. 그날 밤 8시 50분경, 기상청은 파고 주변 상공에 밝게 빛을 내는 기상관측 풍선을 띄웠다. 이것은 그날 9시쯤 하늘에서 "공중전"이 시작될 무렵, 그 주변 하늘을 날던 고먼과 경비행기 파일럿에게 이상한 비행 물체로 인식되었을 가능성이 있다. 수사관들은 고먼이 속도를 올리면서 풍선 주변으로 빠르게 다가갔기 때문에, 그 모습을 멀리서 지켜본 관제사들이 비행 물체가 아주 빠른 속도로 기동하고 있다고 착각했을 가능성이 있다고 판단했다. 이후 풍선은 계속 높은 고도로 상승했고 파고에서 멀어졌다. 고먼은 멀어지는 기상관측 풍선의 빛과 하늘에 떠 있던 밝은 목성의 빛을 혼동했다. 수사관들은 고먼이 마지막에 하늘에 떠 있는 목성을 바라보며 남쪽으로 돌진했다고 생각했다. 경비행기 파일럿과 공항 관제사들을 비롯한 다수의 목격자들도 하늘 위를 빠르게 움직이는 빛을 목격했다고 제보했지만 이를 수사관들은 이렇게 지적했다. "해당 사건의 다른 목격자들은 고먼 중위의 진술만큼 디테일하지 않다." 결국 비행 물체가 보여 준 믿을 수 없을 정도로 예리한 회전 기동은 고먼이 스스로 어지럽게 회전하면서 오인한 것일 수 있다는 것이었다.

하지만 고먼은 여전히 이러한 설명을 받아들이지 못했다. 그해 12월, 그는 비행접시 사건의 최초 목격자 중 한 명인 (고먼에게 공중전에 대해 더 자세한 설명을 요구했던) 케네스 아널드에게 답장을 보냈다. 그는 사건이 기밀이기 때문에 자세한 이야기를 해 줄 수 없다고 말했다. "나는 평소 호기심이 많았고 질문이 많은 사람이었다. 그리고 그날 밤 내가 갖고 있던 많은 궁금증에 대한 답을 얻을 수 있었다. 그들이 우리에게 답을 들려줄 준비가 될 때까지 기다려야 한다."

고먼의 사건이 있고 나서 몇 주 사이, 일본 상공에서도 레이더에 의심스러운 물체가 포착되었다. 뉴스는 그 물체를 추격 시도한 F-61 블랙위도우 파일럿의 이야기를 비롯해서 기타 여러 이상 현상에 대한 목격담을 보도했다. 파일럿은 레이더 화면을 통해 그 물체가 여섯 번이나 자신의 요격 시도를 회피하는 모습을 목격했다. 전투기를 이끌고 가까이 접근할 때마다 그 물체는 더 속도를 높여 도망갔다. 파일럿은 "소총 총알"처럼 보이는 물체의 희미한 윤곽만 확인할 수 있었다. 그러던 중 독일에서 또 다른 중요한 제보가 들어왔다. 11월 23일, F-80 "슈팅 스타"를 몰던 두 명의 파일럿이 뮌헨 상공에서 "붉은 별"로 보이는 무언가가 남쪽으로 이동하는 것을 목격했다. 당시 레이더병은 2만 7000피트 상공에서 시속 약 900마일의 속도로 이동하는 물체를 봤다고 보고했다. 그때까지 알려져 있던 그 어떤 항공기도 이렇게 기동할 수 없었다. 이건 불가능한 속도였다. 수상한 비행 물체가 사람들의 눈과 레이더에 동시에 포착된 건 이번이 처음이었다.

흥미로운 진일보였다. 하지만 사인프로젝트가 더 알아낼 수 있는 건 많지 않았다. 결국 레이더 자체가 비행접시의 존재를 입증하는 증거는 아니었기 때문이다. 진정한 한발을 내딛기 위해서는 더 확실한 증거가 필요했다. 사인프로젝트는 1948년까지 최종적으로 신빙성이 있다고 판단한 167건의 목격담을 수집했다. 하지만 펜타곤은 이를 인정하지 않았고 프로젝트는 어려움에 직면했다. 결국 그들은 이 추정치를 재조정해야 했다.

1949년 2월, 사인프로젝트가 출범하고 겨우 1년 만에, "미확인비행물체"에 대한 최종 보고서가 발표되었다. 45페이지에 달하는 이 보고서는 국내에서 수집한 총 234건의 제보, 그리고 해외에서 수집한 30건의 제보에 대한 연구 결과를 담고 있었다. 다양한 목격 사례들을 어떻게 분류하고 연구했는지에 대한 과정과 결론을 정리했다. 보고서는 목격 사례들을 다음과 같이 네 가지 카테고리로 분류했다.

1. 비행접시, 즉 아주 작은 종횡비를 갖는 항공기
2. 주익 혹은 미익이 없는 어뢰나 시가 형태의 물체

3. 구형 또는 풍선 모양의 물체
4. 공 모양의 발광체

 정확한 제어 방식과 작동 원리는 추측에 의존했지만, 그래도 첫 번째부터 세 번째 카테고리까지는 모두 "항공 엔지니어들이 쉽게 상상할 수 있는" 일반적인 것이었다. 사인프로젝트의 수사관들은 심층적인 공학 분석을 통해 비행 물체 중 공기역학적으로 의미 있는 것은 없다고 판단했다. 그들은 "이런 형태로 충분히 빠른 속도와 충분히 긴 비행시간을 확보하고, 항공기로서 실용적으로 쓰일 수 있을지 의문이 든다"라고 결론내렸다(가령, 이들은 풍동실험을 통해 특히 납작한 "비행접시" 형태의 항공기로는 효율적인 양력을 구현할 수 없다는 것을 확인했다. 장거리 여행에 이런 형태를 사용한다는 것은 현실의 추진 시스템으로는 상상할 수 없는 일이었다. 차일스와 휘티드가 목격했다고 주장한 시가 형태의 제트추진 항공기도 "현재 알려진 그 어떤 엔진보다 훨씬 발전된 추진 시스템"을 필요로 했고, 엄청나게 많은 연료를 소모해야 비행이 가능한 형태였다). 마지막으로 네 번째 카테고리에 대해 사인프로젝트는 이렇게 설명했다. "공 모양으로 빛나는 발광체에 대한 합리적인 가설은 존재하지 않는다."

 보고서 부록 파트에는 공군과학자문위원회 창립 멤버 중 한 명인 물리학자 조지 E. 밸리의 분석이 담겨 있었다. 그는 그나마 가장 신뢰할 만한 목격 사례들의 특성과 패턴을 분석했다. 그는 비행접시가 제보된 시간대가 주로 낮 시간이며, 특히 낮에 목격된 경우 떼거지로 포착된 경우가 많다고 분석했다.

반면 밤에 포착된 비행 물체는 대부분 한 대였다. 그는 H. G. 웰스와 같은 SF 작가들이 상상했던 반중력장치와 같은 기술의 가능성에 대해서도 잠시 고민하기는 했지만, 결국 목격자들이 다른 무언가를 보고 착각했을 가능성이 더 높다고 판단했다. "비행 물체를 봤다고 주장하는 목격자들이 믿을 만한 직함을 달고 있다는 것을 근거로 그들의 주장을 사실이라고 말하고 싶을 것이다. 하지만 특히 전쟁 중에는 파일럿에 의해 제보된 기이한 현상들이 아주 많았다. 불덩어리 전투기 사건이 떠오른다. 과거에도 선원들은 수백 년 동안 바다 용을 봤다고 주장해 왔지만 지금껏 사진 한 장 찍힌 적이 없다."

수사관들이 파악한 결과, 수집된 목격 사례 중 약 20퍼센트는 "평범한 공중 물체"로 확인되었고, 나머지 대부분도 "날씨 및 기타 관측 풍선" 또는 천문 현상으로 설명할 수 있었다. 또 목격 사례 중 일부는 공군항공의학연구소에서 "인간의 정신과 감각의 오류"라고 부른, 밤 비행의 방향감각 상실에서 비롯되는 "어지러움증"으로 인한 착각이었다.

수사관은 이렇게 주장했다. "일부 사례들이 이 나라의 공학자, 과학자가 알지 못하는 훨씬 진보된 기술적 발전을 보여주고 있을지 모른다는 가능성까지 고려했다. 하지만 조사 결과, 그러한 가능성을 객관적으로 받아들일 만한 그 어떤 증거도 충분히 제시되지 않았다. 다른 행성에서 우주선이 날아왔다던가, 혁신적 원자력 발전기로 추진되는 최신 항공기일 가능성 등 지금까지 제시된 모든 가설은 전부 추측일 뿐이다."

결국 사인프로젝트는 목격된 현상들을 완벽하게 입증할 수도, 반박할 수도 없었다. 그들은 비행 물체가 정말 존재한다는 명확한 그 어떤 증거도 찾지 못했다. 심지어 가장 신빙성이 있다고 판단했던 목격자들조차 자신들이 본 것에 대한 확실한 증거를 제시하지 못했다. "[공군은] 평소와 달리 이번에는 '확실한 데이터'를 전혀 얻을 수 없었다." 이어서 하이넥은 이렇게 회상했다. "그들은 가까이서 찍은 근접 사진, 비행 물체에서 떨어져 나온 부품 조각, 그리고 아주 상세한 진술을 요구했다. 하지만 비행 물체를 목격했다고 주장하는 파일럿들은 그저 금속으로 보이는 물체, '접시 모양'의 날개 없는 비행체가 엄청난 속도로 자신을 빠르게 '스치며' 사라졌다고 진술할 뿐이었다."

하지만 보고서는 이 모든 신비한 주장을 설명하고 의문을 해소하기에 자신들의 조사 결과가 충분한 설명을 제시하지는 않다는 점도 분명히 했다. "각 사건에서 목격된 비행 물체가 정말 존재하지 않았다는 비존재성 또한 확실하게 입증할 필요가 있다." 한편 사람들이 당시 세계에서 가장 앞서 나가는 산업국가였던 미국조차 알 수 없을 정도로 뛰어난 첨단기술을 실제로 목격했을 거라 확신하기 어렵다는 점도 분명히 했다. "어딘가 다른 나라에서 이런 엄청난 수준의 프로젝트를 들키지 않고 지금 단계까지 수행하기 위해선 아주 극비리에 연구개발을 하고 있어야 한다"라고 설명하면서, 소련의 항공기 "혁신"도 사실은 다른 나라의 항공기 기술을 베낀 것에 불과했다는 사실을 감안했을 때, 소련에서 미국 몰래 그런 최첨단 기술을 개발할 능력이 있을 거라 보기 어렵다고 주장했다. "소련이 지구상의 다른 그 어느 나라보다 앞선 기술을 개발할 수 있는 능력을 갖고 있을 거라 평가하기에는 객관적 증거가 너무나 부족하다." 후속 연구에 대한 언급은 전체 보고서에서 겨우 3분의 1 페이지로 끝났다. 수사관들의 낙담과 좌절, 그리고 그들이 느꼈을 혼란을 여실히 보여 주는 증거였다. 보고서는 더 많은 사례들이 "국가의 안보를 위협하지 않는다는 것을 보여 줄 때까지" 계속 새로운 "데이터를 기록하고, 요약하고, 평가하기 위한 노력이 최소한의 수준에서 진행되어야 한다"라고 정리했다. 현시점에서 프로젝트는 모두 중단되며, 이제 공군은 다시 일상적인 정보활동으로 복귀할 수 있다고 덧붙였다.

제임스 립은 「부록 D」라는 9쪽짜리 추가 보고서를 작성했고, 최종 보고서에 추가하면서 조사 팀의 공식 입장에 못을 박았다. 립은 은하계와 로켓 추진체에 관한 수학적 분석을 진행한 결과, 고도로 발전한 외계 문명에 지구가 탐나는 연구 대상으로 여겨질 것이란 증거는 찾을 수 없었다고 밝혔다. 최근에서야 시작된 핵무기 시대를 감안하면 추상적으로나마 외부 방문자에게 지구가 흥미로운 대상이 될 수 있을지 모르지만, 그것이 꼭 실제 누군가 지구에 찾아온다는 것을 뜻하지는 않는다라고 밝혔다. "정말 그런 문명이 존재한다면 그들은 우리가 이제서야 핵폭탄을 확보했고, 로켓 개발을 막 시작하고 있다는 사실을 충분히 파악할 수 있을 것이다. 인류의 역사에 비추어 봤을 때, 그들은 우리를 통해 경각심을 느낄지도 모른다." 립은 이렇게 설명했다. "인간 활동 중에서 지구 바깥, 멀리서 가장 쉽게 볼 수 있는 것 중 하나가 바로 핵폭발이다. 따라서 만약 누군가 지구에 흥미를 갖고 우리를 방문하는 것이 사실이라면 그 시점은 바로 지금이 아닐까 기대하게 된다. 지구에서 실제 핵폭발이 벌어졌던 시점, 사람들에 의해 우주선이 목격된 시점, 그리고 우주선이 지구까지 날아왔다가 다시 되돌아가는 데 걸리는 시간, 이들 사이에서 무언가 유의미한 관계를 찾을 수 있어야 한다." 하지만 그는 이 또한 모두 추측일 뿐이라고 밝혔다. 사인프로젝트를 통해 수집된 목격 사례들에 따르면 비행 물체들은 딱히 목적이 있어 보이지 않았다. 특히 이것이 주로 미국에서만 목격되었다는 점은, 고도로 발전한 문명이 지구를 방문한다면 "지구 전역에 골고루 찾아올 것"이라는 가정과 맞지 않았다. 만약 외계에서 온 방문자들이 지구의 방어선을 탐사하고 있다고 해도, 미 공군의 첨단 항공기들의 열등한 추격술을 보고 인간의 기술을 전혀 두려워할 필요가 없다는 사실을 확인했을 것이다. 립은 이렇게 덧붙였다. "기술적으로 훨씬 진보한 문명이 굳이 여기까지 와서 자신들의 신비로운 능력을 뽐내고 그냥 조용히 물러갔다는 주장은 믿기 어렵다. 그들은 이미 오래전부터 지구인이 자신들을 뒤쫓을 능력이 전혀 없다는 사실을 잘 알고 있었을 것이다. 그런데 굳이 똑같은 시험을 여러 번 반복해서 할 이유가 없다."

마지막으로 립은 이렇게 밝혔다. "외계에서 누군가 지구를 방문할 가능성이 있다고 생각한다. 하지만 그 확률은 너무나 희박하다. 1947년과 1948년 사이에 제보된 '비행 물체'들이 보여 준 기이한 비행 방식은 유의미한 우주여행에 요구되는 조건과 부합하지 않는다." 비행 물체가 "다른 행성에서 찾아온 방문자"일 것이라는 생각은 "가능한 모든 설명이 확실하게 배제되고 나서야" 진지하게 고려할 수 있는 가설이었다.

사인프로젝트와 립의 최종 판단은 미국 정부와 주류 과학계에서 우주에 대한 이해가 어떻게 발전되어 왔는지를 보여 준다. 천문학자와 과학자 들은 우주의 광활함을 깨달아 가면서 외계 생명체가 존재할 가능성이 높다고 생각했다. 하지만 그것이 무엇이든, 누구든, 우리의 하늘에서 이상 현상을 일으킨 범인이었을 거라고 보지는 않았다.

군사적으로 봤을 때, "비행 물체"가 딱히 안보에 위협이 되는 존재가 아니라면, 그들의 정체가 무엇인지를 알아내는 건 이제 군이 아니라 과학자들이 해야 할 일이었다. 결국 사인프로젝트는 종료되었고, 군의 관심은 새로운 프로젝트, 즉 그루지프로젝트로 향했다.

6장
그루지프로젝트

지난 1년 동안 정부는 비행접시에 대한 국민들의 관심을 축소시키고, 그에 대한 논란을 일축하기 위해 노력했다. 하지만 사인프로젝트의 최종 보고서에서 확인할 수 있듯이, 사실 정부도 비행접시에 점점 더 많은 관심을 갖기 시작했다. 결국 사람들은 그 뒤에 무언가 더 거대한 비밀이 숨어 있을지 모른다는 의문을 품었다. 항공우주 분야 역사학자 커티스 피블스는 이렇게 설명했다. "한 기자가 비행접시를 목격했다는 사람을 취재하러 갔더니, 이미 현장에는 공군 관계자들이 와 있었다. 비행접시에 공군도 지대한 관심을 갖고 있다는 건 분명했다. 모든 의문 뒤에 무언가 비밀이 숨어 있는 것처럼 보였을 것이다." 기자들은 외계 정보 시대라 정의하게 된 새로운 매체를 통해 이러한 의문들을 거리낌 없이 보도했다.

1948년 사인프로젝트 수사관들이 전국 각지에 흩어져 목격 사례들을 조사할 때부터, 각종 가십 잡지들은 비행접시 열풍을 열렬히 조장했다. 1920년대부터 《스릴링어드벤처》《어스타운딩》《언노운》 그리고 《파퓰러디텍티브》와 같은 싸구려 월간지들은 헐벗은 여성 모델과 늠름한 자태의 남성 모델, 그리고 로봇들이 번갈아 가며 표지를 장식했고, 과학, 위험, 사랑, 영웅, 탐정에 관한 이야기를 다뤄서 큰 인기를 끌었다. 특히 SF, 미스터리, 모험을 주로 다루는 《트루》나 초자연적인 현상을 다루는 《페이트》 같은 잡지에 비행접시라는 주제는 고양이 앞에 놓인 캣닙처럼 탐나는 주제였다. 《트루》는 1948년 3월에 제1호가 발간되었는데, 케네스 아널드가 경험했던 "비행접시"에 관한 기사를 커버스토리로 실었다.

공군은 대중으로부터 쏟아지는 관심을 불편하게 생각했다. 그리고 미디어 대응 전략을 수립해 실행에 옮겼다. 공군은 《새터데이이브닝포스트》의 고위 간부에게 접근했고, 공군이 원하는 기사를 싣겠다는 약속을 받아 냈다. 1949년 4월, 잡지에 작가 시드니 샬렛이 쓴 「비행접시에 대해 당신은 무엇을 믿어야 하는가」라는 두 편짜리 시리즈 기사가 실렸다. 당시 《새터데이이브닝포스트》는 인기 정점에 있었고, 무려 500만 명이나 되는 사람들이 구독하는 잡지였다. 대중을 상대로 광범위한 미디어 대응 전략을 펼치기에 가장 이상적인 매체였다.

샬렛의 기사는 이른바 "고전"으로 알려진 사건들, 맨텔의 죽음, 차일스와 휘티드의 목격담, 그리고 고먼이 벌인 공중전에 대해 처음으로 소개하는 심층 탐사보도였다. 비록 기사에서 프로젝트의 정확한 암호명을 밝히지는 않았지만, 사인프로젝트를 처음 공개적으로 다룬 기사였다(샬렛은 기사에서 "접시 프로젝트"라고 불렀다). 샬렛은 목격자들의 진술과 일부 세부사항들에 접근할 수 있었고, 심지어 공군 관계자들과도 접촉할 수 있었다. 그가 접촉했던 인물 중에는 "접시 열풍"을 전적으로 일축했던 퇴역 장성 출신 칼 스파츠도 있었다. 그는 샬렛에게 이렇게 언급했다. "미국 국민들이 세상에 존재하지도 않는 것 때문에 이렇게까지 흥분한다니 정말 통탄스럽소. 만약 정말 누군가 우리에게 진짜 핵폭탄을 날리기라도 하는 날에는 하나님이 우리를 구원하시기를 기도해야 할 것이오. 내가 참모총장으로 재직했던 시기, 공군에서 수행했던 그 어떤 형태의 비밀 프로젝트도 비행접시와 아무 연관이 없었다는 사실을 자신 있게 말할 수 있소." 또한 샬렛은 공군과학자문위원회에서 활동했던 노벨상 수상자 어빙 랭뮤어 박사와의 인터뷰도 실었다. 그는 공군에서 수행한 비행접시 수색 작업에 한마디 조언을 남겼다. "신경 끄세요!"

샬렛은 기사에서 이렇게 설명했다. "자국의 뛰어난 발명가, 또는 우리 행성이나 다른 행성에서 온 잠재적인 적들이 미국 상공에 수상한 비행접시를 날리고 있다는 증거가 있었다면, 공군이 그것을 발견하지 못했을 리가 없다." 이후 기사는 또 다른 이상 현상을 목격할 경우, 어떻게 제보를 해야 할지 자세한 지침을 알려 주면서 마무리를 지었다. "정말 무언가를 목격했고, 그것을 입증할 자신이 있다면, 분명 당신은 공군을 놀라게 할 수 있을 것이다. 그리고 공군 역시 당신의 신고를 고마워할 것이다." 하지만 기사의 전반적인 톤은 비행접시의 존재 가능성에 비판적인 태도를 취하고 있었다.

하지만 미디어 대응을 통해 대중들의 관심을 돌리고자 했던 공군의 시도는 오히려 역효과를 낳았다. 사람들은 비행접시에 더 많은 관심을 갖기 시작했다. 이제 사람들은 비행접시에 관해 더 구체적인 이야기를 듣고 싶어 했다. 《새터데이이브닝포스트》가 가판대에 걸려 있는 사이, 《뉴욕타임스》는 사인과 그루지, 두 프로젝트가 시작된 라이트패터슨기지 부근의 지역 신문 《데이턴저널헤럴드》의 기사를 인용하면서, 비행접시는 결코 "농담이 아니"라고 공군이 결론지었다고 보도했다. 메릴랜드주에서는 한 헛간에서 수상한 비행 물체 두 대가 포착되기도 했는데, 이 사건을 조사한 지역 군사기지와 담당 수사관 사이의 연이은 소통 혼선과 엇갈리는 지침은 오히려 사람들의 의심을 가중시켰다. 볼링공군기지에 있던 한 공군 장교는 이 물체들이 오래된 비행접시의 프로토타입일 "가능성이 크다"라는 성명을 서둘러 발표했다. 하지만 하루도 지나지 않아서, 현장에 파견된 또 다른 공군 수사관은 이 물체가 제2차세계대전 이전에 한 발명가가 개발하다가 실패한 실험적인 기계장치라고 주장했다. 이런 공군의 혼란은 무언가를 은폐하고 있다는 뜻이었을까? 아니면 공군의 무능력함을 보여 주는 사례였을까? 둘 중 무엇이 더 심각할까?

이 모든 상황에 대해 가장 목소리를 높였던 비평가로 《트루매거진》의 편집장 케네스 퍼디를 꼽을 수 있다. 그는 《새터데이이브닝포스트》에 보도된 이야기를 전혀 믿지 않았다. 그는 자신의 의견을 거리낌 없이 밝혔다(그는 아널드 사건을 계기로 비행접시에 관심을 갖기 시작했다). 2년에 걸쳐 비행접시 관련 사례들을 취재한 끝에 그는 1949년 5월 9일, 항공 분야의 저명 저널리스트 중 한 명이었던 도널드 키호의 도움을 받아야겠다고 판단했고, 그에게 다음과 같이 전보를 보냈다.

"저는 비행접시의 수수께끼를 조사하고 있습니다. 첫 번째 제보에 따르면 이 모든 것이 공식적인 비밀을 은폐하기 위한 거대한 속임수일 가능성이 있어요. 진짜 진실을 숨기기 위해 고의적으로 거짓된 소문을 퍼뜨렸을 가능성이 있다고 생각합니다. 이건 정말 엄청난 이야기일지도 모릅니다. 워싱턴에서 함께 이 조사를 도와주실 수 있을까요?"

바로 다음 날 키호는 뉴욕 67 웨스트 44번가에 위치한 퍼디의 사무실에 도착했다. 퍼디가 보낸 전보를 처음 받았을 때까지만 해도 키호는 최신 뉴스를 파악하지 못하고 있었고, "접시에 대해서는 거의 잊고 있었다"라고 밝혔다. 하지만 그도 이전에는 이것에 꽤 관심이 많았다. 미스터리한 비행선에 대한 목격담이 아이오와주를 휩쓸고 바로 몇 주 뒤인 1897년, 바로 그곳에서 키호가 태어났다. 그는 초창기에 훈련을 받은 1세대 파일럿 중 한 명으로, 1919년 미해군사관학교를 졸업한 그는 이후 해병대에서 복무했다. 1922년 괌에서 추락 사고를 겪어 부상을 당했고, 회복기에 글 쓰는 데 취미를 붙인 그는 《위어드테일즈》와 《위어드판타지》와 같은 잡지에 「파멸의 주인」과 「노래하는 미라의 미스터리」와 같은 단편소설을 발표했다. 1927년 찰스 린드버그가 대서양을 횡단이라는 역사적 비행을 마치고, 전국을 돌며 홍보 투어를 하는 동안 그의 투어를 관리하기도 했다. 그는 이 경력을 바탕으로 『린드버그와 함께 날다』라는 책을 출간했다. 1930년대에는 제1차세계대전 파일럿 영웅을 주인공으로 한 모험담을 펴냈고, 제2차세계대전의 위협이 문턱까지 다가오자 그는 다시 해병대로 복귀해 비행훈련 부서에서 복무했다. 그리고 종전 전에 대령까지 진급했다.

키호가 사무실에 들어서자, 편집장 퍼디는 피우던 담배를 끄고 악수를 청했다. "뭔가 몹시 이상한 일이 벌어지고 있어요." 퍼디가 키호에게 말했다. "지난 15개월 동안, 접시프로젝트는 일급비밀로 꽁꽁 숨겨 있었어요. 그런데 갑자기 《새터데이이브닝포스트》에 기사 두 편이 실렸고, 공군은 비행접시와 관련된 모든 사건을 단숨에 접었습니다." 퍼디가 보기에 현 상황은 시민의 적극적인 관심과 추가 연구의 필요성을 주장하던 공군의 공식성명과 일치하지 않았다. 마치 공군이 가진 실제 우려를 숨기고 있는 것처럼 보였다.

콩그레셔널 리미티드 열차를 타고 워싱턴으로 돌아가는 길에, 키호는 퍼디가 건넨 지난 2년간 축적된 파일들을 읽기 시작했다. 파일에는 다양한 사람들의 목격담, 군사 문건들, 사건의 타임라인이 자세히 기록된 문서들이 있었다. 파라과이, 벨기에, 튀르키예, 네덜란드, 독일 등 다른 나라에서도 많은 목격들이 있었다. 그가 이전에는 들어 본 적 없던 새로운 사건 50건도 추가로 확인했다. 그는 빠르게 빠져들었다. "증거들은 생각보다 훨씬 인상적이었다." 그는 이렇게 회상했다. "무언가 불길한 기분이 들었다." 그의 심장이 두근거렸다. 세상에 공개되지 않은 미군의 비밀 무기라도 있는 게 아닐까? 어쩌면 아무도 모르는 사이에 미국이 비행접시에 맞먹는 엄청난 성능을 가진 무기를 개발한 게 아닐까? 그는 이 물음에 대한 답이 "그럴지도 모른다"라는 사실을 깨달았다. "우리는 비교적 비밀리에 핵무기를 생산했고, 장거리 유도미사일을 개발하는 데 성공했다는 사실을 고려해야 한다." 그리고 그의 추측은 이렇게 이어졌다. "만약 이것들이 소련의 미사일이라면, 하나님이 우리를 지켜 주기를 바랄 수밖에."

다음 날, 펜타곤으로 복귀한 그는 혼자만의 조사에 착수했다. 그는 그곳에서 알고 지냈던 관계자들을 만나서 대화를 나누었다. 그리고 공식 석상에서는 비행접시의 존재를 부정하고 일축하면서 정작 뒤에서는 다른 모습을 보이는 공군의 모순적인 태도를 지적했다. 그는 금세 공군 장교들 사이에서도 훨씬 더 큰 의견 충돌이 있었다는 사실을 앉게 되었다. 일부 장교들은 정말 공군이 무언가 은폐하고 있으며 자신들도 의심스럽다고 했다(한 장교는 이렇게 말했다. "모두 터무니없는 소리라고 들었다. 하지만 그렇게 말하는 사람들 모두 스스로 그렇게 믿으려 애쓰는 것 같았다"). 반면 또 다른 장교들은 비행접시가 절대 미국의 비밀 프로젝트일 리가 없다고 맹세했다.

이후 몇 주, 몇 달에 걸쳐 키호는 조사를 이어 나갔다. 전국을 돌아다니면서 수상한 물체를 봤다고 주장하는 사람들을 인터뷰했다. 그들 중 많은 사람은 여전히 자신이 본 것이 무엇인지 심각하게 혼란스러워하고 있었다. 조사를 마친 뒤, 그는 퍼디와 한 잡지의 항공 전문 편집자 존 듀배리에게 다음 네 가지의 가설을 제시했다.

"첫 번째, 비행접시는 존재하지 않을지도 모른다. 단순 실수, 착각에 의한 것일 수 있다. 두 번째, 그것은 어쩌면 소련에서 만든 유도미사일일 수 있다. 세 번째, 미국에서 만든 유도미사일일 수도 있다. 네 번째, 어쩌면 이 모든 게 전부 사기이고, 그저 심리전 전술일 수도 있다."

"하나를 더하자면" 퍼디가 덧붙였다. "외계 행성에서 왔을지도 모른다."

처음에 키호는 여기에 이의를 제기했다. 하지만 둘 사이 논쟁이 이어지면서 결국 그는 자신의 이견을 철회했다. 그는 인정할 수밖에 없었다. 인류의 항공산업이 얼마나 큰 발전을 이룩했는지를 봤을 때, 지구 바깥 다른 어느 종족이 우주여행에 성공했을 거라고 추측하는 것도 전혀 미친 생각이 아니라는 생각이 들었다. 50년 전 그가 태어났을 때, 이미 최초의 비행선이 하늘을 날고 있었다. 그리고 50년 된 이제 사람들은 인간이 우주공간을 탐사할 수 있을 거라 기대하고 있었다. 퍼디가 키호에게 말했다. "만약 그것이 사실이라면, 그건 그리스도의 탄생 이후 가장 위대한 이야기가 될 거요."

"오슨 웰스의 라디오방송보다 더 심각한 혼란을 야기할지 모르죠." 키호가 대답했다.

그로부터 두 달 뒤, 정부는 그루지라는 이름의 새로운 프로젝트를 발표했다. 그루지프로젝트의 보고서에서 키호는 설득력 있는 증거를 발견했다. 이 새로운 프로젝트는 이전과 마찬가지로 수상해 보이는 목격담을 계속 수집하고 분석하는 과정을 이어 갔다. 하지만 이번에는 저 정체불명의 물체가 더 인간 차원에서 이해할 수 있는 답을 가졌을 거라는 기대에서, 더 지적이고 체계적인 접근법을 택했다. 프로젝트의 이름부터 이들의 단호한 태도를 엿볼 수 있었다(그루지는 원한, 유감을 뜻한다—옮긴이). 그루지프로젝트는 불과 6개월 전에 시작되었지만, 그 짧은 시간 안에 "최종" 보고서를 완성했다. 그들은 그해 초 MIT의 조지 밸리, 오하이오주립대학교의 하이넥, 항공기상국, RAND, 그리고 공군항공의료연구소 주도로 진행되었던 사인프로젝트의 보고서를 거의 그대로 베낀 400페이지짜리 보고서를 만들었다. 그들은 총 228건에 달하는 목격 사례들을 빠르게 검토했고 단 30건만을 "미해결" 사례로 분류했다. 항공기상국은 220건에 달하는 사례들 중 14퍼센트가 기상관측 풍선에 의한 것이라고 잠정적으로 결론 내렸다. 하이넥은 추가로 나머지 3분의 1 정도도 다른 천문학적 현상으로 설명될 수 있다고 추정했고, 통상적인 통계수치의 오차를 감안하면 그 수치는 절반까지 올라갈 수 있다고 전망했다. 하이넥은 보고서의 수치는 보수적으로 잡은 것이라고 주장하며 이렇게 언급했다. "가끔 터무니없는 것에 가까운 증거들조차 버리지 않고 그대로 받아들이려고 노력했다."

"우리는 거의 모든 목격 사례들을 기상관측 풍선, 일반적인 항공기, 행성, 유성, 바람을 타고 날아간 종이 조각, 착시, 장난, 그리고 정신이 온전치 못한 목격자들의 착각으로 설명할 수 있었다. 이러한 합리적인 설명을 심각하게 반박하는 확실한 증거는 발견할 수 없었다." RAND에서는 보고서에 이렇게 덧붙였다.

그루지프로젝트의 결론은 앞서 진행한 사인프로젝트보다 더 확고했다. 역사학자 케이트 도시는 이렇게 평가했다. "일부 목격 사례들을 설명할 수 없는 건, 단지 목격자들의 증언이 불확실하고 증거가 부족하기 때문이라는 앞선 판단을 마치 주문처럼 되풀이하고 있었다. 그들은 사건 입증의 부재가 조사를 수행한 과학자, 기술자의 능력 부족이 아니라, 목격자들의 증언이 충분하지 않기 때문이라고 이야기했다."

수사관들은 비행 물체가 미국의 안보에 직접적인 위협을 전혀 주지 않는다는 결론을 재차 내렸다. 하지만 그루지프로젝트 팀은 보고서에서 사람들 사이에 퍼진 "전쟁에 대한 공포"와 "좋지 않은 형태의 집단히스테리"가 심각한 수준에 이른 것으로 보인다는 분석을 추가했다. 그리고 그들은 자체적인 의문을 모두 해결했으니 이제부터는 미확인비행물체에 대한 연구를 축소해야 한다고 조언했다. 그리고 보고 시스템을 새롭게 개편해서 이제 "현실적인 기술 응용을 명확하게 지시하는 보고서"에 집중할 것을 권고했다. 그해 12월, 국방부는 이 권고 사항을 곧바로 실행에 옮겼다. 그리고 공식적으로 사실상 비행접시와 관련된 모든 일에서 손을 떼겠다고 발표했다.

그 뒤, 프로젝트는 동면 상태에 빠졌다. 한 추정에 따르면, 이후 한 달에 약 열 건 정도의 새로운 목격 사례가 제보되었지만, 대부분 제대로 된 조사가 이루어지지 않았다. 공군의 미디어 대응 전략에 협력했던 《새터데이이브닝포스트》는 이후 비행접시를 취재하는 다른 신문사 기자들의 추가 인터뷰 요청을 거부했고, 기존의 보도 자료만 참고하라고 할 뿐이었다.

키호는 이러한 비협조적인 태도를 중요한 비밀이 숨어 있는 증거라고 생각했다. 퍼디와의 만남 이후, 그는 개인적인 조사를 통해 비행접시가 외계에서 왔을 것이라는 혼자만의 결론에 다다르고 있었다. 더 깊게 파고들수록, 하늘에 나타난 신비로운 물체들은 지구의 기술로는 보이지 않았다. 지구 바깥에서 온 기술이라고 보는 게 가장 합리적인 설명 같았다. 설령 현대에 목격된 비행 물체들이 전부 정부에서 비밀리에 진행한 프로젝트 때문이었다고 가정하더라도, 그렇다면 훨씬 오래전부터 기록된 하늘의 놀라운 장면을 대체 어떻게 설명할 수 있단 말인가?

전국을 돌며 파일럿들을 인터뷰하면서, 그는 당시까지 접시프로젝트라는 이름으로 알려져 있던 사인프로젝트가 사실 더 거대한 "진실"을 은폐하기 위한 공작이라는 확신을 갖게 되었다. 그는 이후 이렇게 회상했다. "진실이 무엇인지는 모르지만, 포레스털 장관이 진실 은폐가 국가를 위한 일이라고 생각하는 것 같다는 확신을 가지게 되었어요." 또 그는 비행접시가 어떻게 동력을 얻을 수 있을지를 연구했는데, 그 결과 인간이 만들 수 있는 수준을 훨씬 뛰어넘는 기술이라는 사실을 깨달았다. 그는 앞서 수 세기에 걸쳐 기록된 여러 목격 사례들을 추적했고, 외계의 존재들이 언제부터 어떻게 인류 문명을 감시했을지 분석했다. 그는 어쩌면 화성의 외계인들이 한 세기에 한 번씩 정기적으로 지구를 방문했을 확률이 높다고 생각했다. 특히 전통적으로 인구가 밀집되어 있던 유럽에 왔을 가능성이 높다고 생각했다. 그리고 이제 그들의 방문 범위가 미국까지 확장된 것이라고 생각했다.

키호가 봤을 때 비행접시들은 인류의 군사기지에 많은 관심을 갖고 있는 것 같았다. 그들은 보통 높은 고도를 유지했고, 전투기들의 추격을 일부러 유도하는 듯했기 때문이다. 그는 이렇게 썼다. "탐험가들은 우선 자신들이 방문한 행성 전체에 대한 전반적인 것들을 파악하려고 할 겁니다. 그다음 인구가 가장 많이 밀집된 지역을 둘러보고, 어떤 유형의 무기를 사용하는지, 그리고 자신들을 공격할 만한 항공기에는 어떤 것들이 있는지를 살펴보려고 하겠죠."

키호와 퍼디는 끝내 진실을 찾아냈다고 생각했고, 1950년 1월에는 《트루》에 굵은 글씨로 「비행접시는 실재한다」라는 제목의 기사가 실렸다. 기사에서 그들은 "이곳에서 냉정하게 심사숙고해서 내린 결론은 이 이야기들이 모두 사실이라는 것"이라고 밝혔다. 기사의 서두에서 키호는 8개월에 걸친 조사를 통해 내린 네 가지의 파격적인 결론을 다음과 같이 요약했다.

1. 지난 175년 동안 지구는 다른 행성에서 찾아온 지적 관찰자들에 의해 가까운 거리에서 체계적 감시를 받았음.
2. 그들이 지구 대기권 안쪽으로 침범하는 빈도와 정도는 지난 2년 사이 현저하게 증가했음.
3. 이 탐험가들이 우리를 관찰하기 위해, 행성 간 이동에 사용하는 우주선은 다음과 같이 분류할 수 있음. 타입 I—파일럿 없이, 텔레비전이나 임펄스 발신기 같은 기계장치가 탑재된 작은 비행접시 형태, 타입 II—헬리콥터와 같은 원리로 작동하는 (최대 직경 250피트) 초거대 금속성 원반 형태, 타입 III—프란틀의 양력선 이론을 활용해 날개 없이 지구 대기권을 비행하는 형태.
4. 소위 "비행접시"라고 불리는 이 물체들이 지구를 관찰하는 양상과 패턴을 보면, 앞으로 50년 안에 실현될 거라 기대되는 미국의 우주탐사 계획과 아주 유사함. 전형적인 우주탐사 패턴. 어떤 지적 문명이 우리보다 두 세기 이상 더 앞서 있다고 가정할 만한 충분한 근거가 있음.

키호는 6페이지에 걸친 기사에서 맨텔 사건, 차일스휘티드 사건, 그리고 고먼의 목격담을 비롯한 대표적인 "고전" 사례들에 대해 설명했다. 그리고 이러한 목격담을 모두 설명할 수 있는 유일한 결론은 그들이 외계에서 왔다는 것뿐이라고 주장했다. 하지만 그는 자신의 주장을 뒷받침할 만한 새로운 증거나 추가 정보는 전혀 제시하지 않았다. 그는 이렇게 설명했다. "1947년 갑작스럽게 목격담이 증가한 이유는 우리가 V-2 로켓을 날리고, 핵무기를 터트리고, 인공위성을 궤도에 올리는 실험을 진행하면서 우리가 그들의 관심을 끌었기 때문일 수 있다."

그의 기사가 실린 잡지는 1949년 12월 26일 가판대에 올랐다. 그리고 "그 당시 가장 많은 이들에게 읽힌 잡지 기사"가 되었고, 큰 반향을 불러일으켰다. 평론가와 천문학자는 라디오방송에 나와 다양한 의견을 내놓았다. 《트루》 사무실에도 수많은 편지가 쏟아졌다. 반응이 너무 뜨거웠던 탓에, 잡지가 나오고 바로 다음 날, 펜타곤은 서둘러서 비행접시에 대한 조사는 완벽하게 중단되었다고 발표해야 했다. 그리고 8월, 그루지프로젝트의 최종 결과 보고서를 깔끔하게 정리해서 발표할 것이라는 성명을 냈다. 그들의 입장은 분명했다. 키호의 주장은 사실이 아니며, 그들은 아무것도 숨기고 있지 않다는 것이었다. 하지만 그로부터 두 달 뒤, 《트루》는 또 다른 놀라운 이야기를 이어 갔다. 심지어 이번 기사는 군의 협조를 받은 것처럼 보였다.

「과학자들은 어떻게 비행접시를 추적하고 있는가」라는 기사는 뉴멕시코주에 위치한 화이트샌즈미사일기지에서 벌어진 이야기를 소개했다. 기사는 해군 소속 과학자 R. B. 매클로플린의 증언을 인용하면서, 당시 직경 105피트에 달하는 거대한 은색 타원형 물체가 고도 56마일에서 비행하고 있었고, 단 10초 만에 25마일을 상승했다고 보도했다. 《트루》에 실린 기사에서 이 군 장교는 "나는 그것이 비행접시였다고 확신한다. 더 나아가 그것이 분명 다른 행성에 날아온 지적 생명체가 제어하는 우주선이었다고 생각한다"라고 말했다. "오늘날 지구에 알려진 그 어떤 형태의 항공기로도 그 비행 물체를 설명할 수 없다. 이건 분명하다. 어쩌면 당신과 내가 전혀 모르는, 극비리에 개발되고 있는 항공기가 있을지도 모르지만, 그렇다 하더라도 이 세상에는 20G의 중력가속도를 버티고도 살아남을 정도의 인간은 존재하지 않는다."

매클로플린은 화이트샌즈미사일기지에서 복무하면서 목격했던 두 건의 서로 다른 비행접시 사건에 대해 자세하게 설명했다. 그의 설명은 이런 비행 물체들이 지구에서 특히 핵무기 실험이 진행된 장소를 주요 타깃으로 삼고 있을 것이라는 추측에 힘을 실어 주었다. "비행접시가 대체 어디에서 온 건지는 추측할 수밖에 없다. 내 생각에는 화성에서 온 것 같다. 지금 화성은 차갑게 '냉각'되었지만 아마 수백만 년 전에는 지구보다 앞서 생명이 살 수 있는 조건의 행성이었을 것이다. 과거에 화성인들이 존재했다면 분명 그들은 지구보다 훨씬 더 놀라운 발전을 이루었을 것이다." 그는 이렇게 설명했다. "지금까지 그들의 우주선이 보여 준 모습을 보면 그저 우리를 멀리서 감시하고 관찰하는 데만 관심을 갖고 있다는 것을 알 수 있다."

* *

대중의 열렬한 반응에 힘입어 키호는 자신의 주장을 책으로 집필하기 시작했고, 1950년 6월 그는 『비행접시는 실재한다』라는 책을 출간했다. 책 표지에는 지구 위를 날아가는 비행접시 세 대가 그려진 환상적인 그림이 그려져 있었다. 그는 책을 통해 외계인 방문자들이 지구에 찾아왔다는 사실을 군이 은폐하고 있으며, 대중이 혼란스러워하지 않도록 점진적으로 진실을 공개하는 계획을 세우고 있다고 주장했다. 그는 진실이 한꺼번에 공개되면 모두 혼란에 빠질 정도로 파괴력이 있다고 주장했고, 우리 모두 앞으로 다가올 믿기 힘든 현실에 익숙해져야 한다고 주장했다. 그의 책은 빠르게 베스트셀러가 되었고, 이는 이제 외계 생명체에 대한 아이디어가 SF의 영역을 넘어서 우리의 현실 속에 들어와 있다는 사실을 확실하게 보여 주는 증거가 되었다. 키호가 취재한 한 인물은 우주 어디에나 생명이 존재할 수 있다는 사실을 받아들이면, 다른 일은 이제 전혀 충격적으로 느껴지지 않게 된다고 설명했다. 이 취재원은 "처음에는 이상한 느낌이 들었다. 하지만 이 놀라운 진실을 한번 받아들이고 나면, 다른 것들과 똑같이 전혀 이상하지 않게 느낄 수 있을 것이다"라고 말했다.

키호의 책에 이어서 1950년 9월 또 다른 충격적인 책이 출간되었다. 《버라이어티》의 칼럼니스트 프랭크 스컬리가 쓴 책이었다. 스컬리는 요양 중인 환자들이 웃고 즐길 수 있는 농담과 단어 게임을 엮어서 펴낸 『편인베드』 시리즈로 유명한 작가였고, "세상이 창조된 이래 가장 위대한 이야기"와는 전혀 관련이 없어 보이는 인물이었다. 하지만 그의 책에 담긴 주장 대부분은 마치 합리적인 증거를 뿌리에 두고 있는 것처럼 보였다. 그의 책 『비행접시의 이면』은 첫 페이지부터 전후의 공포 분위기와 정부의 비밀주의를 언급하면서, 1950년 3월 8일 덴버대학교에서 진행한 한 강연에서 석유 재벌 사일러스 뉴튼이 비행접시의 진실에 대해 폭로했다고 주장했다. 그의 책에 따르면 뉴튼은 1948년 뉴멕시코주 아즈텍에서 미국 정부가 비행접시 세 대를 수거했다는 사실을 알고 있다고 밝혔다. 그중 하나는 지름이 99피트에 달했고, 그 안에는 총 36구의 외계인 시체가 있었다. 모두 신장이 42인치 정도였고 검은 옷을 입고 있었다고 했다. 그리고 뉴튼은 추락한 우주선과 안에서 발견된 시체를 조사하기 위해 정부의 요청으로 현장에 불려 온 G 박사로부터 그들이 금성에서 왔다는 내용을 전해 들었다고 했다.*

스컬리는 책에서 이렇게 썼다. "정부는 유사과학적인 이슈를 군사 안보의 관점에서 다루려고 했다." 그는 강요되는 애국심, 비밀 엄수에 대한 압박, 그리고 관료주의적인 익명의 대변인들에 대한 숭배로 우리의 자유가 침해되고 있다고 주장했다. 그는 정부 스스로 자신들의 주장에 대한 신빙성을 확보하지 않고, 비행접시를 목격했다고 주장하는 사람들에게 되레 신빙성을 입증하라고 요구한 정부의 태도에 이의를 제기했다. 그리고 이렇게도 썼다. "비행접시를 목격한 모든 시민들은 자신이 누구인지, 어디에 있었는지 증명하라고 강요받았다. 그리고 우주를 스치는 은색 접시 목격 일주일 전까지 혈중알코올농도에 전혀 이상이 없었다는 보고서를 제출해야 했다."

그의 책은 6만 부나 팔렸고 많은 주목을 받았다. 하지만 평가는 대체로 부정적이었다 (《타임》은 "과학적 신뢰성 측면에서 스컬리의 주장은 만화책보다도 수준이 낮다"라고 평가했다). 결국 스컬리의 환상적인 주장은 불과 2년 만에 무너졌다. 실제로 덴버대학교에서 강연이 있긴 했다. 하지만 스컬리도 사기꾼들에게 속았던 것이다. 샌프란시스코의 한 기자는 스컬리에게 정보를 건네준 두 명의 취재원, 사일러스 뉴튼과 레너

---

* 1948년 아즈텍 추락 사고에 대한 최초의 "이야기"는 《인디펜던트리뷰》의 에디터 조지 바우라가 초기의 비행접시 목격담을 조롱할 목적으로 만들었던 패러디 기사에서부터 시작되었다. 하지만 시간이 지나면서 바우라가 만든 가짜 이야기가 진짜였다는 오해가 퍼졌다. 키호는 스컬리가 본 것과 똑같은 기사를 조사했고, 내용이 가짜라는 결론을 내렸다.

드 A. 게바우어(일명 G 박사)에게 추락한 우주선의 조각을 보여 달라고 요청했다. 그들은 누가 봐도 평범한 알루미늄 조각을 내밀었다. 결국 전부 뉴튼과 게바우어가 오랫동안 벌인 사기 행각이었다는 사실이 뒤늦게 밝혀졌고, 스컬리의 책은 사기꾼들에게 속아서 쓰여진 엉터리 내용이었다는 사실이 밝혀졌다. 이후 두 사람은 사기 혐의로 FBI에 체포되었고, 열한 건의 민사소송에 직면했다. 하지만 스컬리는 끝까지 자신이 속았다는 사실을 인정하지 않았다. 나중에 가서 스컬리는 사실 G 박사가 특정한 한 명을 지칭하는 게 아니라 "여덟 명의 과학자로 구성된 모임"을 의미한다고 주장했고, 이야기를 더 미궁에 빠지게 만들었다.

1950년대가 끝나 갈 때까지 비행접시에 관한 대중의 관심은 계속 이어졌다. 다른 많은 작가들도 외계 방문자의 가능성에 관심을 갖고 그들의 존재 가능성에 대해 다양한 추측을 던졌다. 예를 들어, 영국의 대표적인 인본주의자이자 신학자 제럴드 허드는 『다른 세계가 우리를 보고 있는가』를 통해 화성에서 작은 벌 정도 크기인 2~3인치짜리 곤충을 닮은 외계인들이 지구를 방문하고 있을 거라고 주장했다(그는 비행접시가 보여주는 극단적인 중력가속도와 급격한 기동을 버틸 수 있는 신체는 곤충 정도 크기여야 가능하다고 주장했다). 또 그들은 어느 정도 지능과 의식을 갖고 있다고 주장했다. 그는 "하늘에서 우리를 찾아온 관찰자, 탐험가 들은 매우 사려 깊으며, 영리하고 현명하다고 가정할 만한 충분한 이유가 있다"라고 썼다. 덧붙여 우리가 자신들의 행성을 찾을 가능성을 우려하고 있기 때문에 그들이 지구를 예의주시하는 것이라고 주장했다.

"우리가 일본에 두 번 핵폭탄을 떨어뜨렸을 때, 그리고 태평양 한가운데를 뒤흔들었을 때, 우리 인류는 문명의 잔해와 시신이 뒤섞인 거대한 핵구름과 연막을 성층권 너머 우주까지 보낸 것이다." 제럴드 허드는 앞서 비슷한 주장을 했던 이들의 주장을 되풀이했다. "그 순간 우리는 무언가 문제를 일으킬 수 있는 위험한 능력을 가진 존재이며, 그런 위험한 욕망을 품은 존재라는 사실을 우주에 광고한 셈이다. 그렇게 우리는 우주에 손을 내밀었고, 우주에 있는 다른 행성들로부터 주목을 받게 되었다."

7장
대장 루펠트의 귀환

1950년대에 키호와 스컬리에 의해 불거진 논란은 매우 드라마틱했다. 하지만 뒤이어 벌어진 훨씬 더 어둡고 불길한 세상의 사건에 비하면 아무것도 아니다. 세계는 이제 단순한 군비 경쟁의 격화를 넘어 전면전의 위기에 직면하고 있었다. 1949년 NATO가 설립되고, 이어서 9월에 소련에서 첫 번째 핵 폭파 실험이 진행되었다. 전 지구적인 갈등 구도가 더욱 뚜렷해지고 있었다. 무기 경쟁에서 뒤처져선 안 된다는 우려 속에서 미국은 1950년 1월 더 강력한 파괴력을 자랑하는 열핵폭탄 개발에 착수했다. 일명 "슈퍼밤"으로 불린 이 프로젝트는 (수프 회사 이름에서 따온) 캠벨이라는 암호명으로 실시되었다. 그리고 역사상 가장 거대한 규모의 군사 프로젝트가 되었다. 한때 이 프로젝트 하나가 미국 전체 예산의 7퍼센트를 차지할 정도였다. 동시에 이 새로운 무기가 가지고 올 잠재적인 파괴력은 이미 불안으로 가득 찬 세계를 더 큰 불안 속으로 밀어 넣고 있었다. 한 텔레비전 인터뷰에서 알베르트 아인슈타인은 이렇게 발언했다. "우리는 전멸의 길을 향해 가고 있습니다."

전쟁이 벌어질지 모른다는 두려움은 곧 전쟁을 일으킬 만한 사람들에 대한 두려움으로 이어졌다. 1950년 1월, 키호의 기사가 실린 《트루》가 불티나게 팔리는 동안, 국무부 공무원 앨저 히스는 공산주의를 지지하고 소련 간첩과 연루되었다는 혐의로 유죄 판결을 받았다. 그로부터 한 달 뒤, 영국에서는 소련에 핵무기 관련 기밀을 팔아넘긴 혐의로 클라우스 푹스가 체포되었고, 연이어 1년 사이에 많은 사람이 체포되었다. 푹스가 체포되고 일주일 뒤, 상원의원 조지프 매카시는 웨스트버지니아주 연설에서 국무부 안에 숨어 있는 207명의 공산주의자들의 목록이 있다고 공언해서 이른바 "빨갱이 공포"를 촉발시켰다. 이 일은 바로 그 유명한 "반미 활동"에 관한 의회 청문회로 이어졌다. 이 사건은 워싱턴에서 큰 주목을 받았다. 대체 누구를 믿어야 하는가, 미국의 진짜 적은 누구인가, 그리고 위협은 어디에 숨어 있는지에 대한 질문들이 쏟아졌다. 이제 이 질문들은 정치와 대중의 관심 한가운데 놓였다.

1950년 초여름, 결국 전쟁이 발발했다. 소련의 이오시프 스탈린과 중국 마오쩌둥의 비호 아래 북한군은 한반도의 삼팔선을 넘어 서울을 침공했다. 미군과 한국군의 방어선은 며칠 만에 함락되었다. 전쟁이 발발되고 두 달 만에 미국은 패배의 가능성에 직면했고, 신속하게 대규모 병력을 투입했다. 공산주의 중국이 한국 아닌 곳까지 침공할 수 있다고 생각한 미국은 대만해협에도 병력을 급파했다. 9월 더글러스 맥아더가 수행한 인천상륙작전은 전세를 뒤집었지만, 중국은 또다시 대규모 공세로 맞섰다. 1950년 말까지 미군과 유엔군 25만 명이 치열한 전투에 휘말렸다.

1951년 1월, 당시 예비군이었던 아이오와주 출신 스물일곱 살의 에드워드 루펠트도 전장에 끌려갔다. 원래 루펠트는 1942년 군에서 대서양 잠수함 순찰 비행 작전에 폭격수로 복무한 적이 있었다. 그는 2000시간이 넘는 비행시간을 기록했고,

복무 기간 동안 다섯 개의 전투 별, 두 개의 공로훈장, 세 개의 항공훈장, 그리고 두 개의 수훈비행십자장까지 수여받았다. 전쟁이 끝난 뒤, 대학 진학율이 빠르게 올라가는 분위기 속에서 고향에 돌아온 루펠트도 아이오와대학교에 입학해 항공공학 학사 학위를 마쳤다. 그리고 졸업하자마자 다시 공군에 소집되었다.

이제 루펠트는 아시아 전선이 아닌, 라이트패터슨공군기지에 정보장교로 배치되었다. 그곳에서 새로운 임무를 시작한 지 이틀째가 되었을 때, 그는 우연히 비행접시에 대한 이야기를 듣게 되었다. 어느 날 밤, 동료 한 명이 아이오와주 수시티에서 DC-3을 타고 비행하던 중 하늘에서 밝은 빛을 목격했다고 이야기했다. 그 빛을 목격했던 파일럿과 부파일럿은 그 물체가 마치 B-29에서 날개를 떼어 낸 모습이었다고 묘사했다. 항공교통관제소, 그리고 당시 함께 비행기에 타고 있던 다른 군 정보부 소속의 대령도 같은 빛을 목격했다고 주장했다. 부파일럿의 주장에 따르면, 그 물체는 잠깐 DC-3 옆에서 같은 속도로 비행하다가 아무런 흔적도 남기지 않고 곧바로 사라졌다.

루펠트는 결국 이 사건이 사람들의 착각으로 결론이 날 때까지 파일럿이 자신의 목격담을 이야기하는 모습을 하루 종일 지켜봤다(당시 수시티 상공에는 B-36 폭격기도 하늘을 날고 있었는데, 사람들은 이것이 목격된 빛의 정체라고 추정했다). 하지만 루펠트는 계속 의문을 품었다. B-36은 세계에서 가장 큰 피스톤 엔진 항공기였다. 무려 여섯 개의 거대한 엔진을 달고 있었고, 그 크기는 B-29의 두 배 가까이나 되었다. 동료들이 이야기했던 물체와 전혀 다른 모습이었다. 그동안 비행접시 목격 사례들을 철저하게 조사하고 있다고 주장했던 군의 발표를 철석같이 믿고 있었던 그는 군이 목격자들의 자세한 증언을 완전히 무시하는 모습에서 의아함을 느꼈다. "나는 [라이트패터슨에] 온 지 겨우 이틀째였고, 초짜 정보장교였다." 그는 이렇게 회상했다. "하지만 아무리 초짜라도, DC-3을 혼란스럽게 했던 물체가 B-36과는 전혀 다른 방식으로 움직였다는 게 너무나 명백해 보였다."

그는 한국전쟁에 관한 정보를 처리하는 부서 업무를 처리하는 와중에도 계속해서 비행접시에 빠져들었다. 그리고 주변의 많은 동료들이 군의 공식적인 입장을 따르고는 있지만, 한편으로 비행접시의 실체에 대해서 자신과 같은 의문을 품고 있다는 사실을 발견했다. 한 동료는 루펠트에게 이렇게 말했다. "힘 있는 사람들이 비행접시의 존재를 부정하고 있으니 일단 대세에 따르는 게 안전할 걸세."

전시 상황에서 라이트패터슨 기술정보부는 전시의 대전환 한가운데 있었다. 1951년 5월, 부서는 공군기술정보센터(ATIC)로 이름이 바뀌었고, 오하이오주 데이턴에 위치한 8000에이커 규모의 기지를 구성하는 여러 부대 중 하나가 되었다. 이곳에서는 연구, 개발, 기술 공학에 중점을 두었으며, 제2차세계대전 때 3700명이었던 인력이 5만 명까지 급증했다(결국 이곳은 세계에서 가장 거대한 규모를 갖춘 미 공군기지가 된다).

이 비행장은 초기 비행 실험을 위해 이곳을 이용했던 지역의 영웅이자 비행의 선구자였던 오빌, 윌버 라이트형제의 이름을 따서 명명되었다. 이곳에는 독일에서 공수한 기술 계획, 매뉴얼과 도해, 문서가 1500톤가량 있었는데, 이것을 500명이 넘는 정보 인력이 분석해 전후 미국의 전후 기술혁신을 이끌었다. 이 센터의 공식 역사에 따르면, 이 기지의 정보 작전이 "영어에 새로운 기술 용어 10만 개"를 도입하는 데 기여하기도 했다. 냉전시대 소련에 맞서기 위해 미국 정부는 소위 페이퍼클립작전(오버캐스트작전)을 수행해서 나치 독일 출신의 로켓 과학자와 엔지니어를 영입했다. 이 작전은 그 윤리적으로는 논란의 여지가 있었으나, 이를 통해 미국 정부는 이 문서들을 영어로 번역해서 현실화했다.

"항공 분야의 발전 외에 미국 제조업에서도 큰 발전이 있었다. 이를 통해 진공관을 새롭게 설계할 수 있었고, 자기테이프, 야간 투시 장치, 액체 및 고체 연료 개선을 비롯해 섬유, 약품, 식품 보존 기술 분야에서도 발전이 이루어졌다."

또한 이곳에는 적국에서 가져온 항공기 수백 대가 모여 있었다. 연합군 정보장교와 조종사로 구성된 특수 팀은 전쟁 동안 일본과 독일에서 비행기를 나포했고, 그들의 기술을 확보했다. 그중 독일 비행기 86대는 "러스티작전"(일명 루프트바페작전) 때 미국으로 옮겨졌다.* 전쟁이 끝난 뒤, 이 기지에서는 가끔씩 대중을 대상으로 공개 행사를 열었고, 100만 명이 넘는 관람객들이 이 비행기들을 구경하기 위해 기지를 방문했다.

한국전쟁이 벌어지자, 이제 기지에는 북한과 소련에서 나포된 미그전투기들이 들어왔다. 5월 미그-15의 꼬리 부분이 수거되었고, 그다음 달에는 추락한 전투기 전체가 통째로 도착했

---

* 1918년 윌버 라이트필드공군기지에서 시험비행을 하던 중 추락 사고로 사망한 프랭크 스튜어트 패터슨 중위를 기리기 위해, 이 기지에 "패터슨"이라는 이름을 붙였다.

다. 루펠트를 비롯한 엔지니어와 정보장교 들은 기체의 부품을 분해 후 세심하게 연구를 진행했다. 이를 통해 파악한 적국 비행기의 비행 속도, 비행 범위와 특성에 대한 정보를, 전투 현장에 바로바로 제공했다.

1951년 봄, 루펠트의 사무실에 제리 커밍스 중위가 새로운 동료로 합류했다. 그는 그루지프로젝트의 새로운 책임자로 임명되었고, 곧 루펠트와 친한 사이가 되었다. 그들은 다양한 주제를 넘나들며 대화를 나누었다. 커밍스는 젊은 장교 루펠트가 그루지프로젝트에 지대한 관심을 갖고 있다는 사실을 깨닫고는 공군기술정보센터로 들어오는 흥미로운 보고서 내용들을 그에게 공유하기 시작했다. 그중에는 9월 12일에 들어온 보고서도 있었다.

보고서 내용을 보면 사건 당시, 초반부터 이미 정보장교들도 무언가 심상치 않은 일이 벌어졌다는 걸 직감했음을 알 수 있다. 길이 총 36인치에 달하는 전보 내용을 보면, 뉴저지주 포트 몬머스 주변에서 근무하고 있던 레이더병들은 레이더 화면에서 무언가 빠르게 움직이는 이상한 비행 물체를 포착했다고 보고했다. 곧이어, 2만 피트 상공에서 비행하고 있던 T-33 훈련기 파일럿이 자신보다 아래를 날고 있는 은색의 원반 물체를 추격하려고 시도했다. 파일럿은 자신이 목격한 물체의 지름이 20에서 50피트 사이 정도라고 추정했다. 그가 물체를 쫓기 위해 급강하하는 동안 물체는 공중에 멈춰 있다가 곧바로 빠르게 방향을 틀어 바다 쪽으로 사라졌다.

이제 비행 물체가 사람 눈만 목격될 뿐 아니라 레이더에까지 포착되면서 공군 수뇌부는 심각한 고민에 빠졌다. 공군정보국장 찰스 캐벌 소장은 해당 사건을 조사하도록 ATIC에 지시했다. 며칠 뒤, 커밍스를 포함한 수사관들은 비행기를 타고 뉴저지주로 향했다. 그리고 그곳에서 이틀 동안 여러 목격자들을 만났고 인터뷰를 진행했다. 그들은 사건을 재구성했고, 펜타곤에 돌아와 캐벌에게 조사 결과를 발표했다.*

다시 워싱턴으로 돌아온 커밍스는 루펠트에게 상황이 그다지 잘 풀리지 않았다고 털어놓았다. 그는 워싱턴에서 두 시간에 걸쳐 조사 결과를 브리핑했다. 그로부터 이어진 몇 개월은 아마 공군 수뇌부가 처음으로 비행접시라는 존재에 대해 가장 진지하고 심각하게 고민했던 시간이었을 것이다. 그들은 그루지프로젝트가 사실상 관료주의적 마비 상태에 빠져 있으며 유명무실하다는 사실을 깨닫고 불안해했다. "대체 모든 비행접시 목격 사례를 제대로 조사하고 있다고 보고한 자가 누구요?" 한 장군이 물었다.† 72시간에 걸친 마라톤 조사와 이른 아침 출장

---

* 이후 더 심층적인 조사를 통해 몬머스 사건은 오해에서 비롯된 사건이었던 것으로 밝혀졌다. T-33을 몰던 파일럿은 기상관측 풍선을 미확인비행물체로 착각해서 추격했다. 레이더에 찍힌 것 역시 사용자 실수, 기상관측 풍선, 그리고 일반적인 기상 간섭으로 인한 착각이라는 조합으로 쉽게 설명된다.

† 루펠트는 자신의 회고록을 통해 펜타곤에서 진행되었던 브리핑이 모두 녹음되어 있었으며, 회의 내용을 반복해서 여러 번 확인했으나, "녹음 내용이 너무 민감한 정보를 담고 있었기 때문에 나중에 폐기했다"라고 주장했다. 하지만 그의 주장을 뒷받침하거나 반박할 수 있는 증거는 없다. 루펠트는 군에서 최초의 공식적인 UFO 조사가 시작되던 복잡미묘한 시기를 상징하는 인물이다. 그의 회고록에 따르면, 1956년 그는 기밀 자료에 쉽게 접근할 수 있었다. 그가 군에서 실시한 UFO 관련 조사에서 중요한 역할을 맡고 있었다는 사실은 부인할 수 없다. 그래서 부족한 근거에도 불구하고 그의 회고록은 여전히 UFO 분야에서 중요한 사료로 평가받는다. 하지만 그의 회고록은 다른 정부 관료 출신 인물들의 회고록과 마찬가지로 몇 가지 문제가 있다. 그는

비행으로 지친 커밍스는 평소 장군에게 보고할 때보다 더 솔직하게 대답했다. 그는 그루지프로젝트가 인력 부족해서 비행접시를 제대로 조사할 수 없었고 내부적으로 많은 저항에 부딪히고 있다고 토로했다. 결국 ATIC에 비행접시를 다시 제대로 조사하라는 명령이 떨어졌다. 그들에게는 새로운 리더가 필요했다. 단기간 근무자였던 커밍스는 예비역 복무를 마치고 ATIC를 떠났고, 캐벌 소장의 좌절 이후, 기지의 지휘관들은 이 주제를 더 진지하게 받아들이고 더 나은 노력을 구축하는 데 시간을 투자할 사람을 원했다. 그들은 적임자로 루펠트를 꼽았다. 10월 27일, 그루지프로젝트는 이제 새로운 책임자 루펠트, 그리고 유일한 팀원 헨리 메처 중위와 함께 공식 재개되었다.

그루지프로젝트는 루펠트의 지휘 아래에서 조사 과정을 더 간소화했다. 그는 기술적인 접근에 집중했고, 외계 지적존재의 가능성은 최대한 제한함으로써 조사 절차를 명료하게 다듬었다. 과거에 진행된 사인프로젝트와 앞선 그루지프로젝트의 기록들을 다시 검토했다. 이를 통해 그는 그동안 얼마나 많은 목격담들이 제대로 정리되지 않고 무작위로 쌓여 왔는지 알 수 있었다. 그들은 이것들을 더 체계화해야 했다. 그는 메처와 함께 그동안 조사된 사건 문서 더미들을 다시 읽고 정리했다. 그리고 목격된 물체의 색상, 크기, 목격 시간에 따라 이들을 분류했다. 메처 중위는 문서 더미가 너무 많아서, 사무실 바깥에

<small>전임자들을 전부 무능한 인물로 묘사했다. 전임자들의 능력에 대해서 그는 지나친 일반화에 기반해서 근거 없는 주장을 했다. 하지만 그렇다고 해서 그의 주장이 전부 틀렸다고 완벽하게 반박하기도 어렵다. 애초에 그 주장의 타당성을 알아볼 기록과 근거들이 부족하기 때문이다. 케이트 도시를 비롯한 몇몇 역사학자들은 루펠트의 주장에 의문을 품고 있다.</small>

문서들을 장벽처럼 높이 쌓으면 아마 비행접시가 와서 부딪힐 지도 모르겠다고 농담했다. 이 모든 것들을 체계적으로 관리하기 위해, 루펠트는 여덟 명의 전문 인력으로 구성된 새로운 조사 팀을 만들었다. 그들은 너무 성급하게 결론을 내리려고 하지 않았고, 이해할 수 없는 미스터리의 가능성까지 모두 열어두고 조사를 진행했다. "내가 UFO 프로젝트의 책임자로 있었을 때, 이것은 제 조사 팀의 가장 기본적인 규칙이었다." 루펠트는 이렇게 회상했다. "누구든 비행접시를 인정하지 않고, 더는 객관적인 분석을 할 수 없는 상태가 되면, 그는 곧바로 조사 팀에서 배제되었다. 반대로 비행접시를 너무 지나치게 맹신하는 사람도 마찬가지였다. 프로젝트가 진행 초반에는 시간이 너무 부족했어요. 그래서 제대로 검증되지 않은 목격 사례들까지 전부 조사할 수는 없었다. 사람들이 목격한 것의 정체가 우주 괴물인지, 소련의 비밀 무기인지, 또는 그냥 착각에 의한 것이었는지 하나하나 조사할 여력이 없었다. 나는 프로젝트를 진행하면서 비행접시에 대해 너무 지나치게 호의적이거나 비판적인 동료 세 명을 방출하기도 했다."

이후 보다 명확한 새로운 시스템이 갖춰졌다. 루펠트의 조사 팀은 우선 기존에 접수되었고, 또 계속 새롭게 제보되는 목격담들을 일일이 분류할 수 없었다. 해결할 수 없는 퍼즐을 푸느라 쓸데없이 시간을 허비하고 싶지 않았다. 대신 그들은 목격 사례들을 크게 다음 세 가지 카테고리로 분류했다. 확인됨: "구체적인 정보가 충분히 축적되고 평가되었으며 해당 물체를 식별하고 설명하는 게 가능한 경우", 데이터 부족: "평가를 위해 필수적인 정보 요소가 하나 이상 누락된 경우", 마지막으로,

미확인된 수수께끼: "해당 현상의 원인이 무엇인지 설명할 수 있는 유의미한 가설을 제공하기 위해 필요한 데이터가 있으나, 기존에 알려진 물체나 현상만으로 목격된 물체의 특징과 움직임을 완벽하게 연관시킬 수 없는 경우". 풍선이나 밤하늘의 별, 유성처럼 전문가들에 의해 간단하게 설명되는 사례들은 "확인됨"으로 분류되었다. 단순 착각이 아니었음이 밝혀진 사례들은 "미확인"으로 분류되었고, 대부분의 사례들이 여기에 해당했다. 조사 팀은 "미확인" 사례들이 충분히 많이 쌓이면 본격적인 조사를 시작할 생각이었다(그렇다고 해서 충분한 사례가 쌓일 때까지, 별다른 조사 없이 그저 목격 사례들이 소홀하게 방치되었다는 뜻은 아니다. 루펠트가 개편한 조사 방식 덕분에 오히려 그동안 주목받지 못한 목격 사례들을 제대로 재검토할 수 있었다).

목격 사례들을 분류할 때 가장 어려웠던 부분은 바로 목격자들의 신빙성을 판단하는 일이었다. "믿을 만하다"라고 여겨지는 목격자들에 의한 증언은 우선순위가 높았다. 하지만 이러한 정의는 시대적 한계를 갖고 있었다. 역사학자 케이트 도시는 이렇게 지적했다. "당시 믿을 만한 목격자로 여겨지는 사람들은 대부분 남성이었다. (직접 훈련을 받지 않았더라도) 항공기와 비행에 익숙해야 했고, 어떤 형태로든 군에 복무한 사람이어야 했다. 또 그중 많은 사람이 전문적인 기술훈련이나 과학교육을 받아야 했고, 관련 학위가 있으면 유리했다. 그들의 직업과 교육 경력은 그들이 환각을 봤다거나, 비이성적인 착각에 취약하지 않은 이성적인 사람임을 입증해 주는 근거가 되었다. 그들은 하늘에서 벌어지는 현상에 대한 풍부한 경험을 갖고 있었다. 그들은 자신들이 실제로 목격한 것을 어떻게 증언해야 할지 아주 정확하게 '알고' 있었다."

하지만 공군과 항공 관련 커뮤니티에서 비행접시 목격에 대한 조롱 섞인 비판이 점차 증가하자, 많은 목격자가 조사 협력을 꺼리고 자신이 하늘에서 본 수상한 물체에 대해 제보하기를 주저했다. 한 파일럿은 이렇게 말했다. "만약 내 비행기와 우주선이 날개를 가지런히 하고 함께 날았어도 난 절대 그 사실을 알리지 않을 거요." 루펠트는 이런 부정적인 분위기가 주위에 도사리고 있을지 모르는 새로운 위협을 식별하지 못하게 만들 수 있다고 걱정했다. 루펠트는 이를 막기 위해 새로운 조치를 내렸다. 하늘의 수수께끼를 바라보는 사람들의 관점을 바꾸기 위해서는, 이것에 대해 언급하는 방식부터 바꿔야 한다고 생각했다. "우리는 가급적 '비행접시'라는 표현을 사용하지 않으려고 했다. 이 단어는 농담처럼 가볍게 들리고, 사기적인 뉘앙스를 풍겼기 때문이다. 사람들은 '비행접시'라고 하면 가볍게 넘기지만, 미확인비행물체라고 하면 심각하게 반응한다. 미확인비행물체란 기체의 성능을 알 수 없고, 공기역학적인 특성을 이해할 수 없으며, 기존의 그 어떤 항공기나 미사일로도 설명할 수 없는 하늘의 물체를 의미한다."

그렇게 드디어 UFO의 시대가 도래했다.*

---

* 루펠트는 UFO라는 용어를 자신이 창안했다고 주장했다. 하지만 이미 1949년에 그루지프로젝트의 보고서 제목에서 미확인비행물체라는 표현을 썼다. 따라서, 이 용어는 루펠트가 ATIC에 합류하기 훨씬 전부터 일반적으로 쓰이고 있었다고 봐야 한다. 루펠트가 UFO라는 용어를 대중화하는 데 영향을 끼쳤다고 보는 것이 더 정확할 것이다.

8장
맨텔의 미스터리한 죽음

루펠트는 공군의 UFO 조사를 다시 되살리려고 했다. 그 노력의 일환으로 그는 1952년 봄, 블루북프로젝트라고 새롭게 이름 붙은 프로젝트를 시작했다.* 사인프로젝트에서 일했던 천문학자 J. 앨런 하이넥도 이 프로젝트에 합류했다. 오늘날 이 프로젝트는 공중현상그룹이라는 이름으로 불린다.

UFO 조사에 공군이 미온적인 태도를 보이면서 하이넥은 조사 팀에서 배제되었다. 하지만 이후로도 하이넥은 오하이오 주립대학교에서 훌륭한 커리어를 쌓아 나갔다. 그가 진행하는 천문학 강의는 아주 인기가 많았다. 학생들은 안경을 쓴 교수의 열정과 재치를 좋아했다. 그는 "천문학 500" 강의를 진행할 때마다 "제 이름은 기린처럼 목이 긴 하이넥입니다"라고 인사를 하곤 했다. 그때까지도 UFO에 대해 회의적이었던 그는 학생들에게 하늘에 무엇이 존재하는지 명확히 알려 줘서 학생들이 비행접시 따위를 봤다고 신고할 필요가 없게 만드는 것을 강의 목표로 삼았다. 그는 UFO 목격담에 관한 물음에 답을 하고 해답을 찾기 위해서 지속적으로 정보를 수집했다. 한편 그는 맥밀린천문대에서 공군과 함께 쌍둥이자리의 별, 카스토르

---

* 루펠트는 대학에서 시험 칠 때 쓰는 파란 표지의 공책에서 이름이 유래했다고 설명했다. 그는 "대학 시험과 UFO 프로젝트 모두 혼란스러운 질문으로 가득하죠"라고 농담을 던졌다.

와 플록스을 연구했다. 그는 그 별들의 밝기가 어떻게 반짝이는지를 연구했는데, 이를 통해 그는 지구의 하늘에서는 한 점으로 보이는 카스토르가 실은 세 쌍의 쌍성을 이루는 별 여섯 개가 모여서 서로의 궤도를 맴돈다는 사실을 발견했다. 그에 비해 폴록스는 하나의 큰 별이었고, 카스토르와는 다른 변광 패턴을 보였다(이 연구는 그 자체로 UFO를 식별하는 데 중요한 도움을 주었다. 지구의 하늘에서 모든 별들이 항상 같은 밝기로 관측되지 않는다는 사실을 알려 주었기 때문이다. 심지어 숙련된 관찰자조차 일반적인 별을 UFO로 오해할 가능성이 있었다).

루펠트는 이 모든 작업들에 깊은 인상을 받았다. 그리고 큰 흥미를 느꼈다. 하지만 그가 진정으로 바랐던 것은 이상 현상과 관련해 하이넥과 직접 이야기를 나누는 것이었다. 특히 그는 1948년 켄터키주에서 벌어졌던 맨텔의 비행기 추락 비극에 대해 자세한 이야기를 나누고 싶었다. 루펠트는 경험 많은 파일럿이 하늘에 떠 있는 금성을 보고 착각해서 그 뒤를 쫓다가 목숨을 잃었다는 공식 보고서의 결론에 만족하지 못했다. 그는 하이넥과 같은 유명한 천문학자라면 이 사건을 다시 제대로 조사해 줄 수 있을 거라 기대했다.

하이넥은 집 앞에서 공군에서 온 사람을 발견하고는 무척 놀랐다. 사실 하이넥은 UFO가 단순히 주트 수트와 맘보처럼 반짝하는 한 시대의 "유행"으로 지나갈 거라고 생각했다. 하지만 지난 수년 동안 계속해서 각종 목격담이 쌓였고, 대중들의 관심도 끝나지 않았다. 그리고 대중문화에서도 UFO가 다뤄졌다. 하이넥은 루펠트와 함께 이런 레퍼런스들을 참고하며 여러 이야기를 나누었다. 그리고 UFO 현상을 가볍게 본 자신의 입장을 재고하게 되었다. "미국뿐 아니라 전 세계 각지에서 목격이 이루어지고 있다는 사실에 결국 UFO에 관심을 갖게 되었다." 그는 오래전 사인프로젝트 당시 작성했던 노트를 다시 꺼냈다. 그러고는 맨텔의 추격전이 벌어지고 있던 날 하늘에 떠 있던 금성이 별로 밝지 않았기 때문에, 금성은 파일럿의 이목을 끌기 어려웠을 것이란 새로운 결론에 도달했다. 무언가 다른 진실이 있는 것 같았다.

루펠트도 맨텔 사건을 다시 살펴봤다. 그는 당시 많은 목격자가 공통적으로 그것이 비행접시라기보다는 풍선처럼 보였다고 증언한 흥미로운 사실에 주목했다. "처음으로 물체를 목격했던 사람은 그것이 마치 낙하산처럼 보였다고 묘사했다. 또 다른 사람들은 아이스크림콘, 둥근 구형 물체 등 다양한 방식으로 묘사했다." 그는 이렇게 회상했다. "파일 깊숙이 묻혀 있던 풍선에 대한 또 다른 언급을 두 군데서 발견했다. 그동안 나는 이걸 놓치고 있었다. 고드먼육군비행장에서 물체가 시야에서 사라진 직후, 켄터키주 매디슨빌에 있던 한 남성이 데이턴비행기지에 전화를 걸었다. 그는 남동쪽으로 이동하는 물체를 목격했다고 했다. 그가 망원경으로 본 물체는 풍선이었다. 오후 4시 45분, 테네시주 내슈빌 북쪽에 있던 한 천문학자도 전화를 걸어왔다. 그 역시 UFO를 목격했다. 망원경으로 물체를 확인하자 그건 풍선처럼 보였다."* 당시 하늘에서 발견된 풍선의

---

* 블루북프로젝트 기록을 보면, 목격자의 증언은 루펠트가 표현한 것보다 훨씬 더 확신에 차 있다. "벤더빌트대학교 천문학자 시퍼트 박사는 테네시주 내슈빌 남동쪽 하늘에서 케이블로 바구니가 연결된 배 모양의 비행기구를

존재는 맨텔 사건과 관련한 중요 요소를 잘 설명해 준다. 예를 들어, 왜 당시 사람들이 UFO의 속도가 줄어드는 모습을 봤다고 기억했는지, 또 왜 두 시간이 넘는 긴 시간 동안 목격되었는지 설명할 수 있다.

루펠트는 미해군연구소의 기록 문서에서 결정적인 단서를 찾았다. 그는 제2차세계대전 출신 베테랑 파일럿이 오하이오주에서 군용 기상관측 풍선을 뒤쫓다가 사망하는 사건이 있었다는 사실을 발견했다. 당시 풍선은 시리얼 제조업체로도 알려진 제너럴밀스에서 제작한 것이었다. 미국은 제2차세계대전 동안 이루어진 플라스틱 제조 기술의 비약적인 발전을 발판 삼아 유인 풍선을 하늘에 띄우기 위한 다양한 시도를 했다. 초창기 헬리오스라는 이름으로 알려져 있던 이 1급 기밀 연구 프로젝트는 이후 스카이훅이라는 이름으로 바뀌었다. 스카이훅 풍선은 아주 얇은 1000분의 1인치짜리 폴리에틸렌 소재로 만들어졌다. 이것은 일반적인 고무풍선에 비하면 엄청난 혁신이었다. 풍선의 전체 지름은 100피트에 달했고 높이는 130피트 정도였다. 이 거대한 풍선을 띄우기 위해서는 일반적인 헬륨탱크 스물네 개 정도의 용량이 필요했고, 풍선은 10만 피트 고도까지 올라갈 수 있었다. 특히 우주에서 쏟아지는 우주선 입자를 탐사하는 고고도 연구에 적합했다. 과거에는 우주선을 연구할 때 곤돌라를 쓰기도 했지만, 곧 관측 장비를 탑재한 무인 비행이 훨씬 효과적이라는 사실을 알게 되면서 풍선을 활용한 새로운 방법이 더 널리 쓰이기 시작했다.

> 발견했습니다. 이 기구는 현지 시간 오후 4시 30분에서 4시 45분 사이에 남동쪽 2만 5000피트 상공에서 시속 10마일의 속도로 움직였습니다."

루펠트는 당시 미네소타주 미니애폴리스 지역에서 이 풍선프로젝트가 수행되고 있었다는 사실을 발견했다. 그리고 제너럴밀스 개발자들과 미해군연구소가 함께 협력해 프로젝트를 이끌었다는 사실을 확있했다. 하지만 수소문을 해도 1948년 비행 기록을 찾을 수는 없었다. 그는 맨텔이 하늘에서 조우한 것의 정체가 바로 이 풍선일 거라 추정했다. 파일럿 입장에서는 풍선이 UFO처럼 보였을 수 있다고 생각했다.* 맨텔을 비롯해 당시 고드먼육군비행장에 있던 그 누구도 스카이훅프로젝트에 대해서 들어 본 적이 없었다. 결국 하늘에서 직경 100피트의 거대한 풍선을 발견한 파일럿은 마지막 무선 교신에서 말했듯이, "금속으로 이루어진 아주 거대한 크기의 물체"라고 보고할 수밖에 없었을 것이다.

　결국 맨텔은 비행접시를 뒤쫓다가 사망한 것이 아니라, 군에서 비밀리에 운영하던 풍선을 뒤쫓다가 허망하게 사망했던 것이다.

---

* 1994년 조사관 배리 그린우드와 로버트 G. 토드는 사건의 원인이 된 가장 유력한 범인으로 1948년 1월 6일 오전 8시경 미네소타주 리플리캠프에서 발사된 스카이훅 기구를 지목했다. 그들은 조사를 통해 미네소타주에서 발견된 해당 기구의 사진을 찾아냈다. 그리고 남동쪽으로 쭉 이어지는 이동 경로를 추적했고, 스카이훅프로젝트에 참여했던 찰스 무어 교수를 찾아가 인터뷰를 나누었다. 무어 교수는, 당시 해군은 맨텔의 사망에 대한 책임을 회피하려고 했고, 그래서 이 사건과 관련된 스카이훅의 존재를 은폐하려고 했다고 주장했다.

UFO

* *

1952년 4월, 공군은 루펠트가 새롭게 개편한 블루북프로젝트에서 이룬 결실을 세상에 알리기 시작했다. 공군은 공식성명을 통해 앞으로 군이 UFO 관련 연구를 계속 이어 갈 것이라고 설명했다. 이후 공군은 200-5 서한을 통해 모든 군 체계 전반에 걸쳐 UFO 관련 제보를 표준화하는 새로운 방침을 발표했다. 앞으로 모든 제보는 블루북프로젝트를 통해 접수될 것이라고 밝혔다.*

이 새로운 프로토콜은 당시 《라이프》에 실린 「우주에서 온 방문객이 존재하는가」라는 기사에서 처음 제시한 방식이었다. 작가 H. B. 대러크 주니어와 로버트 지나는 그 답이 "그렇다"일 가능성을 강력하게 암시했다. 이 기사는 중요한 UFO 사건 열 건을 다루면서 기존의 설명이 왜 부족한지 설명했다. 그리고 독일에서 미국으로 건너온 나치 독일 출신 엔지니어 발터 리델 박사의 인터뷰를 실었다. 리델 박사는 당시 미국에서 진행되고 있는 비밀 프로젝트 중 하나에 참여하고 있었다. 그는 이렇게 말했다. "나는 그것들이 분명 이 세상 밖에서 왔을 거라고 확신한다."

기사가 인용한 또 다른 물리학자 겸 항공우주 엔지니어 모리스 바이엇 박사도 이에 동의했다. 그는 "이것들이 인공적으로 만들어진 물체이며, 누군가에 의해 조종되고 있을 거라는

---

* 새로운 표준 보고 체계는 의심스러운 물체를 목격했을 때 이를 보고하는 방법을 설명하는 60페이지 분량의 자세한 매뉴얼을 제공했다. 이름을 지을 때 약자로 줄여서 부르는 것을 좋아하는 군은 이 매뉴얼을 "FLYORBIT"이라고 불렀다. 매뉴얼은 목격자가 다른 사람에게 조롱을 당하거나 당혹감을 느끼지 않도록 "누가 신고를 하든 예의를 갖춰서 대하라"라고 강조했다.

추측이 가장 그럴싸하다"라고 말했다. 그는 "이들이 외계에서 왔을 거라는 게 내 의견이다"라고 덧붙였다.

놀랍게도 굳게 닫힌 문 너머에 숨어 있는 공군 수뇌부의 입장도 이와 비슷한 방향으로 기우는 듯 했다. 그해 여름, 워싱턴에서 루펠트가 공군 수뇌부를 상대로 최근까지 있었던 여러 목격 사례들에 대해 요약 브리핑을 했을 때, 정보부 소속의 한 대령이 이런 놀라운 질문을 던졌다. "부정적인 가정들 말고 몇 가지 긍정적인 가정을 해 본다면 UFO가 정말 행성 간 우주를 여행하는 우주선이라는 것을 증명할 수 있지 않겠는가?" 이건 아주 중요한 질문이었다. 하지만 더 중요한 건 이러한 질문이 처음으로 제기되었다는 사실이었다. 이 질문은 비로소 UFO의 외계 기원 가설을 조사하는 것이 정당해졌음을 의미했다. 그리고 드디어 정부의 공식적인 관심을 받기 시작했음을 보여 주었다. 처음 두 명뿐이었던 조사 인원은 네 명으로 두 배 증가했다. 앨촙이라는 이름의 민간인도 언론 공보관 역할로 영입되었다. 펜타곤은 워싱턴에 이 공식 프로젝트와 소통하기 위한 연락망으로 듀이 포넷 소령을 임명했다. 변하는 분위기에 고무된 루펠트는 전국의 연구소와 과학자들에게 브리핑 내용을 공유했다. 그리고 그는 UFO가 특히 빈번하게 목격되는 지역에 집중해서 카메라를 비롯한 촬영 장비를 설치하고 잘 알려진 별이나 유성과 확실하게 구분할 수 있도록 천문학적 관측 계획을 세웠다. 그리고 스펙트럼 분석을 통해 UFO를 구성하는 화학적 구성 성분을 파악하려고 했다. 의심스러운 UFO 목격 사례에 대한 더 많은 단서를 확보할 수 있도록 음향 녹음 장비를 비롯해 다양한 기술적 탐지 도구를 전국 각지에 배치하는 계획도 세웠다.

새롭게 개편된 보고 체계와 더불어 마침《라이프》에 실린 기사 덕분에, 그해 6월 블루북프로젝트는 여느 때보다 훨씬 더 많은 UFO 목격 제보를 받게 되었다. 총 149건에 달했다. 7월에는 공군참모총장 호이트 반덴버그가《룩》과 인터뷰를 하며, UFO 연구가 국가안보를 위해서도 아주 중요한 연구라고 말했다. 그는 "오늘날 세계의 불안정한 상황 속에서 눈앞의 현실에만 안주하고 있을 여유가 전혀 없다"라고 언급했다.

9장
워싱턴의 회전목마

1952년 7월 19일 토요일, 워싱턴에는 여느 때처럼 무더운 여름이 찾아왔다. 낮 최고 기온은 화씨 90도[약 섭씨 32도]에 달했고, 밤에도 기온이 70도[약 섭씨 21도] 중반까지만 떨어지면서 여전히 후덥지근했다. 바이러스 감염으로 인해 사흘을 꼬박 병원에서 보냈던 트루먼 대통령은 그날 아침 오랜만에 백악관에 복귀했다. 다시 돌아온 그는 평소에 좋아했던 파나마모자를 쓰고 미소를 지으며 취재기자들 앞에서 포즈를 취했다. 그는 자신의 건강 악화 뉴스가 비슷한 시기 시카고에서 열린 민주당 전당대회의 후임 후보 선출을 둘러싼 정치적 갈등을 다룬 뉴스에 묻히는 바람에 큰 주목을 받지 못했다고 농담을 던졌다.

그날 밤 자정 무렵, 또 다른 농담같은 일이 터졌다. 포토맥강 바로 옆에 위치한 워싱턴내셔널공항의 관제사들은 레이더에서 여러 개의 미확인물체를 발견했다. 관제사 에드 뉴전트는 자신의 상사 해리 반스를 불렀다. 그리고 레이더 화면에 등장한 미확인물체 일곱 기를 가리키면서 말했다. "여기 비행접시 함대가 보여요."

메릴랜드주에 위치한 앤드루스공군기지에서도 목격이 제보되었다. 그날 내셔널공항에서 이륙을 준비하고 있던 항공기들은 하늘에 알 수 없는 잠재적인 위협이 등장했다는 경고를 통보받았다. 얼마 지나지 않아 캐피털항공 807편의 파일럿이 무엇인가 목격했다는 교신을 보내왔다. 그는 하늘에서 반짝이는 빛들이 "꼬리가 없는 유성처럼" 보였다고 설명했다. 다음 날 오전 7시가 될 때까지, 공항의 레이더 관제실은 대략 예닐곱 개 정도의 미확인물체들을 계속 확인했다. 그리고 다른 파일럿들과 공항 직원들도 하늘에서 비슷한 불빛을 봤다고 알려 왔다. 그중 한 파일럿은 자신이 공항에 착륙할 때 빛이 옆에서 함께 나란히 움직였다고 말했다. 레이더 화면에서 볼 때, 이 수상한 물체들은 도시 상공을 가로질러 백악관과 국회의사당 위에 설정된 비행금지공역을 통과하는 것처럼 보였다. 마치 외계인들이 미국의 수도 한복판을 훑고 있는 것 같았다.

군사기지 상공에 이상한 물체가 등장하는 것까지는 그래도 예상할 수 있었지만, 그것이 아예 수도 한복판에 등장하면서 곧바로 심각한 위협이 되었다. 핵폭탄 시대가 도래하면서 이제 미국은 멀리 떨어진 적국으로부터 자신을 보호할 수 있는 안전망을 장담할 수 없게 되었다. 지리적 거리와 상관없이 어느 곳에서든 미국을 공격할 수 있는 시대가 되었기 때문이다. 단 한 대의 비행기만으로도, 단 하나의 폭탄만으로도 진정한 두려움을 자아낼 수 있었다. 당시 E. B. 화이트는 "거위 떼만큼 소소한 비행기 한 편대만 날아와도, 마냥 평화롭고 안전한 섬에 갇혀 살고 있을 거라는 우리의 환상을 깨부술 수 있다"라고 말했다. "이제 도시에서 살아가는 모든 사람들은 언제든 파멸을 맞이할 수 있다는 고질적 현실을 받아들이고 살아야 한다."

이제 전국 각지 주요 타깃이 될 만한 곳에는 육군의 대공포대가 배치되었다. 트루먼 대통령은 미국 최초로 조기 공습경보시스템을 만들었고, 사용을 승인했다. 군 관계자들은 이 새로운 경보시스템이 소련의 폭격기 접근 3시간에서 6시간 전에 경고해 주길 바랐다. 이제 학교를 다니는 아이들도 민방위 마스코트인 거북이 버트와 함께 "머리 박고 엎드리기"로 불리는 공습 대피 훈련의 불길한 낙관주의에 물들어 가고 있었다.

당시까지 모든 비행접시는 환시와 착각으로 밝혀졌다. 사람들이 아는 한 실제로 그런 비행 물체가 명확하게 발견된 적은 없었다. 하지만 하늘에 대한 의심은 여전히 사람들의 가장 큰 관심사였다. 케이트 도시는 이렇게 썼다. "UFO가 결국 사람들에 의한 장난, 평범한 물체를 오인한 것, 그리고 목성이었다는 조사 보고서들은 UFO를 연구하는 게 그저 시간과 자원을 낭비하는 쓸데없는 일처럼 보이게 만든다. 하지만…… 공군 관계자들은 단 한 대의 기체라도 보고에서 누락되면 그것이 곧 국가안보와 국가의 운명 자체를 완전히 뒤바꿔 버릴 수도 있다는 말을 되풀이하곤 했다."

보고서에서 반스는 자신이 경험한 조우를 두고 한 가지 특이점을 강조했다. "전반적으로 당시 상황이 너무 혼란스러웠기 때문에 벌어진 일들을 논리적이고 순서에 맞게 기억하는 건 아주 어렵다." 그는 자신이 레이더 화면에서 봤던 "노이즈"들이 그냥 일반적인 항공기가 아닐 거라고 확신했다. "화면 속 노이즈들이 보여 준 행동 패턴은 마치 어린아이들이 떼거지로 모여서 노는 느낌이었다. 어떤 본능적인 호기심에 의해서 우왕좌왕 행동하는 것처럼 보였다."

사건이 벌어지고 이틀이 지난 7월 21일, 루펠트의 조사 팀은 본격적인 조사에 들어갔다. 레이더로 무언가 탐지되었다는 것과 사람들의 눈에 의해 목격되었다는 것은 모두 실제 사진 증거에 버금갈 정도로 높은 수준의 믿을 만한 증거로 간주되었다. 그래서 조사 초반에는 실제로 UFO의 존재를 보여 주는 신빙성 높은 제보로 여겨졌다. 하지만 더 깊은 연구가 추가로 진행되면서 의구심이 피어오르기 시작했다. 당시 수도 지역에 있던 레이더 관측소 세 곳, 내셔널공항과 볼링공군기지, 그리고 교외 지역에 위치한 앤드루스공군기지, 모두 의심스러운 물체를 목격했다고 보고했다. 하지만 정작 모든 곳에서 동일한 물체가 동시에 목격된 것은 딱 한 번, 그것도 겨우 30초 동안뿐이었다.

그들은 이상 징후를 무시할 준비가 되어 있었다. 하지만 바로 그다음 주말에 또 다른 현상이 발생했다. 공군은 이번에는 조금 더 신중하고 조심스럽게 대응했다. 델라웨어에서 전투기를 출격시켰고, F-94 파일럿들은 해당 지역에서 정체불명의 빛을 목격했다고 보고했다. 내셔널공항 레이더에도 이상 신호가 감지되었지만 정확한 판단을 내리기에는 물체가 너무 멀었다. 파일럿 윌리엄 패터슨은 "현재 1000피트 아래 떠 있는 물체와 접촉을 시도하겠다"라고 말하면서 "최대속도로 비행했지만…… 추월이 불가능해 보인다. 추적을 중단하겠다"라고 덧붙였다. 그는 약 10마일 거리에 있는 것으로 보이는 물체의 뒤를 쫓았고, 약 2마일을 뒤따라갔다. 하지만 물체는 곧 사라졌다. 블루북프로젝트의 수사관들은 이 소식에 한밤중에 호출되었다. 데이턴에서 워싱턴까지 급파된 장교 두 명이 레이더 화면에서 일곱 개의 수상한 타깃을 확인했다. 하지만 F-94에 뒤이어 현장에 급하게 출동한 두 번째 전투기도 끝내 연료가 바닥나는 바람에 끝까지 추적하는 데는 실패했다. 결국 그 물체들의 정체가 무엇이었는지는 식별할 수 없었다.

이 일련의 목격담은 이후 "워싱턴의 회전목마"라는 이름의 UFO 괴담으로 알려졌는데, 이는 워싱턴 정가를 다룬 드루 피어슨의 인기 뉴스레터 칼럼에서 따온 것이다. 이 사건은 당시 드와이트 아이젠하워와 리처드 닉슨 후보에 맞서, 민주당 전당대회에서 아들라이 스티븐슨과 존 스파크먼이 새로운 민주당 대통령 후보가 되었다는 뉴스와 함께 전국 신문의 헤드라인을 장식했다. (아마도 UFO 언론 공보관 앨 춉이었을 것으로 보이는) 펜타곤 소속 한 익명 대변인은 국민들을 안심시키기 위해 노력했다. "우리 정부가 무언가를 은폐하고 있다는 불신을 불식하고 싶다. 정부는 절대로 아무것도 숨기고 있지 않다." 하지만 7월 28일, 《워싱턴포스트》에 「비행접시가 제트기를 앞질렀다는 파일럿의 고백」이라는 기사가 실리면서 국가에 대한 국민들의 신뢰는 더 크게 흔들렸다. 기사는 공군의 한 대변인이 "우리는 그것이 비행접시였다는 증거를 전혀 갖고 있지 않다. 반대로 그게 비행접시가 아니었다는 증거 또한 없다. 우리는 그것의 정체가 무엇이었는지 전혀 알지 못한다"라고 한 발언을 인용했다.

모두 답을 찾고 있었다. 트루먼 대통령도 예외는 아니었다. 대통령의 의문을 풀기 위해, 대통령 보좌관 로버트 랜드리는 루펠트에게 최신 상황에 대한 업데이트를 요청했다. 며칠 뒤 공군은 대중의 불안감을 해소하고 진정시키기 위해 펜타곤에서 기자회견을 크게 열었다. 루펠트는 "제2차세계대전 이후 가장 거대하고 장황한 기자회견이었다"라고 회상했다. 기자회견장에는 공군정보사 사령관, 방공사령부 소속의 2성장군, 그리고 ATIC 소속 기술 분석 책임자가 동석했다.* 공군정보사 국장 존 샘퍼드 소장은 잠재적 위협의 가능성을 불식하기 위한 일환으로서 이렇게 발언했다. "지금까지 제보된 이상 현상에서는 미국을 위협할 만한 그 어떤 패턴도 보이지 않았으며, 그럴 만한 뚜렷한 목적과 일관성도 보이지 않았다." 하지만 그 역시 자신의 조사 팀이 명확한 근거나 답을 갖고 있지는 않다는 점을 인정할 수밖에 없었다. "지금까지 제보된 사례 중 약 20퍼센트는 신빙성 있는 목격자들이 믿기 어려운 것을 목격했다고 제보한 것들이다. 우리는 이것을 심각하게 받아들이고 있다."

이른바 "회전목마" 사건으로 인한 언론의 전방위적인 관심은 좋지 않은 시기에 이루어졌다. 그해 여름, 공군은 "스카이워치작전"이라는 민방위 프로그램을 시작하고 있었다. 해안가 지역과 미국 북부 국경이 인접한 주 곳곳에 흩어져 있는 약 6000개의 관측소를 활용하고, 15만 명에 달하는 민간 자원봉사자들의 도움을 받아 소련에서 날아올지 모를 폭격기를 감시하는 국가적 규모의 감시망을 구축하고자 했다. 트루먼 대통령은 이 새로운 계획을 발표하면서 "적의 습격에 대비해 우리 스카이워치는 한시도 감시를 늦추지 않을 것"이라고 설명했다.

미국 전역에서 하늘에 있는 수상한 물체를 발견하고 싶어서 안달 난 수많은 자원봉사자가 몰려들었다. 미국 역사상 최초로 24시간 내내 하늘을 지속적으로 감시하는 지상관측대 임무가 시작되었다. 그리고 작전이 시작되자마자 불과 며칠 만에 곳

---

* 기자회견장 뒤쪽에서 루펠트는 이날 처음으로 UFO의 열렬한 신봉자였던 도널드 키호를 만났다. 당시 키호는 UFO 관련 책을 집필하기 위해 기자회견을 취재하고 있었다. 루펠트는 키호와 악수를 나누면서, 어린 시절 아이오와 주에서 살 때부터 키호가 썼던 단편 항공 소설의 팬이었다고 고백했다.

곳에서 UFO를 봤다는 제보가 쏟아지기 시작했다. 한 목격자는 메인주 웨스트필드에서 세 개의 원반을 목격했다고 제보했고, 매사추세츠주 나한트에 있던 한 해안경비대원은 초소 주변을 맴도는 원반을 하나 목격했다고 제보했다. 외딴 산장에 있던 한 자원봉사자는 "엔진이 여럿 달린 기체를 보았다"라고 제보하기도 했다. 이 신고로 인해 전투기가 출격하기도 했지만, 알고 보니 그 정체는 트루먼 대통령의 전용기 인디펜던스호였다.

스카이워치작전의 결과가 쌓여 가고, 워싱턴에 등장했던 UFO에 대한 대중적인 관심이 높아지던 때, 미국에서는 또 다른 거대한 유행의 파도가 넘실대기 시작했다. 《뉴욕타임스》 보도에 따르면, 당시 7월 한 달 사이에만 500건이 넘는 UFO 목격 제보가 쇄도했다. 공군의 일상적인 정보활동이 완전히 마비될 정도였다. 루펠트의 수사관들은 하루 16시간을 근무해도 시간이 모자랐다. 접수되는 제보들의 어마어마한 양만 놓고 보면 마치 미국이 누군가로부터 전면적인 공격을 당하고 있기라도 한 것처럼 느껴졌다. 결국 공군은 과도한 업무 부담을 덜고, 기상 현상으로 추정되는 목격 지도를 작성하기 위해 리처드 보든과 타이리 비커스라는 두 과학자를 영입했다. 그들은 일기도와 기온 변화 기록을 조사해서 사람들이 눈으로 직접 목격했다고 하는 사례가 대개 아주 간단한 착각에서 비롯되었음을 확인했고, 워싱턴의 습한 여름밤 기온이 따뜻한 공기와 찬 공기의 위치가 바뀌는 기온역전현상을 일으켜 레이더간섭을 불렀음을 확인했다. 보고서는 이렇게 밝혔다. "대기권의 기온역전현상이 발생하던 시점에 레이더에서 표적의 움직임이 포착되었다는 사실은, 이것이 대류권 내 역전층 또는 그 주변에서 벌어진 일부 기상학적인 현상으로 발생했음을 보여 준다." 게다가 세 시설에서 포착된 레이더 타깃들과 사람들이 눈으로 목격한 물체 사이에는 (보든과 비커스가 우연으로 간주한 30초의 중첩을 제외하고) 유사성이나 상관관계가 존재하지 않는다고 결론 내렸다.

결론적으로 이들의 조사는 워싱턴에서 벌어진 사건이 궂은 날씨와 사람들의 상상력이 뒤섞인 결과였음을 시사했다. 이 결과는 11월에 실시한 인디애나폴리스의 새 레이더 시스템 시험에서 "포착"된 노이즈에도 적용되었다. 이것은 보든과 비커스의 주장을 뒷받침하는 근거로 받아들여졌다. 시험을 실시한 과학자는 이렇게 언급했다. "당시 워싱턴에서 사람들이 봤다고 하는 것보다 훨씬 크고, 더 많았다. 가끔은 레이더간섭이 너무 심해서 진짜 항공기 타깃을 추적하는 게 어려울 지경이었다."

가을이 끝나 갈 무렵, 루펠트는 워싱턴에서 있었던 목격담의 실체적 진실에 물음을 던지기 시작했다. 조사가 더 진행될수록, 그는 워싱턴에 있는 항공관제사들과 파일럿들이 점점 더 많은 UFO를 발견하고 있다는 사실을 깨달았다. 몇 주 전에는 5월의 하룻밤 불과 몇 시간 사이에, 레이더에 무려 50개가 넘는 수상한 타깃이 포착되는 것을 목격했다. 하지만 처음부터 "시각적" 목격을 설명하는 건 어려웠고, 블루북프로젝트 수사관들이 더 많은 인터뷰를 진행하면 할수록 목격자들의 증언은 설득력이 떨어져 보였다. 한 파일럿은 "북쪽을 향해 비행하던 중 내 머리 위로 별똥별이 하나 떨어지는 것을 봤다. 그리고 또 몇 분 뒤, 다른 하나가 같은 방향으로 떨어지는 것을 봤다. 그리고 한 2초 뒤에 모두 사라졌다. 그날은 수많은 별로 빼곡한 은하수가 밝았는데, 더 많은 별똥별을 보지 못한 게 놀라울 따름이었다"

라고 회상했다. 하지만 루펠트가 보기에 그는 지극히 일반적인 유성우를 본 것이었다. 더 나은 진전을 이루기 위해서, 그는 더욱 확장된 새로운 접근방식이 필요하다고 생각했다.

* *

워싱턴에서의 목격담과 공군의 스카이워치 제보로 공군의 정보 루트가 막히자, 블루북프로젝트의 수사관들은 이 현상 이해에 도움을 줄 외부 조력자들에게 눈을 돌렸다. 1952년 초 시작된 스토크프로젝트는 하이넥의 고향인 콜럼버스에 위치한 배텔연구소의 주도로 이루어졌다. 배텔연구소는 당시까지만 해도 보기 드물었던 컴퓨터라는 아주 강력한 도구를 활용해서 UFO 관련 목격담을 정리하고 연구할 수 있었다. 배텔연구소는 오랜 냉전 속에서 ATIC와 계약을 맺고 주로 중국과 소련의 군항기 역량을 연구 중이었다. 블루북프로젝트 수사관들은 이러한 배텔연구소의 노하우와 전문 지식이 그동안 수집된 UFO 목격담을 통계적으로 분석하는 데 도움이 되기를 바랐다. 이를 통해 수백, 수천 건에 달하는 UFO 목격 사례들 사이의 공통점과 차이점을 발견하고자 했다.

스토크프로젝트는 당시 내부적으로 PPS-100이라는 이름으로도 불렸다. 이 프로젝트는 무려 수개월에 걸쳐 진행되었다. 배텔연구소는 "서방의 자유세계가 보유한 과학 지식으로는 도저히 설명이 불가능한 하늘의 이상 현상"들을 검토했다. 각 목격 사례들을 "확인"과 "미확인"으로 분류하기 위해 (ATIC 소속 두 명, 그리고 외부 전문가 두 명) 총 네 명이 달라붙었다. 전체 사례들 중에서 약 800건에 달하는 사례들은 목격자들의 진술이 너무 모호하고, 서로 크게 모순되었기 때문에 분류 없이 폐기되었다. 그 외 나머지 유의미한 사례들은 코딩되어 천공카드에 입력됐고, IBM 컴퓨터가 이를 분석했다. 그 결과, 온갖 차트와 막대그래프가 가득한 통계분석 결과를 얻었다. 전체 결과지만 100쪽에 달했다. 복잡한 연산 과정과 표준화 과정을 거쳐 최종적으로 약 4000건의 제보가 분석되었다. 최종 보고서는 다음과 같이 밝혔다. "필요한 정보가 충분하지 않기 때문에 '과학적 연구에 준하는 유의미한 연구'를 하기까지 앞으로도 매우 길고 고된 시간을 보내야 한다."

결론적으로 통계를 활용했던 이 연구는 그닥 흥미로운 결과를 발견하지 못했다. 목격 사례에는 그 어떤 뚜렷한 경향성도, 패턴도 보이지 않았다. 배텔연구소는 다음과 같이 결론지었다. "우리가 검토했던 대부분의 미확인비행물체들이 현대 과학 지식의 범주를 벗어난 어떤 신비로운 과학기술과 연관되어 있다고 보기에는 아직 근거가 너무 빈약하다."

한편 하이넥은 혹시 공군이 놓치고 있는 게 무엇이 있을지를 추적했다. 그는 여름 내내 미국과 캐나다를 오가면서, 새너제이 근처에 위치한 캘리포니아대학교 릭천문대, 그리고 로스앤젤레스에 위치한 윌슨산천문대를 비롯해서 천문대 총 여덟 곳을 방문했다. 그리고 브리티시컬럼비아에서 개최된 미국천문학회에서 다양한 천문학자들을 만나면서 UFO에 대한 천문학자들의 생각을 들었다. 하이넥은 이렇게 회상했다. "UFO 이야기는 가능하면 칵테일파티처럼 가벼운 자리에서 꺼내려고 노력했다." 그의 유망한 동료들은 "비행접시"에 대한 적대감을 거의 보이지 않았다. 많은 천문학자는 UFO의 존재 가능성에 대해 공개적으로 이야기를 하길 꺼렸지만, 다들 개인적으로는 열린 마음으로 UFO에 관심을 보였다. 하이넥은 전국을 돌면서 다양한 동료들과 깊은 대화를 나누었다. 그중 몇몇은 미심쩍은 목격 사례들에 대한 추가 세부 사항을, 그리고 여전히 풀리지 않고 있는 의문들에 대한 설명을 들려 주었다. 하이넥은 동료 천문학자들과 나눈 대화가 항상 자신을 활기차고 즐겁게 북돋았다고 말했다. 그는 "동료들이 UFO라는 주제에 대해서 보여 주는 일반적인 무기력함은 단순히 그들도 정보가 부족하기 때문일 뿐"이라고 결론 내렸다.

베테랑 학자이기도 했던 하이넥은 동료 과학자들이 보여 주는 열정과 냉정함 사이, 그 복잡미묘한 반응을 이해할 수 있었다. 그는 블루북프로젝트 수사관들에게 이렇게 이야기했다. "과학자들은 사적인 자리에서는 아직 과학적으로 확실하게 받아들여지지 않고, 논란이 되는 주제에 대한 관심을 표명할 수 있다. 하지만 '위원회' 같은 공식적인 자리에서는 자신의 진심을 떳떳하게 밝히기 어렵다." 이것은 그들이 일하고 있는 환경의 현실이었고, 앞으로 그들이 더 많은 노력을 기울이면서 조사를 이어 갈 거라면 더 심각하게 고려해야 하는 중요한 사항이었다.

여전히 풀어야 할 미스터리가 많이 남아 있었지만, 하이넥에게 배텔 사건을 조사하는 건 아주 커다란 이정표가 되었다. 이제 UFO는 절대 사라지지 않는 영원한 유행이 되었다. "풀리지 않는 수수께끼의 수가 인상적일 만큼 많아졌고" UFO가 "모든 권한을 가진 사람들에 의해 섣부르지 않도록 신중하게 연구되어야 하는 주제"라는 사실이 입증되었다. 4년 전, 하이넥은 그저 사인프로젝트의 조력자 중 한 사람이었다. 하지만 이번에는 그때와 달랐다. 목격담은 계속 쌓였고, 사람들의 관심도 계속 이어졌다. 이후 하이넥은 블루북 보고서에 이렇게 썼다. "실제로 비행접시가 자동차와 함께 여기 머무르려 온 것 같다."

10장
로버트슨위원회

비행접시 미스터리가 워싱턴까지 뻗치게 되자 이제 이 혼란스러운 문제를 공군만의 문제로 치부하기는 어려워졌다. 나라의 안보 수뇌들은 이 혼란이 냉전시대 소련에서 벌인 기만작전일지 모른다고 걱정하며 가능한 한 빨리 그 실체를 알고 싶어 했다. "회전목마"에 관해 루펠트가 성명을 발표하던 날, CIA 과학정보부장 랠프 클라크는 CIA 부국장에게 비행접시 현장 조사를 위한 "특별 연구 그룹"을 소집하기로 결정했다고 전했다. 8월 내 다양한 비밀 문건과 메모가 워싱턴에 있는 CIA 사무실에서 빠르게 오갔다. 내부 문건에 따르면 CIA는 군이 민간인들에 의한 UFO 목격 사례의 실체를 가능한 한 빨리 설명하고 식별했을 거라 믿고 있었다. 하지만 문건은 동시에 이렇게 밝혔다. "100건 미만의 상당히 신뢰할 만한 제보가 (행성 간 우주선이라던가 외계인 가설이 아니고서는) 여전히 설명할 수 없는 상태로 남아 있다. 이 주제에 대해 계속 탐색을 이어 갈 필요를 조심스럽게 제안한다."

CIA 수사관들은 UFO의 기원에 관해 다음 네 가지의 주요 가설을 언급했다. (1) 미국의 비밀 무기 개발, (2) 소련의 비밀 무기 개발, (3) 화성에서 온 외계인, 우주선, 행성 간 우주여행을 하는 여행자들, (4) 사용자 오류. "설명하지 못한" 모든 목격 사례들은 더 나은 데이터가 추가될 경우 설명될 수 있었다.

이어서 수사관들은 우선 첫 번째부터 세 번째 카테고리에 해당하는 사례들을 면밀하게 분석하기 시작했다. 내부 자체 조사를 통해 수사관들은 첫 번째 카테고리는 성립하지 않는다는 것을 확인했다. 비밀 무기 개발이라면 공군이 이미 그 정체가 무엇인지 스스로 잘 알고 있을텐데 굳이 전 국민을 대상으로 성명을 발표할 이유가 있겠는가? 한편 CIA는 "이런 수상한 비행 물체가 정기항로에서 야기할 수 있는 위험성"에 대해서도 언급했다. 사람들에 의해 충분히 목격될 가능성이 있는 곳에서 굳이 비밀 무기를 시험할 이유도 없었다. 비슷한 이유로 소련의 비밀 무기일 가능성도 기각되었다. 수사관들은 "국가안보에 위협이 될 만한 논리적인 근거를 발견할 수 없었다. 우리를 몰래 정찰하고 있는 것으로 의심되는 패턴은 보이지 않았다"라고 결론지었다. 그만큼 지정학적으로 민감한 시기였다.

외계인 방문 가설과 관련해 수사관들은 "지구 바깥 다른 곳에 또 다른 지적 생명체가 존재할 수 있으며, 우주여행이 가능할 수도 있다는 것은 인정하지만, 현재 외계인의 존재를 지지하는 분명한 증거는 없다……. 또 명확한 천문학적 증거도 없다. 지구 주변 궤도를 도는 물체도 발견되지 않았고, 그런 징후나 추적도 전혀 없었다"라고 밝혔다.

CIA는 당시까지 목격된 UFO 대부분이 외계 행성 기술이 아니라, 결국 사용자 오류로 인한 결과일 것이라는 공군의 의견에 전적으로 동의했다. 하지만 동시에 국가안보에 대한 우려 역시 매우 현실적이고 정당하다는 것도 인정했다. 그나마 다행인 경우, UFO는 단지 사람들의 착각과 혼란이 그 원인일 수 있다. 하지만 최악의 경우, 이 소란은 소련에서 미국 국민들을 동요시키기 위해 진행한 핵심 심리전일 수도 있었다. 실제로 정보국 요원들과 수사관들은 소련 언론에서 UFO가 언급된 뉴스를 하나도 찾을 수 없었다. 그래서 미국에 큰 혼란을 일으키는 동시에 정작 자국 국민들에게는 그 정체를 숨기는 소련의 어떤 "공식적인 결정"이 있었을 거라 결론지었다. 이러한 혼란 속에서 공군은 캘리포니아에 있는 민간 비행접시 정보를 비롯해, 전국 각지에서 불어난 UFO 애호 단체들을 면밀히 모니터링하기 시작했다. 8월 중순경, CIA는 이렇게 기록했다. "공군은 이러한 조직들이 국민들에게 지나친 혼란과 흥분을 야기할 수 있다고 판단했고 이들을 주목하고 있다. 정보적 측면에서 봤을 때, 잘 속아 넘어가는 순진한 미국 국민들의 특징을 악용하려 드는 소련의 숨은 의도를 파악하는 것은 필요한 조치라고 볼 수 있다." 한편 정부가 UFO를 공개적으로 언급하는 것은 오히려 정부 관계자들이 실제 소련 폭격기를 간과하게 되는 악영향을 끼칠 수 있다고도 우려했다. CIA는 "잘못된 경보의 급증으로 실제 위협조차 잘못된 것으로 치부하게 될 위험이 있다"라고 경고했다.

* *

1970년대에 기밀이 해제된 세 건의 브리핑 문건과 메모를 보면, 정부당국조차 일반 국민들만큼 UFO에 대해 혼란스러워하고 있었음을 알 수 있다. 그해 9월, CIA 과학정보부장은 베들 스미스 CIA 국장에게 UFO 연구를 위한 자체 조사 그룹을 구성할 수 있게 해 달라고 제안했다. 그는 "설명하지 못한 목격 사례"에 대한 과학적 설명을 찾는 동시에, 이것이 어떻게 미국의 방공망을 방해하거나 약화시키고 기습 공격을 가능하게 할 수 있는지에 대한 실제적 문제 두 가지를 모두 다뤄야 한다고 주장했다. H. 마셜 채드웰은 다음과 같이 썼다. "이 문제를 국가안전보장회의에 안건에 올려 지역사회 전체에서 해결책 모색을 위한 노력이 시작되도록 해야 한다." 스미스 국장은 이에 동의했고, 향후 몇 개월에 걸쳐 CIA를 비롯한 미국 내 여러 정보기관들, 공군, 원자력위원회, 그리고 FBI를 포함한 다양한 기관에서 UFO에 대한 대중들의 우려를 불식하기 위한 연구 계획이 만들어졌다. 이 새로운 계획을 이끌기 위해서 CIA는 칼텍의 물리학자이자 수학자였던 하워드 P. 로버트슨을 불러들였다.

로버트슨은 동료들 사이에서 평판이 좋았다. 그는 자기 분야에서 가장 존경받는 선구자 중 한 사람이었다. 1920년대부터 양자역학 분야를 연구하면서 많은 논문을 출간했다. 제2차 세계대전 중에는 국방연구위원회 멤버로 활동하면서 V-1 미사일에 대한 소문이 사실인지 판단하는 임무를 맡기도 했다(당시 그의 작업은 "적의 비밀 무기"라는 애매한 이름으로 불렸다). 전쟁이 끝난 뒤, 그는 V-2 미사일과 관련해 나치 독일 엔지니어들과 인터뷰를 진행했다. 이에 대한 공로로 그는 1946년 공로훈장을 받았다. 1950년부터 1952년까지 그는 국방부에서 주요 무기 시스템을 평가하는 연구 그룹의 수장을 맡았다. 그는 이렇게 밝혔다. "향후 벌어질 가능성이 있는 미래 전투 조건에서 오늘날, 그리고 미래의 무기 시스템의 성능에 대해 편견 없이 엄격하게, 독립적인 분석과 평가를 제공하고자 노력했다. 이를 위해 군과 민간을 가리지 않고 가장 뛰어난 전문가들의 지성, 그리고 가장 발전된 분석 방법을 총동원했다."

이제 로버트슨은 공군이 결성한 새로운 위원회 감독을 맡게 되었다. 여기에는 물리학자이자 레이더 전문가 루이스 앨버레즈(이후 그는 노벨상을 수상한다.), 지구물리학자 로이드 버크너, 핵물리 전문가 새뮤얼 에이브러햄 고즈미트, 그리고 존스홉킨스 천체물리학자 손턴 리 페이지 등 과학계의 저명한 리더 여섯이 함께했다(훗날 페이지는 자신이 위원회 멤버로 뽑힌 이유로, 로버트슨과의 오랜 친분과 워싱턴에서 가까운 지역에 산 것을 꼽았다). CIA 요원이자 미사일 전문가였던 프레더릭 듀린트는 위원회 총무를 맡았다. J. 앨런 하이넥은 여기에 준회원 자격으로 합류했다.

1953년 1월, 위원회는 나흘 동안 워싱턴 내셔널몰 근처에 위치한 미 국립과학원 건물에 모여 있었다. 그들은 공군이 문서로 잘 정리한 대표적인 UFO 사례 75건에 대한 종합적 검토를 진행했다. 그들의 임무는 확실했다. 모든 사례를 반박하고 UFO가 존재하지 않는다는 것을 입증하는 것이었다. 페이지는 이후 이렇게 회상했다. "H. P. 로버트슨은 (외부인 없이 진행된) 첫 번째 비공개 세션에서 우리의 임무가 대중들의 우려를 불식하고, UFO 제보들이 모두 일반적이고 전통적인 방식으로 설명될 수 있다는 것을 보여 주는 것이라고 이야기했다." 각 멤버가 전문 분야에 따라 방 안에 쌓여 있는 여러 목격 사례들을 분류했다. 앨버레즈는 레이더와 관련된 목격담을 분석했고, 페이지는 녹색 섬광과 밤에 목격된 발광 현상을 주로 분석했다.

당시 위원회는 각각 유타주 트레몬턴과 몬태나주에서 촬영된 두 영상을 연구했다. 한 숙련된 해군 사진사가 낮 시간에 트레몬턴에서 촬영한 영상에는 푸른 하늘을 가로지르는 빛나는 열두 물체가 찍혀 있었다. 해군사진분석센터는 영상 프레임을 하나하나 전부 분석한 끝에 영상 속 물체들이 거의 음속에 가까운 속도로 움직였다고 결론지었다. 한편 몬태나주에서 촬영된 영상에는 멀리서 움직이는 발광체 두 개가 등장했다. 그것들은 급수탑 뒤의 한 지점을 지나고 있었는데, 이 영상은 이들의 거리와 속도를 짐작하는 데 도움이 되는 귀중한 자료였다.

영상 분석 말고도 다양한 문서에 대한 분석도 실시했다. 블루북프로젝트에서 진행한 루펠트의 브리핑 문건, 공군에서 녹색 섬광을 조사했던 트윙클프로젝트 보고 문건 등이 그것이었다. 이후 공군기술정보국장 윌리엄 갈랜드와 회의도 진행했다. 45분에 걸친 회의 동안 갈랜드는 "가능한 한 많은 보고 문건의 기밀 해제를 위한 적극적인 노력이 있어야 한다"라고 말하면서 공군정보사가 이 사안에 더 적극적으로 지원해야 한다고 강조했다.*

공군 소령 듀이 J. 포넷도 위원회에서 발언할 기회를 얻었다. 그는 공군을 떠나 민간인으로 돌아가기 전, 15개월 동안 펜타곤에서 UFO 관련 서류를 담당했던 인물이었다. 처음에 그

---

* 갈랜드는 UFO 문제와 관련해 유독 민감하고 독특한 배경을 갖고 있었다. 그는 군에 있을 때 직접 UFO를 목격한 적이 있었다. 루펠트는 갈랜드의 목격에 대해 이렇게 회상했다. "그가 캘리포니아 맥아더공군기지에 있었을 때, 여느 저녁 때와 마찬가지로 다른 사람들과 함께 마당에 앉아 쉬고 있었다. 그 순간 그들 모두 하늘에서 밝게 빛나는 은빛의 둥근 물체를 목격했다. 갈랜드는 그것이 평범한 기구나 비행기보다 훨씬 빠르게 움직였다고 말했다. 전깃줄 너머에서 움직이는 물체를 목격했기 때문에 각속도를 유추하기 수월했다. 그 물체를 함께 봤다고 주장하는 사람들 중에는 지휘관급 파일럿도 있었다." 하지만 이후 갈랜드의 아내는 그가 UFO를 본 적이 없다며 이 사실을 부인했다.

는 UFO에 대해 회의적인 입장이었지만, 복무 기간 동안 UFO를 더 심각하게 받아들여 연구의 필요성을 느꼈다. 그는 위원회에서 이렇게 발언했다. "일반적인 지적 전통을 가지고는, 판단의 근거가 될 만한 핵심 데이터가 부족하다는 것을 알고 있었다." 그는 그 정체가 정말 외계인일지도 모른다고 말했다. 물론 그도 그 물체의 정체가 무엇인지 확신할 수는 없었다. 적어도 그와 블루북프로젝트 수사관들은 외계인을 제외한 다른 모든 가능성들을 배제했다. 그 물체는 분명 외계인 또는 아예 설명할 수 없는 또 다른 무언가일 수밖에 없다고 생각했다. 진짜 정체가 둘 중 무엇이든 더 많은 지적인 탐구가 반드시 필요해 보였다.

하이넥은 위원회에서 분석하는 모든 사례들, 영상들, 발표가 불만이었다. 그가 봤을 때, 위원회는 문제를 진지하게 다루는 접근법을 전혀 취하지 않았다. 단순히 회의실 한쪽 벽에 영상을 띄우는 방식은 영상이 담고 있는 심각성을 판단하기에 턱없이 부족해 보였다.* 또 위원회 사람들이 외계인 가설을 염두하는 것에 너무 적대적이라고 생각했다. 그곳에서는 반박 증거

---

* 그 당시 영상기술이 비교적 원시적인 수준이었음을 고려할 때, 휴가 중이던 델버트 뉴하우스 준위가 1952년 7월 2일에 촬영한 45초 길이의 영상은 최상의 조건에서도 분석하기에 매우 까다로웠다. 밝고 푸른 하늘이 찍힌 화면은 계속 흔들거렸고, 노이즈가 매우 많았다. 영상 속에서 물체가 뚜렷하게 보이는 시간은 겨우 몇 초뿐이었다. 구름 한 점 없었고, 특색 없는 배경 때문에 거리나 속도도 전혀 파악할 수 없었다. 그것은 가까운 거리에서 일반적인 속도로 움직이는 작은 물체였을 수도 있고, 아주 멀리 떨어진 곳에서 천문학적인 속도로 움직이는 거대한 물체였을 수도 있다. 군에서 숙련된 관측자였던 뉴하우스는 그 물체들이 금속으로 만들어졌고, 고도 1만 피트에서 순항 중인 B-29 폭격기 정도의 크기라고 추정했다.

를 제시하는 것조차 허용되지 않았다. 당시 위원회는 기존의 과학적 지식 틀 안에서 판단을 내리도록 분명히 압박을 가했다.

이후 하이넥은 이렇게 말했다. "로버트슨위원회 전체가 미리 짜고 치는 판이었다. 수뇌부에서 위원회 멤버들을 고의적으로 그렇게 구성한게 분명했다. 다들 너무나 바쁜 사람들이어서 사건을 하나하나 면밀하게 검토할 여유가 없었다. 그들은 자신에게 주어진 임무를 열심히 할 생각도 하지 않았다. 그들은 마치 '아빠도 다 알고 있어. 쓸데없는 일로 귀찮게 굴지 마라. 다 너 좋으라고 그러는 거야. 말대꾸하지마' 같은 태도를 보였다."

단 이틀의 브리핑과 토론 끝에 위원회는 마지막 하루 반나절 동안 자신들의 최종 보고서를 조율하는 데 집중했다. 레이더와 천문학에 대해 빠삭했던 위원회 멤버들은 일부 목격담들이 단순한 기술적 문제 또는 기상현상으로 인한 착각에서 비롯되었다는 단서들을 확보했고, 더 나은 추가 데이터가 제공된다면 아마 다른 목격 사례들 대부분도 비슷한 방식으로 해결할 수 있을 거라 믿었다.

로버트슨은 수수께끼가 더 길게 지속될수록 최종 결론은 더욱 시시하게 날 가능성이 높다고 주장했다. 예를 들어 "접시 문제"는 제2차세계대전 당시 퍼졌던 V-1, V-2 로켓 파동과 유사점이 많았다. 당시 스웨덴에 알 수 없는 로켓이 추락하면서 미스터리한 사건으로 여겨졌지만 이후 연합군이 또 다른 로켓을 수거해서 공학적인 분석을 진행하면서 모두 간단하게 해결된 사건이었다. 듀런트는 "지금껏 설명되지 못한 UFO 목격 사례들은 그 어떤 '하드웨어'도 발견되지 않았다. 이 문제들은 마치 '도깨비불'처럼 느껴진다"라고 말했다. "지금까지 조사 결과를 보면 이들에게 적대성이나 위협의 증거가 전혀 없다는 사실을 확실하게 알 수 있다"라고 덧붙였다.

결국 로버트슨위원회는 "이 현상들이 국가안보에 직접적이고 물리적인 위협이 될 것이라는 징후는 없다"라고 결론지었다. 그리고 "이러한 [위험한] 시국에 이런 불필요한 제보를 계속 강조하고 독려하는 것은 오히려 우리 정치체제가 정상적인 기능을 하는 데 위협이 될 수 있다"라고 덧붙였다. 그들은 이러한 혼란을 막기 위해서 "국가안보기관은 지금까지 미확인비행물체에 지나치게 덧씌워진 특별한 지위와 신비로움을 벗겨 내고 더는 국가 기능에 방해가 되지 않도록 즉각적인 조치를 취할 것"이라고 발표했다.*

위원회는 미확인비행물체로 인한 가장 큰 위협은 그들 자체가 아니라, 그들이 존재할지 모른다는 공포심으로 인해 미국인들이 겪게 될지 모르는 심리적 혼란과 공황 상태라는 결론을 내렸다. 하이넥은 위원회의 결정에 크게 실망했다. 그리고 위원회는 이 사태를 바로잡기 위해, 설명되지 못한 목격 사례들에 대한 우려를 "축소"하고 "반박"할 수 있도록 군에서 공공캠페인을 해야 한다고 제안했다. 그 결과 민항기 파일럿, 관제

---

* 위원회는 설령 UFO가 외계에서 온 물체라 하더라도 애초에 그게 우려할 만한 일인지에 대해서도 논의했다. 듀런트가 기록한 바에 따르면 구드스미트 박사를 비롯한 몇몇은 "만약 외계인들의 유물이 존재한다면 그건 전혀 경계할 이유가 없다. 오히려 그건 과학적 연구 대상이 될 수 있는 자연현상의 하나로 간주되어야 한다. 20~30년 전에 우주선이 처음 발견되었을 때처럼"이라고 언급했다. 하지만 로버트슨 박사는 이에 동의하지 않았다. 그는 정말 그런 외계 유물이 존재한다면 그것은 미국뿐 아니라 모든 국가에 곧바로 중대한 우려를 불러일으킬 수 있는 사안이라고 생각했다.

사 및 지상관측대에 이르기까지 다양한 인력들을 대상으로 교육이 실시되었다. 그리고 더 넓게는 뉴스 기사, 텔레비전 방송, 영화, 그리고 디즈니 만화까지 모든 매체를 활용해서 이전에는 그저 신비롭게만 그려졌던 UFO를 보다 (평범하고) 실제적인 모습으로 묘사하도록 했다.

로버트슨위원회에서 실시한 연구 내용은 수년 동안 비밀로 유지되었다(이 위원회의 존재는 1965년 루펠트가 발표하기 전까지 알려지지 않았다). 그러나 위원회에서 내린 결론은 이후 수십 년 동안 UFO에 대한 미국 정부의 접근방식을 정의했다. 이후 포넷은 이렇게 회상했다. "1953년 CIA 과학위원회는 UFO가 실제적인 위협이 되지 않는다고 결론지었다. 그때부터 공군의 대응 전력과 철학이 극적인 변화를 맞이했다."

군은 UFO 연구를 계속 이어 가기는 했지만, UFO의 실재하지 않음을 전제로 두는 것으로도 블루북프로젝트 방향을 바꾸기에는 충분했다. 1953년 2월, 루펠트가 잠시 다른 임무를 위해 팀을 떠났다가 다시 복귀했을 때 많은 멤버가 이미 다른 부서로 재배치되어 있었다. 그리고 결국 그해 8월, 루펠트도 영원히 팀을 떠났다. UFO를 더 과학적이고 기술적인 입장에서 포괄적으로 조사하고자 했던 루펠트의 노력은 결국 실현되지 않았다. 그의 뒤를 이어 프로젝트 책임자로 온 사람은 공군에서 가장 낮은 계급 중 하나인 일병 출신이었다. 이것은 이제 UFO 조사가 군에서 얼마나 하찮게 여겨지고 있는지, 그 중요성에 대한 신뢰가 바닥났다는 것을 여실히 보여 주었다.

하이넥은 상심한 채로 위원회를 떠났다. 오하이오주로 돌아온 그는 자신이 가르치는 대학원생 제니 제이드먼에게 이렇게 토로했다. "그들은 결코 과학적인 조사를 하지 않았다네. 다들 이상한 이유를 대며 그걸 부결시켰지. 제대로 된 데이터는 하나도 살펴보지 않았고 그냥 무시로 일관했어." 1940년대 미 공군으로부터 UFO 조사에 참여해 달라는 제안을 처음 받았을 당시, UFO에 대해 회의적이고 무관심했던 그의 모습을 생각해 보면, 하이넥의 180도 달라진 태도는 너무나 놀라웠다. 로버트슨위원회에 대한 그의 고통스러운 반응에서 한때 부정적이었던 UFO에 대한 그의 인식이 변화했음을 알 수 있었다. 이제 하이넥은 정말 근본적인 미스터리에 대한 답을 찾고 싶었다. 대체 UFO는 무엇이란 말인가?

11장
접시 마니아

로버트슨위원회는 UFO가 대중적인 관심을 끌 만한 가치가 없다는 공식적인 결론에 도달했다. 하지만 하이넥은 이에 불만을 가졌다. 그리고 이러한 반응은 하이넥뿐만이 아니었다. 많은 대중들 역시 위원회의 결론에 동의하지 않았다. 1950년대 중반, 이미 외계인은 대중문화 한가운데 확고하게 자리를 잡았다. TV에서는 〈캡틴 비디오와 비디오 레인저스〉〈톰 코벳, 스페이스 카뎃〉 같은 우주물이 방영되고 있었고, 장난감 가게들은 광선총과 로켓으로 가득 채워졌다. 짐벨스 백화점에서 톰 코벳의 우주선 폴라리스호를 주요 볼거리로 내세워 "스페이스 카뎃 크리스마스" 전시회가 개최되었을 때, 첫날에만 무려 6000명이 넘는 아이들이 방문했다. 디즈니 투모로우랜드에는 공주 성보다 훨씬 큰 TWA 문라이너 건물이 새롭게 세워졌다. 이곳을 찾은 관광객들은 1986년 미래에 달까지 날아가는 우주여행을 표현한 모형을 체험했다.* 외계인을 주제로 한 영화, 만화, 종이 잡지, SF가 유행했고, 예술가, 작가, 기자 들은 외계인이 어떻게 생겼을지에 대해서 깊게 고민하기 시작했다.

---

* 이 놀이기구는 나치 독일 출신 로켓 과학자 베르너 폰 브라운의 도움을 받아 설계되었다. 그는 월트 디즈니와 함께 우주탐험을 주제로 한 영화 세 편도 함께 제작했다.

그들은 키가 어느 정도일까? 눈, 팔, 손가락은 몇 개씩 있을까? 피부는 무슨 색일까? 무엇을 먹을까? 한동안 미국에서 가장 유명한 외계인은 사각턱에 큰 키, 근육질 몸매를 한, 검은 머리를 뒤로 넘긴 안경 쓴 남성이었다.

1938년 6월 《액션코믹스 1호》에 슈퍼맨이 처음 등장한 이후, 15년 동안 슈퍼맨은 독자들에게서 가장 큰 사랑을 받은 슈퍼히어로 캐릭터가 되었다. 슈퍼맨을 만든 제리 시걸과 조 슈스터는 수년 동안 다양한 아이디어를 실험해 왔다. 처음에 그들은 1930년대로 시간 여행을 온 초능력자 캐릭터를 상상했다. 초반에는 앞으로 이어질 시리즈와의 연속성을 고민하지도 않았다. 그래서 캐릭터의 배경이나 주변의 부수적 이야기들이 서로 모순되는 경우도 있었다. 1948년에는 슈퍼맨 시리즈 10주년을 기념해서 최초로 슈퍼맨의 탄생 배경이 종합적으로 다뤄졌다. 슈퍼맨, 즉 클라크 켄트는 이제 미래에서 시간 여행을 온 캐릭터라는 초기 설정을 벗어나 아예 다른 행성에서 온 외계인이라는 설정을 갖게 되었다. 《슈퍼맨》 61편에서 슈퍼맨은 놀라워하며 이렇게 말한다. "비로소 나는 내가 왜 다른 지구인들과 달랐던 건지 이해가 되는군. 나는 사실 지구 출신이 아니었어. 조엘이 말한 크립톤이라는 다른 행성 출신이었어!"* 그 이

---

* 케이스웨스턴리저브대학교의 브래드 리카 교수는 자신의 책에서 시걸과 슈스터가 특정 천문학적 사건을 계기로 영감을 받아 새로운 슈퍼히어로 캐릭터를 창조했을 거라는 가능성을 제기했다. 1943년 12월 13일, 영국의 아마추어 천문학자 J. P. M. 프랜티스는 헤라클레스자리가 있는 북쪽 하늘에서 밝은 빛을 발견했다. 그 빛은 12월 22일이 되자 최고 밝기에 도달했다. 이후 몇 개월 동안 밤하늘에서 계속 관측되었다. 시간이 지나면서 천문학자들은 자

후로 몇 년에 걸쳐 크립톤 행성과 관련된 배경 이야기는 더 확장되었다. 1953년 여름, 로버트슨위원회의 보고서가 큰 논란을 일으키는 사이,《액션코믹스》182호에서 슈퍼맨은 자신이 크립톤이라는 외계 행성에서 왔기 때문에 특별한 능력을 가질 수 있었다는 사실을 깨달았다. 핵무기 시대가 도래할 무렵부터 슈퍼맨은 크립토나이트를 두려워하는 듯한 언급을 자주 하기 시작했는데, 이것은 당시 많은 사람이 두려워하고 있던 방사능에 대한 흥미로운 은유였다.

1951년에는 영화〈괴물 디 오리지널(이하 괴물)〉이 대히트를 쳤다. 영화는 UFO 목격 제보를 받은 공군이 북극 부근에서 추락한 우주선을 발견하는 이야기를 다루었고, 대중은 외계인이 지구를 찾을지도 모른다는 인식을 더 깊이 가지게 되었다. 영화 역사학자 토드 매카시는 이렇게 분석했다. "〈괴물〉은 현대적 의미에서 '외계인'을 다룬 첫 영화이자, 공산주의의 위협과 비인간적인 포식자 외계인을 연결 지어 표현한 첫 영화였다. 이후 수년 동안 극장에는 공산주의, 핵무기, 반민주주의, 세뇌, 적국으로부터의 위협을 괴물이나 외계인과 연결시켜서 표현한 작품들이 문전성시를 이루었다." 극장주들은 이 새로운 장르를 경계했다. 〈괴물〉에는 주연급 스타가 없었지만 관객들은 열광했다. 패서디나에서 열린 영화 시사회에서 한 여성 관객은 영화를 보다가 너무 흥분한 나머지 실신하기도 했다. 이

> 신들이 보고 있던 것이 극적인 밝기 변화를 일으키는 특이한 형태의 쌍성이라는 사실을 깨달았다. 리카는 이렇게 썼다. "헤라클레스자리 신성이 슈퍼맨 시리즈를 시간 여행 서사에서 천문학적인 우주 서사시로 확장시키는 데 중요한 역할을 했을 것이다."

영화는 5월 내내 전국 박스오피스에서 2위를 차지했다.《뉴욕 타임스》의 영화평론가 보슬리 크라우더는 이렇게 썼다. "프랑켄슈타인 박사가 괴물을 창조한 이래로 스크린이 이렇게까지 SF에 열광한 적은 없었다."

뒤이어 다양한 외계인 재난영화들이 등장했다. 그중에는 UFO가 워싱턴에 불시착하는 내용을 다룬 〈지구가 멈추는 날〉 〈화성 침공〉, 레이 브래드버리의 〈아웃 스페이스〉 〈신체 강탈자의 침입〉, 그리고 도널드 키호의 책에서 영감을 받아 제작된 〈지구 vs 비행접시〉 등이 있다. 이 영화들은 사람들에게 무궁무진한 종말론적 상황에 더 심취하게 만들었고, 문화적으로 큰 파장을 일으켰다. H. G. 웰스의 소설『우주 전쟁』이 영화화되고 있던 무렵, 트루먼 정부의 연방민방위청은 집집마다 뒷마당에 방사능 낙진으로부터 피할 수 있는 대피소를 짓도록 하는 등, 비상 대비를 철저히 했다. 전국적 트랙터와 트레일러 호송대인 일명 "앨러트 아메리카"가 소련의 침공이 있을 시 시민들이 통조림, 물, 보급품을 비축하도록 장려하는 전시물과 영화를 홍보하며 각 도시를 돌았다. 이제 모든 차원에서 냉전은 미국 국내 정치와 그 밖의 지정학의 핵심 조직 원리가 되었다. 1953년 3월 이오시프 스탈린이 사망하고, 그해 여름 한국전쟁까지 발발해 긴장이 고조된 분위기에서 로스앤젤레스에서는 비영리단체인 비행접시인터내셔널이 주최한 "세계 최초 비행접시 총회"가 개최되었는데, 무려 수천 명에 달하는 사람들이 할리우드 거리에 모여들었다. 이 단체는《접시》라는 간행물을 창간했는데, 여기에는 닉슨 부통령과 국방 장관, 그리고 LA 시장의 축사가 함께 실려 있었다.

한편 로버트슨위원회는 이러한 대중들의 열광적인 관심을 불식하기 위한 캠페인을 계획했다. 특히 그 중심에는 하버드대학교의 천문학자 도널드 멘젤이 있었다. 멘젤은 UFO에 대한 대중들의 관심을 떨어뜨리는 것을 자신의 사명이라고 생각하는 것 같았다. 그는 미국광학회에서 진행한 공청회에서 하이넥과 첨예하게 대립한 적도 있었다. UFO 목격 사례를 보도하는 뉴스에서 그는 비판적인 입장으로 자주 인용되는 단골이었다. 또 그는 『비행접시: 미신-진실-역사』라는 책을 쓰기도 했는데, 이 책은 저명한 과학자가 UFO 문제를 다룬 최초의 책이었다.

"대체 왜 많은 문명인이 야만적인 태도를 취하면서까지 비행접시에 이토록 열광하는 걸까?" 멘젤은 독자들에게 질문을 던진다. "여기에는 세 가지 이유가 있다. 첫째, 비행접시가 이례적인 현상이기 때문이다. 우리는 일상적인 것에 익숙하기 때문에 이례적인 일을 경험하면 신비롭게 받아들인다. 둘째, 우리는 모두 지금 불안하다. 급작스럽게 적대적인 분위기가 되어버린 세계에서 살게 되었다. 우리는 통제할 수 없는 강력한 힘을 해방시켰고, 이제 많은 사람이 우리가 스스로를 파괴하게 될지 모르는 끔찍한 전쟁을 향해 나아가고 있다는 걱정을 하면서 산다. 마지막으로 셋째, 사람들은 어느 정도 이런 유의 두려움을 즐긴다. 그들은 마치 흥미진진한 SF 소설을 보는 것처럼 지금 상황을 즐기고 있다."

멘젤은 비행접시가 설명이 어려운 현상이기는 하지만 위협적이지 않으며, 초자연적인 현상도 아니라고 주장했다. 그는 자신의 주장을 뒷받침하기 위해서 1897년의 비행선 사건, 프랭크 스컬리가 주장한 화성에서 온 방문자들과 이상한 목격 사례처럼, 결국 유성, 혜성, 오로라, 얼음결정, 그리고 공기 파동과 같은 자연현상으로 쉽게 설명된 오래된 착각과 사기의 역사를 예로 들었다. 그는 아직 완벽하게 이해되지 않고 있던 천둥번개를 예로 들면서 설명했다. "기상학자도 당장 내일 번개가 몇 번 칠지, 어디에 칠지 정확하게 알 수 없다. 하지만 그것이 이교도의 번개 신 토르와 그의 권능을 우리가 맹신해야 한다는 뜻은 아니다." 오컴의 면도날 관점에서, 가장 단순한 설명이 진리에 가까울 것이다. 말발굽 소리를 들었다면 얼룩말이 아니라 그냥 말을 상상하면 된다. 멘젤은 이렇게 썼다. "우리보다 훨씬 발전된 문명이 굳이 비행접시를 타고 와서 '우주 숨바꼭질' 게임이나 한다는 것은 너무 의미 없고 어리석은 생각이다." 행성 간 여행이 가능할 정도로 지능적이고 기술적으로 뛰어난 존재들이 굳이 지구까지 와서 자신의 존재를 떳떳하게 밝히지 않는다는 게 말이 되는가?

반면 하이넥은 이러한 현상을 대중의 혼란으로 단정 짓는 데 급급하지 않았다. 이 천문학자는 "비행접시는 목격자가 그것에 대해 보고서를 쓸 만큼 충분히 오랜 기간 동안 설명되지 않은 공중 현상 또는 목격이라고 정의할 수 있다"라고 반박했다. "이렇게 정의된 비행접시들은 각각 수명이 정해져 있습니다. 마치 이온에서 전자가 떨어져 나와 잠깐 떠돌다가 다시 다른 이온에 포획되는 것처럼, 비행접시도 어떤 '설명'에 포착되면 비행접시로서의 존재가 끝난다."

물론 많은 목격 사례 중 대부분은 금성이나 기상관측 풍선처럼 지극히 평범한 것들이었다. 하이넥의 눈에는 200개가 넘는 보고서 더미들 속에서 천문학적 현상으로 보이는 것을 걸러내는 건 식은 죽 먹기처럼 느껴졌다. 하지만 그런 사례들을 제외하더라도 여전히 설명할 수 없는 사례들이 남아 있었다. 하이넥은 "내 관심사는 지금껏 '포획'된 적도 없고 설명된 적도 없는, 오랫동안 미해결 상태로 남아 있는 비행접시들이다"라고 말했다. "파일럿, 관제사, 기상관측자, 과학자처럼 관찰에 능한 2인 이상, 최소 한 사람이 1분 넘게 목격한 사례 말이다." 이런 목격 사례 속에서는 분명 무슨 일인가 일어나고 있었다. 그것은 과학이 아직 파악하지 못한 무엇이었으며, 이에 대해 멘젤 같은 저명한 과학자들이 보인 조롱 섞인 반응은 비판받아 마땅했다. 수 세기 동안 과학자들이 훈련받지 않은 시민들의 분명한 증언을 믿지 않아, 운석의 존재가 무시된 역사가 있다.

하이넥은 이렇게 썼다. "오늘날 과학자들에게 비행접시, 우주에서 온 방문자들, 물리법칙을 거스르는 이상한 항공기에 대한 이야기는, 과거 천국에서 돌이 떨어졌다는 이야기처럼 받아들이기 어려운 일이다. 물론 정말로 천국에서 돌이 떨어지지는 않는다. 지극히 자연스러운 현상을 잘못 보고 잘못 해석했을 뿐이다. 마찬가지로 우리에게는 물리법칙을 무시하고 움직이는 우주선도 없다. 하지만 지금 우리에게 그것을 설명할 수 있는 자연현상이 있는가?" 하이넥은 지금까지 제보된 "비행접시"들에서 하나의 패턴을 발견했다. 믿을 만한 다수의 목격자들이 "밤하늘에 가만히 떠 있는 빛"을 봤다고 했다. 또 전국에서 "밤에 움직이는 빛"을 봤다는 제보도 있었다. 그중 일부는 15분 정도 잠깐 등장했다가 사라지기도 했고, 아주 가끔 밤새 계속 목격될 때도 있었다. 가끔은 육안과 함께 레이더에 포착되기도 했다.

　하이넥은 이렇게 결론지었다. "나는 이 점을 명확히 하고 싶다. 이 현상들이 상대적으로 간단하고 자연적인 방식, 가령 특수한 시험 조건에서 놓인 일반 항공기로 설명될 수 있다는 것을 잘 알고 있다. 중요한 것은, 목격자들을 단순히 '새대가리' 혹은 지적으로 빈약한 사람이라는 식으로 조롱하는 것으로는 과학의 그 어떤 건설적 진전도 결코 이룰 수 없다는 것이다." 이것은 과거 회의론자였던 하이넥이 새 정보에 입각해 UFO를 옹호하는 입장으로 한 발짝 나아가고 있음을 공개적으로 보여 주는 순간이었다. 그는 우주가 우리의 이해보다 훨씬 복잡할 수 있다는 것을 알고 있었다. 하지만 그렇다고 해서 포기할 수는 없었다.

* *

1953년 10월 멘젤의 책이 출간되었을 때, 도널드 키호도 자신의 두 번째 책을 출간했다. 앞선 첫 책보다 훨씬 간결한 『바깥 우주에서 온 비행접시』라는 제목으로 출간된 그의 두 번째 책은 거의 50만 부 가까이 팔렸다. 그는 비행접시가 외계에서 기원했다는 전제하에 이야기를 전개했다. 언론 공보관 앨 춥을 통해 입수한 블루북프로젝트의 "이해할 수 없는 사례"들에 대한 상세한 정보를 담고 있었고, 이를 통해 해답을 찾을 수 있었다고 주장했다. 책은 1953년 5월 콜카타를 떠난 BOAC항공 783편이 UFO와 충돌하면서 그 안에 타고 있던 탑승자 43명 모두 사망했다는 근거 없는 주장으로 시작했다. 키호는 펜타곤 내부자, 파일럿, 그리고 몇몇 다양한 사건을 경험한 목격자들과 나눈 인터뷰 내용을 토대로 공군에 대한 음모론을 확산시켰다. 그리고 정부가 "준비가 될 때까지 무언가를 숨기고 있다"라는 자신의 믿음을 공고히 했다. 이러한 그의 주장을 뒷받침하는 발언은 다음 같은 것들이었다. "도널드, 모든 특수 무기 프로그램에 관여하고 있는 사람으로서 맹세코 이건 미국이 하고 있는 짓이 아니"라고 말했다는 어떤 이의 말. "우리 미국이 비행접시 같은 것을 구현하려면 아직 수년은 걸릴 것"이라고 했다는 또 다른 이의 말(한때 그는 워싱턴회전목마사건에 관한 기자회견을 앞두고, 샘퍼드 장군이 진실을 은폐하기로 마음먹었을 것이라고 주장했다. 그의 주장은 마치 장군의 머릿속에라도 들어갔다 나온 것처럼 보였지만 아무 근거도 없었다).* 키호의 책은 한때 블루북프로젝트의 언론 공보관이었던 앨 춉과의 대화를 끝으로 극적으로 마무리된다. 춉은 행성 간 외계인 가설이 설득력 있다고 인정했다. 춉은 이렇게 답했다. "다른 가능한 대안은 없다. 확실한 답은 하나뿐이다. 우리가 외계인으로부터 감시받고 있다는 것. 처음부터 당신이 옳았다." 키호는 소련이 UFO를 심리전의 무기로 활용할 가능성을 줄이기 위해서

* 키호는 1955년, 1960년, 1973년에도 추가로 책을 출간했고, 궁극적으로 비행접시와 관련된 주요 저서를 다섯 권 출간했다. 모든 책에서 키호는 분명 거대한 음모가 존재한다고 주장했다. 그와 같은 UFO 연구자이자 키호의 책에 대한 비평가이기도 했던 제임스 모즐리는 그의 책에 대해 "가상의 인물, 가상의 대화를 재구성함으로써 키호는 자신이 UFO에 대해 '중요하게 생각하는 것'을 드라마틱하게 묘사한다"라고 평가했다.

라도, 정부가 비행접시의 존재와 그들이 외계에서 왔다는 사실을 인정해야 한다고 생각했다.

책의 내용이 너무 충격적이어서, 출판사는 키호가 제정신이라는 것을 검증해 달라고 공군에 서한을 보냈다. 이에 블루북프로젝트 측은 이렇게 답변을 보냈다. "우리는 키호 소령이 비행접시가 다른 행성에서 왔다고 결론지은 것에 대해 잘 알고 있다. 공군은 결코 그러한 가능성이 존재한다는 것을 부인한 적이 없다. 일부 목격 사례들은 우리가 아직 알지 못하는 자연현상 때문에 벌어졌을 거라고 보지만, 신뢰할 만한 많은 목격자가 제보했듯 정말 누군가에 의해 명백하게 제어된 움직임을 보인 게 사실이라면, 그것을 설명할 수 있는 방법은 외계인뿐일 것이다"(사실 이 입장과는 달리 키호의 책에 대한 공군의 반응은 훨씬 덜 호의적이었다. 그의 책이 《룩》에 실리자 공군은 괄호 안에 키호가 내린 결론에 이의를 제기하는 주석을 달 것을 고집했다). 대부분의 독자들은 이러한 공군의 입장을 확실한 부인도 인정도 아닌, 아주 신중한 이중적 의미로 받아들였다. 하지만 키호는 이것을 정부가 모든 것을 시인한 것이라고 받아들였다. 즉 드디어 모든 은폐가 사라지고 진실이 폭로된 것이라 믿었다.

이후 공군은 목격 제보하는 방식을 새롭게 개편한 규정 200-2라는 새로운 지침을 발표했다. 이것은 아마도 공군에서 UFO에 대해 보여 준 가장 최근의 반응일 터였다. 군은 앞으로 "물체가 익숙한 물체로 판명될 때만" 정보를 제공하겠다고 밝혔다. "설명할 수 없는 물체"는 "여러 미지의 요소들과 연관될 가능성이 있기 때문에, ATIC가 관련 데이터를 조사하고 있다는 사실만 공개할 수 있으며, 그 외에는 밝힐 이유가 없다"라고 밝혔다.

그해 12월, 합동참모본부도 13쪽에 달하는 매뉴얼을 제공하면서, 제보 절차를 더 강화했다. 이 문건은 육해공 공동 간행물(JANAP) 146이라는 이름으로, 미국과 캐나다의 (선원을 포함한) 민간 및 군 파일럿이 "핵심 정보를 수집"한 경우, 그것을 보고할 수 있는 절차를 정리했다. 여기에는 확인할 수 없는 미지의 기체, 적국의 항공기, 미사일, 잠수함, 또는 UFO도 포함되었다. 한편 이는 제2차세계대전 중 민간 파일럿과 선원에게 양쪽 국경을 넘어 중요 보안 정보를 보고하도록 했던 당시 작전을 갱신하는 일상적 조치처럼 보였지만, 이후 세대 UFO 연구자들에게 이 개정의 시기와 "핵심 정보 탐지"를 누설할 경우 캐나다의 공무상비밀누설죄 혹은 이와 동일한 미국의 간첩법(18조 37항)에 의해 기소될 수 있다는 조항은, 정부가 UFO 신고를 철저하게 차단했다는 증거로 여겨졌다.

* *

정부는 지구에 외계인이 방문할지 모른다는 가능성에 대해 조금씩 흥미를 잃고 있었다. 하지만 동시에 우리 행성 너머 무엇이 있는지 탐사하기 위해 첫 단추를 차근차근 끼워 나가고 있었다. 1954년 공군은 위성정찰프로그램을 본격적으로 준비했고, 그로부터 1년 뒤 아이젠하워 행정부는 공식적으로 "지구 궤도 위성" 발사 계획을 승인했다. 정부는 대규모 과학 협력을 기념하기 위해 국제지구물리학의 해로 지정된 1957년, 또는 1년 뒤인 1958년에 위성을 올릴 것이라고 발표했다. 국제지구물리학의 해가 지정되는 데 주도적인 역할을 했던 로이드 버크너는 아이젠하워 대통령의 발표를 보고, 라이트형제의 비행 이후로 항공 분야에서 가장 위대한 발전이라고 칭송했다. 《뉴욕타임스》 사설에 그는 이렇게 썼다. "인공위성과 성간 우주의 광활함을 정복하고자 할 때, 비로소 인간은 이 지구라는 바위에 묶인 사슬을 벗어던지고 진정 도전적이고 창조적인 프로메테우스로 새로이 태어나는 것이다."

미국 정부는 해군에서 진행한 뱅가드프로젝트를 통해 위성을 궤도에 올릴 수 있기를 희망했다. 하지만 기술 경쟁에서 우위를 점하고 있던 미국의 위치는 조금씩 미끄러지고 있었다. 미국은 스스로 생각했던 것보다 훨씬 뒤처져 있었다. 결국 1950년대 미국은 전후 우주 연구 분야에서 점한 우위를 매해 까먹고 있었음이 드러났다. "미국은 전후 초반, 소련보다 앞서던 기술적 우위를 제대로 써먹지 못했다. 미국이 소련보다 더 먼저 우주 시대에 진입할 가능성이 충분히 있었음을 보여 주는 아주 많은 증거가 있다. 하지만 결국 가장 중요한 것은 누가 먼저 인공위성을 쏘아올리냐는 것이었고, 여기서 미국은 현저히 뒤처지면서 주도권을 놓쳤다." 우주 프로그램에 대한 공군의 역사서는 1961년에 이렇게 결론지었다.

너무나 실망스러운 현실이었다. 1957년의 큰 충격 이후 미국은 현실을 깨달았다. 하지만 미국이 소련에 우주개발의 선두주자 자리를 내어 주는 동안, 미국에서는 비밀리에 또 다른 임무가 진행되고 있었다. 미국은 아무도 모르게 자신만의 비행접시를 만들려 하고 있었다.

12장
프로스트의 비행접시

1947년 영국의 항공기 설계자 존 카버 메도스 "잭" 프로스트는 불가능해 보이는 일에 도전하고 있었다. 그는 제2차세계대전 동안 다양한 항공기를 설계한 경력을 갖고 있었다. 그의 손에서 호넷 전투기, 영국 최초의 제트기 "뱀파이어", 최초의 후퇴익 제트기 "스왈로", 그리고 노르망디상륙작전에서 교외 지역으로 병력을 수송하는 데 사용되었던 글라이더가 탄생했다. 전쟁이 끝난 뒤, 그는 아브로 캐나다에서 초음속 전투기 "아브로"를 개발하는 임무를 맡았다. 이곳에서 일하는 동안 그는 신문을 도배하고 있는 비행접시 관련 보도를 접했다. 그리고 실제로 그런 미래지향적인 디자인을 설계하기 위해서는 무엇이 필요한지 궁금해하기 시작했다. 결국 그는 아브로 캐나다에서 자신만의 비행접시를 설계하기 위한 독자적인 특별 팀을 구성했다. 그는 자신의 물음에 직접 답을 찾아 나섰다.

표면적으로는 비행접시를 만드는 건, 다른 사람들이 생각하는 만큼 어렵게 느껴지지 않았다. 항공 분야에서 쌓은 경험과 노하우를 바탕으로, 프로스트는 코안다 효과를 활용하면 비행접시 실제 비행이 가능하리라고 생각했다. 코안다 효과란 기체나 액체 등의 유체가 곡면과 접촉한 상태로 흐를 때, 직선으로 흐르지 않고 곡면의 곡률을 따라서 흐르는 현상을 말한다 (이는 공을 공중에 떠 있게 하는 공기의 흐름과 같은 원리다).

또 그는 미국이 이런 미래지향적인 항공기를 연구하는 데 한참 뒤처져 있다고 생각했다. 프로스트는 "독일이 이런 비행접시 형태의 항공기를 개발"했으며, 소련이 그 기술을 훔쳐서 철의 장막 뒤에 숨기고 있을 것이라고 생각했다. 항공분야 역사학자인 팔미로 캄파냐는 이렇게 이야기했다. "그는 미국이 뒤처지는 것을 원치 않았다."

비행접시는 단순히 디자인이 미래지향적이었을 뿐 아니라, 굉장히 실용적으로도 보였다. 비행접시는 가만히 멈춘 상태로도 공중에 뜰 수 있었고, 위아래 가속도 가능했다. 즉 수직이착륙이 가능한 항공기(VTOL)라는 아이디어를 제공했다. 이것은 미래의 핵전쟁에 대비하기 위한 새로운 항공기로서 적합해 보였고, 좋은 해결책으로 느껴졌다. 전쟁을 염려하는 많은 사람은 분명 공항과 활주로가 적의 주요 타깃이 될 거라 생각했다. 따라서, 공격을 받더라도 전투기가 출격할 수 있도록 하기 위해서는 활주로를 필요로 하지 않으며, 언제 어디서나 간단하게 항공기를 띄울 수 있는 새로운 옵션을 상상해야 했다.

프로스트의 연구 팀은 배기가스를 사방으로 배출해서 하방에 공기쿠션을 형성하고, 배기가스의 방향을 바꾸면서 제어할 수 있는 형태의 항공기를 구상했다. 1952년 연구 팀은 토론토 피어슨국제공항 주변에 위치한 아브로 캐나다의 광활한 제조 공장에서 본격적인 개발에 들어갔다. 캐나다 정부는 여기에 너무 많은 예산이 들어간다는 이유로 2년 만에 프로젝트를 중단하려고 했다. 하지만 프로스트는 좌절하지 않았다. 미 공군 관계자들이 캐나다가 새롭게 개발한 CF-100 전투기를 시찰하기 위해 공장에 방문했을 때, 그는 관계자들을 중간에 빼돌려서 자신의 작업실로 데려갔다. 그리고 당시 그가 "Y-2 프로젝트"라고 부르고 있던 항공기 모델을 선보였다. 시험 기간 동안 프로스트의 모델은 놀라운 성능을 보여 주었다. 최고 순항 속도는 마하 3에서 4에 달했고, 가장 높이 올라갈 수 있는 고도는 10만 피트에 달했다. 그리고 최대 1000마일 정도 거리까지 비행할 수 있었다. 이건 당시까지 만들어진 그 어떤 항공기보다 월등한 성능이었다. 이 기체에 관심을 갖게 된 미 공군 관계자들은 추가 개발을 위해 75만 달러를 더 지원하기로 결정했고, 덕분에 아브로 캐나다는 계속 개발을 이어 나갈 수 있었다.* 1956년까지 프로스트가 비행접시 프로토타입을 개발하는 데만 총 250만 달러가 투입되었다. 이제 프로토타입은 땅 위에서 일직선으로 20피트까지 상승할 수 있었고, 앞뒤로 비행 방향을 전환할 수 있는 수준이 되었다. 한동안 공군은 아브로 캐나다를 항공의 미래라고 생각했다. 항공공학자 버나드 린덴바움은 군에서 새로운 장거리 비행이 가능한 UH-1 "휴이" 헬리콥터 개발 관련 회의를 하던 중, 한 퇴역 장군이 "휴이는 군이 돈 주고 사는 마지막 헬리콥터"가 될 거라고 말하는 것을 들었다고 회상했다.

아브로 캐나다의 비행접시는 정말 미래였다.

---

* Y-2 프로젝트는 10년 동안 다양한 이름으로 불렸다. 미 공군은 시기에 따라 이 프로젝트를 WS-606A, 프로젝트1794, 그리고 실버버그프로젝트 등으로 불렀다. 이후 육군이 함께 참여하면서 VZ-9 아브로카라는 이름으로 불리기도 했다.

접시 시대

* *

하지만 프로스트의 노력은 바깥 세상에는 최고 기밀로 유지되어야 했다. 정부는 대중 사이에 만연한 비행접시 관련 소란과 비행접시에 열광하는 문화적 분위기에 전혀 동요하지 않는 척해야 했다. 로버트슨위원회에서 내린 결론에 따라, 각 정부 기관들은 비행접시와 관련된 남아 있는 미스터리를 모두 종식시키고자 더 긴밀하게 움직였다. 1955년 3월, 공군은 자신들의 "UFOB 제보 매뉴얼"을 수정했다. 이제 정보장교들은 새로운 규정에 따라 더 우세한 증거를 바탕으로 "상식"을 적용해 사건을 "해결"할 수 있는 권한을 부여받았다(이 두 단어는 많은 사람에게 각각 "이성적 사고"와 "기각"으로 읽혔다). 한편 공군은 비행접시 제보를 조사하는 책임부서를 재조직해, 그 임무를 제4602공군정보지원부대에 맡겼다. 이 부대는 콜로라도에 본부를 둔 조직으로, 전국 열일곱 개 군기지에 배치된 7인조 소규모 분대로 구성되어 있었으며, 전시에는 적군 파일럿 면담, 적군의 문건과 장비 분석을 주 임무로 수행했다(블루북프로젝트를 떠나기 전, 루펠트는 이곳이야말로 임무에 완벽히 적합한 곳이라고 판단했다. 이곳은 평시에 뚜렷한 다른 업무가 없었고, 비행접시 보고서를 정리하며 얻은 인터뷰 경험이 요원들에게도 도움이 되었기 때문이다). 이제 그들이 조사의 주도권을 잡고, 가능한 한 모든 사례를 "해결"한 뒤, 진정 "미지"로 남은 사례들만 오하이오주에 있는 ATIC 소속 블루북프로젝트로 넘겼다. 이 팀 또한 1954년에 두 명이라는 소규모 인력으로 재편되었으며, 찰스 하딘 대위가 팀을 이끌고 있었다.

이런 상황이 관계자들에게 주는 메시지는 분명했다. 더 이상 해결해야 할 미스터리는 존재하지 않으며, 처리해야 할 서류 작업만이 있을 뿐이라는 것이었다.

결국 일은 정부가 바란 대로 진행되었다. 역사학자 데이비드 제이컵스는 "새로운 UFO 제보 매뉴얼은 놀라울 정도로 잘 작동했다"라고 언급했다. "1954년 8월에는 60퍼센트에 달했던 미확인 사례의 비율이 1955년이 되면서 5.9퍼센트로, 그리고 1956년에는 0.4퍼센트까지 줄어들었다." 1956년 하반기에는 공군정보사가 조사한 총 335건의 잠재적 목격 사례들 중에서 겨우 단 두 건이 "미해결" 사례로 분류되었고, 하딘에게 전달되었다.* 1954년 12월 기자회견에서 아이젠하워 대통령은 비행접시와 관련한 질문에서 "구두로든 서면이든 지금껏 단 하나의 보고도 받은 적이 없습니다"라고 답했다. 이에 덧붙여서 "그것들이 외계 행성 또는 다른 바깥 세계에서 왔을 거라는 주장은 전혀 사실이 아니"라고 공군이 밝혔다고 언급했다. 1955년, 군은 "특별 보고 14호"라고 불리는 문서를 공개했는데, 이는 바텔연구소가 수행한 UFO 목격 사례에 대한 방대한 통계분석 결과였다. 이 보고서에 따르면 배텔연구소의 연구진이 특별히 주목할 만한 내용을 발견하지 못했다는 사실을 확인해 주었다.

하지만 여전히 많은 미국인은 의문을 가졌다. 정부의 공식 조사 팀이 보여 준 분명한 무관심은 오히려 UFO에 열광하

* 이후 몇 년 동안 공군 내부에서 UFO 제보를 담당하는 부서는 계속 바뀌었다. 1957년 7월, 제4602공군정보지원부대에서 제1006공군정보지원부대로 임무가 넘어간 이래, 1959년 7월에는 버지니아주 포트 벨보어에 위치한 제1127야전전대로 이관되었다. 하지만 이후 제1127야전전대는 조사에서 손을 놓게 되었고, 임무는 사실상 종료된 것으로 간주되었다.

는 자칭 UFO 연구자들이 숨겨진 진실을 직접 찾기 위한 조사 팀을 꾸리도록 만들었다. 1950년대 내내 미국의 여러 주와 도시에서 수십 개(어쩌면 수백 개)의 UFO 관련 커뮤니티가 형성되었다. 어떤 곳은 더 "기술적"인 조사에 집중했고, 항공, 우주, 로켓 공학에 관심이 있거나 관련 분야에 종사한 적이 있는 사람들을 끌어들였다. 그들 중 일부에는 군 관련 경력이 있는 사람도 섞여 있었다. 또 다른 커뮤니티는 UFO의 영적이고 초자연적인 측면에 집중했다(버클리의 한 사회학자는 여러 평범한 UFO 커뮤니티가 점성술 같은 초자연적 현상에 관심을 가진 여성들을 끌어들이는 경향이 있으며, 이들 중 상당수는 이전에 소규모 종교 단체나 사이비종교와 관련이 있던 사람들임을 밝혀냈다). 1954년, P-51과 F-86 등 여러 전투기를 제작한 노스아메리칸항공의 기술자 에드 설리번은 독일의 로켓 과학자 발터 리델 박사와 함께 새로운 민간 조사 팀을 꾸렸다.* 그들은 자신의 조사 팀에 민간비행접시정보모임(CSI)이라는 이름을 붙이고 사람들에게 UFO를 목격할 경우, 관련 정보를 로스앤젤레스 우편사서함으로 보내 달라고 요청했다. 그들은 1000건이 넘는 목격담을 수집했다(하지만 대부분 신뢰성이 낮거나 쉽게 설명 가능한 혼동 사례로 확인되었다).

한편 위스콘신주에서는 코럴과 짐 로렌젠 부부가 공중현상연구기구(APRO)을 설립했다. 이 단체는 북미 지역뿐 아니라 남미까지 포함한 목격 사례를 과학적 관점에서 조사하고자 했다. 위스콘신주 출신의 테크니컬 라이터이자 에디터였던 코럴

---

* 당시 뉴욕에서 매주 일요일 밤 버라이어티쇼 진행을 맡았던 동명의 유명 TV 방송인과는 다른 인물이다.

은, 1934년 서쪽 하늘을 가로질러 날아가던 하얀 원반 형태의 UFO를 목격한 뒤로 UFO에 매료되었다. 그는 1947년 6월에 있었던 그 유명한 아널드의 목격 딱 2주 전에 또 다른 UFO를 목격했다. 로렌젠 부부는 정부 은폐론과 이후 수년간 UFO 연구에 따라붙어 유행처럼 퍼지게 될 초자연적이고 오컬트적 해석을 강하게 거부했으며, 그 결과 APRO는 미국 내에서 가장 신뢰받는 UFO 연구 기관 중 하나가 되었다. 이곳은 정기적으로 뉴스레터를 발행했으며, 회원 수는 최대 약 3000명에 달했다. UFO 연구자 제롬 클라크는 이렇게 언급했다. "APRO는 유별난 코럴의 개성 덕분에 시작될 수 있었다. 온화한 성격의 짐은 때로 감정적으로 격해지는 아내를 진정시키는 역할을 맡았다. 코럴은 목격 사례들을 조사하고 문서화해서 UFO 연구를 과학자들이 받아들일 수 있는 방식으로 다뤄야 한다고 생각했다." 여러 사안에서 APRO는 도널드 키호 같은 주요 인물과 의견을 달래 했지만, 키호는 가능한 모든 곳에서 협력자를 원했다. 키호는 코럴에게 보낸 한 편지에서 정부 은폐론을 설명하며 협력을 제안했다.

그는 편지에서 이렇게 썼다. "사실 공군뿐 아니라, CIA, 국가안전보장회의, FBI, 민방위를 비롯한 모든 기관이 최고 수준에서 서로 긴밀하게 연결되어 있습니다. 물론 국민들에게 어디까지 밝힐지, 언제 밝힐지를 최종적으로 결정하는 건 백악관이죠. 충분한 정보를 갖고 있는 신뢰할 만한 사람들이 모여서 하원과 상원의원 들에게 가능한 모든 수단을 동원해 영향력을 행사한다면, 우리는 워싱턴의 고집을 꺾고 그들의 정책을 빠르게 바꿀 수 있을 겁니다."

로렌젠 부부와 키호의 의견이 평행선을 달리는 동안, 키호는 그들이 진실에 너무 가까이 다가갈지도 모른다는 우려를 표했고, 정부가 자신을 다시 현역으로 소환해서 "입막음을 시도"하거나 코럴에게도 침묵을 강요할 수도 있다고 걱정했다. 한 편지에서 그는 코럴이 만약 정부의 압박을 받게 될 때를 대비해 서신에 사용할 암호도 설명해 두었다.

　그러나 공교롭게도 키호의 예측과 정반대의 일이 실현되었다. 정부에 의한 "입막음"과는 전혀 다른 일들이 펼쳐졌다. 미디어를 통해 외계인을 직접 만나고 대화까지 나누었다고 주장하는 사람들이 물밀듯 쏟아지기 시작했던 것이다.

13장
피접촉자들

사실 외계인과 접촉했다는 주장도 UFO를 봤다는 주장처럼 완전히 새로운 건 아니었다. 수년 동안, 사인프로젝트, 그루지프로젝트, 블루북프로젝트를 통해 군은 이미 UFO를 목격하고, 외계인을 직접 만났다는 현장 민원을 접수한 적이 있었다. 진지한 기술적 미스터리라기보다는 마치 네스호에서 괴물을 봤다는 주장처럼 굉장히 믿기 어려운 주장이었다. 목격자들은 이상한 현상을 목격했고 누군가와 접촉해서 대화를 나누었다고 했지만, 믿기 어려웠고 무시할 만한 내용이었다. 하지만 때때로 비교적 믿을 만한 주장도 있었다. 가끔 목격자의 증언뿐 아니라, 물리적인 증거(예를 들어 검게 그을린 땅의 흔적)가 함께 발견되거나, 자동차 시동이 멈추는 등 실체적인 부작용이 함께 제보되거나, 심지어 외계인과 나눈 직접적인 상호작용에 관한 자세한 묘사가 함께 이루어지는 경우도 있었다. 블루북프로젝트 팀은 일반적으로 이러한 모든 유형의 제보가 얼토당토않다고 생각했고, 일괄적으로 무시하는 경향이 있었다. "우리는 외계인 이야기 따위에 신경 쓸 겨를이 없다. 이미 확인된 목격 사례만으로도 충분히 골치가 아프다." 한때 앨 춉은 이렇게 거칠게 이야기한 적이 있었다. 하지만 1953년 이후로 미지의 존재와 접촉했다고 주장하는 사람들의 이야기가 대중문화를 지배하기 시작했고, 결국 더 공식적이고 집중적인 조사가 요구되었다.

역사학자 데이비드 제이컵스는 이렇게 분석했다. "피접촉자들은 완전히 다른 유형의 UFO 목격자였다. 그들은 주변의 조롱을 전혀 두려워하지 않았다. 오히려 자신의 이야기가 널리 알려지기를 바랐다." 실제로 피접촉자 대부분은 자신이 겪은 사건 이면에 숨어 있는 과학이나 마법 같은 일에 주목하기보다는, 자신의 이야기가 사람들로부터 얼마나 주목을 받고 있는지(특히 금전적 이익)에 더 관심을 보였다(예를 들어, 어떤 피접촉자들은 자신이 겪은 일을 군이나 정부에 제보하지 않고, 책을 내고 강연을 하면서 돈벌이하는 길을 택했다). 결국 이들은 로버트슨위원회의 지속적인 방해에도 불구하고 살아남아서 자신들의 영향력을 높였고, UFO 논쟁의 새로운 유행을 이끄는 주인공이 되었다.*

이러한 현상은 1953년 조지 애덤스키가 『비행접시가 착륙했다』는 책을 내면서 본격적으로 시작되었다. 이 책에서 그는 여러 차례에 걸쳐 UFO와 접촉했다고 주장했다. 그중 한번은, 1952년 11월 20일 밤 캘리포니아 사막에서 184대의 우주선을 목격했다고 주장했다. 그는 책에서 "나는 내가 우주에서 온 인간, 바로 다른 세상에서 온 인간과 지금 함께 있다는 사실을

---

* UFO 접촉에 관한 주요 학자 중 한 명인 토머스 불러드는 더 직설적인 분석을 내놓았다. 그는 "피접촉자들에게는 일종의 추종자들이 생겼다. 하지만 정작 진지하게 UFO를 연구하는 사람들에게는 돈이나 벌려고 거짓말을 하는 사기꾼 취급을 받았고, 분노 가득한 멸시를 받았다"라고 썼다.

완벽하게 깨달았다"라고 썼다. "긴 금발 머리의 모델 파비오처럼 북유럽인 같아 보이는 외형!"이라고 주장했다. 애덤스키는 그들과 제스처, 텔레파시를 통해 그들이 금성에서 온 외계인이라는 사실을 알게 되었다고 주장했다. 그리고 그들이 자신에게 타고 온 "정찰선"을 구경시켜 주었다고 주장했다. 애덤스키는 우주선이 날아가는 순간 "내 일부가 함께 떠나는 느낌이 들었다"라고 썼다. "금성인의 존재는 위대한 사랑과 지혜에 대한 깊은 이해가 주는 따뜻한 포옹처럼 느껴졌다."

애덤스키는 금성인과 처음 조우한 이후, 화성인에서 토성인에 이르기까지 점점 더 다양한 외계인과 조우하기 시작했다. 그는 캘리포니아 레스토랑에서 사람들 사이에 섞여 있던 외계인을 만나기도 했다. 애덤스키가 11월에 만났던 금성인 오르손은 태양계를 여행하다가 다시 지구로 돌아왔는데, 그때 그에게 지구에서 핵전쟁이 벌어질 수 있다고 경고했다. 옆에는 분명 외계인들의 지도자로 보이는 외계인도 있었다. 1000세 정도는 되어 보였던 "마스터"는 지구에서 벌어지는 갈등이 지구 하나만 파괴할 뿐 아니라, 방사선을 다른 행성까지 퍼뜨려서 우주 전체의 균형을 무너뜨리는 아주 위험한 일이 될 수 있다고 경고했고, 늦기 전에 그 사실을 인간에게 알리고 평화의 메시지를 전달하기 위해 지구에 왔다고 설명했다. UFO에 관한 방대한 이야기를 담고 있는 책 『UFO백과사전』을 집필한 제롬 클라크는 애덤스키의 책에 대해서 "애덤스키는 자신이 오랫동안 신봉했던 신비주의 철학과 똑같은 가치관을 갖고 있는 여러 자비로운 외계인들과 나눈 긴 대화, 그리고 우주여행을 지루하게 설명한다"라고 요약했다. FBI와 군 모두 애덤스키의 주장을 보다 조심스럽게 고민할 수밖에 없었다.* 애덤스키의 주장은 다른 비행접시 목격 사례들에 비해 훨씬 상세했다. 하지만 한편으로는 모든 측면에서 믿기 어려웠다.

애덤스키의 배경을 파면 팔수록 그가 믿을 만한 사람이 아니라는 사실은 더욱 분명해졌다. 평소 비과학적인 것에 깊은 관심을 갖고 있었고, SF 작가를 지망했던 그는 캘리포니아에 위치한 유명한 천문대인 팔로마천문대 주변 조그마한 카페에서 일한 적이 있었다(1946년에 그가 썼던 소설에 묘사된 달과 화성, 그리고 금성으로 여행을 가는 이야기는 이후 그가 외계인 접촉과 관련해 주장했던 증언과 놀라울 정도로 유사하다). 1950년에 그는 《페이트》에 UFO 두 대를 촬영했다고 주장하며 그에 대한 기사를 싣기도 했다. 그는 또 신비주의 색채가 강한 티베트왕실교단이라는 이상한 종교를 만들고, 천문학에 심취하기 시작했다. 그는 정부가 "모든 행성에 생명체가 살고 있다"라는 사실을 이미 알고 있다고 주장했다. 그리고 화성에는 "그 어떤 지구인보다 훨씬 더 똑똑한 인간들에 의해" 건설된 운하가 존재한다고 공개적으로 주장했다. 그는 정부 조사관에게 증거 사진을 제시했지만, 사진 속 물체는 "고무줄이 빠진 스페인식(솜브레로) 모자"로 확인되었다. 공군정보사도 사진에 함께 찍힌 울타리의 크기를 감안할 때 사진 속 "비행접시"가 아마 모자 정도 크기일 가능성이 높다고 판단했다. 그가 제작한 또 다

---

* 특히 도널드 키호는 UFO의 열광적인 지지자였음에도 애덤스키가 주장하는 접촉 사례들이 전부 거짓이라고 일축했다. 키호는 애덤스키가 사기꾼이라고 생각했고, "최대한 예의를 갖춰서 말하자면, 애덤스키는 아주 생생한 꿈을 꾸었을 뿐이다"라고 말하기도 했다.

른 사진 속 UFO 착륙 장치는 마치 전구 또는 탁구공 세 개처럼 보였다.

FBI는 애덤스키가 UFO와 관련된 첫 번째 책을 출간하기 전인 1953년 1월에, 금성인과 접촉했다는 그의 주장을 듣기 위해 그를 만났다. 그런데 애덤스키가 강연장을 돌아다니면서 FBI와 군이 자신에게 외계인 접촉 사실을 공개해도 좋다고 "승인"해 주었다는 식의 주장을 넌지시 하기 시작하자, 결국 FBI 요원 한 명과 두 명의 공군 수사관이 그를 찾아와 다음 내용의 진술서에 서명하도록 했다. "나는 내가 강연에 사용하는 자료를 미 공군과 연방수사국이 승인해 주었다는 식의 발언을 한 적이 없고, 앞으로도 할 의도가 전혀 없다"(하지만 그로부터 몇 달 뒤, 애덤스키는 정부 진술서를 살짝 변조해서 자신의 주장을 뒷받침하는 근거로 써먹고 다녔다. FBI 내부 문건에 따르면, 이에 FBI 요원과 공군 수사관이 다시 그를 찾아서 "엄중하게 경고"했다고 한다).

하지만 얼마 지나지 않아, 애덤스키 말고도 문제를 일으키는 사람들이 더 늘어났다. 애덤스키의 『비행접시가 착륙했다』와 후속작 『우주선 내부』가 출간된 이후, 자칭 피접촉자라고 주장하는 많은 사람이 자신들도 외계인과 접촉했다고 떠들어 대기 시작했다. 캘리포니아에서 도로공사 현장의 중장비 기사였던 55세의 트루먼 베서럼은 네바다 사막에서 낮잠을 자던 중 "라틴계로 보이는" 여덟 명의 남성을 만났고, 그들을 따라 아우라 라네스라는 이름을 갖고 있는 100세쯤 된 "아름다운" 여성이 모는 우주선에 탑승했다고 주장하는 『비행접시를 타다』라는 책을 냈다. 책은 "허구가 아닌, 실제 경험을 바탕으로 한 이야기"라는 부제를 달면서 이야기의 신빙성을 높이려고 노력했다. 그의 주장에 따르면 아우라는 달 뒷면 너머에 숨어 있어서 지구에서는 볼 수 없는 클라리온이라는 태양계 행성에서 왔다. 그들은 애덤스키에게 나타났던 금성인들과 마찬가지로 지구에서 벌어질 파괴적인 핵전쟁의 위험을 경고했다.* 조우가 있고 나서, 얼마 지나지 않아 베서럼은 애리조나주 프레스콧 외곽의 작은 땅을 하나 매입했고 그곳에 코뮌 스타일의 "생각의 안식처"를 세운 뒤, 이를 위해 첫해 10달러, 그다음 해부터는 매년 6달러씩 모금을 했다(베서럼의 아내는 1956년에 남편과 이혼했다. 그녀는 결혼을 파탄 낸 원인 제공자이자 공동피고인으로서 아우라 라네스를 지목했다). 하지만 베서럼은 그 이후에도 1957년 "우주선을 조종하는 숙녀"와 나누었던 대화를 담은 『행성 클라리온의 목소리』를 출간했고, 또 1년 뒤에는 『현실을 마주하다』라는 세 번째 책을 냈다.

  대니얼 프라이가 쓴 『화이트샌즈 사건』도 빼놓을 수 없다. 이 책은 그가 1950년 7월 4일 미사일 기지에 있을 때 경험했다고 주장하는 사건에서 출발한다. 당시 40대 중반의 성실한 엔지니어였던 프라이는 대공황 시기에 주로 패서디나 공공도서관에서 독학했다. 그는 살리나스 댐 같은 여러 건설 프로젝트에서 폭발물 전문가로 일했으며, 제2차세계대전이 끝난 뒤에는 화이트샌즈미사일기지에 있는 항공 기업 에어로젯에서 근무했다. 이런 그가 7월 4일 주말, 사막을 걷던 중 비행접시가 하늘을 나는 모습을 목격했다. 비행접시에서는 알론이라는 이름

---

* 굳이 언급할 필요도 없지만, 달 반대편에 행성이 숨어 있다는 주장은 천문학적으로 불가능하다.

의 존재가 튀어나와 그와 대화를 나누었다고도 했다(이 사건을 통해 프라이는 우주선이 원격으로 제어되는 화물 운반선이라는 사실을 알았다고 한다. 알론은 지구에서 약 900마일 떨어진 곳에 있는 모선에 머무르고 있었고, 지구 대기와 중력에 적응하기 위해 기다리는 동안 우주선을 조종했으며, 이 과정은 앞으로 4년은 더 걸릴 것이었다). 프라이는 알론의 우주선에 탈 수 있는 기회를 얻었다. 그리고 30분 만에 뉴멕시코에서 뉴욕까지 여행을 한 다음 다시 원래 있던 곳으로 돌아왔다.*

또 다른 피접촉자 오르페오 안젤루치는 1946년에 첫 번째 조우를 경험했다고 주장했다. 당시 그는 비행접시 모양을 한 물체들이 하늘에 가만히 멈춰서 그가 하늘에 띄운 풍선을 관찰하는 것을 목격했다. 그들은 1952년 5월 24일에 다시 다시 지구로 돌아왔는데, 이번에는 더 심층적인 목적이었다. 당시 안젤루치는 캘리포니아 남부에 위치한 록히드 조립 공장에서 근무하고 있었고, 차를 몰고 퇴근하던 중 하늘에서 붉게 빛나는 물체를 발견했다. 그는 곧바로 그 물체의 뒤를 쫓았고 끝내 우주

---

* 프라이는 1954년에 실시한 거짓말 탐지기 테스트를 통과하지 못했다. 이후 그는 사건이 1950년이 아니라 1949년에 벌어진 것이라고 주장을 바꿨다. 그때 이미 충분히 많은 추종자가 그를 따르고 있었기 때문에 이런 사소한 번복은 그에게 큰 문제가 되지 않았다. 그는 책을 통해 얻은 사람들의 주목을 적극적으로 활용해 1950년대 후반에서 1960년대까지 활발히 강연 활동을 했다. 또 언더스탠딩이라는 이름의 단체도 설립했다. 이 단체는 오컬트와 뉴에이지적인 내용이 혼재된 다양한 이야기를 제공했는데, 1979년 10월까지 뉴스레터를 발행했다. 1960년대에는 미국 전역에 60개 "유닛"으로 이루어진 지부들이 만들어졌고, 단체 회원수가 1500명에 이르게 된다. 프라이는 그 이후로도 몇 년 동안 아론과 반복해서 만났다고 했지만, 두 사람이 직접 대면한 것은 아론이 4년에 걸친 적응 기간을 마치고도 한참 뒤인 1960년대 초반 무렵이라고 주장했다.

선과 마주쳤다. 그때 우주선에서 등장한 두 물체가 그에게 말을 걸었다. "두려워 말아요, 오르페오. 우린 당신의 친구입니다." 그가 차를 세우고 다가가자 우주인은 "평생 맛본 것 중 가장 맛있는 음료수"를 제공했다. 그 음료수를 마시는 순간, 그가 평생 앓고 있던 신체적인 고통이 말끔히 사라졌다. 이어서 눈앞에 화면이 나타났다. 화면을 통해 두 존재는 그에게 평화와 사랑을 기원하는 메시지를 프라이의 마음속에 직접 전했다. 그로부터 두 달 뒤, 프라이는 30피트 높이의 이글루 모양을 하고 밝게 빛나는 우주선을 다시 만났다. 우주선을 타고 하늘 높이 올라간 그는 우주에서 지구를 내려다봤다. 옆에서 누군가 부드러운 목소리로 이렇게 말했다. "오르페오, 당신이 지금 보고 있는 것이 바로 당신의 고향 지구입니다. 지구 바깥 1000마일 떨어진 곳에서 바라보면 지구는 이 우주에서 가장 아름다운 행성이자 평화와 고요의 안식처처럼 보입니다. 하지만 당신, 그리고 지구의 형제들은 지구의 진짜 현실을 잘 알고 있겠죠."

그 순간, 안젤루치는 눈물이 차올랐다. "우세요. 오르페오. 눈물이 당신의 눈을 뜨겁게 할 겁니다." 목소리는 계속되었다. "우리도 지구를 위해, 지구의 자식들을 위해 당신과 함께 뜨거운 눈물을 흘리고 있습니다. 지구는 겉으로 보기에는 참 아름다운 곳이지만, 사실 지구는 지적 생명체가 살아가고 있는 행성들 중에서 가장 연옥에 가까운 세계입니다. 증오와 이기심, 잔인함이 어두운 안개처럼 지구 곳곳에서 피어오르고 있습니다."

우주선은 방향을 틀었고, 이제 그의 시야에서 지구가 멀어지기 시작했다. 그는 이렇게 회상했다. "점차 하늘이 펼쳐지기 시작했다. 그 작은 우주선에서 본 광경은 너무나 경이로웠고

숨이 멎는 것 같았다. 우주공간은 정말 칠흑 같은 검은색이었다. 별들은 놀라울 정도로 반짝이고 있었다. 마치 검은 벨벳 천 위에 수많은 별이 보석처럼 무리 지어 빛나고 있었다. 나는 신비롭고 아름다운 천상계에서 길을 잃은 듯한 느낌이 들었다." 지구 바깥 세상을 경험하면서 그는 생명의 신비로움에 대해 배웠다. 그리고 "더없는 행복으로 가득한 시간이 멈춘 바다에 떠 있는" 기분을 느꼈다. 그가 의식을 되찾았을 때, 그가 타고 있던 우주선은 다시 지구로 돌아와 있었다. 그가 우주를 여행하고 돌아왔다는 것을 뒷받침하는 증거는 그가 우주선 바닥에서 빛나는 금속조각을 줍다가 손에 생겼다고 주장하는 붉은 화상 자국뿐이었다.

그로부터 몇 주 뒤, 사막에서 처음 외계인을 만났을 때 화면 속에서 볼 수 있었던 것과 똑같이 북유럽인 같은 모습을 하고 있던 존재가 안젤루치를 다시 찾아왔다. 그는 그 존재를 넵튠이라고 불렀다. 넵튠은 어떤 에너지로 가득 차 있었다. 넵튠은 안젤루치에게 자신이 지구인들은 알지 못하는 다른 차원 너머에 존재하고 있다고 설명했다. 그리고 지구에 곧 닥칠 갈등에 대해 경고했다. "지금 지구의 가장 근본적인 위협인 공산주의는 깃발 아래 가면을 쓰고 악의 세력의 선봉에 서고 있어요."

"지구에 다시 전쟁이 벌어질 겁니다. 우린 그것을 막을 힘이 없습니다. 당신 나라에 살고 있는 수백만 명은 자신들의 소중한 이상과 인간 정신의 자유를 위해서 끝까지 싸우게 될 겁니다. 당신들의 승리를 위해서 오직 최소한의 힘만이 함께할 것입니다." 넵튠은 이것이 끔찍한 재앙이지만 동시에 "지구가 새로운 시대로" 접어드는 계기가 될 것이라고 설명했다. 그러면서 "모든 이들이 자신들의 쓰라린 상처를 딛고 하나 된 인류의 형제애라는 견고한 기반 위에서 새로이 건설적인 삶을 이어가게 될 겁니다"라고 약속했다.*

1950년대부터 1960년대 사이, 안젤루치를 비롯해 외계인과 접촉했다고 주장하는 사람들의 증언들을 보면 일관된 중요한 특징이 있다. 바로 냉전의 어두운 시기에 만연해 있던 신비주의와 사랑, 평화를 이야기한다는 점이다. 피접촉자들은 모두 지구에서 벌어지고 있는 시련과 갈등을 넘어 인류가 서로의 차이를 극복한다면 비로소 진정한 유토피아로 나아갈 수 있을 거라는 공통적인 판타지를 제공했다.† 하지만 그들의 희

---

* 뉴욕 심야 라디오방송 진행자였던 롱 존 네벨은 1950년대부터 1960년대까지 UFO를 비롯한 여러 미스터리한 현상을 주로 다루는 방송을 진행했다. 미국 인구의 절반 가까운 사람들이 그의 방송을 즐겨 들었다. 그는 방송에서 이렇게 이야기한 적이 있다. "솔직히 말씀드리면 저는 이런 종류의 이야기들을 전혀 믿지 않습니다. 하지만 이 사람의 이야기는 정말 상상력이 풍부하고, 아름답고, 매혹적이네요."

† 책에서 소개한 가장 유명한 네 명의 피접촉자 외에도 주목할 만한 다른 인물이 있다. 예를 들어, 실제로 안젤루치와 같은 공장에서 근무했던 조지 밴 태슬, 그리고 1959년에 출간한 책을 통해 평생 달과 화성, 금성을 여행하며 외계인과의 접촉을 경험했다고 주장했던 하워드 맹거 등이 있다. 맹거는 자신이 평화를 위해 지구에 환생한 목성인이라고 주장했다. 또 다른 피접촉자 중에는 미주리주의 농부 벅 넬슨이 있다. 그는 책을 통해 사람의 형태를 하고 있던 외계인, 그리고 385파운드 나가는 유순한 세인트버나드와 함께 우주선을 타고 금성으로 여행을 다녀왔다고 주장했다. 그는 이 "보"라는 개의 털을 판매하기도 했다. 하지만 생각보다 사람들은 별로 관심을 갖지 않았다. 그는 자신이 일하던 농장에서 UFO 총회를 개최했지만 겨우 300명이 모였고, 핫도그 9000개가 남았다.

한편 밴 태슬은 1954년에 자이언트록우주선총회를 개최했다. 이 행사에는 UFO에 관심을 갖고 있던 열정적인 신봉자들이 모여들었다. 첫해에만 5000명이 넘는 사람들이 모였다. 이들은 캘리포니아 랜더스 근처 모하비사

망은 오래가지 못했다. 이야기는 곧 더 어두운 방향으로 흘러갔다.

막에서 가장 유명한 바위인 자이언트록 아래에 모여서 행사를 즐겼다. 해마다 총회의 참가자 수는 조금씩 늘어서 1959년에는 1만 명을 기록하며 정점을 찍었다. 그리고 이 행사는 1970년대 후반까지 계속되었다. 총회는 상업적으로도 큰 인기를 끌었고, 각종 책과 팜플랫, UFO 굿즈를 파는 부스들이 성황을 이루었다.

14장
맨인블랙

전후가 되면서 외계인과 접촉했다는 주장이 빈번해졌고 많은 사람이 흥미를 갖기 시작했다. 하지만 정작 외계인을 직접 만났다고 주장하는 사람들은 더 중요한 질문에 답을 하지 못해서, 사람들로부터 의심을 받았다. 만약 정말로 외계의 존재들이 그렇게 현명하고 강력한 존재라면, 왜 자신들의 메시지를 지구에 전달할 사자로서 그렇게 신뢰받기 어려운 사람들을 골랐을까? 그리고 정말로 인간이 그 경고를 받아들이느냐에 그들의 운명이 달려 있다면, 왜 그들은 자신의 존재를 더 확실하게 보여 줄 수 있는 증거를 그렇게나 적게 제공했을까? 정말로 자신들의 문명이 위기에 처해 있었다면 그들은 분명 더 확실한 증거를 들고 와야 하지 않았을까?

계속해서 터무니없어 보이는 주장들이 확산되었고, UFO를 믿는 사람들과 그렇지 않은 사람들 사이에서 신념의 간극은 더 크게 벌어졌다. 민간비행접시정보모임의 멤버였던 UFO 연구자 이저벨 데이비스를 비롯해 많은 사람은 외계인, 외계 생명체, 외계 기술, 그리고 그들의 고향 행성에 대한 묘사에서 계속해서 모순이 발생한다면 그것은 피접촉자들의 주장이 전부 사기라는 것을 말하는 것이라고 주장했다. 그녀는 "책에 있는 모든 이야기는 사실이라기엔 모순되는 지점이 너무 많다. 전부 만들어진 허위라면 모든 것이 완벽하게 이해된다"라고 주장했다. 예를 들어, 애덤스키가 은하계를 여행하기 전에 이미 베서럼을 만났는데도 오르손에게 베서럼의 행방에 대해 묻지 않았다는 점을 지적하며, 그가 클라리온 행성을 여행한 적이 없을 거라고 주장했다.

스위스의 정신과의사 카를 융도 이 현상에 관심을 가졌고, 피접촉자 관련 문서들을 검토한 뒤 미묘한 입장을 밝혔다. 그는 피접촉자들의 책과 증언을 분석하고, 그동안 대부분의 사람들이 간과하고 있던 사실을 하나 발견했다. 바로 새로운 신화가 탄생하고 있다는 점이었다. 융은 자신의 책에서(영어로는 『하늘에서 본 것들의 현대 신화: 비행접시』로 번역됨) UFO가 물리적인 현상이 아니라, 냉전, 전쟁에 대한 막연한 두려움, 그리고 평화에 대한 갈망 속에서 나타나는 일종의 집단적이고 병리적인 반응이자 사회현상이라고 설명했다.

루펠트도 비슷한 견해를 가졌다. 공군 장교로서 블루북 프로젝트 운영에 대한 회고록에 썼듯 "사람들은 의식적으로든 무의식적으로든 UFO가 실재하고 또 외계에서 왔기를 바란다. 아마 이러한 주장을 하는 개인들은 모두 핵무기로 인해 지구가 파괴될지 모른다는 두려움에 겁을 먹은 사람들일것이다. 그들은 인간의 힘만으로는 지구를 구원할 수 없다고 생각한다. 대신 비행접시를 타고 온 외계인같이 더 현명하고 진보된 존재에게서 구원의 답을 찾으려고 하는 것이다". 이것은 수십 년간 UFO학 분야에 대한 많은 것을 관통하는 통찰력을 보여 주는 설명이었다.

이처럼 다양한 관점이 공존하는 사이, 그 틈 속에서 훨씬 이상하고 정리되지 않은 비공식적 믿음의 영역이 새롭게 자리 잡기 시작했다. 그리고 이로 인해 비윤리적인 행태가 나타났다. 이제 외계인과의 접촉은 돈벌이를 목적으로 하는 하나의 산업이 되었고, 1950년대가 깊어질수록 진지한 UFO 연구자들은 사기극과 연출된 장난에 부딪히게 되었다. 그중에서도 특히 악명 높은 대표적인 사기꾼은 제임스 모즐리와 그레이 바커였다.

모즐리는 부유한 특권층 집안에서 태어났다. 덕분에 대공황 시기에도 그다지 힘들지 않은 삶을 살았다. 그는 이런 지루한 삶을 달래기 위해 UFO 연구에 관심을 갖게 되었다. 그의 아버지는 육군 장성 출신이었고, 어머니는 가족 소유의 선박 회사를 물려받았다. 게다가 그는 나이를 이유로 제2차세계대전에 참전하지 않았다. 그는 별다른 동기나 목적 없이 그냥 흘러가는 대로 살다가 워싱턴에 위치한 고급 사립학교 세인트알반스에 진학했고, 이후 프린스턴대학교를 다녔다. 가족의 재산을 물려받은 그는 시간이 지나면서 "거의 신경질적으로 무언가 재미있고 흥미로워 보이는 것을 찾아다니기" 시작했고, 이상한 것들에 심취하기 시작했다. 세인트알반스를 다니고 있었을 때, 그는 켄터키주에서 벌어진 맨텔 대위의 추락 사고 소식을 접했다. 그리고 쏟아지는 UFO 관련 책의 홍수에 빠져들었다. 모즐리라고 이런 책을 쓰지 못할 이유가 있었겠는가?

1953년 10월, 그는 본격적으로 UFO에 관한 새로운 책을 집필하기로 마음먹었다. 그는 UFO를 목격한 사람들을 상대로 인터뷰를 하기 위해 차로 캘리포니아를 다녀오는 여행 계획을 짰다(그는 일기에 "이건 2월까지 뭘 하고 지내야 할지에 대한 내 고민에 해결책이 되었다"라고 적었다). 이 경험을 통해 그는 이제 완전히 전업 UFO 연구자가 되었다. 그가 했던 첫 번째 인터뷰는 UFO를 목격한 키슬러공군기지의 부사령관 J. P. 커켄들 준장과 나눈 대화였다. 커켄들은 "UFO는 실제로 존재하고, 실제 물질로 이루어진 물체라고 생각한다. 하지만 그것이 어디에서 온 건지는 전혀 모르겠다"라고 말했다. 이 대화는 모즐리의 관점을 크게 변화시켰다. 고위 관료가 한낱 평범한 작가 지망생에게 UFO가 실존할 수 있고 확실히 미스터리하다고 이야기할 정도라면, 정말 정부가 무언가 음모를 숨기고 있는 게 아닐까?

그는 많은 (혹은 대부분의) 접시 모양 물체가 외계인이 타고 온 우주선이 아니라 미국에서 비밀리에 진행하는 군사 무기일 것이라 주장하는 "지구 기원 가설"을 따라갔다. 짧은 책 집필 프로젝트를 마친 그는 "비행접시및미확인천문현상연구회(SAUCERS)"라는 이름의 조직을 창설했다. 이 조직은 과학적 조사를 표방했다. 사실 활동은 거의 없었지만 조직은 수년 동안 유지되었다. 1954년 11월 그는 민간비행접시정보모임의 회장으로 선출되었고, 이후 몇 년 동안 《접시뉴스》에서 "기록 발표" 기사를 맡았다*(그는 이후 자신의 회고록에서 이렇게 설명했다. "국가적으로 봤을 때 UFO학에는 무언가 큰 구멍이 있었다. 나는 그 구멍을 채워야 했다. 군 장병들, 비행접시에 환호하는 팬들을 위해 최신 목격담과 내부자들의 이야기를 들려주어

---

* 멤버 중 한 명이었던 리언 데이비드슨은 이 그룹이 성장하는 데 중요한 역할을 했다. 인터넷도 없었고, 정부 보고서를 구하는 게 쉽지 않던 시기에 그는 블루북프로젝트의 「특별 보고서 14호」, 베텔의 연구보고서, 그리고 다른 주요 문건들을 엮어서 UFO 연구자들에게 제공했다. 그는 회원들에게 한 부당 1.5달러를 받고 팔았다.

야 했다. 함께 돌려보고 웃고 떠들 수 있는 읽을거리가 필요했다").

그레이 바커는 1952년 9월 그의 고향인 웨스트버지니아주 플랫우즈 근처에서 남자아이 몇 명이 비행접시가 추락하는 것을 목격했다는 뉴스를 접하면서 UFO에 대한 관심을 갖기 시작했다. 추락 지점으로 추정되는 곳에 많은 구경꾼이 모여들었다. 사람들은 "10피트 크기의 붉은 얼굴을 한 괴물"을 목격했다고 주장했다. 그 괴물은 "집게발 모양의 손"을 갖고 있었고, 머리에 "스페이드 에이스" 모양의 두건을 쓰고 있었다고 묘사했다. 나중에 캐슬린 메이라는 한 여성은 "프랑켄슈타인보다 더 무섭게 생겼다"라고 증언했다. 괴물이 으르렁거리는 소리를 내면서 "미끄러지듯" 다가오자 사람들은 순식간에 달아났다.*

바커는 《페이트》에 이 사건과 관련된 기사를 실었다. 이후 그는 코네티컷주 출신의 앨버트 벤더라는 사람이 UFO 마니아들을 위한 국제비행접시협회(International Flying Saucer Bureau, IFSB)라는 새로운 모임을 설립한다는 공고를 접했고, 그곳에 가입했다. 바커는 이곳에서 "수석 수사관"이 되었다. 그는 여러 항공 전문가들, 그리고 국제비행접시협회의 다른 회원들과 함께 협회 간행물 《스페이스리뷰》에 글을 기고했다. 이후 바커는 당시 했던 작업들이 아주 흥미롭고 짜릿했다고 회상했다. "목격자들의 이야기가 우리 파일에 차곡차곡 쌓여 갔다. 우리는 다양한 목격담들 사이에서 일치하는 부분을 찾기 위해 그

---

* 이후 조사관들은 소년들이 목격한 것이 아마 유성이었을 거라 추정했고, 어두운 숲속에서 그들이 마주친 건 괴물이 아니라, 나뭇가지에 앉아 있다가 달려든 원숭이올빼미일 것이라고 판단했다.

들의 이야기를 분석하고 비교했다. 때로 성공하기도 했고, 또 모순을 발견하기도 했다. 속임수를 찾아내기도 했지만, 우리는 미스터리를 풀 수 있는 열쇠를 찾으려고 노력했다."

그런데 1953년 가을, 벤더는 갑자기 국제비행접시협회와 《스페이스리뷰》를 해산했다. 회원들은 혼란스러워했다. 벤더는 "비행접시는 더 이상 미스터리가 아니"라고 선언했다. "그들이 어디에서 왔는지는 이미 밝혀졌다. 다만 이와 관련된 정보는 상부의 지시에 따라 비밀로 유지되고 있을 뿐이다." 하지만 바커는 벤더가 왜 그랬는지에 대한 진실을 고백했다. 그의 주장에 따르면, 까만 정장을 입은 세 명의 남성이 벤더를 찾아왔고, 미국 정부를 대신해 그에게 비행접시와 관련된 진실을 전달했다. 그리고 다른 사람들에게 그 내용을 발설하면 감옥에 보낼 것이라고 협박했다고 주장했다.

바커는 이 주장에 집착했다. 결국 그는 1956년 『그들은 비행접시에 대해 너무 많은 것을 알고 있다』라는 제목의 책을 출간했고, 폭발적인 반응을 불러일으켰다. 그는 책에서 외계 문명과 협력해서 그들의 존재를 숨기고 있는 정부 요원들로 구성된 "침묵 그룹"의 존재를 주장했고, 그들에 의해서 광범위한 은폐 공작이 펼쳐지고 있다고 주장했다. 그는 이 그룹을 "맨인블랙(MIB)"이라고 불렀다. 그들은 미국뿐 아니라 해외 곳곳에, 심지어 호주와 같은 국가에까지 퍼져 있었다. 그리고 목격자나 UFO 연구자가 진실에 지나치게 가까이 접근하면 등장하는 위협적인 존재들이라고 주장했다. 한편 그는 1953년 가을, 웨스트버지니아주에서 FBI 요원이 자신을 찾아왔던 경험을 떠올리면서, 이미 정부가 공개적으로 UFO 논란을 불식하기 위한 노력을 하고 있는데도 왜 굳이 비밀스러운 요원들을 보내면서까지 침묵을 강요하는 건지 궁금해했다. 아마 그들은 단순히 정부 요원이 아니라 어떤 종교 집단의 행동대원이었을지도 모른다. 실제로 바커는 맨인블랙 요원들이 지구에 있는 거의 모든 강력한 단체를 대표할 수 있다고 생각했다(그리고 이것이 왜 그들의 복장이 검은 정장인지를 설명할 수 있다고 생각했다). 지구 바깥 다른 행성에 또 다른 존재가 있다는 사실이 알려지게 된다면 지구의 종교에 얼마나 지대한 영향을 끼치겠는가?

이후 몇 년 동안 맨인블랙에 대한 전설은 더 음침하게 변해 갔고, UFO 추종자들 사이에서 아주 사랑받는 가설로 자리 잡았다. 오컬트 저널리스트 존 킬은 웨스트버지니아주에 등장했던 날개 달린 거대한 생명체에 대한 이야기를 담은 『모스맨 예언』이라는 책을 내면서 큰 히트를 쳤다. 그의 책은 이후 2002년 리처드 기어와 로라 리니가 주연을 맡아 영화로 제작되었다. 존 킬은 1960년대 후반에서 1970년대 사이에 맨인블랙이 단순히 미국 정부 소속의 비밀 요원이 아니라 더 어둡고 신비로운 지하 세계에서 온 존재라는 주장을 펼쳤다. 그리고 그들이 "진짜 사람도 아니고 어떤 환영"일 것이라는 아주 극단적인 주장까지 했다. 킬은 그들의 존재가 단순히 UFO뿐 아니라 뱀파이어, 유령을 비롯해 인류 역사상 존재했던 모든 오컬트적이고 초자연적인 현상과 연관이 있다고 주장했다.

바커는 1970년대까지 주요 UFO 연구자로 활동했다. 그리고 대표적인 UFO 잡지로 손꼽히는 《접시인회보》를 발행했다. 하지만 바커 스스로가 자신이 쓴 글의 내용을 얼마나 믿고 있었는지는 항상 의문이 남아 있다. 특히 모즐리와 친분을 쌓은 이후에는 그가 무슨 생각으로 글을 썼는지가 불분명하다. 바커와 모즐리 모두 "진지한" UFO 잡지를 만든 사람으로 알려져 있었지만, 함께 있을 때 둘은 가장 악명 높은 사기꾼과 위조범이 되었다. 그들이 벌인 사기극 중 하나는 1957년에 벌어졌다. 당시 그들은 국무부 공문 양식을 위조해서 여러 사람에게 편지를 보내 UFO 열성 지지자들 사이에 큰 혼란을 불러일으켰다. 그 편지 중 하나는 조지 애덤스키에게 보내졌는데, 그 내용은 정부가 그가 만났다고 주장하는 북유럽인을 닮은 외계인에 대한 이야기를 모두 알고 있으며, 그것을 믿고 있다는 내용을 담고 있었다.* 애덤스키는 자신이 받은 편지가 결국 정부가 진실을 밝힐 것이라는 신호라며 크게 떠들어댔지만, 이후 모든 것이 사기극의 일부였다는 사실을 깨달았다.†

"UFO 맹신자든 회의론자든, 비행접시라는 주제에 이끌린 사람들은 특별한 개성을 지닌 부류였다. 그들 중 많은 이가 잘 속아 넘어가며, 장난의 쉬운 표적이 되기도 하고, 엉뚱한 이론이나 음모론, 은폐 공작설을 비롯한 갖가지 기이한 주장에 쉽

---

* 1959년 바커는 실제로 하워드 맹거의 조우에 관한 책을 출간했다. 그리고 1962년에는 벤더가 만났던 검은 양복 차림의 남성들에 대한 이야기를 담은 『비행접시와 세 명의 남자』라는 책을 출간했다. 벤더는 자신이 외계인에게 납치를 당했고, 남극까지 끌려갔다 왔다는 놀라운 주장을 펼쳤지만, 정작 바커의 책에서 주장한 내용과는 일치하지 않았다.

† APRO의 코럴 로렌젠은 바커를 아주 싫어했다. 그는 동료들에게 "그가 립스틱을 너무 짙게 바른다"라고 불평하기도 했는데, 이것은 바커의 동성애 관련 스캔들을 암시하는 발언이었다. 한편, 모즐리는 로렌젠을 보고 "고집불통에 편견이 많은 사람이다. 그리 호감가는 사람은 아니었다. 하지만 그녀와 술을 마시면 정말 재미있었다. 그녀는 마티니를 나만큼 마셨다"라고 회상했다.

게 영향받는 경향이 있다. 좋든 나쁘든 나와 그레이 바커는 이 점을 아주 즐겁게 활용했다." 모즐리는 자신의 회고록 『충격적일 정도로 진실에 다가가다!』에서 이렇게 밝혔다. 이 회고록은 "무덤 도굴꾼 UFO 연구자의 고백"이라는 다소 자극적인 부제를 달고 있었다. 이는 모즐리가 주기적으로 남미에 있는 고대 문명의 무덤을 실제로 도굴해서, 암시장에 유물을 내다 판 일을 암시하는 것이었다.

이처럼 사기꾼들이 계속 활개 치자 이에 대처하기 위해 새로운 단체들이 등장했고, APRO나 민간비행접시정보모임과 같은 위치에 오르기 위해 노력했다. 이 단체들은 일부 강연장과 집회를 점령한 사기꾼들과는 확실히 구분되기 위해, 더 "진지한" 접근방식으로 UFO를 다루고자 했다. 그중 첫 번째 노력은 1956년 워싱턴에서 시작된 전미대기현상조사위원회(NICAP)였다. 이 그룹은 67세의 미망인 클라라 존이 이끌었다. 그녀는 피접촉자 애덤스키의 친구이기도 했다. 초창기 "비행접시토론모임"으로 불리기도 했던 이 그룹은 (은퇴한 척추지압사 출신) 회계 담당자, (조지워싱턴대학교 법대 교수 출신) 비서, 홍보 담당자, 그리고 《메릴랜드접시매거진》 편집자 출신으로 다섯 명의 손자를 둔 54세의 사무 보조원으로 꾸려졌다. 이들은 곧 "75명의 과학자, 교육자, 종교 지도자"로 구성된 그룹으로 성장했다. 또 전직 군 장성들, 인디애나주 방송인 출신의 프랭크 에드워드, 피츠버그의 목사, 오하이오주 물리학 교수, 그리고 부잣집에서 태어난 보스턴 호텔리어 에이브러햄 소너벤드 등 아홉 명으로 구성된 이사회까지 갖췄다. 1956년 10월, 이 그룹은 워싱턴 듀폰서클 북쪽에 위치한 코네티컷가 NW 1536번지에 새로운 사무실을 열었다. 한 회의에서 존은 "인류 역사상 가장 놀랍고 새로운 사건에 대비하기 위한 [우리의] 활동을 본격적으로 정비할 때가 되었다. 새로운 변화를 일으키고 방향을 바로잡는 데 워싱턴만큼 좋은 곳이 또 어디 있겠는가?"라고 말했다. 사무실 밖에는 황동색 표지판이 걸렸다. 그들은 자신들이 정부의 공식 허가를 받은 단체인지 아닌지에 대해 처음부터 일부러 모호한 입장을 취했다. 사무실 직원들은 전화가 걸려 오면 "국가조사위원회입니다"라고 받았다. 위원장을 맡은 인물은 토머스 타운센드 브라운이었다. 그는 열렬한 UFO 신봉자라기보다는 반중력장치를 개발하기 위해 허송세월했던 전직 해군 출신 발명가였다.* 그는 스스로에게 "임시 집행 부위원장"이라는 그럴듯한 직함을 붙이고, 기자들을 만났다. 그는 "나도 누군가 비행접시라는 단어를 말할 때마다 움찔하지만 정확히 바로 그게 우리가 추구하는 것이다. 우리도 정말 비행접시가 존재하는지 알고 싶다. 그리고 만약 존재한다면 그게 정말 무엇인지도 알고 싶다. 그리고 바로 지금이 그 답을 찾을 적기라고 생각한다"라고 말했다. 브라운은 이 주요 조사가 스카이라이트프로젝트라는 이름으로 진행될 것이라고 밝혔다.

이 프로젝트는 그가 처음이자 마지막으로 맡은 역할이 되었다. 브라운은 NICAP에서 약 90일 동안 리더로 있었지만, 자신의 반중력장치를 연구하는 데 공금을 횡령했다는 의혹을 받

* 브라운은 오늘날 이른바 필라델피아 실험으로 잘 알려진 사건의 주역으로 기억된다. 이 실험은 제2차세계대전 당시 미 해군은 구축함 USS 엘드리지를 필라델피아에서 버지니아 노퍽으로 순간 이동시켰다는 전설이다. 하지만 이 환상적인 실험에 대한 전설을 거짓으로 여겨지고 있다. 75년이 지난 지금까지 이를 확인할 수 있는 증거가 어디에도 없기 때문이다.

으면서 해임 통보를 받았다. 그의 뒤를 이어서 해군에서 유도미사일 연구를 이끌었던 퇴역 장군 출신 델머 S. 파니가 프로젝트를 이어받았다. 파니의 임기는 1957년 1월 16일, 유명한 기자회견으로 시작되었다. 그는 UFO가 실재하며 "인류에게 알려지지 않은 지적존재"에 의해 제어된다고 발표했지만 별다른 증거를 제시하지는 않았다. 그는 기자들에게 이렇게 말했다. "아주 빠른 속도로 지구 대기권으로 진입하는 물체들이 존재한다. 우리 미국이나 소련의 어떤 기관에서도 지금껏 목격자들의 언급이나 레이더에서 포착된 수준의 속도와 가속도를 구현하지 못했다." 그는 이 물체들이 "전적으로 모두 자동으로 움직이는 건 아닐 수 있으며" 그들이 "대형을 바꾸고 서로 자리를 바꾼다는 것을 통해 분명 누군가의 지시에 따라 움직이고 있음"을 알 수 있다고 주장했다. 그는 정부에 비행접시를 조종하는 지적존재를 경계하고 예의주시해야 한다고 촉구하면서 발언을 마쳤다. 그리고 퇴역 장군 앨버트 웨더마이어가 NICAP의 "고문"으로 함께할 것이라고 발표했다.

파니는 아주 존경받는 군 경력을 갖고 있었고, 최고위급 관료 출신이었다. 그런 인물이 공개적으로 비행접시를 지지하는 발언을 했다는 점에서 파니의 기자회견은 광범위한 주목을 받았다. 새로운 증거나 증언은 전혀 없었지만, 일부 사람들은 이 기자회견 자체를 UFO 논의에 긍정적인 신호로 받아들였다. 그리고 적극적으로 홍보했다. 《빅토리아(텍사스)어드보케이트》는 "드디어 비행접시가 공인되었다"라고 보도했다. "머지않은 미래에 그리스도 이후 가장 중대한 진실이 드러나게 될 것"이라고 하면서 UFO가 "지난 10년 동안 공식적으로 인정받지 못한 채 대중의 인식 속에만 머물렀지만 드디어 판타지를 깨고 현실의 문제가 되었다. 웨더마이어나 파니와 같은 공신력 있는 인물이 공개 지지를 표명하고 관심을 보이는 것을 마냥 알맹이 없고 터무니없는 망상이라고 치부하지는 못할 것이다." 버몬트주 《베닝턴배너》도 사설에서 비슷한 결론을 내렸다. "비웃지 말라. 이 신사들은 진지하다."

세간에 쏟아지는 관심은 확실히 파니를 놀라게 했다. 기자회견 직후, 그는 약간의 혼란 속에서 조직에서 물러났다. NICAP의 다른 리더들과 회원들은 그가 UFO가 외계에서 왔다고 확실하게 주장한 게 아니라는 점을 설득하느라 애썼다. 그저 알려지지 않은 미지의 존재에 의해 통제되고 있을 가능성에 대해 언급했을 뿐이라고 설명했다.* 파니가 물러난 이후, 도널드 키호가 새 고문을 맡았다. 그의 임기 동안, NICAP은 "최신 UFO (또는 비행접시) 목격 사례, 비밀 프로젝트에 관한 보고서, 과학자와 파일럿 및 UFO 연구자들에 관한 흥미로운 기사, 그리고 비행접시와 관련된 새로운 연재 등을 담은" 뉴스레터를 제공하는 대가로 회원들에게 매달 7.5달러의 회비를 요구하며, 새로운 준회원을 맞이하기 시작했다.

키호는 회원들에게 편지를 보내면서 "무엇보다 중요한 점은 당신이 검열을 종식시키는 데 도움을 줄 뿐만 아니라, UFO의 미스터리에 대한 답을 찾는 데 중요한 역할을 하게 될 거라

---

* 파니가 정확히 언제 사임했는지는 확실치 않다. 그의 아내는 남편이 건강 악화를 이유로 그만둔다고 밝혔지만, 4월 보도에 따르면 그의 사임은 기자회견이 끝났던 1월 23일 이후부터 유효했던 것으로 보인다. 하지만 그는 2월에도 계속해서 지역 언론과 인터뷰를 하면서 NICAP과 유쾌하게 연관된 듯한 행보를 보였다.

는 점"이라고 선언했다. NICAP의 지도부는 키호의 노력을 고맙게 생각했지만, 자신들의 단체가 더 주류로 나아가고 성장해야 한다는 점을 분명히 했다. 키호는 전국 투어를 돌며 연설을 하고 다녔다. 그리고 전국 각지에 NICAP 아래 하나로 통합되는 UFO 협회 지부를 설립해야 한다고 주장했다. 키호는 "우리의 UFO 네트워크는 아주 빠르게 성장했다"라고 회상했다. NICAP 회원이든 아니든 수백 명의 사람들이 전국 각지에서 UFO 목격 제보를 조사하는 데 도움을 주겠다며 수많은 글을 보냈고, 전화가 쏟아졌다.

NICAP은 쏟아지는 정보를 체계적으로 관리하기 위해서 제보를 위한 두 장짜리 설문지를 만들었다. 공군이나 기타 군 정보기관에서 으레 묻는 형식적인 질문을 포함해서, 목격 당시 하늘 어느 곳에 물체가 있었는지, 그 물체가 어떻게 움직였는지 물었고, 또 목격자들이 군 또는 항공 분야에 전문 배경지식을 갖고 있는지를 추가로 물었다. NICAP은 1957년 여름 60개가 넘는 신문에 실린 특집기사를 통해, 사람들이 이웃으로부터 '괴짜'로 낙인찍힐 걱정 없이 잡지를 구독하고 목격 사실을 신고할 수 있도록 걱정할 필요가 없도록 "비밀" 회원권과 신고 도구를 제공한다고 밝혔다.

1957년 NICAP은 새로운 뉴스레터인 《UFO인베스티게이터》의 첫 호를 펴냈다. 도널드 키호가 직접 구성한 32쪽의 흑백 등사판이었다. 이것은 각종 목격 사례, NICAP의 인사 발령 소식, 신고 보고서 양식 등을 제공했다. 그리고 세계 각국 정부들이 비행접시에 관한 진실을 의도적으로 숨기고 있다는 키호의 주장을 뒷받침하는 증거들로 채워졌다. 하지만 잡지에서 가장 주목할 만한 부분은 그해 여름 있은 큼직한 UFO 뉴스였다. 바로 에드워드 루펠트 대위가 그루지프로젝트와 블루북프로젝트에서 겪은 일을 폭로한 책을 출간했다는 기사였다. 『미확인비행물체에 관한 보고서』라는 루펠트의 책은, 그가 공군의 관료주의와 워싱턴 권력의 복도를 오가며 겪은 시간을 기록한 책으로, 정부 내부자가 UFO에 대해 최초로 출간한 저서였다. 이 책은 비행접시가 행성 사이를 오가는 외계인들의 우주선이라는 주장을 지지하지는 않았지만, 루펠트는 과거에 공군이 지금보다 훨씬 심각하게 비행접시 문제를 받아들이고 있었음을 보여 주는 증거들을 제시했다. 그중에는 1948년 트와이닝 장군이 보낸 서신도 있었는데, 이것은 분명 공군에 비행접시 관련 보고가 정식으로 올라갔다는 것을 보여 주었다. 또 비행접시를 외계인의 우주선으로 사실상 간주하고 진행한 사인프로젝트의 "상황 추정" 문건들과 로버트슨위원회의 연구 결과들도 있었다.

언뜻 보기에 이것은 UFO 커뮤니티가 그토록 기다렸던 폭로처럼 보였다. 하지만 그 내용을 자세히 살펴보면 사실 정부가 외계인의 방문이나 지구를 초월하는 기술과 관련해 무언가를 은폐하고 있음을 보여 주는 확실한 증거는 턱없이 부족했다. 오히려 일부 내용은 루펠트 자신의 주장에 반하기도 했다. 예를 들어, 블루북프로젝트는 "미확인" 목격 사례에 대해서 "크기와 속도 또는 고도, 그 무엇도 정확하게 측정할 수 없었다'라고 밝혔는데, 오히려 가장 신뢰받는 책조차 아무것도 제대로 파악하고 있는 게 전혀 없다는 것을 시인하는 셈이었다.

하지만 이런 세부적인 문제들은 키호를 멈출 수 없었다. NICAP은 루펠트의 책을 면밀하게 검토하겠다면서 "UFO 논란을 종식시키기 위한 8단계 계획"을 발표했다. 그리고 자신들의 계획을 공군에 전달했다. 이 계획은 당시까지 공군에서 진행되었던 UFO 관련 조사 작업을 전부 재검토하는 절차도 포함하고 있었다. 1948년 "상황 추정" 보고서, 그리고 여전히 기밀로 분류되던 로버트슨위원회의 최종 보고서도 확인해야 한다고 요구했다. 이에 대해 NICAP은 "훗날 공식적으로 공개될 진실에 대비해 미리 대중을 교육하고 준비시키는 데 도움이 될 것"이라고 주장했다.*

『미확인비행물체에 관한 보고서』는 이후 몇 년 동안 이어질 UFO 음모론의 기폭제가 되었다. 공군은 루펠트의 많은 (진실한) 폭로를 강력하게 부인하면서, 일반 독자들의 머리를 넘어서는 전문용어와 아주 신중하게 선택한 문장으로 가득한 입장을 발표했다. 공군은 루펠트가 요구하는 문서들의 공개를 거부했다. 루펠트가 UFO의 외계 가능성에 관한 이야기를 세 챕터로 담은 신간을 출간한 1960년에도 공군은 이 모든 주장을 "우주 시대 미신"으로 치부하면서 무시했다. 하지만 이러한 공군의 태도는 오히려 사람들의 음모론을 부추겼다. 나중에 키호

---

* 하지만 공군은 NICAP의 협조가 전혀 달갑지 않다고 언급했다. 사실 이것은 많이 순화한 표현일 것이다. 이러한 공군의 반응에 대해 루펠트는 "마치 우리를 밥그릇에 들어간 벌레 취급했다"라고 불평했다. 블루북프로젝트에서 근무했던 공군 대변인 중 한 명이었던 로런스 태커는 1960년대에 정부 보도자료, 주요 문건, 그리고 비행접시를 수색하는 과정에서 공식적으로 주고받은 편지들을 포함해, 여러 목격 사례들을 반박하는 증거를 정리한 책을 출간했다. 그는 이 책에서 "지난 13년의 경험을 통해 배운 건 비행접시가 다른 세계에서 날아온 우주선이 아니라, 지극히 평범한 물체, 하늘에서 벌어지는 평범한 현상들이 단지 혼란스러운 시대적 상황과 만나 만들어진 분명한 착각의 결과일 뿐이라는 것"이라고 썼다.

는 루펠트가 배신자이자 이단아라고 몰아붙였다. 신간이 나온 직후 루펠트는 서른일곱의 나이에 심장마비로 갑작스럽게 사망했고, 결국 자신의 입장을 변호할 수 없게 되었다.

시간이 흐르면서, 정부와 군, 그리고 민간 연구자들은 서로 분열되었고 서로 간에 의심은 계속 커졌다. 자원이 부족했던 탓인지, 수년에 걸친 노력에도 공군과 정부는 이 혼란스러운 비행접시가 대체 무엇을 의미하는지 그 어떤 단서도 발견하지 못했다. 결국 비행접시 대부분이 사람들 상상력의 산물이라는 결론에 이르렀다. 그리고 이 주제로 많은 양의 무의미한 보고서를 작성하는 것은 귀중한 국가의 정보 채널과 자원을 낭비하는 악순환만 부채질할 뿐이라고 생각했다. 정부는 그동안 자신들이 보여 준 모호하고 조심스러워하는 모습이 민간 연구자들과 심지어 키호 같은 군 내부자조차 무언가 거대하고 사악한 음모가 숨어 있을 거라는 착각을 하게 만들었다고 판단했다. 군의 기밀문서 중에는 물론 진짜 비밀(하지만 지극히 일상적인 것들)이 숨어 있었다. 하지만 NICAP은 대체로 아무것도 없는 텅 빈 금고 벽을 두드렸고, 결국 닭이 먼저냐 계란이 먼저냐와 같이 의미 없는 돌고 도는 논쟁만 계속되었다.

그럼에도 "진실"에 대한 탐구는 계속되었다. NICAP의 첫 번째 뉴스레터에서 루펠트의 충격적인 폭로 때문에 묻혀 있었던 흥미로운 뉴스 하나가 도움이 되었다. 키호의 해군사관학교 동기 중 한 명인 로스코 힐렌코터 제독이 그해 봄 막 전역해서, NICAP 이사회에 곧 합류할 예정이라는 보도였다. 힐렌코터가 UFO의 진실을 추구하는 단체에 합류한다는 소식은, 단순히 그의 학력이나 군 경력보다 그가 1947년에서 1950년 사이에 CIA

국장을 역임한 적이 있었다는 가장 최근의 경력 때문에 굉장히 큰 주목을 받았다. 그리고 그 이후 수년 동안 지금까지도 UFO학 분야를 괴롭히고 있는 질문이 제기되었다. 힐렌코터는 과연 자신의 오랜 친구를 지원하기 위해서 합류했던 걸까? 진실을 알고 있기 때문이었을까? 그는 과연 다른 미국인들은 전혀 몰랐던 UFO에 관한 진실을 알고 있었을까?

15장
스푸트니크

1957년 가을, NICAP의 새 지도부에 관한 폭로가 확산되었고 미국인들은 UFO에 더 몰두했다. 10년 만에 전혀 다른 종류의 우주선이 미국인의 우려와 관심의 대상이 되었다. 약 10년 동안 미국과 소련은 누가 먼저 궤도에 위성을 올리고 로켓을 발사할 수 있을지를 두고 경쟁을 벌였다. 초기의 많은 실패와 노력 끝에 미 해군은 뱅가드로켓프로그램을 진행했고, 경쟁에서 확실히 선두에 서 있는 것처럼 보였다. 이 프로젝트를 위해 군, 기술, 과학계를 선도하는 다양한 인물이 함께했고, 그중에는 특히 UFO 커뮤니티에도 유명한 J. 앨런 하이넥도 있었다. 하이넥은 사인프로젝트, 그루지프로젝트, 그리고 블루북프로젝트를 모두 거친 천문학자였다. 오하이오주립대학교에서 교수직을 잠시 내려놓고 국제지구물리학의 해를 맞이해 인공위성을 광학적으로 추적하기 위한 국제 협력을 이끌었다.* 국제지구물리학의 해는 앞서 1882년과 1932년 북극과 남극에 대한 본격적 탐사를 기념하면서 제정된 "국제극지의 해"에서 영감을 받아 제정되었다. 국제지구물리학의 해를 만든 로이드 바크너의 설명에 따르면 "지금까지 인류가 시도한 협력 계획 중에서 가장 야심차면서도 가장 성공적인 사례"였다. 67개국에서 모인 6만 명 넘

---

* 이 프로젝트를 통해 하버드를 거쳐 스미스소니언천문대 부대장을 맡고 있던 대표적인 UFO 회의론자 도널드 멘젤과 하이넥이 처음으로 만났다.

는 과학자와 연구 기관들이 함께 힘을 합쳐 지구 대기권과 태양을 연구했다.

국제지구물리학의 해는 국제 협력의 중요성을 강조하면서, 과학이라는 수단을 통해 더 나은 지정학적 평화를 이끌어 내는 것을 목표로 삼았다. 하이넥은 330만 달러의 예산이 투입되는 프로젝트를 진행했다. 단순히 트럭 크기 정도되는 10만 달러짜리 카메라로 궤도 위성을 촬영하는 수준이 아니라, 전 세계에 위성 추적을 위한 네트워크를 구축하는 것이 목표였다. 하지만 미 해군이 뱅가드 로켓 모델의 사이즈를 원래 예정되었던 30인치가 아니라 20인치로 줄이겠다고 발표하면서, 하이넥의 프로젝트는 어려움을 겪었다(이후 스미스소니언천문대 측은 자랑스러워하며 이렇게 언급했다. "이 카메라 제조 기술은 미국 산업의 가장 영광스러운 성과 중 하나였다.")

새로운 고성능 카메라를 설치할 장소를 정하는 것 말고도, 하이넥은 사람들에게 어디에서 궤도 위성을 찾을 수 있는지 알려 줄 수 있는 글로벌 네트워크가 필요했다.* 이를 위해서 "문워치작전"라고 불리는 노력이 이루어졌다. 전 세계에 있는 8만 명의 지원자들은 각자의 위치에서 인공위성이 가장 잘 보이는 일몰과 일출 시간에 직접 자신의 아마추어 망원경을 활용해 하늘에 보이는 궤도 위성의 위치와 시간을 기록했다. 그리고 각자의 관측 결과를 메사추세츠주 케임브리지에 있는 스미스소

---

* 이 카메라는 선구적인 발명가의 이름을 따서 이른바 베이커넌 카메라로 불렸다. 뉴멕시코, 플로리다, 하와이, 스페인, 일본, 인도, 남아프리카, 이란, 페루, 아르헨티나, 호주, 그리고 카리브해 앤틸리스제도를 비롯해 전 세계 열두 곳에 설치되었다.

니언천문대에 보고했다. 이건 단순히 뒷마당에서 망원경으로 별을 보는 취미 생활이 아니었다. 일명 하늘의 울타리를 완성하기 위한 전 지구적인 프로젝트였다. 이를 위해서 정해진 위치에서 하늘을 관측하는 대규모의 지원자들이 필요했다. 인디애나주 테레호트 지역에 설정된 문워치 관측지 열여섯 곳에는 특수하게 설계된 건물이 하나씩 세워졌다. 어두운 밤에 시야를 확보할 수 있도록 내부 조명은 붉은색이었다.* 소련 폭격기가 접근하고 있지는 않은지를 감시하기 위한 공중감시네트워크로 지상관측대가 운영되고 있었는데, 특히 여기에 참여하고 있던 많은 사람이 문워치작전에도 지원했다. 영국의 남극 연구 기지, 또 일명 플래처의 얼음 섬으로 불리던 북극 유빙 섬에 위치한 빙하 기지에 이르기까지, 문워치작전의 관측 기지는 지구 곳곳에 퍼져 있었다. 1957년 5월, 하이넥과 문워치 팀은 미 공군과 민간항공순찰대와 협력해서 "미국 역사상 가장 거대한 규모로 실시된 조직적인 천문 관측"을 실시했다. 이 비행기들은 실제 궤도 위성의 크기와 속도를 모방하기 위해서 비행기 끝에 뚫어뻥이 매달린 긴 밧줄을 나부끼며 지정된 경로를 따라 비행했다.

이것은 아마 당시까지 가장 많은 예산을 투입해 진행한 작전이었을 것이다. 그렇기에 1957년 10월 4일 저녁 6시 30분, 하버드대학교 키트리지홀에서 전화벨이 울리고 소련이 인공위성

* 문워치작전에 관한 중요한 책을 집필했던 W. 패트릭 매크레이는 유색인종 참가자가 거의 없었다는 점을 지적했다. 그는 "미국에서 문워치작전은 주로 백인, 중산층의 관심과 참여만 이끌어 냈다"라고 말했다.

발사에 성공했다는 뉴스가 전해졌을 때, 모두가 완전히 충격을 받은 것은 당연한 일이었다.

러시아어로 "동반자"라는 뜻을 가진 스푸트니크가 궤도에 진입했다.

그 뒤 몇 시간 만에 하이넥의 사무실과 천문대로 기자들이 찾아왔다. 하지만 하이넥의 팀은 기자들에게 딱히 보여 줄 것이 없었다. 새로운 인공위성을 추적할 수 있는 장비도 없었다. 유일하게 존재하는 카메라도 아직 패서디나에서 제작 중이었다. 그들이 할 수 있는 일은 기자들이 스푸트니크가 머리 위를 지나갈 때 나는 '삐' 하는 수신음을 들을 수 있도록 서둘러 준비하는 것뿐이었다. 이후 하이넥은 사무실이 "긴 케이블 코드, 담배꽁초, 그리고 다 쓴 카메라 플래시전구들로 엉망진창이었다"라고 회상했다. 카메라플래시가 끊임없이 터지자 옆집에서 건물에 불이 났다고 오인해 신고를 했고, 좁은 골목으로 소방차가 들어오느라 더 혼란스러워졌다(물론 실제로 불이 난 건 아니었다. 단지 늦은 밤 시간에 카메라플래시가 계속 터지면서 생겨난 오해였다). 소련의 위성 발사 소식은 미국에 큰 충격을 주었다. 하지만 하이넥을 비롯한 과학자들은 이 사건이 지닌 진정한 의미를 고민하지 않을 수 없었다. 하이넥은 이렇게 회상했다. "나는 소련의 인공위성이 96분에 한 번씩 지나갈 때마다 들리는 치지직거리는 기이한 소리를 듣기 위해 혼자 새벽 네 시까지 남아 있었다." 하이넥 팀의 한 멤버는 "그 소리는 온 세상을 매료시키고, 미국을 교육과 과학혁명으로 몰아넣은 소리였다"라고 회상했다.

혁명 그 자체였다. 하이넥은 이 사건을 "지적인 진주만 침공"이라고 불렀다. 그는 그로부터 몇 주 동안 24시간 내내 천문대를 열었다. 그리고 프레드 휘플 소장과 함께 하루에 두 번씩, 스푸트니크의 신호를 지속적으로 잡기 위해 어떤 노력을 기울이고 있는지 대중에게 설명하는 기자회견을 열었다. 하이넥은 "우리는 2층 높이의 방 안에서 전 세계 모두의 긴장과 이목을 집중시켰다"라고 회상했다. 사람들은 인공위성이 들려주는 '삐' 소리를 들을 수 있었지만, 실제로 그것을 목격하기까지는 4일이 더 걸렸다. 처음 스푸트니크가 목격된 곳은 오스트레일라 우메라와 시드니에 있는 문워치 팀이었다. 그로부터 이틀 뒤, 코네티컷주 뉴헤이븐에 있던 또 다른 문워치 팀이 북미 대륙에서는 처음으로 대서양 연안 위를 지나는 스푸트니크를 목격했다.

스푸트니크의 발사가 있고 나서 2주 뒤, 하이넥과 휘플은 《라이프》 표지를 장식했다. 그들은 스프투니크의 궤도를 표현한 거대한 지구본과 함께 있었다. 기사는 스푸트니크의 발사가 가지는 지정학적인 의미를 고민하는 동시에, 스푸트니크 발사에서 영감을 받아 만들어진 "우주 패션"과 "우주 장난감"을 함께 소개했다. 그로부터 몇 주 뒤, 소련은 이번에는 라이카라는 이름의 강아지를 싣고 두 번째 인공위성을 발사했다. 이 소식은 다시 한번 전 세계 뉴스의 헤드라인을 장식했다. 소련의 연이은 성공 소식은 미국의 방어 능력뿐 아니라 과학기술에 대해 의문을 갖게 만드는 신호탄이 되었다. 세계에서 가장 먼저 핵무기와 수소폭탄을 개발하는 데 성공했던 국가가 부끄럽게도,

한순간에 완전히 공개적인 망신을 당했다.《라이프》의 기사는 당시 대다수의 미국인들이 느꼈던 당혹감과 실망감을 아주 단호하게 보여 주었다. "미국은 세계에서 가장 먼저 인공위성을 쏘아 올리는 국가였어야 했다. 충분히 그럴 수 있었다."

로켓 과학자 G. 해리 스타인은 기자들에게 "이건 전 세계가 들을 수 있는 '총성 한 발'과 같다"라고 이야기했다. "렉싱턴과 한국에서 목숨 바쳐 싸우고 세상을 떠났던 용사들이 과연 지금의 미국을 보고 무슨 생각을 하고 있을지 착잡하다"(다소 극단적인 발언으로 인해 그는 ICBM 개발에서 배제되었다. 하지만 그가 공개적으로 다음과 같이 자신의 의견을 밝히는 것을 막지는 못했다. "미국은 로켓 전문가들의 말에 귀를 기울이지 않았고, 지난 5년을 허비했다. 우리는 그동안 소련을 과소평가했다. 자만했고 독선적이었다. 그저 멍하니 앉아 현실에 안주하고 있었다").

대중적 분노 속에서 하이넥과 그의 팀은 평소처럼 UFO에 대한 관심을 둘 여유가 없었다. 스푸트니크 위성을 추적하느라 여념이 없었다. 하지만 그런 상황에서도 UFO 목격담은 멈추지 않고 제보되었다. 그중 가장 주목할 만한 사건이 하나 있다. 소련이 라이카가 타고 있던 스푸트니크 2호를 발사하고 바로 몇 시간 뒤, 텍사스의 초원 마을 레벌랜드 근처 농장에서 일하던 두 명의 노동자는 파란 불빛이 자신들을 향해 빠르게 다가오는 것을 목격했다. 그들은 지역 경찰에 불빛이 찾아온 뒤로 자신들이 타고 있던 트럭의 전기 시스템이 먹통이 되고 엔진이 멈췄다고 밝혔다. 그들은 "그것이 트럭 바로 위를 지나갈 때 큰 소리와 함께 바람이 불었다"라고 회상했다. "천둥이 치는 것 같앉다. 불빛이 다가오자 트럭이 흔들렸고 아주 뜨거웠다." 그들은 물체가 마을 동쪽으로 사라지는 것을 목격했다.

사건을 맡은 담당 경찰관 A. J. 파울러가 이 제보를 제대로 처리하기도 전에, 지역 곳곳에서 또 다른 제보가 쏟아졌다. 한 대학생은 운전 중 시동이 꺼졌고, 엔진을 점검하기 위해 잠시 내렸을 때 도로 전면에서 100피트 크기의 "계란형 물체"를 보았다고 신고했다. UFO가 하늘로 날아간 뒤에야 차에 시동이 걸렸다고 했다. 현장 조사 중이던 지역 보안관도 "석양처럼 빛나는 붉은 물체"가 앞쪽 도로를 스치는 장면을 목격했다. 지역 소방감도 같은 물체를 보았고, 그것이 차의 전기 시스템에 영향을 미친 듯했다. 비슷한 시간대에 한 커플은 하늘을 가로지르는 불빛을 목격했고, 마찬가지로 차가 멈추는 상황을 겪었다. 모두 합해서 열두 명이 넘는 주민들이 그날 밤 이상 현상을 목격했고, 이와 유사한 목격담은 이튿날 근처 뉴멕시코주 화이트샌즈 지역에서도 이어졌다. 한 기자는 이 수상한 물체에 "왓닉"이라는 이름을 붙였다.

목격자들의 진심 어린 공포, 물체까지의 거리, 그리고 마을 전역에서 여러 사람이 각기 다른 곳에서 물체를 목격했다는 사실은 그날 밤 이 지역 상공에서 범상치 않은 현상이 두 시간 넘게 지속되었다는 것을 의미했다. 대체 그 정체는 무엇이었을까?

사건이 있고 2주 뒤, 공군은 이 사건을 "해결"했다는 내용의 간결한 성명을 발표했다. 성명문은 겨우 단어 60개로 채워졌다. 공군은 텍사스에서 벌어진 사건이 구상 번개 또는 코로나방전 현상이라고 설명했다(제보된 차량 문제는 과장되어 있으며, 아마도 평범한 전기회로 문제였거나, 침수로 인해 엔진이 멎은 것으로 추정했다). 하지만 주민들은 공군의 설명을 믿지 않았다. 그사이 스푸트니크를 추적하는 데 정신이 팔려 있었던 하이넥은 이 사건을 더 면밀하게 조사해 보지 않은 것을 후회했다. 그는 목격의 범위와 엔진 장애 현상이 "통계적으로 설명할 수 있는 수준을 벗어났다"라고 말했다.

* *

스푸트니크 발사 이후 한 달 동안 미 공군은 361건에 달하는 제보를 받았다. 이는 그해 1월에서 9월 사이에 접수된 전체 제보 건수 406건과 맞먹었다. 1952년 7월 "워싱턴회전목마" 사건 이후로, 한 달 사이에 가장 많은 목격 제보가 있었다. 마치 새로운 종류의 우주 경쟁이 절정에 달한 듯했다.

당시 비슷한 시기에 있었던 여러 목격담을 다루면서 인기를 끈 CBS의 〈암스트롱 서클 극장〉 방송에 키호가 출연하면서, 정보의 투명성을 주장한 NICAP과 공군 사이에서 10년 넘게 이어진 갈등이 폭발 직전에 이르렀음을 알 수 있었다. 1958년 1월 "UFO: 하늘의 수수께끼" 편에서 키호, 루펠트, UFO 목격자 케네스 아널드와 차일스 소령, 그리고 하버드대학교 천문학자 도널드 멘젤은 공군 대변인과 함께 각자의 관점에서 토론을 나눌 예정이었다. 처음에는 차분한 분위기였지만, 방송을 앞두고 문제가 생겼다. 우선 키호가 방송 프로듀서와 설전을 벌였다. 프로듀서들이 대본에 충실하게 발언하라고 하자, 키호는 정부 은폐론에 관한 자신의 주장을 편집하려 한다고 생각했다(멘젤과 공군 대변인에게는 25분 동안 발언 시간이 주어진 반면, 키호에게는 단 7분만이 주어졌다는 점도 큰 문제였다). 방송 직전 공군은 루펠트가 주장한 문건의 존재를 부인하는 발표를 했고, 이에 분노한 루펠트는 방송 직전에 출연을 거부했다. 아널드와 차일스도 해당 방송이 공군에 유리하게 조작되고 있다며 빠지기로 했다. 결국 키호는 예정에 없이 홀로 미군 전체와 맞서게 되었다.

1958년 1월 22일 저녁 10시, 방송은 예정대로 시작되었다. 먼저 공군 중령이 나와서 UFO 현상에 대해 국민들을 안심시키는 발언을 했다. 키호는 그다음 차례였다. 처음 몇 분 동안 키호는 대본대로 발언을 이어 나갔다. 그러고는 돌연 대본에 없는 발언을 하기 시작했다. "이제 여태껏 공개된 적 없는 진실을 밝히겠다"라며 포문을 열었다. "지난 6개월 동안 저는 UFO 관련 비밀을 조사하는 공식 위원회와 함께 일해 왔습니다……. 만약 우리가 이 위원회에 제출한 모든 증거가 공개 청문회를 통해 공개된다면 그것은 곧 증명될 것입니다."

곧바로 방송은 음소거되었고, 집에서 방송을 보던 시청자들은 아무 소리도 들을 수 없었다. 화면 속에서 키호는 계속 입을 움직였지만 이미 CBS가 마이크를 끈 뒤였다. 마이크가 꺼진 줄 몰랐던 키호는 마지막까지 자신감 있게 마무리했다. "UFO가 지적존재에 의해 조종되는 기계라는 사실이 분명히 입증될 것입니다."

TV 방송에서 한 인물의 발언이 검열되는 장면이 그대로 전파를 타는 바람에, 이것은 곧 전국 신문의 헤드라인을 장식했다. CBS로 분노한 사람들의 편지가 쏟아졌다. 이 사건은 음모론자들의 두려움을 확신으로 만들어 주었다. 한 시청자는 편지에서 "권력자들이 대중을 얼마나 멍청하고 유치한 사람으로 취급하는지를 알게 되었다. 정말 화가 난다"라고 썼다. 그러면서 "우리가 듣지 못한 그의 마지막 발언은 대체 무슨 내용이었나?"라고 물었다. 방송국은 실제로 키호의 무모한 발언이 방송되지 않도록 조치했다는 사실을 인정하고, 그럴 만한 타당한 이유가 있었다고 해명했다. 프로그램의 편집 디렉터를 맡고 있던 허버트 칼보그는 편지를 보낸 한 시청자에게 "우리 프로그램은 보안상의 이유로 신중한 검토를 거쳤다. 방송국은 사전에 조율된 보안 기준에 따라 방송을 진행해야 하는 책임이 있다"라고 설명했다.

하지만 그건 중요치 않았다. 만약 CBS가 키호의 발언이 그대로 전파를 타도록 내버려두었다면 아마 그의 이야기가 이렇게까지 멀리 퍼지지 않았을 것이다. 오히려 입막음을 한 바람에 키호의 발언은 더 멀리 퍼지게 되었다. 오늘날 이러한 현상을 "스트라이샌드효과"라고 부른다. 사실 키호는 방송 직후, 자신의 목소리가 음소거 처리되었다는 사실을 오해로 인한 것으로 생각해 크게 동요하지 않았다. 하지만 며칠 뒤, 의회의 한 소식통으로부터 CIA가 이미 몇 년 전에 로버트슨위원회를 만들고 운영했던 적이 있었다는 사실을 듣고 나서 그는 분노하기 시작했다. 정부의 은폐가 실제임을 확신하게 된 키호는 1958년 4월, 검열된 첫 번째 보고서를 힘들게 입수해 그 내용을 NICAP 뉴스레터에 공개했고, 그해 봄 내내 정부의 은폐 행태에 격분했다. 그는 공군의 진실 왜곡을 강하게 비판했고, 담배를 피우며 쾌활하게 방송을 진행한 마이크 월리스와의 인터뷰에서 키호는 자신과 CBS가 "위협에 따른 검열"의 희생양이었다고 주장했다.*

하지만 키호가 TV에 출연하고 일주일 만에 미국이 인공위성 발사에 성공하면서 키호의 이야기는 빠르게 잊혔다. 그때까지 스푸트니크를 추적하는 미국의 노력은 웃음거리로 전락했고, 해군은 계속 망신을 샀다. 1957년 12월 6일, 첫 발사 시도가 있었지만 뱅가드 로켓은 발사대에서 고작 4피트 솟구치고는 곧바로 땅으로 추락했다. 로켓 폭발 장면이 TV로 전국에 생중계되었다. TV-3가 탑재한 위성이 땅으로 떨어졌고, 이것이 내는 일정한 '삐' 소리는 마치 미국의 우주 프로그램 전체를 조롱하는 것처럼 보였다. 언론은 이 모습을 뒤집힌 인공위성이라는 뜻의 "플로프니크" 또는 "카푸트니크"라고 부르며 조롱했다.† 결국 새롭게 개조한 육군의 주피터 로켓을 사용하는 것으로 계획이 변경되었다. 그리고 끝내 1958년 1월 31일, 익스플로러 1호가 궤도에 오르는 데 성공하면서 결실을 맺었다. 우주선이 우주에 도달했을 때, 화이트샌즈미사일기지에서 우주선의 실물 크기 모형을 배경 삼아 기념비적인 기자회견이 열렸다. 현장에는 하이넥의 옛 동료였던 제임스 밴 앨런과 우주선 개발에 도움을 준 나치 독일 출신의 과학자 베르너 폰 브라운이 함

---

* 진행자는 항상 방송에서 "제 이름은 마이크 월리스입니다. 이 담배는 팔리아멘트입니다!"라고 인사했다. 그는 매번 담배를 피우면서 이 멘트를 쳤다.
† 오늘날 이 인공위성은 여전히 안테나가 휘어진 모습 그대로 스미스소니언 국립항공우주박물관에 전시되어 있다.

께했다. 오늘날 폰 브라운은 미국 로켓 과학의 아버지로 평가받는다.

이틀 뒤, 하이넥의 문위치 팀은 텍사스주와 뉴멕시코주 상공을 지나가는 익스플로러를 포착했다.* 드디어 카메라를 통해 인공위성의 궤도를 추적하고 계산할 수 있게 되었다. 남아프리카, 일본, 뉴멕시코 등 여러 관측소에서도 성공적으로 인공위성을 포착했다. 이들이 사용한 카메라는 하이넥이 인공위성 추적을 위해 특별히 개발한 일명 베이커넌 카메라였는데, 이후 천문학에서 완전히 새로운 분야의 기틀을 닦았다. 하이넥과 휘플은 뉴멕시코 라스크루시스에서 카메라를 텔레비전 화면에 직접 연결하려 했다. 이것은 "영상직류관 천문학(image-orthicon astronomy)"이라는 새로운 분야를 열었고, 초신성과 어두운 은하를 탐색하는 혁신적인 발전으로 이어지면서 하이넥이 천문학 분야에서 가장 자랑스러워하는 성과가 되었다.

이것은 하이넥의 프로젝트가 일궈낸 가장 큰 성과 중 하나였지만, 아이러니하게도 그의 프로젝트가 축소되는 계기가 되었다. 그해 봄, 미 항공우주국(NASA)이 창설되면서 스미스소니언천문대의 위성 추적 노력이 중단된 것이다. 하이넥은 정부의 우선순위가 바뀌고 있음을 감지했다. 그는 관측소의 프레드 휘플 소장에게 사직서를 제출했다.† 하이넥은 사직서에

---

* 크기가 더 작았던 미국의 인공위성을 추적하고 사진으로 촬영하는 건 결코 쉬운 일이 아니었다. 익스플로러 1호 이후에는 겨우 자몽 크기밖에 안 되는 뱅가드 1호와 익스플로러 2호의 발사도 성공적으로 이루어졌다. 문위치 팀에 있던 한 사람은 이런 불평을 하기도 했다. "맙소사, 대체 왜 더 큰 걸 띄우지 않는 거야?"

† 문위치 프로그램은 약 20년 동안 계속되었고, 1975년이 되어서야 종료되었

"1956년 1월 1일 STP에서 당신과 함께 일을 하기 위해 이곳에 왔을 때, 인공위성은 과학적으로 꿈에 불과했습니다. 하지만 이제 일상이 되었습니다. 우리는 그것을 성공적으로 추적하고 있습니다. 이제 더 도전적인 일을 찾아 나서야 할 때입니다"라고 적었다. 이제 다섯 아이의 아버지가 된 그는 학계로 복귀하며 노스웨스턴대학교 천문학과의 학과장직을 맡았다. 이 직책은 그가 더 자유로운 분위기 속에서 자신의 연구를 추구할 수 있는 여지를 주었고, 그가 지속적으로 관심을 가진 UFO 현상에 대한 탐구와 UFO 현상이 더 진지하게 연구될 필요가 있다고 주장하는 과학자 동료들, 그가 "보이지 않는 대학"이라고 부른 이들을 위한 지원도 가능케 했다.

* *

드디어 궤도를 돌기 시작한 익스플로러 1호와 달리, 아브로 캐나다의 비행접시는 제대로 작동하는 것이 거의 불가능해 보였다. 1958년 아브로 캐나다와 그 설계자 잭 프로스트는 새로운 설계를 제안하면서 미군으로부터 추가 개발을 위한 200만 달러를 지원받았다. 미 육군과 공군 모두 전통적 헬리콥터를 대체할 수 있는 새로운 전투기를 상상했다. 하지만 시험 결과는 문제가 많았다.

MIT가 해군 초음속 실험실에서 진행한 풍동실험은 유의미한 결과를 보여 주기는 했지만, 아브로 캐나다가 제작한 12

다. 그동안 계속해서 증가하는 인공위성을 대상으로 40만 건이 넘는 추적이 이루어졌다.

대 1 스케일 모형은 땅에서 살짝 뜨는 수준에 머물렀다.* 육군은 1959년 5월에 처음으로 비행접시 모양의 항공기 VZ-9 아브로카를 만들었다. 바퀴 세 개가 달려 있었고, 무게는 3톤에 달했다. 파일럿을 두 명까지 태울 수 있었고, 전체 지름은 18피트였다. 하지만 이 기체 또한 신뢰하기 어려웠다. 첫 번째 계류 비행이 실패로 끝났기 때문이었다. 이 육군의 항공기는 "제어 불가능한 진동" 속에서 바퀴가 번갈아 땅에 부딪혔다. 설계를 바꾸고 나서 상황이 조금 나아진 것처럼 보였지만, 그해 11월 테스트파일럿 브와디스와프 "스푸드" 포토스키가 처음으로 계류장치 없이 시험비행에 올랐을 때, 항공기는 여전히 땅에서 4피트 이상 떠오르지 못했고 곧바로 제어를 잃고 위아래로 요동쳤다. 엔지니어들은 마치 자동차의 허브캡이 바퀴에서 떨어져 나올 때처럼 흔들렸다는 뜻에서 그 모습을 "허브캐핑"이라고 불렀다.

    결국 안정성이 향상되면서 느리게 전진할 수 있는 수준은 되었다. 최고 속도는 시속 35마일 정도였지만 여전히 고도가 문제였다. 추가로 진행된 시험비행을 통해 결국 현장에서는 아무런 쓸모가 없으며, 비행도 전혀 즐겁지 않다는 결론이 내려졌다(프로그램 기록은 "조종석은 비좁고 시끄러웠으며 15분의 비행 중 과도하게 뜨거워졌다"라고 기록하고 있다). 결국 1961년 자금이 바닥나면서 프로젝트는 종료되었다. 군사용 고

---

* 112페이지 분량에 달하는 개발 보고서에서는 "이 항공기는 엔진 공회전 상태에서 최대출력에 이르기까지 만족스러운 초음속비행 능력을 제공한다. 안정적으로 제어 및 조종이 가능하다"라고 결론짓고 있다.

성능 비행접시라는 꿈은 끝내 지프 속도로 느리게 움직이는 전투용 호버크래프트 수준에 머물렀다.*

만약 정말로 누군가 비행접시를 날릴 수 있다면, 그건 결코 미국 정부는 아닐 터였다. 그렇다면 대체 누가 할 수 있을까?

---

* 《파퓰러메카닉스》는 이미 1960년 보도에서 아브로 캐나다에서 제작한 비행접시 형태 항공기 사진을 게재했다. 하지만 이 프로젝트와 관련된 모든 내용은 2012년 기밀이 해제되고 관련 문서들이 공개되기 전까지 미국 대중에게는 알려지지 않았다.

16장
국회의사당 브리핑

스푸트니크의 발사와 함께 새로운 우주 경쟁 시대가 시작되면서, NICAP은 기세등등해할 만한 이유가 늘어났다. 갑자기 우주에 대한 국가적인 관심이 증가했고, 뉴스의 헤드라인은 머지않아 UFO에 대한 거대한 폭로가 있을 거라고 보도했다. 정부에 대한 철저한 조사를 요구하는 목소리가 늘어났고, UFO를 감시하는 프로그램은 계속 확대되었다. 이제 UFO를 목격하는 일은 해가 뜨는 장면을 보는 것처럼 흔하고 일상적인 일이 되었다.

하지만 내부 상황은 전혀 달랐다. 그때까지 NICAP은 대부분 키호 개인 자금과 혼자만의 노력으로 겨우 명맥을 유지하는 수준에 머무르고 있었다. 회원들의 회비는 계속 연체되었다(1960년대 초 뉴스레터 구독자의 수는 5500명이었지만, 그중 거의 2000명 넘는 사람들이 회비를 내지 않았다). 결국 키호는 구독자를 더 늘리기 위해 회비를 5달러로 깎았고, 뉴스레터는 8쪽 분량으로 줄였다.

외계인과의 접촉을 주장하는 사람들과의 이념적인 갈등도 계속 이어졌다. 키호는 무작위하게 제보되는 목격 사례들을 조사하고, 정부가 이미 알고 있을 만한 정보를 캐내는 것 정도로는 숨어 있는 진실을 결코 밝힐 수 없다고 생각했다. 그는 팀원들에게 워싱턴을 집중공략해야 한다고 이야기했다. 실권자들이 비행접시를 진지하게 받아들이도록 만들어야 변화를 일으킬 수 있다는 점을 확실히 했다. NICAP의 가장 오래된 목표 중 하나가 바로 비행접시가 의회의 주목을 받도록 하는 것이었다. 특히 그들은 공군의 비행접시 조사에 대해 더 깊게 파고들 수 있는 군 관련 청문회를 노렸다. 청문회를 통해 언론의 관심을 받게 된다면 분명 더 많은 UFO 제보를 받을 수 있을 거라 생각했다.* 1957년 NICAP은 그 소원을 이루게 되었다. 전국적으로 퍼진 우주에 대한 공포를 불식할 목적으로, 미 하원은 "우주및우주탐사선정위원회"를 조직했다.† 이 위원회는 "대기현상분과위원회"를 포함하고 있었는데, 일명 "윌리엄 내처 위원과 레스 아렌즈 위원으로 구성된 UFO분과위원회"로 불렸다. 1958년 8월, 위원회 의장이었던 매사추세츠주 의원 존 매코맥

* 흥미롭게도 1985년까지 기밀이 해제되지 않고 남아 있던 한 사건이 있다. 의회 상원에서 군사위원회 의장을 맡고 있던 조지아주의 리처드 러셀 의원이 1955년 소련을 순방하던 중 UFO를 목격했다고 제보한 사건이었다. 기차를 타고 우크라이나에서 프라하로 이동 중이던 그는 곧바로 미국대사관을 찾아갔다. 그리고 한 공군 장교에게 "믿기 어렵겠지만, 당신들[군]이 존재를 부정했던 바로 그것을 내가 봤어요!"라고 이야기했다. 러셀이 타고 있던 기차가 캅카스를 지나고 있을 때, 그는 기차에서 남쪽으로 약 1~2마일 거리에서 원반 모양을 목격했다. 프라하에서 작성된 군 보고서에 따르면 러셀은 "원반 하나가 거의 수직으로, 비교적 느린 속도로 상승했다. 바깥 표면이 오른쪽으로 천천히 회전하면서 물체가 약 6000피트 상공까지 올라갔다. 그리고 갑자기 속도가 빨라지더니 북쪽으로 날아갔다. 약 1분 뒤 두 번째 비행 물체가 등장했고, 똑같이 움직였다"라고 증언했다. 철도 승무원들은 서둘러 커튼을 닫았다. CIA와 공군은 러셀이 소련에서 비밀리에 진행하던 최첨단 기술을 목격했을 가능성을 심각하게 고려했다. 하지만 결국 그와 동료들이 빠른 속도로 이륙하고 있던 평범한 전투기를 오인한 것으로 결론지었다.
† 이 위원회는 이후 과학우주위원회로 발전되었고, 오늘날의 과학, 우주, 기술위원회의 전신이 되었다.

은 UFO를 주제로 일주일에 걸친 청문회가 진행될 것이라고 발표했다. 블루북프로젝트의 수석 과학 고문 출신 인물과 여러 공군 관계자가 증인으로 출석할 것이라 밝혔다. 멘젤, 키호, 루펠트도 출석할 예정이었다. 그런데 위원회가 다시 소집되었고 상황이 바뀌었다. 매코맥은 청문회 비공개 세션은 공식 세션이 아니기 때문에 청문회를 기록하는 속기사가 동석하지 않는다고 이야기했다. 의회 기록은 "청문회 첫 번째 날이 끝나자 매코맥 의원은 공군의 조사 결과에 만족한다고 발표했다. 그러면서 공식적인 청문회는 추가로 필요하지 않다고 밝혔다"라고 기록하고 있다. 이에 분명 좌절감을 느낀 키호가 동의했을 주석이 이렇게 덧붙여졌다. "이번에도 공군은 언론의 주목을 피했다."

시간이 흐르면서 키호는 의회 의원들과 더 첨예하게 대립했다. FBI와 J. 에드거 후버는 NICAP과 비교적 우호적이지만 딱히 도움이 되지 않는 수준으로 관계를 유지했다. 그들은 NICAP을 더 이상 반기지 않았고, 특히 최근 몇 달 동안은 거리를 두려고 했다. FBI의 뉴올리언스주 지부장이 후버에게 NICAP에 관해 물었을 때, 후버는 키호를 두고 "일부 군 출신 인물의 이름과 직함을 멋대로 써먹는 놈"이라고 짧게 답했다. "NICAP은 우리 FBI가 같이 어울릴 만한 조직이 전혀 아니"라고 덧붙였다.*

* 당시 시대적 상황을 반영하는 발언이다. FBI가 확보한 NICAP 관련 문서들 중 대부분은 "걱정하는 시민들"이 후버에게 보낸 편지들이었다. 시민들은 NICAP이 공산주의자들로부터 지원을 받는 국가 전복 단체일지 모른다고 걱정했다. 거의 매번 후버는 그 단체를 조사하지 않았다고 설명하면서, 편지를 보낸 시민들에게 다양한 반공 홍보 책자를 보내고, 후버 자신이 썼던 공산주의와 관련된 책을 추천했다. 후버의 책들은 사실 모두 세금으로 월급을

펜타곤은 더 직설적으로 불만을 표출했다. 1960년 미 공군장관실은 후버에게 편지를 보냈다. 민간인으로만 구성된 단체가 연방정부와 연결되어 있다는 "거짓된 인상"을 주는 것을 방지하기 위해, 새 법을 활용해서 NICAP을 기소할 수 있는지 문의했다. "잘 아시다시피, NICAP은 지난 수년 동안 이런 짓거리를 해 왔습니다." 편지에서 로런스 태커 중령이 설명했다. "그동안 NICAP은 FBI, 공군, 펜타곤, 그리고 여러 위원회와 의원 개개인에게까지 골칫거리가 되었습니다." 이에 대해 후버 국장은 NICAP에 법적인 조치를 취하기는 어렵다고 설명했다. 하지만 그들이 주고받은 편지는 군 지도부가 UFO에 가진 좌절감이 얼마나 커지고 있는지를 여실히 보여 주었다. 정부의 이러한 분노와 좌절감은 결국 정부 스스로 해답을 찾기 위한 노력으로 이어졌다.

1960년 대통령선거가 다가오고 있었고, 소련과의 "미사일 격차"를 둘러싼 공포를 주제로 토론이 이어졌다. ATIC는 블루북프로젝트가 "공군에 있어 비생산적인 부담"일 뿐이라고 혹평했고, "대중들로부터 비판적인 평가"를 초래했다고 지적했다. ATIC는 블루북프로젝트가 시작된 이후 총 6152건에 달하는 사건들이 검토되었지만, "이 물체들이 국가안보에 위협을 가하거나, 다른 세계에서 온 외계인들에 의해 조종되는 우주선"이라는 것을 보여 주는 신빙성 있는 증거를 전혀 찾지 못했다고 주장했다. 그런데 왜 이 쓸데없는 기관이 지금껏 남아 있단 말인가? ATIC 보고서는 "완전한 폐쇄가 바람직하다"라고 결

받는 FBI 요원들이 대필한 작품이었는데, 후버는 이 책을 팔아서 개인적인 수익을 얻었다.

론지었다. "내버려두면 공군의 명성에 누가 될 것"이기 때문에 "정보 라인으로부터 완벽한 분리가 필요하다"라고 주장했다. 그로부터 몇 개월 동안 블루북프로젝트 업무를 공군의 다른 연구사령부나 정보 부서로 이관하려는 시도들이 있었지만 전부 실패로 끝났다. 아무도 뜨거운 감자를 떠안고 싶어 하지 않았다. 결국 블루북프로젝트는 ATIC에 그대로 남았다.

한편 키호는 계속 궁지에 몰렸다. 1960년대에 키호는 「UFO 증거에 관한 NICAP의 기밀문서 요약」이라는 10쪽짜리 보고서를 만들었고, 이를 모든 의원들과 주요 언론인들, 기자, 평론가들에게 보내기 위한 자금을 모으려고 시도했다. 하지만 모인 자금은 겨우 31부를 보낼 수 있는 수준이었다.

7월에 몇몇 소수의 의회 위원회가 UFO 미스터리를 다시 되살리기 위한 마지막 시도로서 더 나은 공식 브리핑을 추진했지만, 당시 하원 원내대표였던 매코맥의 주저로 좌절되었다. 그는 우주위원회를 감독했던 자신조차 비공개회의에서 UFO에 대한 충분한 정보를 얻지 못했는데, 더 많은 청문회를 한다고 달라질 게 없을 거라고 생각했다. 그는 한 기자에게 "[공군이] 미확인비행물체에 대해 확보하고 있는 모든 정보를 공개하지 않은 것 같다"라면서 "우리 생각엔, 일부 사람들 사이에서 설명할 수 없는 물체가 우주공간을 떠다니고 있다는 생각이 꽤 확실한 사실로 받아들여지고 있었다"라고 설명했다. 마침내 하원은 조지프 카스 의원이 위원장을 맡은 과학우주위원회 산하에 세 명으로 구성된 UFO 소위원회를 새롭게 구성하는 것에 합의했다. 키호는 NICAP 뉴스레터에서 "다수당 대표가 지지를 표명했다"라며 잠시 흥분을 감추지 못했지만, 1961년 8월

ATIC를 방문한 하원의원들을 대상으로 한 공군의 브리핑이 있고 나서, 공개 또는 비공개 청문회에 대한 열기는 금방 사그라들었다. 키호는 크게 유감을 표했고, 이에 카스는 NICAP이 청문회를 요구하는 것은 "NICAP과 공군 그 누구도 답할 수 없는 질문으로 사람들을 선동하는 비난의 장을 만들려는 것"에 불과하다고 비판했다.

1960년대 초반 의회에서 UFO에 대한 관심이 잠깐 반짝했고, 공군에서도 UFO를 더 진지하게 조사하려 시도하기도 했지만, 의회 청문회를 통해 뜨거운 TV 조명 아래 진실을 부정하며 입을 꾹 닫고 제복 차림으로 앉아 있는 증인들을 몰아붙여서 진실을 쥐어 짜내고 말 것이라는 키호의 꿈은 결국 10년 넘게 이루어지지 못했다. 1960년대 초 고조된 NICAP과 APRO 사이의 갈등도 비슷한 길을 걸었다. 코릴 로렌젠은 NICAP을 두고 제대로 된 연구는 전혀 하지 않고, 로비만 일삼는 조직이라고 비판했다. 또 앵무새처럼 군이 무언가를 숨기고 있다는 이야기만 되풀이하는 집단에 불과하다고 지적했다. 그러면서 NICAP과 달리 자신들은 과학에 기반한 UFO 조사에 전념하고 있음을 상기시켰다. 역사학자 데이비드 제이컵스는 "이날 이후로 두 기관은 다시는 손을 잡을 수 없었다"라고 썼다.

키호의 가장 원대했던 노력은 결국 완벽한 실패로 끝났다.

2부
우주 시대
(1960~2000년)

17장
페르미 역설

전후 군과 정보기관이 UFO 관련 논의에서 거리를 두려고 최선을 다하는 동안, 전혀 다른 분야에서 더 직접적으로 UFO를 다루기 시작했다. 수 세기 동안 과학자들은 다양한 자연현상을 설명하기 위해 노력했지만, 비로소 하늘에 무엇이 있을지 답을 찾을 수 있는 우주 시대가 열리자 아직 보지 못한 그 너머의 세계를 궁금해하기 시작했다. 이 질문은 흔치 않게 유물론적 과학의 관점과 유심론적 관점이 교차하는 영역에 머물렀다. 그리고 의도치 않게 1940년대와 1950년대에 만연했던 국군주의적 색채를 띠었다. 결국 이 새로운 우주 시대에서 가장 영향력이 있는 의사 결정권자는 군 장성이 아니라, 가장 유용하고 중요한 무기를 개발하고 연구하기 위해 실험실에서 헌신하는 물리학자, 엔지니어, 수학자였다.

1950년 어느 여름날, 로스앨러모스국립연구소에서 일하던 과학자 엔리코 페르미는 에밀 코노판스키, 에드워드 텔러, 허버트 요크, 세 명의 동료와 함께 점심을 먹으러 가면서 잡담을 나누었다. 당시 이들은 남태평양 에네웨타크 환초에서 진행될 예정이었던 미국의 최신 핵무기 실험을 준비하고 있었다. 이 실험은 열핵 장치 개발에 있어 아주 중요한 단계였다. 코노판스키는 최근에 《뉴요커》에서 봤던 재미있는 만화에 대해 이야기하면서 입을 열었다. 만화는 뉴욕에서 벌어진 이해할 수 없는 쓰레기통 도난 사건을 다루었다. 작가 앨런 던은 외계인들이 지구에 온 기념품으로 뉴욕 로고가 그려진 격자 그물형 쓰레기통을 가져가는 모습을 그렸다. 물론 그날 모여 있던 물리학자 그 누구도 항성 간 우주여행에 필요한 속도를 만들어 내는 것이 현실적으로 불가능하다는 것을 알고 있었고, 외계인 방문자가 지구에 왔을 거라는 생각을 진지하게 받아들이는 사람은 없어 보였다. 하지만 호기심 가득한 그들의 퍼즐 맞추기를 막지는 못했다.

페르미가 텔러 쪽으로 돌아서서 물었다. "에드워드, 자네는 어떻게 생각해? 앞으로 10년 안에 빛보다 빠르게 움직이는 물체에 대한 확실한 증거를 발견할 확률은 어느 정도일까?"

잠깐 생각한 뒤 텔러가 답했다. "10의 −6제곱." 과학자의 언어로 백만분의 일의 확률이라는 뜻이다.

페르미를 비웃으면서 말했다. "그건 너무 낮아. 아마 10퍼센트 정도 확률일 거야." 그는 보통 이 정도의 확률을 기적이라고 불렀다. 텔러도 코노핀스키도 딱히 이의를 제기할 수 없었다. 십분의 일의 확률, 그렇게 논쟁은 끝났고, 그들의 대화는 다른 주제로 넘어갔다.*

이후 풀러 롯지에서 점심을 먹으면서 새로운 대화 주제에 한참 몰두하고 있을 때, 갑자기 아무런 맥락 없이 페르미가 끼어들면서 물었다. "그런데 모두 대체 어디에 있는 걸까?"

테이블 주변에 모여 있던 모든 사람들이 웃었다. 텔러는

---

* 많은 기록은 지금은 유명해진 이 대화가, 제2차세계대전 중 맨해튼계획이 진행되던 중에 이루어졌다고 주장하지만, 천문학자 에릭 존스는 《뉴요커》와의 인터뷰에서 이 만화가 게재되었던 1950년경에 대화를 나눈 것이 확실하다고 밝혔다.

나중에 이를 회상하면서 "페르미의 질문이 마른하늘에서 툭 떨어진 것처럼 뜬금없었지만, 테이블 주변에 모여 있던 모든 사람들은 곧바로 그가 외계 생명체에 대해 묻고 있다는 것을 바로 직감할 수 있었다"라고 말했다. 이 아이디어에 흥미를 느낀 사람들은 잠시 이 주제를 논의했고, 결국 이렇게 의견을 모았다. "다른 생명체가 살고 있는 곳까지의 거리는 너무 멀 수 있고, 우리은하에서 봤을 때 우리는 은하 중심의 번화가에서 멀리 벗어난 외진 곳에 사는 셈이다."

"우주에 생명이 풍부하다면 왜 더 많은 생명체를 보지 못하는 것인가?"라는 지적인 도전은 페르미의 역설로 알려지게 되었고, UFO 시대의 새로운 과학 영역을 정의하게 될 더 많은 질문을 만들어 내기 시작했다. 성간 우주여행이 너무 어렵거나 너무 멀거나 너무 발전된 기술일까? 우리 지구나 태양계를 방문하는 것이 그만한 노력을 기울일 가치가 없는 것일까? 아니면 가장 소름 끼치는 답이지만, 생명이 지구에만 유일하게 존재하는 것일까?

* *

역사적으로 천문학과 해군력은 오랫동안 연관되어 왔다. 로스앨러모스에서 이루어진 작업을 비롯해, 제2차세계대전 동안 둘은 전례 없이 긴밀한 관계를 이어 갔다. 둘의 협력을 상징하는 사례 중 하나가 바로 전파천문학 분야다. 이는 지난 수 세기 동안 천문학자들이 주로 밤에만 우주를 관측해야 했던 고전적인 관측 천문학과는 전혀 다른 분야였다.

1933년 벨연구소의 과학자 칼 잰스키가 은하수에서 날아오는 전파 복사를 처음 발견하면서 이 새로운 분야가 시작되었다. 당시 25세였던 잰스키는 뉴저지주 감자밭에서 오래된 포드 모델 T 자동차 바퀴에 100피트 길이의 안테나를 설치해서 무선전화 신호가 대기권 간섭을 일으킬 때 발생하는 잡음의 위치를 정확히 파악하는 연구를 하려고 했다. 그로부터 1년 뒤, 그는 번개 폭풍이 칠 때 발생한 잡음을 포착하는 데 성공했다. 하지만 매 23시간 56분마다 또 다른 미스터리한 신호가 반복되었다. 이 신호는 매우 약했고 추적하기 어려웠다. 신호가 주변 송전탑이나 관측 장비에서 오는 것인지, 혹은 태양에서 날아오는 것인지 확인할 수 없었다. 그러던 중 한 동료 천체물리학자가 신호 반복 주기가 정확히 하늘에서 동일한 천체가 다시 같은 자리로 돌아오는 데 걸리는 시간, 즉 "항성일"과 같다는 사실을 지적했고, 돌파구를 찾았다. 이 놀라운 발견 덕분에 잰스키는 그 신호를 추적할 수 있게 되었고, 결국 그 미지의 신호가 궁수자리 근처에서 날아오고 있다는 사실을 밝혀냈다.

이 발견은 곧바로 많은 사람의 관심을 불러일으켰다. 《뉴욕타임스》는 1면에 「우리은하 중심에서 유래된 새로운 전파 발견」이라는 기사를 실었다. 하지만 대공황으로 인해 연구 자금이 부족했다. 또 아마추어였던 잰스키의 경력이 후속 연구의 진척을 더디게 했다. 새로운 발견 두 가지가 다시 전파천문학의 발전을 가능하게 만들기 전까지, 이 분야는 거의 10년 동안 제자리에 머물렀다.*

1937년 일리노이주 휘튼에서 무선 전파 통신 애호가였

* 그의 아들에 따르면, 잰스키는 자신이 열었던 분야가 전파천문학이라는 이름으로 불리기 전인 1950년 44세의 나이에 세상을 떠났다.

던 그로트 리버에 의해 최초의 전파망원경이 제작되었다. 오늘날 우리에게 익숙한 접시 모양의 TV 안테나처럼, 리버는 지름 9미터 크기로 둥근 포물선 모양의 금속 안테나를 만들었다. 이를 통해 그는 하늘의 신호를 추적할 수 있었고, 천문학자 오토 스트루베가 편집장으로 있던 《천체물리학저널》에 자신의 발견을 발표했다. 리버의 연구를 본 스트루베는 깜짝 놀랐다. 그건 정말 특별한 발견이었다. 프로페셔널 천문학자들조차 미처 깨닫지 못한 발견이었다. 지구 바깥의 우주는 지금껏 상상했던 것보다 수많은 신호로 훨씬 시끄러웠다! 하지만 대체 왜? 그리고 어떻게? (오하이오주립대학교에서 전파천문대를 시작한 존 크라우스는 "태곳적부터 인류에게 적막뿐이었던 세계에서 갑자기 온갖 전파 소리가 갑자기 완벽한 합창으로 터져 나왔다"라고 회상했다.) 이후 몇 년 동안 리버는 하늘에서 들리는 신호를 지도로 옮기는 작업을 이어 갔다. 하지만 별을 "듣는 것"은 어려운 일이었다. 신호들은 믿을 수 없을 정도로 아주 희미했기 때문에, 접시 모양의 TV 위성 안테나 같은 아주 거대한 전파망원경 배열이 필요했다. 많은 이가 안타까워했듯, 관측 도구가 더 정밀해지고 민감해지지 않고서는 추가적인 발전은 불가능해 보였다.

하지만 다행히도 리버, 스트루베, 그리고 그들의 뒤를 따르는 사람들 바로 코앞에 새로운 발견이 기다리고 있었다.

* *

제2차세계대전을 거치면서 나온 기술 중에서 가장 중요한 것으로 핵폭탄을 이야기하는 것은 너무 단순한 생각일지 모른다. 나치 독일을 패배로 이끈 주요 기술 중에는 바로 영국에서 RDF, 일명 전파방향탐지라고 부른 기술을 빼놓을 수 없다. 잠재적인 목표물을 향해 전자기파를 발사해 다시 되돌아오는 데 걸리는 시간을 측정해서 목표물의 거리와 위치를 계산하는 이 기술은, 1930년대 영국우편국 소속 단파통신 기술자들이 근처를 나는 비행기가 신호를 방해한다는 사실을 알아차리면서 시작되었다.

곧 영국과 미국, 소련, 독일, 일본, 네덜란드, 프랑스, 이탈리아 등 여덟 개의 국가에서 비밀리에 이 새로운 기술을 전장에 투입하기 위한 경쟁을 시작했다. 전쟁이 시작될 무렵, 영국은 여러 대의 전파 타워로 이루어진 체인 홈이라는 시스템을 구축했다. 이를 통해 독일 공군 폭격기들의 대략적인 위치를 파악할 수 있었다(인력 부족 문제가 심각했던 영국왕립공군에 아주 큰 도움이 되었다). 나치 독일에 가장 강력한 결정타를 날리며 전세를 역전시킨 것은 바로 가장 암울했던 순간, 미국국방연구위원회의 수장 버니바 부시와 그의 영국 파트너 헨리 티저드 경의 손에서 이루어진 영국과 미국의 믿을 수 없는 협력이었다. 1940년 9월, 티저드를 비롯한 영국의 비밀 대표단은 블리츠를 탈출해서 워싱턴으로 향했다. 미국의 수도에 모인 주요 지식인들은 그들을 위해 마련된 전용 요새 코스모스클럽에서 저녁 식사를 가졌다. 그 자리에서 티저드와 부시는 역사상 유래가 없는 놀라운 협력을 계획했다. 이것은 영국의 마법 같은 과학기술과 그것을 현실화할 수 있는 미국 제조 기술의 힘을 결합하는 공동방위 노력이었다.

이 협력의 핵심은 바로 영국이 비밀리에 갖고 온 한 장치에 있었다. 공진 공동 자전관이라는 이름의 이 작은 디스크 크기의 장치는, 당시 미국이 보유하고 있던 것보다 1000배 더 강력한 방향 탐지 장치였다. 평범한 옷차림의 웨일즈 출신 물리학자는 전혀 눈에 띄지 않는 평범한 서류 가방 안에 이 장치를 숨겨 왔다. 미국에 도착한 첫날 밤 영국대사관 와인 저장고 안에 보관되어 있던 이 장치는, 다음 날 목이 빠져라 기다리고 있던 미국 NRDC 과학자들에게 전달되었다.

 곧 자전관은 뉴욕 교외에 위치한 턱시도파크연구소로 보내졌다. 이 연구소는 돈 많고 (특이했던) 자선사업가 겸 발명가 알프레드 리 루미스가 세운 곳이었다. 루미스는 이미 한동안 무선탐지 및 거리 측정, 즉 미국식으로는 레이더(rader)라고 불리는 기술 문제에 매달리고 있었다. 그해 여름, 루이스는 자기 소유의 땅 주변 도로의 과속 차량을 단속할 목적으로, 최초의 레이더건을 발명하기도 했다. 그 뒤 몇 주, 몇 개월 뒤 그는, 미국에서 가장 똑똑한 인재들(그중 열 명은 훗날 노벨상을 수상하게 된다)을 한자리에 모으는 데 힘을 쏟았다. 이들은 턱시도파크연구소와 MIT에 새롭게 설립된 방사선연구소에서 1941년 2월까지 전투기에 탑재 가능한 실용적 레이더 장치의 프로토타입을 개발하는 임무에 참여했다. 전쟁이 끝날 무렵, 겨우 스무 명으로 시작된 이 개발 프로젝트는 맨해튼계획보다 더 커다란 규모로 성장해 있었다.[*]

---

[*] 방사선연구소는 다음과 같은 세 가지 구체적인 목표를 갖고 있었다. 공중 레이더 요격 능력 확보, 대공포 조준장치 개발, 그리고 항법 시스템 개발이었다. 레이더 분야의 역사학자 로버트 부데리의 기록에 따르면 연구 팀은 케임브리지 인근 커멘더호텔에서 가진 저녁 술자리를 "프로젝트 4"라고 불렀다.

이 과정에서 레이더는 북대서양을 누비던 나치 독일의 U-보트 잠수함을 탐지해 냈고, 주요 수송선단을 방어하는 등, 육지와 바다를 가리지 않고 쓰일 수 있는 필수적인 다목적 도구로서 가치를 입증했다. 레이더연구소의 혁신을 활용한 덕분에 이제 항공기는 한 시간 만에 3000제곱마일에 달하는 대면적의 바다를 탐색할 수 있었다. 이 레이더 기술과 더불어, 연합국은 나치 독일의 에니그마 암호를 해독하는 데 성공하면서, 발견된 40척의 잠수함 중 1척을 격침하는 수준에 머무르던 연합군은 1943년이 되면서 4척 중 1척을 격침할 수 있게 되었다. 그해 가을, U-보트는 자신들의 해역을 통과하는 2500척의 선박 중에서 겨우 9척을 침몰시켰지만, 독일은 잠수함을 25척이나 잃었다. 이 지속 불가한 대전 교환비는 사실상 독일을 더는 위협적이지 않은 존재로 만들었고, 1944년 6월 노르망디상륙작전을 성공으로 이끈 군사력의 대규모 증강으로 이어졌다(그때까지 레이더는 방공망에서 매우 중요한 역할을 했기 때문에, 독일의 첫 침공 이후 단 6일 만에 대규모 마이크로파 조기 경보시스템이 오마바 해변에 배치되었다).

전쟁이 끝나면서 레이더의 가치는 새롭게 변화하고 진화했다. 1946년 1월 25일,《뉴욕타임스》는 1면에 레이더로 달을 탐지하는 데 성공했다고 발표했다. 이것은 인류에게 진정으로 작은 발걸음이었다. 많은 이가 지구 바깥 우주를 바라보는 관점을 근본적으로 바꿨다. 이제까지 인류는 하늘에서 별, 행성, 그리고 먼 우주를 연구할 때 오로지 가시광선으로만 바라봤다. 하지만 이제 군은 전파로 우주를 관측한다면 지구에서 외계인들의 신호를 탐지할 수 있지 않을까 고려하기 시작했다. 공군 소장 해럴드 매클렐런드는 "인간을 닮은 지적 생명체가 지구 밖에도 존재한다면 우리는 그들의 신호에 응답할 수 있을 것"이라고 말했다. "우리는 다른 행성이 우리보다 더 발전된 기술 수준에 도달했다는 사실을 발견하게 될지도 모른다." 그러면서 UFO를 추적하기 위한 지속적인 노력의 일환으로 레이더 도입을 제안했다. 외계 문명을 찾기 위해 더 멀고 깊은 우주를 연구하고자 했던 소수의 천문학자들도 레이더를 활용했다. 그러자 겉보기에는 그저 조용하기만 한 것 같았던 밤하늘이 순식간에 온갖 미스터리로 시끄럽게 요동치는 세계로 바뀌었다. "[전파천문학은] 합리적으로 발전하는 우주라는 개념을 완전히 뒤집고 블랙홀, 퀘이사와 같은 두렵고 폭력적이며 통제할 수 없는 상대론적 초고 에너지로 가득한 우주에 대한 정보로 우리를 이끌었어요. 이건 혁명이었죠." 전파천문학 분야의 선구자 제시 그린스테인은 이렇게 회상했다.

세계 곳곳에서 전파를 통한 우주 연구에 전념하는 기관들이 속속 등장하기 시작했다. 많은 경우 원래 군사적 목적으로 지어졌다가 지금은 쓰이지 않게 된 잉여 장비들이 활용되었다. 영국에서는 물리학자 버나드 러벌이 전후에 폐기될 예정이었던 1000만 파운드짜리 송신기와 장비를 활용해서, 맨체스터대학교에서 자신만의 실험 장비를 구축했다. 호주의 연구 팀은 군의 구식 사격 통제 레이더 시스템에 부분적으로 의존했으며, 이를 통해 은하 간 신호를 감지하는 데 성공하면서 천문학 분야의 큰 돌파구를 마련했다. 기술 역사학자 로버트 부데리는 이렇게 설명했다. "우리은하 바깥 외부 은하에서 잡음 전파를 감지할 수 있을 거라 생각한 사람은 아무도 없었다. 하지만 호주의 연구 팀은 NGC 5128, 그리고 5000만 광년 거리에 있는 M87이라는 두 은하에서 그것을 감지해 냈다. 그들은 논문 최종 단계에서 극도로 신중했다. 자신들의 발견이 너무 믿기 어렵다는 이유로 출간이 거부될까 걱정했기 때문이다."

1950년대 중반까지, 전파천문학은 미래를 여는 열쇠로 여겨졌다. 1954년 미해군연구소와 미 공군은 전파천문학 분야에 많은 자금을 쏟아부었고, 네 곳의 대학은 이 분야에 집중하기 위해 새로운 대학원 프로그램을 개설했다. 1월에는 전국 심포지엄도 개최되었다.* 미해군연구소는 워싱턴에 위치한 한 건물 옥상에 50피트 크기의 거대한 전파망원경을 설치했는데, 이것은 포토맥강을 가로질러 내셔널공항에 착륙하는 여행자들의 눈을 사로잡는 워싱턴의 새 랜드마크가 되었다. 그뿐 아니라 오리온성운과 금성에서 새로운 열복사를 발견하는 데도 기여했다.

이러한 신규 투자의 급증은 새로 부상하는 과학자들에게 직접적인 혜택을 주었고, 그중에는 이 혁신이 막 시작되던 시기에 하버드대학교천문대에 도착한 한 젊은이도 포함되어 있었다.

---

* 당시 《사이언티픽아메리칸》 한 기사는 "지난 5년 사이 미국에서 활동하는 전파천문학자의 수가 여섯 명에서 스무 명 이상으로 급증했다"라며 흥분된 어조로 보도했다.

18장
오즈마 프로젝트

프랭크 드레이크가 페르미 역설에 대해 듣게 된 건 몇 년이 더 지나서였지만, 일찍이 그는 그 질문이 품고 있는 근본적인 원리에 대해서는 어렸을 때부터 많은 관심을 갖고 있었다. 시카고에서 태어나 천성적으로 밝고 호기심이 많았던 그는 세상에 대한 넓은 시야를 갖고 있었다. 그는 세계적인 이집트학자들이 가르치는 주일학교를 다녔는데, 종교와 고대사를 섞은 역사 수업은 교사들이 의도했던 것 이상으로 드레이크에게 훨씬 더 지적인 반향을 일으켰다.

드레이크는 초등학교 때 애들러천체투영관을 방문한 적이 있었다. 그때 처음으로 우리의 별이 우주 속 수많은 별 중 하나에 불과하다는 사실을 깨달았다(수십 년이 지난 뒤 그는 자신의 회고록에서 "단순히 별들 중 하나인 정도가 아니라, 눈에 띄지 않는 수준이었다"라고 언급했다). 그 순간 그는 우리 세상 너머 또 다른 지적 생명체가 존재할 가능성에 대해 진지하게 고민하기 시작했다. 코넬대학교를 다니면서 드레이크는 학교에 있는 15인치 망원경을 통해 처음으로 목성을 관찰했다. 목성 곁에는 각기 다른 선명한 색을 띤 갈릴레이위성들, 즉, 이오, 유로파, 가니메데, 칼리스토가 맴돌고 있었다. "내가 그동안 책을 통해서만 읽고 배웠던 천문학의 모든 것들이 순식간에 입체적으로 바뀌는 순간이었다." 그는 이렇게 말했다. "그 순간부터 나는 천문학에 빠져들었다."

1951년 12월, 대학교 3학년이었던 그는 아주 유명했던 천체물리학자 오토 스트루베가 학교에 방문했을 때 진행한 강연에 참석했다. 그는 당시 세계적으로 유명한 여키스천문대에서 책임자로 일하면서 분광 관측을 이끌었던 인물로 유명했다. 드레이크는 천문학자들이 어떻게 지구에 도달하는 아주 적은 양의 빛만으로 광범위한 정보를 캐내고, 거대한 이론을 이끌어 내는지를 듣고 감탄했다. 드레이크는 "스트루베는 항성분광학을 예술의 경지로 끌어올렸다"라고 회상했다. 스트루베는 별빛의 미세한 변화를 활용해서 우주에서 그들이 얼마나 빠르게 회전하는지를 어떻게 구할 수 있는지를 설명하는 일련의 차트와 계산 결과를 보여 주었다. 드레이크는 스트루베의 설명을 경청했다. 뜨겁고 거대한 별들은 빠르게 회전했지만, 우리 태양처럼 주변에 지구와 같은 작은 행성을 거느리고 있는 더 작은 별들은 천천히 회전했다. 놀랍게도 태양과 비슷한 별들은 우주에 너무나 많았다. 그것은 수많은 별 곁에도 주변 궤도를 도는 또 다른 존재가 있다는 것을 의미했다. 이 사실에 드레이크는 거의 전기충격에 가까운 쇼크를 받았다.

"그날 스트루베는 강의실에서 우리가 알고 있던 행성의 수를 아홉 개에서 990억 개 이상으로 늘려 버렸다." 드레이크는 당시 순간을 이렇게 회상하며, 그날 느꼈던 놀라움을 표현했다.* 그 순간, 그는 과학적으로 봤을 때 지구를 넘어 다른 세계에도 생명체가 반드시 있을 것이라는 생각이 혼자만의 생각이 아니라는 사실을 깨달았다.

코넬대학교를 졸업한 이후, 드레이크는 해군에서 3년을 보냈다(ROTC 장학금을 받는 조건이었다). 그 뒤, 드레이크는 하버드 대학원에 진학했고, 여름 내내 전파천문학연구소에서 조교로 근무했다. 망원경을 통해 눈으로 바라본 목성의 모습이 그가 천문학에 빠진 결정적인 계기였다고 추억했듯이, 사실 별에서 방출되는 전파 신호를 연구하는 건 드레이크가 기대했던 일이 아니었다. 하지만 그가 해군 복무 시절 익혔던 전자공학 분야에 대한 배경은 하버드에서 전파천문학 관측 기기들이 제대로 작동할 수 있도록 돕는 중요한 역할을 할 수 있었다. 그는 첫해부터 전파천문학이라는 새로운 분야를 더 발전시킬 수 있는 핵심적인 아이디어를 떠올렸다. 그는 이렇게 썼다. "전파망원경이야말로 외계 생명체를 감지하고, 심지어 그들과 의사소통을 하기에 가장 적합한 최적의 도구라는 사실을 깨달았다." 다른 문명과 생명체가 우리은하로 특정한 메시지를 보낼지 모른다는 것을 의미한 말이었다.

하버드천문대에서 밤마다 홀로 앉아, 별을 바라보고 별의 전파를 들으면서 드레이크는 대체 어디에서 어떤 신호가 날아오고 있을지 계산했다. 그러던 중 26세가 되던 해, 확실히 다른 행성에서 날아온 것처럼 보이는 첫 번째 전파 신호를 듣게 되었다.

이전에 본 적 없는 새로운 신호였다. 그리고 아주 일정하게 들려왔다. 드레이크가 앞서 연구했던 플레이아데스성단, 즉

---

* 하지만 청중 대다수에게는 스트루베의 강연의 중요성이 온전하게 전달되지 않았다. 강연 소식을 보도했던 《코넬데일러선》의 기사는 스트루베가 내린 놀라운 결론조차 언급하지 않았다.

일곱자매성단으로 알려진 황소자리 부근에서도 들은 적 없는 이상한 신호였다. 이 수상한 신호는 "21센티미터 수소선" 대역에서 관측되었다. 이것은 수소의 방사선과 관련된 전파 스펙트럼의 한 대역으로, 만일 외계 생명체가 주목을 끌기 위해 자신들의 신호를 내보내고 있다면, 가장 논리적인 선택일 것이라고 천문학자들이 추정한 대역이다. 천문학자들에게 이 주파수가 특별히 매력적이었던 이유는, 이 전파가 외계 공간의 조용한 영역에 존재하며, 성간 공간의 저주파 배경복사보다 위에 있고, 지구 대기에서 발생하는 고주파 잡음보다는 아래에 나타나기 때문이었다. 누군가 우주의 지도를 그리고, 우주의 역사를 깊게 들여다보고, 심지어 암흑물질을 탐색하고 있다면 가장 유용하게 쓸 수 있는 아주 가치 있는 전파였다. 그리고 고도로 발전된 외계 문명과 신호를 주고받기에도 아주 적합한 전파였다. 드레이크가 회상했듯이, "과학적으로 발전된 문명이라면 이 전파의 존재를 충분히 알고 있을 것이고, 다른 문명들도 그 존재를 알고 있을 거라 기대하고 있을 것이다. 따라서 그들은 수소 채널을 행성 간 공통 통신수단으로 선택할 가능성이 있다." 이 주파수 대역은 천문학적으로 매우 중요하기 때문에 지구에서는 일반적으로 이 대역의 전파 송신이 금지되어 있다. 따라서 수소선 대역에서 들리는 이 규칙적이고 강한 신호는 틀림없이 외계에서 온 것이라고 생각했다. 그리고 그는 흥분하며 이 신호가 플레이아데스성단에서 온 것으로 보인다고 언급했는데, 그 이유는 그 신호가 플레이아데스 별들과 동일한 고속 도플러 효과를 보여 주었기 때문이다.

    드레이크는 평생 동안 그 순간 느낀 감정을 되찾기 위해 애쓰며 살아왔다. "내가 느낀 건 일반적인 감정이 아니었다. 그건 아마도 기적과 마주할 때 느끼는 그런 감정이었다. 완전히 다른 세상이 될 것이며, 그 사실을 아는 사람이 세상에 나 혼자뿐임을 알게 된 그런 느낌이었다"라고 말했다.

하지만 안타깝게도 그 감정은 오래가지 못했다. 드레이크가 처음 신호 품질 무결성 검사를 수행했을 때, 그가 망원경을 플레이아데스성단에서 다른 방향으로 돌렸음에도 여전히 같은 신호가 잡힌다는 것을 알았다. 이는 그 신호가 아마도 하늘 높은 곳 어딘가에서 발생한 일상적인 군사적 전파간섭임을 의미했다. 그는 회고록에 이렇게 적었다. "나는 외계의 지적 생명체와 거의 접촉했다고 믿은 그 강렬한 순간을 떠올리며 땀에 젖어 떨리는 몸으로 주저앉았다." 하지만 그날 느낀 에너지와 영감은 결코 그를 떠나지 않았다. "그날 이후로 나는 전파망원경을 볼 때마다, 어쩌면 이 망원경으로 생명체를 발견할 수 있지 않을까 하고 자문했다."

**

1958년 4월 드레이크는 웨스트버지니아의 그린뱅크로 옮겼다. 그는 이곳에 새로 세워질 국립전파천문대에서 일할 예정이었다. 53년형 흰색 포드 차량에 모든 짐을 싣고 운전하던 드레이크는 계곡에 들어서자마자 주변으로부터 고립된 알레게니산맥의 아름다운 풍경에 깊은 인상을 받았다. 천문대 시설은 아직 한창 공사 중이었다. 그 모습은 전파천문학이라는 새로운 분야가 겪고 있는 거대한 변화를 그대로 보여 주고 있었다. 과거 오랫동안 천문학은 독특하고도 외로운 형태의 과학이었다. 주로 밤에, 주로 혼자서, 가능한 한 도시 중심에서 멀리 벗어난 곳에서 이루어졌다. 수 세기 동안 광학 관측으로 우주를 연구해 온 천문학자들은 어둠을 찾아 헤맸다. 그리고 이제 전파천문학이 시작되면서, 선구자들은 우주의 전파 신호를 듣기 위해서는 그 어떤 곳보다 전파잡음이 적은 조용한 하늘이 필요하다는 사실을 깨달았다. 하지만 라디오, 텔레비전을 비롯해 온갖 전파 신호가 득실거리는 나라에서 그런 조용한 하늘을 찾는 건 아주 어려운 일이었다. 이제 전파천문학은 하나의 단일 기관이나 대학 한 곳의 자금과 지원만으로는 운용될 수 없는 수준으로 성장했다. 드레이크는 수십 년 뒤 쓴 글에서 "우주의 전파원들은 아주 적은 양의 에너지만을 보내기 때문에, 전파망원경에는 커다란 수신 접시가 필요했다"라고 회고했다. "사실 전파천문학의 역사를 통틀어 지금까지 수집된 모든 에너지를 다 합쳐도, 눈송이 몇 송이가 땅에 떨어질 때 방출되는 에너지와 겨우 맞먹는 수준이다."

이러한 상황에서 미국 정부의 자금으로 대학 컨소시엄이 관리하는 국립전파천문대를 건설하자는 목소리가 나왔다. 전국적인 조사를 통해 천문대를 짓기에 적합한 후보지 서른 곳을 선별했고, 1956년 여름 국립과학재단(NSF)은 포카혼타스카운티를 둘러싼 5000에이커 면적의 부지를 350만 달러에 매입했다. 이 지역은 평평하고 얕은 계곡이었다. 워싱턴에 위치한 미 해군연구소로 들어오는 전파잡음의 0.1퍼센트 미만에 해당하는 아주 적은 양의 전파간섭만 있을 거라 예상했다. 이 먼 곳에 천문대를 짓기 위해서 약 900만 달러가 소요될 예정이었다. 이것은 미국이 지금껏 해 본 적 없는 거대한 크기의 망원경을 건설하는 기술 계획이었다. 워싱턴에서 차로 네 시간 거리에 있는 그린뱅크 마을은 인구 스물한 명에 불과한 작은 마을이었지만, 이제 과학자들은 이곳이 전파천문학의 "샹그릴라"로 변모하게 될 것이라 선언했다. 과학자들은 태양부터 우주의 수소 방출선에 이르기까지, 다양한 연구를 위해 그린뱅크천문대를 기다렸다. 소련의 스푸트니크 발사가 있고 나서 13일째가 되던 날, 아직 한창 우주 경쟁이 각축전을 벌이던 시기에, 한 현지 고등학교 체육관에서 최초의 국립전파천문대 기공식이 열렸다.

연방통신위원회는 천문대 일대의 전파잡음을 통제해 하늘을 고요하게 유지하기 위해, 버지니아와 메릴랜드 일부 지역을 포함해, 북쪽과 남쪽으로 약 108마일, 동쪽과 서쪽으로 약 120마일에 걸친 면적 830만 에이커에 달하는 거대한 직사각형 구역을 "국가전파제한구역"으로 지정했다. 이 영역 안에서는 각종 전자기기와 방송 송수신기의 사용이 크게 제한되었다. 한편 미 해군은 국가전파제한구역 안에 있던 슈거그로브 마을 인근 계곡에 7900만 달러 규모의 전파안테나를 비밀리에 건설하기 시작했다. 하지만 워싱턴 기념비를 옆으로 눕혀도 공간이 남을 정도로 넓고, 브루클린브리지 건설에 맞먹는 공학적 성취인 600피트짜리 안테나를 숨길 수 있을 리가 없었다. 결국 언론은 우주와 우주의 기원을 탐구하기 위한 노력의 일환이라며 안테나를 공개했다. 《파퓰러메카닉스》는 이 안테나가 "인간이 지금까지 만든 것 중에서 가장 거대한 기계"라고 칭송했다. 하지만 결국 군은 6300만 달러를 지출하고도 눈에 띄는 성과를 거두지 못해, 1960년 건설을 중단해야 했다.*

UFO

* *

 드레이크는 그린뱅크천문대에서 일하는 최초의 직원 중 한 명이었다. 그가 천문대에 처음 도착했을 때, 눈앞에 펼쳐진 현실은 다소 희망적으로 걸려 있던 웅장한 타이틀에 비해서는 훨씬 형편없었다. 주요 망원경 두 곳의 공사는 아직 첫 삽도 뜨지 않은 상태였다. 그래서 드레이크와 동료들은 천문대를 가동시키기 위해서, 기존의 다른 설계를 모방해 85피트 크기의 장비를 신속히 제작했다.

 드레이크는 창밖 언덕 위로 솟아오르기 시작한 새 장비의 모습을 바라보면서 불과 몇 년 사이에 발전한 기술에 놀라워했다. 그가 하버드에 있던 시절 사용했던 두 대의 망원경은 불과 몇 광년 떨어진 외계 문명의 신호도 감지해 내지 못했을 터였지만 그린뱅크에 지어진 거대 망원경과 전파 기술은 훨씬 뛰어났다. 이를테면 감도를 1000배나 향상시키고 1964년 세 명의 발명가에게 노벨물리학상을 안겨 준 고체메이저 기술이라든지, 그린뱅크천문대 망원경의 감도를 100배 높여 준 파라메트릭증폭기 같은 기술 덕분에 이론적으로 탐지 가능한 범위가 12광년까지 확장되었다. 이 거리는 태양과 유사한 여러 개의

---

* 시간이 흐르면서 슈거그로브는 군사적으로 가장 중요한 도감청 기지 중 한 곳이 되었다. 미국 정보기관과 국가안보국의 국제 도청 네트워크를 위한 핵심 기지의 역할을 했다. 1952년 해리 트루먼 대통령에 의해 창설된 미국국가안보국의 존재를 미 정부는 1975년이 될 때까지 공식적으로 인정하지 않았다. 2001년 9월 11일 테러 공격 이후, 《뉴욕타임스》 기자 제임스 뱀퍼드는 슈거그로브기지를 일컬어 미국에서 "가장 거대한 도청 장치"라고 언급했다. 이후 에드워드 스노든의 폭로를 통해 국가안보국의 지시 아래 이곳에서 하루에만 수백 건의 전화 통화, 이메일, 문자 메시지를 도감청하고 있었다는 사실이 밝혀졌다.

별들을 포함하는 거리로서, 이제 지구는 다른 문명에서 날아오는 신호를 현실적으로 탐지할 수 있게 되었다.

수십 년이 지난 뒤 천문학자 세스 쇼스택은 이렇게 썼다. "다른 목적으로 이미 지상에 구축해 놓은 장비만으로도 보이지 않는 세계에 살고 있는 지적 생명체를 발견할 수 있다는 것은, 오랜 익숙함에 그 탁월함이 가려진 놀라운 아이디어였다. 그저 다이얼을 돌리는 수준의 간단한 노력으로 우주의 동반자를 찾을 수 있다는 말이었다."

드레이크는 인근 식당에서 동료들과 함께 햄버거와 감자튀김을 먹으면서, 지구 바깥 생명체를 찾기 위한 새로운 기술을 제안했다. 잠시 어색한 침묵이 흘렀다. 천문대 대행이사를 맡고 있던 동료 로이드 버크가 그나마 가장 열정적인 반응을 보였다. 드레이크는 "버크는 과학계에서 낙천적인 도박꾼으로 유명한 녀석이었다. 그는 내 아이디어를 아주 흡족해했다"라고 회상했다. "식당 종업원이 우리에게 계산서를 들고 오기도 전에, 그는 나에게 새로운 프로젝트를 진행할 수 있는 권한을 주었다."

드레이크는 동화 속 오즈를 다스리는 오즈마 공주에서 이름을 따서, 자신의 프로젝트에 오즈마라는 이름을 붙였다(이후 드레이크는 "나 역시, 오즈처럼 이상하고 낯선 존재들이 사는 머나먼 세계를 꿈꿨다"라고 회상했다). 이것은 SF 작가 아서 C. 클라크가 "가장 위대하고 철학적인 질문 중 하나"라고 이야기했던 우리가 정말 우주에 혼자뿐인가라는 가장 오래된 질문에 대해 드디어 인류가 첫발을 딛고 본격적인 답을 찾아 나서는 순간이었다.

UFO

* *

 우리 인류가 우주에 유일한 존재일 것이라는 생각은 주로 서구적인 고정관념이며, 결코 우리뿐이 아닐 것이라는 고민은 비교적 최근에서야 시작된 논쟁이 아닙니다. 기원전 1세기 초, 루크레티우스는 원자라는 개념을 상상하면서 "우주의 다른 영역에 또 다른 인종과 동물이 사는 세계가 존재할 것이라는 사실을 깨달아야 한다"라고 언급했다. 그를 포함해서 이미 거의 인류 초기부터 등장했던 많은 고대의 철학자와 과학자는 우주의 기원에 대해 고찰했다. 드레이크를 비롯해 오늘날 과학계를 집어삼키고 있는 것처럼 여겨지는 이 논쟁은 유독 대체로 서양, 유대 기독교 전통에서만 늦게까지 받아들여지지 못했다. 불교를 비롯한 다른 많은 동양의 종교 및 원주민 토착 신앙은 오래전부터 우주 곳곳에 수많은 존재가 또 다른 "인간"으로서 존재할 수 있다고 생각했고, 그들이 우주 곳곳에 퍼져 있을 거라고 생각했다. 이른바 "세상의 다양성"과 "우주 다원주의"를 오래전부터 받아들였다. 피타고라스학파는 심지어 달이나 별에도 인간과 같은 존재가 살고 있다고 믿었다.

 하지만 프톨레마이오스-아리스토텔레스학파가 지배적이었던 서구문화권에서는 하늘이 (태양이 아닌) 지구를 중심으로 돌고 있다고 믿었고, 인류가 우주에서 가장 특별한 존재라는 믿음을 갖고 있었다. 기독교가 더 발전하면서 스스로를 신의 선물이라고 여겼다. 칼 구스케는 인류가 다른 세계에 대해 어떻게 인식하고 받아들였는지에 관한 역사를 다룬 책에서 "수세기 동안 플라톤주의자, 아리스토테텔레스학파, 그리고 그들을 추종했던 기독교인들은 또 다른 '지구'가 존재할 수 있다는 가능성을 전혀 받아들이지 못했다"라고 분석했다.

하지만 결국 이 고정관념은 코페르니쿠스에 의해 뒤집어졌다. 16세기 코페르니쿠스는 처음으로 지구가 태양을 중심으로 돈다고 주장했고, 밤하늘의 밝은 별들 중 일부는 별이 아니라 우리 주변에 이웃한 다른 행성일 수 있다고 주장했다. 그의 가설은 이후 과학뿐 아니라, 신학, 철학, 심지어 문학에까지 극적인 영향을 끼쳤다. 괴테는 이렇게 썼다. "모든 발견과 신념들 중에서도 특히 코페르니쿠스의 가르침만큼 인간의 마음에 강력한 영향을 끼친 건 없다." 구스케가 추적했듯이, "위협으로 여겨졌던 이단이 새로운 복음이 되면서" 코페르니쿠스의 새로운 과학이 자리 잡기까지 거의 500년이 걸렸다. 1600년대 초 갈릴레이는 달이 지구와 비슷한 형태이며, 목성이 주변에 자신만의 위성을 거느리고 있다는 사실을 발견했고, 덕분에 코페르니쿠스의 아이디어가 더 널리 받아들여지기 시작했다. 하지만 갈릴레이는 자신의 발견이 무엇을 의미하는지에 대해 확대해석하는 것을 피했다. 구스케는 이렇게 지적했다. "갈릴레이는 스스로 곧 '새로운 콜럼버스'로 널리 칭송을 받았다. 하지만 세상 물정에 밝았던 그는 지구 바깥의 다른 행성에 생명체가 존재할지 가능성을 묻는 민감한 질문에 답을 회피하는 것이 현명한 선택이라는 사실을 잘 알고 있었다."

수백 년에 걸쳐 천문학이 발전하면서, 작가와 지식인들은 지구 바깥 세상을 궁금해하기 시작했다. 하지만 기독교 학자들은 다른 행성에 또 다른 존재가 있을지 모른다는 아이디어가 자신들의 전통적인 신앙체계를 위협할 수 있다고 걱정했고, 이러한 천문학적 발견을 그들의 전통 교리에서 어떻게 다뤄야 할지 고민했다. 지구 바깥에서 다른 존재가 발견된다면, 우리의 기독교 교리와는 어떻게 조화를 이루어야 할까? 하나님은 분명 우리의 죄를 사하기 위해 아들을 보내시고 우리를 구원하셨는데, 우주의 모든 것을 오직 인간만을 위해 창조하셨다고 이야기해 온 기존의 교리와 어떻게 충돌하지 않을 수 있을까? 만약 다른 세계에 살고 있는 존재들이 우리 인간보다 더 우월하고, 발전되었고, 더 행복하고, 축복받은 존재들이라면 우리는 어떻게 해야 할까? 여러 측면에서 이러한 논쟁은 지난 수 세기 동안 유럽의 탐험가들이 원주민들이 살고 있던 생명 넘치는 아메리카대륙을 발견했을 당시, 기독교 사회가 직면했던 질문과 비슷하다. 외계의 존재들은 동물일까, 아니면 "사람"같은 존재일까? 그들도 아담과 이브의 후손일까? 아니면 그 무엇도 아닌 또 다른 존재일까? 아예 다른 계통의 인간일 수 있지 않을까? 그렇다면 그들은 우리와 달리 아담의 후손이 아닐 것이고, 따라서 원죄로부터 자유로울 수도 있다. 그렇다면 구원받을 필요가 없는 존재인 게 아닐까?*

1700년대와 1800년대 계몽주의 시대에 이르면서, 이 논쟁은 보다 더 과학적인 측면에서 진전을 보이기 시작했다. 에드먼

---

* 1630년대 체스터의 주교 존 윌킨스는 「달 세계의 발견, 그리고 또 다른 거주 가능한 세계가 존재할 가능성에 대한 고찰」이라는 논문을 썼다. 이 논문에서 그는 달에 거주하고 있는 존재가 우리와 똑같은 복음을 누리고 있을지, 그들을 구원으로 이끄는 가장 최선의 방법은 무엇인지에 대해 논했다.

드 핼리는 자신의 저서 중 하나에서 곁가지로 이렇게 밝혔다. "지구가 행성들 중 하나라는 것은 당연한 것이 아니며, 이성적으로 볼 때 모든 행성에 거주 가능할 것으로 보인다." 1860년경 구스타프 키르히호프와 로베르트 분젠은 먼 천체의 빛을 분해해서 그 광원의 구성 원소를 밝혀내는 스펙트럼 분석 기법을 발견했다. 이를 통해 우주에는 다른 행성들과 별들이 있을 뿐 아니라, 그것들이 우리 태양계, 지구, 태양과 동일한 원소로 이루어져 있다는 사실을 입증했다. 이는 우리와 우리 세계를 구성하는 화학원소들 우주의 다른 모든 것들도 구성하고 있다는, 문자 그대로의 보편성을 증명하는 것이었다. 또 다른 세상이 존재할지 모른다고 상상하지 않는 것이 오히려 어려워 보였다.

이제 드레이크의 연구 팀은 그가 "외계 지적 생명체 탐색(SETI)"이라고 불렀던 새로운 시대의 세 번째 막을 열었다. 그는 "드디어 SETI는 철학적으로, 질적으로, 그리고 양적으로 모든 요소를 품게 되었다"라고 썼다. 오즈마프로젝트는 그 잠재력을 품고 있었다.

오즈마프로젝트가 시작되면서 드레이크에게 다시 한번 운명 같은 일이 찾아왔다. 오래전 강연을 통해 드레이크에게 또 다른 생명체의 가능성을 눈뜨게 해 주었고, 그런 생각을 가진 게 드레이크 혼자가 아니라는 사실을 알려 주었던 오토 스트루베가 1959년 7월 천문대의 새로운 대장으로 부임했다. 새 대장이 보여 준 비전과 응원은 드레이크가 새로운 관측을 시작하면서 기대하던 것들을 지지해 주었다. 그는 천문학자들이 외계 문명이 서로 신호를 주고받을 가능성이 가장 높다고 생각한 21센티미터 파장의 수소선을 연구하는 전파수신기를 구축하며 작업을 시작했다. 이 주파수 대역은 이른바 성간 워터홀이라고 불렸다.*

하지만 드레이크가 봤을 때, 정부자금으로 외계 생명체를 찾는 시도를 한다는 아이디어는 여전히 논란의 여지가 있을 것 같았다. 그래서 드레이크는 자신의 연구가 끝날 때까지 모든 걸 비밀로 할 생각이었다. 그러다가 1959년 9월, 그린뱅크 연구팀은 깜짝 놀랄 만한 논문을 읽게 되었다. 그것은 《네이처》에 실린 논문으로, 드레이크가 이미 주도하고 있던 것과 같은 유형의 연구를 제안하는 내용이었다. 코넬대학교의 두 천문학자 주세페 코코니와 필립 모리슨은 다음과 같이 조장했다. 전파망원경은 이제 성간 신호를 탐지할 수 있을 만큼 발전했으며, "성공 확률을 추정하긴 어렵지만, 아무런 탐색을 하지 않는다면 성공 확률은 제로일 수밖에 없다".

그들의 가설은 감마선 연구에서 출발했다. 감마선은 은하계를 가로질러 지구까지 도달한다. 코코니는 처음에 다른 문명도 감마선을 활용해서 통신할 수 있을지 궁금해했지만, 더 많은 정보를 접한 후 전파를 쓰는 것이 더 합리적이라는 결론을

---

* 드레이크는 이렇게 회고했다. "지구의 여러 동물종이 전통적으로 물가에 모여서 주요 자원을 공유하듯, 외계 지적 생명체들 역시 성간 워터홀에 모여서 서로 소통한다는 발상에는 미학적인 매력이 있다. 우리는 우주 어디에서든 물이 생명에게 가장 중요한 요소일 것이라 추정한다. 더 나아가 전자기적 워터홀은 은하계와 지구 대기에서 발생하는 전파잡음의 영향을 가장 적게 받는, 가장 조용한 구역에 위치한다. 이런 사실을 보면, 먼 거리를 두고 떨어져 있는 두 별이 서로 신호를 주고받기 위한 주파수로서 이 대역을 선택할 거라고 보는 게 가장 합리적이다. 적어도 우리에겐 그렇다. 이 논리가 정말 진정 보편적으로 적용되고 있을지는 시간만이 답해 줄 것이다."

내렸다.* 심지어 이 둘은 논문에서 외계 문명도 드레이크가 주목한 것과 동일한 21센티미터 파장 대역의 수소선을 쓰고 있을 거라 추정했다.

그 순간 드레이크와 스트루베는 그들이 상상하고 있던 미친 생각이 사실은 그리 미친 것이 아닐지도 모른다고 깨달았다.

---

* 그들이 《네이처》에 발표한 논문의 제목은 「성간 통신 탐색」이었다. 모리슨은 수십 년 동안 이 제목이 SETI보다 훨씬 나은 정확한 명칭이라고 주장했다. 그는 2003년 한 인터뷰에서 이렇게 말했다. "SETI라는 용어는 언제나 나를 불편하게 했다. 우리의 작업을 조금 깎아내리는 인상을 줬기 때문이다. 우리가 탐지할 수 있는 건 지능이 아니라 통신이었다. 물론 통신이 곧 지적 존재의 가능성을 암시하지만, 그건 너무 자명한 사실이기 때문에 굳이 말하지 않아도 된다. 우리는 그저 그들에게서 오는 신호를 찾고 있는 것이다."

19장
유령 신호

프랭크 드레이크는 《네이처》 논문을 두고 언론이 보여 주는 폭발적인 관심에 신이 났다. 하지만 오토 스트루베는 분통을 터뜨렸다. 그린뱅크천문대가 누려야 할 공로와 명성을 다른 사람들이 차지하려 하고 있었기 때문이다. 스트루베는 자신들의 업적을 지켜 내고 싶었다. 그래서 그는 오즈마프로젝트 발표를 선점하기 위해 MIT에서 강연 기회를 잡았고, 한 강연 내용을 새롭게 고쳐서 외계 지적 생명체 탐사라는 새 주제에 집중시켰다. 1959년 11월, 그는 MIT 크레스지 강당에서 개최된 콤프턴 강연 시리즈에서 첫 번째 순서로 강연 기회를 잡았다. 그는 한껏 몰입한 청중을 앞에 두고 커다란 비전을 제시했다. 그 천문학자는 이렇게 이야기했다. "은하계 안에 수십억 개가 넘는 행성들이 존재한다. 그들 중 상당수에 지적 생명체가 존재할 거라 생각한다. 이 결론은 내게 매우 중요한 철학적 관심사이다. 나는 과학이 단순한 물리법칙뿐 아니라, 외계 지적 생명체의 존재에 대해서까지 고민하고 답을 찾아야 하는 시점에 이르렀다고 믿고 있다."

그의 발표는 과학계에서 아주 큰 화제가 되었다. 주변 동료들도 나서서 드레이크의 상상력 가득한 프로젝트를 지지하고 나섰다. 어느 날 한 영국인 전기공학자가 그린뱅크천문대를 찾았고, 드레이크는 그를 오즈마프로젝트에 사용할 예정이던 수신기 작업에 투입했다. 그는 수신기가 실제 성간 신호와 무작위 전파잡음을 구별할 수 있도록 정확하게 보정하는 임무를 맡았다. 한편 보스턴의 한 회사 대표는 드레이크에게 전파수신기 민감도를 향상시킬 수 있는 파라메트릭 증폭기 시제품을 제공했다. 이 장비는 매우 섬세해서 그 회사 엔지니어 중 한 사람이 모건 스포츠카 조수석에 장비를 조심스럽게 싣고 직접 그린뱅크천문대까지 옮겨 주었다.

1960년 4월 8일 이른 아침, 첫 공식 관측이 시작되었다. 드레이크는 두 명의 여학생 조교, 엘런 군더만과 마거릿 헐리의 도움을 받으면서, 지면에서 약 5층 높이에 있는 85피트 크기의 망원경 접시 안에 설치된 쓰레기통만 한 장치 안에 쪼그려 앉아 45분 동안 증폭기를 조정했다.* 드레이크는 자신의 회고록에 "차트 레코더라는 가장 간단한 출력장치를 사용했다. 우주에서 날아온 전파 신호에 따라, 움직이는 종이 위에 펜이 물결 모양으로 그림을 그리면서 기록하는 장치였다"라고 썼다.

오전 5시, 할 수 있는 일은 그저 커피를 마시면서 신호가 잡히기까지 기다리는 것뿐이었다. 방 안은 긴장감과 흥분으로 가득 찼다. "우리가 하고 있는 건 전례 없는 일이었다. 아무도

---

* 드레이크의 연구 팀에 두 여학생이 합류된 건 결코 우연이 아니었다. 하버드대학교에서 드레이크의 학위논문을 지도한 지도교수는 하버드 최초의 여성 천문학 박사이자, 여성으로는 처음으로 종신 교수에 임용되었던 세실리아 페인가포슈킨이었다. 드레이크는 스승의 가르침에 따라 박사과정을 밟고 있는 젊은 여성 과학자들을 적극적으로 지원했다. 그는 열두 명의 멤버들 중에서 두 명의 여학생을 선성해 선파천문내 여름 프로그램에 침여시겼다. 드레이크의 이런 방식을 두고 한 동료는 "이건 전통에 어긋나는 완벽한 자원 낭비"라며 질책하기도 했지만, 끝까지 드레이크는 여학생들을 지지했다.

무엇을 기대해야 하는지조차 알 수 없었다." 그는 이렇게 회상했다. "언제라도 외계인들이 우리에게 말을 걸어 주지 않을까 기대하고 있었다." 혹시 모를 상황에 대비해서, 그는 스피커와 오디오 테이프 레코더까지 준비해 놓고 있었다.

그들은 지구 12광년 거리에서 태양과 유사하게 빛나는 고래자리 타우 세티 별을 관측했다. 하지만 몇 시간이 지나도 아무런 변화도 감지되지 않았고, 결국 별은 정오를 넘기면서 지평선 너머로 사라졌다. 이번에 연구 팀은 남쪽 하늘에 있는 에리다누스자리의 어린 별 중 하나인 엡실론을 겨냥했다. 이 별은 겨우 10광년 거리에 있었고, 맨눈으로도 볼 수 있는 세 번째로 가까운 별이었다.

단 5분 만에 연구실은 혼란에 빠졌다. "스피커로 소음이 터져 나왔다. 차트 레코더 바늘은 눈금을 벗어나 요동쳤다. 모두 흥분하고 들뜨고, 난리가 났다." 드레이크는 이렇게 언급했다. "나는 플레이아데스성단을 관측하며 경험한 조우를 다시 한번 경험한 듯한 기분이 들었다. 하지만 이번엔 나 혼자가 아니었다. 우리는 아주 적극적으로 우주를 뒤지고 있었다. 또 다른 존재를 발견하는 일이 이렇게나 쉬운 일이었던 걸까?"

흥분이 가라앉고 나서 연구 팀은 포착된 전파 신호를 검증하기 위해 본격적인 작업에 들어갔다. 그들은 망원경의 시야를 다른 별 쪽으로 옮겼고, 관측 장비를 점검했다. 곧바로 들어오던 전파 소음이 사라졌다. 이것은 분명 앞서의 전파 신호가 에리다누스자리 엡실론에서 오고 있었음을 보여 주는 결과였다. 연구 팀의 희망은 더욱 높아졌다. 하지만 망원경을 다시 별 쪽으로 돌렸을 때, 더 이상 아무런 신호도 들어오지 않았고 방은 조용했다. "그 신호가 정말 그 별에서 온 건지, 아니면 우연하게도 망원경으로 하늘을 보고 있던 순간 그쪽 방향으로 전파간섭이 벌어졌던 건지 알 수 없다." 드레이크는 이렇게 회상했다.

연구 팀은 그 신호의 정체가 무엇인지 확신할 수 없었지만, 오즈마프로젝트에서 무언가 흥미로운 신호를 포착했다는 소식은 빠르게 퍼졌다. 기자들의 전화가 쏟아졌다. 하지만 드레이크는 일일히 대응하지 않았고, 눈앞에 있는 작업에 몰두했다. 매일 에리다누스자리 엡실론이 지평선에 떠오를 때마다 망원경을 조율했다. 그리고 얼마 지나지 않아 망원경에 새로운 장비가 추가되었다. 창문 밖에서 날아오는 일상적인 전파간섭 신호를 수신할 수 있는 평범한 안테나였다. 자체적으로 연결된 레코더를 통해 안테나로 들어오는 잡음의 여부를 확인할 수 있었다. 드레이크는 다시 조용하고 평범한 일상으로 돌아왔다. 이후 그가 회상하듯 그의 일상은 다시 지루해졌다. 그런데 5일째가 되던 날, 다시 새로운 전파 신호를 포착했다. 1초에 여덟 번 깜빡이는 전파 신호였다. 새롭게 설치된 평범한 안테나도 똑같은 신호를 감지했다. 이것은 분명 신호의 출처가 우주가 아니라, 지구에서 왔음을 의미했다. 연구 팀은 낙담했다. 그들은 결국 상공을 지나가는 비행기 신호 이상의 것을 발견하지 못했다. 그런데 감지된 비행기 신호의 고도와 속도를 계산한 결과, 그 비행기가 전례 없이 성층권보다 높은 고도에서 비행하고 있다는 사실을 발견했다.

SETI의 디렉터였던 H. 폴 슈크는 "유령 신호가 하늘을 가로지르는 속도를 보면, 8만 피트라는 전례 없이 높은 고도에서 순항 중인 항공기에서 나오는 신호로 의심되었다"라고 이야기했다. 그것은 확실히 정체를 알 수 없는 미확인비행물체의 신호였다. 하지만 정작 연구 팀이 찾고 있던 지구 바깥 외계 문명의 신호는 아니었다.

이후 두 달 동안, 다른 실험과 관측을 위해 잠시 중단되기도 했지만, 오즈마프로젝트는 200시간 이상 하늘을 탐색했다. 천문대를 찾는 저명한 과학자와 유명 인사가 끊이지 않았다. 한번은 노터데임대학교 총장 시어도어 헤스버그가 "지구 바깥 생명체를 발견하는 것이 갖는 종교적인 의미를 숙고하기 위해" 방문했고, 또 어떤 날에는 휴렛패커드사 연구 책임자 바니 올리버가 천문대에 찾아왔다. 그는 《타임》 기사에서 오즈마프로젝트에 관한 소식을 접한 뒤 흥미를 갖고, 드레이크에게 전화를 걸어 마침 워싱턴에 들른 김에 연구소에 들르고 싶다고 문의했다. 이에 드레이크는 워싱턴에서 그린뱅크까지 당일치기로 여행하는 건 불가능하다면서 제안을 거부했고, 올리버는 "저를 과소평가하시는군요"라면서 웃었다. 사이언스 픽션의 오랜 팬이자 성공한 발명가였던 올리버는 오즈마프로젝트가 비로소 꿈이 실현되는 순간이라고 이야기했고, 연구시설에 직접 들르기 위해 전용기까지 준비시켰다.

하지만 이런 세간의 관심 속에서도 오즈마프로젝트의 레코더는 계속 침묵을 지켰다. 천상의 고요함이 수천 야드의 기록지 위에 변함없이 이어졌다. 드레이크는 크게 실망했지만 그는 자신과 연구 팀이 하고 있는 도전의 현실을 알고 있었다. 그는 가끔 자신들의 노력을 마치 가로등 아래에서 잃어버린 열쇠를 찾는 술 취한 사람의 일화에 비유하곤 했다. 즉, 그들은 단지 찾기 쉬운 곳만 살펴 보았다는 것이다. 그는 "우리는 실제 외계 신호를 증하탐지하는 데 실패했지만, 탐색이 분명 실현될 수 있으며, 충분히 합리적인 일이라는 것을 입증하는 데는 성공했다"라고 회상했다.

오즈마프로젝트는 전반적으로 성공적인 프로젝트였다고 평가할 수 있으며, 그렇게 받아들여질 필요가 있다. 이 프로젝트는 전파천문학의 초기 단계에 많은 교훈을 남겼다. 드레이크는 지루한 일상이 얼마나 빨리 찾아올 수 있는지, 또 향후의 노력이 앞으로 다른 다양한 관측과 어떻게 융합되고 균형을 이루어야 하는지 지적했다. 결국 따지고 보면 당시의 첫 시도는 겨우 두 달 동안만 진행되었다. 우주적인 시간에 비하면 턱없이 짧고 미미한 찰나에 불과했다. 연구 팀이 신호를 탐색하던 시기에 우연히 외계 문명이 메시지를 보내지 않고, 자신들의 장비를 보수하는 중이었다거나, 은하계 다른 구석을 여행하던 중이었다면 어떨까? 타이밍이 맞지 않아서 그들의 신호를 놓쳤을지도 모른다. 드레이크는 여전히 탐색을 이어 가야 할 충분한 근거가 있다고 믿었다.

* *

사실 드레이크가 미처 깨닫지 못한 사실이 하나 있다. 오즈마프로젝트가 이미 우연히 거대한 비밀 하나를 밝혀냈다는 사실이었다. 첫 관측 진행 시기에 포착된 미스터리한 전파 신호는 사실 미국 정부가 가장 철저하게 숨겨 온 비밀이었을 가능성이 크다. 소련과의 냉전이 격화되면서, 미국은 철의장막 너머 소련의 군사력 증강을 감시할 필요가 있었다. 그래서 군과 정보국 리더들은 드와이트 아이젠하워 대통령에게 소련의 영공 방어 한계선을 넘어 카메라가 장착된 항공기를 장거리까지 날릴 수 있도록 개발해야 한다고 주장했다. 아이젠하워는 군복을 입고 있는 군인이 직접 비행기를 몰고 가면 냉전이 더 격화될 수 있다고 걱정했다. 하지만 사람이 없는 항공기라면 괜찮을 거라고 생각했고, 비밀리에 이 프로젝트를 승인했다. 1955년부터 네바다 사막 한구석에서 CIA는 소련에 몰래 침투할 수 있는 비밀 항공기 개발에 착수했다. 역사학자 애니 제이컵스는 이것을 "미국 최초의 평시 항공 스파이 프로그램"이라고 평가했다.

이 비밀 프로젝트는 CIA의 두 임원, 리처드 비셀과 허버트 밀러에 의해 시작되었다. 그들은 서부에 버려져 있던 지역에 새로운 실험 기지를 지었다. 그들은 자신들의 프로젝트를 아쿠아톤이라는 암호명으로 불렀다. 앞서 척 예거가 음속장벽을 돌파하면서 큰 주목을 받았던 에드워즈공군기지와 같은 기존의 비행 시험장은 주변에 너무 보는 눈이 많아서 이런 비밀스러운 프로젝트를 진행하기에 적합하지 않다고 판단했다. 그래서 CIA는 캘리포니아 일대 북쪽과 동쪽 지역을 샅샅이 조사했고, 네바다주와 라스베이거스 사막을 지나 원자력위원회와 군에서 지상 핵무기 실험을 진행했던 네바다 시험장으로 알려진 외딴 사막지역을 택했다. 그리고 그곳에서 제2차세계대전 당시 한때 파일럿들의 비상 착륙지로 쓰였던 소금 평원인 그룸호수를 발견했다. 주변으로부터 고립되어 있었고, 미국에서 가장 보안이 심한 구역 중 하나다. 이렇게 탄생한 새로운 기지는 결국 오늘날 51구역으로 알려지게 되었다.

항공기 설계 임무 자체는 미국의 항공우주 제조업체인 록히드사에 맡겨졌다. 이 사업에 필요한 부품과 자금은 군 전체 예산에서 도용되어 숨겨졌다. 사업을 진행하기 위해서 비셀은 직접 CIA 계좌에서 125만 달러짜리 수표를 작성해서, 록히드사 수석 엔지니어의 집으로 보냈다. 개발 작업은 1943년 캘리포니아주 버뱅크에 위치한 '스컹크웍스'에서 시작되었다. 스컹크웍스는 전후 번영에 따라 확장된 로스앤젤레스 교외에 세워진 거대한 격납고, 창고, 그리고 사무실이 모여 있는 곳이다.* 제2차세계대전이 치러지고 냉전이 이어지는 동안, 이곳에서 미국의 첫 번째 제트전투기 F-80이 탄생했고, 1958년에는 시속 1404마일을 돌파해서 신기록을 깨트린 세계에서 가장 빠른 F-104 스타파이터가 탄생했다.

　비셀은 수십 년 뒤 자신의 회고록에서 이렇게 회상했다. "이 프로젝트는 CIA 내 다른 활동과 구분되고 자체적으로 운영되었다." 이 프로젝트는 비밀리에 진행되었고, 필요한 모든 수단을 동원해서 목표를 달성했다. 내부정보는 너무 민감하게 다루어졌기 때문에 록히드사 미화원들은 사무실에 출입조차 하지 못했다. 그래서 엔지니어들이 직접 쓰레기를 처리했다. 록히드사가 8만 피트까지 측정 가능한 고도계가 필요해지자, CIA는 기존 최대 4만 5000피트까지 측정한 장비를 만들던 업체에 실험용 로켓에 쓸 장비가 필요하다고 해서 해당 부품을 확보했다. 이 비행기는 대당 100만 달러 정도가 들었고, 총 20대를 제작하기 위해 기체 부품들은 각기 분리된 상태로 그룸 호수에 있는 51구역으로 개별 운송되었다. 그곳에는 이미 새로 포장한 활주로가 마련되어 있었다.

* 프로젝트 스탭들은 아쿠아톤프로젝트가 시작될 즈음, 근처에 처음 문을 열었던 미국 최초의 맥도날드 식당에서 식사를 할 수 있었다.

이 비행기는 공식적으로 U-2로 명명되었다(U는 "범용적 명칭(Utility label)"의 약자로서, 의도적으로 특징 없는 명칭을 붙인 것이다). 그 모습은 볼품없는 알바트로스처럼 보였는데, 가득 채워진 연료통이 달린 엄청나게 긴 날개 때문에, 이륙 시에 추가 바퀴가 필요했다. 이 비행기는 한 번에 10시간 동안 공중에 머무를 수 있었고, 엔진을 끈 채로 성층권을 활공하며 장시간 비행할 수 있었다. 그리고 JP-7으로 알려진 특수 제작된 연료를 1000갤런 소비했다.* 이 비행기는 놀라운 공학적 성과였으며, 미국 역사상 가장 정밀하고 강력한 카메라를 탑재하고 있었다. 비셀은 이 비행기들의 준비 태세를 보여 주기 위해 게티스버그 외곽에 있는 아이젠하워 대통령의 농장 상공으로 이 기체 한 대를 보냈고, 소들이 물을 마시는 장면을 지상 7만 피트 상공에서 촬영해 대통령에게 보여 주었다. 역사학자 마이클 베슐로스는 "카메라에는 1만 2000피트 분량의 필름이 장착되어 있어 단 한 번의 비행으로 워싱턴에서 피닉스로 이어지는 경로를 다 촬영할 수 있는 수준이었다"라고 언급했다. 이 프로그램에 투입될 파일럿들은 전략공군사령부에서 선발했다. 수많은 서류심사를 거쳐 선발된 파일럿들은 서류상 공군에서 제외되었고, 이후 CIA에서 한 달에 1500달러 (해외파병 중에는 2500달러)의 급여를 받으면서 18개월 동안 복무했다. 또 그들은 해당 복무가 끝난 뒤에는 진급에서 손해를 보지 않고 그

* 오랫동안 기밀로 숨겨 있다가 뒤늦게 세상에 공개된 한 CIA 문건은 다음과 같이 설명한다. "이 특수 연료를 제조하는 데는 살충제를 만들 때 쓰는 석유 부산물이 필요했다. 1955년 봄과 여름에 U-2 프로젝트 수행을 위해 수십만 갤런의 LF-1 연료가 필요해지자 셸이 살충제 생산량을 제한했고, 이로 인해 전국적으로 살충제 부족 사태가 발생했다."

대로 다시 공군에 복귀할 수 있다고 약속받았다. 하지만 이 일에 특혜와 혜택만 있는 것은 아니었다.* 일반적인 조건에서 고도 6만 5000피트 이상 높은 고도에 올라가면 혈액이 기화할 위험이 높아서 파일럿들은 특수 제작된 여압복을 반드시 입어야 했다. 장시간 임무가 진행되는 동안에는 음식과 음료도 제한되었다. 이것은 파일럿들에게 극심한 고문이나 다름이 없었다. 파일럿들은 한 번 비행하고 나면 체중이 3파운드에서 6파운드까지 줄었다.

비행기가 고고도 비행을 하게 되면서 가시성 문제도 대두되었다. "U-2가 6만 피트 이상 고도에서 비행을 시작하자, 항공관제사들은 UFO 목격 신고를 점점 더 자주 받게 되었다." 2013년 기밀 해제된 1992년 CIA 비밀 보고서의 언급이다. "신고는 주로 이른 저녁 시간, 동쪽에서 서쪽으로 비행하는 여객기 조종사들에서 가장 많이 접수되었다. 4만 피트 아래를 비행하던 그들에게는 U-2가 불타는 물체처럼 보였다."

보고서는 계속해서 설명한다. "한낮에 U-2가 고공비행을 하면 은색 기체에 태양 빛이 반사되어서 깜빡이는 빛을 생성된다. 그 모습은 저고도와 지상에서까지 목격 가능하다"(그래서 이후로는 검은색으로 도색했다).

당연히 공군의 블루북프로젝트 멤버들은 이 비밀 임무에 참여했다. 블루북프로젝트에서는 정기적으로 UFO 보고서

---

* 비밀을 유지하기 위해 CIA는 무선을 주고받을 때 파일럿을 운전자라고 불렀다. 그리고 KWGLITTER-00라는 암호명을 써서 암호명 뒤에 붙은 두 자리 숫자로 특정 파일럿을 식별했다. 만약 암호명이 소련에 의해 해독되더라도 누구인지, 또 어떤 임무인지 전혀 알아차릴 수 없도록 했다.

와 U-2 비행 기록을 비교했다. CIA는 U-2가 "1950년대 후반 모든 UFO 목격 신고의 절반 이상을 차지했다"라고 추정했다. 1956년 7월, "엔젤"과 동료 기체들이 소련 상공을 비행하면서 소련의 군사 준비 태세에 대한 귀중한 정보를 제공하기 시작했다. 공개적인 정치 논쟁과 "폭격기 격차"에 대한 경고가 있었음에도 불구하고 사실 소련 공군은 의미 있는 폭격기 전력이 굉장히 부실했다. 첫 비행 이후 CIA는 "처음으로 우리는 소련에서 무슨 일이 일어나는지 제대로 파악하고 있다고 말할 수 있게 되었다"라는 메모를 남겼다. 이 비행은 즉각적으로 소련을 도발시켰다. 첫 번째 임무 때 20대 이상의 미그전투기가 출격해서 고공비행을 하던 U-2를 요격하려고 시도했다. 하지만 소련의 전투기는 고도 상승 중에 엔진에 불이 붙어서 추락했다. 니키타 흐루쇼프와 소련 공군은 자신들이 자국의 영공을 방어하지 못했다는 무능함을 들키고 싶지 않았기 때문에, 미국의 침입 사실을 함구했다.

U-2의 존재를 더는 숨길 수 없게 되면서, 미국은 마침내 1956년 NASA의 전신인 미국국가항공자문위원회(NACA)에서 기상 연구를 위한 새로운 고고도 비행기를 개발하고 있다고 발표했다. 하지만 실제보다 성능은 훨씬 축소시켜 겨우 5만 5000피트 높이까지 날 수 있다고 발표했다. 이 은폐는 프랭크 드레이크가 오즈마프로젝트를 통해 이것의 상공 비행을 포착하고 한 달 가까이 이어졌다. 1960년 5월 초, 아이젠하워 대통령과 미국 관리들은 소련 상공을 스물네 번째로 비행할 U-2 정찰 임무를 재차 감행했다. 이 임무의 목표는 파키스탄에서 이

류해서 스푸트니크가 발사된 소련의 우주기지를 비롯해 소련의 주요 우주 시설 두 곳을 촬영하는 것이었다.

모든 것이 순조롭게 흘러가는 듯 보였다. 하지만 임무 도중, 스물일곱 번에 달하는 U-2 비행 경험을 갖고 있던 베테랑 파일럿 프랜시스 게리 파워스가 소련이 발사한 SA-2 미사일에 피격되었다. 비행기는 추락했고 살아남은 게리 파워스는 곧바로 생포되었다. 이 사건으로 추락한 비행기가 공개되자, 미국 정부는 당혹했고, 몇 주 뒤 파리에서 예정되어 있던 흐루쇼프와 아이젠하워 대통령의 정상회담이 결렬되기까지 했다. 잇따라 U-2의 상공 비행 프로그램도 막을 내렸다.*

---

* U-2 정찰기는 이후로도 계속해서 미국의 주요 감시망으로 활용되었다. 1962년 10월 쿠바미사일위기 당시 긴박한 상황 속에서 쿠바 상공을 날던 한 대가 격추된 적도 있다. 이 정찰기들은 오늘날까지도 운용되고 있으며, 2023년 겨울에는 중국의 스파이 풍선을 감시하는 데 사용되기도 했다.

20장
드레이크 방정식

오즈마프로젝트 이후, 드레이크는 빠르게 천문학계 유명 인사가 되었다. 그는 드디어 진짜 재미있는 일을 즐길 수 있을 만큼 충분한 여유를 얻게 되었다고 생각했다. 그는 그린뱅크천문대 자신의 사무실 문 앞에 "지구에 지적인 생명체가 존재하는가?라는 글씨가 새겨진 팻말을 걸었다. 사람들은 그것을 보고 웃었지만, 이제 드레이크는 과학계에서 가장 날카롭고 흥미로운 사람들로부터 꾸준히 존경받고 관심을 받을 만큼 높은 지위에 올라 있었다. 그는 많은 사람으로부터 편지를 받았다. 그중에는 칼 세이건이라는 이름을 가진 젊은 행성 과학자도 있었다.

1934년 브루클린 벤슨허스트의 이탈리아계이자 유대계 노동자 가정에서 태어난 칼 세이건은 화성 탐험가 존 크레이터가 등장하는 에드거 라이스 버로스의 SF 소설과 지구 바깥 세상을 상상한 만화책을 통해 천문학의 매력에 푹 빠지게 되었다. 이후 세이건은 당시를 회상하면서 이미 열 살 때 지구 밖에도 다른 생명체가 존재할 거라 믿고 있었다고 이야기했다. "이 질문이 얼마나 답하기 어려운지 전혀 알지 못했던 시절부터 나는 우주가 생명으로 가득 차 있을 거라는 결론에 이르렀다. 이 지구가 우주에서 생명이 살 수 있는 유일한 행성이라고 생각하기에는 우주에 너무나 많은 세계가 존재한다고 생각했다."

세이건은 『행성 간 비행』이라는 책을 읽고 그 내용에 감탄했다. 특히 책의 마지막 두 문장이 그의 심금을 울렸다. "세계들 사이 광활한 공간은 엄청난 도전이지만 우리가 그 도전을 극복하지 못한다면 인류의 이야기는 결국 여기에서 막을 내리게 될 것이다. 아직 걷히지 않은 세계로부터 등을 돌린 인류는 시간을 거슬러 다시 원시 바다의 해안가로 이어지는 경사면을 타고 굴러 내려가는 신세가 될 것이다." 고등학교 시절 그는 케네스 아널드의 비행접시에 관한 이야기에 큰 관심을 가졌다. 매일 저녁 하늘을 바라보면서 비행접시를 볼 수 있기를 간절히 바랐다. 그는 고등학교를 2년 일찍 졸업했다. 1952년 고등학교 고학년을 보내던 시기, 콜럼버스기사단 에세이 대회에서 1등을 하기도 했다. 그가 썼던 에세이 주제는 "기술적으로 더 진보한 외계 문명과 인간의 접촉이 아메리카 원주민에게 유럽인이 찾아왔던 것만큼 재앙적일 수 있는가"였다. 세이건에게 지구 너머에 생명체가 존재할 가능성에 집착하는 일은 전혀 특별한 게 아니었다. 오히려 많은 사람이 이에 대해 관심을 갖지 않는 것이 이상하다고 생각했다. 그는 이후 이렇게 회상했다. "내가 아는 어른들 중에 UFO에 열광하는 사람은 하나도 없었다. 대체 왜 그런지 이해할 수 없었다."

단 열여섯 살의 나이에 세이건은 시카고대학교에 입학했다. 그는 지구 생명체의 기원에 관해 시대를 앞서는 놀라운 관점을 갖고 있던 세 명의 과학자를 만났다. 초파리의 진화에 관한 연구로 유명했던 유전학자 허먼 멀러, 미생물 유전학에 대한 연구로 명성을 얻었던 분자생물학자 조슈아 레더버그, 마지막으로 물리학자 해럴드 C. 유리였다. 유리는 1934년 중수소를 발견한 공로로 노벨상을 탄 과학자였다. 그는 맨해튼계획의 핵심 인물이었고, 처음으로 핵무기에 들어가는 농축우라늄을 생산하는 과정에 도움을 주었다. 하지만 전쟁이 끝난 뒤, 강한 핵무기 비판론자가 되었고, 이제는 스탠리 밀러라는 이름의 대학원생과 함께 생물학 연구에 집중하면서 지구 생명의 기원에 관해 연구하고 있었다. 이후 그는 "나는 돌멩이보다 생명이 더 좋아"라고 농담하기도 했다.

유리-밀러의 실험은 고생물학 분야에서 비교적 새로운 발견과 관심을 바탕으로 시작되었다. 그들은 미국 전역의 많은 과학자가 던지기 시작한 새로운 질문에 대해 답을 찾고자했다. 과거 원시지구의 대기에 존재하는 화학물질 혼합물 속에서 생명체가 어떻게 탄생할 수 있었을까? 또 어떤 조합을 통해 탄소 기반의 생명의 구성 요소가 된 유기화합물이 만들어질 수 있었을까? 그들은 UC 버클리의 멜빈 캘빈 교수의 연구를 더 발전시키려고 했다. 캘빈은 커리어 대부분을 식물의 광합성을 연구하는 데 보냈지만, 1949년 조지 게일로드 심슨이 쓴 진화에 관한 책을 읽고 난 뒤부터는 지구 생명의 기원에 대해 더 많은 관심을 갖기 시작했다. 심슨은 당시 가장 영향력이 있는 고생물학자였다. 심슨의 가설과 접근방식에 영감을 받은 캘빈의 연구 팀은 이산화탄소와 물로 구성된 혼합물에 방사선을 가하는 실험을 고안해 이를 통해 생명이 탄생하던 순간의 지구 대기를 재현해 보려 했다. 아주 미세한 포름알데히드와 포름산이 검출되었지만 실험 결과는 다소 모호했고, 이로 인해 캘빈은 실험이 실패했다고 생각했다.

밀러와 유리는 캘빈이 제대로 된 착상에서 시작하기는 했지만 사용한 혼합물이 잘못되었다고 생각했다. 그들은 원시지구의 대기가 단순히 이산화탄소와 물이 아니라, 메탄, 암모니아, 물, 수소로 구성되어 있을 거라 생각했다. 그리고 1952년 8월 이 조합으로 새로운 실험을 진행하자 즉시 놀라운 일이 벌어졌다. 화합물이 들어 있던 시험관 속에 전기스파크를 일으켰더니, 곧바로 시험관은 흐릿한 색으로 변했다. 이것은 그 안에 아미노산이 가득 채워지기 시작했다는 것을 의미했다. 아미노산은 바로 DNA를 구성하는 기본 요소 중 하나다.* 이 실험은 대중들에게 원시지구에 존재했던 "생명 이전 혼합물" 속에서 생명을 구성하는 기본 성분이 거의 자연발생적으로 만들어질 수 있다는 새로운 가능성을 확립시켜 주었고, 역사상 가장 유명한 실험 중 하나가 되었다.

바로 이 시기에 칼 세이건이 시카고대학교에 입학했다. 그는 곧 자신의 멘토가 될 교수의 연구에 빠져들었다.† 공부를 계속 이어 가던 칼 세이건은 물리학과 천문학 분야에 더 깊이 빠져들었고, 당시 미국에서 유일무이한 전임 행성 과학자로 일하던 제러드 카이퍼의 지도 아래 텍사스대학교 맥도널드천문대에서 일하기도 했다. 곧이어 스푸트니크가 발사되면서, 이를 계기로 천문학과 우주과학 분야에 많은 돈과 에너지, 열정과 야망이 모여들었다. 이것은 세이건에게 새로운 기회의 순간

---

* 2007년 밀러가 사망한 이후에 이루어진 추가 분석에 따르면, 사실 그의 실험은 스무 가지 이상의 아미노산을 만들어 냈던 것으로 보인다.
† 1958년까지 캘빈은 이 실험 결과가 우리은하를 비롯한 우주 전역에 생명, 적어도 그 구성 요소들이 존재할 가능성을 결정적으로 시사한다고 생각했다. 그는 "이제 지구 표면에서 우리가 알고 있는 살세포 생명체가 우주 전역에도 존재할 것이라고 어느 정도 과학적 확신을 갖고 주장할 수 있게 되었다"라고 언급했다.

이 되었다. 세이건의 전기를 쓴 작가는 "당시 NASA의 실험을 설계했던 과학자들 대부분은 아주 젊었던 덕분에, 천문대나 각 학과를 이끌고 있던 연장자들과 달리 더 인내심이 필요한 작업을 수행할 수 있었다"라고 적었다. 세이건은 이 새로운 조직에서 역할을 맡기에 적합한 인물이었다. 레더버그의 신임을 받은 세이건은 "밤늦게까지 토론 참여부터 정부 정책 자문에 이르기까지 거의 모든 역할을 무리 없이 소화했고" 1960년까지 금성 탐사 프로젝트인 매리너 계획의 실험에 기여했다. 이것은 존 F. 케네디가 새롭게 추진한 계획의 일환으로 지구 바깥으로 날아간 미국 최초의 탐사선이 될 것이었다. 새롭게 선출된 케네디는 1961년 5월 의회에서 다음과 같이 연설했다. "나는 이 나라가 이번 1960년대가 끝나기 전에 사람을 달에 착륙시키고 그들을 안전하게 지구로 돌아오게 하는 목표를 달성하기 위해 헌신해야 한다고 믿습니다. 이 기간 동안 진행될 그 어떤 단일 우주 프로젝트보다 인류에게 인상적이고 중요한 것은 없을 것입니다. 그리고 그 어떤 프로젝트보다 더 어려울 것이고, 많은 예산이 필요합니다."

"나는 우리가 달에 가야 한다고 믿습니다. 하지만 이 나라의 모든 시민과 의회가 이 결정을 내리기까지 신중하게 고민할 필요가 있다고 생각합니다. 우리가 지난 몇 주, 몇 달 동안 주의를 기울이며 고민했던 이 문제는 국가에 큰 부담이 될 수도 있습니다. 이를 실현하기 위한 부담을 감당할 만큼 충분한 준비가 아직 되지 않았다면, 미국이 우주공간에서 우위를 점하는 것에 동의를 구하는 건 의미가 없습니다."

세이건은 이 연설에 몰입했다. 그리고 눈앞에서 인류 역사의 흐름이 바뀌는 것을 느꼈다. 그는 이것이야말로 우리가 모든 질문에 대한 답을 찾을 수 있는 방법이라고 생각했다.

* *

그해 여름 프랭크 드레이크는 국립과학원(NAS) 우주과학위원회 스태프로부터 전화를 받았다. 옥스퍼드식 발음을 갖고 있던 J. 피터 피어먼은 드레이크에게 정부와 과학계가 지적 생명체를 찾기 위한 보다 집중적이고 체계적인 탐색을 지원하는 것에 대해 조용히 고민해 왔다고 설명했다. 그는 "연구의 잠재성을 검토하기 위해 가능한 한 빨리 회의를 조직하는 것이 중요하다"라고 이야기했다. 피어먼은 드레이크에게 오즈마프로젝트가 시작된 역사적 장소인 그린뱅크에서 회의를 주최해 줄 것을 제안했다. 그들은 몇 분 만에 열정적으로 회의 날짜와 초대자 명단까지 논의하고 있었다.

컨퍼런스는 3일간 빠르게 진행되었다. 단 한 가지 주목할 만한 큰 변화가 있었다. 컨퍼런스를 계획하는 동안, 피어먼은 드레이크에게 참석자 중 한 명인 멜빈 캘빈이 광합성 연구에 대한 공로로 노벨화학상을 받을 가능성이 크다고 알려 주었다. 이 소식은 아주 흥미로웠지만, 컨퍼런스를 계획하는 데 큰 걸림돌이 되었다. 어떻게 아무도 없는 외딴 동네에서 노벨상을 축하할 수 있겠는가?

드레이크는 금주 지역인 웨스트버지니아주에서 술을 구하는 게 아주 어려운 일이라는 사실을 알고 있었다. 각 카운티마다 주류 판매점은 거의 하나뿐이었다. 심지어 드레이크는 컨퍼런스 날짜 전까지 작은 동네 주변에서 주류 판매점을 한 곳도 찾지 못했다. 혼란에 빠진 드레이크는 눈앞에 보이는 유일한 사람에게 주류 판매점의 위치를 아느냐고 물었지만, 그 남자는 "알지만 알려 줄 수 없소"라고 말했다(드레이크 앞에 서 있던 남자가 침례교회 앞에 앉아 있었다는 걸 깨달았다). 한참을 더 헤맨 끝에, 그는 마침내 상점 한 곳을 발견했고 그곳에서 샴페인 한 상자를 구할 수 있었다.

1961년 핼러윈 날 컨퍼런스가 시작되었다. 과학계 여러 유명 인사들이 그린뱅크천문대에 모였다. 천문대에 있는 거의 모든 공간이 가득 찼다. 많은 사람은 자신이 이 컨퍼런스에 참석한다는 사실을 비밀로 숨겼는데, 그 이유 중 하나는 주변의 조롱과 원치 않은 관심을 받고 싶지 않았기 때문이다. 그들은 처음으로 서로 자신과 같은 생각을 하고 있는 지적 동료들을 만나며 즐거워했다. 컨퍼런스에 참석한 인물들이 누구인지, 어디에서 왔는지만으로도 그들을 한데 모은 드레이크가 얼마나 대단한 인물인지를 알 수 있었다. 드레이크는 서른 살의 나이에 이미 희끗희끗해진 머리를 뒤로 넘기고, 도드라지는 안경을 쓰고, 덥수룩한 눈썹을 갖고 있었다. 해군 출신 천문학자였던 그는 참석자들 중에서 두 번째로 가장 젊었지만 그룹에서 단연 리더처럼 보였다.

컨퍼런스에 총 열 명이 모였다. 드레이크, J. 피터 피어먼, 오토 스트루베, 칼 세이건, 멜빈 캘빈, 코넬의 필립 모리슨, 그리고 오즈마프로젝트에서 파라메트릭 증폭기를 기증하는 데 도움을 주었던 보스턴의 전파 전문가 다나 앳츨리, 휴렛패커드사의 경영진 바니 올리버, 그리고 돌고래와 의사소통을 시도하면서 돌고래의 의식과 언어능력에 대한 연구에서 어느 정도 성과를 내고 있던 신경과학자 존 C. 릴리가 모였다.* 과거 스트루베의 학생 중 한 명이었던 중국계 광학 천문학자 황서우슈까지 더해지면서 모든 멤버가 갖춰졌다. 그는 NASA에 들어갔고, 행성궤도 특정 대역 내에 생명체가 살 수 있는 "거주 가능 영역"이 있다는 아이디어를 처음 구상한 인물이었다. 당시 외계 생명체라는 주제에 큰 관심을 갖고 있다고 알려져 있던 과학자들 거의 전부가 한자리에 모였다.

모두가 자리를 잡고 난 뒤, 회의를 주최한 드레이크가 미리 적어둔 간단한 방정식에 집중했다.

$$N = R_* \cdot f_p \cdot n_e \cdot f_l \cdot f_i \cdot f_c \cdot L$$

드레이크는 이 방정식을 활용해 우주에서 인류가 신호를 감지할 수 있는 외계 문명의 수(N)를 계산함으로써 다른 곳에 생명체가 살 수 있는지 가능성을 분석할 수 있다고 말했다. 이 방정식은 우리은하 안에서 새로운 별이 태어나는 속도(R), 행성을 거느린 별의 비율(f_p), 생명이 살기 적합한 조건을 가진 행성의 수(n_e), 실제로 생명이 출현하는 행성의 비율(f_l), 생명이 지적존재로 진화하는 행성의 비율(f_i), 성간 통신이 가능한 지적 생명체가 있는 행성의 비율(f_c), 그리고 그러한 문명의 신호를 감지할 수 있도록 문명이 유지되는 시간(L)을 곱한다. 이것은 과학적 추론과 상상력이 통합된 놀라운 도약이었다. 핵무기

---

* 릴리의 책 『인간과 돌고래』는 그해 초 출간되자마자 전국적인 히트를 쳤다. 피어먼은 릴리를 사실상 외계종과 소통하는 데 가장 근접한 과학자라고 생각했다.

경쟁이 인류의 완전한 파괴를 초래할 수 있다는 인식 속에서 탄생한 놀라운 아이디어였다.*

이후 3일에 걸쳐 그린뱅크천문대에서 과학자들은 열정적으로 다양한 요소를 고려하고 계산했다. 그리고 각 변수의 작은 차이만으로도 우주의 생명체 거주 가능성에 대한 완전히 다른 추정치를 내놓을 수 있다는 사실을 깨달았다. 우리가 살고 있는 태양계만 고려해 봐도 이론적으로 여덟 개의 행성들 중에서 금성, 화성, 지구, 세 행성이 모두 생명 거주 가능 구역에 존재했다. 또 수천 년 전 중국, 중동, 아메리카에서 각각 독립적으로 고도로 발전된 문명이 탄생했다. 수학적으로 희망적인 근거였다. 하지만 더 면밀한 검토를 하면서 더 많은 의문들이 남았다. 일부 사람들은 과학적인 측면에서 봤을 때 아즈텍문명이 유럽 문명에 비해 수백 년 또는 수천 년 뒤처져 있다고 주장했다. 또 필립 모리슨은 현대 과학기술 문명의 과학혁명을 촉발시켰던 르네상스가 독립된 세 곳의 문명 중심주 중에서 딱 한 곳에서만 발생했다는 점을 지적했다. 중국이나 아메리카가 계속 고립된 채로 발전을 지속했다면 언젠가 그곳에서도 르네상스를 경험할 수 있었을까? 아마 그럴 수도 있고, 그렇지 못했을 수도 있다. 만약 가능했더라도 수천 년이 더 걸렸을 수도 있다.

존 릴리와 모리슨은 특히 f_c의 복잡함에 대해 고민했다. 릴

---

* 이 모임에서 이러한 우려는 단순히 추상적인 문제가 아니었다. 모리슨은 맨해튼계획에 참여하면서, 세계 최초로 핵무기의 핵심부품을 뉴멕시코 시험장까지 운반했다. 그리고 나가사키에 폭탄을 떨어뜨리는 데 기여했다. 그는 미국 정부의 피해 정도를 평가하는 조사관으로 일했고, 폐허가 된 히로시마 일대를 직접 걸어 다녔다. 이러한 경험 이후로 그는 핵무기를 공개적으로 비판하게 되었다.

리는 돌고래 언어의 정교함을 근거로, 돌고래의 거대한 뇌가 인간보다 더 복잡할 수 있다고 생각했다. 돌고래는 그들만의 의사소통 체계를 갖고 있으며, 서로에 대해 (일부는 인간에게까지) 분명히 관심을 갖고 인식하며 배려할 수 있다는 것을 보여 주었다. 이것은 그들이 "지적 생명체"의 조건을 충족하는 것으로 받아들여졌다. 모리슨은 고래목 동물들이 전통적인 "지적 생명체"의 모든 지표를 충족한다는 점에 동의했지만, 그들이 외계 문명과 접촉하려면 아직 갈 길이 한참 남았다고 지적했다. 아직 그 어떤 돌고래도 별을 보고 태양계를 넘어 존재하는 생명체들이 어떤 모습일지에 대해 고민하는 수준에 이르지 못했다. 우리 행성 너머 우주의 많은 곳에는 돌고래처럼 서로 의사소통을 할 정도로 똑똑한 동물종들로 가득 채워져 있을지 모른다. 한편 이 토론에 함께 참여했던 황서우슈는 건조한 육지와 불을 만들 수 있는 능력이 성간 의사소통에 반드시 필요한 조건처럼 보인다는 의견도 덧붙였다. 순수하게 바다만으로 이루어진 수중 문명이 자신들의 세계를 넘어 바깥 문명과 소통을 한다는 것은 그 문명의 수준과 무관하게 터무니없어 보였다.

웨스트버지니아 시간으로 11월 2일 새벽 4시, 천문대 야간 경비원은 스톡홀름에서 걸려 온 전화 한 통을 받았다. 멜빈 캘빈이 화학 분야에서 노벨상을 수상하게 되었다는 소식이었다. 드레이크는 그가 준비한 샴페인을 꺼냈고 함께 있던 남자들은 순간을 기념했다.*

그 뒤 이틀 동안, 드레이크 방정식에 이어서 외계 생명체

---

* 캘빈 본인이 기억하는 상황은 조금 다르다. 아내가 그에게 전화를 걸어 수상 소식을 전해 주었다고 한다. 하지만 이 책에서는 드레이크의 주장을 따랐다.

들의 일상생활과 같은 다양한 주제들로 대화가 이어졌다. "이 생명체들은 어떤 모습일지 상상해 봅시다." 한 세션에서 캘빈이 이야기했다. "물론 우리는 그들이 어떤 모습일지 전혀 모릅니다. 하지만 그들이 빛과 소리로 채워진 우주에 살고 있는 한, 시각과 청각기관이 있을 거라고 가정하는 것이 안전하다고 생각합니다. 아마도 그들은 우리가 말하는 가시광선에 해당하는 빛을 보지 못할 수도 있습니다. 대신 자외선이나 적외선 같은 빛을 볼 수도 있겠죠. 무슨 빛을 볼지는 모르지만 분명 무언가를 보고 듣기는 할 겁니다. 그들은 서로 부딪히지 않기 위해 촉각기관도 갖고 있을 가능성이 큽니다. 각 감각기관에서 들어오는 정보를 처리하기 위해서 그 형태가 무엇일지는 모르겠지만 뇌 같은 것도 필요할 겁니다."

모리슨은 인간의 진화 과정 자체가 퍼즐을 풀 수 있는 중요한 단서 조각이 될 수 있다고 주장했다. 인간은 오래전 자신과 비슷한 종들을 제거했다. 우리는 그 이유가 폭력에 의한 것이었는지, 단순한 경쟁에 의한 것이었는지조차 알지 못한다. 하나의 행성에서 하나 또는 두 종의 지적 생명체만 살아남는 것이 진화적 운명이라면, 이 극도로 낮은 가능성은 드레이크 방정식의 수학적 결과를 근본적으로 바꿀 수 있다. 생명체 자체는 얼어붙은 북극의 산봉우리부터 깊은 바닷속까지, 우주에 존재하는 거의 모든 곳에 번성할 수 있을지 모르지만, 지적 문명은 아주 적을 수 있다. 문명과 기술의 발전은 필연적으로 그 지적 생명체의 본성에 더 많은 호기심을 불러일으킬까? 아니면 게으름과 나태함으로 이어질까? 릴리는 돌고래에 관한 연구를 통해서 마지막 실마리를 제시했다. 결국 릴리는 서로 의사소통하는 돌고래들을 보고, 돌고래의 소리를 연구할 수 있었다. 마찬가지로 인간도 서로 의사소통하는 외계 문명을 두 개 이상 발견해야 그들의 대화를 이해할 수 있을 것이다. 하지만 이것은 현실적으로 불가능한 제안처럼 느껴졌다.

대화를 이어 가면서 과학자들은 결국 드레이크 방정식의 결과가 마지막 변수 L, 즉 성간 통신이 가능한 수준에 이른 문명이 얼마나 자신의 문명을 유지할 수 있는지에 달려 있다는 사실을 이해하게 되었다. 수천 년이나 수만 년밖에 안 되는 짧은 시간 안에 붕괴하는 문명이라면 그들은 사실상 우주 전역에 자신의 존재를 알릴 수 없다. 반면 수백만 년, 수천만 년, 심지어 수억 년 동안 자신의 문명을 유지하는 데 성공한 지적 문명은 자신들의 항성계를 넘어 충분히 긴 세월 동안 자신의 흔적을 남길 수 있고, 우주를 탐색할 수 있을 정도로 충분히 긴 시간과 의지를 확보할 수 있다. 자신들의 항성계 바깥으로 메시지를 보내고 심지어 성간 우주선으로 우주를 탐험할 수도 있을 것이다.

컨퍼런스가 끝나 갈 무렵, 드레이크는 칠판에 N = L이라고 썼다. 과학자들은 의견을 모아서 우리은하 전역에 "1000개에서 1억 개 사이의 발견 가능한 외계 문명이 있을 것"이라고 추정했다. 어쨌든 그들이 함께 도출한 결론은 거대한 프로젝트로 이어질 게 분명했다. 그리고 현장에 모여 있던 과학자들의 커리어뿐 아니라, 아직 태어나지 않은 미래세대를 위한 기나긴 프로젝트가 될 것이 분명했다. "이것은 개인을 위한 것이 아닌 사회 모두를 위한 일이다." 바니 올리버는 다음과 같이 결론지었다. "우리가 이야기하는 우주의 거리를 고려한다면, 다른 문명과의 소통은 수십 년, 어쩌면 수 세기를 기다려야 가능할지 모른다. 이것은 인간 한 명이 외계인 한 명과 개인적인 대화를 나누는 수준이 아니다. 탐색 그 자체가 인류 모두의 노력이 되어야 한다." 그리고 모여 있던 열 명은 처음으로 이 노력을 시작하려고 했다. 각자의 길로 돌아가기 전, 그들은 자신들을 돌고래기사단이라고 부르면서 샴페인 마지막 한 병을 나눠 마시고 그 순간을 공식적으로 선포했다(세이건은 원대한 노력의 일환으로 이 프로젝트의 이름을 외계 지적 생명체와의 소통을 뜻하는 CETI로 제안했다).*

스트루베가 건배사를 하면서 말했다. "우리는 L 값이 매우 큰 수치로 밝혀지기를 바랍니다."

몇 주 뒤, 캘빈은 참가자 모두에게 작은 기념품으로서 고대 그리스 동전으로 만든 돌고래가 그려진 옷깃 단추를 우편으로 보냈다.

---

* CETI라는 명칭은 약 10년간 사용되다가, 이후 CETI는 SETI로 대체되었고, SETI의 한 부분으로 귀속되었다. 이해를 돕기 위해서 이 책에서는 주로 SETI를 사용했다.

21장
확장된 탐색

돌고래기사단 스스로 얼마나 고립되었다고 느꼈을지 모르겠지만, 이제 지구 바깥 또 다른 생명체의 존재 가능성을 고민하는 건 그들뿐만이 아니었다. 유럽의 과학자들, 그리고 철의장막 너머에 숨어 있던 소련의 과학자들도 후대 과학자들이 "인접 가능성"이라고 정의할 바로 그 퍼즐을 풀기 위해 열심히 노력했다. 이 아이디어는 생물학적 진화에서 비롯되었는데, 인간의 지식과 호기심도 한번에 조금씩만 진화하며 인류가 공유하는 지식을 바탕으로 언제나 발전할 수 있다는 개념이었다.*

다행히 이들은 서로의 존재를 눈치채기까지 그리 오래 시간이 걸리지 않았다. 1962년 그린뱅크천문대에서 드레이크가 만난 독일 출신의 전파천문학자 제바스티안 폰 회르너도 그중 한 명이었다. 두 사람 모두 지구에 도달할 수 있는 가장 어두운 동굴을 탐험하는 데 열정적이었고, 지구 너머 어둠에 대해 깊은 토론을 주고받았다. 드레이크는 폰 회르너와 함께 자신이 개발

---

* 이 개념은 왜 획기적인 혁신이 종종 여러 사람에 의해 거의 동시에 독립적으로 발견되는지 설명하는 데 도움이 된다. 창조에 필요한 도약을 이루기 위한 지식과 상상력은 다른 창조물들이 새 지식의 길을 여는 것과 비슷한 시기에 등장한다. 과학 저술가 스티븐 존슨은 이렇게 설명했다. "인접 가능성은 일종의 그림자 미래와 같다. 현재 상태의 가장자리를 떠돌면서, 현재가 스스로를 재창조할 수 있도록 가능한 모든 길잡이를 제공한다. 이것은 변화와 혁신의 한계와 그 잠재된 창의력까지 포착한다."

한 방정식을 공유했다. 폰 회르너는 인류가 발견할 수 있는 문명들의 존속 수명(L)의 특성을 열정적으로 분석했다. 얼마 지나지 않아 폰 회르너는 많은 수의 문명, 심지어 대부분의 문명이 상대적으로 짧은 시간 안에 스스로 붕괴할 수 있다는 결론에 도달했다. 하지만 소수의 예외만으로도 드레이크 방정식의 결과를 극적으로 바꿀 수 있다는 사실도 깨달았다. 그는 문명이 진화하는 어떤 특정한 시점에, 아마 각 문명들이 더 오랜 기간 존속할 수 있게 해 주는 건강한 균형 상태에 해당하는 지점에 도달할 수 있을 거라 주장했다. 대부분의 문명들에 이 균형 상태에 이르는 것이 아주 어려운 도전이 될 것이었다. 하지만 한 번만 그 조건을 달성하게 된다면 이후 수천만 년, 수억 년, 심지어 수십억 년 동안 문명은 영원히 사라지지 않을 수 있었다.

폰 회르너는 만약 외계 문명의 단 1퍼센트만이라도 10억 년을 넘길 수 있다면, L 값이 1만에서 1000만 수준으로 급격하게 증가한다는 결론을 얻었다. 그는 자신의 결과를 드레이크에게 보여 주었다. 독일인 천문학자는 "이 결과만으로도 탐색을 계속해야 한다는 것을 보여 주는 강력한 증거가 된다"라고 주장했다.

그린뱅크천문대에서 멀리 떨어진 또 다른 곳에 있던 한 사람도 비슷한 생각을 했다. 사실 1960년대가 시작되면서 외계 생명체 탐색은 미국보다 소련에서 더 활발하게 진행되었다. 소련의 천문학자들은 이를 냉전과 우주 경쟁의 다른 영역으로 여겼고, 이 영역에서 소련이 미국을 앞지를 수 있는 잠재적 가능성을 보았다. 소련의 천문학자와 과학자도 1959년《네이처》에 실렸던 코코니와 모리스의 논문을 읽었다. 1962년 스푸트니크 발사 5주년을 기념하는 행사에서 소련의 천문학자 이오시프 시클롭스키는 1960년 외계 문명과의 통신에 관해 출간된 소련 저널 《네이처》에 실린 한 논문을 바탕으로 『우주, 생명, 지능』이라는 책을 발표했다.* 이 책은 엄청난 성공을 거두었고 소련에서만 첫 5만 부가 모두 매진되었다. NASA에서도 이 책을 빠르게 번역했고 CIA를 비롯한 호기심 많은 정부 기관에 전달되었다. 책은 SETI 분야에 있어서 소련의 노력에 대해 언급했다. "초창기 세계를 선도한 우주탐사 프로그램은 제2차세계대전 이후 소련에서 이룬 가장 눈에 띄는 성과였다. 그 당시 우주와 관련된 모든 것들이 소련의 과학자와 대중 모두의 관심을 큰 것은 결코 놀랄 일이 아니다."

UFO 문제에 대한 미국과 소련의 접근방식의 주요한 차이점 중 하나는 탐색에 과학자를 참여시키는 방식에 대한 인식에 있었다. 세이건, 드레이크 등 미국의 과학자들이 눈치를 보느라 비밀스럽게 만나야 했던 것과 달리 시클롭스키와 같은 소련의 천문학계 거장들은 외계 지적 생명체에 대해 공개적으로 관심을 표했다. 이것은 소련이 이 분야에 대한 관심을 공식화하는 데 크게 기여했다. 우크라이나 랍비 가정에서 태어나 중학

---

* 소련 과학계를 대표하는 인물 중 한 명인 시클롭스키는 이후 자신이 논문을 책으로 출간한 이유 중 하나가 동료들이 너무 바쁘고 게을러서 프로젝트를 제때 마무리하지 못할 거라 생각했기 때문이라고 밝혔다. 그의 예상은 옳았다. 결국 저널의 편집자, 그리고 우주 프로그램을 전담하고 있던 크로슈킨이라는 검열관은 이 중요한 시기에 창피할 정도로 텅 빈 우편함을 마주했고, 덕분에 시클롭스키의 도발적인 내용이 담긴 논문이 묻히지 않을 수 있었다. 그는 사후 회고록에서 "만약 일반적인 상황이었다면, 내 논문은 검열을 통과하지 못했을 것이다"라고 언급했다.

교도 졸업하지 못했던 시클롭스키는 10대 시절 내내 철도 건설 현장을 전전했다. 그는 재능이 있는 예술가였지만, 종이나 연필을 구할 수가 없어서 집 벽에 석탄으로 그림을 그리기도 했다. 16세가 되었을 때 잡지에서 중성자별의 발견에 관한 기사를 읽고 과학에 관심을 갖기 시작했다. 그는 빠르게 과학의 매력에 빠져들었고, 블라디보스토크에 있는 대학에 들어갔다. 그와 같은 학급에 있던 남학생 스물다섯 명은 물리학 대신 천문학을 전공하도록 지시받았다. 이후 그는 결혼을 했지만 여전히 가난했고 일자리를 구해야 했다. 그래서 그는 천문학 대학원 과정을 마치고 모스크바를 떠났다. 제2차세계대전이 시작될 무렵, 그는 나쁜 시력 덕분에 군면제를 받을 수 있었다. 그는 나치 독일의 침공에 맞서 싸우는 잔혹한 전선 한복판이 아닌, 스턴버그천문학연구소에 안전하게 머무를 수 있었다.

1940년대 중반 시클롭스키는 전파 스펙트럼의 파장 21센티미터 부분에 해당하는 수소 방출선의 존재를 예측해서, 이 분야에서 이름을 알리기 시작했다. 이 발견은 천문학자들이 우리은하의 나선 형태를 이해하고 지도를 그리는 데 궁극적으로 도움이 된 중요한 발견이었다.* 1959년 코코니와 모리슨의 논문을 읽은 시클롭스키는 수소 방출선이 다른 문명과 신호를 주고받는 소통의 수단이 될 수 있다는 사실을 즉각 깨달았다.†

* 기술이 발전하면서 하버드대학교의 천문학자 해럴드 "독" 이웬은 1952년 처음으로 중성 수소 방출선을 관측하는 데 성공했다. 이 업적 덕분에 그는 하버드대학교 물리학과에서 가장 짧은 12페이지짜리 논문으로 박사 학위를 받았다.
† 세이건의 전기작가에 따르면, 당시 미국의 과학자들은 시클롭스키의 업적이 서방세계에 알려진 것보다 훨씬 더 대단할 것이라 의구심을 품었다. 세이

다음 해인 1960년, 시클롭스키와 세이건은 모스크바에서 열린 국제천문연맹(IAU) 회의에서 처음 만났다(세이건은 이렇게 회상했다. "그의 따뜻함과 낙관주의에 매료된 나는 그를 좋아하지 않을 수 없었다. 그가 이 분야의 훌륭한 지배인이 될 거란 사실을 직감했다"). 처음에 둘은 서로 외계 지적 생명체라는 공통된 관심사를 갖고 있다는 사실을 눈치채지 못했다. 하지만 시클롭시크가 작업하던 새로운 책에 대한 소식을 알고 나서 세이건은 그의 책을 영어로 번역해 미국의 대중들에게 소개하고 싶다는 강력한 의사를 표명했다. 이로써 수년에 걸친 두 과학자의 협업이 시작되었다. 1966년 미국에서 『우주, 생명, 지능』이 『우주의 지적 생명체』라는 제목으로 번역되어 출간되었다. 이것은 아주 놀라운 일이었다. 세이건은 책의 크기를 두 배로 늘렸고, 소련의 검열에서 시클롭스키를 보호하기 위해 그의 이름 옆에 세이건 자신의 이름을 함께 넣었다. 이 책은 이후 10년 동안 총 14쇄까지 간행되었다. 많은 사람이 여전히 이 책을 세이건이 쓴 가장 최고의 책 중 하나로 손꼽는다. 세이건의 전기 작가는 "그가 개인적으로 열정을 갖고 있던 주제에 대해 마음껏 길게 서술할 수 있는 기회"였다고 언급했다.

  1964년 5월 미국과 소련의 외계 지적 생명체 탐사에 있어 또 다른 이정표가 세워졌다. 소련이 아르메니아 뷰라칸 천체물리관측소에서 제1회 전 연방 외계 문명 회의라는 자체 과학 학

건은 시클롭스키가 군사적으로 중요한 기술이나 장치, 이를테면 특수한 레이더 시스템과 같은 것을 발명했을지도 모른다고 생각했다. 세이건은 그가 이런 업적이 있기 때문에 소련의 국방부에서 특별한 인맥을 쌓을 수 있었고, 인권 탄압이 심각한 소련에서 그가 정치적으로 핍박받지 않고 보호를 받을 수 있었을 거라 추측했다.

술 대회를 개최하면서 벌어졌다. 과학자들은 1만 3000피트 높이의 아라가츠산 남쪽에 자리 잡은 숙소에서 3일 동안 노아의 방주가 머물렀다는 소문이 전해지는 전설 속 산을 바라보며 머물렀다. 이후 시클롭스키는 당시의 학회를 "고대 아르메니아의 돌과 고대문명의 증거를 배경으로 한 이곳이야 말로 이처럼 보기 드문 회의를 열기에 잘 어울리는 장소였다"라고 회상했다. 천문학자, 물리학자, 수학자 들은 함께 모여 성간 통신과 소통 방식에 대한 세부적인 부분을 논의했다. 외계 문명의 존재 가능성부터 그들이 주고받을 만한 언어에 대한 고민까지, 아주 다양한 주제를 넘나들었다. 그리고 "외계 문명과 접촉을 맺는 것이 과학적으로 완벽하고 성숙하며 시의적절한 문제임을 강조"하는 결의안을 함께 채택했다. 그들은 보다 체계적이고 실험적이며, 철저한 이론에 입각한 SETI 연구의 필요성을 주장했다. 그리고 자신들의 연구 철학 기저에 깔려 있는 냉전의 윤리를 받아들였다. 그들이 보기에 "인간중심적 관점을 확고하게 거부하고자 했던 마르크스주의의 유물론적 철학"을 바탕에 둔 소련의 관점은 또 다른 문명의 존재 가능성을 받아들일 수 있게 해 주었다.

많은 사람이 기억하는 것처럼 당시 학회에서 가장 주목할 만한 발표 중 하나는 시클롭스키의 제자였던 니콜라이 세묘노비치 카르다쇼프의 발표였다. 동료들 사이에서 "콜랴"라는 별명으로 불렸던 이 젊은 천문학자가 소련의 과학계에서 성공할 가능성은 아주 낮았다. 그의 부모는 볼셰비키 혁명가 출신이었고, 1930년대 후반 카르다쇼프가 5세가 되었을 때 스탈린의 대숙청으로 인해 체포되었다. 그의 아버지는 결국 처형되었고 어머니도 거의 20년 동안 감옥의 강제수용소에 있었다. 그를 대신 키웠던 이모도 제2차세계대전이 벌어지는 동안 세상을 떠났고, 그로 인해 카르다쇼프는 10대 시절부터 쭉 혼자였다. 그러나 어릴 때부터 이미 천문학에 매료되었던 그는 12세가 되고부터 모스크바천문대 모임에 참석하기 시작했고, 그의 지성과 끝없는 탐구심은 결국 그를 모스크바국립대학교까지 이끌었다. 1964년 그는 스턴버그천문학연구소에서 박사 학위를 받았다.

아르메니아에서 개최된 학회에서 카르다쇼프는 고도로 발전된 외계 문명의 상대적인 정교함과 발전 수준을 세 단계로 구분해서 측정하는 새로운 척도를 제안했다. 그해 가을 소련의 주요 천문학 저널에 5페이지짜리 논문을 통해 제시되었던 이 새로운 개념은 이제 카르다쇼프 척도라는 이름으로 알려지게 되었다. 당시 외계 문명과 관련된 중요한 개념 중 하나로 자리 잡기 시작했다.

카르다쇼프 척도 1단계 문명은 자신들의 고향 행성에 도달하는 모든 에너지를 활용할 수 있는 수준에 해당한다. 카르다쇼프의 생각에 지구도 대략 이 정도 수준까지 도달했다고 봤지만, 이후 과학자들은 이 척도를 조금 수정했다. 그리고 지구를 1단계 문명에 살짝 못미치는 0.7단계 정도로 평가했다. 한편 2단계 문명은 자신들이 살고 있는 중심 별의 모든 에너지를 활용하는 데 성공한 문명이다. 3단계 문명은 자신들이 살고 있는 은하계 전체 에너지를 쓸 수 있다. 행성, 별, 은하의 에너지를 장악해 나가는 순서대로 문명의 단계를 정의하는 이러한 개념은 투박했지만 다른 외계 문명의 존재를 찾고 그들과 소통하는 방법의 복잡성을 고민하는 데 큰 도움이 되었다.

카르다쇼프가 생각하기에 지구가 다른 1단계 문명을 감지하고 그들과 신호를 주고받을 가능성은 거의 없어 보였다. 이건 마치 수백 또는 수천 마일 거리에 떨어진 두 반딧불이가 밤중에 빛을 발하면서 서로의 존재를 인식하고 의사소통을 하는 수준이었다. 하지만 2단계 또는 3단계 문명이라면 그 문명의 신호 세기는 더 강력할 것이다. 눈에 더 잘 띄고 쉽게 감지할 수 있을 것이다. 잠재적으로 지구 자체의 발전에도 큰 이득이 될 수 있다. 더 발전된 문명이 보유하고 있을 거대한 에너지 저장량은 지구가 상상할 수 있는 수준보다 훨씬 강력할 것이다. 그리고 일관된 신호를 더 넓은 범위에 걸쳐 내보낼 수 있도록 해줄 것이다. 실제로 지구는 그런 문명으로부터 신호를 받을 가능성이 있다. 하지만 지구에서 응답을 보낼 능력은 없을 것이다. 따라서 카르다쇼프는 지구에서 신호를 받는 수신 프로그램을 확장하는 것이 "최우선적으로 중요"한 과제라고 주장했다.

"만약 우리은하 안에 2단계 문명이 단 하나라도 존재한다면, 엄청난 양의 정보를 확보할 수 있는 아주 현실적인 가능성이 존재한다." 카르다쇼프는 이렇게 적었다. "지극히 합리적으로 봤을 때 2단계, 3단계 문명은 현재 우리가 갖고 있는 것보다 훨씬 많은 수준의 정보를 갖고 있을 거라 가정할 수 있다."*

---

* 이후 수년에 걸쳐 카르다쇼프 척도는 세이건을 포함한 여러 과학자들의 손을 거치면서 보완, 수정되었다. 예를 들어, 세이건은 지구처럼 아직 자체 에너지자원을 완벽하게 통제하지 못하는 조금 덜 발전된 문명을 설명하기 위해서 0단계라는 새로운 분류 단계를 추가할 것을 제안했다. 이후 물리학자 미치오 카쿠는 지구가 다음 한 세기 또는 두 세기 안에 1단계 문명에 도달할 수 있을 거라 추정했다. 카쿠는 "우리 문명이 연평균 약 3퍼센트의 성장률로 꾸준히 발전한다면, 앞으로 약 100~200년 후에 1단계에 도달할 수 있습

아르메니아에서 개최된 학회에 대한 응답으로 소련과학아카데미는 공식적으로 "외계 문명 탐색"이라는 이름의 새로운 프로젝트를 창설했다. 그리고 카르다쇼프를 프로젝트의 새로운 부의장으로 임명했다. 새로운 역할을 맡게 된 그는 일본 근처 블라디보스토크에서 핀란드 인근 무르만스크에 이르기까지 소련의 영토 전역에 걸쳐 3700마일에 달하는 방대한 안테나 네트워크를 구축했다. 이 네트워크는 지상에서 벌어지는 다른 전파 신호의 간섭을 걸러 낼 수 있었다. 처음에는 외계인이 보내는 것으로 의심되는 전파 신호를 포착할 수 없었지만, 우연히 포착된 한 신호가 그의 관심을 끌었다.

카르다쇼프는 CTA-21와 CTA-102로 알려진 두 별에서 방출되는 전파 신호에 주목하기 시작했다. 심지어 발전된 외계 문명의 수준을 측정하는 개념을 설명했던 그의 논문에서 이 별을 추가 연구 대상으로 지목할 정도였다.* 그는 아르메니아 학회가 끝난 뒤 소련 천문학 저널에 "오늘날 우리에게 알려진 일부 전파원들(특히 CTA-21과 CTA-102)은 인공적인 전파를 내보내는 광원일 가능성이 있다"라고 썼다. 이 별에서 방출되는 강력한 전파 신호들이 어쩌면 지구에서 아직 밝히지 못한 2단계 또는 3단계 문명의 징후일 수 있지 않을까?

학회 이후, 시클롭스키는 더 많은 자원을 활용해서 겐나

니다. 몇천 년 후에는 2단계, 그리고 10만 년에서 100만 년이 지나면 3단계에 도달할 수 있을 겁니다"라고 분석했다. 그는 "이 시간 규모는 우리 우주 자체의 역사에 비하면 아주 미미합니다"라고 덧붙였다.
* 많은 천체의 이름은 공식적인 천문학적 목록을 기반으로 정해진다. 이 경우 칼텍에서 진행한 하늘 전역의 전파 탐사를 통해 기록된 천체라는 뜻이며, 21과 102는 해당 천체가 발견되고 기록된 순서를 의미한다.

디 쇼로미츠키라는 이름의 학생과 함께 CTA-102로 알려진 수수께끼의 별을 계속 연구했다. 쇼로미츠키는 크림 군대의 비밀 레이더기지와 소련의 전함, 다리, 그리고 이탈리아 잠수함의 부품을 재조립해서 심우주 망원경 장치를 만들었다. 그리고 이를 통해 놀라운 사실을 발견했다. 전파 신호의 세기가 단 100일 만에 거의 3분의 1까지 크게 요동쳤다. 이것은 당시까지 목격된 적 없는 큰 변동이었다. 1965년 2월, 그는 흥분한 마음으로 자신의 발견을 당시 천문학적인 관측과 발견을 국제적으로 공유하는 가장 대표적인 저널 중 하나였던 국제천문전보에 발표했다.*

쇼로미츠키의 관측은 정확했다. 하지만 그의 연구 결과가 발표되고 나서 빠르게 논란이 확산되었다. 1965년 4월에 열린 학회에서 소련 국영 통신사인 TASS의 한 기자는 쇼로미츠키가 페가수스자리에 있는 CTA-102에서 날아온 신호가 고도로 발전된 외계 문명의 신호일 수 있다고 언급하는 것을 들었다. 이것은 카르다쇼프가 발표했던 1965년 논문에 있던 것과 사실상 같은 내용이었다. 1965년 4월 12일, 기자는 「우호적인 외계 문명이 보낸 신호가 발견되었다」라는 기사를 게재했다. "모스크

---

* 쇼로미츠키는 어느 정도 군사적으로 제한을 받고 있었기 때문에, 자신이 무엇을 어떻게 관측했는지 밝히는 데 한계가 있었다. 천문학 분야 역사학자 리베카 A. 샤르보노는 "여러 보안상의 이유로 쇼로미츠키는 자신의 관측 결과에 대해 많은 세부 사항을 누락해서 발표할 수밖에 없었고, 서방의 과학자들이 그의 주장과 결과를 검증하기 어렵게 만들었다"라고 설명했다. "이 사건으로 인해 소련의 과학자들에 대한 신뢰가 무너졌고, 철의장막을 사이에 두고 있던 미국과 소련, 두 세계의 과학자들이 서로를 불신하는 문화가 더 견고해졌다"라고 평가했다.

바의 천문학자들이 우주에서 감지된 전파 신호가 고도로 발전된 문명의 기술에 의해 날아온 신호일 가능성이 있다고 언급했다"라고 보도했고, 카르다쇼프의 발언을 인용하면서 "초고도 문명이 발견되었다"라고 보도했다. 기사는 천문학자들이 전파천문학 역사에서 "가장 놀라운 발견 중 하나"를 이루었다고 썼다. 하지만 소련의 과학자들 중 그 누구도 인용된 자신들의 발언에 대해 강한 확신을 가진 사람은 없었다.

이 숨 가쁘게 과장된 뉴스 속보는 확실히 상상할 수 없을 정도로 엄청난 혼란을 일으켰다. 바로 다음 날 모스크바에서 급하게 기자회견이 열렸다. 그 자리에 모인 150명이 넘는 외신 기자들은 시클롭스키, 쇼로미츠키, 카르다쇼프에게 자세한 설명을 요구했다. 세 사람은 지금까지의 연구 결과를 최대한 축소해서 설명하기 위해 최선을 다했지만 이미 때는 늦은 상황이었다. 며칠 동안 CTA-102는 세계에서 가장 유명한 천문학적 현상이 되어 버렸다.* 1965년 4월 13일, 외계 문명과의 잠재적인 조우 가능성에 대한 보도가 《뉴욕타임스》 1면에 실렸다. 수석 과학 기자가 쓴 해당 기사는 "만약 이 발견이 사실이라면 이 발견은 인류 역사를 모두 통틀어 가장 혁명적인 사건이 될 수 있습니다"라고 보도했다.†

---

* 시클롭스키 교수는 자신의 제자인 카르다쇼프에 대해 "미성숙한 낙관주의로 가득 차 있는 사람"이라고 말하기도 했다.
† 이때 벌어진 잠깐의 가짜 뉴스 소동은 이후 록 밴드 버즈의 1967년 앨범 영거 댄 예스터데이에도 영감을 주면서 〈C.T.A-102〉라는 곡으로 영원히 남게 되었다. 천문학에 깊이 빠져 있던 밴드의 리드 기타리스트 로저 맥귄이 작곡한 곡이다. 맥귄은 당시 사건이 벌어진 직후, 캘리포니아에서 진행된 드레이크의 강연에 참석했고, 그날 저녁 할리우드 파티에 드레이크를 초대했다. 드

이 사건은 관련된 모든 이들에게 정말 민망한 경험이 되었다. 특히 소련의 과학자들은 서방의 과학자들이 TASS 언론 보도에 대해서 공개적으로 의구심을 표출할 때 가장 부끄러워했다. 소련의 과학자들도 모르는 사이에 칼텍의 과학자들은 CTA-102가 초고도 외계 문명이 아니라 그저 퀘이사라는 또 다른 새로운 종류의 천문학적 현상일 뿐이라는 사실을 발견했다. 퀘이사란 먼 은하 중심에서 아주 강력한 전파 신호를 방출하는 거대하고 밝은 광원을 뜻한다. 영국의 천문학자 버나드 러벌 경은 기자들에게 "약간 슬프군요"라고 말했다. "소련인들은 어떤 면에서 자신들의 결과에 대해 지나치게 확대해석을 하는 경향이 있는 것 같습니다."

레이크는 당시를 이렇게 회상했다. "그날 나는 제인 폰다가 물고기 그물같이 생긴 옷을 걸치고 있는 광경을 봤다. 다른 영화배우들도 죄다 기상천외한 옷을 입고 있었다. 오히려 내 정장과 넥타이 차림이 이상하게 느껴질 정도였다. 내 생에 처음이자 마지막으로 내가 외계인이 된 것 같은 기분이 들었다."

22장
소코로 사건

외계 지적 생명체 탐색에 대해 전 세계적으로 많은 관심이 쏟아지기 시작했고, 저명한 과학자들도 참여하기 시작했지만 J. 앨런 하이넥은 지구에서 UFO를 사냥하는 것이 여전히 외로운 싸움이라고 생각했다. 여전히 이 주제는 "진지한" 과학자들이 보기에는 눈썹을 찌푸리게 만드는 비웃을 만한 주제였고, 하이넥은 자신이 생각했던 것보다 주변으로부터 더 차가운 반응을 받았다. 한편 하이넥 스스로도 하늘에서 벌어지는 현상 전체를 어떻게 설명해야 할지에 대해 확신하지 못했다. 그가 오래전 공군과 함께 일하면서 느꼈던 거부감은 이제 시간이 흐르면서 더 커다란 불확실성으로 변해 갔다. 그는 정말 무언가 숨겨 있다는 생각에 빠져들었고, 여전히 설명할 수 없는 미스터리와 마주하고 있었다. 그의 전기작가는 이렇게 지적했다. "UFO는 140개가 넘는 국가에서 제보되고 있었다. 혼란스럽게도 제보된 미확인비행물체들은 모두 비슷했다. 다양성이라고는 없었다. 마치 모두 하나의 UFO 조립라인에서 대량생산이라도 한 것처럼 다 똑같았다. 리우 상공에서 목격된 물체와 똑같은 물체들이 튀르키예, 캐나다, 프랑스, 일본 상공에서도 목격되었다. 그들은 본질적으로 다르지 않았다."

에번스턴에 있는 노스웨스턴대학교 캠퍼스 근처에 위치한 하이넥의 집은 클래식 음악 레코드들과 《뉴요커》의 오래된 사본으로 가득했다. 그의 집은 마치 UFO학의 고전을 모아 놓은 클럽하우스의 느낌을 풍겼다. 새로운 목격을 하게 된다면 허심탄회하게 목격담을 들려주고 토론할 수 있는 가장 적합한 장소였다. 1963년 가을, 그는 오랫동안 UFO에 매료되어 조사를 하고 있던 프랑스 출신의 저명한 천문학자 자크 발레를 자신의 안식처로 맞이했다.

발레는 한때 SF 소설을 쓴 적이 있는데, 1961년 가명으로 출간했던 첫 번째 소설 『부분 공간』으로 심지어 쥘 베른상을 수상하기도 했다. 그는 프랑스의 천문학계가 너무 숨 막힌다고 생각했다. 1962년 그는 파리에서 텍사스 오스틴으로 활동 반경을 옮겼다. 거대한 나비가 드디어 광활한 숲에 도착한 듯한 편안한 기분을 느꼈다. 미국에서 그는 천국과 같은 새로운 환경에 빠르게 적응했다. 하지만 정작 그가 원했던 지적인 자극을 얻지는 못했다. 그는 1963년 자신의 일기에 이렇게 썼다. "프로페셔널 천문학 분야는 적은 예산을 두고 소수의 과학자들이 서로 경쟁하고 싸우는 분야일 뿐이다. 그들은 자신을 둘러싼 세상을 새롭게 변화시킬 수 있는 거대한 질문은 무시한다. 그들은 빠르게 변모하는, 특히 내가 관심을 두고 있던 컴퓨터과학이라는 새로운 분야의 잠재력을 과소평가하고 있었다."

그는 기존의 천문학과 행성 과학의 한 시대가 저물어 가고 있음을 느꼈다. 오스틴에 있던 당시 그가 작업하고 있던 화성 지도 프로젝트는 그 어떤 지도보다 열 배 이상 더 정밀하고 정확했다. 이 경험을 통해 앞으로 진행될 우주탐사선, 궤도 위성, 그리고 지구 대기권에 오르게 될 우주망원경을 위한 훨씬 더 정확한 정보를 제공할 수 있었다. 발레는 "갈릴레이와 케플러로부터 우리까지 이어진 천문학의 위대한 전통은…… 결국 우리 시대의 기계로 종결될 것이다"라고 썼다. 게다가 그는 자신이 머물고 있는 오스틴에서는 UFO에 대한 자신의 관심을 적극적으로 펼칠 수 없다는 것을 깨달았다. 오스틴의 천문대는 하버드대학교 밑 "극단적인 비관론자"로 유명한 멘젤과 너무나 밀접하게 인연을 맺고 있었다. UFO라는 이상한 주제는 그들에게 껄끄러운 주제가 될 수 있었다. 1954년 프랑스에서 있었던 한 목격담을 접한 이후로 발레는 UFO에 빠져들었다. 당시 수백 건에 달하는 제보가 쏟아졌는데, 그중에는 누군가 "하늘을 나는 시가"형 비행 물체에 탑승하고 잇는 듯한 모습을 봤다는 이야기가 많았다. 그르노블의 한 농부는 하늘을 가로질러 빠르게 날아가는 물체의 밝게 빛나는 엔진을 목격했고, 캐리르루에의 해변가에 있던 사람들도 연기를 내뿜으며 날아가는 "반쪽짜리 시가" 모양의 비행 물체를 목격했다. 비스케이만에 있던 한 선원은 녹색으로 빛나면서 움직이는 원반을 목격했고, 배우 미셸 모르강은 파리공항 위에서 반짝이는 원반을 목격했다.* 프랑스 수학자 에메 미셸은 프랑스에서 제보된 목격담을 모아서 『비행접시와 일직선의 미스터리』라는 이름의 책을 출간했는데, 발레는 미셸이 이렇게 상대적으로 자유롭고 지적으로 개방된 국가에 사는데도 다른 동료 과학자들로부터 무시당하지 않

---

* 샤토뇌프뒤파프의 시장과 시의회는 시민들로부터 목격 사건이 잇다르자, 포도주 양조장으로 유명했던 지역의 포도나무가 피해를 입지 않았는지 걱정했다. 어쩌면 단순히 노이즈마케팅을 노렸는지도 모른다. 이들은 당시 목격된 "비행접시" 또는 "비행 시가"라고 불렸던 비행 물체의 이륙과 착륙을 금지하는 조례를 통과시켰다. 이것은 항공기의 국적과 무관하게 모두 적용되는 조항이었다.

으려면 비행접시 목격담을 최대한 축소하라는 동료들의 압력을 받고 있다는 걸 알았다.

발레는 수많은 목격 사례가 보여 주는 공통점에 놀라워하며 하이넥과 대화를 나누었다. 그렇게 다양한 장소에서 비슷하거나 동일한 사건이 벌어진 걸 보면 결코 그 많은 사람이 한꺼번에 똑같은 이야기를 지어냈을 거라고 보기 어려웠다. 고민 끝에 발레는 노스웨스턴대학교의 천문학자에게 연락을 취했고, 임신한 아내를 이끌고 함께 에번스턴으로 날아가 천문학자를 직접 만났다. 발레는 이렇게 회상했다. "[우리의 첫 만남은] 일요일 하루 종일 이어졌다. 무엇보다 나는 하이넥과 긴밀하게 협력하고 싶었다."*

하이넥의 생각도 마찬가지였다. 프랑스에서 온 천문학자를 위해 그가 노스웨스턴에서 시스템프로그래머로 일할 수 있는 자리를 빠르게 알아봐 주었다. 발레는 자신을 매료시켰던 새로운 컴퓨터를 활용해 함께 작업을 시작했다. 시카고에 처음 도착하고 나서 일주일도 채 되지 않아 발레의 가족은 노스웨스턴으로 다시 이사 갈 준비를 마쳤고, 한 달만에 침실이 세 개 딸린 아파트로 이사를 갔다. 마침내 발레는 스스로 가장 자신에 잘 어울린다고 생각하는 최적의 장소를 찾았다고 생각했다. 그로부터 한 달이 채 지나지 않아, 하이넥은 블루북프로젝트의 보고서를 쓰기 위해 미셸을 끌어들였다. 그들은 하이넥의

* 발레는 이렇게 썼다. "하이넥은 따뜻하고 매우 학구적인 인물이었다. 에너지가 넘치고, 훌륭한 유머 감각과 열린 마음, 그리고 깊은 학문적 소양도 갖추고 있었다. 우리는 그의 날카로운 아이디어와 열정에 깊은 인상을 받았다. 그는 항상 예리한 생각을 갖고 있었지만, 생동감 넘치는 얼굴과 그의 작은 콧수염이 그를 너무 진지하지만은 않은 사람으로 보기에 만들어 주었다."

집에 모여서 함께 첫 번째 회의를 열었다. 그들은 이 회의를 자칭 UFO 위원회라고 불렀다. 그들은 당시 발레가 "아널드 현상"이라고 부르던 현상에 대해서 본격적인 연구를 할 수 있도록 소수의 연구 팀 인원을 구성했다.* 시간이 흐르면서 발레와 하이넥은 더 열정적으로 연구 팀을 꾸려 나갔고, 공군의 공식적인 UFO 기록물에 접근할 수 있는 유일한 과학자가 되었다.

한편 하이넥은 보다 지적인 측면에 더 깊게 빠져들었다. 목격담들의 비밀을 풀 수 있는 퍼즐은 여전히 만만치 않아 보였다. 1월, 하이넥은 발레와 함께 그해 블루북프로젝트를 맡고 있던 헥터 퀸타닐라 대위를 만났다. 그들은 스스로의 임무를 이렇게 간단하게 요약해서 설명했다. "우리가 무엇을 찾고 있냐고요? 적군의 프로토타입, 스파이 항공기, 기술적으로 이해할 수 없는 모든 이상한 물체들을 찾고 있습니다"(발레는 비행접시의 정체가 정확히 무엇인지 알지 못했지만, 그들은 공군이 별다른 관심을 두지 않는 것에 대해서 과학적으로 연구할 만한 가치가 있다고 판단했다. 발레는 이렇게 생각했다. "우리는 비행접시의 성질과 기원에 대해서 모호한 가설만 갖고 있을 뿐이다……. 그것이 실제 어떤 공간에서 기원한 것이 아니라, 아주 잠깐 일시적으로 벌어지는 찰나의 현상이라고 추측할 수도 있다. 지상에서 목격된 비행접시들은 우리가 생각하는 것처럼 오

---

* 하이넥의 아내 미미는 발레와 격렬한 말다툼을 했다. 그녀는 UFO가 비웃음의 대상이 될 만한 요소를 너무나 많이 갖고 있기 때문에 주요 대학에서 진지한 연구 주제로 다뤄질 수 없을 것이라고 이야기했다. 발레는 이렇게 회상했다. "하이넥은 나와 그의 아내가 싸우는 모습을 지켜보면서 아무 말 없이 파이프를 정리하고 다시 속을 채워 넣을 뿐이었다. 현명하게도 그는 우리의 말싸움에 끼어들지 않았다."

랜 시간에 걸쳐 성간 우주여행을 하기에는 적합해 보이지 않는다").

그해 겨울 하이넥과 발레의 대화는 더 발전되어 갔지만, 하이넥은 아직 확신이 서지 않았다. 그는 반복해서 발레에게 이렇게 말했다. "이 모든 가설은 아주 흥미롭습니다. 하지만 내가 국립과학원에 들고 갈 만큼 훌륭한 증거는 아직 어디에도 존재하지 않는 것 같아요."

그러던 중 소코로 사건이 발생했다.

* *

1964년 4월 24일 오후, 뉴멕시코주 소코로에서 경찰관 로니 자모라는 1964년형 흰색 폰티악 크루저2를 몰고 당시 지역에서 상습적으로 속도위반을 하던 17세의 운전자가 모는 것으로 추정되는 쉐보레 차량의 뒤를 쫓고 있었다. 그런데 갑자기 그는 당황스러운 순간을 목격했다. "남서쪽 하늘에서 대략 반 마일 또는 1마일 정도 떨어진 곳에서 폭발음이 들렸습니다. 그리고 불꽃을 봤습니다." 그는 현지 다이너마이트 창고가 폭발했을지 모른다고 생각했고, 곧바로 폭발음이 들려온 방향으로 차를 몰고 갔다. 그가 사막에 도착하자 불꽃이 보였다.

불꽃에서 약 150야드 정도 떨어진 곳에 순찰차를 세웠다. 그는 그곳에서 금속성의 물체를 발견했다. 처음에는 자동차가 옆으로 누워 있는 것이라 생각했다. 그런데 더 자세히 살펴보니 "물체의 북서쪽 방향에서 흰색 작업복을 입고 있는 것으로 보이는 두 인물이 물체를 감시하는" 듯한 장면을 목격했다. 자모라는 그 인물들에게 접근했다. 그들의 작은 키 때문에 처음에는 어린 소년들이라고 생각했다. 그 인물들은 그의 순찰차 소리를 듣고 고개를 돌렸다. 그는 이렇게 증언했다. "그중 한 명이 저를 본 것 같았습니다. 그들이 순찰차 쪽으로 고개를 처음 돌렸을 때, 그들은 살짝 뛰어올랐고 놀란 것처럼 보였습니다." 주변 땅은 평평하지 않았고 크고 작은 언덕으로 울퉁불퉁했다. 그가 조금 더 다가가기 위해 언덕을 오르내리는 동안 수상한 인물들은 시야에서 사라졌다가 나타나기를 반복했다. 그는 현장 요원에게 무전을 보냈다. "10-44[사건 발생], 10-6[차에서 내려서 활동 중]. 작은 협곡으로 가서 해당 차량을 확인해보겠다."

그런데 다가가면 다가갈수록 물체는 일반적인 자동차에서 볼 수 있는 크롬 색깔이 아니라 알루미늄 색깔의 풋볼 공 모양으로 보였다. 옆면 적당히 높은 곳에 빨간 글씨로 문장이 쓰여 있었다. 하지만 문이나 창문은 보이지 않았다. 그는 "누군가 망치질을 하거나 문을 쾅 닫는 것 같은" 큰 소리를 몇 번 들었다. 그리고 갑자기 굉장히 큰 굉음이 들렸다. 그는 이후 이렇게 회상했다. "물체 아래에서 불꽃이 나타났다. 물체는 천천히 위로 떠올랐다." 그는 뒤돌아 도망가기 시작했다. 무엇을 보고 있는 건지, 또 눈앞에서 무슨 일이 벌어지고 있는 건지 전혀 확신할 수 없었다. 도망쳐 오다가 주차했던 순찰차와 부딪히는 바람에 안경을 떨어뜨렸다. 곧장 75피트를 달려 언덕을 넘어왔다. 들리던 굉음이 멈췄다. 그는 이렇게 말했다. "나는 고개를 들어 올리고 그 물체가 나에게서 멀어지는 것을 봤다."

그는 이렇게 회상했다. "그 물체는 아마 10에서 15피트 정도 높이에서 계속 일정한 고도를 유지하면서 일직선으로 이동하는 것처럼 보였다. 물체는 매우 빨랐다. 위로 올라가자마자 곧바로 들판을 가로질러 날아갔다."

순찰차로 돌아온 자모라는 지역의 아마추어 무선 전파 오퍼레이터에게 무전을 보냈다. 산 너머로 사라지고 있는 물체를 창문 바깥에서 확인해 달라고 요청했다. 하지만 성공하지 못했다. 잠시 뒤 뉴멕시코주 경찰서 M. S. 체베즈 경사가 현장에 도착했다. 그는 자모라의 표정을 보고 이렇게 말했다. "악마라도 본 것 같군요."

자모라가 답했다. "아마 그랬을지도 몰라요."

화이트샌즈미사일기지 북서쪽 모서리에 붙어 있던 소코로라는 마을에서 벌어진 이 사건은 빠르게 큰 주목을 받았다. 특히 체베즈, 자모라와 더불어 다른 경찰관들도 자모라가 미확인물체의 다리를 목격했다고 주장한 사막 현장에서 그을린 것으로 보이는 덤불 흔적을 발견하면서 이야기는 더 많은 주목을 받았다. 그날 밤 이후로 FBI는 이 사건을 조사하기 시작했다. 그리고 이 사건은 해당 지역의 군사령관에게까지 보고되었다. 화이트샌즈와 인근 홀로먼공군기지에서는 이상 현상을 목격했다고 주장하는 경찰관이 이야기하는 것과 일치한 그 어떤 비행 작전도 수행하지 않았다. 사건과 관련된 목격자들은 모두 신뢰할 만한 인물들이었다. 뉴멕시코주 경찰국에서 근무하고 있던 FBI 요원들은 5년 가까이 자모라와 알고 지냈다. 그들은 FBI 본부에 자모라가 "신중하고 근면 성실한 경찰관으로 명성이 자자하고, 망상에 빠질 리가 없는 사람"이라고 보고했다.

그날 저녁 해당 지역의 FBI 요원과 군 경찰 소속 리처드 홀더 대위도 현장을 찾았다. 그들은 손전등을 비추며 물체가 목격된 장소 주변을 샅샅이 수색했고, 흙 위에 남아 있는 난류의 흔적과 불에 그을린 덤불의 흔적을 발견했다. FBI 보고서는 "16×6인치 크기 직사각형" 모양의 물체가 땅 위 네 곳에 자국을 남겼는데, "중심선으로부터 비스듬히 땅 속에 파고든 자국"이라고 묘사했다. 다음 날 아침, 펜타곤 지휘센터의 한 대령은 홀더에게 뜻밖의 전화를 걸고는, 보고서 내용을 큰 소리로 읽어 달라고 요청했다(이후 그가 한 인터뷰에서 이야기했듯이 그는 "왜들 그렇게 이 사건에 많은 관심을 가지는지" 의문을 가졌다고 한다). UFO 커뮤니티도 이 사건에 대해 빠른 반응을 보였다. 사건 소식이 전해진 바로 다음 날, APRO의 창립자 코럴과 짐 로렌젠도 사건 현장을 찾았고, 블루북프로젝트의 수사관 한 명도 그들과 함께했다.

뉴멕시코주 사막에서 벌어진 이 사건 소식이 널리 퍼지는 사이, 마침 우연하게도 라이트패터슨공군기지에서 블루북프로젝트를 맡고 있던 헥터 퀸타닐라는 하이넥, 발레와 함께 이틀에 걸쳐 회의를 하고 있었다(이 회의에서 발레는 공군 장교로부터 별다른 특별한 인상을 받지 못했다. 두 사람은 음악 취향조차 전혀 안 맞았다. 첫째 날 저녁 비틀즈 음악을 두고 언쟁을 벌이기도 했다. 퀸타닐라는 비틀즈가 너무 폭력적이며 청소년들에게 "잘못된 행동"을 유도하는 불량한 가수라고 지적했다. 발레는 "이상 현상에 대한 공군의 태도는 마치 교실 뒷자리에 앉아서 하품하고 있는 게으른 학생과 다를 게 없었다. 그저 입만 벌린 채 꿈쩍도 하지 않았다"라고 기록했다). 사건 소식을 들은 퀸타닐라는 회의가 끝나자마자 곧바로 하이넥을 소코로 현장으로 보냈다.

하이넥은 28일, 앨버커키에서 해당 지역의 공군 장교를 만났다, 그리고 함께 소코로 현장에 방문하기 위해 차를 탔다. 하지만 도중에 펑크가 나는 바람에 하이넥 혼자서 남은 거리는 히치하이킹을 해서 이동해야 했다.* 자모라와 체베즈는 군을 경계하는 것처럼 보였다. 그래서 오히려 자신이 다른 사람들 없이 혼자서 방문한다면 그들로부터 더 쉽게 대화를 이끌어 낼 수 있을 거라고 생각했다. 오히려 현장에 혼자 방문하는 것이 장기적으로 봤을 때 더 도움이 될 것이었다. 그의 판단은 옳았다. 다음 날, 하이넥은 곧바로 그 둘을 이끌고 "착륙" 현장에 방문했다(그곳에서 보고서를 작성하고 있던 NICAP 수사관을 만났다). 그리고 깊이 패인 땅의 자국을 조사했다.

그 뒤에 한 비밀 기록에서 하이넥은 다음과 같이 기록했다. ("Z는 소코로 출신의 상상력이 부족한 경찰관이다. 그는 거짓말을 못하는 사람이다. 자신이 터무니없는 이야기를 지어낸 사람 취급을 받는 것을 상당히 불쾌하게 받아들이고 있었다." 그는 이런 말도 덧붙였다. "이토록 흠잡을 만한 게 전혀 없는 증인에 의한 목격 사례는 지금껏 없었다."

결국 공군은 그날 목격된 물체의 정체가 무엇인지 밝혀내지 못했다.† CIA 자체 내부 문건 「정보 연구」에서 퀸타닐라는

---

* 역사학자 제롬 클라크는 하이넥이 타이어에 펑크가 나서 히치하이킹을 해서 UFO 목격 현장으로 가야 했던 상황이 1960년대 당시 군의 거대한 관료주의적 분위기 속에서 블루북프로젝트가 얼마나 심각한 자금 부족에 시달렸는지를 보여 주는 "너무나도 분명한" 일화라고 지적했다.
† 흥미롭게도, 수십 년 후에야 공개된 FBI 보고서 중 하나는 이 목격 사건이 당시 기밀로 진행 중이던 군사 연구 프로젝트 "클라우드갭작전"과 전혀 관련이 없다는 것을 명시적으로 언급했다. 클라우드갭작전은 가상의 군비 감

다음과 같은 결론을 내렸다. "로니 자모라에게 큰 인상을 남긴 물체가 목격되었다는 사실에는 의심의 여지가 없다. 자모라라는 인물의 신빙성도 문제될 것이 없다. 그는 진지한 경찰관이고, 성실하게 교회에 나가는 인물이며, 자신이 살고 있는 지역에서 하늘에 떠 있는 물체를 식별하는 데 아주 능숙한 사람이다. 그는 자신이 목격한 것이 무엇인지 혼란스러워하고 있다. 솔직히 말하면 우리도 그렇다."

퀸타닐라는 어쩌면 자모라가 NASA에서 우주개발 프로그램의 일환으로 비밀리에 진행하던 실험용 달 착륙선을 우연히 목격한 것일지 모른다는 가설을 집중적으로 분석하기도 했다. 하지만 정부와 민간 수사관들의 놀라운 협조에도 불구하고 그 정체를 확인할 수 없었다. NASA, 그리고 NASA와 계약한 열다섯 곳이 넘는 민간기업에도 접촉해 봤지만 별다른 결실을 얻지 못했다. 그는 "조사 과정에서 진짜 사람이 할 수 있는 모든 건 다 해 봤다"라고 기록했다. 그들은 현장에 방문해서 가이거 계수기로 방사능 수치도 검사했고, 토양을 분석했고, 홀로먼공군기지의 기상관측 풍선 제어 센터, 또는 지역 당국에서 진행되었을지 모르는 모든 비행과 발사 스케줄을 확인했다. 또 뉴멕시코주 전역의 헬리콥터와 비행기의 비행 기록을 교차검증했고, 펜타곤의 임원들과 화이트샌즈미사일기지 사령관들까지 만나 인터뷰를 진행했다. 퀸타닐라는 "달 탐사 차량 연구 활동에 참여한 모든 민간 기업"을 다 점검했다고 설명했다. 그러나

축 통제 협정을 가정하고, 핵무기를 해체하는 상황의 가능성을 연구하는 프로젝트였다. 왜 그 많은 군 프로젝트 중에서 유독 이 특정 프로젝트를 콕 집어서 언급한 것인지는 분명하지 않다.

이 모든 노력은 헛수고로 끝났다. 퀸타닐라는 이렇게 이야기했다. "조사 결과는 모두 전적으로 부정적이었습니다."

소코로 지역에서 벌어진 사건에 관한 소문은 결국 인근에 있던 다른 군사기지에서 날아온 실험용 항공기 때문이었을 거라는 가설이 받아들여지게 되었다. 하지만 당시 블루북프로젝트의 책임자는 CIA에 방문해서 이렇게 언급했다. "이 사건은 수많은 목격 사례 중에서 문서로 가장 잘 정리된 케이스다. 철저한 조사가 이루어졌지만 자모라를 공포에 떨게 만들었던 비행 물체의 정체가 무엇인지, 또 그를 혼란스럽게 할 만한 다른 요인이 무엇이 있었는지 전혀 밝혀내지 못했다."

역사학자 데이비드 제이컵스가 기록한 것처럼 이 "이례적인 사례"는 대중들과 언론에 광범위한 관심을 불렀고, 정부를 더욱 불신하게 만들면서 "중요한 파장"을 일으켰다. 한쪽에서는 NICAP과 키호, 또 다른 한쪽에서는 정부와 군 사이에서 팽팽한 긴장 상태가 이어졌다. "1964년 말, UFO에 관한 논쟁이 일종의 교착상태에 머무르고 있던" 이 상황에서 하이넥은 "1948년 당시 공군에 자문 역할로 불려갔던 때와는 정반대의 입장"에 서게 되었다. 그는 몇 가지 자극적인 사건들을 정당한 미스터리로 받아들일 마음의 준비를 마쳤다. 자모라처럼 굳이 자신이 목격한 것을 제보한다고 해서 딱히 잃을 것도, 얻을 것도 없는 사람들이 왜 계속해서 나서서 무언가를 목격했다고 이야기하는 건지 그는 이해하기 어려웠다. 사람들이 정확히 무엇을 목격한 건지 여전히 알 수 없었지만, 하이넥은 적어도 그들이 정말 무언가를 목격했을 거라는 확신을 갖게 되었다.

23장
화성 탐사

1960년대가 시작되면서 마침내 인류는 화성을 탐사할 수 있게 되었다. 우주 냉전시대에 접어들자 이제 누가 먼저 화성을 탐사하게 될지를 두고 새로운 경쟁을 펼치고 있었다. 화성은 우리에게 가장 가까운 이웃 행성이다. 오래전부터 인류가 특별한 매력을 느꼈던 곳이다. 화성을 관측하기 시작한 기록은 고대 이집트 천문학자들과 고대 중국의 천문학자들을 비롯해서 약 4000년 전으로 거슬러 올라간다. 이미 그때부터 사람들은 화성이 다른 별들과 다르다는 사실을 잘 알고 있었다. 화성을 비롯한 다른 일곱 개의 천체들은 우주의 별들을 배경으로 전혀 다르게 움직였다. 특히 화성의 붉은빛 때문에 고대 중국인들은 "불의 별"이라고 불렀다. 그리스인들은 화성을 전쟁의 신 아레스라고 불렀고, 이후 로마 신의 이름 마르스로 더 널리 알려지게 되었다.

1500년대와 1600년대 사이에 니콜라우스 코페르니쿠스, 요하네스 케플러, 그리고 튀코 브라헤를 비롯한 과학자, 천문학자들 모두 화성을 연구했다. 이들의 관측은 태양이 지구를 중심으로 도는 것이 아니라, 우리가 태양 주변을 맴돌고 있다는 사실을 밝혀냈고, 태양계에서 우리의 위치를 이해하는 방식을 완전히 새롭게 바꿨다. 1610년 갈릴레오 갈릴레이는 망원경을 활용해서 그 누구보다 자세하게 화성을 관측할 수 있었다.

그는 화성을 비롯해 다른 천체들에 어떤 비밀이 숨어 있을지 전혀 알지 못했다. 1612년 갈릴레이는 "만약 우리가 달이나 다른 행성에 살아 있는 생명체와 식물이 존재한다면, 그들의 모습은 지구의 생명체는 물론 우리가 할 수 있는 가장 엉뚱한 상상과도 거리가 멀 것이다"라고 썼다. "나는 그것을 긍정도 부정도 하지 않는다. 나보다 더 현명한 사람들에게 결정을 맡겨야 한다"(그로부터 거의 반세기가 지난 이후에야 네덜란드 출신의 한 천문학자는 볼록렌즈를 활용해 더 강력한 망원경으로 화성을 관찰했고, 처음으로 화성 표면의 특징을 지도로 그릴 수 있었다. 그리고 그로부터 또 반세기가 더 지난 뒤, 영국 왕립 천문학자 윌리엄 허셜은 마침내 화성 극지방에 얼어 있는 극관과 구름의 존재를 식별했다).

1877년 여름, 화성이 지구로부터 약 5600만 킬로미터 거리를 두고 가장 가까이 접근했고, 화성은 대중의 상상력 속에 완전히 깊게 자리 잡기 시작했다. 이 시기에 아주 많은 발견이 있었다. 미해군천문대는 66센티미터 망원경을 사용해서 화성 주변에서 새로운 위성 두 개를 발견했다. 이탈리아 천문학자 조반니 스키아파렐리는 밀라노 브레라 궁전 옥상에서 망원경으로 화성을 관측하면서 역사상 가장 선명한 화성 지도를 완성했다. "여러 날 밤 동안 옥상에서 화성을 관측하면서 스키아파렐리는 이후 수십 년 동안 과학자들을 매료시키고 동시에 괴롭힌 화성 표면 위 복잡하게 교차하는 어두운 얼룩의 존재를 발견했다." 행성 과학자 세라 스튜어트 존슨은 이렇게 설명했다. "그는 화성 표면의 어두운 얼룩을 바다라고 해석했다. '물의 염도가 더 높을수록 어둡게 보인다'고 이야기했다. 그는 어두운 얼룩을 연결하는 화성 표면의 검은 선들은 수로라고 생각했다." 그는 이 선을 이탈리아어로 물길을 의미하는 "카날리"라고 명명했다. 하지만 이후 프랑스 천문학자 카미유 플라마리옹은 이 선들이 1800년대 지구에서 완성된 가장 위대한 공학적 업적 중 하나였던 이리, 수에즈, 파나마 운하와 마찬가지로 인공적으로 건설된 건축물이라는 주장을 펼치기 시작했다.

대서양 건너편 미국의 천문학자 퍼시벌 로웰도 상당한 시간을 화성에 대해 고민하면서 보냈다. 그는 관개수로와 항해 운하들이 펼쳐져 있고 식물이 울창한 모습의 화성을 상상했다. 더 많은 사실을 확인하기 위해서, 그는 1894년 5월 자금을 마련해서 애리조나에 새로운 천문대를 건설했다. 그리고 화성 표면에 있는 물길의 지도를 더 제대로 그리기 위한 작업을 시작했다. 연구를 하면 할수록, 그는 화성이 굉장히 독특하고 진보된 외계 문명을 대표하는 곳일 것이라는 생각에 더 확신을 갖게 되었다. 화성 표면의 운하들은 화성 전역에 퍼져 있었다. 국경의 구분은 전혀 보이지 않았다. 그것은 마치 지정학적 갈등이나 전쟁 같은 갈등을 이미 해결한 더 성숙하고 평화로운 문명이 존재한다고 생각하게 만들었다. 로웰은 "인위적으로 새긴 흔적이 존재한다는 것은 그 너머 높은 지능을 갖고 있는 지성이 있다는 사실을 가리킨다"라고 썼다. "그들에게 정당정치 따위는 아무런 영향을 끼치지 않는다. 그들의 이러한 성숙한 정치 시스템은 행성 전역에 걸쳐 보편적으로 퍼져 있을 것이다. 아마도 화성인들은 우리가 꿈도 꾸지 못한 놀라운 발명품을 보유하고 있을 것이다······. 우리가 지금 보고 있는 것은 우리보다 훨씬 진보된, 삶의 여정에서 뒤처지지 않은 존재를 암시하고 있다."

1895년 로웰은 우리의 가장 가까운 이웃 행성인 화성에 진보된 외계 문명이 존재한다는 자신의 주장을 책으로 담았다. 이 책 『화성』은 그 자체로 하나의 작은 반향을 일으켰다. 로웰의 책이 출간된 직후, 한 평론가는 이렇게 평가했다. "대중은 화성에서 지적 생명체가 발견되기를 갈망하고 있다. 화성인의 존재를 옹호하는 사람들은 곧바로 대중으로부터 많은 관심을 받았다." 로웰의 절대적인 자신감과 패기는, 일정 부분 그의 가설이 더 잘 팔리고 주목을 받을 수 있게 만드는 매력 포인트로 작용했을 것이다. 특히 그가 만든 화성 지도는 아주 인기가 많았다. 그토록 화성 표면을 자세하게 묘사하고 있는 지도가 있는데 어떻게 로웰이 틀릴 수 있겠는가? 다른 천문학자들은 화성에 정말 진보된 화성인들의 문명이 있을지에 대한 의문을 남기는 반박 증거들을 하나둘 제시하기 시작하고 있었지만, 세라 스튜어트 존슨이 쓴 것처럼, "대중을 대상으로 한 로웰의 과학 소통은 이후 수년간 대중들에게 가장 지배적인 영향"을 끼쳤다.

그로부터 몇 년 뒤, 세계 최고의 과학자 중 한 명이 이 담론을 더욱 진전시켰다. 그는 심지어 자신이 화성인으로부터 메시지를 받았을 가능성이 있음을 시사했다. 발명가 니콜라 테슬라는 1899년 J. 피어폰트 모건으로부터 자금 지원을 받아 콜로라도스프링스에 거대한 실험실을 세웠다. 그곳에서 고전압 전기에 관한 새로운 연구를 진행했다. 그해 12월, 그는 무선 전력 전송 기술을 연구하던 중 실제로 변압기에서 칙칙거리는 세 번의 분절된 신호를 수신했다. 테슬라는 "처음 그것을 포착했을 때, 미스터리하고 초자연적인 일인 것을 알았다. 밤늦게 실험실에 혼자 있던 나는 매우 겁에 질렸다"라고 회상했다. "이후 시간이 지나고 내가 관측했던 전파 교란이 어떤 지적존재에 의해 통제된 신호일 수도 있겠다는 생각이 들었다." 이후 그는 그 신호가 지구에서 온 것이 아니라는 것을 확인했다고 주장했다. 그는 자신이 다른 문명과 접촉했다는 사실에 확신을 가졌다. 특히 그는 화성에서 메시지를 보내는 것이 기술적으로 복잡할 이유가 전혀 없다고 생각했다. 1901년 《콜리어스위클리》에서 테슬라는 "한 행성이 다른 행성에 인사를 건네는 소리를 내가 처음 들은 건지도 모른다는 예감이 점점 더 강해지고 있다"라고 썼다.*

테슬라가 화성인으로부터 신호를 받았다는 주장은 당시 많은 사람에게 "비현실적"으로 보이지 않았다. 당시에 SF는 대중문화에서 아주 인기가 많은 장르 중 하나였다. 세라 스튜어트 존슨은 19세기 말 상황에 대해 이렇게 언급했다. "지구에서 합리적이고 고등교육을 받은 정상적인 사람들 사이에서도 화성에 지적존재가 살고 있을 거라는 생각이 아주 널리 잘 받아들여지고 있었다." 과학자들이 화성에 대해 더 많은 것을 알게

---

* 당시 테슬라가 들었던 전파 교란의 정체는 오늘날 과학자들이 "휘슬러"라고 부르는 현상이었을 가능성이 높다. 이것은 먼 곳에서 내리친 번개가 지구의 자기장을 통해 확산될 때 발생하는 희미한 전자기적 메아리의 일종이다. 하지만 테슬라의 전기작가 중 한 명은 테슬라가 들었던 소리의 정체가 훨씬 더 평범한 소리였을 수도 있다고 추정한다. 바로 전기 및 전파 분야에서 그와 경쟁하던 굴리엘모 마르코니가 비슷한 시기에 유럽 지역에서 실험을 진행하면서 송신했던 모스부호 S(점 세 개)의 신호음일 수 있다는 것이다.

될수록, 사람들은 화성에 누군가 살고 있을 거라 생각했다. "화성의 관측 데이터는 화성을 또 다른 지구, 항해할 수 있는 바다와 걸을 수 있는 땅을 갖고 있는 행성, 우리가 인식하고, 공감하고, 상상할 수 있는 장소라고 생각했던 관점에 부합했다."

20세기에 들어서면서 이어진 천문 관측은 정말 화성에 번영한 문명이 존재하는지에 대해 더 많은 의문을 제기했다. 하지만 1960년대 우주 경쟁의 결과, 여전히 많은 과학자와 천문학자는 우리가 가장 가까운 이웃 행성에 직접 가게 된다면 그곳에 서식하는 식물과 단순한 외계 생명체의 존재를 발견하게 될지도 모른다는 희망을 품었다.

* *

인공위성 경쟁에서 그랬듯, 소련은 역사상 처음으로 화성에 탐사선을 보내면서 미국을 다시 한번 앞지르겠다는 결의를 다졌다. 1960년, 니키타 흐루쇼프 총리의 UN 총회 출석을 앞두고, 소련의 과학자들은 두 대의 탐사선 발사를 준비했다. 이는 소련 과학의 승리를 갑절로 과시하기 위한 것이었다. 소련의 지도자는 확실하게 승기를 잡기 위해서 탐사선의 모델을 제작해서 뉴욕에 전시하도록 했다. 그들이 보기에, 스푸트니크, 그리고 우주에 올라간 최초의 동물 라이카, 최초의 우주인 유리 가린, 최초의 여성 우주인 발렌티나 테레시코바까지, 계속되는 우주탐사에서 미국보다 항상 한 발짝 앞서 있었다. 이제 소련의 다음 목표는 자연스럽게 화성이 되었다.

하지만 그들의 임무는 실패했다. 첫 번째 탐사선은 발사 도중 파괴되었고, 두 번째 탐사선은 상공 120킬로미터까지 날아갔다가 작동을 멈췄다. 뉴욕에 보내려고 했던 모형들은 결국 빛을 보지 못했고, 소련의 과학자들은 자신들의 임무가 실패했다는 증거를 은폐하기 위해 애썼다.* 2년 뒤, 붉은 행성을 향한 세 번의 플라이바이(행성 주위를 지나가는 우주선이 그 행성의 중력을 이용하여 속도를 바꾸어 가며 궤도를 수정하는 일 — 옮긴이) 시도가 더 이어졌다. 첫 번째 시도는 미국에 스푸트니크 22로 알려진 탐사선이었다. 이 탐사선은 한창 쿠바미사일위기로 전 세계가 긴장하고 있던 10월 24일에 발사되었지만 곧바로 폭발했다(당시 탐사선의 폭발로 인해 큰 소동이 있었는데, 알래스카에 있는 미국의 조기경보레이더로 추락하는 탐사선의 파편이 감지되었고, 핵미사일이 날아오고 있다는 잘못된 경보가 내려졌다). 두 번째 탐사선은 그로부터 일주일 뒤에 발사되었고, 5개월 동안 지구로부터 1억 킬로미터 떨어진 곳까지 날아갔다. 하지만 화성까지 도착을 90일 앞두고 통신시스템이 먹통이 되었다. 세 번째 탐사선은 너무 일찍 폭발해 버렸다.

    1964년 이제 미국이 움직이기 시작했다. 그동안 행성 탐사연구 시도는 별로 성공적이지 않았다. 하지만 미국은 가까스로 매리너 2호를 금성에 보내는 기적을 이루어 냈다(금성을 목표로 했던 매리너 1호, 화성을 목표로 했던 매리너 3호는 실패했다). 1964년 11월 28일, 매리너 3호의 문제를 해결하기 위한 긴급 수리 작업을 진행한 이후, 무게 575파운드의 매리너 4호 탐

---

* 흐루쇼프의 뉴욕 방문은 흔히 "구두 연설" 사건으로 기억되곤 하지만, 정말 그가 당시에 구두를 책상에 두드리면서 분노를 표출했는지는 확실치 않다. 하지만 분명 당시 그가 느꼈을 분노와 절망감은 부분적으로 소련의 화성 탐사 실패 때문이었을 것이다.

사선이 성공적으로 발사되었다. 매리너 4호는 진공관, 자기테이프, 그리고 100와트 전구 세 개 전력에 해당하는 310와트 정도의 전력을 모을 수 있는 2만 8224개의 태양전지를 비롯해 다양한 최첨단 장비부터 아주 원시적인 장비까지 총 16만 8000개의 부품으로 이루어졌다. 이 탐사선은 금성이나 지구 대신 밤하늘에서 두 번째로 가장 밝은 별인 카노푸스를 기준으로 방향을 잡는 데 성공했다. 이것은 과학적으로 큰 도약이었다. 이틀 뒤, 소련은 존드-2호를 발사했지만 지구와 교신이 끊기면서 실패했다.

존슨 대통령은 취임 연설에서 8300만 달러 규모로 진행되었던 매리너 4호 미션을 강조하면서 이렇게 언급했다. "화성으로 향하는 로켓에서 바라봤던 우리 세계를 상상해 보십시오. 그것은 마치 알록달록한 지도가 지구의 대륙을 이루고 있는 어린아이의 지구본이 우주공간에 덩그러니 떠 있는 모습과 같았습니다." 그가 이야기했듯, 우주에서 바라본 지구의 모습은 평화를 갈망하게 만들었다. "우리 모두 지구라는 작은 점에 함께 올라타고 있는 동승자입니다." 존슨은 이렇게 이야기했다. "이처럼 연약한 존재 속에서 우리가 서로를 미워하고 파괴하고 있다는 사실이 얼마나 놀라운 일입니까. 타인에 대한 지배를 포기하고 자연에 대한 지배를 추구할 수 있는 기회는 누구에게나 충분히 존재합니다. 모두 각자의 방식으로 행복을 추구할 수 있는 세상은 충분히 가능합니다."

7월 14일과 15일, 매리너 4호는 붉은 행성을 최초로 촬영한 탐사선이 되었다. 매리너 4호는 화성 표면을 불과 6000마일 거리를 두고 스치면서 초당 8.5비트의 속도로 지구로 데이터를 전송했다. 전송속도가 너무 느렸기 때문에 첫 번째 데이터가 도착했을 때 NASA에서는 공식적으로 데이터를 이미지로 렌더링하기까지 긴 시간을 기다리는 대신, 직접 손으로 색을 칠해서 이미지를 완성했다. 그렇게 최초로 완성된 화성의 이미지는 패서디나의 한 화방에서 사 온 램브란트 파스텔로 픽셀 하나하나를 색칠해서 완성되었다. "화성의 모습을 최초로 본다는 것은 인류 역사상 그 누구도 경험하기 어려운 일이었다." 당시 과학자 중 한 명이었던 브루스 머리는 이렇게 회상했다. 직원들이 데이터를 기다리면서 화면을 지켜보는 사이 두 번째 이미지 데이터가 지구에 도착했고, 또 이어서 세 번째 데이터가 도착했다. 총 스물한 장의 새로운 저해상도 화성 이미지가 지구에 전송되었다. 전체 데이터는 634KB였다. 이것은 오늘날 아이폰으로 찍은 사진 한 장 용량의 6분의 1밖에 안 된다.

과학자들이 화성 사진을 더 자세히 검토할 기회를 갖게 되었을 때, 그들은 지구인에게 아무런 이웃도 존재하지 않는다는 사실을 곧바로 깨달을 수 있었다. 화성의 지각은 황량했고, 고등 생명체의 흔적도, "운하"의 흔적도, 사실상 어떤 종류의 물도 발견되지 않았다("세상에 이건 달이잖아." 한 시스템 엔지니어는 이렇게 생각했다). 매리너 4호의 대기 센서는 극도로 희박한 대기의 존재를 확인했을 뿐이었고, 뼛속이 시릴 정도로 차가운 화성의 표면온도를 확인해 주었다.

린든 B. 존슨 대통령의 취임 연설에서 낙관적인 선언이 있고 7개월 만에, 그는 백악관 이스트룸에 서서 NASA 과학자들과 함께 기자회견을 가졌다. 존슨은 유머를 곁들이면서 브리핑을 시작했다. "오슨 웰스가 사람들을 공포에 질리게 만들었던 순간을 경험했던 당사자 중 한 사람으로서, 여러분들이 본 사진 속 화성에서 생명체의 흔적을 확인할 수 없었다는 점에서 저는 오히려 약간의 안도감을 느끼고 있다는 사실을 고백해야 할 것 같습니다"라면서 말문을 열었다. 그 뒤 그는 방향을 돌려 이렇게 이야기했다. "우리가 알고 있는 지구에서 인류의 삶이라는 것은 어쩌면 많은 이가 생각했던 것보다 더 독특하고 특별한 것일지도 모르겠습니다." 다음 날 《뉴욕타임스》는 1면에 붉은 행성의 크레이터 사진을 거의 4분의 1 가득 채워 보도했다. 그러면서 "화성에 현재 또는 과거 생명체가 존재했을지 모른다는 가능성에 대한 중대하고 치명적인 타격"이 된다고 선언했다.

* *

화성 탐사 결과는 전반적으로 실망스러웠다. 하지만 우주 프로그램에 대한 관심이 다시 높아지면서 긍정적인 측면도 없지 않았다. 정부의 UFO 탐색과 비행접시 연구가 상대적으로 침체되어 있었던 10년이 지나고, 1964년부터 1967년까지 세간의 이목을 끄는 새로운 목격담이 급증했다. 설명할 수 없는 하늘 현상에 대한 연구를 다시 활발하게 해야 한다는 외부 압력이 커지기 시작했다. 역사학자 데이비드 제이컵스는 "이 논쟁의 변방에 있던 사람들까지 적극적으로 나서기 시작했다"라고 썼다. "언론, 대중, 의회, 과학 커뮤니티 모두 UFO에 대한 논쟁에 합류하게 되었다."

소코로 사건이 발생하고 1년이 지난 뒤, ATIC는 블루북프로젝트를 크게 축소한 형태로 운영하고 있었다(그 시점에서 거의 모든 조사는 전화조사로만 이루어지고 있었다). 하루에 한 두 건 정도, 매달 30~50건 정도의 목격담을 꾸준히 접수했다. 특히 1965년 여름에는 거의 400건 가까운 제보가 쏟아진 적도 있었다. 어느 날 밤, 텍사스주 셔먼에서 많은 사람이 하늘에 떠 있는 밝게 빛나는 물체를 목격했다. 현지 경찰서장과 함께 있던 한 뉴스 사진기사는 우연히 경찰의 무전을 듣고 곧바로 댈러스 북서쪽 하늘에 떠 있던 물체를 촬영했다. 보고서는 다음과 같이 설명했다. "사진 속 UFO는 지나치게 밝은 밝기로 인해 과노출되어 촬영되었다." 하지만 목격자들은 이후 그 물체가 "한쪽 끝이 '머큐리 우주선의 캡슐' 모양이고 다른 한쪽 끝은 둥글게 생긴 원통형이라고 묘사했고, 원통 주변에 밝게 빛나는 여러 개의 뚜렷한 띠가 에워싸여 있었고, 그 표면은 원반형의 돌기가 두드려졌다"라고 증언했다.

이 목격뿐 아니라, 그해 여름에 있은 다른 제보들도 언론의 주목을 받았다. 보고서들이 쌓이면서 대중은 이제 공군의 통상적이고 뻔한 설명에 납득하지 않았고, 인내심의 한계를 드러내기 시작했다. 《찰스턴이브닝포스트》는 사설에서 "하늘 위에서 무슨 일인가 벌어지고 있으며, 우리는 공군이 그 정체를 분명 알고 있을 거라 생각한다"라고 썼다. 셔먼에서의 목격 이후 《덴버포스트》도 "이제 더 많은 사람이 UFO 문제를 진지하게 받아들여야 할 때가 되었다"라며 맞장구를 쳤다. "우리가 여전히 UFO에 대해 회의적일지라도, 다양한 형태의 설명할 수 없고 포착하기 어려운 미스터리한 비행 물체에 대한 제보들을 예전처럼 단순히 한여름 밤의 꿈 취급하며 흘려 넘길 수는 없다." 《포트워스스타텔레그램》은 "그들은 이제 우리에게 '비행접시' 같은 건 존재하지 않는다는 거짓말을 멈춰야 한다······. 너무나 많은 사람이 정신이 또렷한 상태에서 비행접시를 목격했고, 또 제보하고 있다······. 그들이 목격한 비행접시에 대한 묘사는 유사한 부분이 너무나 많다. 그것들은 우리에게 익숙한 그 어떤 물체와도 너무나 달랐다"라고 결론을 지었다.

초기 목격들을 무시했던 일부 사람들도 이처럼 목격 사례가 끊이지 않자, 부정적이었던 자신의 입장을 재고하기 시작했다. 펠스천체투영관의 디렉터 I. M. 레빗은 원래 1952년 "워싱턴회전목마" 사건을 단순히 여름철 대기 역전층에서 발생하는 레이더간섭현상으로 치부했던 사람 중 한 명이었다. 하지만 그는 공개적으로 "이제 우리 코앞에서 벌어지고 있는 자연현상에서 우리가 전혀 이해하고 있지 못한 일들이 벌어지고 있다는 사실을 인정해야 한다······. 공군은 설명할 수 없는 무언가를 설명하려고 애쓰고 있다"라고 밝혔다.

그해 가을, 뉴햄프셔주 엑서터에서 또 다른 주목할 만한 사건이 발생했다. 이로 인해 미국 정부의 UFO 조사에 관한 의구심이 더욱 증폭되었다. 9월 3일, 민간인 두 명이 공중에서 불빛을 깜빡이는 거대한 물체를 목격했다고 제보했다. 그들의 주장은 이후 현장에 출동한 두 명의 경찰관의 증언으로 뒷받침되었다. 그들은 "헛간 크기만 한 거대하고 어두운 물체에서 빨간 불빛이 깜빡이고 있었다"라고 증언했다. 한 경찰관은 권총을 꺼냈다가 발포를 포기하고 후퇴했다. 결국 그 물체는 멀리 날아가 버렸다. 엑서터 경찰은 이 목격 사실을 인근의 피스공군기지에 제보했다. 공군기지는 목격자들을 대상으로 인터뷰를 진행하기 위해 장교들을 파견했지만 뚜렷한 합리적인 설명

공군 정보장교 제시 마르셀이 로즈웰에서 발견된 "비행접시"를 들고 포즈를 취하고 있다.

전국적인 UFO 열풍의 시작은 바로 1947년 6월, 케네스 아널드의 목격 사건이었다. 이후 《페이트》를 통해 이 이야기가 다시 소개되면서 더욱 유명해졌다.

도널드 키호 소령은 정부가 비행접시에 관한 진실을 숨기고 있다고 확신하기 시작했다.

에드워드 루펠트 대위(사진 속 가운데 인물)는 훗날 블루북프로젝트의 핵심 인물이 된다.

수십 년 동안, 오하이오주 라이트패터슨 공군기지는 정부가 UFO를 추적하는 주무대였다.

1940년대 후반에서 1950년대에 보고된 많은 UFO 목격 사례들의 정체는 이후 스카이훅 기구 발사였던 것으로 밝혀졌다. 왼쪽 사진은 미네소타주 리플리캠프에서 발사된 기구의 모습으로, 토머스 맨텔 대위가 이 기구를 추격하다가 사망했다.

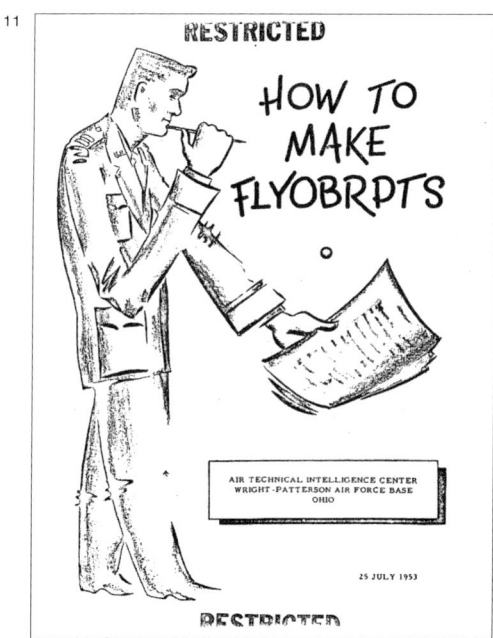

1950년대 공군은 사례 대부분을 일축했지만, 그럼에도 최대한 많은 목격 사례를 수집하고자 했다.

"피접촉자" 조지 애덤스키가 자신을 찾아왔다고 주장하는 여성 외계인의 그림 앞에서 포즈를 취하고 있다.

뉴멕시코주 소코로에서 경찰관 로니 자모라가 목격했던 사건은 블루북프로젝트의 조사관들조차 당혹스럽게 만들었다.

미군은 한때 '프로젝트1794'라는 코드네임으로 자체적으로 비행접시를 개발하려고 했지만, 말 그대로 이륙조차 제대로 하지 못한 채 실패로 끝났다.

17

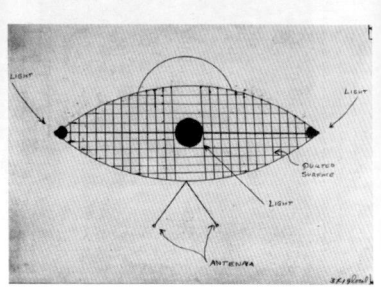

J. 앨런 하이넥은 자신이 미시간주 덱스터에서 보안관들의 목격담을 공유하며 진행했던 "습지 가스" 기자회견을 자신의 커리어 중에서 가장 수치스러운 순간으로 여겼다.

19

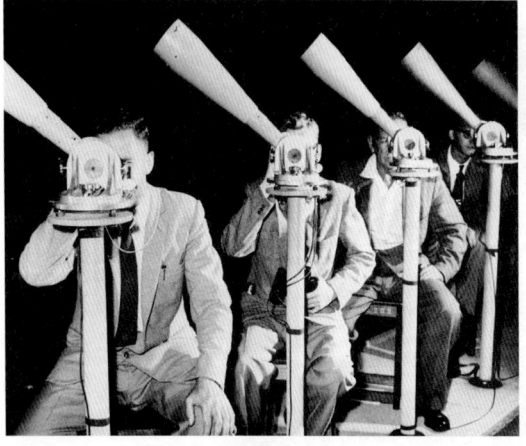

하이넥의 "문워치작전"은 전 세계 민간 자원봉사자들의 도움으로 스푸트니크와 같은 초기 인공위성을 추적했다.

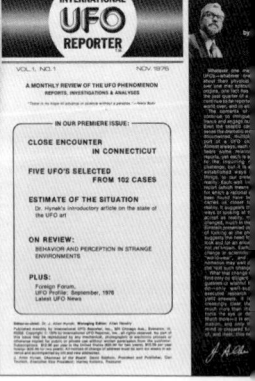

하이넥이 발간한 《인터내셔널UFO 리포터》는 이후 이 분야에서 가장 대표적이고 권위적인 잡지로 자리 잡았다.

그린뱅크천문대에서
시작되었던
프랭크 드레이크의
오즈마프로젝트는
SETI 연구의 선구적인
역할을 했다.

당시 오즈마프로젝트에
사용된 장비는 전혀 특별해
보이지 않았다.

오토 스트루베. 하이넥과
드레이크 두 사람의 멘토.

에드워드 콘던.

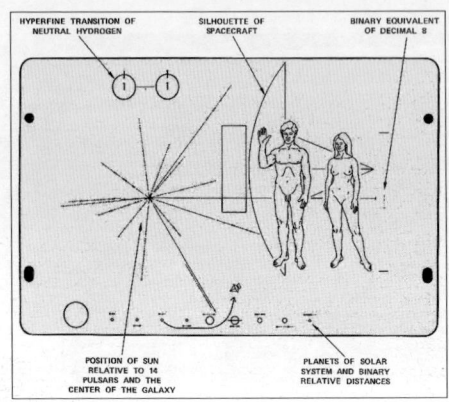

25

프랭크 드레이크와 칼 세이건은 외계 생명체가 이를 발견할 가능성을 대비해, 파이어니어 탐사선에 지구에 대한 정보를 담은 매우 원시적인 그림을 실었다.
(아래는 도판 내 내용을 순서대로 번역한 것이다.
중성 수소의 초미세구조전이 | 탐사선의 실루엣 | 이진법으로 표현한 십진수 8 | 14개 펄서와 우리은하 중심에 대한 태양계의 상대적인 위치 | 태양계 행성들과 이진법으로 표현한 각 행성들의 상대적인 거리)

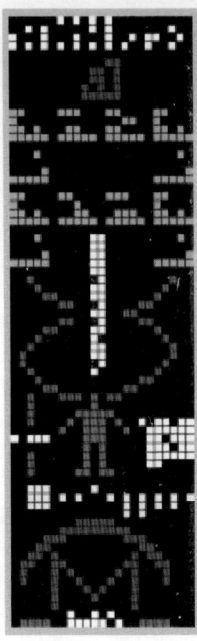

아레시보 메시지는 총 1679비트인 이진수로 구성되어 있었는데, 이것을 해독하면 지구에 관한 다양한 정보로 변환될 수 있도록 설계하였다.

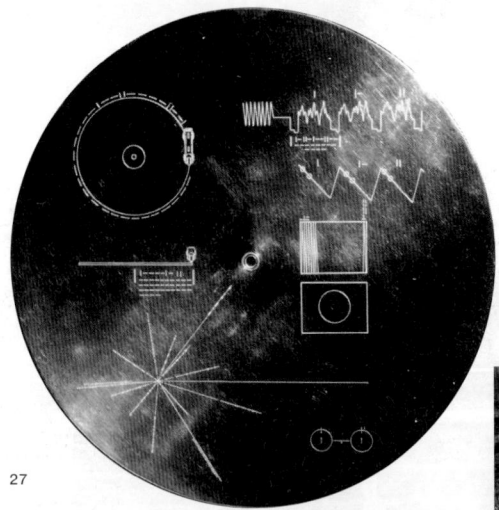

27

보이저 탐사선의 골든 레코드에는 지구의 다양한 이미지와 소리가 담겼다.

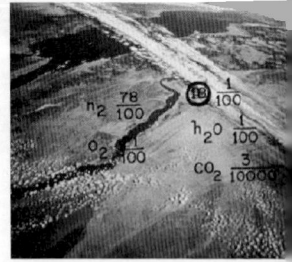

28

을 찾지는 못했다. 한 장교는 펜타곤에 이 사건을 보고하면서 "지금으로서는 이 목격을 설명할 수 있는 설명을 찾을 수 없다. 특히 이번 사건의 목격자인 경찰관 두 명은 침착하며, 신뢰할 수 있는 사람들로 보인다. 내가 목격 장소에서 직접 확인해 봤지만, 그 지역에서 이번 목격에 다른 원인이 있을 가능성을 찾지 못했다. 피스공군기지에서 B-47 항공기 다섯 대가 그 주변 지역을 비행하고 있었다고 하지만, 이번 목격과는 관련이 없을 듯하다"라고 말했다.

공군과 블루북프로젝트의 일부 수사관들이 생각하기에, 이번 사건을 두고 서로 모순되는 설명들이 지나칠 정도로 빠르게 제시되었다. 공군은 대기권의 기온이 역전되면서 이런 현상이 벌어졌을 거라 주장했다. 하지만 블루북프로젝트의 (새롭게 부임한 소령) 헥터 퀸타닐라는 사람들을 혼란스럽게 했던 그 현상의 원인이 야간에 전략공군사령부 폭격기들이 공중급유 작전을 수행했기 때문이라고 주장했다. 하지만 이 설명에 대해 당시 사건을 목격했던 경찰관들을 화를 내며, 자신들이 목격한 것은 단순 착각이 아니었다고 주장했다. 그리고 자신들이 그날 밤 겪었던 "상당한 역경"을 설명하는 구구절절한 편지를 반복해서 보냈다(하지만 답장은 오지 않았다). 이른바 엑서터 사건이라고 불리는 사건은 이렇게 찜찜하게 종결되었다. 하지만 많은 UFO 연구자들과 지지자들이 계속 논쟁에 끼어들고 있어 이 사건은 앞으로도 잊히지 않을 것 같다.

**

J. 앨런 하이넥은 더 제대로 된 자원을 투입해서 공군이 조사에 임해야 한다고 압박했다. 그는 군이 "실제로 거대한 문제가 존재하는지 확인할 수 있도록" 외부 과학자로 구성된 새로운 팀을 구성해야 한다고 주장했다. 이 아이디어는 결국 정보국 책임자 E. B. 르베일리 장군에 의해 블루북프로젝트를 관리감독하는 임시 위원회 창설로 이어졌다. 위원회의 회의는 1966년 2월 3일 하루로 예정되었다. 공군연구위원회 설립자인 브라이언 오브라이언이 의장을 맡았다. 천문학자 칼 세이건, 전 공군 수석 과학자 로너 F. 카터, 군 심리학자 제시 올란스키, 로켓 과학자 리처드 포터, 컴퓨터 분야의 선구자 윌리스 H. 웨어를 비롯한 여러 저명한 인사들과 전문가들도 참여했다. 이들은 오전 8시에 모여서 오전 내내 공군의 UFO 연구와 블루북프로젝트에 관한 두 번의 브리핑을 들었다. 그리고 약 90분 동안 선별된 몇 가지 목격 사례에 대한 검토를 진행했다. 그들은 오전 11시 45분에 점심을 먹기 위해 잠시 휴식을 취했고, 오후 1시 15분 전까지 결론을 내릴 수 있을 거라 기대했다.

다급했던 시간적 제약과 축소된 브리핑이라는 현실을 감안하면, 위원회의 결과가 12년 전에 있었던 로버트슨위원회의 결과와 크게 다르지 않았다는 사실은 전혀 놀랄 일이 아니다. "19년 동안 1만 건 넘는 목격 사례가 제보되고 분류되었지만 현재까지 알려진 과학기술의 틀을 명확하게 벗어날 정도로 만족스럽고 완벽하게 검증된 사례는 없는 것으로 보인다." 임시 위원회는 이렇게 결론 내렸다. "그럼에도 불구하고, 새로운 목격 사례에 관한 분석이 공군에 가치 있는 과학적 지식을 제공할 가능성은 항상 열려 있다." 이를 위해 그들은 UFO 문제를 국가안보의 관점에서 보는 게 아니라 "선별된 목격 사례를 보다 자세하고 깊이 있게 과학적으로 조사할 수 있는 기회를 강화할 것"을 제안했다. 또 그들은 가장 이상하고 설명할 수 없는 사례들이 연간 약 100건 정도 들어오고 있으며, 이러한 목격 사례들에 대해 공군의 정보 부서와 전국 각 대학의 전문가로 구성된 연구 팀을 통해 면밀한 연구가 진행될 필요가 있다고 제안했다. 임상 심리학자, 물리학자, 천문학자 들이 포함된 연구 팀이 "과학적으로 가치 있는 새로운 사실을 밝혀내는" 연구를 추구할 수 있을 것이다. 그들은 또한 보고서가 공개적으로 이용될 수 있어야 하며, "의회 의원 및 기타 영향력 있는 사람들에게 널리 무료로 유포될 수 있어야 할 것"을 제안했다.* 이러한 조치는 더욱 가치 있고 과학적으로 흥미로운 사례에 대한 심층적인 연구 기회를 보장하는 동시에, 불필요하게 과도한 군사기밀의 제약에서 벗어날 수 있게 해 주었다.†

* UFO 연구자들은 수년 동안 조금씩 내용이 다른 오브라이언위원회의 최종 보고서 사본을 세 종류를 확보했다. 주요한 차이점 중 하나는 대중에게 공개되지 않은 "부록 I"을 포함한 마스터 사본이 있었다는 것이다. 이 부록에는 추가 권고 사항 세 가지가 포함되어 있었다. 첫 번째, 북미항공우주방위사령부의 레이더 관측 실수에 대한 연구, 두 번째, 예고되지 않은 풍선 기구 발사 또는 공군의 급유 훈련이 진행된 이후 이와 관련된 UFO 제보를 추적하는 것, 마지막으로 세 번째, 지역 경찰과 더 협력해서 더 많은 UFO 조사에 FBI를 참여시킬 것. 하지만 위원회는 "이를 실천하는 데 위원회가 미처 알지 못하는 문제나 어려움이 있을 수 있다"라고 언급했다.
† 자크 발레는 오브라이언위원회에 대해 덜 낙관적이었다. 그는 "일상적인 연구에서의 진전에도 불구하고, 나는 비관적인 결론에 다다랐다. 이곳에서는 그 어떤 중요한 일도 일어나지 않을 거라 생각했다. 공군은 훨씬 더 중요한 다른 일에 신경을 쓰고 싶어 했다"라고 말했다.

위원회의 최종 보고서는 일상적이고 간략했다. 하지만 내용 곳곳에서 세이건의 영향력을 엿볼 수 있다. 회의 참가자들 중에서 막내이자 유일하게 공군자문위원회에 속하지 않은 멤버였던 그가 토론의 방향을 주도했다는 사실은 대의를 위해서 이 문제에 대한 모두의 시각이 어떤 중요한 변화를 겪고 있었는지를 보여 준다. 당시의 정치적 상황에서 UFO에 대한 세이건의 견해는 세이건 스스로의 개인적 경험에서 큰 영향을 받았다. 엄청난 관심 속에서 하버드 강연을 마친 어느 날 밤 그는 한 청중에게 UFO에 관한 질문을 받았다. 그는 저녁 식사를 하기 위해 서둘러 밖으로 나가던 중 하늘을 가리키며 서 있는 경찰관 두 명과 마주쳤다. "이상하게 빛나는 빛이 머리 위에서 천천히 움직이고 있었다." 하지만 그는 강연을 마친 자신을 따라 나온 청중들이 계속 질문을 할까 계속 걸었다. 하지만 식당에 도착했을 때도 그 빛은 여전히 밝게 빛나고 있었다. 세이건은 동료들에게 "바깥에 정말 대단한 게 있어"라고 말했고, 그들은 서둘러 인도로 나가 그 밝게 빛나는 물체를 관찰했다. "천천히 움직였고, 밝기가 변했고, 소리는 들리지 않았다." 하지만 누군가 쌍안경을 갖고 와서 그 정체를 확인해 보니, 천문 현상으로 보였던 밝은 빛의 정체는 사실 하늘 높은 곳을 날고 있는 NASA의 기상관측 비행기에 불과했다는 사실을 알 수 있었다.

"모두의 반응은 실망이었다." 세이건은 이렇게 회상했다. 그 경험과 그것이 보여 준 가능성은 세이건의 관점을 크게 변화시켰다. "그건 기억에 남을 만한 일이 아니었다. 하지만 만약 그날 누구도 쌍안경을 갖고 있지 않았다면 이야기는 아마 이렇게 달라졌을 것이다. '하늘에 정말 거대한 빛이 있었고, 도시 하늘 위를 맴돌고 있었다. 우리는 그 정체가 뭔지 아무도 알지 못했다. 어쩌면 다른 곳에서 온 방문자였을지도 모른다.' 진정으로 생각해 볼 가치 있는 이야기는 바로 우리가 새로운 시대를 살고 있지만 여전히 일상에서 지루함을 느끼며, 더 강한 새로움을 갈망하고 있다는 것이다. 외계인이 우리를 방문할지 모른다는 아이디어는 문화적으로 받아들여지고 있는 새로운 자극일 뿐이다." 그는 자신과 동료들이 하고 있는 과학 연구가 외부 세계와 전혀 상관없이 고립되어 있는 것이 아니라, 인간 심리 및 지정학과 긴밀하게 연결되어 있다는 사실을 깨달았다. 이러한 믿음은 그가 공군이 초청한 소련과학대표단을 만나러 갔을 때 더 강해졌다. 소련의 대표단에는 외계 생명체에 관한 핵심적인 발언을 하던 사람 중 한 명인 알렉산더 임세네츠키가 있었다. 그는 세이건과 함께 하루 종일 외계 생명체를 탐색하는 방법, 점점 더 늘어 가는 외계를 향한 지구의 탐사선들을 더 확실하게 멸균할 수 있는 최선의 방법에 관해 대화를 나누었다. 대화를 나누면서 세이건은 소련이 포름알데히드와 뜨거운 증기가 섞인 혼합물을 사용해서 루닉 2 탐사선을 멸균했다는 소련의 비밀을 알게 되었다. 나중에 세이건이 소련의 대표단과 작별 인사를 나누는 동안, 미국의회도서관의 직원으로 알려진 한 통역사가 세이건의 훌륭한 정보수집 능력을 칭찬하며, 그가 누구 밑에서 일하는지 물었다. 그 순간, 세이건은 하루 종일 그림자처럼 자신을 따라다닌 그 사람이 어쩌면 미국정보부 요원일지도 모른다는 사실을 깨달았다.

다음 날 세이건은 CIA 샌프란시스코 사무소에 전화를 걸어 평화로운 과학대표단과의 만남에 스파이가 잠입한 것을 두고 불만을 표했다. 하지만 CIA는 침입자에 대해 그 어떤 것도 인정하지 않았다. 이후 며칠 동안 세이건은 더욱 경계를 하면서, 그간의 대화를 곱씹었고 주변에서 기관을 사칭한 사람, 이중 스파이, 또는 정보수집을 방해하는 사람들이 있지는 않았는지를 파악하고자 노력했다. 그리고 2주에 걸친 조사 끝에 그는 답을 얻었다. 자신에게 접근해 정보를 물었던 그 통역사라는 사람은 사실 공군에서 비밀리에 활동하는 정보 요원이었다. 공군과 CIA 두 기관도 서로 소통하지 않았기 때문에 CIA도 그 존재를 알지 못했다.* 세이건에게 이 사건은 그저 마냥 즐겁기만 할 줄 알았던 천문 탐구의 삶이 이 지구상에서 매우 실제적이고 민감한 문제일 수 있다는 현실을 상기시켜 주는 꽤 충격적인 사건이었다.

---

* 2년 뒤, 피렌체에서 열린 또 다른 국제 우주 회의에서 임셰네츠키와 세이건은 회의 참석자들을 위해 진행된 우피치미술관 투어 중 낯익은 얼굴과 마주쳤다. 보티첼리의 작품들이 전시되어 있던 전시장에서 임셰네츠키는 "저 사람은 우리와 로스엔젤레스에서 함께 있던 사람 아닌가요?"라고 물었고, 세이건은 고개를 끄덕였다. 그러자 소련의 과학자는 "아주 어리석은 사람이었죠"라고 대꾸했다.

24장
습지 가스

외계인 관련 엔터테인먼트산업은 1960년대 초기 로큰롤을 제외한 가장 보편적이고 영향력이 있는 문화산업이었을 것이다. 1959년부터 1964년까지 CBS는 다섯 시간에 걸쳐 〈트와일라잇 존〉을 방영했다. 그리고 1963년부터 1965년까지 49화의 에피소드에 걸쳐 방영되었던 또 다른 비슷한 시리즈 〈아우터 리미츠〉는 이상하고 초자연적인 현상들을 마치 세간에 떠오르는 문학작품인냥 다루었고 대중문화 전면에 배치시켰다. 작가이자 TV 프로듀서였던 존 풀러는 엑서터 사건이 벌어진 후 한 달 동안 목격자들을 인터뷰하고 NICAP의 조사 결과를 검토하기 위해 뉴햄프셔의 UFO 커뮤니티에 머물렀다. 며칠 밤낮을 지새우며 하늘에서 벌어졌던 사건의 퍼즐을 맞추면서 시간을 보냈다. 풀러가 보기에 인근에 있던 피스공군기지에서 이륙한 공군의 공중급유기가 혼란을 일으켰을 가능성은 낮아 보였다. 그는 《새터데이리뷰》에 「엑서터에서 벌어진 일」이라는 기사를 썼는데, 이 글은 UFO와 관련된 글 중에서 가장 표준이 되는 글로 평가받게 되었다. 그의 글은 키호 같은 다른 피접촉자들처럼 호들갑을 떨지도 않았고, 또 반대편에 서 있던 멘젤 같은 다른 "고지식한" 과학자들처럼 마냥 부정적이지도 않았다. 그의 글에 대한 사람들의 반응은 그간의 다른 UFO 관련 서적에 대한 반응과는 많이 달랐다. 풀러의 글은 "이성적이고, 제대로 된 연구를 바탕으로 잘 서술되어 있으며, 선정적이지 않은" 것처럼 보였다.

한편 풀러의 글은 날이 갈수록 늘어만 가는 대중들의 호기심을 포착했고 구체화하는 데 도움을 주었다. 동시에 여전히 탄탄한 조사와 명확한 해답이 부족하다는 현실을 우려했다. 하버드의 역사학자 오스카 핸들린은 "정부와 조직화된 과학계가 자신들의 무지를 인정하길 꺼리는 태도가 오히려 대중의 불안을 증폭시키는 역효과를 낳았다"라고 분석했다. 핸들린은 《애틀랜틱먼슬리》에서 풀리의 책에 대한 리뷰를 쓰면서 이렇게 언급했다. "UFO에 대한 증거를 그저 무시하고 일축하는 것만으로는 어딘가에서 찾아온 방문자들에 의해 우리가 감시를 당하고 있으며, 탐사의 첫 번째 단계를 경험하고 있을지도 모른다는 두려움을 불식할 수는 없었다."

핸들린의 생각은 옳았다. 외계인과의 상호작용, 또는 최악의 경우 외계인이 우리를 침공할지 모른다는 생각은 사람들의 문화적 인식 속에 깊게 자리 잡았고 점점 더 많은 과학이 외계 지적 생명체를 비롯해 설명할 수 없는 자연현상에 대한 질문을 더 심각하게 받아들이기 시작했다. 관련된 주제로 학회에서 공개 토론이 열리기도 했고, 심지어 명망 있는 학술지 《사이언스》조차 1966년에는 자신들의 출간 규정을 바꾸면서 지면에 UFO에 관한 토론이 실릴 수 있도록 허용하기도 했다.* 더 많

---

* 이러한 변화가 있었던 이유는 부분적으로 UFO 관련 논쟁이 이제 더 이상 피할 수 없는 주제가 되고 있었기 때문이었다. 《사이언스》의 편집자들과 신문 리뷰어들은 1960년대 후반 시장에 쏟아져 나오기 시작한 키호, 프랭크 스컬리 (과거 『비행접시의 이면』 사기 사건의 배후), 짐과 코럴 로렌젠의 책을 비롯해, 하이넥의 새로운 제자 자크 발레의 저서 『현상의 해부학』 『과학에 대

은 신문들도 미스터리에 대해 공개적으로 질문을 던졌다. 《포틀랜드이브닝익스프레스》는 전국적으로 증가하는 목격 사례와 블루북프로젝트를 다루는 6부작 기획기사를 썼다. 기사는 공군이 "지속적으로 모든 UFO 목격 사례를 별이나 풍선과 같은 단순한 현상을 착각한 것으로 치부하려고 노력했지만 그것은 오히려 시민들의 마음속에 더 큰 의문을 품게 만들었다. 공군의 설명들 중 일부는 논리와 상식에 맞지 않는 것처럼 보였다. 이러한 납득할 수 없는 설명만 고수하는 모습을 보여 주면서 공군은 이 미스터리를 해결하는 데 의욕이 부족하다는 점을 여실히 드러냈다"라고 선언했다.

《접시뉴스》의 편집자 제임스 모즐리도 변화를 느꼈다. 자모라의 목격 이후, 점점 더 많은 사람이 그의 글에 관심을 갖기 시작했고 1966년에는 유료 구독자만 거의 8000명에 이르렀다. 뉴욕 라디오 프로그램의 진행자 롱 존 네벨도 그의 이야기에 지속적으로 관심을 가졌고, 야간 토크쇼 프로그램에서 그의 이야기를 꾸준히 소개했다. 모즐리는 이렇게 회상했다. "당시 상황을 겪지 못한 사람은 1960년대 중후반에 UFO에 대한 사람들의 관심이 얼마나 폭발적으로 늘어나 널리 퍼지고 있었는지 절대 상상할 수 없을 것입니다. 1953년 이후 처음으로 UFO 관련 활동이 수익성을 갖기 시작했다."

UFO에 대한 인식이 크게 변화하고 있던 이러한 분위기 속에서 미국은 앞으로 수십 년의 역사를 통틀어 가장 유명하고 중대한 사건을 경험하게 된다. 미시간 힐스데일대학에서 거의

한 도전》 등 UFO와 관련해 꾸준히 출간되는 책들을 주목했다. 이제 이 책들은 UFO 분야에서 오랫동안 읽히는 고전으로 자리 잡았다.

100명 가까운 학생들이 여학생 기숙사 건물 매킨타이어홀 바깥 습지 위에서 하늘에 떠 있는 밝게 빛나는 물체를 목격했다. 약 네 시간 사이, 지역 민방위 국장과 현지 경찰관에 의해서도 목격되었다. 마치 자동차가 다가왔다가 떠나가는 것처럼 물체의 밝기가 밝아졌다가 어두워졌다.

경찰관 해럴드 헤스는 몇 년 뒤 당시 상황을 이렇게 회상했다. "우리는 하늘에 아주 낮은 고도로 떠 있는 밝은 빛을 목격했다. 너무 밝아서 그 모습을 제대로 볼 수 없었다. 헬리콥터처럼 윙윙거리는 소리도 들리지 않았다." 긴장한 헤스는 권총집에서 권총을 꺼내들었다. 하지만 그의 동료들은 그 물체의 정체가 무엇이든 권총은 아무 쓸모가 없을 거라며 그를 말렸다. "정체가 무엇이든 간에 당신이 들고 있는 그 무기로는 저 녀석에서 아무런 영향도 줄 수 없을 겁니다."

다음 날 밤 약 미시간주 덱스터에서 약 60마일 떨어진 곳에서 경찰관 두 명을 포함한 다섯 명의 사람이 농장 들판 위에서 밝게 빛나는 물체를 목격했다고 제보했다. 지리적으로 인접한 곳에서 한꺼번에 많은 사람에 의해 목격된 이 사건은 빠르게 전국적인 관심을 끌었고, 블루북프로젝트도 개입하지 않을 수 없는 상황이 되었다. 한 공군 장교는 이렇게 말했다. "세 건의 제보가 똑같은 이야기를 하고 있었다. 황동으로 이루어진 무언가 발광하고 있었다고 말이다."*

이에 대응하기 위해 J. 앨런 하이넥이 현장에 파견되었다.

---

* 《워싱턴포스트》는 헤드라인에서 "이번 시즌 첫 번째 UFO 목격"이라고 보도했다. 기사의 첫 문장은 이렇게 시작했다. "봄의 첫 비행접시들이 개나리와 함께 등장했다."

이제 하이넥은 대중적 이미지뿐 아니라 일상생활까지 UFO에 잠식되고 있었다. 가족들과 함께 만든 크리스마스트리에 비행접시 모양의 전구를 장식할 정도였다. 그런 그가 미시간주 현장에 도착했을 때 눈앞에 펼쳐진 상황은 그가 이전에 경험했던 것들과 크게 달랐다. 이제 그는 군인들의 에스코트를 받으면서 군용 지프를 타고 함께 현장 구석구석을 돌아다녔다. 목격자들을 인터뷰하기 위한 기자들의 취재 열기도 뜨거웠다. 하지만 목격자들의 기억은 그다지 일관성이 없었다. 하이넥은 얼마 지나지 않아 목격자의 수가 아주 많다는 점을 제외하면 미시간주 사건에 더 설득력 있고 흥미로운 사실이 없다는 사실을 깨달았다. 하이넥은 사람들이 하늘에서 봤다고 하는 빛나는 물체의 사진을 보자마자, 그것이 달과 금성이 함께 하늘 위로 떠오르는 장면이라는 사실을 눈치챌 수 있었다. 하지만 이미 사람들 사이에는 심각한 두려움이 퍼진 상태였다. 하이넥은 이렇게 회상했다. "진지한 조사를 할 수조차 없는 수준이었다." 조사기간 첫 번째 날 밤, 그는 경찰차를 타고 또 다른 목격 현장으로 이동했다. 경찰관들이 하늘에서 움직이는 물체를 추적한 끝에, 똑같은 교차로에 모여들었다. 하이넥은 당시 상황을 이렇게 회상했다. "남자들이 차에서 내리자마자 하늘을 가리키면서 흥분한 목소리로 외치기 시작했다. '저기요! 저기 있어요! 움직이고 있어요!' 하지만 그건 움직이고 있지 않았다. 그건 확실히 큰곰자리의 국자 손잡이를 쭉 따라가면 쉽게 찾을 수 있는 별 아르크투루스였다. 그 별은 있어야 할 자리에 잘 있었다." 그는 "그저 다양한 빛에 대한 제보만 알 수 있었을 뿐이다"라고 말했다.

현장에 머무는 동안 하이넥은 기자회견의 압박을 받았고

상황은 더욱 악화되었다. 그는 디트로이트프레스클럽의 연단 앞에 섰다. 그의 눈앞에 생전 처음 보는 많은 수의 기자가 모여 있는 게 마치 "서커스" 같았다. 그는 충분한 시간을 갖고 여유롭게 사건을 조사할 수 없었다는 사실을 잘 알고 있었다. 하지만 동시에 현장에 와 있는 사람들이 무언가 답을 갈구하고 있다는 것도 잘 알았다. 그는 마지못해서 미시간대학교의 한 식물학자가 제안했던 가설을 언급했다. 일명 "습지 가스"라고 불리는 연소 현상이었다. 습지에서 식물이 부패하면서 식물에서 발생한 메탄, 이산화탄소, 포스핀 등 여러 성분이 혼합된 가스가 방출되고 스스로 불이 붙으면서 어두운 밤에 깜빡이는 빛을 발하는 현상을 말한다. 하이넥은 미시간주의 다른 과학자 몇 명과 함께 이에 대해 후속 연구를 진행했는데, 특히 얼음이 녹는 봄이 오면 얼음 속에서 부패하고 있던 식물이 노출되면서 습지 가스가 생성될 가능성이 더 높아진다는 사실을 확인했다.

그렇다, "습지 가스"였다. 하이넥은 기자들에게 설명했다. "이 특정 사건의 경우, 대부분의 목격이 습지 주변에서 벌어졌다는 점은 결코 우연이라고 보기 어렵습니다."

언론은 이 설명을 전국적으로 보도했다. 그리고 이후 수십 년 동안 신문과 잡지는 습지 가스라는 설명을 조롱하는 만화와 사설을 실었다. 미시간주의 주민 그 누구도 이 설명을 받아들이지 않았다. 덱스터 목장에서 사건을 목격했던 프랭크 매너는 "나는 그냥 평범한 사람이지만, 내가 본 게 뭔지 정도는 알고 있소. 그런 식으로 설명할 순 없어요"라고 말했다. "그건 단순한 도깨비불이나 환영 같은 게 아니었소. 그건 분명 어떤 물체였어." 그다음 날 《앤아버뉴스》는 기사에서 하이넥의 어설픈 설명이 오히려 "사람들을 분노하게 만들었다"라고 보도했다. 현지 경찰관을 비롯해 주민들은 하이넥의 설명을 듣고 분노했다. 하이넥은 가능한 한 빨리 현장으로부터 도망쳐 나왔다.

이 순간은 하이넥이 UFO와 관련해 겪었던 가장 최악의 순간이었을지 모른다. 하지만 우연하게도 이것은 의회에서 작은 진전을 이루는 결과를 낳았다. 공화당의 하원 대표 제럴드 포드는 자신의 고향에서 벌어진 이 사건에 흥미를 느꼈다. 그리고 또 다른 미시간주 의원 웨스턴 비비안과 함께 군사위원회에서 UFO에 관한 최초의 공식 청문회를 열어 달라고 요청했다.* 포드는 자신의 지역구 라디오 연설에서 "이건 아주 진지한 문제입니다. 동시에 이런 종류의 이슈는 어느 정도 비판을 받기도 쉽습니다"라고 언급하면서 이 주제에 대해 "특별한 관심"을 갖고 있다는 사실을 시인했다. 그는 기자들에게 자신도 하이넥의 설명만으로는 납득할 수 없다고 이야기했다. 특히 UFO를 믿는 추종자들과 목격자들이 보낸 편지를 읽고, 공군에서 비밀리에 진행하는 프로젝트에 대해 더 공개적이고 객관적인 조사가 이루어져야 한다고 촉구하는 신문 칼럼을 읽고 나서 그의 생각은 더 확고해졌다. 그는 지역구 언론에서 다음과 같이 선언했다. "우리는 UFO에 대한 신뢰를 확립하고, 이 주제에 가

---

* 당시 언론에 보도된 포드의 발언을 보면 UFO를 일종의 일상적 주제로 여기고 있다는 점을 알 수 있다. 당시 백악관에서 최신 인플레이션 수치가 발표되자, 포드는 이렇게 농담했다. "2월 소비자물가지수의 상승률 0.05퍼센트에 대해 설명하느라 허둥지둥대고 있는 존슨 행정부의 경제학자들의 꼴이 딱 비행접시 보고서 내용을 발표하는 공군의 모습과 비슷하네요."

능한 한 큰 깨달음을 제공할 의무가 있다. UFO를 봤다고 주장하는 모든 사람들을 전부 믿을 수 없는 거짓말쟁이로 치부해야 하는 걸까?"*

* *

포드의 의도는 숭고했지만, 하이넥과 키호를 비롯해 정부를 압박하면서 오랜 세월을 기다렸던 이들은 1966년 4월 5일 청문회의 결과를 보고 크게 좌절했다. 의회 브리핑은 미시간주 습지 가스 목격 사건에 대한 하이넥의 보고와 오브라이언위원회의 최종 보고로 구성되었다. 보고서의 결론 대부분은 대학 연구기관 주도로 새로운 연구를 할 필요가 있다는 뻔한 내용일 뿐이었다.† 보고서는 새로운 사실을 밝혀낼 가능성을 의도적으로 줄이기 위해 쓰여진 것처럼 느껴졌다. 게다가 사건의 진상을 파헤치기 위해 소환된 증인이 겨우 세 명뿐이었다는 점도 모욕적으로 느껴졌다. 소환된 증인은 공군참모총장 해럴드 브라운, 블루북프로젝트의 책임자 퀸타닐라 소령, 그리고 하이넥뿐이었다.

브라운이 입을 열었다. "미국 상공에서 발생하고 있는 이

---

* 성급하고 경솔한, 그리고 어처구니없는 결론은 지역사회가 목격자들에게 등을 돌리게 만들었다. 발레는 사건의 주요한 목격자들이 "그 지역사회로부터 조롱과 따돌림을 받는다"라고 기록했다. 하룻밤 사이에 이웃들은 목격자들의 집을 망가뜨리고, 창문을 깨뜨리고, 차에 돌을 던졌다. 시도 때도 없이 장난 전화를 걸어서 "화성인 대장!"이라고 놀리기도 했다.
† NICAP은 많은 양의 자료와 제보서를 위원회에 제출했고, 이것은 87페이지 분량의 청문회 기록 대부분을 차지했다. 그러나 실제 비행접시를 목격한 목격자들의 증언은 전혀 담기지 않았다.

례적인 비행 물체들에 관한 모든 제보에 대해 공정하고 철저하게 처리하고 있다고 자신 있게 말씀드립니다. 지난 18년 동안 식별되지 않은 비행 물체들을 조사하는 과정에서 우리의 국가 안보를 위협하는 그 어떤 징후도 확인되지 않았으며, 이 미확인물체들이 우리의 현대 과학 지식 수준을 넘어서는 기술을 대표한다는 증거, 또 외계인들이 타고 온 우주선이라는 증거는 발견되지 않았습니다. 하지만 공군은 가능한 한 최고의 기술과 장비를 동원해서 이런 이상 현상들에 대해 열린 마음으로 계속 조사를 해 나갈 것임을 밝힙니다." 이것은 강력한 선언이었다. 하지만 청문회 의장을 맡고 있던 L. 멘델 리버스 의원이 "지금까지 공신력 있는 사람이나 중요한 인물들 중에서 이 물체들이 다른 행성이나 바깥 우주에서 왔다고 주장한 적이 있습니까?"라고 질문했고, 이 질문을 듣는 순간 하이넥과 키호, 그리고 군의 공식적이고 과학적인 조사에 기대를 걸고 있던 사람들은 좌절감을 느꼈다.

브라운이 답했다. "우리 조직 내에서 이에 대한 상세한 지식을 갖고 있는, 과학적 지위나 행정적인 지위를 가진 사람들 중에서 이것이 외계에서 왔다고 믿고 있는 사람은 아무도 없습니다." 다시 한번 부정당했다.

하이넥은 상황을 수습하기 위해 노력했다. 발언권을 얻은 하이넥은 아직 명확하게 설명하지 못한 "잘 문서화된 스무 건의 UFO 목격 사례"를 강조하면서 이야기했다. 해당 사건들을 제대로 설명할 수 없는 이유는 단순히 아이디어가 부족하기 때문이 아니라, 기이한 현상의 진짜 원인이 우리 과학의 경계를 벗어나는 일일 수도 있기 때문이라고 말했다. 하이넥은 이렇게 설명했다. "진정으로 미스터리한 사건을 다룰 때 우리는 일종의 고정관념을 갖고 있습니다. 조사가 충분히 오래 진행되면 반드시 잘못 식별되었던 물체가 제대로 확인될 것이라 단정 지으며, 애초에 목격 자체가 착각이었을 거라고 판단하는 경향이 있습니다." 한편 그는 "여전히 UFO를 완벽하게 설명할 수 있는 가설이 부족하다는 중요한 문제가 있습니다. UFO는 결국 전적으로 헛소리이거나, 외계인들이 지구를 방문하기 위해 타고 온 우주선일 것이라는 극단적인 결론으로만 향합니다. 과학적으로 더 공정하게 다루기 위해서 이제 우리는 덜 극단적인 또 다른 가능성도 검토할 필요가 있습니다"라고 이야기했다.

이후 그는 덧붙였다. "미스터리 같은 사례들이 존재하지만, 내가 아는 한 [이러한] 물체들이 외계에서 왔다고 주장할 정도로 유능한 과학자는 없습니다."

"그렇다면 당신이 찾고 있는 것은 자연현상에 근거한 설명이라는 뜻인데, [그러나] 지금까지 가능한 설명을 찾지 못한 건가요?" 베이츠 의원이 질문했다.

"네." 하이넥은 짧게 답했다.

한 시간에 걸쳐 진행된 청문회에서 의원들은 각자 UFO에 대해 더 진지하고 심각한 주의를 기울일 필요가 있다고 촉구했다. "진지하게 말씀드리자면, 버몬트 주민들은 우리 주변에서 벌어지고 있는 목격들을 아주 심각하게 우려하고 있습니다." 로버트 스태퍼드 의원이 말했다. "신뢰할 수 있는 사람들조차 스스로 이해할 수 없는 이상한 현상을 겪었습니다." 다른 여섯 개의 주를 대표하는 지역구의원들도 비슷한 감정을 갖고 발언했다. 청문회 말미에 브라운은 오브라이언위원회의 권고안에 따라 민간 대학 주도로 더 깊은 연구를 진행하도록 할 계획이라고 발표했고 청문회를 마쳤다.

그로부터 몇 주 뒤, 1966년 5월, 여전히 UFO에 대한 국민적 관심이 뜨거웠던 사이, 월터 크롱카이트는 〈UFO: 친구, 적, 그리고 환상〉이라는 다큐멘터리를 제작했다. 멘젤과 키호를 비롯해 이 주제에 관해 알려진 인물들을 인터뷰했다. 그리고 피접촉자들이 모여서 진행했던 자이언트록우주선총회, 레이더병, 천문학자, 그리고 정부 관료 들과 인터뷰를 가졌다. 역사학자 제이컵스는 "프로그램의 주제는 명확했다. UFO가 잘못된 착각, 망상, 사기, 그리고 믿고 싶은 것을 믿는 사회적 스트레스의 산물이라는 것을 보여 주고자 했다"라고 분석했다. 그럼에도 크롱카이트는 방송 말미에 약간의 희망적인 메시지를 제공하기는 했다. 그는 시청자들에게 "어제의 환상은 내일의 현실이 됩니다"라는 멘트를 상기시켰다.

그해 여름, 갤럽 조사에 따르면 미국인의 거의 절반 가까운 46퍼센트가 비행접시가 실제로 존재한다고 믿고 있다는 결과가 나왔다. 이렇게 UFO의 새로운 시대가 시작되고 있었다.

25장
UFO 격차

미시간주 청문회 이후 UFO 연구에 대한 지원과 인식이 향상되면서 어떤 면에서는 도움이 되었다. 하지만 다른 면에서는 해가 되기도 했다. 과학자와 연구자 들은 이제 홀로 스스로를 방어해야 하는 상황에 더 자주 직면했다. 특히 미시간주 사건 이후 하이넥은 UFO 관련 조사가 정신적으로 지치고 고립되는 일이라는 사실을 깨닫기 시작했다. "가끔 정말 환상적이고 놀라운 사건을 만나기도 했지만, 그러고 나면 또 끔찍한 사건들이 연달아 벌어지기도 했다. 아무것도 아닌 시시한 사건들을 연속해서 만나기도 했다. 그건 마치 도박꾼에게 안 좋은 패가 연달아 나타나는 느낌이었다. 나는 '결국 이 모든 건 터무니없는 것 같아'라는 회의적인 감정을 느끼면서 UFO 우울증 단계에 빠지곤 했다. 그러다가 또 몇 주가 지나면 다시 놀라운 사건이 벌어졌고 언제 그랬냐는 듯이 혈압이 치솟고 흥분했다." 발레와 함께 일하면서 하이넥은 종종 고독한 여행을 하는 기분이 들었다. 그는 자신의 개인적인 관심사와 프로페셔널 천문학자로서 커리어 사이에서 끝없는 갈림길에 서야 했다. 아직 천문학자로서 자신의 커리어가 성장 중이라는 사실을 잘 알고 있었기 때문에 그는 스미스소니언 위성 추적 프로젝트처럼 전문적인 프로젝트에서 자신의 입지를 안정적으로 유지해야 했다. 안정된 삶을 살려면 그는 자신이 정말 좋아하는 것에 솔직할 수 없었다. 그는 자신이 천문학계 주류에서 한참 벗어나 있다는 사실을 잘 알고 있었다. "오하이오주립대학교는 하버드가 아니다"라고 솔직하게 이야기한 적도 있다. 그는 더 이상 자신의 운을 시험하고 싶지 않았다. 그는 UFO와 관련해 자신보다 더 권위 있고 힘 있는 사람들조차 흔들리는 것을 목격했다. NICAP 이사회 멤버인 로스코 힐렌코터 제독도 끝내 의회에서 진지한 청문회를 이끌어 내는 데 실패했고, 전 CIA 국장도 워싱턴을 움직이기에는 역부족이었다. 그런 상황에서 대체 그가 무엇을 할 수 있겠는가?

미시간주에서 최근에 있었던 일로 인해 하이넥은 UFO를 믿는 대중들로부터 분노의 대상이 되었다. 정부의 무관심에 의문을 갖고, UFO의 해답을 찾고 싶어 했던 사람들은 이제 서슴지 않고 하이넥에게 맞섰다. 1966년 6월 어느 날, 애리조나대학교에서 대기물리학을 가르치는 한 교수가 예고도 없이 불쑥 에버스턴에 있는 하이넥의 사무실로 찾아왔다. 그 교수는 하이넥에게 군과 과학자들이 UFO의 미스터리에 더 제대로 대응하도록 노력을 기울이지 않는다며 분노를 표했다.

갑작스럽게 하이넥을 찾아간 45세의 제임스 맥도널드는 1954년 네 명의 기상학자들과 함께 투손 외곽의 사막에서 차를 몰고 가던 중 UFO를 목격한 적이 있었다. 차 안에 타고 있던 누구도 그 물체의 정체를 식별할 수 없었다. 남쪽 샌타리타산맥 상공에서 밝은 물체가 보였다. 대학교 천문학과에서는 목격된 물체의 방향을 봤을 때 단순한 별이나 행성일 수 없다고 확신에 찬 답을 주었다. 맥도널드가 공군에 사건을 제보했을 때, 그는 "전문가로서 이렇게 자세한 목격담을 제보해 주셔서 감사한다"라는 형식적 감사 답변만 받았을 뿐이다.

하지만 공군의 정중한 무시는 맥도널드를 포기하게 만들지 못했다. 그해 봄, 오브라이언위원회가 있고 나서, 맥도널드는 오브라이언에게 여름 내내 지속적으로 군의 오래 묵은 UFO 보고서들을 학술적으로 다시 조사해야 한다고 주장했다. 오브라이언의 격려와 지지 속에서 그는 라이트패터슨의 블루북프로젝트 문서에 접근할 수 있는 기회를 얻었고, NASA로부터 1300달러의 지원금을 받아 연구를 시작할 수 있었다. 그는 파일 속 목격담, 목격자들의 신상 및 관련 정부 보고서들을 정리하면서 이 주제와 관련해 자신이 원래 생각했던 것 이상의 더 비밀스러운 무언가 존재하며, 대중에게 알려지지 않은 거대한 비밀이 숨어 있다는 확신을 갖게 되었다. 그는 검열되지 않은 버전의 로버트슨위원회 보고서 전문을 읽고 나서 블루북프로젝트 담당자에게 "당신들은 참 혼란스러운 사건에 연루되었군요"라고 말했다(이 문건들이 정부 소속이 아닌 민간인에 의해 검토된 것은 이번이 처음이었다). 맥도널드는 고위급 연락망을 이용해 공군기지의 사령관과 직접 회동의 기회를 만들었다. 45분에 걸쳐 진행된 회의에서 그는 그동안 공군이 했던 노력들은 기껏해야 농담 수준에 불과하다고 거듭 말했다.

이제 하이넥과 함께 린드하이머천문대 바깥 호숫가를 산책하게 된 맥도널드는 발레와 또 다른 대학원생도 함께 만났다. 그는 자신이 느낀 좌절감에 대해 토로하면서, 지난 20년간 이어진 은폐에 대해 하이넥도 최소한 부분적인 책임이 있다고

비난했다. "사람들의 설명은 순 헛소리예요. 대체 어떻게 그렇게 오랫동안 입을 닫고 살았어요?"*

하이넥에게 이런 언어적인 공격은 어느 정도 공감대를 형성하게 해 주었다. 그는 맥도널드를 쫓아내지 않고 몇 시간 동안 자신의 사무실과 점심 식사 자리에 데리고 다니면서, 그동안의 UFO 조사 과정에서 자신이 느꼈던 다양한 문제점에 대해 이야기했다. 블루북프로젝트에서 무관심하고 진지하지 못한 태도로 일관했던 공군 책임자들, 특히 루펠트의 후임자에 대해 갖고 있던 불만을 표출했다. 하이넥은 그 후임자가 은퇴할 때까지 그저 주식시장을 모니터링하는 데만 관심을 갖고 있었다고 욕했다(실제로 군 전역 뒤 그는 곧바로 증권사를 열었다). 하이넥은 그날 맥도널드와 나눴던 대화에 대해 "매우 꽉 끼는 신발을 드디어 벗은 듯한 시원한 기분이 들었다"라고 회상했다. 비록 맥도널드가 하이넥의 모든 생각에 완벽하게 공감하고 이해하지는 않지만, 자기 말에 귀를 열고 이야기를 들어 주는 사람이 있다는 사실을 알고 마음을 열었다.

맥도널드의 갑작스러운 방문이 있고 나서 며칠 뒤, 하이넥은 뉴욕에서 엑서터 사건에 관한 책을 쓴 존 풀러, 그리고 UN 사무총장 우 탄트를 만났다. 우 탄트는 특히 종교적 신념 때문에 미국 정부의 UFO에 대한 접근방식에 대해 많은 의문점을 갖고 있었다.

우 탄트가 하이넥과 대화를 나누면서 말했다. "나는 불교도입니다. 우리는 우주 전역에 생명체가 존재할 거라 믿습니다."

---

* 발레는 일기에 이날 일을 이렇게 남겼다. "이 사람은 많은 인맥과 아이디어를 갖고 있었고, 아무것도 두려워하지 않았다."

하이넥이 답했다. "대부분의 천문학자들도 그 생각에 동의할 겁니다. 문제는 '그들'이 엄청난 거리를 여행해서 지구에 와야 한다는 사실을 감안했을 때 대체 어떻게 이곳까지 올 수 있는 건지를 알아내야 한다는 겁니다."

그러자 UN 사무총장이 답했다. "어쩌면 그들의 수명은 몇 년 정도가 아니라 몇 세기 수준일지 모릅니다. 그들에게 이곳을 방문하는 것은 우리가 겨우 몇 블록 걸어 다니는 것처럼 간단한 일일 수도 있어요."

* *

맥도널드는 군이 의도적으로 UFO와 관련된 논의에서 손을 떼기로 결정했다고 확신했다. 하지만 현실은 달랐다. 사실 공군과 정부는 몇 개월 동안 오브라이언위원회가 촉구했던 것보다 더 열정적으로 UFO에 관한 심층 연구를 해 줄 수 있는 대학 연구 기관을 찾기 위해 고군분투했다. 하지만 하버드, MIT, 캘리포니아대학교, 노스캐롤라이나대학교 모두 거절했다.* 결국 정부 관계자들은 콜로라도대학교의 답을 받아 냈고, 약간의 설득 끝에 국립표준기술연구소(NIST) 전임 소장이자 유명한 핵물

---

* 사실 노스웨스턴대학교는 이 프로젝트에 관심이 많았다. 하이넥은 항상 멘젤에 대해 회의적이었던 라일 보이드에게 프로젝트를 함께 이끌도록 했지만, 실망스럽게도 미군은 노스웨스턴대학교의 참여를 거부했다. 국방부는 UFO 문제와 관련된 기록이 전혀 없는 깨끗한 학교가 프로젝트를 맡아야 한다는 입장을 고수했는데, 이에 대해 하이넥은 "마치 식당을 열면서 요리 경력이 전혀 없는 셰프를 찾는 꼴"이라고 비판했다. 그해 6월, 국방부 회의 결과에 실망한 하이넥은 자신이 마치 공군에 있는 모세의 신세 같다고 이야기했다. 오랜 세월 동안 과학적 조사라는 약속의 땅을 찾아왔건만, 결국 그는 자신이 바랐던 땅에 갈 수 없게 되었다는 뜻의 자조적인 발언이었다.

리학자였던 에드워드 콘던에게 연구 책임자를 맡길 수 있었다. 1966년 10월 창설된 이 새로운 조직은 이후 콘던위원회라는 이름으로 알려지게 되었다. 이 조직은 최근 20년 사이, 정부가 과학자들을 공식적으로 모아서 UFO 문제를 연구하도록 지시한 두 번째 시도였다. 비행접시의 냉전 시기에 아주 결정적인 전환점이 되는 순간이었다.

미국물리학회의 전임 회장이었던 콘던은 논쟁의 여지가 있는 이 직책을 맡을 만한 가장 과학적이고 동시에 정치적인 자격을 갖춘 인물로 여겨졌다. 1929년, 그는 미국 최초의 양자역학 교과서를 공동집필했고, 제2차세계대전 당시 핵무기 경쟁에서 베테랑으로서 폭탄을 제조하는 데 필요한 우라늄을 분리하는 데 큰 도움을 주었다. 전쟁이 끝난 뒤에는 핵무기 사용에 관한 공개적인 논쟁에서 항상 빠지지 않고 등장하는 인물이 되었다. 그는 민간과 국제 협력을 이끌어 냈다. 하지만 국제 협력을 위한 그의 노력은 FBI 국장 J. 에드거 후버와 젊고 야심 찬 반공주의자 의원이었던 리처드 닉슨, 그리고 하원의 반미활동조사위원회(HUAC)의 의심을 받았다. 그는 보안 허가를 받기까지 많은 조사를 받아야 했다. 1948년 반미활동조사위원회 보고서는 그를 "우리의 핵안보에서 가장 약한 고리 중 하나"라고 평가했지만, 결국 모든 조사 끝에 그의 결백함이 입증되었다.* 이런 논란이 있는 가운데 그는 《사이언스》를 발행하는 비

---

* 이 견해에 대해 콘던은 거칠게 답했다. "만약 내가 핵안보에서 가장 약한 고리 중 하나라는 것이 사실이라면, 오히려 매우 기쁘다. 그것이야말로 국가가 절대적으로 안전하다고 느낄 수 있는 근거이기 때문이다. 나의 일평생 경력에서 드러나듯 나는 완벽하게 신뢰할 수 있으며, 충성스럽고, 양심적이며, 국가의 이익에 헌신적인 사람"이라고 솔직하게 응대했다.

영리단체인 미국과학진흥협회(AAAS)의 회장으로 선출되기도 했다. 이것은 그에 대한 동료들의 신임을 보여 주는 대표적 증거였다. UFO 위원회 의장이라는 새로운 직책을 맡기 몇 년 전, 《새터데이리뷰》는 그의 약력을 소개하면서 그를 "인류에 깊은 관심을 갖고 있는 가장 윤리적이고 열정적인 사람이다. 과학자들 사이에서 흔치 않은 인물로, 원칙에 충실하고, 불의에 타협하지 않는 사람이다. 그는 자신의 생각과 입장을 모호하지 않게, 단호하고 확실하게 밝히는 사람이다. 그에게 모호함은 혐오스러운 것이며, 그는 기회가 있을 때마다 자신의 입장을 분명하게 밝히려고 노력했다"라고 묘사했다.

콘던위원회에 직접 참여하지는 않았지만, 하이넥은 이를 "개인적인 승리이자 정당한 일"이라며 축하했다. 하이넥은 UFO가 과학적으로 진지한 연구 대상이 될 가치가 있다고 생각했다. 결국 수십 년이 지난 뒤 하이넥의 바람대로, 비행접시 현상에 관련된 질문이 비로소 진짜 과학자들에 의해 다뤄지기 되었고, 모든 다양한 가능성을 열어 두고 충분한 시간과 인력을 투입해서 제대로 연구를 할 수 있게 되었다. 위원회 창설이 발표되던 날 밤, 하이넥은 아내와 함께 밖에서 술을 마셨다. 그로부터 몇 주 뒤, 그는 위원회 멤버로 새로 선정된 일부 사람들과 저녁 식사를 함께했다. 그 자리에서 그는 태어나서 거의 처음으로, 드디어 자신을 괴짜 화성인 취급하지 않는 사람들과 함께 있는 듯한 안락한 기분을 느꼈다.

위원회가 본격적인 작업을 시작할 무렵, 하이넥은 《새터데이이브닝포스트》에 UFO에 관한 네 가지 가설을 제시하는 기사를 실었다. 첫 번째 가설은 비행접시 관련 제보가 "전적으로 터무니없는 헛소리이거나 사기 또는 환각의 결과"일 가능성을 다루었다. 이에 대해 그는 "충분한 증거가 쌓이면서 이제 입증의 책임은 UFO가 전부 사기라고 주장하는 비판론자들에게 넘어갔다"라며 이 가능성을 일축했다. 두 번째 가설은 "비밀리에 시험 중인 어떤 종류의 군사 무기"일 가능성이었는데, 그는 목격 사례들의 지리적 범위와 광범위함을 근거로 그럴 가능성이 낮다고 설명했다. 세 번째 가설은 UFO가 정말 외계에서 왔을 가능성이었는데, 그는 "공군의 의견에 동의한다. 미스터리한 방문자가 지구에 왔다고 확신할 만한 명백한 증거는 없다"라고 말했다. 하지만 "이 가능성을 완전히 배제하는 것도 어리석은 일"이라고 언급했다.

그는 계속 이어 갔다. "우리는 모두 이 지구 위의 우리가 어떤 식으로든 독특하고 특별한 존재일 것이라는 우주적으로 편협한 관점에서 벗어나지 못하고 있다. 별의 개수는 1 뒤에 0이 스무 개 넘게 이어질 만큼 많다. 그런데 왜 우리의 태양이 우주에서 지적 생명체를 거느리고 있는 유일한 별이어야 할까……. 지금까지 제보된 UFO 목격담을 마냥 조롱하는 일부 회의론자들은 '비행접시'들이 왜 우리와 적극적으로 소통하려 들지 않는지에 대해 묻고는 한다. 그들의 질문에 대한 한 가지 가능한 답은, 애초에 왜 그들이 그래야만 하느냐는 것이다. 우리는 호주에서 발견되는 새로운 종류의 캥거루와 굳이 의사소통을 하려들지 않는다. 우리는 그저 새로 발견된 동물을 관찰만 할 것이다."

마지막으로 하이넥은 "우리가 아직 설명하지 못하거나 상상조차 할 수 없는 어떤 종류의 자연현상"일 가능성이 있다고 언급했다. 그의 설명에 따르면, 특히 그의 세대가 이미 경험했던 과학혁명의 역사를 고려해 봤을 때 어떤 면에서 이 가설이 가장 가능성이 높아 보였다. "지난 100년 동안 우주에 대한 우리의 지식이 얼마나 변해 왔는지를 생각해 보라. 1866년에 우리는 핵에너지에 대해 전혀 몰랐다. 그뿐만 아니라 원자에 핵이 존재한다는 사실조차 몰랐다. 100년 전 대체 누가 텔레비전이란 게 발명될 거라고 기대했겠는가? 앞으로 100년 동안 우리 세계에서 또 어떤 놀라운 사실을 알게 될지 우리가 감히 이야기할 수 있을까?" 하이넥은 《새터데이이브닝포스트》에서 독자들에게, 그동안 공군이 UFO 목격 사례 "대부분"을 전부 세이건의 경우처럼 기상관측 풍선, 별, 혹은 평범한 비행기의 고공비행 등 합리적으로 보이는 방식으로 설명할 수 있다고 하면서 진실을 숨기고 있다고 거듭 주장했다. 하지만 그는 "대부분"의 목격 사례를 설명할 수 있다고 해서 군이나 과학자들이 "모든" 현상을 설명할 수 있다고 확대해서 받아들일 수는 없다고 말했다. 물론, 이 세상 바깥에서 우리를 뛰어넘는 첨단기술을 갖고 있는 외계의 방문자들이 우리를 찾아왔다는 확실한 "증거"는 없었지만, 분명 몇 가지 매우 상세하고 신뢰할 만한 이해할 수 없는 목격 사례들이 존재한다는 것도 사실이었다. 진정한 미확인비행물체였다.

이제 에드워드 콘던은 현장 인터뷰, 조사 그리고 사건 파일에 대한 검토뿐 아니라, (H. G. 웰스가 일으켰던 〈우주 전쟁〉 소동과 같은) "루머 현상"에 대한 사회심리학적 실험, 그리고 하이넥이 가장 싫어했던 습지 가스 가설에 대한 실험 등, 다양한 실험을 진행하는 데 필요한 약 50만 달러에 달하는 자금을 확보했다. 이 연구를 통해 그는 UFO에 관한 하이넥의 네 가지 가설 중 무엇이 가장 의미가 있는지를 파악하고자 했다.

1966년 11월 중순, 하이넥과 발레는 흰색 스포츠카를 빌려서 덴버공항에서 대학교 캠퍼스까지 한 시간 동안 운전해 볼더로 향했다. 도착하자마자 그들은 열다섯 명의 위원들 앞에서 거의 하루 종일 브리핑을 했다. 하이넥은 중간중간 녹음기를 끄면서까지 블루북프로젝트 출신 장교들에게 비공식적으로 솔직한 의견을 말해 달라고 고집했다. 하지만 이 과정에서 발레는 점심 식사를 마치고 돌아온 콘던이 꾸벅꾸벅 조는 모습을 보고 나서 크게 실망했다.* 다음 날, 조금 더 비공식적인 회의가 열렸다. 여기서 위원회는 자신들의 의제를 논의했지만 곧바로 소란스럽고 비생산적인 대화로 이어졌다(그 자리를 떠나면서 하이넥은 발레에게 "우리가 할 수 있는 건 다 한 것 같다"라고 이야기했다).

그해 가을, 하이넥은 맥도널드 사건 당시 쏟아진 관심에 힘입어 과거 사건들도 재검토하기로 마음먹었다. 이제 그는 "전부 쓸모없을 가능성이 크다"라고 단정하지 않겠다고 결심했다. 그는 아무리 "긴 세월이 지났더라도, 데이터가 아무리 빈약하더라도 항상 진실일 가능성을 염두할 필요가 있다"라고 이야기했다.† 그는 이러한 작업이 UFO 연구 전체의 생존을 위해 반드시 필요하다고 생각했다.

---

* 프로젝트의 기획자 로버트 로는 이후 이것이 흔한 일이라고 설명했다.
† 그해 12월 《시카고선타임스》는 하이넥에 관한 호의적인 기사 「비행접시의 남자」를 게재했다. 이 기사에서 하이넥은 "미국 과학계의 활력과 유연성에 도전한" 인물로 평가를 받았다.

《플레이보이》의 한 기사는 하이넥의 새로운 관점을 소개했다. 기사에서 하이넥은 자신이 무엇을 가장 두려워하고 있는지 인정했다. 폭격기 격차, 미사일 격차, 심지어 1964년 영화 〈닥터 스트레인지 러브〉에 등장했던 "지하실 격차" 이후, 이제 미국이 "UFO 격차"를 겪게 된다면 어떨까? 대략 70개국이 넘는 나라에서 UFO 관련 제보와 목격 사례들이 들어오고 있지만 유독 철의장막을 넘어온 소식이 단 하나도 없다는 사실은 논리적으로 납득하기 어려웠다. 그렇다면 저 조용한 소련 어딘가에서도 분명 벌어지고 있을 UFO 목격 사례들에 대해 소련은 어떻게 대응하고 있는 걸까? 그리고 왜 그들의 조사 결과는 국제 과학 커뮤니티에 알려지지 않는 걸까? 만약 소련이 먼저 UFO에 대한 해답을 찾았다면 어떻게 해야 할까? 그는 "내가 갖고 있는 적은 양의 '확실한' 데이터와 직감은 소련도 오랫동안 UFO에 대해 냉정하고 철저하게 연구해 왔을 가능성을 가리켰다"라고 썼다. 그에 비해 미국은 이제서야 뒤늦게 이 문제에 뛰어들어 진지하게 다루기 시작했다. 누구도 알지 못하는 사이에 UFO에 대해 무관심으로 일관했던 서방세계는 또다시 스푸트니크 쇼크와 같은 충격을 받게 될지도 모른다. 하이넥은 최악의 경우, 소련이 "이전까지 생각하지 못한, 놀라지도 못할 정도로 충격적인 방식으로 미확인비행물체를 설명할 수 있게 될지 모른다. 심지어 소련이 우리의 행성을 정찰하는 외계 문명과 처음으로 접촉하는 데 성공하게 될지도 모른다"라고 경고했다.

하이넥은 미국이 이 경쟁에서 뒤처지지 않도록 하기 위해 앞으로 1년 동안 24시간 운영되는 UFO 연구를 위한 전국적 핫라인을 구축해야 한다고 주장했다. UFO를 목격하는 누구든 곧바로 UFO-1000번으로 전화를 걸어 신고할 수 있도록 하자는 제안이었다. 이것은 지역코드라는 개념이 등장하기도 전에 나온 흥미로운 제안이었다. 그는 이 핫라인을 통해 당국이 즉시 현장에 적당한 카메라 장비를 갖춘 경찰관을 파견할 수 있도록 해야 한다고 주장했다. 또 그는 숙련된 기술자와 과학자가 탑승하고 있는 특수 제작된 비행기와 헬리콥터를 상시 대기시켜서 언제든 UFO 목격이 발생하면 서둘러 추격할 수 있도록 해야 한다고 주장했다. 보통 UFO 목격 사례들은 며칠에서 몇 주에 걸쳐 쭉 이어지는 경향이 있기 때문에, 신고가 접수된 "핫스팟"에 즉시 전문가들을 파견해서 필요한 만큼 최대한 오래 현장에 머무르며 동영상부터 땅 위에 움푹 파인 흔적에 이르기까지, 다양한 물리적 증거를 수집할 수 있어야 한다고 주장했다. 하이넥은 자신감 있는 목소리로 "UFO와 관련된 가장 훌륭한 보고서를 검토해 본 결과, 정말 UFO 현상에 과학적으로 귀중한 가치가 숨어 있는 것이 사실이라면, 이것을 조사하는 데 들어가는 비용은 사소한 것에 불과하다는 결론에 이르렀다"라고 주장했다. 하이넥은 UFO의 실체를 알아내기 위한 노력이 어떤 결과를 가져오든 분명 의미가 있을 거라 이야기했다. 만약 별다른 흥미로운 사실이 밝혀지지 않는다면 이제 국가는 더 강한 확신을 갖고 UFO 목격담을 단순한 집단적 착각으로 치부할 수 있을 것이었다. 하이넥은 반대의 상황이라면 "인류의 지성이 지구 밖을 향해 우주를 탐구하기 시작한 이래로 가장 위대한 모험과 마주하게 될지 모른다"라고 덧붙였다.

에드워드 콘던은 CIA 국장 J. 에드거 후버와 미 하원의 반미활동조사위원회와의 싸움을 불편하게 생각했다. 하지만 곧 UFO 현상을 가능한 한 모든 측면에서 조사하고, 모든 사람들을 만족시킬 만한 설명을 찾는 것이 훨씬 더 어려운 일이라는 사실을 깨달았다. 로버트슨위원회나 이전의 오브라이언위원회와 달리, 콘던위원회의 멤버들은 과거에 벌어졌던 "고전" 사건들을 재검토하는 데 별다른 흥미를 갖지 않았다. 그들은 현시점에서 목격자들의 신빙성이 크게 의심된다고 판단했고, 과거에 벌어졌던 거의 모든 역사적인 "미확인" 사건들을 전면 재검토하도록 결정하기에는 여전히 데이터가 충분하지 않다고 판단했다.

대신 콘던위원회는 자체 조사 능력을 구축하는 데 초점을 두었다. NICAP과 APRO의 도움을 받아 전국에 민간인 감시자 네트워크를 구축했고, 새로운 제보가 들어오면 현장에서 곧바로 그에 대한 정보, 세부 묘사, 진술을 제공할 수 있는 키트를 제공했다. 키트에는 "35밀리미터 필름으로 사진, 8밀리미터 필름으로 동영상을 찍고, 광원의 스펙트럼을 확인하고, 방사능을 측정하고, 자기적 특성을 조사하고, 샘플을 수집하고, 물체의 거리와 각도를 측정하고, 물체의 소리와 목격자들의 인터뷰를 녹음하는" 다양한 장비들이 들어 있었다(1967년 5월까지 이 키트를 제공받은 민간 감시자들은 미국 내 어디에서라도 사건이 발생하면 24시간 안에 현장에 도착할 수 있는 능력을 갖췄다). CIA 소속 사진분석센터의 도움을 받아서 사진 데이터 분석을 실시했지만, 이러한 사실은 최종 보고서에는 명시되지 않을 예정이었다.

곧바로 여러 논란이 일었다. 첫 번째 논란은 목격 및 증언 데이터를 수집하기 위한 표준 설문지를 설계하는 과정에서 벌어졌다. 프로젝트를 맡았던 팀의 심리학자 윌리엄 스콧이 개발한 설문지는 총 21페이지에 달했지만, 그중에서 실제 정보수집에 필요한 페이지는 단 한 장뿐이었고, 나머지는 전부 목격자에 대한 법의학적 검토를 위한 문항들뿐이었다. 팀의 다른 멤버들은 스콧이 목격 사례를 객관적으로 조사하려 하기보다는 오히려 이를 부정하고 반박하는 데 더 관심이 있다고 반발했다. 당시 위원회 멤버 중 한 명이었던 데이비드 선더스는 "얼마 지나지 않아 그는 설문지를 들고 집으로 돌아갔다"라고 회상했다.

하지만 이것은 뒤이어 벌어질 크고 작은 싸움의 시작에 불과했다. 곧 열두 명의 멤버들은 외계 생명체의 존재 가능성에 대해 열린 생각을 갖고 있는 쪽과 반대로 UFO가 주로 사람들의 일상적인 오해와 착각일 거라 확신하는 쪽으로 편이 나뉘었다. 프로젝트 조직 관리자 로버트 로는 후자에 확고한 입장이었다. 그는 위원회 밖에서는 전기공학 전공을 배경으로 대학원 부학장을 맡고 있었다. 1967년 프라하에서 열린 국제천문연맹 회의에 참석하기 위해 유럽으로 여행을 떠났을 때, 그는 유럽에 있는 UFO 연구자들과 만나지 않고 대신 네스호를 관광했다. 이후 그는 동료들에게 "네스호 괴물과 UFO의 공통점은 모두 존재하지 않는다는 것이다. 네스호를 둘러보는 것은 UFO를 연구하는 것과 관련이 있다. 존재하지 않는 무언가를 어떻게 연구해야 할지 알아볼 필요가 있었기 때문"이라고 설명했다. 외계 지적 생명체와 늪에 사는 신화 속 괴물을 똑같이 취급하는 이런 태도보다 더 문제가 된 것은, 프로젝트의 총 책임자 콘던 스스로가 언론을 통해 프로젝트를 폄하하는 발언을 서슴지 않고 했다는 사실이다. 위원장으로 임명되자마자 바로 다음 날, 콘던은 기자들 앞에서 "다른 행성에 고등 생명체가 존재한다는 증거는 없다"라고 말하면서, 비행접시의 존재를 믿기 위해서는 "더 많은 설득이 필요하다"라고 말했다. 1967년 1월, 그는 또 다른 전문가 모임에서 "지금으로서 나는 정부가 이 프로젝트에서 손을 떼도록 권고하고 싶다"라고 발언하기도 했다.

위원회의 연구 범위가 확장되면서, 멤버들은 콜로라도주 샤이엔산에 위치한 북미항공우주방위사령부(NORAD) 벙커에 방문해 미국의 국가 방공 시스템에 대한 브리핑을 들었다. 또 오하이오주에 있는 라이트패터슨공군기지도 방문했다. 이 과정에서 멤버들은 공군이 이 프로젝트에 얼마나 비협조적인지 깨달았다. 목격 사례와 보고서를 검토하면서 선더스는 공군보다 오히려 키호 같은 민간 연구자들이 UFO에 대해 더 빠르고 포괄적이며 상세하고 철저하게 자료를 수집하고 있다는 사실을 깨달았다.

몇 주가 더 지나면서 하이넥과 콘던위원회 멤버들 사이에 더 큰 불화가 일었다. 이들의 대화 사이에 더 많은 긴장감이 감돌기 시작했다. 특히 키호와 NICAP이 자신들의 경쟁자인 APRO의 "괴짜" 코럴과 짐 로렌젠을 지나치게 비방했다는 사실을 알고 나서 특히 하이넥은 불쾌해했다. 이제 콘던은 뉴멕시코주의 UFO 연구자들과 더 이상 볼일이 없다고 이야기하고는, 위원회가 APRO의 최고 수준 기록에 접근조차 할 수 없게 제한했다. 7월에는 로버트 로가 작성한 충격적인 내용이 담긴 메모가 유출되면서 혼란이 절정에 달했다. 콜로라도대학교와 콘던이 UFO 프로젝트에 합류하기 전에 작성된 것으로 보이는 이 내부 문건은 UFO 조사의 장단점을 검토하는 일반적인 내용의 문건이었지만 위원회 멤버 일부를 격노하게 만든 치명적인 문장이 적혀 있었다. 로는 "이 프로젝트를 대중들에게는 완벽하게 객관적인 연구처럼 보이게 설명하되, 과학자들에게는 우리가 비행접시의 존재를 전혀 진지하게 받아들이고 있지 않으며, 거의 제로에 가까운 낮은 기대치를 가지고 비행접시를 찾으려 한다는 점을 보여 줄 필요가 있다. 이 두 가지를 요령껏 조율하는 것이 중요할 것 같다"라고 썼다.

선더스는 로의 메모를 보고 충격을 받았고, 메모를 키호에게 보여 주었다. 키호는 다시 자신의 동료 UFO 연구자인 제임스 맥도널드에게 알렸다. 맥도널드는 로 면전에서 그의 편향된 시각에 대해 화를 냈다. 이 사실에 분노한 콘던은 이것이 내부를 분열시키는 일이라고 생각했고, 선더스와 메모를 유출한 멤버 모두를 해임시켰다. 다른 멤버들도 이 조치에 항의하며 사의를 표했다.* 《룩》에 실린 존 풀러의 기사를 통해 이 혼란스러운 상황이 보도되면서 상황은 더 악화되었다. 「비행접시 소동」이라는 이 기사는 NICAP이 콘던위원회와의 협력관계를 철회하기로 했다는 키호의 발언을 인용했다. 곧이어 선더스, 그와 함께 잘린 멤버 노먼 레빈, 그리고 콘던은 각자 언론 인터뷰를 통해 서로에 대한 비방을 주고받았다. 서로 명예훼손으로 소송을 걸겠다고 협박했다. 논란이 과열되자, 오랫동안 이 주제를 철저하게 외면해 왔던 《사이언스》에서도 관련 기사를 내보냈

---

* 원래 열두 명이었던 위원회 멤버 중 로를 포함한 세 사람만이 끝까지 남아 2년에 걸친 프로젝트를 완수했다.

다. 콘던은 원래 이 저널의 출간을 담당한 비영리단체의 전임 회장이었는데, 이 기사가 실린 것에 분노하며 사임했다. 한편 하이넥은 UFO 조사가 다시 한번 교착상태에 빠진 것을 보고 실망스러워했다.

26장
콘던 보고서

콘던위원회에서 벌어진 혼란이 대중에게까지 널리 알려지면서, 의회는 예상 밖의 대응을 취했다. 1968년 7월 29일 월요일, J. 에드워드 로시 의원의 주도로 진해된 하원 과학우주위원회는 UFO에 관한 광범위한 "심포지엄"을 개최했다. 하이넥, 제임스 맥도널드, 그리고 칼 세이건과 같은 관련 전문가를 비롯해 사회심리학자, 토목공학자 등 여러 분야의 기술 전문가들이 모였다. 뿐만 아니라 하버드의 대표적인 UFO 회의론자 도널드 멘젤을 비롯한 많은 사람이 참여했다.*

로시 의원은 심포지엄의 목표가 UFO에 관한 과학적인 논의를 이끌어 내는 것이라고 밝혔다. 그리고 군사위원회 산하에서 진행되는 심포지엄인 만큼 공군이나 콘던위원회에 대한 비판은 허락하지 않는다는 점을 강조했다. 로시는 UFO와 관련된 주제에서 보기 드문 겸손한 태도로 미확인비행물체에 대한 청문회를 하는 것은 "우리가 이 주제에 대해 얼마나 무지한지를 상기시키며, 더 많은 지식을 얻기 위해 도전하는 것"이라고 말했다. 한편 그는 미국 철학자 존 듀이의 명언을 인용하면서 "과

---

* 예상할 수 있듯이, 멘젤은 "정부가 UFO에 대해 지속적으로 너무 지나친 지원을 하고 있으며, 이런 무의미한 조사를 지지하는 사람들로만 이루어진 형평성 없는 심포지엄"이라고 비판했다.

학의 모든 위대한 발전은 새로운 상상력의 비범함에서 비롯되었다"라고 말했다.

미국연방정부사무소에서 청문회가 열렸다. 하이넥은 자신이 살던 일리노이주 지역구의원이자 과학위원회에 소속되어 있던 공화당의 젊은 의원 도널드 럼즈펠드에 의해 증인으로 소환되었다. 그는 청문회에 모인 사람들 앞에서 "여러 나라의 언론이, 각계각층의 사람들이, 그리고 이렇게까지 오랜 기간 동안 수많은 사람의 상상력을 자극하면서 사람들의 마음을 사로잡은 주제는 또 없을 겁니다. UFO 또는 비행접시라는 키워드는 이제 모든 나라의 사전에서 찾아볼 수 있습니다"라고 말했다.

그다음 더 과학적인 접근방식을 취하면서 쉽게 설명할 수 있는 목격 사례들 ("이들은 과학적으로 큰 가치가 없습니다……. 인공위성이나 고고도 비행기를 100명 또는 10만 명 넘는 사람들이 알아보지 못했다고 해서 아무런 문제가 되지 않습니다.")과 "기존의 과학적 방식으로는 도무지 설명할 수 없는 공중 현상에 대한 제보" 사이에 아주 명확한 차이가 있다는 점을 확실히 하려고 했다. 하이넥은 정부의 과학자들이 후자, 즉 아무리 설명하려고 해도 답을 찾지 못한 사례들에 더 많은 시간을 할애해야 한다고 주장했다. 그리고 명확하게 오인으로 밝혀진 사례들을 붙잡고 늘어질 필요가 없다고 주장했다.

청문회에서 하이넥은 이렇게 발언했다. "매우 신뢰할 수 있는 일인 이상의 사람에 의해 밝게 빛나는 물체가 그들의 자동차 위로 수백 피트 상공에 떠 있는 모습이 목격되었습니다. 사건이 벌어지는 동안 자동차의 엔진은 멈췄고 전조등 불빛이 희미해지거나 꺼지는 일이 발생하기도 했습니다. 카오디오도 작동을 멈추었습니다. UFO가 시야에서 사라지고 다시 차량이 원래대로 돌아왔다는 제보 사례들이 여럿 있습니다. 이건 분명 다른 차원의 문제입니다. 우리가 어떻게 이 많은 사람의 증언을 간단하게 무시하고, 그들이 단순히 망상이나 착각에 빠진 거짓말쟁이라고 할 수 있을까요……. 지금 과학계는 UFO 제보에 대한 소극적인 기록조차 금기시하는 것 같습니다. 이러한 금기가 깨지지 않는 한 어떠한 진지한 연구도 이루어질 수 없습니다."

다음 증인으로 나선 맥도널드는 하이넥의 주장을 되풀이하면서, 대중이 오해하고 있는 것과 달리 UFO 목격을 제보한 사람들 대부분 딱히 그 주장을 통해 얻을 이익이 없는 사람들이었다는 점을 강조했다. "사람들은 관심을 받고 싶어서 거짓말을 하는 게 아닙니다." 그는 자신 있는 목소리로 말했다. "나는 하이넥 박사의 발언에 동의합니다. 우리는 종교에 심취한 사람들, 사이비종교 광신도 따위를 이야기하는 게 아닙니다." 그러고 나서 목격자들을 폄하하는 주요 기관 핵심 인물들의 발언을 인용하면서 이렇게 말했다. "[공군]정보국장을 맡았던 샘퍼드 장군은 '신뢰할 수 있는 목격자들이 상대적으로 믿기 어려운 물체를 목격하고 있다'라고 말했습니다. 나는 그의 말에 100퍼센트 동의합니다. 이것은 16년 전 발언이지만 지금도 똑같은 일이 벌어지고 있습니다."

증인들의 발언은 UFO와 관련된 다양한 주제를 넘나들면서 계속 이어졌다. UFO의 기술적 측면에 대해 맥도널드는 "이것이 외계에서 온 기계일 가능성, 어떤 고도로 발전된 기술에 의해 우리가 감시를 당하고 있을지 모른다는 가능성을 매우 진지하게 고려하고 있습니다"라고 발언했다. 발언권을 얻은 세이건은 본질적으로 UFO가 왜 외계인에 의한 창조물이어야 하는지 의문을 제기했고, 그러한 생각의 한계를 지적했다. 세이건은 "UFO가 외계 지적존재들에 의해 만들어졌다는 증거는 전혀 설득력이 없습니다. 동시에 UFO가 외계 지적존재에 의한 것일 가능성이 없다는 증거도 아직 확실치 않습니다"라고 증언했다. 즉 뚜렷한 결론을 내리기에는 아직 너무 이르다는 것이었다.

* *

1968년 7월 의회에서 진행된 청문회는 그 자체만으로 주목할 만한 사건이었지만, 동시에 칼 세이건의 삶에도 중요한 순간이었다. 이 청문회에서의 증언은 그가 하버드대학교에서 종신 교수직을 거부당한 이후 처음으로 공개 석상에 모습을 드러낸 순간이었다. 당시 높은 인기와 명성을 얻고 있던 젊은 학자에게 하버드에서의 좌절은 매우 충격적인 사건이었고, 그가 직업적으로, 또 개인적으로 이 시기의 좌절을 극복하기까지 수년의 시간이 걸렸다. 노벨상 수상자였던 해럴드 유리는 공개적으로는 세이건을 "열정적으로 지지"하는 것처럼 행동했지만, 알고 보니 막후에서 젊은 과학자의 진로를 방해했다는 사실이 드러났다. 유리는 하버드대학교 측에 세이건에 대한 부정적인 평가를 담은 두 문단짜리 평가서를 제출했다. 그는 아직 30대 초반이었던 세이건이 학자로서 진지하지 못하고 하찮은 인물이라고 폄하했다. 그뿐 아니라 유리는 세이건이 MIT에서 새 자리를 구할 때도 또다시 개입했다. 유리가 MIT 측에 보냈던 충격적인 편지를 보면 "세이건은 생명, 생명의 기원, 대기 등 행성과 관련된 온갖 분야를 다 들쑤시고 다녔다"라고 하면서 "개인적으로 나는 처음부터 세이건의 연구를 신뢰하지 않았다"라고 혹평했다.

케임브리지에서도 일자리를 구하는 데 실패한 세이건은 결국 뉴욕 이타카로 이사를 갔다. 그곳에서 코넬대학교 천문학과의 토머스 골드의 환대를 받았다. 골드는 세이건의 대담함을 사랑했고, 거대한 질문에 집착하며 언론에 자주 노출되는 세이건의 태도가 자신의 연구 팀에도 도움이 되는 장점이 될 수 있다고 생각했다. 골드는 "가설을 세울 때, 소심함은 아무런 미덕이 되지 않는다"라는 명언을 남겼다. 세이건에게 신뢰와 기회를 준 골드의 한마디는 세이건에게서 큰 변화를 이끌어 냈다.*

이후 세이건은 종신 교수직을 보장받았다. 드디어 그는 우주의 광막함과 그 속에 있는 지구의 상대적으로 미미한 존재감에 온전히 집중하면서 연구와 의회 증언 활동을 안정적으로 병행할 수 있었다. 그는 외계 문명이 우리의 존재를 알아챘을 가능성이 지극히 낮다는 단순한 사실을 근거로 UFO가 지구를 방문했을 거라는 의견을 강력하게 비판했다. 다른 곳에서 생명체를 찾는다는 것이 얼마나 어려운 일인지 간단하게 보여 주기

---

* 이후 유리는 세이건에 대해 남겼던 자신의 혹평을 후회했고, 1973년 세이건에게 이런 편지를 썼다. "사실 나는 당신에게 매번 다정하지 못했습니다. 당신을 따로 만나서 사과하고 내가 완전히 잘못 생각했다는 점을 꼭 말해 주고 싶었어요. 나는 당신이 해낸 일들과 그것을 대하는 열정을 존중합니다." 하지만 결국 하버드는 기회를 놓쳤다. 세이건은 뒤도 돌아보지 않고 이타카를 떠났다. 1970년 코넬대학교는 약속대로 그에게 종신 교수직을 제안했고, 이후 세이건은 코넬대학교의 '데이비드 덩컨 천문학 및 우주과학 석좌교수'로 재직하며 생애 최고의 유명세 속에서 시간을 보냈다.

위해서 그는 우주에서 지구를 찍은 사진을 활용했다. 그는 새롭게 발사된 TIROS-1 위성과 님버스 위성과 같이 1마일의 해상도(즉, 1마일보다 작은 물체는 카메라로 식별할 수 없다)를 가진 기상위성으로 촬영한 지구 사진을 제시했다. 이 정도의 해상도로는 미국 동부 해안 그 어디에서도 생명체의 흔적을 전혀 찾아볼 수 없었다. 세이건은 "우리는 지구를 찍은 수천 장의 사진을 살펴봤지만, 뉴욕과 워싱턴뿐 아니라, 베이징, 모스크바, 런던, 파리, 그 어떤 곳에서도 생명체의 흔적을 찾을 수 없었다"라고 지적했다. "그 이유는 인간이 지구에 유의미한 변화를 남긴 정도가 너무 미미하기 때문이다. 인류 지성은 지구 위에 이 정도 수준의 해상도로 식별할 수 있을 만한 유의미한 흔적을 남길 수 없다."라고 말했다.

세이건은 여기서 멈추지 않았다. 그는 해상도가 10배 더 좋은 사진들(예를 들어 아폴로와 제미니 우주비행사들이 촬영한 사진)을 제시하면서, 지구에 인류가 존재한다는 것을 보여주는 흔적은 겨우 외딴 온타리오 숲에서 벌목을 하면서 만들어진 십자 모양의 도로 흔적뿐이라고 이야기했다. 그러면서 이조차 문명의 흔적으로 판단하기에는 부적절한 증거라고 설명했다. 세이건은 한 픽셀당 약 100미터를 재현할 수 있는 고해상도 사진들은 지금까지 화성에서 촬영된 그 어떤 사진보다 더 화질이 낫지만, 이 해상도의 지구 사진에서조차 "생명체의 흔적을 찾을 수 있는 건 1000장 중 한 장뿐"이라고 말했다. 게다가 이는 오늘날의 인구수와 건축, 기술을 고려했을 때 그렇다는 것일 뿐, 지금보다 더 이른 시기, 몇 세기 또는 몇천 년 전의 지구로 거슬러 올라간다면 인류의 생활은 지금에 비해 영적으로는 더 풍성했을지 모르지만 지구 밖에서 감지할 수 있는 유의미한 흔적을 남기는 것은 더욱 어려웠을 것이라 설명했다. 10만 년 전으로 거슬러 올라간다면 아마 수십만 명의 호모사피엔스가 지구 위에 최초의 건축물을 세우고 있었겠지만 그 흔적은 결코 "사진으로 감지될 수 없었을 것"이라고 덧붙였다.

    이것은 우리의 삶뿐 아니라 외계 생명체의 존재 가능성에 대해서 큰 시사점을 남기는 깊은 통찰이 담긴 주장이었다. 하지만 동시에 세이건은 화성(또는 다른 곳)에서 생명체의 존재 가능성을 너무 섣부르게 포기해서도 안된다는 점을 강조했다. 그는 지구 생명체가 아무리 발전했다고 느껴지더라도, 외계 생명체의 발견을 기대할 수 있는 지구에서 가장 가까운 화성에서조차 인류의 모습은 거의 보이지 않을 거라고 설명했다. 세이건은 어떤 외계 종족이 최근 우리의 존재를 우연히 목격했다 하더라도, 어지간히 진보된 기술이 아니고서야 그들 역시 우리의 존재를 명확하게 알아차리지 못했을 가능성이 훨씬 높다고 설명했다.

* *

1968년 늦가을, 국립과학원의 검토를 거친 끝에 콘던위원회의 최종 보고서가 발표되었다. 총 1490페이지에 달하는 두꺼운 보고서는 여섯 개의 주요 섹션으로 구성되었고, (A부터 X까지) 부록만 200페이지에 달했다. 서른여섯 명이 함께 작성한 이 두꺼운 보고서는 총 91건의 UFO 목격 사례에 대한 분석을 담았는데, 전문가 그룹은 그중 61건에 대해 오인 또는 사기라고 판단했다.*

최종 보고서에서 콘던은 굉장히 직설적이었다. 그는 첫 번째 페이지에서 "우리의 전반적인 결론은 지난 21년 동안 UFO 연구에 대해 과학적 지식이 기여한 바가 거의 없다는 것"이라고 썼다. "그간의 기록을 신중하게 검토한 결과, 과학이 앞으로 더 발전될 것이라는 기대하에 UFO에 관한 광범위한 추가 연구는 정당화될 수 없다는 결론에 이르렀다." 그는 이러한 발언을 계속 이어 가며, 하이넥을 비롯한 초기 UFO학 개척자들이 외계 지적존재를 찾기 위해 시도했던 진지한 연구와 노력을 모두 무시하는 태도를 보였다. 그는 심지어 처음부터 UFO가 전혀 과학적으로 흥미롭게 느껴진 적이 없다고 주장했다. "이 분야와 그나마 가장 직접적으로 연관된 천문학자, 대기물리학자, 화학자, 심리학자와 같은 전문 과학자들에게 이 문제를 조사할 수 있는 충분한 기회가 있었음에도, 이 주제에 대한 과학적이고 진지한 연구가 실시되지 못한 이유는 UFO 현상이 과학적으로 어떤 중요한 발견도 품고 있지 못하기 때문이다." 몇 페이지 뒤에 그는 "지금까지 조사된 사례들이 국가안보에 일절 위협이 되지 않는다는 공군의 결론에 의심의 여지가 없다"라고 덧붙이면서 마지막까지 호전적인 태도를 유지했다.

예상대로 보고서에 대한 논란이 이어졌다. 양측의 주요 인

* 위원회는 "다양한 이유로, UFO와 관련된 장난은 주로 젊은이들, 또는 정신 연령이 어린 사람들, 그리고 외롭고 지루한 사람들이 자주 벌인다"라고 결론지었다.

물들이 전면에 서서 각자 입장을 밝혔다. 키호, 맥도널드, 그리고 선더스는 기자회견을 통해 콘던의 보고서를 강력하게 비판했다. 하이넥과 맥도널드는 공개적으로, 또 개인적으로 UFO를 연구할 수 있었던 소중한 기회가 또다시 날아간 것에 분개했다. 왜 위원회는 어차피 착각과 오인이었던 것으로 쉽게 밝혀질 만한 사례들만 붙잡고 시간과 노력을 허비했는가? 왜 정작 설명하지 못한 사례들에 대해서는 필요한 자원과 조사를 지원하지 않았는가? 그들이 봤을 때 콘던위원회는 이 사안에 대해 그 어떤 다급함도, 열린 마음도, 창의성도 전혀 없었다. 이것은 위원회에 모여 있는 훌륭한 과학자들과 전혀 어울리지 않는 태도였다. 하이넥은 이후 콘던위원회의 보고서를 두고 "모차르트가 자신의 재능과 전혀 어울리지 않는 심심한 작품을 만든 것과 다르지 않다"라고 평가했다.*

하지만 이런 와중에 나름 구체적인 성과도 있었다. 1969년 3월, 워싱턴에 모인 군 관계자들은 블루북프로젝트의 현황을 점검하기 위한 회의를 가졌다. 군 대변인 데이비드 셰이 대위는 "회의가 시작되는 순간, 블루북프로젝트가 해체될 것이라는 현실을 직감할 수 있었다"라고 회상했다. 그리고 정말 그랬다. 그해 말, 공군참모총장 로버트 시먼은 사인프로젝트가 시작된 지

---

* 콘던은 비판을 겸허히 받아들였다. 이듬해 "내가 사랑하고 그리워하는 UFO"라는 익살스러운 제목의 강연을 진행했다. 그는 이 강연에서 UFO 현상을 조롱하면서, "자극적인 글을 쓰고 잘 속아 넘어가는 사람들을 대상으로 강연을 하면서 돈을 버는 비행접시 애호가들, 그리고 자신이 만든 사이비 과학 단체 회원들로부터 회비를 버는 사람들"에 의해 UFO가 유지되고 있다고 비판했다.

22년 만에 UFO 문제에서 손을 뗄 것이라고 선언했다. 그는 이러한 노력이 "국가안보나 과학적 이익의 관점에서 봤을 때 그 어떤 정당성을 확보할 수 없기 때문"이라고 이유를 설명했다.

이렇게 미 공군은 공식적으로 UFO 연구를 영원히 종료했다. 적어도 공식적으로는 그렇게 밝혔다.

* *

아이러니하게도, 콘던위원회의 최종 보고서 발표와 블루북프로젝트의 해체가 있던 때는 미국에서 우주에 대한 관심이 가장 뜨거웠던 시점과 맞물려 있다. 1969년 여름, 매리너 6호와 7호가 화성에 접근하면서 이전까지 없던 선명한 화질의 화성 사진 200장을 전송했다. 이 사진들은 70년 전까지 화성 표면에 존재할 거라 기대했던 직선 형태의 "운하"가 사실 존재하지 않는다는 것을 최종적으로 확인해 주었다. 세라 스튜어트 존슨은 "화성 표면에 기하학적인 패턴은 전혀 존재하지 않았다"라고 설명했다. "이전까지 우리가 화성에서 봤던 선들은 실존하지 않았던 것이다." 매리너 탐사선의 사진은 화성에는 식물도 전혀 존재하지 않음을 보여 주었다. 연이어 1971년에 실시된 매리너 9호 탐사는 계절이 바뀌면서 화성 표면에 등장했던 검은 반점들의 정체가 사실 화성 위를 흘러가는 먼지구름이었다는 사실을 밝혀냈다. 존슨은 "이러한 발견을 통해 화성에 식물이 자라고 있을 거라는 기대는 마치 화성에 외계 문명이 존재할 거라 생각했던 기대처럼 손가락 사이로 스르륵 빠져나갔다"라고 설명했다. 하지만 화성에서의 실망은 1969년 7월 20일, 아폴로 11호가 달에 있는 고요의 바다에 착륙하는 데 성공하면서 곧바로 묻혔다. 이것은 기술적 우위를 둘러싼 경쟁에서 미국의 압도적인 승리를 보여 주는 순간이었다.

하지만 닐 암스트롱이 달 표면에 첫발을 내딛는 순간을 봤던 많은 사람이 미처 깨닫지 못한 사실이 하나 있다. NASA가 달에 생명체가 존재할 가능성을 아주 심각하게 고민했으며, 정부의 공식 달 탐사 미션이 UFO 연구와 아주 밀접하게 연관되어 있다는 점이다. NASA는 우주비행사들이 달에 사는 미생물을 그대로 묻혀서 지구에 돌아오는 바람에 지구에서 본 적 없는 치명적인 세균이나 박테리아를 퍼뜨리게 되는 "역오염"의 가능성을 심각하게 걱정했다. 칼 세이건도 이 문제를 진지하게 고민한 사람 중 한 명이다. 이것은 가능성이 아주 낮은 위험이었지만, 우주탐사에서 많은 부분이 그렇듯 정부는 신중한 길을 택했다. NASA는 1960년대 내내 이 문제를 두고 씨름했다. 위원회의 한 멤버는 "부정적인 데이터가 있더라도 그것은 외계 생명체의 부재를 입증하지는 못한다. 그건 단지 아직 발견되지 않았다는 것일 뿐 존재하지 않는다는 뜻은 아니다"라고 결론지었다. 이에 대해 NASA의 한 관계자는 "마치 마녀재판 같다"라고 이야기했다.

세이건과 동료들은 역오염을 방지하기 위해 광범위한 격리시설과 살균 프로그램이 필요하다고 강력하게 주장했다. 그들은 바다 위에 떨어진 아폴로 귀환 캡슐을 통째로 헬리콥터로 들어 올려서, 우주비행사들을 그 안에 계속 가둔 상태로 휴스턴까지 옮겨야 한다고 주장했다. 그리고 밀폐된 격리실 안에서 캡슐을 열어야 한다고 제안했다. 하지만 이 제안에 대해 우주비행사들은 너무 오랜 시간 밀폐된 공간 안에 갇힌 채로 여러 절차를 거친다면 자신들의 생명이 위험할 수 있다고 반발했고, 결국 세이건의 제안은 받아들여지지 않았다. 한편 NASA는 달에서 돌아온 우주비행사들이 대중들로부터 국가적인 영웅으로 환대 받기를 바랐다. 그래서 그들을 단순히 생물학적으로 위험한 실험물처럼 취급하는 것은 적절치 않다고 판단했다.

결국 NASA는 해군 잠수부들이 직접 바다에 뛰어들어 캡슐을 건져 올리게 했고, 그 안에 타고 있는 우주비행사들에게 "생물학적 격리복"을 입히는 것으로 합의했다. 우주비행사들은 캡슐에서 나오기 전에 격리복으로 갈아입었다. 세이건은 이 정도만으로는 충분하지 않다고 생각했다. 특히, 우주에서 온 치명적인 유기물질에 대한 이야기를 다룬 SF 소설 『안드로메다 스트레인』이 선풍적인 히트를 치면서 이 문제는 더 부각되었다. 마이클 크라이튼의 신간을 읽은 독자들은 진심으로 걱정하는 마음을 담아 NASA에 편지를 보냈다. 세이건은 《타임》에 "아폴로 11호가 달에서 생명체를 데리고 오지 않을 가능성이 99퍼센트라 하더라도, 그 남은 1퍼센트의 불확실성조차 안심할 수 없는 수치"라고 언급했다.

하지만 결과적으로 이런 조치들은 필요하지 않았다. 아폴로 11호는 아무 일 없이 달에서 지구로 무사히 돌아왔다. 암스트롱, 버즈 올드린, 그리고 그들의 동료 마이클 콜린스는 격리 시설에 머무는 동안 아무 문제를 일으키지 않았다. NASA가 화분에 담긴 식물, 곰새우, 쥐, 메추라기 등을 대상으로 실험을 진행했지만 그 어떤 유해한 유기물질이나 바이러스성 병원체도 발견되지 않았다. 로켓의 시대기 시작되고 불과 20년 만에 인류는 드디어 지구 바깥 다른 천체에 발을 딛게 되었고, 동시에 그곳에 그 어떤 생명체도 존재하지 않는다는 사실을 깨닫게 되었다.

27장
뷰라칸 회의

1971년 9월, 그린뱅크천문대에서 첫 돌고래기사단 회의가 열리고 나서 10년이 지난 뒤, 소련의 천문학자들은 최초로 지적 생명체와의 소통을 주제로 포럼을 개최했다. 이 포럼은 외계 지적 생명체 통신(CETI)이라는 이름으로 알려져 있다. 세이건, 필립 모리슨, 버나드 올리버, 프랭크 드레이크와 같은 미국의 과학자들뿐 아니라 죄르지 막스(헝가리), 인류학자 리처드 리(캐나다), 천문학자 루돌프 페섹(체코슬로바키아)을 비롯해 각국의 과학자들이 아르메니아 뷰라칸천문대에 모여서 국경을 초월한 동료애와 협력의 아름다움을 보여 주었다. 이곳은 1964년 시클롭스키와 카르다쇼프가 첫 번째 회의를 진행했던 장소이기도 했다. 시클롭스키는 "이전에도 또 그 이후에도 과학자들의 모임이 이렇게 인상적이었던 적은 없었다"라고 회상했다.*

이곳에는 두 노벨상 수상자를 비롯해서 과학자 약 서른 명이 모였다. 그들은 일주일 동안 다양한 주제로 논의했다. 세이건과 뷰라칸천문대 대장 빅토르 암바르추미안이 주도한 이 모임에서 과학자들은 (물론 소련 KGB의 감시 아래) 외계 지적 문

---

* 회의가 시작되기도 전에, 회의 내용을 속기로 기록하기 위해 미국인들이 가져온 타자기가 소련 세관에서 문제를 일으키는 바람에 회의가 무산될 뻔했다. 소련 세관 당국은 이 기계가 문서를 무단으로 복사하는 기계로 사용될 것을 우려했다.

명을 탐색하는 가장 좋은 방법이 무엇인지에 대해 진전을 이루었다.* 그리고 새로운 아이디어를 다양하게 논의했다. 이것은 전례 없는 행사였다. 암바르추미안은 이 행사가 외계 생명체에 대한 인식뿐 아니라 여러 국가들 사이의 교류에까지 큰 변화를 일으킬 수 있는 중요한 사건이라고 생각했다. 그는 행사 개최를 기념하는 연설에서 "시클롭스키 교수가 이야기했듯, 외계 문명과의 소통 문제를 해결하기에 앞서 우선 이 주제에 관해 서로 다른 다양한 국가간의 소통이 먼저 이루어지게 되었다는 점은 참 좋은 일"이라고 이야기했다. 또 단순히 실무적인 관점에서 봤을 때 이 주제가 얼마나 어려운지 지적했다. CETI라는 모임의 이름은 라틴어로 "고래"를 의미했는데, 인간이 지구에 살고 있는 또 다른 지적 생명체인 고래와도 아직 제대로 된 의사소통을 주고받지 못하는 상황을 상기시키면서 과연 외계 문명과 인류가 소통할 수 있을 거라 희망을 품을 수 있을지 의문을 제기했다.

과학자들은 며칠에 걸쳐 그 유명한 드레이크 방정식의 다양한 변수들을 바꿔 가면서 토론을 벌였다. 우리 태양계 너머 외계 행성계, 탄소 기반이 아닌 다른 물질을 활용하는 생명체에 관한 생물학적 논의가 이루어졌고, 기술적으로 발전된 문명의 진화 방식은 어떨지, 그리고 그들과의 잠재적인 소통 방식은 어떻게 이루어질 것인지 등 다양한 논의가 이루어졌다.† 과

---

* 드레이크는 이렇게 회상했다. "우리 미국 대표단은 곧바로 암바르추미안을 '스모키 더 베어'라는 별명으로 불렀다. 그의 모습이 그 캐릭터와 놀라울 정도로 닮았기 때문이었다. 물론 그의 면전에서 그런 말을 꺼내지는 않았다."

† 회의 참석자들은 정작 회의에 참석하지도 않은 사람에게서 외계인과의 접촉이 지구인에게 어떤 영향을 끼칠 것인가에 대한 가장 현명한 답을 찾게 되었

학자들이 나눈 모든 대화는 〈라디오모스크바〉에서 영어 방송을 진행하고 있던 과학부 편집자이자 당시 소련 최고의 과학 번역가로 이름을 날리던 보리스 "밥" 벨리츠키에 의해 바로바로 동시통역되었다. 놀랍게도 그는 1941년 당시 나치 독일의 진격을 피해 모스크바를 떠나 피난 중일 때 우연하게도 시클롭스키 및 그 학생들과 함께 같은 화물차에 타고 있었다. 그로부터 30년이 지난 뒤, 그들은 뷰라칸 회의에서 다시 만났다.

논의가 깊어지면서 미국의 과학자들은 소련의 과학자들이 이루어 낸 진전에 큰 질투를 느꼈다. 당시 미국에서는 활발하게 진행되는 SETI 프로젝트가 전혀 없었다. 하지만 소련에서는 이미 몇 가지 프로젝트가 진행되고 있었다. 아이러니하게도 오히려 소련 체제에서는 실질적으로 "동료평가"라는 개념이 존재하지 않았고, 다른 사람들의 연구를 비판하더라도 딱히 얻을 수 있는 이득이 없었다. 그래서 소련에서 고위급 과학자들은 연구를 할 때 오히려 미국에 비해 사회적 압박으로부터 더 자유로웠다. 또 연구비도 주로 국가 주도로 명령을 통해 일괄 지급되었기 때문에, 여러 기관이 비슷한 프로젝트를 두고 경쟁을 벌일 필요도 없었다. 이것은 오히려 정보가 꽤 자유롭게 공유될 수 있다는 것도 의미했다. 뷰라칸 회의를 통해 비로소 미국과 소련 과학계 사이를 가르고 있던 철의장막이 걷히면서, 서로의 연구가 얼마나 진전을 이루었는지 알 수 있었고, 서로에게 영감을 줄 수 있었다. 예를 들어, 미국과 유럽의 과학자

다고 입을 모았다. 소련의 반체제 핵물리학자 안드레이 사하로프는 이 모임에 간단한 답변을 보냈다. "지혜롭고 선한 사람에게는 접촉이 유익할 것이고, 어리석고 악한 사람에게는 해로울 것입니다."

들은 1968년 프세볼로트 트로이츠키가 비밀스러운 도시(오늘날의 니즈니노브고로드)에 있는 전파물리연구소에 위치한 45피트 망원경을 활용해 지구에서 가장 가까운 별 열두 개에서 날아온 전파 신호를 며칠 밤에 걸쳐 탐색했었다는 사실을 뒤늦게 알게 되었다. 그는 스물다섯 가지가 넘는 다양한 전파 채널로 신호를 탐색했는데, 이것은 당시 오즈마프로젝트로 관측했던 것보다 훨씬 많은 수였다. 이후 그는 소련에 있는 다른 관측소의 도움을 받아 더 큰 규모의 네트워크를 구축했고, 더 넓은 하늘을 조사했다.

세이건과 드레이크, 그리고 미국의 다른 구성원들은 충격을 받았다. 광대역 수신기를 사용하겠다는 소련의 방식은 미국이 고수해 온 협대역 관측 전략과 사실상 정반대였기 때문이다. "그들은 외계 문명이 방송 신호로 어떤 주파수 대역을 쓰는 것이 가장 합리적인 선택일지 추정하기 위해 전혀 머리를 쓰지 않았다. 대신, 외계 문명이 특정한 주파수를 고르는 일 자체가 어렵다는 사실을 이해하고, 아무 주파수로도 포착될 수 있는 대역으로 신호를 보내고 있을 것이라 결론을 내렸다"라고 드레이크가 회상했다.

세이건이 다른 참석자들과 점심 식사를 하던 중 회의에서 나온 가장 재미있는 아이디어가 나왔다. 세이건은 DNA 이중 나선 구조를 함께 발견한 것으로 유명한 전설적인 과학자인 프랜시스 크릭, 생명의 기원을 연구하는 분야에서 선구자 중 한 명이었던 영국의 화학자 레슬리 오겔과 함께 대화를 나누고 있었다. 그들은 오래전 우리은하에 존재하고 있었을 어떤 고대 외계 문명에서 퍼진 생명의 씨앗이 은하계 곳곳에 뿌려지면서 오늘날 은하계 전역에 생명체가 퍼지게 되었을 것이라는 "정향 범종설"에 대해 논의했다. 크릭과 오겔의 주장에 따르면 지구 생명체는 그동안 과학자들이 생각했던 것과 전혀 다른 기원을 가질 수 있었다. 그들은 세이건에게 단순한 가설이 아니라 꽤 신뢰할 만한 대안이라고 주장했다.

그 당시에도 지구 생명체가 외계에서 기원했을지 모른다는 범종설이라는 개념은 100년 전부터 과학계에서 논의되고 있었다. 일부 천문학자를 비롯한 과학자들, 특히 켈빈 경과 같은 인물은 오래전부터 일찍이 지구 최초의 미생물이 지구 바깥 우주에서부터 날아와 지구를 "감염"시키는 방식으로 생명의 역사가 시작되었을 거라 주장했다. 화성에서 날아온 운석을 타고 왔을 수도 있다. 하지만 이후에 진행된 세이건과 시클롭스키의 연구는 이러한 주장을 반박했다. 그들은 그 어떤 포자도 우주공간의 방사선을 버텨 내고 무사히 지구로 날아올 수 없을 것이라는 결론에 이르렀다. 하지만 세이건을 코넬대학교로 영입하는 데 적극적이었던 천문학자 토머스 골드는 1960년, 지구 생명체가 사실 "우주쓰레기" 같은 존재일 가능성이 있다고 제안했다. 골드는 "우주는 충분히 오래되었다. 수십억 년의 주기를 거치는 문명이 피어나고 사라지기를 반복하면서, 과거 생명체가 살지 않았던 행성에 오랫동안 버티고 살아남을 수 있는 강인한 미생물이 전해졌을지도 모른다"라고 주장했다.

아르메니아에서 만난 크릭과 오겔은 이 아이디어를 더 발전시켰다.* 골드는 "시간적 여유가 충분히 길기 때문에, 지구가 형성되기 한참 전에 우리은하 다른 곳에서 또 생명과 기술문명이 존재했을 가능성은 충분하다"라고 주장했다. 그렇다면 아주

먼 옛날에 존재했던 고대문명 중 한 곳에서 우리 지구를 향해 특별한 무인우주선을 보냈을 수도 있지 않을까? 과거의 우주 문명들은 지구에 생명의 물질을 퍼뜨리려고 했던 것일까? 이러한 질문들은 실제로 아르메니아 학회에서 아주 심도 있게 논의되었다.

    크릭과 오겔은 이러한 우주선의 외형에 대한 아이디어까지 갖고 있었다. 그들의 구상에 따르면 이 무인우주선은 이산화탄소와 물만으로 성장할 수 있는 무게 1000킬로그램의 청록색 조류(藻類)를 태워야 했다. 우주선은 굳이 빠른 속도로 이동할 필요도 없다. 시속 6만 마일 정도면 "겨우" 수백만 년 안에 지구에서 100광년 거리에 들어오는 수천 개의 별들을 탐사할 수 있다. 동시에 특정한 별과 그 주변에 있는 특정한 행성을 콕 집어서 찾아내기 위해서 우주선은 상당히 정교하게 설계되어야 했다. 그렇지 않으면 광활한 우주에서 새롭게 거주 가능한 행성에 도달하지 못한 채 정처 없이 우주를 홀로 떠돌 가능성이 높기 때문이다. 또한 우주선은 지구 대기에 진입할 때 발생하는 극심한 열을 견뎌 내야 하며, 동시에 지구 바다에 진입하는 순간 녹아서 그 안에 들어 있던 청록색 조류가 생명력을 되찾아 널리 퍼질 수 있도록 해야 했다. 1973년 그들의 가설을 자세하게 소개한 한 기사에서 크릭과 오겔은 "가까운 미래에 우리는 원한다면 다른 행성에 생명의 물질을 퍼뜨릴 수 있다. 따

---

* 골드는 생명이 존재하지 않는 과거의 바위투성이 지구 위에 도착한 외계인들이 미생물이 득실거리는 쿠키 부스러기를 주변에 흘리면서 소풍을 즐기고는 유유히 새로운 모험을 찾아 떠났을지도 모른다는 유쾌한 상상을 하곤 했다.

라서 우리 행성도 어쩌면 다른 곳으로부터 감염되어서 탄생했을 가능성을 완전히 배제할 수 없다고 생각한다"라고 언급했다. 또한 "우리가 우리은하에 홀로 존재한다는 생각에 더 확신을 갖게 된다면, 우리는 다른 행성으로 생명의 물질을 감염시키고 싶은 욕망을 뿌리칠 수 없게 될 것"이라고 덧붙였다.

과학자들은 이 가설에 대해 기존의 지구 초기 미생물의 진화 과정에 대한 이해와 어긋나는 두 가지 문제를 지적했다. 첫 번째, 왜 오직 하나의 유전 코드만 존재하는가? 인간의 언어가 다들 비슷한 기호와 패턴을 사용하면서도 끝없이 다양한 단어와 철자의 변형을 만들어 낸 것처럼, 일반적으로 생각하면 생명도 더욱 다채로운 방식으로 진화해야 한다고 볼 수 있다. 하지만 지구 생명체의 DNA는 단 하나의 패턴만 존재한다. 이에 대해서 크릭과 오겔은 "이 [유전 코드의] 보편성은 생명 기원에 대한 '감염 가설'로 더 자연스럽게 설명할 수 있다"라고 주장했다. 그들의 주장에 따르면 "지구 생명체는 어쩌면 단 하나의 외계 생태계에서 파생된 복제품일지 모른다".

또한 과학자들은 지구상에 비교적 희귀한 몰리브덴이라는 원소가 유기 생명체에 "비정상적으로 풍부하게" 존재한다는 사실에 의아해했다. 몰리브덴은 수많은 효소반응에서 반드시 필요한 성분이다. 만일 생명의 특징이 그것이 진화한 환경과 유사할 것이라고 가정한다면, 왜 지구 생명체는 지구에 희소한 원소인 몰리브덴에 그토록 크게 의존하고 있을까? 어쩌면 우리 생명체는 원래 몰리브덴이 훨씬 흔한 환경에서 기원했을지도 모른다.

이후 더 많은 질문들이 뒤따랐다. 지구에 생명을 보낸 존재들의 후손들이 지금도 우주 어딘가에 살고 있을까? 아니면 지난 40억 년의 세월은 그들의 문명도 버티기 어려운 긴 시간이었을까? 우리와 닮은 "자매" 행성이 있을까? 즉 지구 생명의 기원이 되었던 동일한 외계 생명체로부터 생명 물질의 씨앗을 물려받은 비슷한 외계 문명이 또 어딘가에 존재하고 있지 않을까? 그린뱅크천문대에서 열렸던 돌고래기사단 회의에서 천문학자들을 사로잡은 질문도 다시 등장했다. 드레이크 방정식에서 고등 문명이 존속할 수 있는 기간을 의미하는 L은 얼마나 클까? 크릭과 오겔은 "어쩌면 우리은하에는 우리가 속한 이 마을을 제외하고 생명체가 전혀 없을지도 모른다"라고 생각했다. 그들은 아르메니아에서 진행된 학회가 끝나기 전에 이 질문들에 대한 확실한 답을 찾는 것은 불가능하다는 것을 알고 있었다. 하지만 이 질문들에 관해 처음으로 진지한 논의를 주고받을 수 있는 자리가 마련되었다는 것만으로도 큰 성취라고 생각했다.*

결국 이 회의를 통해 외계 생명체의 존재 가능성에 대한 관

---

* 크릭과 오겔은 이후 자신들의 커리어 내내 "범종설"이 얼마나 진지한 가설로 받아들여지기를 바랐는지에 대해 명확한 입장을 밝히지 않았다. 정말 진지한 고민 끝에 제시된 과학적 가설이었는지, 아니면 그냥 천문학적 농담이었는지는 확실치 않다. 심지어 크릭의 아내도 남편에게 "이건 진짜 이론이 아니라 SF 소설일 뿐"이라고 말할 정도였다. 두 사람은 자신들이 주장한 가설의 증거가 "다소 빈약"하다는 점은 솔직하게 인정했지만, 지금까지 주어진 증거들만 놓고 보더라도 자신들의 가설을 "단순하게 기각하는 것도 불가능"하다고 주장했다. 이후 크릭은 1980년대 초 생명의 기원에 관한 책을 출간했다. 《뉴욕타임스》는 2004년 그의 부고 소식을 다루면서 그가 제안했던 범종설을 다음과 같이 언급했다. "지구 생명체가 다른 행성에서 날아온 로켓에 의해 뿌려진 씨앗으로부터 피어났을 거라는 과감한 주장은 그와 같이 저명하고 존경받는 과학자만이 가능했을 것이다."

점은 크게 뒤바뀌었다. 답을 찾고 싶었던 과학자들에게 새로운 협력관계와 유용한 과학적 돌파구를 마련해 주었다. 소련은 이 회의를 통해 미래의 외계 지적 생명체 탐사를 위한 대략적인 "마스터플랜"을 제시했고, 이를 실현하기 위해 전 세계에 전파 안테나 네트워크를 구축해서 향후 진행될 탐사에 활용하자는 제안까지 했다. 매일 밤, 세계 각지에서 모인 참가자들은 회의가 끝나면 다시 버스를 타고 예레반에 위치한 인투어리스트호텔에 머물렀고, 소련에서 온 참가자들은 천문대 건물에서 밤을 보냈다.

9월 11일, 회의 마지막 날 만찬에서 시클롭스키는 자리에서 일어나 넓은 연회장 테이블에 앉아 있는 사람들을 둘러보면서 건배 제의를 했다. 건물 밖에는 8세기쯤 지어진 오래된 수도원이 자리한 세반 호수의 웅장한 풍경이 마치 아름다운 파노라마처럼 펼쳐졌다. "소련의 시인 비소츠키가 노래했듯, 이번의 뜻깊은 회의는 타우 세티 별자리 너머에도 우리처럼 연회를 즐기고 있을 또 다른 세계가 있을 거라는 확신을 갖게 합니다"라고 말했다. "그곳을 위해 건배합시다."

28장
아레시보 메시지

학회가 끝나고 미국의 과학자들이 다시 고국으로 돌아가면서 아르메니아에서 열렸던 학회 소식은 외계 지적 생명체와 관련된 과학 분야에서 특히 흥미로운 순간으로 기록되었다. 드레이크가 오즈마프로젝트를 통해 첫발을 내디딘 지 10년 만에 논의는 다양한 방식으로 성숙하고 있었다. 사람들의 상상력도 꾸준히 확장되면서 중요한 질문에 답을 찾도록 도왔다. 특히 많은 사람의 관심을 끄는 질문이 있었다. 여전히 그 누구도 우리가 무엇을 찾아야 하는지 정확히 알지 못한다는 점이었다(의회 청문회에서 세이건이 보여 주었듯 비교적 선명한 위성사진조차 지구에 존재하는 상당히 많은 문명의 흔적을 놓쳤다). 수십 광년이나 멀리 떨어진 다른 별에서 문명의 징후를 포착하기 위해서 대체 우리는 무엇을 찾아야 하는 걸까?

이 질문을 두고 영국계 미국인 이론물리학자 프리먼 다이슨은 기발한 상상을 떠올렸다. 외계 지적 생명체에 대해 너무 편협한 관점을 갖고 있는 우리가 그 문명이 어떤 수준에 도달했을지 올바르게 파악하는 건 어려울 것이라 생각한 다이슨은 다소 도발적인 가설을 제안했다. 그는 우리가 이 광활한 우주에서 여전히 하찮고 미성숙한 작은 점 하나에 불과하다고 보았다. 인류는 수십만 년의 역사를 살아왔지만 우주의 세월은 수십억 년 단위로 흘러왔다. 다이슨은 진정한 고등 문명이라면 단순히 자신들에게서 가장 가까운 별 또는 태양에서 얻는 에너지만으로는 만족하지 않을 것이라고 생각했다. 그 정도의 적은 에너지원으로는 한 문명이 별과 별 사이를 자유롭게 오갈 정도의 야망을 이룰 수 없을 것이기 때문이다. 대신 그들의 태양을 둥글게 감쌀 수 있는 거대한 태양전지 패널을 만들어서 자신들에게 필요한 막대한 에너지 수요를 충족시키고 있다고 주장했다. 다이슨은 논문에서 "우리에게 관측되는 이러한 존재들은 아마 수백만 년 동안 존재했을 것이다. 기술적 수준은 여러 차원에서 이미 우리 수준을 훨씬 뛰어넘었을 가능성이 크다"라고 썼다. 그는 "그들은 산업 발전 단계에 접어든 지 수천 년 안에 자신들의 별을 완벽하고 둥글게 둘러싼 인공적 생물권에 속에 거주하고 있을 것으로 예상된다"라고 썼다.

이러한 그의 개념은 "다이슨 구체"로 알려지게 되었다. 이것은 지구의 공학 수준을 압도하는 규모였다. 예를 들어 우리 태양을 태양전지 패널과 거주지가 포함된 거대한 구체로 둘러싸는 상상을 해 보자. 그 구체는 지름 수백만 마일, 어쩌면 1000만, 2000만, 3000만 마일에 이르는 공간을 차지해야 한다. 다이슨은 만약 우주 어딘가에서 이런 시도가 실제로 벌어지고 있다면 충분히 멀리서 포착할 수 있을 정도로 아주 강력한 에너지가 방출되고 있을 거라 생각했다. 또 이러한 구조물이 우주 어딘가에 존재한다면 특정한 적외선 열을 방출하고 있을 거라 생각했다. 따라서 그런 특징을 보이는 별을 찾는다면 천문학자들은 "일반적인" 별과는 분명 다른 그 존재를 확인할 수 있을 거라 추정했다. 다이슨은 우리가 정말 우주에서 가장 발전된 수준의 외계 문명을 찾고 싶다면 이런 다이슨 구체를 찾아야 할지 모른다고 제안했다.

휴렛패커드의 임원이자 돌고래기사단 회의 멤버이기도 했던 바니 올리버는 1970년대 초 NASA의 수석 생명공학자 존 빌링엄으로부터 외계 지적 문명과 지적 생명체 탐색을 위한 "현실적인 노력"을 어떻게 수행할 것인지에 대한 연구에 동참해 달라는 제안을 받았다. 그들은 다른 행성에 생명과 지성을 지닌 존재가 있다면 그 징후와 단서를 어떻게 정의할 수 있을지 연구했다. 빌링엄은 에임스연구센터 우주생물학자들의 연구 결과에 깊은 관심을 가졌지만, 그들의 다소 잘못된 질문으로 접근하고 있다고 생각했다. "우주생물학 부서의 연구자들은 생명의 화학적 특징에만 몰두한다. 심지어 생명체를 우리 태양계 안에서 찾으려고 하고 있다." 그는 이렇게 회상했다. "하지만 다른 별 곁을 도는 외계 지적 생명체는 어떻게 찾을 것인가?"

1971년 여름 10주에 걸쳐, 존 빌링엄과 버나드 올리버, 그리고 추가로 약 스무 명의 연구원들은 에임스연구센터의 한 층을 통째로 빌려 임시 연구실로 사용했다. 그들은 머나먼 우주에서 오고 있을지 모르는 신호를 찾기 위한 다양한 실험을 설계했다. 이를 위해 필요한 하드웨어, 인력, 시간, 그리고 자금 규모를 파악했다. 올리버는 오랫동안 무선통신 기술에 매료되어 있었다. 특히 제2차세계대전 중에는 레이더 개발에 참여한 적도 있었다. 이러한 그의 경험은 대담한 비전을 추진할 수 있게 해 주는 원동력이 되었다. 그는 작은 안테나 1000개를 연결해서 100제곱킬로미터 면적에 쫙 깔아 놓은 다음, 안테나를 일제히 작동시켜서 수백 광년 이내 우주에서 날아오는 신호를 수신하는 관측 계획을 구상했다. 올리버가 생각하기에 NASA가 아주 적절한 시기에 외계 생명체 탐색에 관심을 갖기 시작한 것 같았다. 드레이크가 오즈마프로젝트를 통해 외계 지적 생명체 탐색이라는 낯선 분야의 첫 단추를 끼운 뒤 지난 10년 동안, 과학 커뮤니티는 외계 생명체의 존재 가능성에 더욱 확신을 갖게 되었다. 게다가 "우주적 진화"에 대한 이해가 더 깊어지면서 태양계가 전혀 독특하고 특별하지 않은 세계일 수 있다는 가능성이 널리 받아들여지기 시작했고, 우리은하와 우주 구석구석 다른 곳에 우리 지구와 동일한 물리법칙과 화학법칙이 적용되는 세계가 있을 거라 생각하기 시작했다. 그런 곳이라면 우리 지구에서처럼 생명이 출현해 진화하는 과정이 벌어지고 있을 거라는 인식이 점차 확장되고 있었다.

해답을 찾기 위해 과학자들은 파장 21센티미터에 해당하는 중성 수소선과 파장 18센티미터에 해당하는 OH선(산화수소선)에 주목했다. 이것은 드레이크, 시클롭스키, 그리고 이 문제를 다루었던 많은 과학자가 흥미를 갖고 연구했던 주파수였다. 올리버는 우주 어딘가에 살고 있는 고등 문명이라면 당연히 이 주파수대역에 대해 잘 알고 있을 거라 생각했다. "물을 기반으로 한 생명체가 또 다른 비슷한 종족을 찾기 위해 활용할 수 있는 가장 적절하고 기묘한, 아주 낭만적인 주파수"라고 이야기했다. NASA도 지구에서 많은 동물과 인간이 물가 주변에 무리 지어 살아가는 것과 비슷하게 우주에 존재하는 모든 지적 생명체들이 물 분자와 관련된 이 주파수 주변에 모여서 서로 소통을 시도하고 있을 것이란 생각에 동의했다.

이 프로젝트는 "사이클롭스프로젝트"라는 이름으로 착수되었다. 1972년 1월 1일, 250페이지에 달하는 보고서로 결과가 발표되었고, 이 분야에서 고전으로 남았다.* 보고서는 "외계 지적 생명체 탐사는 과학적으로 정당한 연구 활동이며, 포괄적이고 균형 잡힌 우주 프로그램의 일환이 되어야 한다"라고 결론지었다. 또한 이를 위해 미국은 "외계 지적 생명체 탐사를 지속적으로 진행할 수 있도록 NASA의 우주 프로그램의 일부에 포함시키고, 자체 예산과 자금을 마련해야 한다"라고 권고했다. 국립과학원의 천문학위원회의 지지를 받은 것으로, 여기서는 10년마다 회의를 열어서 천문학 분야에서 가장 중요하고 시급한 우선순위를 연구하고 개괄적으로 설명했다.

　　그들은 "해가 갈수록 우주에 생명체가 존재할 가능성과 우리가 그들을 탐지해 낼 가능성이 함께 올라가고 있다"라고 설명했다. "점점 더 많은 과학자가 다른 문명과 접촉하는 것을 단순한 꿈이 아니라, 앞으로 우리 인류 역사에서 언젠가 벌어지게 될 지극히 자연스러운 사건이라고 생각한다. 아마 우리 중 많은 사람이 우리 생애 안에 그러한 일이 벌어질 것이라 느끼고 있을 것이다. 이제 그 가능성은 너무 커져서 외면할 수 없게 되었다. 주요 자원을 투입하고 충분히 기다려야만 한다. 장기적으로 이것은 과학이 인류 문명에 기여할 수 있는 가장 큰 공헌이 될 것이다."

　　이것은 아주 명확하고 열정적인 표현이었다. 하지만 아쉽

---

* 1996년 보고서 발간 25주년을 기념해 보고서를 새롭게 재발간하면서 SETI는 이렇게 발표했다. "오늘날 SETI의 주요 인물들 모두 이 보고서를 통해 비로소 처음으로 중요한 경험을 쌓기 시작했다고 해도 과언이 아니다."

게도 세상에 너무 늦게 알려졌다. 달 착륙을 두고 벌어진 우주 경쟁에서 미국이 승리한 이후, 미국의 정치적 열망과 재정은 베트남전쟁에 의해 잠식되었다. NASA 예산은 꾸준히 감소하기 시작했다. 마지막으로 진행되었던 아폴로 16호와 17호 미션이 끝나면서, 미국은 더 이상 우주에 꿈과 비전을 펼치지 못했다. 올리버와 빌링엄이 제안했던 60억에서 100억 달러 규모의 "합리적인" 예산 프로젝트는 시작도 할 수 없었다. 이제 우주탐사에 든든한 재정적 지원을 기대하는 건 불가능해졌다. SETI 탐사가 애초부터 그저 호기심 많은 과학자 개인들에 의해 자발적으로 시작되었듯, 다시 예전처럼 별다른 지원 없이 자발적으로 진행할 수밖에 없었다.

한편 프랭크 드레이크는 꾸준히 이 분야를 발전시켰다. 그는 일상적으로 "진지한" 천문학 연구 업무를 하면서 동시에 외계 지적 생명체 탐색에서 손을 떼지 않고 병행했다. 전파천문학 분야가 성장하면서, 이제 그는 지구에서 가장 가까운 이웃 행성들을 더 잘 이해할 수 있게 되었다. 새로운 관측을 통해 금성의 표면온도가 원래 추정했던 수치보다 400도 더 높은 화씨 890도에 달한다는 사실을 발견하는 데 도움을 주기도 했다. 그는 자신의 망원경이 무엇을 포착할 수 있을지 관심의 끈을 놓지 않았다. 다시 열정을 불태우기로 각오한 그는 패서디나의 제트추진연구소를 떠나 코넬대학교에 새롭게 문을 연 전파물리학및우주연구센터에서 기회를 잡았다. 이곳에서는 푸에르토리코에 위치한 거대한 전파망원경을 운용하려고 준비하고 있었다. 토머스 골드는 드레이크에게 "이 망원경이 얼마나 대단한지 아마 직접 봐야 내 말을 믿을 수 있을 거요"라고 이야기했다. 드디어 망원경의 실물을 접한 드레이크는 그 거대한 모습을 보면서 무언가 아주 놀라운 일이 기다리고 있다는 것을 직감했다.

이른바 아레시보 망원경으로 불린 새로운 전파천문대는 과거 드레이크가 그린뱅크천문대에 있을 때 접했던 것과는 차원이 다른 기술을 자랑했다. 지름 1000피트에 달하는 반구형 구조물은 허리케인으로부터 보호하기 위해 고립된 싱크홀에 건설되었으며, 가장자리에 각 300피트 높이의 타워가 세 개가 서 있는 것이 특징적이다. 이 타워 사이를 열여덟 개의 철제 케이블로 연결해 메인 수신 플랫폼, 반사경과 안테나를 접시 중앙 위에서 지지한다. 과학자들은 항공사진과 지형도를 면밀하게 검토해서 적도 주변 미국령 중 이 거대한 망원경을 건설하기에 가장 적합한 장소를 찾았고, 결국 산후안에서 차로 약 하루 걸리는 곳에 위치한 곳을 선택했다. 가로 110마일, 세로 40마일에 불과한 작은 섬으로서는 상당한 개가였다.

1963년에 개발이 시작된 이 망원경은 원래 소련에서 발사한 미사일이 전리층을 통과할 때 남기는 신호를 탐지할 방법을 연구할 목적으로 실시된 냉전시대 국방부의 디펜더프로젝트의 일환이었다. 전리층은 지구 표면에서 약 30마일 상공에 존재하며, 전기적으로 전하를 띠고 있는 분자와 원자로 이루어져 있다.* 토머스 골드는 집요한 로비를 통해 이 망원경이 지구의 상

---

* 드레이크는 이 망원경이 엄청난 실수 덕분에 존재하게 되었다는 사실을 깨달았다. 원래 지구 전리층에 초점을 두고 설계된 이 망원경은 100피트 크기

층 대기권뿐 아니라, 더 멀고 넓은 우주를 연구할 수 있다고 설득했고, 충분한 자금과 자원을 얻어 냈다. 결국 총 625톤에 달하는 이 어마어마한 구조물과 장치는 지구 대기권 너머 깊은 우주를 탐색할 수 있도록 조정되었고, 더 멀리서 날아오는 전파를 수신하고 연구할 수 있는 가장 거대한 망원경이 되었다.

1966년 드레이크는 아레시보천문대 대장으로 임명되었다. 이 기회는 그의 가족에게 희생을 요구했지만, 과학에 대한 그의 열망을 막을 수는 없었다. 그의 지휘 아래, 망원경은 아주 많은 발견을 해냈다. 수성의 완벽한 자전주기를 처음으로 측정했고, 금성 표면의 레이더 지도를 완성했다. "펄서"라고 불리는 초고밀도 중성자별의 존재를 처음 발견하기도 했다. 심지어 그는 허리케인 아이네즈를 견뎌냈는데, 이 강풍을 통해서 오히려 망원경에 연결된 반사경이 예상보다 구조적으로 더 견고해서, 생각보다 더 짧은 파장까지 관측할 수 있다는 것을 알았다. 강풍이 불면 반사경이 몇 인치 정도 움직일 거라는 엔지어들의 염려와 달리, 실제로는 겨우 몇 밀리미터만 움직였다. 이는 첨단 연구를 위한 새로운 길을 열었다. 1971년 아레시보천문대는 미국국립과학재단의 일부가 되었고, 드레이크는 국립천문학전리층센터(NAIC) 소장이라는 새 직책을 맡았다. 이제 그는 오래전 돌고래기사단 회의에서 동료들과 함께 씨름했던 문제들, 특히 가장 근본적인 질문 중 하나였던 "광활한 거리를 넘어 전

정도면 충분했다. 하지만 설계자들이 계산을 잘못한 바람에 1000피트 크기 접시를 만들어 버렸다. 게다가 건설이 시작되고서도 아무도 계산 실수를 눈치채지 못했다. 이 실수 덕분에 천문학자들은 놀라운 망원경을 얻을 수 있었고, 더 적합한 목적에 맞게 사용할 수 있는 기회를 얻었다.

혀 다른 언어를 쓰고 있을 다른 문명과 어떻게 소통할 수 있을까?"라는 질문을 두고 더 자유로운 연구를 할 수 있게 되었다.

* *

당시 시점에서 이미 과학자들은 외계 생명체와의 소통 방법을 고민한 지 100년을 넘기고 있었다. 1820년 독일의 수학자 카를 프리드리히 가우스는 달이나 화성에 살고 있을지 모르는 외계 문명이 볼 수 있을 정도로 거대한 상징, 예를 들어 세르비아 밀밭에 직각삼각형 모양을 그리고 그 주변에 피타고라스의정리를 증명할 수 있는 세 개의 정사각형을 함께 그린 구조물을 설치하자고 제안했다.* 비슷한 시기에 오스트리아 빈의 한 천문학자는 사하라사막에 거대한 원과 삼각형 형태로 땅을 파고, 그곳을 등유로 채워서 불을 붙이자는 제안을 하기도 했다. 프랑스에서 한 과학자는 유럽 전역에 거대한 거울을 북두칠성 모양으로 설치해서 화성까지 태양 빛을 반사하자는 아이디어를 제안했다. 1875년 핀란드-러시아 수학자 E. E. 네오비우스는 『우리 시대의 가장 위대한 임무』라는 책을 내면서, 수학적이고 물리학적인 거대한 상징물에 불을 붙여서 외계 존재와 소통을 시도하자는 아이디어를 제안했다.

    모두 흥미로운 아이디어들이었지만, 상상 속의 설계도를

---

* 가우스가 정말 이 제안을 했었는지에 대해서는 출처가 확실치 않고, 논란의 여지가 있다. 일반적으로 이 이야기의 출처로 "독일의 천문학자"가 이야기되는데, 1986년 마이클 J. 크로가 쓴 『외계 생명체 논쟁, 1750~1900년』에서 그는 이렇게 주장한다. "이 아이디어의 역사는 19세기 초반 다원주의자들의 다양한 저술까지 거슬러 올라간다. 조사 결과, 이 이야기는 아주 다양한 형태로 존재해 왔다는 사실을 확인할 수 있다."

벗어나지 못했다. 실제로 자금이 모이거나 실현된 적은 없었다. 외계 문명과 직접 소통할 수 있는 가장 구체적인 기회가 생긴 건 20세기 초 무선통신이 개발된 이후였다. 드레이크는 외계 문명에게 신호를 보내는 것을 "만난 적도 없고, 주소도 모르는 외국어를 쓰는 여성에게 연애편지를 쓰는 것"으로 비유했다. 심지어 그 여성은 글을 읽을 수도 없고, 볼 수 있을지조차 알 수 없다. 심지어 여성이 아닐 수도 있다. 어쩌면 고래이거나, 꽃이거나, 거미일 수도 있고, 심지어 바이러스거나 우리가 상상할 수 없는 또 다른 존재일 수도 있다. 그런 존재와 소통을 하기 위해 어떤 방법을 써야 할지를 고민한 드레이크가 내린 단 하나의 결론은 수학이었다. 지구에서 언어는 다양한 문명에 따라 각기 다른 의미를 갖지만, 결국 시간이 흐르면서 수학적 계산법은 하나로 통일되었다. 어쩌면 외계 문명에서도 비슷하지 않을까 그는 생각했다.

드레이크가 상상할 수 있는 가장 최선의 방법은 하나의 이미지를 만드는 것이었다. 텔레비전은 움직이는 이미지를 형상화하기 위해 단순한 이진법 코드를 활용한다. 이처럼 다른 문명이 알아볼 수 있는 흑백 이미지를 만드는 것이다. 드레이크는 격자무늬 종이에 어떤 칸은 색을 채우고, 어떤 칸은 비워 두면서 몇 시간 동안 그림을 그렸다. 이를 통해 곡선을 쓰지 않고도 그림을 완성할 수 있는 방법을 터득했다. 시간이 지나면서 그는 551개의 0과 1로 이루어진 하나의 긴 수열을 완성했다. 격자무늬 종이의 어떤 픽셀에 색을 칠해야 할지를 이진법으로 표시한 것이다. 그는 다른 외계 문명도 551이라는 숫자가 29와 19라는 두 소수로만 나눠떨어진다는 사실을 알아차릴 수 있기를 바랐다. 이것은 전체 메시지가 세로 29픽셀, 가로 19픽셀로 구성된 이미지로 번역될 수 있다는 단서를 제공한다. 드레이크는 이 메시지 안에 태양계의 도식도, 인간의 형태를 표현한 간단한 그림, 그리고 1에서 5까지 숫자 목록을 암호화해서 넣었다. 그는 메시지의 효용성을 시험하기 위해서 돌고래기사단 회의에 참석했던 동료 과학자들에게 복사본을 보냈다. "여기 외계에서 받은 가상의 메시지가 있습니다. 이 메시지는 551개의 0과 1로 이루어져 있습니다. 이 메시지는 무엇을 의미하고 있을까요?"

하지만 동료 중 누구도 메시지를 완벽하게 해독하지 못했다. 오직 버나드 올리버만 개념을 이해한 것처럼 보였다. 그는 드레이크에게 1과 0으로 이루어진 새로운 수열을 보냈다. 올리버가 보낸 답장을 해독해 보니, 그 메시지는 마티니 잔과 올리브를 표현한 이미지였다.

하지만 드레이크는 포기하지 않았다. 처음에 만들었던 메시지를 더 많은 과학자에게 보냈다. 하지만 모두 해독에 실패했다. 마침내 그는 이 퍼즐을 맞출 수 있는 사람을 한 명이라도 찾아보기 위해 잡지에 문제를 실었다. 얼마 지나지 않아 브루클린에 사는 한 전기 엔지니어로부터 정답이 도착했다. 드레이크는 "나의 메시지를 정확하게 해독한 유일한 사람이었다"라고 회상했다.* 이건 실망스러운 출발이었지만 완전한 실패는 아니었다.

* 이 프로젝트를 통해 드레이크가 얻은 교훈 중 하나는 만약 지구에서 외계에서 온 암호화된 메시지를 수신하게 된다면, 정부의 과학자들은 가능한 한 많은 아마추어 암호 해독가가 참여할 수 있도록 그 사실을 널리 알려야 한다는 것이었다. 그는 "사람들은 패턴과 기호, 추상적인 이미지를 분간할 수 있는 모든 준비가 되어 있다"라고 결론지었다.

3년이 지난 1969년, 드레이크는 푸에르토리코에서 열린 미국천문학회에 참석했다. 그는 호텔 로비에서 우연히 칼 세이건을 만났다. 두 사람은 대화를 나누기 시작했고, 세이건은 곧 다가오는 파이어니어 10호 계획에 대해 이야기해 주었다. 탐사선이 목성 곁을 스치는 동안 목성 표면의 사진 수천 장을 촬영하고, 인류가 보낸 우주 탐사선 중 처음으로 태양계를 벗어날 정도의 속도를 얻는 것을 목표로 하는 계획이었다. 세이건은 언젠가 머나먼 외계 문명에 의해 이 탐사선이 추적당하거나, 추락한 모습으로 어딘가에서 발견될지도 모른다며 흥분을 감추지 못했다. 세이건은 드레이크에게 "이 탐사선을 인류가 처음으로 별과 별 사이 우주로 떠나보내는 병 속의 메시지로 만들어 보는 건 어떨까요?" 하고 제안했다.

학회 참석자들 사이에서 드레이크과 세이건은 빠르게 아이디어를 교환했다. 세이건은 이미 금속판에 그림 메시지를 새겨 넣기로 결정했고, 드레이크는 그것이 "수십억 년 동안 읽힐 수 있도록 해야 한다"라면서 금속판을 넣기 위해 탐사선의 무게와 균형을 바꾸고 추진 장치를 재설계해야 할 것이라고 덧붙였다. 이에 NASA는 이 아이디어의 중요성을 고려해 기꺼이 그렇게 할 것이라고 밝혔다. 유일한 문제는 금속판을 빨리 완성해야 하는 것뿐이었다.

드레이크와 세이건은 사람 그림을 포함해 다양한 메시지를 함께 넣어야 한다는 생각에 동의했다. 하지만 우리은하 속 지구의 위치를 어떻게 표시할 것인지에 대해서는 답을 찾지 못했다. 드레이크는 지구의 위치를 북두칠성과 연관 지어 표현하는 아이디어를 제안했다. 그렇게 하면 탐사선이 발사된 시점을 약 만 년 정도 오차로 추정할 수 있고, 지구의 위치를 20~30광년 이내 범위로 좁힐 수 있을 거라 생각했다. 이것은 우주의 광막한 시간과 공간적 규모를 생각하면 아주 정확한 편이었다. 하지만 그는 더 나은 아이디어를 떠올렸다. 한때 자신의 핵심 연구 주제 중 하나였던 아주 희귀하고 독특한 별인 펄서를 활용해서 우리은하에서 지구의 위치를 나타내는 것이다.

여러 번에 걸친 수정이 이루어진 끝에, 세이건과 그의 아내 린다는 금으로 도금한 4온스짜리 알루미늄 판에 그림을 그려 넣었다.* 이 금속판에는 해부학적으로 자세하게 표현된 남성과 여성의 신체 그림이 그려졌다. 옆에는 크기 비례를 나타내기 위해서 비율에 맞춰서 파이어니어 탐사선의 윤곽을 그렸다. 이를 통해 먼 미래에 이 탐사선을 발견하게 될 존재가 인간의 키를 파악할 수 있도록 했다. 그림 속 남성은 한 쪽 팔을 흔들면서 우리가 사지를 어떻게 움직이는지 보여 주고자 했고, (외계인이 그 뜻을 이해할 수 있다면) 우리가 인사를 어떻게 하는지 알려 주고자 했다.

금속판에는 파이어니어가 출발하는 지구의 위치를 표현한 천문 지도가 함께 그려졌다. 드레이크가 펄서를 활용해서 만든 이 지도는 열네 가닥으로 뻗어 있는 일직선을 통해 태양계의 위치를 표현했다. 각각의 직선에는 펄서의 신호가 깜빡이는

---

* 이후 몇 년 동안, 이 금속판에 새겨진 인간의 그림이 너무 앵글로색슨의 모습으로만 표현되어 있으며, 범인종적이지 못하다는 비판을 받았다. 유난히 성적으로 민감한 닉슨 행정부의 검열적 정치 환경 속에서 눈치를 봤던 NASA가 남성 생식기와 달리 여성 생식기에 대한 자세한 묘사를 의도적으로 생략한 것이 아니냐는 오래된 논쟁도 있었다. 하지만 세이건은 단지 그리스 전통에 따라 여성의 몸을 비교적 덜 자세히 묘사한 것이라고 주장했다.

주기를 이진법으로 표현했다. 드레이크는 파이어니어를 발견한 고등 문명이 쉽게 주목할 만한 열네 개의 펄서를 활용해서 파이어니어가 발견된 시점과 위치에 기반해 우리 태양계의 위치를 삼각측량으로 유추할 수 있기를 바랐다. 한편 과학자들은 우주에서 가장 흔한 원소인 수소의 특성을 활용해서 금속판에 그린 지도 속 거리와 시간 단위를 해독할 수 있는 방법을 설명하는 그림을 함께 그려 넣었다.

1972년 3월 파이어니어 10호가 발사되던 날, NASA는 세이건과 드레이크가 만든 그림 메시지를 자랑스럽게 발표했다. NASA는 그들이 인류를 위해 완성한 작품을 찬양했다. 하지만 사람들의 반응은 감탄이 아닌 논란이었다. 사람들은 NASA가 우주에 포르노를 퍼뜨리고 있다고 비난했다. 캐나다의 경우, 이전까지 사람의 나체가 공개적으로 방송된 적이 없었기 때문에 금속판에 그려진 사람의 이미지가 방송될 수 없었다. 하지만 결국 이런 논란은 드레이크와 세이건이 궁극적으로 원했던 목표를 이루게 해 주었다. 드레이크는 "우리는 그것이 지구에서 우주로 보내는 메시지가 아니라, 우리 지구를 향해 보내는 메시지였다는 생각을 더 많이 하게 되었다"라고 회상했다. "우리는 이 메시지를 통해 우리가 우주에 혼자가 아니라는 사실을 일깨워 주고 싶었다. 언젠가 다른 존재들이 우리의 존재를 알게 될 것이고, 어떤 형태로든 접촉과 소통이 가능할 수 있다는 점을 확고하게 하고 싶었다."

이듬해 4월 파이어니어 11호도 똑같은 그림이 새겨진 금속판을 싣고 우주로 날아갔다.

우주 시대

* *

1974년 드레이크는 또 다른 흥미로운 기회를 맞았다. 국립천문학전리층센터의 소장으로서 그는 3년에 걸쳐 아레시보 망원경의 보수 작업을 관리감독하고 있었다. 재건식이 다가오면서 그의 조수였던 제인 앨런은 새롭게 보수한 망원경을 활용해서 그저 우주에서 날아오는 신호를 수신만 하는 게 아니라 아예 메시지를 우주로 직접 송신해 보자는 아이디어를 제안했다. 망원경에 출력을 집중하면 약 20조 와트까지 출력을 끌어올릴 수 있었다. 이것은 외계 문명에서 봤을 때 지구에서 날아온 메시지가 태양보다 더 밝게 보일 수도 있다는 것을 의미했다.*

드레이크는 앨런의 아이디어에 열광했다. 그는 수도 없이 고치고 또 고친 끝에 1679비트로 구성된 메시지를 완성했다. 또다시 소수라는 개념을 활용해서 73×23픽셀로 구성된 이미지를 만들었다. 드레이크의 메시지는 총 일곱 부분으로 구성되었다. 맨 처음 1에서 10까지 숫자에 대한 기본적인 개념과 인간, 생명체의 DNA를 구성하는 다섯 가지 필수 원소(수소, 탄소, 질소, 산소, 인)의 원자번호가 등장했다. 그다음 DNA 이중나선 구조를 나타내는 그림과 DNA를 이루는 주요 분자들의 분자식이 표현되었다. 드레이크는 아주 일반적인 형태의 인간 모습을 막대기 그림처럼 표현했다. 이때 그림이 너무 고릴라처

---

* 아레시보 망원경으로 얼마나 먼 거리에서 온 신호를 감지할 수 있는지는 오랫동안 논쟁의 대상이었다. 드레이크는 이 망원경이 그것과 유사한 송신기에서 나온 최대 2만 5000광년 떨어진 신호를 감지할 수 있다고 믿었다. 하지만 다른 SETI 과학자들의 계산에 따르면 아레시보 망원경의 유효 탐지 거리는 그보다 훨씬 더 짧은 1만 500광년까지다. 더 짧게는 400광년밖에 안 될 거라는 추정도 있었다.

럼 보이지 않도록 신경 썼다.* 마지막으로, 지구의 대략적인 인구수(40억 명), 인간 유전체의 대략적인 수(30억 개), 지구의 위치를 강조한 태양계의 대략적인 지도, 그리고 아레시보 망원경의 대략적인 스케치가 메시지에 함께 포함되었다. 그가 초안을 만들어서 세이건에게 공유했을 때, 드레이크는 세이건이 자신의 메시지를 해독하는 데 성공했다는 사실에 기뻐했다. 어쩌면 외계 생명체도 이 메시지를 이해할 수 있을 것이라는 희망을 품었다.

1974년 11월 16일, 아레시보 망원경에 재건식을 기념해 250명의 참석자들 앞에서 조지아주 미국 하원의원이자 과학소위원회 의장을 맡고 있던 존 데이비스가 기조연설을 가졌다. 1968년에 진행되었던 UFO 청문회에서 세이건, 하이넥과 함께 하원 과학위원회 소속이었던 그는 이제 앞으로 5년 안에 지구가 외계인으로부터 응답을 받게 될 것이라고 자신 있게 선언했다. 그는 미소를 지으면서 "내가 살던 곳에서는 수수 씨앗을 한 에이커 심고 나서 겨우 새싹 하나를 기대하지 않습니다"라고 말했다.

그 뒤 경고 사이렌이 울렸고, 안테나가 제 위치로 이동했다. 이어서 3분 길이의 메시지가 약 2만 4000광년 거리에 떨어진 목적지인 헤라클레스자리 M13 성단을 향해 날아갔다. 이 행사를 취재했던 《코넬크로니클》의 다바 소벨은 "메시지 소리는 송신되는 동안 현장 사람들에게 기괴한 음조로 변조되어 들렸다. 그 기괴한 소리가 현장의 공기를 가득 채웠다"라고 회상

* 나중에 그가 인정했듯이, 그림 속 사람의 키는 우연하게도 드레이크의 실제 키에 해당하는 5피트 9인치였다.

했다. "민소매 드레스를 입고 있던 여성들은 팔에 소름이 돋은 듯 팔을 문질러댔다. 우리 모두 망원경을 바라보면서, 어쩌면 그 순간부터 시작되었을지 모르는 또 다른 존재와의 대화를 상상했다."

재건식 참석자들이 점심 식사를 마치고 버스로 돌아왔을 때, 이미 지구를 떠난 지구인의 인사말은 명왕성 궤도를 지나고 있었다. 그리고 목적지까지 남은 거리는 약 2만 4000광년이었다.*

---

* 섬 너머 멀리서 아레시보 메시지는 뜨거운 논쟁을 불러일으켰다. 영국의 왕실 천문학자 마틴 라일 경은 드레이크의 메시지가 매우 경솔했다고 비판하면서 "우리의 존재와 위치를 은하계에 드러내는 것은 아주 위험한 일"이며, "우리가 아는 한, 외계 생명체가 정말 존재한다면 그들은 악의적일 수도, 굶주린 존재일 수도 있다"라고 경고했다. 이에 드레이크는 즉각적으로 반박하면서, 오히려 우리가 너무 늦게 메시지를 보낸 것이라고 주장했다. 당시 이미 지구인들은 각종 라디오와 텔레비전 방송 전파를 통해 자신의 위치를 은하계 곳곳으로 퍼뜨렸으며, 설령 아레시보 메시지를 탐지할 수 있는 외계 생명체가 존재한다 하더라도, 그들은 너무 먼 거리에 있어서 아무런 조치를 취할 수 없을 거라고 주장했다. 이렇게 외계 지적 생명체와 직접 메시지를 주고받는 METI에 대한 윤리적 고민은 이후 수십 년 동안 다양한 형태로 이어졌다.

29장
3종 근접 조우

1970년대 미국은 역사상 전례 없이 혼란스러운 시기였다. 베트남전쟁, 펜타곤 문건, 워터게이트사건으로 인해 정부에 대한 신뢰가 무너졌고, 제도적인 붕괴가 벌어지고 있었다. 워런위원회를 통해 케네디 대통령 암살 사건과 같은 과거 사건들의 재조사가 이루어지면서 더욱 기상천외한 음모론과 은폐설이 등장했다. 징병제, 시민권, 환경문제부터 여성과 성소수자의 권리에 이르는 다양한 사회적 이슈와 논란으로 시끄러웠고, 전국적인 불안감 속에서 많은 반정부 시위가 일어났다. 켄트주립대학교 총격 사건과 운디드니 학살 사건에 이르기까지 여러 참혹한 사건들까지 겹치면서 국민들은 미래를 예측할 수 없는 불안함 속에서 하루하루를 보냈다.

이런 불안정한 시기에 정보기관 및 군과 관련된 음모론이 절정에 달했다. CIA와 FBI와 같은 조직들이 어두운 진실을 숨기고 있을 거라 상상하는 건 어려운 일이 아니었다. 이미 의회 청문회와 탐사보도를 통해 오래전 그들이 비슷한 일을 해 온 적이 있었다는 사실이 탄로 났기 때문이다. 캄보디아 폭격 사건은 조작된 정보와 불확실한 첩보활동에서 비롯된 참사였다. 심지어 공격을 직접 감행했던 파일럿들조차 사건의 진상을 제대로 알지 못했다. CIA는 쿠테타를 지원하고 암살을 조직했고, 세계 전역에 허위 정보를 퍼뜨렸다. (곧바로 밝혀진 바에 따르면 가끔은 백악관의 지시로) FBI는 미국 시민들을 사찰했고, 반체제인사, 반전주의 운동가를 비롯해 정치적 입장이 다른 시민들을 대상으로 불법적인 표적 수사를 진행했다. 대통령과 참모들조차 야간 빈집털이 같은 범죄부터, 선거 캠페인에서의 사기, 자금세탁 등 온갖 불법적인 일에 연루되었다. 그리고 사람들은 그들의 높은 지위가 처벌을 피하게 해 준다고 생각했다. 제임스 모즐리는 이렇게 회상했다. "정부가 무언가 진실을 숨기고 있을지 모른다. 어쩌면 정말 '맨인블랙'이 존재할지 모른다. 어쩌면 외계인이 숨어 있을지도 모른다. 그런 일이 벌어지고 있다면, 비행접시라고 은폐하지 못할 이유가 있을까?"*

이러한 인식 속에서 UFO 현상에 대한 더 음흉하고 음모론적인 주장들이 등장했다. 레너드 스트링필드의 책 『적색 상황: UFO 포위』에서 절정에 달했다. 이 책은 시간이 흐를수록 UFO 사건들이 더 폭력적으로 변하고 있으며, 이로 인해 이제는 사람들이 부상당하거나 납치당하는 사건까지 벌어지고 있다고 주장했다. 또 미국 정부가 이를 은폐하고 있기 때문에 이러한 사건들이 끊이지 않는 것이며, 1950~1960년대 UFO 지지자들이

---

* 이러한 사고의 흐름은 당시 대중들의 UFO와 외계인에 대한 반응에도 그대로 반영되어 있다. 1973년 에리히 폰 데니켄이라는 작가가 『신들의 전차』라는 책을 출간했는데, 이 책은 외계 문명들이 지난 수천 년 동안 지구를 방문했고 인류의 역사에 깊이 관여였으며, 초기 역사 속 신화의 영감이 되었다고 주장했다. 같은 시기에 출판된 다른 베스트셀러들과 함께 각종 이상 현상을 설명하려고 시도한 폰 데니켄의 책은 이후 700만 부 이상 판매되었다. 1974년 비슷한 시기에 출간되었던 찰스 벌리츠의 『버뮤다삼각지대』와 존 윌리스 스펜서의 『실종의 림보』는 대서양과 카리브해에서 벌어지는 비행기와 선박 실종 사건 미스터리를 대중화했다. 벌리츠의 책은 서른 개의 언어로 번역되었고 전 세계에서 2000만 부 이상 판매되었다.

상상했던 것보다 훨씬 더 거대한 규모의 사악한 일들이 어둠 속에서 벌어지고 있다고 주장했다. 스트링필드는 "너무 오랫동안 대중들은 '실제 UFO', 즉 '볼트와 너트'로 만들어진 외계인들의 우주선이 실존하지 않는다는 정부의 공식적인 설명에 속아 왔다"라고 썼다. 그는 이러한 우주선이 실제 존재할 뿐 아니라, 미국 정부가 그중 일부를 소유하고 있다고 주장했다.

독자들은 스트링필드의 주장이 충분한 증거로 뒷받침되고 있다고 생각했다. 그는 1950년대 NICAP에서 키호와 함께 오랫동안 UFO를 연구했던 동료 중 한 명이었다. 1960년대에는 더 많은 UFO 목격 사례를 수집하기 위해 만들어졌던 콘던위원회의 조기 경보 네트워크 멤버였다. 그는 UFO 현상에 대해 보기 드문 통찰력을 갖고 있었다. 다른 사람들은 쉽게 얻을 수 없는 비상 연락망도 확보하고 있었다. 실제로 그는 국가에서 공식적으로 UFO의 정체를 알아내기 위해 진행했던 몇몇 노력과 접점이 있는 인물이었다. 그럼에도 그의 주장은 굉장히 충격적이었다. 1978년 오하이오주 데이턴에서 열린 한 UFO 학회에서 그는 더 과격하게 발언했다. 스트링필드는 「제3종의 수거」라는 논문을 발표했다. 그러면서 군이 외계인과 그들의 우주선을 확보하고 있다고 주장했다. 그가 집계한 바에 따르면 당시까지 총 열아홉 건에 달하는 비슷한 사건들이 있었다. 이미 거의 스무 명에 달하는 목격자들로부터 정부에서 벌이는 가장 어두운 비밀에 대한 증언을 확보했다고 주장했다. 스트링필드는 "푸른 베레모"라는 이름의 공군특수부대가 UFO 수거와 보안 관련 임무를 전담하고 있다는 더욱 충격적인 주장을 이어 갔다.*

이후 레너드 스트링필드는 몇 년 동안 익명의 누군가로부터 건너 건너 들었다는 식으로 출처를 확인할 수 없는 이야기들만 주장해서 악명을 떨쳤다. 예를 들어 새롭게 결성된 중서부 UFO 네트워크에서 일하는 공군 출신인 자기 동생으로부터 제너럴일렉트릭 공장 기술직으로 근무하는 것으로 보이는 한 사람이 주장하는 UFO 추락 사건에 관한 이야기를 전해 들었다고 하는 식이었다. 스트링필드의 주장은 가끔 디테일한 이야기를 포함하는 경우도 있었지만, 증거는 부족했다. 하지만 그의 주장들은 새로운 서사를 구축해 나갔다. 제임스 모즐리는 자신의 회고록에서 "다른 그 어떤 UFO 연구자들보다 스트링필드는 우주에서 날아온 비행접시가 지구에 추락했고, 그 안에 타고 있던 외계인들의 시신, 어쩌면 생존자까지, 미국 정부에 의해 수거되었으며, 모든 진실이 정부에 의해 은폐되고 있다고 생각했다. 그는 이러한 생각들에 강한 확신을 가졌다"라고 썼다.

스트링필드의 주장들은 결국 1980년 스탠턴 프리드먼과 윌리엄 무어가 제보한 로즈웰 사건이 폭로될 수 있는 배경이 되었다. 1947년 케네스 아널드의 첫 번째 목격이 있고 나서 몇 주 뒤, 뉴멕시코주에서 벌어진 이 사건은 오랫동안 사람들의 기억 속에서 잊혀 있었다.『로즈웰 사건』이 출간되기 전까지,

---

* 이후 그는 데이턴기지를 떠날 때 갑자기 사복경찰들이 나타나 그의 목숨을 위협했다고 주장했다. 그에 따르면 예정된 기자회견이 끝난 뒤, 사복경찰들은 그를 데리고 호텔 방으로 끌고 갔다. 한편 스트링필드는 여러 알 수 없는 익명의 내부고발자들의 증언을 통해서 군이 외계인을 확보하고 있다는 증언을 수집했다고 주장했다. 1980년 그는 이런 글을 남겼다. "새롭게 쌓여 가는 데이터와 믿을 수 있는 오래된 소식통들, 그리고 어쩌면 절대 도달할 수 없는 손끝 너머에서 건너온 놀라운 증거들은 지구에 외계에서 온 여행자들의 시신과 그들의 작품이 존재할 것이라는 나의 믿음을 더욱 확고하게 만들었다."

이 사건은 지난 수십 년간 출간된 모든 UFO 관련 책에서 두 번 정도밖에 언급되지 않았다(심지어 그중 하나는 1967년 책에서 이 추락 사건이 거짓이며, 허무맹랑한 소문일 뿐이라고 언급한 부분이다).

무어와 찰스 빌리츠가 함께 집필한 『로즈웰 사건』에서는 프리드먼이 사건과 관련된 주요 증언자로 등장했다. 프리드먼의 증언 상당 부분은 뉴멕시코주 목장에 추락했던 물체 잔해를 직접 수거했던 은퇴한 공군정보장교 제시 마르셀의 증언을 인용한 것이었다. 마르셀은 30년 전 목장에서 자신이 수거한 물체의 정체가 평범한 기상관측 풍선이 아니었다고 주장했다. 그것은 외계에서 날아온 이상하고 특이한 물체였고, 상형문자같은 글씨가 쓰여 있었으며, 지구에 알려진 그 어떤 물질과도 전혀 다른 성질을 갖고 있었다고 주장했다. 그는 당시 사진기자들 앞에서 보여 주었던 잔해는 가짜였다고 주장했다.*

프리드먼과 무어는 오래전 사망한 토목공학자 그레이디 "바니" 버넷의 증언을 인용하며 자신들의 주장을 뒷받침했다. 버넷은 동쪽 지역의 한 대학교에서 온 익명의 고고학 전공 학생들과 함께 사막에 추락한 원반 모양 물체를 우연히 발견했다고 주장했다. 그들은 그 안에 타고 있던 외계인 시신도 조사했는데, 그들은 머리카락이 없었고, 둥근 얼굴 위에 멀리 떨어져 있는 작은 두 눈을 갖고 있었다고 증언했다.†

* 이 주장은 쉽게 반박될 수 있었다. 1947년 당시 해당 공군기지에서 촬영된 사진이 일곱 장 있었는데, 그중 두 장은 마르셀과 함께 찍힌 사진이었으며, 모든 사진 속 잔해는 동일했다.
† 버넷의 증언은 처음부터 의심스러웠다. 로즈웰 사건은 그의 증언을 1인칭 시점으로 인용했지만, 이미 그는 10년 전에 사망한 상태였고, 1950년대에 그

그들의 책은 큰 인기를 끌었지만 빌리츠와 무어가 처음에 제시한 증거들은 아주 빈약했다(제롬 클라크는 이들의 책을 보고 "성급한 겉핥기"일 뿐이라고 혹평했다). 로즈웰 사건이 궁극적으로 정부의 비밀과 관련된 음모론으로 떠오르기 위해서는 아직 시간이 더 필요했다.* 하지만 프리드먼은 자신이 인류 역사상 가장 거대한 음모의 단서를 발견했다고 생각했다. 그는 이것을 "우주 버전의 워터게이트사건"이라고 불렀다. 그는 이렇게 말했다. "UFO 이야기는 지난 1000년 역사 동안 가장 중요한 이야기이다."

* *

1974년 8월, 수개월간 지속된 논란 끝에 결국 리처드 닉슨 대통령이 사임하면서, 미국 전역에 안도감이 찾아왔다. UFO 커뮤니티에도 새로운 희망이 생겼다. 일부 사람들은 드디어 미국에 진실함과 투명성이 자리를 되찾아 가는 시대가 시작될 것이라 기대했다. 같은 달, APRO의 짐 로렌젠은《내셔널태틀러》와의 인터뷰에서 "드디어 정부가 입장을 바꾸었다. 앞으로 몇 달 안에 [UFO에 대한] 모든 정보가 명백해질 거라 생각한다. 관련 정보를 향후 3년 안에 공개할 것이다"라고 발언했다.

<small>에게서 이야기를 전해 들었다고 주장하는 부부의 증언을 빌려서 이야기를 서술하고 있을 뿐이었다.
* 제임스 모즐리는 이렇게 썼다. "이 이야기들을 믿는다면, 1940년대 후반과 1950년대 초반 비행접시들이 날파리처럼 하늘에서 우후죽순 추락하고 있었다는 뜻이 된다. 만약 비행접시를 타고 온 생명체들이 수십억 마일을 여행할 정도로 똑똑한 존재라면, 어떻게 지구에 도착하자마자 수십 대씩 추락할 만큼 어리석을 수 있겠는가?"</small>

이러한 변화는 1972년 워터게이트사건이 터졌을 때, UFO 운동이 거의 스물다섯 번째 해를 맞이하던 무렵 시작되었다. 10년 넘게 NICAP을 이끌었던 도널드 키호는 1969년 결국 이 사회에서 쫓겨났다. 그로부터 2년 뒤 제임스 맥도널드는 스스로 목숨을 끊었다. 블루북프로젝트가 종료되고, 공군도 공식적인 UFO 조사에서 손을 떼면서 APRO와 상호UFO네트워크(MUFON)와 같은 민간단체들이 그 빈자리를 대신 차지하기 시작했다. 이제 모든 제보들은 정부의 개입 없이, 이들 민간단체와 언론으로 곧바로 전해졌다. 1969년에 설립된 MUFON은 1970년대 초반에만 수백 명의 신규 회원을 모집했다. 이것은 특히 그들이 발간한 《스카이룩》 잡지 덕분이었다. 이 잡지는 미국에 아직 남아 있던 UFO 연구자들에게 중요한 읽을거리를 제공했다. 특히 하이넥은 NICAP과 APRO에서는 느껴 본 적 없는 지적 동질감을 MUFON 회원들과 공유할 수 있었다.

그 당시 저명한 천문학자였던 하이넥은 UFO 커뮤니티에서 일종의 스타가 되었다. 블루북프로젝트가 종료되면서 그는 더 이상 군과 UFO 관련 활동을 하고 있지 않았다. 드디어 정부를 벗어나 세상에 모습을 드러낸 하이넥은 1940년대 당시 공군으로부터 UFO 관련 조사에 함께해 달라는 제안을 처음 받던 때와는 완전히 다른 사람이 되어 있었다.* 역사학자 데이비

---

* 비록 공식적으로는 프로젝트에서 손을 뗐을지 모르지만, 하이넥은 비밀 자문 역할을 맡으면서 공군과의 인연을 계속 이어 갔다. 소련의 스파이위성이 증가하는 상황에서 하이넥의 위성 추적에 관한 지식이 유용하다고 판단한 공군은 그가 계속 필요하다고 생각했고, 하이넥도 기꺼이 협조했다. 이 관계의 특수성은 그가 UFO 조사에 관한 자신의 개인적인 생각을 공개적으로 자유롭게 발언할 수 있게 해 주었다.

드 제이컵스는 "원래 그는 이 주제에 대해 부정적이었다. 처음에 그는 UFO에 대해 회의적이었고 불신했다. 추가 연구의 필요성을 신중하게 고민했고, 공군에 대해서는 거의 비판하지 않았다. 하지만 이제 그는 공군에 공개적으로 적대감을 표출하기 시작했다. 그는 자신이 직면한 문제들 중에서 UFO가 가장 심각한 문제일 수 있다는 생각에 완전히 동의하게 되었다"라고 설명했다.

1972년 하이넥은 『UFO체험: 과학적 탐구』라는 아주 획기적인 책을 출간했다. 이 책은 당시까지 이 분야에서는 볼 수 없었던 독창적인 내용을 담았다. 그는 300페이지에 걸쳐 오랫동안 다른 사람들이 따라와 주기를 바랐던 지적이고 과학적인 엄격한 접근방식을 제안했다. 열린 질문을 던지는 것을 선호했던 하이넥의 성향은 그를 다른 과학자들이 감히 넘볼 수 없는 길로 이끌었다. 바로 그조차 당황해했던 이른바 "탑승자" 사례들이었다. 이 사례들은 UFO 커뮤니티에 속한 과학자들을 골치 아프게 만드는, 논리적으로 가장 난감한 주제였다. 하이넥은 일반 독자를 위해 쉬운 톤으로 책을 썼다. 하이넥은 이 분야에서 다른 사람들과는 비교할 수 없는 권위자로 성장했다.† 하이넥은

† 하이넥은 자신의 책, 그리고 곧 유명해지게 될 그가 개발한 목격 사례 분류 체계 덕분에 UFO 분야에서 확고한 스타로 자리 잡았다. 그가 강연을 할 때마다, 열렬한 팬들, 호기심 많은 사람, 그리고 괴짜들이 그를 둘러쌌다. 그중에는 그레이 바커와 제임스 모즐리도 있었다. 하이넥은 1970년대 초반 한 총회에서 이들을 만났다. 하이넥은 수많은 인파로부터 벗어나 방해받지 않고 대화를 나누기 위해서, 근처에 있는 가장 가까운 바를 찾으려고 했는데, 결국 스트립 클럽에 들어가게 되었다. 그들은 눈에 띄지 않기 위해 구석에 있는 테이블에 모여 앉았지만, 하이넥이 파이프를 물고 이야기를 나누는 동안 한 스트리퍼가 그의 무릎에 앉았다. 모즐리의 회고에 따르면, "하이넥은 마

25년에 걸쳐 수집한 목격 사례들, 그간의 정부의 노력들, 대중들 사이에서 벌어진 다양한 논란에 대해 줄곧 자신의 일관되고 공식적인 입장을 공개적으로 밝혀온 인물이었다. 그는 "20년 넘게 이 분야에 발을 걸치고 있었지만, 나는 여전히 그 어떤 해답도, 그럴싸한 가설도 전혀 없습니다"라고 고백했다. 하지만 그럼에도 그는 이 분야에서 가장 훌륭한 권위자로 여겨졌다.*

『UFO체험』은 포괄적이고 깊이 있는 연구에 뿌리를 두고 있었다. 확실히 다른 회의론자나 음모론자 들이 집필한 평범한 UFO 서적과는 큰 차이를 보여 주었다. 이 책은 실질적으로 큰 반향을 불러일으켰고, UFO 목격 사례 분류체계를 근본적으로 바꿔 버렸다. 그는 각 사례들에서 공통적으로 발견되는 부분을 바탕으로 사례들의 심각성 정도와 목격자의 평범성 정도에 따라 여섯 단계로 구분하는 새로운 분류체계를 만들었다.

가장 신뢰도가 낮은 하위 세 단계로는 원거리 목격, 야간 불빛(움직이거나 정지한 채로 있는 밤하늘의 이상한 불빛), 주간 원반(낮에 목격된 타원 또는 접시 모양 물체), 그리고 레이더-육안 목격(육안으로 목격된 동시에 레이더로도 물체가 확인된 UFO 목격 사례, 물리적 실체가 있는 물체로 의심되는 더 신뢰할 만한 목격 사례)가 있다. 그보다 더 높은 상위 세 단계들

치 아무 일도 일어나지 않았다는 듯이 조용히 파이프를 물면서 이야기를 계속했다. 그러자 그 스트리퍼는 당황하고 충격받은 표정으로 하이넥을 쳐다보면서, '세상에! 당신 시체야?'라는 듯한 표정을 지으면서 성큼성큼 가 버렸다."

* 수년간 그 저명한 학술지가 UFO 관련 글과 연구를 싣는 것을 거부해 왔던 것을 생각해 보면, 《사이언스》가 하이넥의 책에 대해 긍정적 평가를 했을 때 그것은 그에게 큰 성취로 다가왔을 것이다.

은 소위 "근접 조우"에 해당하는 경우였다. UFO 또는 비행접시가 500피트 이내의 가까운 거리에서 목격되거나, 목격자로부터 그 물체의 디테일한 특징에 대한 증언을 얻을 수 있는 더 구체적인 경우들이 해당한다. 그중 첫 번째 단계 "1종 근접 조우"는 물체가 가까이에서 목격되기는 했지만 물체와의 상호작용은 거의 없고, 그냥 육안으로만 목격된 경우다. 이 경우 목격자는 물체의 형태와 움직임, 기타 여러 세부적인 특징 정도까지만 인식할 수 있었다. "2종 근접 조우"는 주변 환경이 변하고, 동물들이 이상행동을 보이거나, 근처 차량에서 전기적인 오작동이 발생하고, 주변 땅에 흔적(예를 들어 불에 타거나 눌리고 그을린 자국)이 남는 등 여러 물리적 현상이 함께 동반되는 경우다. 마지막 "3종 근접 조우"는 "전체 UFO 현상들 중에서 가장 기괴하고 믿기 어려운 사례"에 해당한다. 목격자가 "살아 움직이는 생명체"를 목격했다고 제보한 경우다. UFO 안에 타고 있는 탑승자, 인간 형태의 외계인, 즉 "UFO 우주인" 또는 "UFO 사피엔스"를 목격한 경우를 말한다.* 하이넥은 과학자로서 자신의 연구에서 이 범주는 진지하게 완전히 배제하고 싶었

---

* 1970년대 후반, UFO 연구자 테드 블로처는 보다 광범위하고 정확하게 관련 초자연적 현상을 분석할 수 있도록 3종 근접 조우를 더 세분화해서 다음과 같은 하위분류를 만들었다. A—탑승: 외계 존재가 UFO 내부에서 관찰된 경우, B—모두: 외계 존재가 UFO 내부와 외부에서 모두 관찰된 경우, C—근접: 외계 존재가 UFO 근처에서만 관찰되었으나, 실제로 안팎으로 드나드는 모습이 보이지 않은 경우, D—직접: UFO 활동이 제보된 지역에서 이상한 존재가 목격된 경우, E—배제: UFO 활동이 제보되지 않은 지역에서 이상한 존재가 목격된 경우, F—빈발: UFO 활동과 상관없이 목격자가 "지적인 소통"을 경험했다고 보고한 경우. 이렇게 분류함으로써 그는 더 세밀하게 UFO 목격 사례를 분류하고 분석할 수 있었다.

다. 하지만 그렇게 하면 "과학적 진실에 대한 모독"이 될 거라 판단했다. 의심이 사라지지 않더라도 그는 "모든 현상을 전부 공평하게 연구해야 한다. 그렇지 않을 거라면 시작도 하지 않는 게 더 낫다"라고 말했다.

하이넥은 "근접 조우에 해당하는 UFO 제보가 '오인이나 착각'일 가능성도 있다"라고 설명하면서 이 사례들이 종종 비행기, 풍선, 천문학 또는 기상현상으로 설명되기도 하지만, 더 세부적인 "근접 조우"까지 싹 무시하는 건 "거의 불가능"하다고 덧붙였다. 그는 "단순한 오인이라고 치부하기에는 목격담의 디테일한 사항들이 논리적으로 설명할 수 있는 한계를 너무 많이 벗어난다. 개인적 의견으로는 목격자들이 정말 자신이 본 것을 그대로 제보했을 거라 생각한다. 그게 아니라면 그들이 전부 이성을 잃고 감각이 마비되었을 것이라고 가정할 수밖에 없다. 독자들도 이에 동의할 것이다"라고 말했다.

이러한 사례들을 인정하는 것이 중요한 이유는 "3종 근접 조우"로 분류되는 사례들이 놀라울 정도로 생각보다 자주 발생했기 때문이다. 군기지에서 벌어진 목격 사례들 중 상당수가 여기에 해당했다. 게다가 그들 중 많은 경우, 블루북프로젝트에 제보되거나 기록된 적이 없는 경우가 많았던 것을 보면 "확실히 정신 나간 괴짜들만 인간을 닮은 외계 생명체를 제보한 건 아니"었다. 실제로 하이넥은 자크 발레가 "근접 조우"에 해당하는 사례들을 정리해 둔 목록을 바탕으로 1247건의 사례들을 조사했고, 그중에 인간 형태의 외계 생명체와 관련된 신고가 약 300건에 달하며, 심지어 그중에서 3분의 1은 목격자가 여러 명이라는 사실을 발견했다. 이러한 사건들은 수사관들을 더욱 당황스럽게 만들었다. 정부는 이런 일이 전혀 일어나지 않는 것처럼 행동하기를 바랐다.* 하이넥은 "오랜 기다림 끝에 UFO 문제의 답을 찾게 된다면 그것은 과학에서의 작은 한 걸음 수준이 아니라, 전혀 예상치 못한 아주 거대한 양자 도약이 될 것"이라고 믿었다.

이러한 도약을 이루기 위해 하이넥은 1973년 일리노이주에 새로운 UFO연구센터(CUFOS)를 설립했다. 이곳은 전적으로 자원한 엔지니어와 과학자로 구성되었다. 하이넥은 이곳에서 자신이 오랫동안 주장했던 UFO와 관련된 심층 연구를 진행하고자했다. 연구센터에서 설정한 가장 중요한 다섯 가지 주제는 다음과 같았다. (1) UFO에 의해 교란된 토양과 식물에 대한 분석(소위 "흔적 사례"), (2) UFO와 접촉한 동물 및 사람에 대한 신체검사, (3) 목격자들의 신빙성 조사, (4) UFO 목격에 관한 사진 및 분광 데이터 분석, (5) 제보된 UFO들의 움직임과 발광적 특징에 대한 이론물리학적 연구였다.

MUFON 뉴스레터는 이 새로운 조직을 소개하는 기사에서 "UFO 문제를 학술적으로 연구하고자 하는 성격이 분명하게 드러난다"라고 설명했다. "이 문제는 심리학, 사회학, 의학 전문가 등 다양한 분야의 전문가들의 흥미를 자극한다." 연구 센터는 전국 각지 경찰관들에게 무료로 전화를 걸 수 있는 "UFO 센트럴" 번호를 배포했다. 그리고 누군가 이상 현상을 목

---

* 이후 자크 발레는 외계인에 의해 납치를 당했다는 주장도 포함시키기 위해서 "4종 근접 조우"로 분류할 것을 제안했다. 또 다른 사람들은 외계인과 직접적인 소통을 주고받았다고 주장하는 사례까지 포함시키기 위해서 "5종 근접 조우"도 추가할 것을 제안했다.

격하고 자신이 경험한 것을 권위 있는 사람에게 제보하려고 한다면, 반드시 웃음끼 빼고 열린 마음으로 자연스럽게 목격자의 주장을 받아들이는 태도를 보일 것이라 약속했다.

하이넥의 책과 그가 다시 새롭게 설립한 연구센터를 통해 알 수 있는 놀라운 사실은, 그가 이 주제에 대한 연구를 시작한 지 25년이 넘도록 여전히 UFO 현상에 대한 그 어떤 명확한 답도 아직 찾지 못했다는 게 아니다. 더 놀라운 사실은 그가 처음으로 이 질문에 도전했던 1940년대에 비해 이제 질문들이 더 근본적이고 거대한 주제로 확장되었다는 점이다. 사실, 납치와 관련된 이야기가 튀어나오면서 UFO 현상은 하이넥이 처음 이 주제를 연구하려고 했던 때에 비해 훨씬 이상하고 기이한 양상을 보이고 있었다.

* *

UFO 목격, 근접 조우, 심지어 텔레파시를 통한 대화까지 UFO와 관련된 괴담으로 널리 받아들여지고 있었지만 외계인에 의한 납치 관련 문제만큼은 제대로 연구되지 않았다. 1967년 존 풀러의 책 『중단된 여정』이 출간되면서, 드물게 벌어지던 사건이 본격적으로 주목받았다. 이 책은 1961년 9월 19일, 뉴햄프셔산맥을 지나 집으로 돌아가던 중에 외계인에 납치되는 경험을 했다고 주장하는 바니와 베티 힐 부부의 이야기를 소개했다. 몇 마일에 걸쳐 밝은 불빛이 그들의 뒤를 쫓아왔고, 빛은 점점 커졌다. 베티는 쌍안경으로 두 줄로 배열된 창문의 형태를 확인했다. 그들은 서둘러 차를 세웠다. 집배원이었던 바니는 차에서 내린 다음 접시 모양의 우주선으로 다가갔다. 바니는 그 안에 타고 있는 인간 형태의 생명체를 발견했고, 소리를 지르면서 곧바로 차로 뛰어왔다. 그리고 서둘러 도망치려고 했지만, 순간 바깥 풍경이 보이지 않았다. 이상한 삐 하는 소리가 차 안에 가득 울려 퍼졌다. 정신을 차렸을 때, 그들은 예정보다 두 시간 늦은 시간에 포츠머스에 있는 자신들의 집으로 돌아와 있었다.

    이 사건은 그들에게 이상한 경험을 남겼다. 그들은 확신에 차서 UFO를 목격했다고 믿었다. 베티는 그날 밤 사건을 더 잘 이해하기 위해 마을도서관에 들러 키호의 책을 읽었다. 그리고 자신에게 벌어졌던 일들을 재구성하려고 했다. 1963년 봄, 이 부부는 몇몇 모임에서 자신이 경험했던 무서운 일들에 대해 공개적으로 이야기했지만, 불안감이 더 심해지면서 결국 보스턴에 있는 정신과의사 벤저민 사이먼 박사에게 치료를 받기 시작했다. 사이먼 박사는 환자들을 대상으로 최면요법 치료를 시도했는데, 한번은 세션이 진행되던 중 바니가 갑자기 울음을 터트리면서 몸부림치기도 했다. 그는 기억 속에 남아 있던 인간 형태의 생명체가 도로에 등장해 자신들을 차에서 끌어내리고 있다고 묘사했다. 그 생명체는 영어를 구사했다. 몇 분 뒤, 또는 몇 시간이 지난 뒤, 그 생명체들은 힐 부부를 우주선에 태우고 조사하기 시작했다. 바니와 베티는 검사를 위한 한 기계와 몸이 연결된 상태였고, 베티는 기다란 바늘이 자신의 몸을 찌르는 것을 느꼈다. 생명체들은 임신 실험을 하고 있는 중이라고 말했다. 베티는 아마 무리의 리더로 보이는 또 다른 인간 형태의 생명체와 텔레파시를 통해 대화를 나누었다. 어느 순간 그녀는 누구도 지금 자신들이 경험한 이야기를 믿어 주지 않을 거라 설명하면서, 그 생명체들에게 그들의 존재를 입증할 수 있는 것을 달라고 요청했다. 그러자 그들은 지구에 오는 데 사용했던 별 지도를 베티에게 보여 주었다.

이 부부의 이야기는 사이먼 박사를 놀라게 했다. 그는 힐 부부의 경험이 다른 사람들이 기록한 것과는 차원이 다르다고 판단했다. 1950년대 다른 "피접촉자"들이 묘사한 것과는 완전히 다른 수준이었다. 힐 부부는 자발적으로 치료를 받으러 온 사람들도 아니었다. 인류를 위한 거대한 메시지를 받지도 않았다. 그들은 그저 자신들이 겪은 개인적인 조우로 인해 정신적으로 고통스러워하는 것처럼 보일 뿐이었다. 그들은 절박하게 자신들의 기억을 지우고 싶어 했다. 바니의 신발에 남은 흠집, 베티의 드레스에 있는 찢어진 자국과 분홍색 물감 자국 등 일부 물리적인 흔적으로 보이는 것들도 있었지만, 그 어떤 것도 확실하지는 않았다. 심지어 전혀 특별해 보이지도 않았다. 사이먼은 환자들이 느끼는 감정을 가장 중요하게 생각하는 의사였다. 이 사건을 조사하고 나서 그는 네 가지의 가능한 설명을 내놓았다. "베티와 바니가 거짓말하는 것일 수 있다(가능성이 낮다). 둘이 똑같은 환각을 동시에 경험한 것이다(있을 법하지 않다). 꿈이나 환영, 환상으로 인해 함께 공유하던 기억이 더 극적으로 증폭되었을 수 있다(상상해 볼 만한 상황이다). 혹은 실제로 무언가 일어났다(믿을 수 없는 일이다)." 사이먼 박사는 이 사건이 "절대적인 의미에서 해결될 수 없다"라고 생각했지만, 베티와 바니의 경험은 "꿈이었을 것이다……. 납치는 일어나지 않았을 것"이라고 결론지었다.

세계 최초이자 여전히 가장 유명한 외계인 납치사건 피

해자인 힐 부부는 자신들에게 쏟아지는 관심과 명성을 불편하게 생각했다.* 바니는 1969년에 사망했다. 베티는 1970년대 초부터 포츠머스에 있던 집에서 약 20마일 정도 떨어진 곳에 가면 매일 밤 UFO를 볼 수 있었다고 주장했다(하이넥의 UFO연구센터 수사관들이 그녀와 직접 현장에 방문해서 확인해 본 결과, 그동안 그녀가 보고 있던 것은 단지 평범한 비행기였다. 수사관들은 그녀에게 이 사실을 아주 친절하고 부드럽게 설명해 주려고 노력했다).

세월이 흐르면서 키호를 비롯해 UFO의 존재를 믿는 사람들 대부분은 힐 부부의 증언에 희의적으로 반응했다. 그리고 "3종 근접 조우"의 가능성에 대해서는 거리를 두려고 했다. 반면 NICAP과 같은 일부 사람들은 더 유연하게 접근했다. 그들은 힐 부부가 실제로 UFO를 목격했을 가능성이 있고, 그로 인해 "일어날지도 모른다고 상상한 일에 대한 무의식적 두려움"이 발현되면서 이후에 진행된 최면 세션과 악몽에서 계속 비슷한 증상이 나타났을 수도 있다고 주장했다. 하지만 이후 더 많은 사람은 힐 부부가 거짓이 아닌 진실을 말하고 있다고 믿게 되었다. 1970년대 중반 《어스트로노미》는 베티가 외계인이 보여 주었다고 주장한 별 지도의 스케치를 보고 그것이 지구에서 남쪽 방향으로 약 40광년 거리에 있는 그물자리 제타 별이라는 것을 식별해 냈다고 주장하는 오하이오주의 마조리 피시 교수

* 1975년, 힐 부부의 납치사건을 바탕으로 제임스 얼 존스와 에스텔 파슨스가 주연을 맡은 영화 〈UFO 사건〉이 제작되었다. 이 영화는 할리우드에서 큰 주목을 받으면서 외계인에 의한 납치 문제를 처음 전국적인 관심사로 끌어올리는 역할을 했다.

에 대한 이야기를 보도했다.* 그는 이것이 그 외계인들이 이중성계에서 왔음을 암시한다고 주장했다. 그리고 이 기사는 당시 1년이나 이어져 온 잡지의 신뢰도를 완전히 무너뜨릴 뻔했다. 칼 세이건을 비롯한 여러 전문가들은 그의 주장을 비판하면서, 그 별 지도는 힐 부부가 단지 무작위하게 그린 의미 없는 점에 불과하다고 설명했다. 그물자리 제타의 별 배치와 일치하는 것은 단순한 우연일 뿐이라고 주장했다. 세이건은 하늘에 별이 너무나 많기 때문에 무작위하게 점을 찍어도 비슷한 위치에 있는 별자리 하나는 찾을 수 있다고 설명했다. 결국 피시는 자신의 주장을 철회했다.

진실이 무엇이든, 그것이 밝혀지기까지 앞으로 시간이 더 필요해 보였다. UFO 전문가 제롬 클라크는 자신의 연구에서 "힐 사건의 해답은 UFO 문제 전체의 해답을 가리키고 있다. 만약 UFO가 존재하지 않는다면 바니와 베티는 외계인을 만나지 않은 것일 테다. 만약 UFO가 존재한다면 아마 그들은 외계인을 만났을 것이다. 이 사건만으로는 확실한 답을 제공할 만한 증거가 없다"라고 결론지었다.

* *

힐 부부 사건과 같은 일은 드물지만 세계 곳곳에서 벌어졌다. 하이넥은 이러한 외계인 납치 관련 증언들의 진실을 밝히는 것이 UFO 현상 전체에 대한 더 큰 통찰을 제공할 가능성이 있다

---

* 베티 힐은 1966년 시클롭스키를 비롯한 소련의 과학자들이 CTA-102에서 외계의 신호를 발견했다는 악명 높은 언론의 오보에서 비슷한 별 지도를 보고, 자신이 봤다고 주장하는 별 지도에 관한 기억을 "복원"해 냈다.

고 판단했다. 이를 더 깊이 연구하기 위해서 그는 1973년 파푸아뉴기니에 방문했다. 그곳에서 보이아나이라는 외딴 마을에서 제보된 가장 기이한 사례를 조사했다.* 성공회 사제 윌리엄 길 신부와 수십 명의 신도들에 의해 이틀 밤에 걸친 긴 시간 동안 접시 모양의 물체가 목격된 사건이었다. 커다란 "모선"으로 보이는 물체와 함께 그 주변에 작은 비행 물체들이 목격되었고, 모두 인간 형태의 생명체들이 타고 있는 것처럼 보였다. 길 신부가 물체를 향해 손을 흔들었을 때, 물체 안에 타고 있던 생명체가 손을 흔들며 화답했다고 증언했다. 그들은 긴 시간 목격되었는데, 길 신부가 저녁 식사를 하기 위해 다시 건물 안으로 들어갈 때까지 비행 물체가 계속 하늘에 떠 있었다고 증언했다. 수년 동안 이 제보에 대한 설득력 있는 설명은 나오지 않았다(제롬 클라크는 "길 신부의 경험을 기존 방식으로 설명하려고 했던 모든 시도는 실패했다"라고 말했다). 하이넥은 이 사건을 일컬어 프랑스의 UFO 연구자 에메 미셸이 처음 사용하기 시작했던 표현인 "부조리의 축제"에 해당한다고 생각했다. 이 표현은 UFO 목격과 관련된 전기적 간섭, 겁먹은 가축들, 그리고 논리적으로 설명할 수 없는 이상 현상이 동반된 상황을 설명할 때 사용되곤 했다. 하이넥은 길 사건을 아주 흥미롭게 생각했다. 하버드대학교 도널드 멘젤 교수와 주고받은 편지에서 멘젤은 이 사건을 지극히 정상적인 방식으로 이해할 수 있다고

---

* 하이넥은 1960년 블루북프로젝트에서 일하던 중 영국 공군성을 방문하면서, 이 사건에 대해 처음으로 알게 되었다. 당시 영국군은 자신들의 UFO 조사 부서를 거의 폐쇄한 상태였는데, 미국의 조사 노력이 어떤 식으로든 결론을 낼 것이라 생각하고 있었기 때문이다. 그들은 길 사건에 대한 자료를 기꺼이 하이넥에게 제공해 주었고 자료를 검토하도록 도왔다.

확신했기 때문이다. 멘젤은 이 사건이 단순히 길 신부가 지역 원주민들에게 영향력을 행사하기 위해 만들어 낸 신비로운 발명품에 불과할 가능성이 높다고 생각했다. 하지만 하이넥은 이 사건이 그렇게 단순하지 않을 거라 생각했고, 자신이 세운 가설을 직접 확인해 보고 싶었다.

하이넥은 배를 타고 보이아나이의 작은 해변에 도착했다. 그곳엔 항구가 없었다. 그는 통역가의 도움을 받아 언어와 문화적 장벽을 극복하려고 애쓰면서 증인 여섯 명과 인터뷰를 진행했다. 한 증인은 저녁과 밤이라는 단어를 구분하지 않고 사용하는 바람에 하이넥을 헷갈리게 만들었다. 하이넥은 이 방문을 통해 1959년에 실제로 무슨 일이 벌어졌다는 확신을 가졌다. 그는 "원주민들의 표정과 제스처에서 정말 무언가 벌어졌음을 확신할 수 있었다"라고 썼다. 보이아나이에서의 시간이 끝난 뒤, 하이넥은 호주에서 윌리엄 길 신부를 만났다. 하이넥은 그에 대해 "차분하고, 꼼꼼하며, 흥분하지 않는 사람"이라고 묘사했다. 길 신부는 놀라운 상황에서도 침착하게 서서 상황을 메모했다고 설명했다. 하이넥은 길 신부에게 왜 비행 물체가 있는 동안에 건물 안에 들어가 저녁 식사를 했는지 물었다. 길 신부는 맨 처음에는 그것이 UFO라고 생각하지 못했기 때문이라고 설명했다. 당시 새로운 기술에 대한 실험이 꾸준히 실시되고 있었기 때문에, 길 신부는 "미국인들이 만든 새로운 장치이겠거니 생각했다"라고 증언했다.

하이넥은 자신이 확인한 것들에 대해 깊은 인상을 받았지만, 동시에 혼란스러웠다. 길 신부는 자신이 본 것에 대해 강력하게 확신하고 있었고, 그와 다른 목격자들이 본 것은 단순히 천문학적 현상은 아닌 것 같았다. 마치 외계인들이 무심코 지구를 지나가는 장면을 우연히 목격한 것처럼 느껴졌다. 그렇다면 왜 일반적인 사례에서는 보기 드문 이상한 일들이 함께 벌어진 걸까? "왜 그들은 동물들을 겁먹게 만들고, 차를 멈추게 하고, 전조등을 껐을까? 단순히 의도하지 않은 부수적인 현상이었을까? 왜 그들은 길 신부에게 무심하게 손을 흔들었을까?" 하이넥은 의문을 제기했다. "어쩌면 그들이 우리에게 무언가 상징적인 메시지를 전하고자 했던 것일지도 모른다. 하지만 그들이 그토록 똑똑한 존재라면 왜 우리에게 직접 대놓고 메시지를 말해 주지 않는 걸까? 왜 그들은 보이아나이에 착륙하지 않은 걸까?"

미국으로 돌아온 하이넥은 곧바로 또 다른 기이한 사건에 몰두했다. 이번에는 미시시피의 두 어부에 의해 제보된 사건이었다. 그들은 갈고리 손을 가진 인간 형태 외계인들에게 납치를 당했고 조사를 받았다고 주장했다. 그들이 주장하는 납치 장소는 인근에 있는 24시간 톨게이트 부스에서 완벽하게 보이는 곳이었는데, 부스 직원 그 누구도 하늘에서 이상한 물체를 목격하지 못했다는 점에서 논리에 의심해 볼 만한 구석이 있었다. 하지만 한 가지 증거가 두 어부의 주장에 힘을 실어 주었다. 그들의 증언을 들은 지역 보안관은 취조실을 나가면서 몰래 녹음기를 켜두었다. 보안관은 자칭 납치 피해자들이 자기들끼리만 있을 때는 긴장을 풀고 진실을 밝힐 것이라 생각했다. 하지만 놀랍게도 찰스 힉슨과 캘빈 파커는 계속해서 두려움에 떠는 듯한 대화를 나누었다. 특히 그들은 우주선 문이 열릴 때 느꼈던 경이로움에 대해 이야기했다. "그냥 그 자리에서 문이 열렸어. 곧바로 안에서 놈들이 튀어나왔어"라고 이야기하는 파커의 목소리는 여전히 믿기 어려운 듯 떨렸다.

"저들은 믿지 못할 거야." 힉슨이 동의했다. "언젠가 믿게 되겠지. 하지만 그땐 이미 때가 늦었을지 몰라. 난 항상 다른 세계에서 온 존재가 있을 거라 생각했어. 그런데 이런 일이 나에게 벌어질 줄은 몰랐어."

이 어부들은 지역 당국, 그들의 고용주, 지역의 UFO 연구자, 그리고 현지 공군기지까지 총 여섯 차례에 걸쳐 진행된 조사를 받는 내내 한 번도 흔들리지 않았다. 하이넥은 녹음된 증언을 듣고 앞서 남반구에 방문했을 때 경험했던 일들을 떠올리면서 "내 생각이 완전히 바뀌었다"라고 회상했다. "이 투박한 어부들의 증언은 그 혹독한 반대신문에도 결코 흔들리지 않았다."

그는 언론에 "이들이 매우 실제적이고 무서운 경험을 했다는 데 의심의 여지가 없다. 다만 그 경험의 물리적 본질에 대해서는 확신할 수 없다"라고 설명했다. 그러나 이번에는 "습지 가스" 사건 때와는 달랐다. 이제 그는 정부에 소속된 사람이 아니었다. 하이넥은 개인 자격으로 발언했다. 그의 결론은 이제 더 이상 공신력 있는 무게감을 갖지 않았다. 하지만 패스커굴라의 두 어부들만큼은 자신들의 주장이 드디어 인정받았다고 느꼈다.

하이넥에게 패스커굴라 사건, 길 신부 사건, 그리고 1970년대에 벌어진 수많은 다른 조우 사건은 절망적으로 다가왔다. 비슷한 목격들이 연이었지만 상황은 아무것도 변하지 않은 것처럼 보였다. 아무 진전이 없었다. 그는 1970년대 말에 이렇게 기록했다. "우리가 UFO 사건의 당혹스러운 측면과 그것이 발생하는 이유에 관한 인간적인 맥락을 파헤칠 수 있는 완전히 새로운 방법론과 아이디어를 만들어 내지 못한다면 우리는 앞으로 30년 동안 쓰일 UFO 보고서에 지난 30년 동안 경험해 온 무익함과 좌절감이 똑같이 반복되는 모습을 지켜볼 수밖에 없다."

30장
딕 캐벗 결투

1973년 10월 10일 밤, 존 챈슬러는 NBC 뉴스에서 "많은 사람이 UFO가 사라지기를 바라고 있습니다. 하지만 UFO는 사라지지 않고 있습니다. 많은 과학자가 이 문제를 진지하게 받아들이기 시작했습니다. 앞으로 더 많은 이야기를 듣게 될 가능성이 큽니다"라고 언급했다. 이것은 외계 생명체에 대한 논의가 대중적으로 정당하다는 것을 공포한 대표적인 첫 사례다. 이어서 주류 언론 프로그램들도 앞다투어 UFO와 관련된 다큐멘터리를 제작하고 인터뷰를 방송하기 시작했다. 1973년 11월 〈딕 캐벗 쇼〉에서 90분짜리 에피소드가 방영되었다. 이 에피소드에는 하이넥과 세이건, 우주비행사 제임스 맥디빗, 그리고 두 목격 사례의 목격자들이 출현했다. 그들은 미시시피주에서 낚시를 하던 중 UFO에 올라탄 경험을 했다고 주장하는 42세의 남성, 그리고 1973년 10월 오하이오주 상공에서 자신이 타고 있던 헬리콥터가 외계 물체로부터 통제받을 뻔한 경험을 했다고 주장한 휴이 헬리콥터의 파일럿 래리 코인 육군 대위였다.*

---

* 휴이 사건은 미국 영토 상공에서 미확인물체에 의해 군항기가 장악되었다는 제보였지만 예상과 달리 군은 크게 관심을 보이지 않았다. 이후 UFO 연구자 제롬 클라크는 이 사건에 대해 "기록된 UFO 사건들 중 가장 중요한 사건"이라고 언급하면서, "만족스러울 만한 설명을 찾지 못했고, 그 함의가 굉장히 비범하다"라고 평가했다. 마찬가지로 패스커굴라 납치사건의 경우에도, 목격자들과 납치 피해자들은 예상과 달리 별다른 주목을 받지 못했다. APRO

UFO가 지구를 방문했다는 주장에 대해 회의적이었지만, 동시에 외계 생명체 자체에 대한 과학적 탐구는 지지했던 세이건은 이 방송에서 주저하지 않고 다른 출연자들과 목격자들을 조롱했다. 발레는 이후 "세이건은 한 사람씩 그들의 증언을 재치 있게 맞받아쳤다"라고 회상했다. 한편 하이넥은 침묵을 유지했다. 발레가 말하길 "우유부단하고 소심하며 지친 모습"이었다(헬리콥터 목격 사건을 두고 논쟁을 벌이던 중, 하이넥이 "고도계는 착각하지 않습니다"라고 이야기하자 세이건은 "코인 대위를 공격하려는 건 아니지만, 고도계를 읽는 인간은 착각을 할 수 있습니다"라고 응수했다).

　　이날 〈딕 캐벗 쇼〉에서 벌어진 세이건과 하이넥의 설전은 이후 1970년대에 두 사람 사이에서 더 격렬하게 공개적으로 벌어지게 될 과학적 충돌의 전초전이나 다름없었다. 두 사람은 각자의 편에서 양 끝에 서게 되었다. 언론은 두 명의 저명한 과학자들이 보여 주는 팽팽한 지적 긴장감을 과장해서 보도했다. 한쪽은 나라에서 가장 저명하고 공신력이 있는 UFO 전문가로 소개되었고, 다른 한쪽은 외계 생명체에 관한 최고 권위자로 소개되었다. 두 사람 모두 우주에 다른 생명체가 존재할 것이라는 대전제에 대해서는 열린 마음을 갖고 있었고, 때로는 열광적이기도 했다. 하지만 외계인이 지구를 방문하고 있을 거라는 생각에 대해서는 근본적으로 의견이 달랐다.

> 조사관들은 이들의 증언에서 몇 가지 중요한 허점을 지적했고, 납치 피해를 호소하는 찰스 힉슨과 캘빈 파커의 증언은 그들이 기대했던 것에 비해 잘 팔리지 않았다. 그들의 법률대리인은 "이들의 독점적인 이야기는 워터게이트 사건보다 훨씬 더 큰 사건인데도, 아무도 관심을 갖지 않는다"라면서 불평했다.

1975년 두 사람은 시카고주 힐튼에서 열린 미래학 컨퍼런스에서 다시 만났다. 그리고 또다시 공개 석상에서 맞붙었다. 행사에 앞서 하이넥은 세이건에게 "일종의 상호 불가침 협정"을 제안하는 편지를 보냈다. 하이넥은 세이건이 자신을 보고 UFO가 다른 행성에서 온 물리적인 실체일 것이라고 믿고 있다고 한 발언에 대해 "안타까운 오해"가 있었던 것 같다며 보충 설명을 해 주었다. 사실 하이넥이 공개적으로 주장한 건 UFO 현상이 실존하는 현상이며 충분히 과학적으로 연구할 가치가 있다는 것일 뿐이었다. 하이넥은 "만약 우리 두 사람 모두 이 사실을 확실하게 이해한다면, 우리는 이 주제를 훨씬 즐거운 마음으로 논의할 수 있을 것"이라고 제안했다.

하지만 세이건은 무대에서 평화를 이룰 생각이 없었다. 그는 컨퍼런스가 시작하는 순간부터 UFO 학계 전체를 싸잡아 사이비 과학으로 몰아붙였다. 버뮤다삼각지대에서 벌어진 실종 사건이 UFO와 관련되어 있다는 음모론, 고대부터 존재해 온 외계인들이 인류의 역사 속 그늘 아래 숨어 우리의 진보를 이끌어 왔다고 주장하는 허무맹랑한 가설 등 비이성적인 이야기들을 집중적으로 겨냥해 공격했다. 발표 초반까지만 해도 하이넥은 세이건의 거센 비판으로부터 자신의 입장을 지키기 위해 그의 변화된 입장에 대해 설명하려고 애썼다. "아직 설명할 수 없는 것들이 있다면 당연히 열린 마음으로 가설을 세울 수 있어야 합니다. 우리가 모르는 것들이 있을 수 있습니다." 하지만 두 사람이 무대에 올라선 이후 긴장감은 더 팽팽해졌다. 한 기자는 당시 상황에 대해서 "그들은 서로 팔짱을 낀 채, +극과 -극처럼 무대 양쪽 끝에 떨어져 앉았다"라고 전했다. 특히 흥분한 세이건은 청중을 향해 "사람들이 주장한다고 해서 다 사실이라는 뜻이 아닙니다"라고 말했다. 그리고 비꼬듯 "그러면 그 많은 사람이 봤다고 주장하는 천사들은 다 어디로 간 거죠?"라고 물었다. 결국 세이건은 UFO 연구 따위에 국가가 자금을 지원해야 한다는 주장을 전면적으로 비판하면서, "확실한 증거가 있어야 타당한 주장이 될 수 있습니다"라고 말했다.* 그가 오랜 세월 동안 몸담았던 SETI 프로젝트도 하이넥의 연구 못지않게 "확실한 증거"를 갖추고 있지 못했다는 사실을 생각해 보면, 굉장히 놀라운 발언이었다. 세이건의 발언은 이후 몇 년간 이 분야에 큰 영향을 끼친 균열의 시작이었다. 외계 문명을 찾고 싶어 하는 진지한 과학자들은 자신의 연구가 "웃음거리"로 전락하고 무시당하는 것을 바라지 않았다. 과학자들은 자신들이 UFO 연구자들과 다르다는 점을 확실히 하려고 노력했다. 과학자들에게 외계 문명을 탐색하는 일은 학술적인 과제였지만, UFO 연구는 그저 터무니없는 환상일 뿐이었다.

---

* 하이넥의 전기작가는 이렇게 언급했다. "이 기준은 분명 중요하고 가치 있는 연구를 하면서 연구비를 받고 있는 과학자들이 봤을 때, 확실히 당혹스러운 기준이었을 것이다. 지금도 그렇고 앞으로도 그럴 겁이다."

31장
테헤란 사건

그렇게 보이지는 않지만 UFO 현상은 미국에만 국한된 일이 아니다. 사실 UFO는 전 세계적으로, 그리고 꾸준히 정기적으로 목격되었다. 호주 우메라 상공에서는 시속 4800킬로미터로 이동하는 완벽하게 둥근 물체가 목격되었고, 아프가니스탄에서는 추락한 접시 형태의 UFO가 미 공군에 의해 제보되었지만 그 이후 어떻게 처리되었는지 밝혀지지 않은 건도 있었다. 1956년 8월 영국의 NATO 기지 RAF 벤트워터스에서 레이더를 감시하던 군인들은 갑자기 나타난 한 무리의 물체들이 서서히 하나의 물체로 합쳐지며 멈춰 있다가 다시 시속 9000마일의 속도로 이동하는 것을 목격했다. 그 물체를 추적하기 위해 공군 전투기들이 출격한 사건도 있었다.

세계 곳곳에서 이런 다양한 사건들이 있었지만, 다른 국가들은 미국이 블루북프로젝트와 그루지프로젝트를 진행한 것과 달리 UFO 문제를 깊게 조사하려고 하지 않았다. 캐나다 국방부와 교통부, 국립연구위원회, 심지어 캐나다왕립기마경찰까지, 여러 해에 걸쳐 총 4000건이 넘는 개별 목격 사례들을 수집하고 조사하며 수천 페이지에 달하는 문건을 남겼지만 아무런 결론을 내리지 않았다. 캐나다의 UFO 연구자 매슈 헤이즈는 이렇게 아무런 결론 없이 자료만 수집하는 건 "낮은 소리로 웅얼거리는 것"에 지나지 않는다고 불평했다. 1950년대 캐나다는 UFO 문제를 좀 더 제대로 조사하기 위한 마그넷프로젝트와 세컨드스토리프로젝트를 진행한 적이 있다. 마그넷프로젝트는 전파 엔지니어 윌버트 브록하우스 스미스의 지휘 아래, UFO가 지구 자기장을 활용해서 이동하는 우주선일 것이라는 전제하에 진행되었다. 그는 물리적 추적을 통해 UFO를 찾는 시도를 했지만 아무 결과가 없었다. 정부는 당장 국가안보에 위협이 되지 않는 UFO 문제를 "과학적인 방법으로 조사하는 것은 불필요하다"라고 결론지었다. 그리고 이 문제에 대해 관심을 잃어 갔다. 특히 스미스가 "외계인 가설"에 더 집착하기 시작하면서 캐나다 정부의 관심은 크게 줄어들었다. 하지만 목격은 여전히 이어졌다.

1967년 봄, 캐나다 건국 100주년을 기념하던 날 오후, 매니토바주 팔콘 호수에서 일하던 광산 탐사자 한 명이 하늘에서 시가 모양의 물체 두 개를 목격했다.[*] 그중 하나는 근처에 내려왔고 보라색으로 빛났다. 그는 그 모습을 스케치한 다음 조심스럽게 접근했다. 그는 안에서 사람 목소리 같은 걸 들었다고 기억했다. 그는 용기를 내어 물체에 손을 대고 머리를 들이밀었다. 그 순간 물체에 접촉한 신체는 격자무늬 형태의 화상을 입었다. 곧바로 그는 현장에서 도망쳐 나왔다. 사건을 조사하던 관계자들은 이 사건을 제대로 이해하지 못했다. 지나가던 캐나다왕립기마경찰은 그가 단순히 술에 취해서 착각한 것이라고 생각했지만, 며칠 뒤 그는 정말 방사선에 중독된 것과 비슷한 증상을 보였다. 그로부터 몇 달이 더 지난 10월 자정 무렵,

---

[*] 이 사건을 기념하기 위해 마련된 행사 중 하나는 앨버타의 작은 도시 세인트폴에 UFO 착륙장을 설치하는 것이었다.

노바스코샤주에서 비행기가 추락했다는 제보가 쏟아져서 사람들의 주목을 받았다. 현장에 출동한 경찰은 물 위에 빛이 떠 있는 듯한 모습을 목격했다. 보트를 타고 그쪽으로 다가가자 빛이 서서히 어두워지며 물속으로 가라앉는 것처럼 보였다. 그 당시 실종된 군용기나 민항기에 대한 제보는 아무것도 없었다. 정부에서 잠수부까지 나서서 수색을 시도했지만 아무것도 발견되지 않았다. 두 사건 모두 결국 미제로 남았다. 매슈 헤이즈는 이렇게 썼다. "더 이상 조사를 하는 건 어려웠다. 조사가 벽에 부딪혀서 더 나아갈 수 없었기에 결과적으로 캐나다 정부는 UFO에서 완벽하게 손을 뗐다."

1970년대 다른 곳에서도 UFO에 대한 공식적인 관심을 촉구하는 시도가 있었다. 하지만 모두 실패로 끝났다. 1971년 호주의 군 과학자 해리 터너는 호주에서 목격된 UFO 사건들을 정리한 기밀문서 「UFO 문제의 과학적 및 정보적 측면」을 작성했다. 그는 이 문서에서 UFO가 실제로 존재하며, 미국의 콘던위원회 같은 노력은 오히려 의도적으로 비행접시를 조롱하고 그 중요성을 축소하고자 진행된 시도였다고 주장했다. 터너는 호주의 의사 결정권자들에게 "미국은 조롱이라는 가면을 씌워 대중의 공포를 기만하려고 했다. 미국은 소련이 대규모 UFO 목격을 심리전 또는 실제 전쟁에 악용할지 모른다는 가능성과 불안을 불식하고자 했다. 그리고 UFO 성능을 모방한 항공기를 개발하려고 시도했던 프로젝트를 모두 은폐하려고 했다"라고 말했다. 그는 전국적인 규모로 UFO에 신속하게 대응할 수 있는 대응 팀을 호주에 꾸려야 한다고 주장했다. 이를 통해 진실을 추적한다면 UFO를 둘러싼 조롱의 가면을 벗겨 낼 수 있을 거라 기대했다. 하지만 그의 제안은 아무런 관심을 받지 못했다.

같은 해 9월, 중앙아메리카 코스타리카에서는 국립지리연구소 연구원들이 지도 제작 임무를 수행하던 중, 코트 호수 상공에서 UFO를 목격했다. 이 사건은 역사상 가장 선명한 UFO 사진이 촬영된 사건으로 평가받는다. 당시 비행기에 타고 있던 승무원들은 처음에는 UFO의 존재를 인식하지 못했지만, 필름을 현상하고 나서 호수 위에 직경 160피트의 금속성 원반 물체가 비교적 선명하게 찍혀 있다는 사실을 발견했다. 그러나 이 사진을 기반으로 한 그 어떤 공식 조사도 이루어지지 않았고, 이 사진은 코스타리카 정부의 기록 보관소에서 수년간 묵혀 있었다.

1976년 9월 19일 새벽, 이란에서도 UFO가 목격되었다. 이란제국공군 소속 전투기 두 대가 하늘에 등장한 미확인 발광체를 요격하기 위해 출격했다. 미 공군 소속 이란 연락장교가 국방부에 제출한 보고서에 따르면 여러 민간인들과 이란군 준장이 "별보다 더 크고 밝게 빛나는" 이상한 물체를 목격했고, 군사적 대응까지 이루어졌다. 테헤란 상공을 비행하던 F-4 팬텀 전투기들은 수도에서 약 70마일 정도 떨어진 위치에서 수상한 물체를 발견했다. 첫 번째 전투기가 목표 타깃까지 25해리 정도 접근하자, 기체의 계기판과 통신 장비가 갑자기 작동을 멈춰서 추격을 포기할 수밖에 없었다. 파일럿은 다시 물체에서 거리가 멀어지자 시스템이 정상적으로 돌아왔다고 보고했다. 두 번째 전투기가 25해리 안으로 접근하자, 물체의 움직임이 레이더에 포착되었다. 대사관 보고서에 따르면 "707 급유기와 비슷한 크기"로 확인되었다. 정확한 크기를 파악하는 것은 어려웠지만 "그 물체에서 나오는 빛은 직사각형 패턴으로 배열된 스토브처럼 깜빡였다. 파란색, 초록색, 빨간색, 주황색 빛이 번갈아 가면서 나타났다. 모든 색의 빛이 한꺼번에 동시에 보일 때도 있었다". 밤하늘에서 추격전이 계속 벌어지는 동안 다른 목격도 이어졌다. "달 절반 크기에서 3분의 1 정도 크기로 보이는 또 다른 밝은 물체가 원래의 물체에서 분리되었다. 그리고 빠르게 F-4 전투기 쪽으로 날아가기 시작했다." 파일럿은 AIM-9 공대공미사일을 발사하려고 했다. 하지만 역시 계기판이 먹통이 되어서 실패했다. 그는 빠르게 전투기를 회전시켜서 물체로부터 벗어났다. 그 물체는 몇 마일 동안 계속 전투기를 쫓아왔다. 그러다가 다시 원래의 발광체로 되돌아갔고, 무사히 착륙한 것처럼 보였다.* 무선 항법 장치의 전파 교란은 파일럿들이 착륙할 때까지 계속되었다. 다음 날 군은 해당 지역에 위치한 한 가정집을 방문했다. 그 주변 땅에 무언가 착륙한 흔적은 남아 있지 않았다. 하지만 주민들은 밤사이 큰 소리가 났고 붉은빛을 봤다고 증언했다.

이란에서 벌어진 UFO 목격 소식이 펜타곤의 국방정보국(DIA)에 전해지면서 큰 관심을 받게 되었다. 수사관들은 이것이 "UFO 현상의 유의미한 연구를 위해서 필요한 모든 조건을 충족하는 가장 고전적인 사례"가 될 것이란 점을 직감했다. 신빙성 있는 다수의 목격자에 의해 동일한 물체가 목격되었고, 레이더 관측과 육안 관측이 동시에 이루어졌다. 국방정보국은

---

* 당시 해당 지역을 지나가고 있던 민간 상업용 항공기가 이런 착각을 일으킨 것으로 추정된다.

테헤란 사건에 대해 "세 대의 비행기 모두 유사한 전기적 교란 현상을 보고했다"면서 "괄목할 만한 보고"라고 평가했다.

하지만 이 사건에 대한 조사가 조금씩 진행되면서, UFO 학계의 관심과 열정은 사그라들었다. 일부 사람들은 테헤란에서의 보고가 심지어 기밀 처리된 적이 없다는 사실에 주목했다. 만약 이란 전투기들이 정말 외계 비행 물체와 하늘에서 교전을 벌인 것이 사실이라면 이건 아주 중대한 사안이었을 것이다. 하지만 워싱턴에서 이미 돌아다니던 이 사건의 보고서 사본은 가장 낮은 단계인 "비밀"로 분류되었다. 첫 번째로 출격한 F-4 전투기가 기록한 무선통신 녹음테이프에 녹음된 내용은 분명 파일럿이 밝은 빛을 추격했다는 사실을 확인해 주었다. 하지만 보고서에 언급된 계기판 고장에 대한 언급은 어디에도 없었다. 이후 테헤란 현지에서 보도된 신문 기사와 현장 조사 결과들은 사건을 더욱 혼란스럽게 만들었다. 한 기사는 익명의 공식 소식통의 말을 빌려서 불빛이 번갈아 가면서 깜빡거리는 모습을 목격했다는 증언이 과장된 것이라 이야기했다. 이란 공군기지 웨스팅하우스에서 전투기 정비를 맡고 있던 대원들은 수사관에게 두 번째로 출격했던 F-4 전투기가 원래부터 심각한 전기적 결함을 갖고 있었다고 밝혔다. 중동과 북아프리카 지역을 날고 있던 다른 파일럿들도 그날밤 하늘에서 유성이 떨어지는 것을 목격했다고 보고했다. 이것은 해마다 찾아오는 물고기자리 감마 유성우와 남쪽물고기자리 유성우일 확률이 높았다.

사건의 양상이 갑자기 바뀌었다. 고성능 전투기들이 호전적인 UFO와 맞붙어 전투를 벌인 사건에서, 훈련이 충분하지 못했던 미숙한 파일럿들이 제대로 관리되지도 않은 F-4 전투기를 몰고 목성과 같은 밤하늘의 별을 보고 뒤쫓은 멍청한 사건으로 알려지기 시작했다. 이것은 하이넥이 1967년 《플레이보이》와 주고받은 인터뷰에서 이야기했던 설명과 비슷했다. 그는 "파일럿들이 매우 밝은 유성을 보고, 그것이 자신과 충돌할 것이라 착각해 급히 비행기의 방향을 꺾어 회피하는 경우가 있다. 그 이후 파일럿들은 뒤늦게 유성이 자신으로부터 50에서 100마일 이상 떨어져 있다는 사실을 깨닫고는 한다"라고 설명했다. 결국 테헤란 사건도 허상에 불과한 것처럼 보였다.

* *

UFO에 꾸준히 진지한 태도로 대응한 국가는 프랑스 한 곳뿐이었다. 프랑스 정부는 1954년 자국에서 UFO 목격이 연이어 제보된 이후로 오랫동안 이 주제에 대해 공식적으로 인정하지는 않았지만 지속적인 관심을 보여 왔다. 이때가 젊은 시절의 자크 발레가 UFO에 대해 관심을 갖기 시작했던 시기이기도 하다. 1960년대 후반 샤를 드골 대통령은 콘던위원회와 같은 비밀 위원회의 조직을 승인하고 운영하도록 지시했지만, 그의 대통령 임기 막판에 벌어진 정치적 혼란으로 인해 프로젝트는 중단되었다. 하이넥의 책 『UFO체험』이 프랑스어로 번역 출간된 이후, 프랑스 헌병대는 본격적으로 자국에서 벌어지고 있는 UFO 목격 사례들을 수집하기 시작했고, 1977년 12월 프랑스는 공식적으로 국가 우주 기관의 일환으로 미확인비행물체를 전문적으로 연구하는 미확인항공우주현상연구단(GEPAN)을 출범시켰다.

GEPAN의 설립 취지는 비행 물체들의 제보를 보다 체계적으로 조사해서 조직적 연구를 강화하는 것이었다. 이 프로젝트를 이끌었던 정부 소속 엔지니어 클로드 포에르는 콘던위원회의 보고서를 읽고 나서 겉으로 보기에는 평범해 보이는 공식 보고 결과 이면에 여전히 풀리지 않는 호기심을 자아내는 많은 목격 사례들이 제대로 설명되지 못한 채 방치되어 있다는 사실을 깨달았다.* 포에르는 J. 앨런 하이넥의 UFO연구센터가 주최한 컨퍼런스에 참석해서 자신의 비공식 연구 결과를 발표했다. 이를 통해 그는 이 분야의 새로운 권위자로 자리 잡았다. 이제 GEPAN의 리더가 된 그는 여섯 명의 연구자들과 함께 프랑스 헌병대가 수집한 수백 건에 달하는 제보 기록을 바탕으로 프랑스에서 일어난 있는 UFO 목격 사례들을 연구하기 시작했다.

콘던위원회가 쉽게 반박할 수 있는 만만해 보이는 목격 사례에 더 많은 시간과 노력을 기울였던 것과 다르게, GEPAN은 더 복잡한 사건 제보를 깊이 조사하는 데 시간을 들였다. 1977년 12월 열린 첫 번째 과학위원회 회의에서 연구 팀은 두 권, 290페이지에 달하는 보고서를 검토하고 더 자세한 심문과 분석을 위해 장시간의 후속 회의를 가졌다. 첫 1년 동안 "높은 신뢰성과 높은 수준의 기이함"을 보인 열한 개의 사례들을 조사하는 데 필요한 인력을 갖추는 데만 많은 시간이 걸렸다. 그 결과 열한 건 중 열 건에 대해서 "목격자들은 단순히 자연현상

---

 * GEPAN은 이후 1988년에 대기재진입현상전문부서라는 뜻의 SEPRA로 명칭이 변경되었고, 2000년에는 희귀항공우주현상전문부서로 다시 이름이 바뀌었다가, 2004년에는 또다시 미확인항공우주현상연구및정보그룹이라는 뜻의 GEIPAN으로, 총 네 차례에 걸쳐 이름이 바뀌었다. 하지만 독자의 오인을 방지하기 위해, 이 책에서는 해당 그룹을 언급할 때 계속 GEPAN이라는 이름을 사용한다.

이나 인류의 기계장치만으로 설명이 불가능한 물질적인 현상을 목격했다"라고 결론지었다. 1978년 6월에 완성된 위원회 최종 보고서의 결론은 이후 한 단계 더 나아가서 "목격자들이 제공한 정보, 그리고 목격 장소에서 수집한 사실들을 고려한 결과, 목격이 있고 나서 일반적으로 물질적인 현상이 뒤따른다는 결론을 내렸다. 여기에 제보된 사례들 중 60퍼센트는 우리 지식 범위 바깥에 있는 기원과 추진 방법을 지닌 비행 물체와 연관된 것으로 보인다"라고 명시했다. 즉 외계에서 온 물체일 가능성이 있다는 뜻이었다.*

하이넥은 프랑스에서 진행하는 이 프로젝트에 큰 관심을 갖고 보았다. 그리고 포에르에게 직접 연락을 취해서 GEPAN이 UFO연구센터의 문서들에 접근할 수 있도록 조치를 취했다. 하이넥이 봤을 때 프랑스에서 진행하고 있는 일들은 오랫동안 자신이 진정으로 바랐던 일, 즉 UFO를 학술적인 방식으로 조사하는 것에 가장 가까워 보였다. 그리고 UFO가 실존한다는 사실을 받아들이고 현존하는 인류의 지식으로는 설명할 수 없을지 모른다는 가능성을 기꺼이 열린 마음으로 받아들인 과학자들의 진지한 연구로 느껴졌다. 두 그룹은 1979년 포에르가 GEPAN 국장에서 물러난 이후에도 긴밀한 관계를 유지했다.

2년 뒤, 알랭 에스테를은 프랑스에서 가장 유명한 사건으로 손꼽히는 한 사건을 조사하게 되었다. 《파퓰러메카닉스》에 따르면 이 사건은 "아마도 가장 완벽하고 신중하게 기록된 사

* 보고서는 사본을 140부까지만 만들도록 제한했고, 프랑스 정부에 의해 비밀로 지정되었다.

건"이었다. 이것은 일명 "흔적 사건"으로 제2종 근접 조우에 해당하는 사례였다. 1981년 1월 8일, 트랑스앙프로방스에 사는 농부 레나토 니콜라이는 자신의 농장에서 휘파람 소리를 들었다. 그리고 "두 접시 중 하나가 뒤집힌 채 겹쳐진" 모양을 한 물체가 약 50야드 떨어진 도로 위에 착륙하는 장면을 목격했다. 니콜라이는 그 물체의 "높이는 약 1.5미터였고 납빛이었으며, 둘레를 따라 선이 돌출되어 있었다"라고 증언했다. 그는 이곳에서 거의 15년 동안 거주했는데 처음에는 자신이 본 물체가 군에서 제작한 실험용 비행 물체라고 생각했고, 이웃들의 권유로 헌병대에 신고했다. 경찰은 곧바로 그를 면담했고 현장에서 사진을 찍고 토양 샘플을 채취했다.

이후 니콜라이는 경찰에게 "나는 그 장치가 땅에 닿아 있는 장면을 분명히 목격했다"라고 했고 "곧이어 작은 휘파람 소리를 내면서 하늘로 붕 떠올랐다. 나무 위에 도달하자 빠른 속도로 북동쪽 트랑스숲으로 날아갔다. 장치가 위로 떠오를 때 그 아래에 있는 네 개의 구멍을 봤습니다. 구멍에서 불꽃은 나오지 않았다. 장치가 지상에서 떠날 때 약간의 먼지 바람이 불었다"라고 진술했다.

GEPAN은 곧바로 조사를 시작했고, 보고서 내용과 현장을 조사했다. 그 결과 땅이 몇 톤 정도의 물체에 의해 짓눌렸고, 화씨 500도에서 1000도 사이에 달하는 온도로 그을린 적이 있다는 사실을 확인했다. 일명 「기술 노트 16호」로 불리는 GEPAN이 작성한 66페이지짜리 보고서는 "질량, 기계적인 요인, 열적인 효과, 그리고 아마도 광물의 변형과 흔적이 남은 아주 중대한 사건이 벌어졌다"라고 기록했다. 그들은 명확한 설명을 찾아내지는 못했지만, "이 장소에서 매우 중요한 사건이 벌어졌다는 사실을 확인할 수 있었다"라고 결론지었다.*

하지만 이 사건의 진상이 정확히 무엇이었는지는 아무도 설명할 수 없었다. 결국 프랑스 당국은 다른 나라에서 벌어진 수많은 목격과 마찬가지로 답을 알아내지 못한 채 답답한 미스터리만을 남겼다.

---

* 이 사건에 대해 회의적인 사람들은 도로변에 남은 흔적이 단순한 타이어 자국이라고 주장했다. 또 다른 식물학자들은 GEPAN 소속 식물학자들이 UFO를 맹신하는 "진정한 신봉자"였기 때문에 주변 식물에 끼친 영향을 분석하는 과정에서 치명적인 오류를 저질렀다고 비판했다.

32장
와우 신호

칼 세이건은 실제로 외계 지적 생명체 탐사를 수행한 적이 없었음에도, 1970년대 중반에 이르자 미국에서 가장 유명한 천문학자이자 외계 지적 생명체 탐사의 선두주자로 인식되었다. 그는 수년간 다양한 회의, 컨퍼런스, 강연을 종횡무진하며 다방면으로 활동했다. 하지만 프랭크 드레이크를 비롯한 다른 SETI 천문학자들처럼 직접 신호를 하염없이 기다리며 아무것도 발견되지 않는 단조로운 상황 속에서 처음에 품었던 기대와 열망이 천천히 사그라드는 특별한 감정을 직접 느껴 본 적은 없었다. 세이건의 전기작가는 이에 대해서 "말을 탈 줄 모르는 카우보이 영화배우"와 같다고 비유했다. 1975년이 되어서야 세이건은 본격적인 "말타기" 수업이 필요하다는 생각을 하기 시작했다.

세이건은 프랭크 드레이크와 팀을 이루어 당시 가장 대규모로 진행된 외계 신호 탐색 프로젝트 중 하나를 수행했다. 이들은 아레시보 망원경의 거대한 접시안테나를 활용해서 한 번에 1008개의 주파수채널을 탐색할 수 있었다(이전에 그린뱅크 천문대와 오즈마프로젝트에서는 한 번에 단 하나의 주파수채널만 조사할 수 있었다).* 두 사람은 매일 아침 4시에 일어나서

---

* 당시 천문대 시설에는 텔레비전이 따로 없었다. 그래서 1973년 여름 저녁, 코넬대학교의 제임스 코즈는 워터게이트 청문회의 재방송을 보기 위해서 천문대에 있던 비디오 화면에 안테나를 직접 설치했다.

함께 천문대로 이동했다. 드레이크가 차를 모는 동안 세이건은 그 옆에서 전날 저녁에 먹다 남은 마늘빵을 먹곤 했다.

이들은 약 100시간에 걸쳐 M31 안드로메다은하와 M32, M33, NGC205와 같은 다양한 은하를 신중하게 관측하며 귀를 기울였다. 하지만 그들의 연구는 항상 일정하고 단조로운 결과, 즉 침묵만을 보여 주었다. 시간이 흐르자 세이건은 눈에 띄게 의기소침해졌다. 그는 "실제로 우울감을 느꼈다"라며 "그 별들 중 어느 누구도 우리에게 명백한 방법으로 연락을 보내지 않았다"라고 회상했다.

"이건 대단한 일이었다. 여기 세계에서 가장 거대한 망원경이 있고 최고 성능의 컴퓨터들이 있었다." 프랭크 드레이크는 세이건의 전기작가에게 이렇게 이야기했다. "칼은 우리가 하루이틀 안에 무언가 특별한 신호를 발견하게 될 거라 기대한 모양이었다."

하지만 아무 신호도 발견되지 않았고, 시간은 하루이틀을 넘어 하염없이 흘러갔다. 그러던 어느 날 모든 가능성을 거스르는 듯한 놀라운 일이 벌어졌다. 1977년 8월 18일, 오하이오주립대학교의 빅이어망원경에서 근무하던 한 천문학자가 주방에 앉아 며칠 동안 관측한 데이터를 검토하던 중, 8월 15일자 데이터가 출력된 종이에서 순간 그를 얼어붙게 만들 정도로 충격적인 숫자와 문자를 발견했다. 우주 배경의 미미한 잡음을 나타내는 1과 2 같은 작은 숫자들이 가득한 종이 한가운데 72초 동안 잡힌 강한 전파 신호가 있었다. 그 신호는 일반 신호에 비해 30배나 더 강력했다. 과학자 제리 에먼은 즉시 그 신호에 동그랗게 표시를 했고, 그 옆에 빈 공간에 빨간펜으로 "와우!"라고 적었다.

에먼은 관측 시스템에 포착되는 통상적인 신호의 세기가 어떻게 표시되는지 잘 알고 있었다. 1에서 9까지는 신호의 세기를 숫자로 표시하고, 그 뒤 두 자리 숫자부터는 알파벳으로 표시했다. 예를 들어 A는 10, B는 11을 나타냈다. 당시 포착된 신호는 "6EQUJ5"로 기록되었는데 알파벳 한참 뒤에나 등장하는 Q와 U를 보는 건 그야말로 전례 없는 일이었다. "나는 그때까지 그렇게 강한 신호는 본 적이 없었다." 에먼은 이렇게 설명했다.

일명 "와우 신호"라고 불리는 이 신호는 지금까지도 가장 명확하게 외계에서 온 메시지로 추정할 수 있는 사례로 손꼽힌다. 이 신호가 더욱 흥미롭고 매력적인 이유는 그 신호가 약 18년 전 SETI가 시작될 무렵, 필립 모리슨, 주세페 코코니, 그리고 프랭크 드레이크가 외계 문명의 신호가 날아올 것이라 예측했던 정확히 바로 그 주파수 근처에서 포착되었기 때문이다. 와우 신호는 21센티미터 중성 수소선, 즉 소위 "물웅덩이" 근처 주파수에서 포착되었다.* 신호가 날아온 방향을 추적해 보니 미스터리는 더욱 깊어졌다. 신호는 궁수자리에 있는 구상성단 M55 북서쪽 어딘가에서 날아온 것처럼 보였다. 이 지역에는 약 10만 개의 별들이 있었지만 정확하게 신호가 날아온 위치에 해당하는 그 어떤 별에서도 행성을 찾을 수 없었다. 게다가 이 신호는 그날 이후 다시 포착할 수 없었다.

* 신호는 중성 수소선 자체보다 약간 더 높은 주파수에서 나타났는데, 신호의 파장이 더 짧은 푸른 스펙트럼 쪽으로 치우치는 도플러효과의 청색편이 영향을 받았을 가능성이 크다. 이 청색편이의 가능성은 이 전파가 광활한 우주공간에서 지구를 향해 다가오던 특정 물체에서 기원했을 가능성을 시사한다.

오하이오주립대학교천문대는 이후 6주에 걸쳐 서른 번 넘게 와우 신호를 다시 관측하기 위한 재관측 시도를 진행했다. 이후에도 수십 년 동안 더욱 정밀한 재조사가 이루어졌지만 와우 신호를 설명할 수 있는 결정적인 단서는 아직 발견되지 않았다. 그럼에도 와우 신호는 천문학 역사상 가장 흥미롭고 신비로운 메시지로 남았다. 신호의 강도, 독특한 패턴, 그리고 정밀한 주파수대역으로 인해 이 현상은 단순히 자연현상이라고는 설명할 수 없었다. 이 신호가 지구에서 날아간 인간의 전파신호가 지구 주변을 떠돌던 우주쓰레기에 의해 반사되었을 가능성도 적지 않다는 점을 에먼이 인정하기는 했지만, 이 신호는 정말 외계에서 무언가 날아올 수 있다는 기대와 흥분을 불러일으킨 아주 중대한 사건이었다.

같은 해, 드레이크와 세이건은 지구에서 메시지를 보낼 또 다른 기회를 잡았다. 태양계를 벗어나 인접한 다른 행성계를 통과하게 될 두 대의 보이저 탐사선에 일종의 타임캡슐을 실어서 지구의 메시지를 전달하는 것이다. 이번에 세이건은 사진 대신 음악을 실어 보내는 아이디어를 제안했다.

하와이 카할라 힐튼에 있는 별장에서 두 사람은 곧바로 음악과 사진 데이터를 저장할 수 있는 금속 레코드를 디자인하는 작업에 들어갔다. 콜로라도 비디오 회사에서 보유하고 있던 텔레비전신호를 낮은 주파수의 신호로 변환할 수 있는 최신 기술을 활용해서 레코드를 만들었다. 그들은 하와이에서 열린 미국천문학회 연례 회의에 참석하는 기간 동안 잠시 작업을 멈췄고, 작업의 디자인 단계까지 마무리되었을 때, 드레이크는 "여기에는 100장이 넘는 사진과 1시간 30분 분량의 음악과 음성으로 된 인사말, 지구의 다양한 소리를 담았다"라고 설명했다.

먼저 그들은 예술가, 음악가, 그리고 다양한 전문가에게 연락해서 가능한 폭넓고 종합적인 사진, 음악, 언어를 수집하기로 했다("잠깐, 내가 제대로 이해한 게 맞나요?" 그들의 연락을 받은 스미스소니언의 한 재즈 큐레이터는 일요일 밤 11시에 어떤 재즈 음악을 별에 보내는 것이 좋을지 질문을 받자 당황스러워하며 되물었다). 프로젝트의 크리에이티브 디렉터로는 세이건의 친구이자 동료였던 앤 드루얀이 참여했다. 그녀는 가장 적합한 자료를 수집하고 선별하는 임무를 맡았다. 중국을 대표할 수 있는 단 하나의 노래가 있다면 무엇일까? 이탈리아를 대표하는 건 무엇일까? 그녀는 몇 주 동안 조사를 하면서 다양한 곡을 수집했다. 버클리의 한 음악학 연구자가 인도 라가 음악인 케사르바이 케르카르의 〈자트 카한 호〉를 가장 중요한 음악으로 추천했을 때, 드루얀은 뉴욕의 한 철물점에서 그 곡의 녹음본을 찾아내기도 했다.*

레코드가 완성되었을 때, 드레이크, 세이건 그리고 드루얀은 자신들이 이루어 낸 성과에 감탄하지 않을 수 없었다. 호기심 많은 외계인이 황금으로 코팅한 이 구리 레코드에 담긴 1000만 개의 문자를 올바르게 해독할 수 있다면 그들은 흑등고

---

* 이미 약혼한 상태였던 드루얀과 기혼자였던 세이건은 오랜 친구였으나, 보이저프로젝트를 진행하던 중 서로 사랑에 빠졌다. 둘은 키스조차 한 적이 없었지만, 전화 통화를 나누던 중 결혼을 결심했다. 두 사람은 보이저가 발사된 이후, 이틀 뒤 오후 1시에 각자 소중한 사람들에게 이 소식을 전했다.

래의 울음소리, 키스 소리, 천둥소리, 개구리 울음소리, 심장박동 소리, 그리고 새턴 V 로켓의 발사 소리 등 다양한 소리를 들을 수 있게 된다. 또한 바흐의 〈브란덴부르크 협주곡 2번 F장조〉, 척 베리의 〈조니 비 굿〉, 세네갈 전통 드럼 연주, 나바호족의 전통 노래, 페루 결혼식 노래, 솔로몬제도의 팬파이프 연주 소리도 들을 수 있을 것이었다. 레코드에는 지구에서 담은 55개의 언어로 된 다양한 나라의 인사말도 녹음이 되어 있는데, 대부분 코넬대학교 커뮤니티를 통해 수집한 것들이었다. 아랍어("별에 있는 친구들에게 인사를 드립니다. 언젠가 만나기를 바랍니다."), 영어("지구의 아이들이 인사를 드립니다."), 태국어("우리는 이 세계에서 당신에게 선의의 뜻을 보냅니다."), 줄루어("위대한 이들이여, 당신에게 인사를 건넵니다. 우리는 당신의 무병장수를 기원합니다.") 등의 인사말이 포함되었다.

과학자들은 더 이상 발가벗은 나체의 남녀가 손을 잡고 있는 그림을 사용하지 않았다. 파이어니어 금속판 때의 소동 이후로 이 옵션이 허용되지 않을 거라는 사실을 누구보다 잘 알고 있었기 때문이다. 대신 인간의 형체를 흑백 실루엣으로 표현했다. 레코드의 알루미늄 커버에는 레코드에 담긴 데이터를 이미지와 소리로 변환하는 방법을 설명하는 개략적인 다이어그램이 새겨졌다.

1977년 9월 5일, 레코드는 보이저 1호에 실린 채 우주로 날아갔다. 하지만 드레이크에게 한 가지 고민이 더 남아 있었다. 보이저 레코드라는 시도는 외계인이 음악이라는 개념을 알고 있을 거란 거대한 가정을 전제로 하고 있었다. 하지만 그들이 만약 음악이 무엇인지 제대로 이해하지 못한다면 어떻게 될까?

소리와 음악데이터를 디지털데이터로 인코딩한 것과 이미지데이터를 인코딩한 것을 구분하기 위해서는 약간의 기술적인 추측이 필요했다. 만약 그들이 실제 소리로 담긴 메시지와 이미지를 소리로 변환한 데이터가 다른 방식의 메시지라는 사실을 전혀 눈치채지 못한다면? 고민 끝에 드레이크는 외계인들이 레코드에 담긴 이미지데이터를 변환해서 인코딩한 소리가 다른 일반적인 음악 소리, 목소리, 다양하게 녹음된 소리와 너무 다르게 들려서 "이미지데이터를 인코딩해서 나온 치지직거리는 잡음 같은 시퀀스를 무언가 다른 방식으로 해독할 필요가 있다는 사실을 알아서 깨달을 것"이라고 믿을 수밖에 없었다. 그는 이것이 그저 희망일 뿐이라는 점을 인정했다. "그들이 음악에 대한 경험이 전무하다면 그들에게는 진짜 음악과 이미지가 소리로 변환되어 나온 잡음이 별로 다르지 않게 들릴지도 모른다."

그 뒤 또 다른 고민이 뒤따랐다. 어쩌면 우리가 보낸 음악이 그들에게는 끔찍하게 들릴지도 모른다는 생각이었다. 그들의 음악적 선호나 신체적 조건이 우리와 너무 달라서, 실제로는 이미지가 변환되어 나오는 치지직거리는 잡음 같은 소리를 더 선호할지도 모를 일이었다. 그는 외계인들이 워크맨으로 비행기가 이륙하는 사진, 의사들이 일하는 사진, 교통체증 속 꽉 막힌 자동차들이 줄지어 서 있는 사진을 소리로 변환한 잡음을 들으면서 촉수를 흔들고 리듬을 타는 모습을 상상했다.

그것은 아마도 그 천체물리학자가 지난 수년간 상상해 온 것들 중 가장 평범한 모습이었을 것이다.

음악과 다른 소리 정보들 외에도 보이저 골든 레코드에는 특별한 메시지가 추가되었다. 바로 새롭게 선출된 미국 대통령 지미 카터의 음성메시지였다. 이는 총 192단어로 구성되었는데, 레코드에 녹음된 정보 중 가장 길었다. "이 보이저 탐사선은 미국에서 제작되었습니다. 우리는 지구에 사는 인류 40억 명 중 2억 4000만 명으로 구성된 공동체입니다. 우리는 아직 서로 국경으로 나누어져 있지만 서로 다른 국가들이 빠르게 하나의 전 지구적 문명으로 통합되어 가고 있습니다"라고 카터는 설명했다. "우리는 우리의 시대를 넘어 당신들의 시대에도 함께 공존하기 위해 노력하고 있습니다. 언젠가 우리가 직면한 문제들을 해결하고 은하계 문명 공동체에 합류할 수 있기를 희망합니다. 이 레코드는 광활하고 경이로운 우주 속에서 우리의 희망, 결의 그리고 선의를 대표합니다."

1977년 백악관에 입성한 카터는 UFO 연구자들에게는 아주 반가운 인물이었다. 그는 대선 기간 동안 정부에 대한 대중의 신뢰와 존엄성을 다시 회복하겠다고 밝혔다. 이 약속은 UFO 연구자들의 목적에 직접적인 도움이 될 것이었다.* 게다

---

* 1976년 당시 카터의 경쟁자였던 대통령 제럴드 포드도 1960년대에 자신의 고향인 미시간주에서 벌어졌던 힐스데일대학 사건 이후 의회에서 UFO에 대한 조사를 직접 촉구한 적이 있다. 하지만 대통령이 되고 나서는 UFO 문제에 거의 관여하지 않았다. 그가 UFO 분야에 기여한 주요 업적이라면, NASA의 반대에도 불구하고 미국 최초의 재사용 가능 우주왕복선의 이름을, 원래 1976년 미국 건국 200주년을 기념하는 의미로서 명명한 "컨스티튜션"이 아닌, 인기 TV프로그램 〈스타트렉〉에 등장한 "엔터프라이즈"로 바꾸도록 한 것뿐이다.

가 카터 스스로도 UFO의 존재를 믿는 사람 중 한 명이었다. 그도 UFO를 목격한 경험이 있기 때문이다. 그 사건은 대선이 치뤄지기 몇 년 전 1969년 1월 6일에 벌어졌다. 카터는 오후 7시 15분경 다른 열두 사람과 함께 국제라이온스협회 행사 시작을 기다리고 있었다.* 그때 함께 있던 사람들 중 한 명이 서쪽 하늘을 가리키면서 "저기 저걸 보세요!"라고 외쳤다.

그곳에 무언가 밝은 빛이 그들을 향해 다가오다가 빠르게 다시 멀어졌다. "지평선에서 약 30도 정도 위에 있었고 달만큼 크게 보였다. 그 뒤 점점 불빛이 붉은색으로 변하면서 작아지다가 다시 커졌다." 카터는 이렇게 회상했다. 그는 그 물체가 약 300야드에서 1000야드 사이의 거리에서 보였다고 추정했다. 그리고 별이 빽빽한 맑은 밤하늘을 배경으로 약 10~12분 정도 머무르다가 멀어지면서 영원히 사라진 것처럼 보였다고 증언했다. 카터는 평소 녹음기를 들고 다녔기 때문에 사건이 벌어진 직후 동료들의 생생한 기억을 녹음으로 남겼다.

이 사건은 1973년까지 비교적 개인적인 경험으로만 남아 있었지만, 그 당시 조지아주 주지사였던 카터가 대통령 출마를 준비하던 시기, 국제UFO사무국이라는 야심 찬 이름의 단체에서 이사를 맡고 있던 헤이든 휴스가 카터에게 연락을 취하면서 세상에 알려지기 시작했다. 휴스는 카터가 수상한 것을 목격

---

* 국제라이온스협회는 카터 인생에서 가장 중요한 네트워크 중 하나였다. 그는 아버지의 뒤를 이어 이 봉사단체에 참여했고, 1969년까지 조지아주 남서부 지역에서 약 56개의 단체를 관할하는 책임자 자리에 올랐다. 이 네트워크는 카터가 신예 정치인으로서 인지도를 얻을 기반을 마련해 주었고, 이후 그는 이 네트워크 덕분에 처음으로 주지사 선거에 출마해 보겠다는 야망을 품을 수 있었다고 회고했다.

했다는 소문을 듣고 그의 동의를 얻어 애틀란타 주 의사당으로 직접 제작한 표준 설문지를 보냈다. 카터는 허무맹랑한 인물이 결코 아니었다. 또 자신이 목격한 것이 엄밀하게 말하면 UFO에 해당했지만 그것이 꼭 외계에서 온 우주선이라고 생각하지는 않는다고 덧붙였다. 대신 카터는 자신이 본 것이 "아마 어떤 종류의 전자기적인 현상"일 가능성이 높다고 추측했다.

사건과 관련된 세부 사항이 더 알려지면서 많은 사람은 카터가 목격한 것이 그날 밤 유난히 밝게 떠 있던 금성을 보고 착각한 것이라고 생각했다. 하지만 천문학적 관측에 능통했던 사람들은 해군사관학교까지 졸업하고 천문항법에 대해 잘 알고 있던 카터가 행성을 보고 착각했을 가능성은 지극히 낮다고 생각했다. 결국 수수께끼는 계속되었다. 카터가 본 건 대체 무엇이었을까?*

* 2016년에 이르러서야 연구자이자 전 공군 과학자였던 제러 저스터스에 의해 이 수수께끼가 풀렸다. 카터가 본 것은 고고도 로켓으로 인해 만들어진 바륨 구름이었다. 저스터스는 1960년대에 공군과 NASA에서 상층대기의 바람을 연구했기 때문에 이 사실을 잘 알고 있었다. 그의 분석에 따르면, 황혼이 지나고 어둠이 깔린 후, 대기 중 구름 입자들 속에서 바륨이 전하를 띠게 되면, 녹색 또는 파란색 빛을 발산할 수 있다. 저스터스는 당시 사건기록을 조사한 끝에, 카터의 목격 사건이 있었던 당일 저녁, 플로리다 서부의 이글린공군기지에서 오후 6시 41분에 관련 실험이 있었다는 사실을 확인했다. 로켓이 하늘로 올라가면서 다양한 고도에서 세 가지 서로 다른 바륨 구름을 형성했는데, 그때의 시간이 대략 오후 7시 9분쯤이었다. 이 구름들은 빠르게 밝아지면서 위로 올라갔고, 150마일 떨어진 리어리 지역에서도 충분히 보였을 것이다. 저스터스는 후속 보고서에서 "구름의 크기와 밝기의 급격한 증가, 그리고 이후에 목격된 크기와 밝기의 감소는 목격자가 보기에 마치 '물체'가 가까이 다가왔다가 멀어지는 것 같은 착각을 일으킬 수 있다"라고 설명했다. 또한 이 구름은 고도 100킬로미터 위에 있었지만 훨씬 가까운 거리에 있는 것처럼 보일 수 있다. 이건 그다지 드문 일이 아니다. 실제로 유스투

대선 기간에 카터는 미국의 UFO 관련 기밀을 대중에 공개하겠다는 공약을 내걸었다. "한 가지 확실한 것은 저는 하늘에서 미확인비행물체를 목격했다고 주장하는 사람들을 비웃지 않을 거란 점입니다"라고 그는 약속했다. "내가 대통령이 된다면 이 나라가 확보하고 있는 UFO 목격 사례에 대한 정보와 자료들을 대중과 과학자들에게 투명하게 공개하겠습니다."

UFO 연구자들은 카터가 대통령이 된다면 국민들에게 실제로 무슨 일이 벌어지고 있는 건지 확실히 말해 줄거라 기대했다. 1977년 4월 《U.S.뉴스 & 월드리포트》는 진실이 곧 밝혀질 거라고 보도했다. "올해가 가기 전 정부에서, 아마 대통령이 직접 UFO에 관한 '충격적 발표'를 할 것으로 기대된다." 그러나 백악관에 들어간 카터는 약속을 지키지 않았다. 그 결과 그 너머의 세계를 상상하는 것은 대중문화의 몫이 되었다.

* *

같은 해, 평생에 걸쳐 진행된 하이넥의 연구가 처음으로 대중문화와 접목되기 시작했다. 외계인은 수십 년 전부터 엔터테인먼트산업의 단골 소재였지만 1970년대 후반이 되자 본격적으로 미디어가 우주 관련 이야기로 도배되기 시작했다. 특히 TV 쇼 〈스타트렉〉, 조지 루카스의 혁명적인 〈스타워즈〉 시리즈, 그리고 스티븐 스필버그의 〈미지와의 조우〉가 엄청난 인기를 끌

> 스는 앞서 또 다른 목격자가 비슷한 착시를 경험한 적이 있다는 것을 확인했다. 그는 1960년대 초에 있었던 당시 실험 상황을 떠올리면서 "애틀랜타의 한 여성이 어느 날 저녁 이글린공군기지에서 발사된 나트륨 구름의 흔적을 낙엽이 진 나뭇가지 너머로 목격했다. 그녀는 지역 TV 방송국에 'UFO가 거리 끝 쪽 나무 위에 착륙했다'라고 제보했다"라고 설명했다.

었다. 하이넥은 1976년 1월, 스필버그 감독의 신작 영화 제목이 자신의 저서 『UFO체험』에서 제안했던 UFO 목격 사례 분류체계 이름과 똑같다는 사실을 알고 젊은 영화감독에게 편지를 보냈다. 스필버그는 사과했고, 결국 그의 제작사 앰블린은 하이넥의 책과 용어에 대한 저작권으로서 2000달러를 지급했다. 또 제작사는 하이넥을 3일간 기술 고문으로 고용하는 명목으로 하루에 500달러씩 지급했다.

이 영화는 1975년 여름 대히트를 쳤던 〈죠스〉 이후 스필버그 감독의 네 번째 작품이었다. 이 영화에서 리처드 드라이퍼스는 인디애나주의 한 노동자 역할을 맡았고, 영화 속에서 여러 번 UFO와 조우하면서 인생이 송두리째 바뀌는 주인공을 연기했다.* 이 영화는 엄청난 성공을 거두었고 총 약 3억 달러에 달하는 흥행수익을 벌었다. 그리고 두 개의 오스카상을 받았다. 이 영화는 하이넥의 UFO 분류체계와 블루북프로젝트의 존재를 대중들에게 더 널리 각인시켰다. 영화에 나오는 가장 유명한 장면들 일부는 실제 목격 사례에서 영감을 받았다. 1957년 텍사스 레벌랜드 사건과 1966년 오하이오에서 벌어진 목격 사례를 참고했다. 영화 속 프랑스인 캐릭터 클로드 라콤브는 실제 자크 발레를 모티브로 삼았고, 하이넥은 영화 속에서 약 6초 동안 카메오로 출연해 자신의 염소수염을 쓰다듬었

* 역사학자 케이트 도시는 이 영화 전체가 외계 생명체에 관한 하이넥의 개인적 관점이 어떻게 변해 왔는지를 보여 주는 하나의 비유라고 볼 수밖에 없다고 주장했다. 영화는 "외계 생명체와 관련해 지난 수십 년간 축적된 목격자들이 충분히 이성적인 사람들이고, 정부는 신뢰할 수 없으며, UFO는 실존하기 때문에 이에 대한 과학적인 관심은 정당한 것이라는 관점을 더 강화시켰다"라고 말했다.

다. 영화 포스터에는 실제 UFO연구센터의 연락처가 실렸다. 덕분에 수백 명의 신규 회원을 모집할 수 있었다. 그리고 수많은 제보와 문의가 쏟아졌다. 하이넥이 만든 거창한 이름의 연구센터는 처음으로 그의 집이 아닌 번듯한 사무실 공간을 갖추게 되었고, 수많은 제보들을 파트타임 직원 두 명과 자원봉사 조사원 150명이 처리했다.

그러나 이 영화가 남긴 가장 인상적인 유산은 바로 미국인들이 외계인에 대해 가진 인식을 변화시켰다는 점이다. 이제 더 이상 사람들은 초록색 피부에 촉수를 달고 있는 외계인을 떠올리지 않게 되었다. 스필버그의 세계에서 외계인은 회색 피부에, 작은 코를 갖고, 털이 없는 매끄러운 몸으로 묘사되었다. 검은 눈과 가는 팔을 가진 어린아이 정도 크기의 인간 형태 외계인이었다. 이러한 이미지는 이후 수년 동안 외계인 외형의 전형적 기준이 되었다. 그리고 이제 외계인과의 조우는 핵전쟁 시대의 존재론적이자 위협적이고도 두려운 만남이 아닌, 인류의 의식을 높여 주는 우호적 접촉이라는 인식이 퍼졌다. 영화 속 지구인들은 더 거대한 은하계에서 자신들의 역할을 받아들이는 성숙한 존재로 묘사되었다. 의도했든 의도하지 않았든, 스필버그가 제시한 이러한 개념은 세이건, 드레이크, 하이넥 등 여러 학자들이 지난 수십 년 동안 이룩한 연구 결과에 대한 감동적인 헌사가 되었다. 영화 평론가 샬린 엥겔은 이 영화가 "인류가 우주 공동체에 합류할 준비가 되어 있음을 시사한다"라고 평가했다.

몇 년 뒤 스필버그는 한 인터뷰에서 자신의 필모그래피 중 가장 좋아하는 장면을 골라 달라는 질문을 받았고, 그는 〈미지와의 조우〉에서 어린 소년이 거실 문을 열고 UFO에서 나오는 강렬한 오렌지색 불빛과 마주하는 장면을 골랐다. 이 장면은 우리 우주 너머에 무엇이 존재하는지에 대한 우리의 생각을 보여 주는 완벽한 은유였다. 확실하면서도 불확실한 무언가가 분명 우리 우주 너머에 존재할 것이라는 생각을 불러일으키는 장면이었다. 그는 이렇게 설명했다. "소년은 아주 작고 문은 아주 크다. 아름다우면서도 무서운 빛, 마치 문을 통해 스며들어 오는 그 불빛처럼 문 바깥에는 또 다른 약속이 기다리고 있을 수도 있고, 위험이 도사리고 있을 수도 있다."

"약속 또는 위험"이라는 질문은 바로 지난 수십 년 동안 하이넥이 자신의 지적 에너지를 쏟아부었던 질문이었다. 그리고 그가 평생 해결하지 못한 질문이기도 했다. 그는 1970년대 말 교수직을 은퇴하고 애리조나주로 이주했다. 그러고도 그는 UFO 커뮤니티에서 꾸준하고도 활발하게 활동을 이어 나갔다. 1910년 그의 부모는 그가 태어난 지 5일 만에 그를 데리고 핼리 혜성이 지구 근처를 지나가는 장면을 보여 준 적이 있었는데, 그가 세상을 떠난 해에도 혜성은 다시 한번 지구 곁을 지나갔다. 하이넥은 그토록 오랜 세월 동안 삶의 원동력이 되었던 질문을 좇았지만 결국 진실을 알지 못한 채 세상을 떠났다. 시간이 흐르면서 그는 조금씩 거대한 음모론에 빠져들었고 더 많은 의문을 품었다. 말년에 하이넥은 이렇게 말했다. "이 세상에는 두 가지 종류의 은폐가 있다. 지식을 은폐하는 것과 무지를 은폐하는 것이다. 나는 그동안 우리 사회에 전자보다 후자의 경우가 훨씬 더 많았다고 생각한다."

33장
적색 상황

UFO의 추락과 수거에 관한 이야기에서 오랫동안 풀리지 않는 수수께끼 중 하나는 만약 미국 정부가 정말 은밀하게 은하계를 누빌 수 있는 놀라운 장비를 손에 넣었다면 왜 군대가 아직까지도 가스연료를 사용하는 구식 제트기를 타고 다니냐는 질문이었다. 지금까지 있었던 비행 방식을 완전히 바꿔 보려는 시도들, 예를 들면 1974년에 있었던 아브로의 프로젝트는 전장에서 활용할 수 있는 호버크래프트 방식 이상의 무언가를 결국 만들어 내지 못했고 실제 전투에서 한 번도 배치된 적이 없을 정도로 처참하게 실패했다. 만약 정부가 추락한 외계 비행 물체를 발견한 것이 사실이라면, 아직까지 그것을 어떻게 사용해야 하는지 분명하게 알아내지 못했다는 뜻일 수밖에 없었다.

그러던 중 카터 대통령의 임기 말기에 펜타곤은 놀라운 혁신을 발표했다. 알고 보니 정부는 수년간 컴퓨터와 모델링용 점토를 활용해서 가장 비밀스럽고 미래 지향적인 비행기를 연구해 왔다는 것이다. 펜타곤에서 가장 상상력이 풍부한 비밀 연구소 집단인 국방고등연구계획국(DARPA)에서 시작된 이 프로젝트는 하비프로젝트에서 비롯되었다. 이 프로젝트의 목표는 방공 레이더가 식별할 수 없는 공격기를 만드는 것이었다. 두 방산 업체 노스롭그루먼과 록히드는 이 기체의 설계를 두고 서로 경쟁했다. 록히드는 1950년대에 기념비적인 U-2 정찰기를 제작한 경험이 있었고, 이미 CIA를 위해 개발 중이던 더 발전된 고고도 비행기 A-12 옥스카트 그리고 거의 그 수준에 맞먹는 군용기 SR-71를 제안했다. 이 비행기들의 능력은 아주 철저하게 비밀로 유지되었던 탓에 록히드가 이미 이쪽 분야에서 얼마나 많은 일을 해냈는지 알지 못했던 국방고등연구계획국은 처음에 스텔스기술 경쟁에서 록히드를 제외시켰다(A-12의 레이더 식별 크기는 유사한 크기를 가진 B-47의 20분의 1에 불과했다).

한편 노스롭그루먼은 소련의 물리학자 표트르 우핌체프가 쓴 「회절에 관한 물리학 이론에 따른 예각 파동 방법」이라는 기술 관련 논문에서 아주 중요한 결과를 발견했다. 이 논문은 1960년대까지 거의 알려져 있지 않았다. 우핌체프는 레이더 반사 신호의 크기는 사물의 전체 크기가 결정하는 것이 아니라 레이더가 사물에 반사되는 방식으로 결정된다고 설명했다. 즉 레이더 반사 신호를 분산시킬 수 있는 방식으로 비행기를 설계한다면 사실상 레이더상에서는 보이지 않는 비행기를 만들 수 있다는 뜻이었다. 하지만 이러한 발견은 소련군에서는 완벽하게 무시되었고, 너무나 난해하고 쓸모없는 기술로 여겨지면서 기밀로도 분류되지 않았다. 하지만 미국의 라이트패터슨공군기지에 있는 외국기술부에서 소련의 과학 출판물들을 전부 번역하게 되면서 이 기술이 다시 주목을 받기 시작했다. 한 엔지니어는 이 논문이 노스롭그루먼의 손에 넘어가면서 "세상이 완전히 변했다"라고 회상했다. "그제야 나는 이것이 바로 우리가 필요로 하는 것이었음을 깨달았다."

이후 수년간 록히드와 노스롭그루먼은 컴퓨터 모델링과

엔지니어들의 직관을 바탕으로 비밀스러운 경쟁을 계속 이어 갔다. 1976년 화이트샌즈미사일기지에서 최초의 레이더 테스트가 진행되었다. 그 후 네바다 51구역에서 "해브블루"라는 암호명으로 시험비행을 실시했다. 이 비행기들은 기존의 항공기와는 전혀 다른 외형을 하고 있었다. 검고, 각지고, 미래적인 디자인이었다.

펜타곤이 이들의 개발 사실을 발표했던 1980년대 이후에도 처음 두 대의 스텔스는 수년간 계속 비밀에 부쳐졌다. B-2 폭격기는 1988년에, F-117 나이트호크는 1990년이 되어서야 대중에 공개되었다. 하지만 이들이 테스트를 진행한 시험비행장인 네바다 사막의 51구역은 정부가 끝까지 그 존재를 공개적으로 밝히지 않았고, 그 때문에 이 지역에 대한 신비로움을 더 증폭되어, 폐쇄된 시설 안에 놀라운 기술이 숨겨 있을 거라는 소문을 불러일으켰다. 1978년 최초의 스텔스 시험이 시작되면서 정부는 51구역 근처 그룹산맥에 대한 일반인의 접근을 적극적으로 제한했고, 때로는 금지하기도 했다. 그 후 몇 년 동안 정부는 인접 지역을 더 많이 차지하고 일명 "목장"이라고 불리는 이 비밀 시설에서 무슨 일이 벌어지는 더 큰 베일로 감출 것이었다. 사람들은 정부가 스텔스기 말고도 51구역에 또 무엇을 숨기고 있을지 궁금해했다.

* *

이런 기이한 기술, 정부의 비밀스러운 실험, 외계인에 대한 공포는 초자연적인 현상에 관한 더 기이한 범주에 해당하는 "가축 절단"이라는 현상을 촉발시켰다. 1970년대 후반부터 음모론과 비밀에 대한 다양한 믿음들이 UFO 학계를 분열시키기 시작했다. 특히 그중에서 사람들을 갈라놓았던 중요한 문제 중 하나는 가축 절단 문제였다. 유괴, 조우, 이상 신호에 비해 신비로움과 흥미는 덜 하지만, 가축 절단은 항상 UFO 괴담에서 일정한 역할을 해 왔다. UFO가 목격된 지역에 있는 목장주나 농부들이 이런 상황을 지속적이고도 개별적으로 제보해 왔는데, 그 소나 말들은 외상을 입거나, 포식에 의한 것이라고 하기에는 이상한, 출혈 없는 상처를 입고 죽어 있었다. 심지어 UFO 연구자들조차 이것을 어떻게 받아들여야 할지 잘 모르는 상황이었다.

1967년 콜로라도 남부에서 발생한 한 사건을 조사한 후, 콘던위원회와 NICAP은 그 어느 때보다 당황했다. 사건의 희생자는 킹 가족 목장에서 발견된 세 살짜리 종마 아팔루사의 일종인 레이디였다. 레이디는 목 부위가 벗겨져 도살된 상태로 발견되었지만 주변에 피를 흘린 흔적은 남아 있지 않았다(다른 세부적인 사항으로는 목장 주인의 여동생 손에 화상을 입힌 녹색 물질이 있었고, 목장주들이 근처 사막에 "배기 흔적"이 있다고 신고하기도 했다). 이 사건은 결국 《덴버포스트》의 기사로 소개되었고, 공식 수사관들의 관심을 끌기 충분했다. 여기에는 콜로라도주립대 수의외과 과장과 블루북프로젝트의 수사관들도 있었다. 이들은 사건에서 특별한 점을 발견하지 못했고, 말은 단순히 자연사한 것으로 결론을 내렸다. 그리고 상처는 모두 일반적인 포식에 의한 것으로 보인다고 발표했다. 그러나 APRO의 현지 책임자는 "이번 사건 전체는 이상하고 기이하며 알 수 없는 수상한 냄새가 난다"라고 주장했다(그러나 사건에 대한 후속 보고서에서 말의 이름과 성별을 포함한 여러 오류를 범해 신고자의 주장의 신뢰성을 떨어뜨렸다).

다음 10년 동안 이상한 일들은 계속되었다. 그중 많은 부분은 『모스맨 예언』의 작가 존 킬에 의해 더욱 부각되었다. 그는 가축 절단이 UFO와 외계인의 오컬트적인 성격을 잘 보여 주는 징후라고 생각하며, 더 강력한 조사를 촉구했다. 1973년 캔자스에서는 블랙앵거스종 소들이 미국 81번 고속도로 근처 몇 마일 떨어진 지점에서 의문사하는 일이 벌어졌다. 열두 명의 지역 보안관과 주 수사관 들이 모여서 회의를 열었다. 캔자스주립대학교의 수의학 실험실은 다시 한번 이들이 자연사한 것으로 보인다고 결론을 내렸지만, 오타와카운티의 부보안관 게리 더는 이를 반박하며 이렇게 말했다. "나는 25년 동안 농장에서 소를 키우면서 살았다. 이 사건은 코요테가 한 짓이라고는 볼 수 없다."

이듬해 《뉴스위크》는 이 사건을 전국적으로 보도하면서 "네브래스카, 캔자스, 아이오와에서 100마리 이상의 소들이 잔혹한 방식으로 절단되어 죽었다"라고 설명했다. 특히 눈과 생식기가 정밀하게 제거되었는데, 그 목적이 무엇인지는 여전히 밝혀지지 않았다.

제보가 쌓이면서 음모론도 더욱 깊어졌다. 목장주들은 밤마다 정체불명의 검은 헬리콥터가 주변을 맴도는 것을 목격하고는 두려움을 느꼈고, 이러한 가축 절단 사건들이 군사적으로 비밀리에 승인된 비밀 훈련 프로그램과 관련된 것이란 추측이 횡횡했다(《헤이스팅스데일리트리뷴》은 「절단된 가축, 헬리콥터, 그리고 UFO가 불러온 놀라움과 불안」이라는 기사를 실었다). 목장주들은 자경단을 꾸려 무장하고는 외지인들의 차량을 멈춰 세우고 가축의 피 흔적을 찾기 시작했고, 일부는 헬리콥터를 향해 총을 쏘기도 했다. 한 역사학자는 "이 문제가 너무 확산되어서 네브래스카주방위군은 모든 헬리콥터가 정기 훈련을 진행할 때 표준 비행고도인 1000피트 대신 2000피트 높이로 비행하도록 명령했다"라고 언급했다. 축산 협회는 해답을 찾기 위해 현상금까지 내걸었다.

어느 정도까지는 목장주들과 가축 주인들의 의심에도 일리가 있었다. 1968년, 유타주 스컬밸리에 위치한 비밀 군사시설인 더그웨이 시험장 근처에서 약 6000마리의 양들이 죽는 사건이 있었다. 군은 오랫동안 책임을 부인하려고 했지만, 유타주 상원의원의 조사를 통해 한 비행기가 군 실험의 일환으로 고고도에서 VX 신경가스를 살포했다는 사실이 밝혀졌다. 그 가스는 계곡에 흘러들어서 양 떼를 전멸시켰다. 그래서 연이어 벌어진 소들의 죽음도 정부의 무모한 행태가 다시 한번 드러난 사례는 아닐까 하는 의혹이 제기되었다.

워터게이트사건 이후 처치위원회와 파이크위원회가 수십 년간 쌓인 정보기관의 권한 남용과 스캔들의 추악한 진실을 드러내던 시절이라, 사람들은 무언가 부정한 일이 벌어지고 있을 거라는 생각을 믿기 쉬운 상황이었다. 무엇보다 축산 산업은 최근 몇 년간 최악의 상황을 맞이하고 있었지만, 정부에서는 별다른 지원도 없었다. 역사학자 마이클 J. 골먼은 이렇게 설명했다. "연방정부는 소규모 목장주들을 배신하고 표적으로 삼았습니다. 그들을 경제적 불확실성 속에 방치했습니다. 가축 절단 사건이 발생했을 때, 소규모 목장주들은 정부와 비밀 기관을 비난하면서 자신들의 두려움과 불만, 그리고 정부에 대한 불신을 그 기이한 현상에 투영했습니다." 결국 이 문제를 걱정한 주의회 의원들과 연방 의원들은 FBI의 개입을 촉구했지만, 전국적으로 제보된 사례들의 수가 수천 건에 달했음에도 FBI는 계속 신중한 태도를 고수했다. 범죄가 발생했는지조차 불분명했고, 소를 심문한다고 해서 정보를 얻을 수 있는 것도 아니었기 때문이다.

1975년 많은 로비와 여론의 압박으로 끝내 연방 및 주 차원에서 공식 조사가 시작되었다. 여기에는 미네소타에서 ATF 요원이 수행한 조사와 콜로라도 수사국이 진행한 조사가 포함되었다. 1979년 은퇴한 FBI 요원 케네스 롬멜은 산타페 지역 검사 및 여러 기관으로부터 자금을 지원받아 계속 조사를 진행했고, 아칸소주 워싱턴카운티 보안관 사무소에서는 죽어 가는 소에게 치사량의 진정제를 투입한 뒤 외딴 협곡에 두고 사람과 카메라로 24시간 내내 감시하는 실험도 진행했다. 24시간 뒤 그 시체는 "전형적인" 가축 절단 사건에서 보았던 상처와 유사한 손상을 입었고, 이제 부서의 보안관들은 일반적인 포식성 동물들이 사건의 범인이라는 사진 증거를 확보했다. 미주리대학교의 한 수의사는 "동물들이 깔끔한 처리를 하고 시체 주변에 피나 별다른 흔적을 남기지 않는 것은 예외가 아니라 일반적으로 벌어지는 일입니다"라고 설명했다. 사우스다코타주의 한 사회행동학 교수는 이 현상 전체를 "경미한 집단적 히스테리의 고전적인 사례"로 결론지으면서 당시의 "부분적인 사회 통제력의 붕괴"에서 이런 문제가 비롯되었을 것이라 주장했다. 결국 조사는 특별히 음모론적인 결론을 내리지 못했다. UFO

도, 정부와 관련된 음모도, 대규모 악마 숭배 집단도 없었다.*
UFO 역사학자 제롬 클라크에 따르면 결국 실제로 조사해 보니 궁극적으로 밝혀진 건 "친구의 친구"에게서 전해 들었다는 소문만 남아 있는, 민속학자들이 일명 "도시 전설"이라고 부르는 현상만 남아 있었을 뿐이다. 하지만 이러한 결론에 대한 저항은 여전했다.

첫 번째 조사 결과에서 만족하지 못한 해리슨 슈밋 상원의원은 1979년 연례 법무부 예산안에 FBI가 가축 절단 사건을 조사하도록 하는 조항을 포함시켰고, 그는 이 명령이 "기괴하고 끔찍한 미스터리의 답을 찾는 데 도움이 되기를 바랍니다"라고 명시했다. FBI가 조사를 진행하는 동안, 영화 제작자 린다 하우는 다큐멘터리 〈기묘한 추수〉에서 사람들로부터 최초의 목격 증언을 수집했고 이 미스터리를 지구적인 음모에서 외계인과 관련된 사건으로 확장시켰다. 한 목장은 하우에게 "무슨 일이 일어난 건지 모르겠다. 아마도 비행접시와 같은 게 아니라면 설명할 수 없을 것입니다"라고 말했다. 지역 검찰 수사관은 외계 생명체의 개입 가능성에 관심을 보이면서 이렇게 말했다. "나는 지금 이 일을 벌이는 존재들이 아마 이 행성의 존재가 아닐 가능성이 크다고 생각한다."

그 시점에서 이 사건들은 UFO 학계에서 실질적인 분열을 일으켰다. APRO의 코럴 로렌젠은 가축 절단 사건이 UFO와 관련이 있을 것이라 판단했고 MUFON은 "가축 절단" 사건 이야

---

* 수사를 이끌었던 FBI 요원 칼 화이트사이드는 이렇게 말했다. "내가 편협한 것일지도 모르지만, 나는 아직 UFO 가설을 받아들일 마음의 준비가 되지 않았다."

기들을 뉴스레터로 알렸다. 하지만 UFO연구센터는 여전히 회의적이었다. 가축 절단 사건들은 전 세계적으로 일어나는 외계 생명체 목격 사례와 달리 거의 유일하게 미국에서만 발생하는 것처럼 보였고, UFO에 대한 기본적인 이해와도 맞지 않았다. 논리적으로 생각해 보면 정부가 실험을 위해 무작위로 외딴 지역 목장의 소들을 절단할 필요도 없어 보였다. 그 대신 필요한 소들을 직접 구매해서 실험에 쓰면 되니 말이다. 결국 UFO연구센터는 "가축 절단" 사건들이 이상한 현상이 아니라, 단지 자연적인 사건들에 대한 기묘한 괴담이 붙은 것일 뿐이라고 결론 내렸다.

그해 12월 SF 소설 에디터 이언 서머스는 자신의 최신 외계 프로젝트를 홍보하기 위한 투어를 하던 중 작가 대니얼 케이건과 힘을 합쳐 가축 절단 사건의 진실을 찾기 위해 샅샅이 살피기 시작했다. 그들은 4년에 걸쳐 전국의 주요 사건 현장을 방문했고, 목격자들을 인터뷰하면서 사건을 조사했다. 그들이 발견한 것은 하늘에서 발생한 전국적인 죽음의 재앙이 아니었다. 그 대신 자기 이익을 추구하는 UFO 연구자들, 화가 난 시골 주민들, 그리고 지나치게 열정적인 소도시 기자들이 모아 놓은 선정적인 퍼즐들뿐이었다.*

그들이 발표한 책 『말 없는 증거』에서 케이건과 서머스는

---

* 한편 그들은 언론에서 반복 추정하는 가축 절단 사건 1만 건이라는 수가 엉터리 계산에 불과하다고 결론지었다. 자칭 "돌연변이학자" 두 명은 콜로라도의 한 카운티에서 발생한 사건 수를 합산한 다음, 전체 사건 중 4분의 1 정도만 정부당국에 보고될 것이라 가정하고 그 수치를 네 배 더 뻥튀기했다. 그런 다음 그들은 다른 주에서 수집한 데이터를 외삽해서, 1만 건이 합리적인 수치라고 허튼소리를 주장했던 것이다.

이러한 현실을 이야기하면서, 가축 절단 사건과 관련된 더 넓은 정치, 문화적 관점 사이의 연결고리에 대해 설명했다. "가축 절단 사건은 미국인들이 정부 기관에 신뢰를 잃었다는 사실에 대해 많은 것을 알려 준다. 그 기관들은 무능하고, 공허하며, 해롭고, 사상적으로 관료주의에 찌들어 있다"라고 결론지었다. "사건을 믿는 사람들에게 가축 절단 사건은 기이해야만 했고, 미스터리로 남아 있어야만 했다." 소들이 계속 미스터리한 방식으로 죽어 간다는 사실이 목장주들에게는 워싱턴의 군 지도자들과 관료들이 자신들을 목표로 삼아 그들의 삶을 위협하고 있다는 망상을 하도록 만들었다. 그들의 목장이 경제적 변화로 위험에 처하게 된 것이 아니라, 개인적인 방식으로 공격을 받고 있다고 믿게 만들었다.*

* *

1970년 내내 정부가 UFO 진실을 알고 있을 거라는 믿음이 팽배했지만 사실 군 자체에서도 여러 목격 제보들에 대해 당혹해하고 어찌할 바를 모르고 있다는 증거가 충분했다. 실제로 영국에서 발생한 가장 유명한 UFO 목격담 중 하나는 1980년 미국 군사기지를 중심으로 발생한 사건이다. 1980년 크리스마

---

* 그럼에도 정부가 자신들의 생활 방식과 경제적 안정을 훼손하려 한다고 생각한 서부 지역의 목장주들의 연방정부에 대한 분노는 식지 않았고, 이는 1980년대에 세이지브러시 반란을 촉발하는 계기가 되었다. 이 반란은 수십 년 동안 지속된 준무장 투쟁으로, 목장주들은 연방정부 요원들과 반복해서 충돌했다. 이때 벌어진 갈등은 2014년 네바다에서 벌어진 악명 높은 번디 대치 사건과 2016년 오리건 말러 국립야생동물보호구역에서 벌어진 점거 사태의 불씨가 되기도 했다.

스 다음 날인 일명 박싱데이 이른 아침, 영국의 서퍽주 동해안에 있는 RAF 우드브리지 군사기지 동쪽 후방 게이트 근처에서 순찰을 돌던 경비대는 새벽 3시쯤 하늘을 가로지르는 밝은 빛을 목격했다. 이 기지는 제2차세계대전 당시 미 공군이 공항으로 사용하던 곳이었다. 순찰을 돌던 미 공군 보안 요원, 일등병과 상사 두 사람은 이 빛이 근처 렌들샴 숲에 추락하는 것을 목격했고, 민항기의 추락 사고일 가능성을 고려해 지원을 요청했다. 추가 인원이 도착하자마자 이들은 숲속으로 걸어 들어가 조사를 시작했다.

2주 뒤, 기지 부사령관이 작성한 메모에 따르면 세 명의 순찰대는 곧바로 "너비 약 2~3미터, 높이 약 2미터" 정도 되는 금속성의 삼각형 물체를 발견했다.

그것은 "흰색 빛으로 숲 전체를 밝히고 있었으며, 물체 상단에는 붉게 점멸하는 빛이, 하단에는 푸른빛이 있었다"라고 설명했다. 이 물체는 공중에 떠 있거나 다리에 의지한 상태로 있었고, 경비대가 접근하자 물체는 앞으로 움직이면서 사라졌다. 저 멀리 근처 농장에서는 동물들이 "미쳐 날뛰는" 소리가 들려왔다. 오전 4시경 현장에 도착한 지역 경찰은 해안가 몇 마일 아래에 위치한 오포드니스 등대의 회전하는 불빛만 보였다고 보고했다. 이후 수사관들은 순찰대가 실제로 관련이 없는 일련의 설명 가능한 불빛을 오인했을 가능성을 제기했다. 그날 밤 영국 남부 하늘을 통과한 유성의 불타는 빛과 숲의 빈틈 사이로 새어 나온 등대 불빛이 그 원인일 것이라 추정했다. 그다음 날, 공군 조사 팀은 물체가 머문 곳 근처에서 세 개의 움푹 파인 자국을 발견했지만 현장 경찰관들은 그것이 외계에서 온 우주선이 아니라 동물이 남긴 발자국이라고 생각했다. 이후 며칠 동안 숲을 탐험한 지역 주민들도 그곳에서 특별한 점을 발견하지 못했고, 이 사건을 단지 외국에 파견되어 숲에서 흔히 볼 수 있는 흔적, 부러진 가지, 구멍 등에 익숙하지 않은 젊은 미군 장병들이 착각한 것이라고 여겼다. 나중에 다시 붉은 "태양처럼" 깜빡이는 빛이 똑같은 숲에서 목격되었는데, 공군 요원들은 "별처럼 보이는 세 개의" 물체가 하늘을 빠르게 지나는 것을 봤다고 보고했다.

수십 년 뒤, 두 명의 미 공군 보안 장교 존 버로스와 짐 페니스턴은 이제 "영국의 로즈웰"로 불리면서 "잘 문서화되고 가장 설득력이 있는 UFO 사건"으로 간주되는 렌들샴 숲 사건에 대한 책을 또 다른 공동저자 한 명과 함께 집필했다. 그들은 『렌들샴 숲에서의 조우』에서 당시 공식기록에 기록된 것 이상의 방대한 세부적인 내용을 추가했는데, 예를 들면 페니스턴이 실제로 물체를 만졌고 그것은 마치 유리 위를 손으로 쓰다듬는 것처럼 매끄러웠으며, 물체의 측면에는 "거칠고 사포 같은" 느낌의 상형문자가 새겨진 기호들이 있었다는 주장도 추가했다.

이후 몇 년 동안, 렌들샴 숲 사건에 대한 여러 추가 가설들이 제기되고 반박되었다. 그중에는 영국 특수부대가 미 공군을 상대로 장난을 친 것이라는 주장도 있었다. 그러나 많은 UFO 목격담과 마찬가지로, 그날 밤 숲에서 대체 무슨 일이 벌어진 것인지에 대한 진실은 역사 속으로 사라져 버린 듯하다.* 하지만 사건을 믿는 사람들에게 렌들샴 숲 사건은 외계인들이 지구에 꾸준히 방문하고 있으며, 그들이 우리의 이해를 훨씬 벗어나는 압도적인 기술, 심지어 군대조차 당황하게 만들 정도의 엄청난 기술을 갖고 있다는 것을 보여 주는 또 다른 증거로 여겨졌다.

---

* 렌들샴 사건은 오늘날 여러 다큐멘터리와 책을 통해 너무 유명해졌고, 현지 산림청은 아예 방문객들이 찾아올 수 있도록 숲속에 "UFO 산책로"를 조성했다. 산책로를 쭉 따라가면 그 끝에는 공군이 목격했다고 알려진 물체의 모형도 설치되어 있다.

34장
코스모스 탐사

이미 오랫동안 UFO에 대해 중립적인 입장이었던 과학계 유명인사 칼 세이건은 1980년 〈코스모스: 사적인 여정〉이 PBS에서 방영되면서 모든 가정에서까지 알아보는 진정한 유명인사가 되었다. 13부작으로 구성된 이 텔레비전 시리즈는 세이건과 그의 새로운 연인 앤 드루얀이 함께 제작한 것으로, 데이비드 애튼버러의 〈지구의 생명〉처럼 내레이션으로 이끌어 가는 다큐멘터리의 형식을 따랐다. 〈코스모스〉는 시청자들이 우주탐사를 통한 놀라운 상상력으로 가득 찬 여정을 할 수 있도록 이끌었고, 세이건의 놀라운 소통 능력을 보여 주었다. 화면 속 그의 친근하면서도 경이로움에 가득 찬 모습은 그를 곧바로 안방의 스타로 만들었다. 이 시리즈는 당시 혁신적이었던 특수효과를 써서 수백만 명의 시청자를 끌어모았고 과학을 다루는 TV프로그램으로서 획기적인 역사로 자리 잡았다. 무려 60개국에서 방영되었고 고대 천문학부터 최첨단 물리학 이론까지 다양한 주제를 넘나들었다. 또한 과학, 종교, 철학, 그리고 음악까지 모든 이야기를 다루었다.

세이건의 상상력의 배를 타고 함께 여정을 떠난 시청자들은 빅뱅에서 출발해 지구의 생명과 기원, 종의 진화, 인류의 미래까지 탐험했다. 이 시리즈와 함께 출간된 큼직한 동명의 책 역시 엄청난 인기를 끌었다. 책의 뒤표지에는 젊고 매력적인 세이건의 사진이 큼직하게 실렸다. 그의 사진은 똑똑한 박사라기보다는 제이크루 패션 모델 같은 인상을 주었다. 이 책은 《뉴욕타임스》 베스트셀러 목록에 70주 동안 머무르면서 100만 부 가까이 팔리며, 역사상 가장 많이 팔린 과학책이 되었다.* 세이건은 이제 세계에서 가장 유명한 과학자가 되었고, 과학계의 록스타와 같은 존재가 되었다. 그는 〈조니 카슨 쇼〉에 출연했고, 《타임》의 표지를 장식했으며, 공항이나 식당에 가면 많은 사람이 알아봤다. 그의 연구실로는 수많은 팬레터가 쏟아졌고, 세이건은 이 편지들을, 괴짜를 뜻하는 "갈라진 도자기(Fissured Ceramics)"라는 이름으로 분류했다.† 이런 갑작스러운 신분 상

* 이 프로그램은 캔 번스의 〈남북전쟁〉이 방영되기 전까지 PBS에서 가장 높은 시청률을 기록한 시리즈로 기록되었다. 이후 수많은 과학자가 이 시리즈와 책이 자신들의 열정과 진로에 영향을 줬다고 이야기했다. 훗날 세계 최고의 화성 전문가가 된 과학자 중 한 명인 세라 스튜어트 존슨은 어릴 때 부모님과 함께 금색 소파에 앉아 이 프로그램을 시청했던 기억을 떠올렸다. 그녀는 이렇게 추억을 떠올렸다. "화려한 특수효과의 도움을 받아서, 세이건이 별과 별 사이를 누볐고, 토성의 눈덩이들을 지나, 자기 몸을 분홍색 레이저 실루엣으로 변화시켰다. 그는 시간을 앞뒤로 넘나들었고, 거대한 인간의 뇌 속을 기어다녔으며, 나무 꼭대기 위를 날아다니고, 종종 몽환적인 음악의 선율에 맞춰 움직였다."

† 그의 상징적인 유행어가 된 "수십억, 수십억"은 록스타 프랭크 자파가 그의 노래 〈비 인 마이 비디오〉에서 패러디를 하기도 했다. 세이건의 명성은 일부 동료들에게는 씁쓸함을 안겨 주었다. 1984년, 그는 소련에 있던 동료 시클롭스키가 소련과학아카데미에서 외면당한 것과 마찬가지로 국립과학원 회원으로 추천받았지만 거절당했다. 8년 후, 다시 지명받았지만 또다시 탈락했다. 반면 그와 함께 거론된 나머지 59명은 무난하게 통과했다. 세이건은 이 모욕을 대수롭지 않게 넘겼다. "몰리브덴 원자의 초미세구조같이 난해한 것을 연구하는 데 평생을 바치고, 전 세계 몰리브덴 전문가 셋 말고는 그 연구를 모두 무시당하는 과학자라면, 외계 생명체의 존재 가능성에 관한 최근 내 발표에 기자들이 매달리는 모습을 보고 질투하고 분노하는 게 당연하다."

승 덕분에 세이건은 우주탐사를 위한 공동체의 지지를 촉구하는 비영리단체인 행성협회를 창립할 수 있었다. 공동 설립자인 브루스 머리와 루이스 프리드먼과 함께 세이건은 이 단체가 연구 자금 지원의 공백을 메우는 데 기여할 수 있기를 바랐다. 결국 그들의 활동은 〈미지와의 조우〉 감독을 맡았던 스티븐 스필버그의 관심을 끌었다. 그의 최신 영화 〈E.T.〉가 사상 최고의 흥행 기록을 갈아 치우면서 스필버그는 SETI의 메가채널 외계지능조사(META)를 활용해 800만 개 이상의 주파수채널 신호를 수신하고 탐색할 수 있도록 하는 센티널프로젝트에 10만 달러를 지원하기로 약속했다. 이는 이전의 최대치인 12만 8000개보다 훨씬 많은 수치였다(이후 프랭크 드레이크는 "집에 '연락'하기 위해 무전기를 사용한 E.T.가 벌어들인 흥행수익 일부가, 실제 외계인을 찾기 위한 전파 탐사에 쓰인다는 게 참으로 적절하다"라고 언급했다).*

세이건은 자신의 대중적인 명성을 활용해서 한 가지 중요한 임무를 수행했다. 바로 상원의원 윌리엄 프록스마이어와의 만남을 성사시키는 것이었다. 그는 SETI 연구에 정부의 자금이 지원되지 못하도록 막은 사람이었다. 재정적으로 매파였던 프록스마이어는 1975년부터 매달 "황금양털상"을 수여하면서 자신이 낭비라고 생각한 지출을 집중 조명해 왔다. 그의 비판 대상에는 종종 진지한 연구 주제로 삼기에는 부적절하다고

---

* META는 1420MHz의 주파수대역에서 아주 강력한 신호를 발견했다. 이 신호는 우리은하 속 대부분의 별이 존재하는 은하 중심에서 날아온 듯 보였다. 하지만 이 흥미로운 신호는 다시는 감지되지 않았다. 세이건과 META의 폴 호로비츠는 이러한 이상 현상을 "밤중에 난 이상한 소리"라고 불렀다.

여겨진 프로젝트들이 있었다. 예를 들면 미국국립과학재단이 8만 4000달러를 들여서 진행한 사랑에 대한 연구나 아침 식사를 요리하는 데 걸리는 시간을 알아내기 위해 농무부에서 4만 6000달러를 들인 연구 같은 것들이었다.* 그런 프록스마이어가 1978년 2월, SETI로 눈을 돌렸고, 한 기자회견에서 NASA가 〈스타워즈〉와 〈미지와의 조우〉에 대한 대중의 관심을 악용해, 외계 문명을 찾는 터무니없는 탐사에 세금을 낭비하고 있다고 주장했다. 또 그는 "이런 외계 문명이 실제 존재했더라도 지금은 이미 사라졌을 확률이 높다"라고 하며 "내 생각에 이 프로젝트는 몇백만 광년 동안 연기되어야 한다"라고 언급했다.

그가 NASA의 예산을 담당하는 상원 세출위원회 소위에서 의장을 맡고 있지 않았더라면 이러한 발언은 별 영향이 없었을 것이다. 그러나 그의 반대는 "전천후, 모든 주파수" 전파 탐색에 수백만 달러의 예산을 새로이 확보하려 했던 SETI의 희망을 사실상 좌절시켰다. 정당한 과학탐구가 무시당한 사실에 분노한 드레이크는 프록스마이어를 공개적으로 비판하면서, 위스콘신 출신 민주당원인 그를 평평한지구학회에 가입시키겠다고 선언하기도 했다.† 또 다른 천문학자들은 상원의원이 농담처럼 이야기한 광년이 사실 시간 단위가 아니라 거리를 나타내는 단위라는 점도 신랄하게 지적했다. 프록스마이어는 이러

* 프록스마이어가 겉보기에 편협한 연구 프로젝트를 비판하는 것을 자기 일로 삼았다는 건 다소 아이러니하다. 그가 미국 상원의원 중 최초로 탈모 치료를 위해 모발 이식수술을 받고, 세금 신고서에 의료 시술 비용조로 2758달러를 청구했기 때문이다.
† 드레이크는 이후 상원의원 보좌진으로부터 벽에 걸 회원 명판을 실제로 받을 수 있는지 문의 전화를 받고 깜짝 놀랐다.

한 반응에도 아랑곳하지 않고 외계 전파 신호를 개발하거나 분석하는 데 필요한 연구 자금의 지원을 금지하는 수정안까지 통과시켰다. 이로 인해 NASA와 다른 단체들이 에임스연구센터나 제트추진연구소를 통해 전파수신기 및 컴퓨터 프로그램 연구 자금을 간신히 확보할 수 있을 것이라는 희망까지 무너졌다. 7년간 200만 달러라는 미미한 금액이었지만, 이는 획기적 변화를 가져올 잠재력을 지니고 있었다. 당시 의회에서 이 법안의 표결은 아주 간단해 보였다. SETI를 옹호하는 사람은 거의 없었고, 따라서 별다른 소란 없이 정부 지원이 중단되었다. 그 결과 새로운 실존적 위기가 찾아왔다. 설령 어떤 문명이 충분히 발전해서 오랜 시간 동안 외계 생명체를 탐색하고 있더라도, 은하계 곳곳에 프록스마이어 같은 상원의원이 다수 존재한다면 결국 서로를 발견하지 못할 것이었다.

그러나 이제 사건은 전혀 다른 방향으로 전개되기 시작했다. 세이건은 〈코스모스〉의 흥행으로 얻은 대중의 관심과 열정으로 프록스마이어의 잘못을 바로잡을 수 있는 기회가 생겼다고 생각했다. 두 사람은 만나서 한 시간 넘게 대화를 나눴고, 세이건은 그에게 SETI가 품고 있는 막대한 잠재력과 그것을 실현하기 위해 필요한 최소한의 비용에 대해 설명했다. 세이건은 외계 생명체 탐색이 여전히 전 세계를 위협하는 핵전쟁으로 인한 재앙을 피하고, 인간 스스로 세상을 이해해서 평화롭게 생존하는 데 도움이 되는 방법이라고 생각했다. 특히 1980년대 초반에는 미소 양국 강경파들의 대립과 그에 따른 군사훈련으로 두 초강대국이 극심한 갈등으로 치닫고 있었기 때문에, 그 중요성이 더욱 컸다. 결국 세이건은 프록스마이어를 설득했고,

프록스마이어는 SETI에 대한 반대를 철회하는 데 동의했다.*
그 뒤 얼마 지나지 않아, 의회의 연구 과제 설정을 지원하기 위한 국립과학원의 새 보고서는 SETI 프로젝트에 2000만 달러를 지출하는 것을 지지했다.

"외계 지적 생명체의 발견보다 인류의 인식에 더 큰 영향을 끼칠 수 있는 천문학적 발견을 상상하기 어렵다"라고 위원회는 밝혔다. 같은 해, 국제천문연맹 또한 SETI를 제대로 지원하기 위해 "우주생물학: 외계 생명체 탐사"라는 이름의 51번째 주제 위원회를 구성했다. 그리고 SETI의 임무를 태양, 유성, 행성, 은하에 대한 연구와 동일한 수준으로 격상시켰다. 그해 여름, 에어컨도 없는 무더운 강의실에 모여서 연구 범위를 논의한 창립 멤버들 중에는 니콜라이 카르다쇼프, 프랭크 드레이크와 같은 이 분야의 저명한 인물들이 포함되었다. 드레이크는 "우리의 탐구가 정당한 천문학 연구라는 데 더는 의문이 여지가 없었다"라고 회상했다.

1983년 SETI는 다시 연방 예산안에 포함되었다.

※ ※

〈코스모스〉로 큰 성공을 거둔 뒤, 세이건의 다음 프로젝트는 소설이었다. 『콘택트』는 200만 달러의 계약금을 받고 사이먼앤드슈스터출판사와 계약을 맺었다. 이 금액은 아직 집필도 되지

---

* 프록스마이어를 설득하는 데는 성공했지만, 그는 공식적인 지지자가 되지는 않았다. 드레이크의 씁쓸한 언급처럼 "그는 그런 상황에서 훌륭한 정치인이 할 수 있는 일을 했다. 한때 비난했던 것을 지지하는 대신, 입을 꾹 닫고 아무런 말도 하지 않았다".

않은 책에 지급된 최고액이었다. 이 책은 출간 후 상업적으로 가장 큰 히트를 기록한 작품 중 하나가 되었다. 약 400페이지에 달하는 이 소설은 인류가 실제로 외계에서 온 메시지를 접한다면 어떻게 반응할지, 그리고 그것이 지구의 삶을 어떻게 변화시킬지에 대한 고민을 과학, 종교, 철학과 혼합했고, 세이건이 실제로 경험했던 일화들과 인물들은 조금 각색해서 담았다. 그중에는 시클롭스키를 닮은 러시아인과 SETI의 과학자 질 타터를 모티브로 한 여성 주인공도 등장한다.

1944년에 태어난 질 타터(결혼 전 성씨는 코넬)는 스스로 무언가를 배우는 것을 응원해 주는 가정 환경에서 성장했다. 그녀가 엔지니어가 되고 싶다고 말했을 때, 아버지는 그녀에게 플라스틱 트랜지스터라디오를 건네주면서 스스로 분해하고 다시 조립해 보라고 시켰다. 열 살 때 플로리다에 있는 친척 집을 방문하면서 그녀의 아버지는 그녀와 함께 밤바다를 거닐면서 하늘에 떠 있는 별자리를 설명해 주기도 했다. 고등학교 시절, 그녀는 자신의 성과 같은 이름을 가진 코넬대학교에 지원했고, 가계도를 추적해 학교의 설립자가 실제 자신의 먼 친척이라는 사실을 발견했다. 그러나 학교는 남자 후손들에게만 가족혈통 장학금을 지원한다고 통보했고, 그래서 그녀는 대신 프록터앤갬블 장학금을 받고 대학에 진학했지만 그마저도 불안정했다. 이 회사의 한 임원은 그녀에게 졸업 후 회사 취직은 생각하지도 말라고 노골적으로 말했고, 그녀가 3학년을 마치고 결혼하자 회사는 장학금 지급을 아예 취소하려 했다. 이는 여성 엔지니어나 과학자가 거의 존재하지 않던 시대에 그녀가 겪은 분하고도 불쾌한 고질적 성차별의 예시였다(프록터앤갬블은 그녀가 결혼을 했으니 경력을 더 이상 진지하게 생각하지 않을 거라 단정했다). 다행히도 그녀의 학과 학장이자 이후 코넬대학교 총장이 된 데일 코슨이 그녀에게 힘을 보태 주었고, 결국 장학금을 유지할 정도로 우수한 학점으로 졸업하면서 공학 분야 명예의 전당인 타우 베타 파이 자격을 얻었지만, 성별 때문에 재차 가입이 거부되었다.

1965년, 300명이 수강하는 공학 수업에서 그녀는 유일한 여성이었다.

졸업 후, 타터는 남편과 함께 베이 에어리어로 이사했고 UC 버클리의 천문학과 대학원 과정에 입학했다. 당시 천문학과 학과장은 그녀와 다른 두 여학생에게 "베트남전쟁으로 똑똑한 남학생들이 전부 징집되었어. 너희 셋은 아주 운이 좋아"라고 말했다. 하지만 타터는 아주 빠르게 이 분야에서 떠오르는 샛별로서 자리를 잡았다. 그녀는 전파천문학 분야에 매료되었고 박사논문으로는 그녀가 "갈색 왜성"이라 명명한 별에 초점을 맞췄다. 이 별은 거대한 크기를 가졌지만 핵융합을 유지하기에는 질량이 너무 작았다. 하지만 1972년에 한 교수로부터 "사이클롭스프로젝트" 보고서를 받고, 그녀는 큰 깨달음을 얻었다. 그녀는 "그 순간 내가 올바른 길을 찾았다는 것을 알았다"라고 회상했다.

그녀는 당시 이렇게 생각했다고 떠올렸다. "이제는 단순히 믿거나 말거나의 문제가 아니다. 이제는 종교인과 철학자에게 질문하는 대신, 우리가 직접 답을 찾을 수 있게 되었다. 이건 아주 오래된 중요한 질문이며, 나는 이 질문의 답을 찾아내는 방식에 변화를 이끌어 낼 기회를 얻었다." 그녀가 평생 몸담고 싶은 분야가 바로 이것이라는 사실을 확신하게 된 순간이었다.

타터는 한 교수와 함께 SERENDIP 프로젝트를 시작했다. 이는 주변의 발전된 지적 생명체에서 오는 외계 전파 탐색(Search for Extraterrestrial Radio Emissions from Nearby Developed Intelligent Populations)이라는 말의 약어로, 캘리포니아 북부의 햇크릭전파천문대에서 진행하는 망원경 관측에 "얹혀 가는" 방식으로 실행될 계획되었다.* 한편 그녀는 NASA의 주목을 받기 위해 직접 나섰고, 존 빌링엄에게 자신을 소개했다. 빌링엄은 그녀를 성간 통신 방식에 대한 그들의 도전 과제를 논의하는 소규모 토론회에 초대했다.

1970년대 후반, SERENDIP 프로젝트는 프록스마이어의 예산 삭감으로 인해 큰 타격을 받았지만, 신중한 예산 재편성을 통해 최소한의 자금을 확보하면서 겨우 살아남을 수 있었다. NASA는 공식적으로 이 프로젝트를 수용하면서 타터의 연구를 우선시하는 새로운 계획을 제시했다. 이 계획에는 우주에서 오는 전파 신호를 분석할 수 있는 분광기를 제작하는 작업이 포함되었는데, 이 기계는 전파 신호를 각 주파수별로 분리

---

* 타터의 전기작가인 세라 스콜스는 햇크릭이 얼마나 외진 곳에 있는지를 설명하면서, 당시 버클리전파천문학연구소의 소장이자 타터의 두 번째 남편이 되는 잭 웰치가 그곳에 가기 위해 구불구불하고 좁은 길을 몇 시간이나 운전해서 가야 하는 것이 싫었던 나머지 아예 비행기 조종법을 익혔다고 기록했다. 타터는 포도주스로 유명한 가문 출신의 웰치와 결혼했고, 1988년 웰치는 그의 어머니가 사망하면서 상당한 유산을 상속받았다. 이후 그들은 미래의 SETI 프로젝트에 약 30만 달러 이상을 기부할 수 있었다.

해서 이상한 노이즈가 있는지 분석할 수 있었다. 초기 과정의 대부분은 일반적인 전파 배경을 연구하는 데 집중되었다. 일단 우주에서 오는 "일반적인" 전파가 무엇인지, 그리고 인간이 만들어 내는 일반적인 전파간섭이 무엇인지 이해하지 못하면 그 속에 숨어 있는 이상한 전파 신호를 식별할 수 없기 때문이다. 팀은 이것을 "SETI 샌드박스 정의하기"라고 불렀다.

NASA는 한편 타터와 그녀의 동료들에게 전파간섭을 식별하고 따로 구분해 낼 수 있는 특수한 장비를 갖춘 밴을 제공했다. 이 밴에 실린 장비는 매우 복잡했고, 6만 5536개의 채널에서 전파를 생성할 수 있었다. 프로젝트가 시작된 지 얼마 지나지 않아 영국의 조드럴뱅크천문대에서 그들을 초대하고 싶다고 요청했다. 타터의 연구 팀은 250피트 규모의 거대하고 강력한 망원경을 사용할 수 있는 기회를 얻었다. NASA는 이 밴을 캘리포니아에서 영국까지 운송하기 위해 미 공군의 C-5 갤럭시 화물기에 실었고, 영국에 도착한 이후에는 체셔에 있는 천문대까지 견인해서 옮겼다.

1983년 10월과 11월, SETI 팀이 영국에서 일을 시작했을 때, 처음에는 모든 것이 순조롭게 진행되는 것처럼 보였다. 프로젝트는 계획한 범위 안에서 이상 전파 신호를 감지할 수 있는 능력을 갖추고 있다는 것을 성공적으로 입증했다. 타터는 매우 기뻤다. 하지만 장비가 SETI의 목적에 맞게 제대로 작동하는 것처럼 보이는데도 엔지니어들이 장비의 주파수를 계속 미세하게 조정하는 모습을 보고 의아해했다.

몇 년 후, 타터는 자신의 전기작가에게 당시 상황을 이렇게 회상했다. "그때, 나는 모든 것이 속임수였다는 사실을 알게 되었다." 조드럴뱅크천문대의 전설이자 오랫동안 감독을 맡고 있던 버나드 러벌 경이 타터를 눈속임한 것이었다. 러벌은 제2차세계대전 이후 전파천문학 분야를 개척했고, 군에서 남은 잉여 장비를 활용해 처음으로 조드럴뱅크천문대를 세운 인물이었다. 이 천문대는 오랫동안 영국의 핵 조기 경보 체계의 핵심 거점 역할을 해 왔다. 서방 국가의 정보기관들과 협력해 소련의 우주선을 감시하는 임무를 수행해 왔다. 하여 그가 타터의 연구에 관심을 갖고 협력을 제안했던 진짜 목적은 과학적 발견의 가능성이 아니라 타터가 갖고 있던 장비 그 자체였다. SETI의 밴이야말로 미국과 영국의 정보기관이 해결하지 못한 오래된 문제를 해결하는 데 꼭 필요한 장비라고 생각했던 것이다.

* *

20세기 중반에서 후반에 걸쳐 약 20년 동안, 미국과 영국은 소련 우주선이 보내는 방송 전파 신호를 해독하지 못했다. 2011년과 2014년이 되어서야 기밀이 해제된 문서 기록을 보면, 서방 세계 수사관들이 보여 준 집착을 거의 "모비딕과 같은 집착"이라고까지 묘사했다. 이러한 노력은 1962년 소련에서 진행한 첫 번째 화성 탐사선 발사부터 시작되었다. 그 이후 몇 년 동안 에티오피아, 튀르키예 등 다양한 곳에 있는 국가안보국의 특수 감청 기지들은 소련 우주선이 사용하는 네 개의 통신 채널 중 세 가지를 성공적으로 찾아냈지만, 소련 우주선이 측정한 데이터, 사진 등을 지구로 전송하는 데 사용한 것으로 추정되는 네 번째 채널은 끝내 발견하지 못했다. 미국은 이 채널의 존재를 알고 있었다. 소련이 일관되게 공개한 탐사 사진들이 미국의 감청에 한 번도 감지된 적이 없었기 때문이다. 1970년대, 미국은 소련의 크림반도 우주 관제소로 날아오는 전파 신호를 중간에 포착할 수 있는 유일한 관측 시설이었던 에티오피아와 튀르키예에 있던 두 개의 감청 기지를 유지할 수 없게 되었다.* 서방세계 천문학자들이 소련의 동료 과학자들과 조심스럽게 의견을 주고, 정보 요원들이 국제우주박람회에서 소련의 위성 디스플레이를 서서히 염탐한 덕분에 국가안보국과 그 자매기관인 영국의 정보통신본부(GCHQ)는 소련의 데이터링크 주파수를 5.9기가헤르츠로 좁히는 데 성공했다.

1983년 여름, 소련은 베네라 15호와 16호를 발사하면서 금성의 지형을 레이더를 통해 지도로 담아내는 임무를 수행했다. NASA와 국가안보국은 이 탐사선들이 보내오는 신호를 가로채기 위해 서둘렀다. 미국은 1988년에 금성 지도를 완성하는 자체 임무를 계획하고 있었고, 소련의 데이터를 가로챌 수 있다면 그 계획에서 유리한 위치에 오를 수 있었다. 이를 위해 가장

---

* 에티오피아의 감청 기지인 (암호명) 스톤하우스는 1965년부터 1975년까지 운영되었으며, 전성기에는 약 6000명의 미군 인력이 주둔하기도 했다. 당시 기밀로 유지되었던 문건은 "에티오피아의 정치적 불안과 테러로 인해 스톤하우스의 성공적인 이력이 막을 내리기 전까지, 스톤하우스기지는 다른 기지들과 협력을 통해 소련에서 진행한 달과 행성 탐사 프로그램에 대한 상당히 포괄적인 자료를 제공했다"라고 기록했다. 실제로 미국은 이 기지를 통해 소련이 공개한 것보다 훨씬 더 우수한 소련의 우주탐사 데이터를 얻기도 했다.

좋은 수단은 SETI의 밴이었다. 타터에게 초청장이 보내진 이유가 바로 이것이었다. 이 해결책은 가장 그럴싸해 보였지만, 금성 궤도에 진입한 소련의 탐사선들이 가을 내내 활동하는 동안, 진짜 임무가 무엇인지 잘 알고 있던 조드럴뱅크천문대의 직원들은 점차 좌절감을 느꼈다. 10월 19일, 소련이 첫 번째 금성 탐사 이미지를 공개했지만, 국가안보국은 여전히 그 사진이 전송되는 신호조차 찾아내지 못했다.*

11월 8일, SETI 밴은 소련의 신호를 찾기 위해 다시 가동되었다. 놀랍게도 9일 자정이 조금 지난 시각, 마침내 네 번째 채널을 발견했다. 현장에 있던 국가안보국 엔지니어들은 흥분과 안도감 속에서 메릴랜드주 포트 미드에 있는 국방부특수미사일 우주항공센터(DEFSMAC)의 특수부대에 전신기로 서둘러 메시지를 보냈다. "찾았다!"

러벌의 꿍꿍이를 알게 된 타터는 그리 기쁘지 않았다. 결국 이 상황이 유익한 발견으로 이어진 것은 사실이지만, 대체 누구를 위한 발견이란 말인가? 그리고 왜 자신의 연구가 희생되어야 하는가? 타터는 팀 동료들에게 "우리는 여기서 SETI 연구를 하고 있는 거라고 생각했어!" 하고 탄식했다. 하지만 러벌과의 마지막 회의에서 그가 제2차세계대전 중 폭격으로 폐허가 된 드레스덴의 사진이 가득한 책을 들고 눈물 흘리는 모습을 보면서, 그녀는 조금 다른 시각으로 러벌을 바라보게 되었다. 타터는 노르망디상륙작전이 벌어지기 6개월 전에 태어났고 전쟁을 역사책으로만 배웠던 세대였지만, 러벌에게는 전쟁이 현실

* 국가안보국의 역사는 이렇게 설명한다. "SETI 전문가들에게는 일부 검열된 변수들과 제한된 피드백만 제공되었다."

의 경험이었다. 군에서 남는 잉여 장비들로 조드럴뱅크천문대를 세우기 오래 전에 그는 영국과 미국의 레이더 개발 협력에 참여했고, 1942년에는 동료 과학자들이 희생된 비행기 추락 사고에서 연합군의 비밀 장비인 자전관을 수거하는 일을 돕기도 했다. 맨해튼계획에 참여했던 많은 인물처럼 러벌 역시 자신이 하는 일들에 대해 끊임없이 의문을 던졌지만, 자유를 수호하기 위해 필요한 일이 무엇인지도 잘 알고 있었다.

그날 그의 사무실에서 연합군이 남긴 파괴의 흔적이 담긴 사진을 바라보면서 러벌은 타터에게 이렇게 말했다. "누이가 나더러 부끄러워해야 한다고 말하더군요." 결국, 전쟁 중에 그가 발명한 레이더 기술이 독일의 도시에 치명적인 피해를 입히는 데 사용되었기 때문이었다.

타터는 대답했다. "당신 덕분에 런던이 저렇게 되지 않을 수 있었다고 생각해요."*

* *

의회 예산이 불안정하고 전반적으로 자금이 부족한 상황에서 빌링엄, 올리버, 타터, 그리고 다른 NASA의 SETI 과학자들은 허점투성이 정부의 굴레를 벗어나고 유명인사들의 기부에만 의존하지 않도록 하기 위해서 연구 체계를 변화시키고 새로운

---

* 러벌 자신도 냉전의 희생자가 되었을지 모른다. 2012년 8월 러벌이 사망하자, 맨체스터대학교는 오랫동안 봉인되어 있던 그의 일기장을 공개했는데, 그곳에서 러벌은 1963년 그가 크림반도 옙파토리야에 있는 소련천문센터를 방문했을 때, 소련의 정보기관에서 자신을 방사능으로 독살하려 시도했다고 주장했다. 그가 왜 표적이 되었는지, 또는 실제로 정말 표적이었는지 여부는 정확하게 밝혀지지 않았다.

자금 출처를 확보하기 시작했다. 그 답은 단순하면서도 아주 어려운 것이었다. NASA를 떠나 독립적인 기관을 설립하게 되면 민간으로부터 기부를 받을 수도 있고, 정부지원금을 신청할 수도 있으며, UC 버클리와 같은 대학이 부과하는 막대한 간접비를 절약할 수도 있었다. 1984년, 빌링엄은 타터에게 새롭게 설립할 연구 그룹을 위한 헌장을 작성해 달라고 요청했다.

타터는 처음에 어디서부터 어떻게 시작해야 할지 전혀 감이 오지 않았지만, 곧 그녀는 헌장이 다루는 내용의 범위를 최대한 폭넓게 설정하기로 결심했다. 그녀는 "드레이크 방정식의 모든 요소와 관련된 연구를 다루고자 하는 과학자들을 위한 연구 지원의 터전"이라는 내용을 제안했다.

SETI 연구소는 1985년 2월 1일, 두 명의 연구원으로 공식 출범했다. 타터와, 과거 대학에서 연구비 관리를 맡았던 CEO 톰 피어슨이 그들이었다.* 타터가 만든 초안을 바탕으로 완성된 연구소의 임무는 "우주 생명의 기원과 본질을 탐구하고 이해하며 설명하며, 그렇게 획득한 지식을 적용하여 현세대와 미래세대에게 영감을 주고 그들을 인도하는 것"이었다. 첫 번째 프로젝트로서 우주에서 오는 이상 신호를 탐색하는 데 도움이 될 다중채널 스펙트럼 분석기 개발에 착수했다. 타터에게 이 작업은 과학적일 뿐 아니라 철학적이기도 한 일이었다. 비록 SETI가 외계 지적 생명체를 찾지 못하더라도, 이 분야의 존재

* 한편 2013년까지 CEO로 재직하고 있던 피어슨은 바니 올리버의 행정 비서와 데이트를 하다가 결혼까지 하게 되면서 이 프로젝트에 처음 참여하게 되었다.

자체는 인류가 스스로를 바라보는 방식을 크게 변화시킬 수 있는 무궁한 잠재력을 품고 있었다. 그녀는 이렇게 생각했다. "거울 속에서 우리는 모두 똑같다. 이것은 지구인들이 서로 피를 흘릴 만큼 중요하다고 여겼던 차이들을 사소한 것으로 만들어 버린다. 우리는 이제 그 차이를 극복해야 한다. SETI는 그것을 해결하는 데 가장 훌륭하고 좋은 방법이라고 생각한다."

35장
외톨이 가설

 지구에서의 우주 경쟁과 수십 년에 걸쳐 결론 없이 끝난 수많은 UFO 보고서들을 경험하고 난 뒤, 초기 SETI를 이끈 개척자들 중 많은 사람은 1980년대의 시작과 함께 그들의 근본적인 신념과 목적을 재고하기 시작했다. 스푸트니크 경쟁, 아폴로 시대, 그리고 우주 시대의 영광도 지났고, 〈스타트렉〉〈스타워즈〉, 그리고 〈E.T.〉가 미국의 스크린을 지배했지만, 지구의 정치적 상황과 예산의 현실은 더 이상 달이나 화성, 그리고 그 너머로 진출하는 것을 인류의 필연적 운명으로 여기지 않았다. 이로 인해 이 운동을 이끌었던 선구자들 중 일부는 실존적 위기에 처했다.

 특히 이오시프 시클롭스키는 많은 것을 의심하기 시작했다. 페르미 역설이 어쩌면 정말 사실일지 모른다는 의문도 제기했다. "만약 지능이 있는 생명체가 우리은하에 정말 많이 존재한다면, 통계적으로 많은 문명이 지난 수백만 년 전에 우리의 우주여행 수준을 훨씬 뛰어넘었을 것이다. 그리고 로봇 사신단이 우리 태양계 주변은 물론이고, 은하계 곳곳을 돌아다녔을 것이라고 그는 추론했다"라고 시클롭스키의 동료 허버트 프리드먼은 회상했다. 시클롭스키는 이제 우리은하 너머 생명체가 우리에게 거의 무의미한 존재일지도 모른다고 생각했다. 우주의 끝없는 광활함 때문에 우리가 외계의 이웃을 결코 알아낼 수 없는 운명일지 모른다는 것이었다. 프리드먼은 "그는 적어도 우리은하 안에 인접한 행성계에서 우리가 유일한 지적 생명체일 가능성이 우주가 생명으로 가득 찬 세상일 것이라는 전제보다 훨씬 더 철학적으로, 윤리적으로, 도덕적으로 풍부한 개념이라고 느꼈다"라고 말했다. 시클롭스키는 그 정반대되는 입장을 입증하기 위해 지난 수년간 해 온 노력에 어느 정도 맥이 빠진 상태였다.

1984년, 오스트리아 그라츠에서 열린 소련과 미국의 우주 협력 세션에서 시클롭스키와 세이건은 마지막으로 다시 만났다. 이 자리에서 시클롭스키의 비관적인 생각이 마침내 터져 나왔다. 그는 오랜 협력자였던 세이건에게 인간은 마치 검치호랑이와 같다고 말했다. 검치호랑이는 이빨이 너무 길게 진화해서 결국 먹잇감을 제대로 사냥하지 못하고 멸종한 종이다. 세이건의 전기작가는 "시클롭스키의 요점은 지능이 진화 과정에서 벌어지는 일종의 돌연변이이며, 결국 스스로를 소멸시키는 원인일 수 있다는 것이었다"라고 설명했다. "우리는 수소폭탄이나 그 이후 우리가 발명하게 될 무기로 스스로를 소멸시킬 것이다. 그것이 안드로메다에서 아무도 신호를 보내지 않았던 이유이고, 우주가 비어 있거나 우리의 불꽃이 사그라들면 비게 될 이유이다." 낙관주의자였던 세이건은 그의 갑작스러운 태도 변화에 충격을 받고 슬퍼했다.

실제로 30년간 우주탐사에 대해 사람들은 지속적으로 열광했지만, 그 뒤 일부 사람들 사이에서는 지구가 정말 외로운 존재일지 모른다는 의심을 품기 시작했다. 천체물리학자 마이클 H. 하트는 "외톨이 가설"을 대중화하기 시작했다. 그는 "그들은 어디에 있는가?"라는 유명한 질문을 바탕으로, 현재 지구에는 외계인이 존재하지 않는다 "팩트 A"라는 개념을 제안했다. 하트는 이로부터 출발해 우리은하에 다른 기술적으로 진보된 문명이 존재하지 않는다고 추론했다. 오랫동안 지속된 고도로 발전된 문명이라면 수백만 년 동안 10만 광년 크기의 우리은하를 쉽게 탐험하고 정복할 수 있었을 것이라 생각했기 때문이다. 곧이어 물리학자 프랭크 티플러는 이 가설을 확장하면서, 고도로 발전된 문명이 자체적으로 장시간 탐험을 하지 못하더라도, 수많은 자기복제 로봇 무리를 통해 우주로 영역을 넓힐 수 있었을 것이라 주장했다. 하트는 우리가 고립되어 있다는 증거는 지구에 외계인이 존재하지 않는다는 사실뿐이 아니며, 더 결정적인 건 태양계를 날아다니는 우주선 무리가 존재하지 않는다는 사실이라고 주장했다.

이 논쟁은 계속되었고, 전문가와 새로운 인물들 사이에서 UFO 논쟁을 할 때 핵심적 주제가 되었다. 프랭크 드레이크의 제자였던 젊은 천문학자 네이선 "칩" 코언은 티플러에게 자신의 논리를 제시하고, 그렇다면 티플러 또한 존재하지 않는다며 비꼬는 식으로 "증명"했다. 그는 "프랭크 티플러를 본 적이 있습니까?"라며 티플러에게 편지를 썼다. "지구에는 40억 명밖에 없습니다. 지능이 있는 생명체라면 적어도 상당수의 인구에게 자신의 존재를 알리는 직접적인 방법을 찾았겠죠. 아마 우리가 프랭크 티플러를 보지 못한 이유는 그를 충분히 열심히 찾지 않았기 때문일 것입니다. 만약 우리가 (뉴올리언스에서?) 종합적이고 체계적인 탐색을 한다면 그의 존재에 대한 확실한 결정을 내릴 수 있을지도 모르죠."

그러나 세이건과 다른 사람들은 결코 믿음을 잃지 않았다. 세이건은 지능이 있는 세계를 믿는지 묻는 질문에 "내 뼛속까지 느껴진다"라고 답했다. 이러한 신념은 그의 접근방식을 계속해서 변화시켰다. 그는 자신의 철학적 신념에 기반해 "외톨이 가설"에 반박했지만 이에 대해서는 논란의 여지가 많았다. 이것은 1960년대 초 독일의 전파천문학자 제바스티안 폰 회르너가 처음으로 언급했던 아이디어를 새롭게 재해석한 것이다. 회르너는 "우리가 다른 문명에 대해 전혀 알지 못하기 때문에 그들의 존재 여부는 전부 가정에 의존할 수밖에 없다"라고 주장했다.

세이건은 이 가정의 기본 원칙을 이렇게 설명했다. "우리가 독특하고 특별하다고 보는 것은 실제로는 수많은 것 중 하나에 불과한 특징일 것이며, 아마도 평균에 불과할 것이다."

다시 말해 인간은 자신을 특별하다고 상상해서는 안 되며, 우리가 존재한다면 다른 생명체도 존재할 가능성이 있다고 판단하는 것이 합리적이라는 말이었다. 우리가 지난 수십억 년 사이에 수십억 개의 행성들 중에서 가장 발전한 존재일 것이라는 생각이 통계적으로 가장 이상하다. 실제로 SETI 탐색의 본질상 우리에게 신호를 보낼 수 있는 문명은 우리보다 더 발전했을 가능성이 더 높았다. 세이건은 1970년대에 한 학회에서 이렇게 주장했다. "우리가 소통할 수 있는 은하계 문명 중 우리보다 멍청한 문명은 거의 없을 겁니다. 우리는 은하계에서 소통 가능한 문명들 중에서 가장 덜 발전한 존재일 거예요."

스티븐 호킹도 이 개념을 비슷하게 언급하면서 다소 더 직설적으로 말했다. "인류는 수천억 개 은하 중 한 외곽에 있는 아주 평범한 별 주위를 공전하고 있는 중간 크기 행성에서 사는 화학적 쓰레기일 뿐이다. 우리는 너무 하찮아서 온 우주가 우리를 위해 존재한다는 생각을 믿기 어렵다. 그것은 마치 내가 눈을 감으면 당신이 사라진다는 말과 다르지 않다."

1981년 〈굿모닝아메리카〉는 프랭크 드레이크를 불러서 "외톨이 가설"에 대한 토론을 진행했다. 이 방송을 통해 드레이크 방정식이 대중에게 처음으로 소개되었다. 그러나 결국 이 토론은 학술적인 논쟁으로 치우쳤고, 대중의 마음을 크게 돌리지는 못했다. 대중은 여전히 대중문화에서 묘사하는 단순한 외계인 개념에 매료되어 있었기 때문이다. 이후 CNN이 SETI에 관한 프로그램을 방영했을 때, 열 명 중 아홉 명은 "우주에 지적 생명체가 존재한다고 생각합니까?"라는 질문에 긍정적으로 답했다.

대중의 관심은 많았지만 그에 대해 다들 깊이 이해하고 있지 못한 상황은 과학자들에게 좌절감을 주었다. 그들은 자신의 분야가 널리 지지받고 있다고 느끼고는 있었지만 결국 가장 낮은 수준의 이해에 머무르거나, 더 나쁜 경우 정치적 논쟁의 소재로 전락하고 있다고 생각했다. 과학자들이 우려한 문제는 지구가 고립되어 있을 가능성보다는 오즈마프로젝트 이후 20년이나 지났지만 아직 제대로 된 탐사는 시작조차 못했다는 사실이었다. 1980년대에 버나드 올리버는 이렇게 말했다. "솔직히 SETI에서 아무런 일도 벌어지지 않는다는 사실에 지쳤다. 모리슨과 코코니 이후 20년이나 지났는데, 이쯤 되면 솔직히 더 많은 일이 벌어질 줄 알았다."

올리버는 SETI의 발전이 더디고 해답을 찾지 못하고 있는 이유가 우주의 거대한 질문에 대해 연방정부가 할당한 자원이 턱없이 부족하기 때문이라는 사실을 잘 알고 있었다. 많은 언론보도에도 불구하고 의회, NASA, 백악관은 이 탐구가 대중에게 얼마나 큰 공감을 불러일으킬 수 있는지 과소평가했고, 그러한 불확실성이 고스란히 반영된 예산을 책정했다. 올리버는 분노하면서 말했다. "NASA 전체 예산은 연방 예산의 5퍼센트에 불과하다. 행성 탐사는 그중 약 10퍼센트 정도고, SETI는 그중에서 1퍼센트도 안 된다. 연간 국민들이 내는 세금 약 1센트 정도를 모은 수준입니다. 이건 너무 미미한 규모라서 지금보다 예산을 10배 늘려도 아무도 눈치채지 못할 정도다." 그는 이어서 "별을 본 적 없는 변호사들로만 구성된" 의회도 문제라고 지적했다.

그러나 정부가 UFO 임무에 대한 열정과 긴박함을 공감하지 못하는 한 SETI는 실패할 운명이 뻔했다. 다행히도 운명 같은 행운, 그리고 미국 유권자들의 변화 덕분에 새로운 변화의 바람이 불기 시작했다. 1981년 UFO에 철학적인 영감을 받은 새로운 최고사령관이 등장했다.

36장
부두교 전사

냉전시대 거의 모든 대통령은 어떠한 방식으로든 UFO와 연관된 사건을 경험했다. 해리 트루먼의 "워싱턴회전목마" 사건, 제럴드 포드의 미시간 청문회, 지미 카터가 조지아 국제라이온스협회 참가 당시 밖에서 UFO를 목격했던 경험까지 다양한 사례들이 있었다. 그러나 재임 기간 동안 UFO와 미국 문화의 교차점에서 근본적인 역할을 했던 대통령은 로널드 레이건이 유일했다.

레이건은 평생 동안 SF 소설과 우주를 배경으로 한 드라마에 매료되었고, 이러한 이야기를 단순한 허구가 아니라 인간 상상력의 한계를 벗어나 미래의 유토피아로 나아갈 수 있는 로드맵으로 여겼다. 그는 케네디 재임 시절 우주 경쟁의 서사와 미스터리를 사랑했다. 그는 화성 전쟁의 군 지도자 존 카터를 묘사한 에드거 라이스 버로스의 소설을 즐겨 읽었다. 제2차세계대전 중 레이건은 미 육군항공사령부의 영화제작 부대에서 복무하기도 했고, 이후 배우로 활동하면서 군사작전을 소재로 한 많은 영화에 출연했다. SF 소설에 기반한 몇몇 작품에도 출연했다. 그중에는 〈공중의 살인〉이라는 영화도 있었는데, 레이건은 그 영화에서 죽은 스파이로 위장해 미 해군 비행선을 파괴하고 죽음의 광선을 막아내는 정부 요원 역할을 맡기도 했다.

레이건 역시 그의 전임자들처럼 UFO를 직접 목격한 적도 있었다. 1974년, 캘리포니아 베이커스필드 근처에서 개인용 세스나 비행기를 타고 이동하고 있을 때였다. 그날 밤 파일럿 빌 페인터는 그들의 비행기에서 몇백 야드 정도 떨어진 지점에서 이상한 물체를 발견했다. "처음에는 불빛이 꽤 일정한 속도로 움직였는데, 갑자기 가속하기 시작했다. 그러다가 그 불빛이 길게 늘어나는가 싶더니, 급격하게 속도를 내면서 45도 각도로 하늘로 날아갔다. 모두가 놀랐다"라고 말했다. "UFO는 일반적인 속도로 움직이다가 놀라운 속도로 순식간에 가속했다. 비행기도 힘을 주면 가속을 하기는 하지만 그 물체는 마치 핫로드 자동차처럼 아주 빠르게 가속했다." 레이건 역시 이 광경을 목격하면서 경외심을 느꼈고, "그것은 곧바로 하늘로 솟구치면서 올라갔다"라고 회상했다.

1981년 대통령으로 당선된 레이건은 유명한 SF 작가들을 포함해서 우주자문위원회를 구성했다. 대통령에 취임한 이후에도 그는 이 위원회를 유지하면서 영화계에서 경험했던 일화들을 바탕으로 국정을 운영했다.* 그는 1951년 개봉한 외계인 침공 영화〈지구가 멈추는 날〉에 담긴 메시지를 오랫동안 사랑했다. 이 영화는 전 세계 국가들이 서로의 차이를 제쳐 두고 공

---

* 레이건의 전기작가인 루 캐넌은 이후 레이건의 딸에 대해서 "패티 데이비스는 그녀의 아버지가 미확인비행물체에 대한 이야기와 다른 세계에 또 다른 생명체가 존재할 가능성에 매료되었다고 묘사했다"라고 썼다. 데이비스는 자신의 저서에서 대통령 취임식에서 겪었던 혼란이 마치 "비행접시가 대도시 위로 내려오는 1950년대 영화"와 비슷했다고 묘사했다. 그리고 온 가족이 이 묘사를 좋아했다고 한다.

공의 적에 맞서 함께 연합해 싸울 수 있다는 메시지를 담고 있었다. 전후 격렬했던 분위기 속에서 레이건은 전 지구적인 평화 연합정부를 옹호하는 이상주의 그룹인 지구연방주의에 참여한 적도 있었다.

이러한 희망과 낙관주의는 절실하게 필요했다. 소련이 쇠퇴하는 징후가 포착되고 있었고, 그러한 절망적인 상황에서 핵전쟁이 발발할지도 모른다는 두려움이 계속되고 있었기 때문이다. 재임 첫해 동안 강경한 태도를 취했던 레이건은 곧 핵전쟁의 시대에 최후의 날이 임박한 상황에서 더 이상 전사들은 영웅이 아니며, 평화를 중재하는 사람들이야말로 진정한 영웅이라는 사실을 직감했다. 냉전은 마치 한낮에 마주친 두 명의 총잡이처럼 팽팽한 긴장 상태였지만, 레이건은 어떤 식으로든 결국 결투의 끝에는 두 사람 모두 쓰러지는 운명이 있을 거라는 사실을 잘 알고 있었다. ICBM이 발사되면 결국 승자 같은 건 없을 것이다. 대신 평화를 택하는 것이 영웅적인 선택이었다. 레이건은 전 세계를 무대로 영화 속의 영웅들처럼 진정한 평화의 중재자가 되기를 간절하게 원했다. 1983년, 핵전쟁의 후유증을 그래픽적으로 묘사한 TV 영화 〈그날 이후〉에 감정적으로 반응한 레이건은 새로운 미사일 방어 체계인 전략방위구상(SDI)을 제안하기 시작했다. 이 방어 체계는 곧 "스타워즈"라는 비판적인 별명을 얻었다. 그의 두 번째 임기 초반, 레이건은 스위스 제네바 호숫가에서 소련의 지도자 미하일 고르바초프와 정상회담을 가졌다. 회담 중간, 그들은 통역사를 대동한 채 산책을 하면서 사적인 담소를 나눴다.

고르바초프는 이후 그 산책에서 나눈 대화에 대해 이렇게 회상했다. "레이건 대통령이 갑자기 내게 말했다. '미국이 갑작스럽게 외계로부터 공격을 받는다면 어떻게 할 건가요? 우리를 도와줄 건가요?' 나는 '의심의 여지 없이 도울 것입니다'라고 답했다. 그러자 그는 '우리도 마찬가지입니다'라고 말했다. 참 흥미로운 대화였다." 레이건 대통령에게 이 질문은 인류를 보호하고자 하는 공통된 욕망을 확인하는 계기가 되었다. 인류는 핵전쟁의 공포에 무너질 가능성이 충분히 있었다. 외계인으로부터 지구를 보호하기 위해 함께 힘을 합칠 의향이 있다면, 지금 이 순간부터 지구가 파멸의 길로 가지 않도록 지키기 위한 행동을 해야 하는 것이 아닐까 생각했다.

레이건은 이후 UN 연설에서도 비슷한 비유를 사용하면서 이렇게 말했다. "아마도 우리에게는 바깥 세계에 도사리고 있는 보편적이고도 공통된 위협이 필요할지도 모릅니다. 이를 통해 우리는 인류가 공통의 유대를 갖고 있다는 사실을 깨닫게 될 것입니다. 가끔 나는 우리가 외계로부터 위협에 직면하게 된다면 우리의 차이가 얼마나 빠르게 사라질 수 있을지 생각하곤 합니다. 그러나 여러분에게 묻고 싶습니다. 외계의 위협은 이미 우리 한가운데 도사리고 있지 않습니까? 전쟁과 전쟁의 위협보다 인류 공통의 보편적 열망에 어울리지 않는 것이 대체 무엇일까요?"*

---

* 외계인 침공에 관한 레이건의 잦은 언급은 그의 모든 참모들에게 환영받지는 못했다. 레이건의 전기작가 루 캐넌에 따르면, 당시 국가안보보좌관이었던 콜린 파월은 눈알을 굴리면서 그의 부하들에게 "또 작은 초록 인간이 등장하겠군" 하고 말하곤 했다.

UFO

* *

어떤 사람들에게는 미국 대통령이 외계 생명체에 대해 이렇게까지 집착하는 모습이 유치하거나 불필요하게 보였을 수도 있다. 하지만 그 관심은 점점 더 중요한 문제가 되어 가고 있었다. 냉전이 마지막 챕터로 접어들면서 미국과 소련 정부는 다시 한 번 외계 침공 가능성에 대해 검토했다. 특히 상대 정부가 UFO의 실체가 무엇인지 제대로 알고 있는지 파악하기 위해 애쓰고 있었다.

레이건 대통령이 외계 생명체에서 영감을 받아 만든 정책을 수행하는 동안, 미 국방부의 존 알렉산더 대령도 그와 비슷한 노선을 따라갔다.* 그는 정부의 미확인비행물체에 대한 정보를 개인적으로 수집했고, 주로 허가받지 않고 조사했다. 베트남에서 복무한 전직 녹색 베레모 부대 출신이었던 알렉산더는 전후 시절 동안 군 정보 분야의 울타리를 넘나들면서 특히 뉴에이지 신비주의, 초능력, 그리고 여러 초자연적인 현상에 대한 연구에 매진했다.† 1980년에는 차세대 무기체계 개발을 위한 팀에서 근무한 후, 미육군지휘참모대학 저널에 「새로운 정신적 전장」이라는 글을 기고했다. 이 글은 기존 경계를 넘어 초능력을 군사작전에 적용하는 가능성을 다루고 있었다(이 "비상식적"인 아이디어는 워싱턴의 탐사 기자 잭 앤더슨을 포함한 일부 언론의 이목을 끌었는데, 앤더슨은 이 가능성에 대해

---

* 알렉산더의 연구는 하워드 블럼의 책 『저기 바깥』에서 일부 다뤄졌다. 이 책에서 그는 해럴드 필립스 대령이라는 가명을 쓴다.

† 팀의 연구 결과와 경험은 이후 존 론슨의 책 『염소를 바라본 남자』의 주제가 되었다.

다소 비꼬는 톤으로 「펜타곤 부두교 전사들」이라는 기사를 쓰기도 했다).

알렉산더는 스컹크웍스에서 록히드마틴의 한 임원을 만나 51구역과 당시 최첨단 기술이었던 F-117의 스텔스기술에 대해 논의했다. 이 대화는 결국 UFO에 대한 두 사람의 공통된 관심사로 이어졌다. 두 사람은 정부 어딘가에 이 주제, 특히 로즈웰 사건과 관련해 집중적으로 연구가 진행되고 있을 거라 추측했다. 정부가 어떻게 돌아가는지 잘 알고 있던 알렉산더는 정부 소속 과학자들로 구성된 연구 팀이 추락한 UFO를 조사했지만, 해당 물체의 물리학과 공학 기술에 대한 이해가 부족해서 "잃어버린 성궤"처럼 방치했을 것이란 가설을 제시했다. 영화 〈인디아나 존스: 잃어버린 성궤의 추적자〉의 마지막 장면에서 성궤가 나무 상자에 담긴 채 정부의 거대한 비밀 창고로 옮겨져 온갖 잃어버린 보물들 사이에 숨겨 잊히는 장면에 빗댄 것이다. 알렉산더는 정부가 아마도 십 년 정도마다 최신 과학기술을 기반으로 다시 연구 팀을 소집해서 외계 비행선에서 무엇을 얻을 수 있는지 알아보았을 거라 생각했다.

알렉산더와 록히드마틴의 임원은 미국 정부가 적어도 두 개 이상의 UFO 연구 프로그램을 운영하고 있을 거라고 결론 내렸다. 하나는 공군이 주도하고, 다른 하나는 과학 및 정보 관련 기관에서 주도하는 연구 팀일 거라 추측했다. 두 사람은 정부가 관련 사건을 공개하진 않을 테니, 자신들이 직접 답을 찾아야겠다고 결심했다.

알렉산더는 이를 위해서 다양한 기관에서 사람들을 모아 고급 이론물리학 프로젝트라는 이름의 연구 팀을 구성했다. 정부의 관심을 받지 않기 위해 이름은 의도적으로 모호하게 지었다. 정부 관료들의 감시를 피하고 연구 팀의 정보가 밖으로 새 나가지 않도록 하기 위해서 기록을 남기지 말도록 요구했다. 또한 알렉산더는 이 연구 팀이 신뢰할 수 있는 "오비(OB)들의 네트워크"로 구성되어야 한다고 강조했다. 팀원들은 "TS-SCI at SI-TK"라는 최소 보안허가를 받아야 했는데, 이는 정부에서 극비정보를 취급하는 사람을 지칭하는 표기법이었다. 또 더욱 제한적인 "민감한 구획 정보"에는 소위 즉 특수정보(SI)라고 알려진 통신정보와 국가 정찰위성에서 전송된 영상을 지칭하는 "탤런트 키홀(TK)" 정보가 포함되었다.

연구 팀의 첫 회의는 버지니아 타이슨스코너에 있는 방위계약업체 BDM의 사무실에서 열렸다. 여기에는 육군, 공군, 국방정보국, 국가안보국, CIA 관계자들뿐 아니라 록히드마틴과 맥도널더글러스 같은 주요 항공우주 제조사의 관련자까지 포함해 총 열두 명이 넘는 사람들이 참석했다. 그들은 UFO 현상과 정부의 연관성에 대해 논의했지만 시간이 지나면서 모두 똑같은 2차, 3차 정보만을 가지고 있다는 사실이 분명해졌다. 알렉산더는 자신의 회고록에서 "미국 정부든 항공우주산업 관련 기관이든, 유력 후보로 여겨지는 기관에 속한 모든 사람이 분명 다른 기관이나 단체가 UFO 연구를 수행하고 있다고 생각했다"라고 언급했다.

1985년부터 1987년까지, 알렉산더의 연구 팀은 최소 네 번의 회의를 가졌다. UFO 연구자 리처드 돌런이 이후 확보한 회의 일정표에 따르면, 그중 한 번은 정부의 오래된 기밀 보고서를 검토했고, UFO 제보서 원본도 살펴봤지만, 기밀 자료에 포함된 내용의 수준이 너무나 무의미하다는 사실을 알고 충격을 받았다. 알렉산더는 "민간 UFO 연구자들이 몰랐던 사실은 UFO와 관련된 자료의 99퍼센트가 이미 세상에 공개된 상태였다는 것"이라면서, 그 자료들은 이미 검열을 거쳤거나 그다지 중요하지 않은 것들이었다고 회상했다. 예를 들어, 테헤란 사건을 조사 당시 그 사건에 대한 정부의 기록이 기밀문서로 분류된 이유는 단지 미국 정보기관이 이란 파일럿과 직접 대면 인터뷰를 한 했다는 사실이 페르시아의 왕에게 새어 나가지 않기를 바랐기 때문이었다.

그들은 또한 특히 콘던위원회와 같이 UFO를 조사하고자 했던 과거 시도들이 얼마나 부실했고 지적 호기심이 결여되어 있었는지를 알고 놀라워했다. 정부가 UFO의 진실을 엄격하게 은폐해 왔을 것이라는 세간의 인식과 달리, 고급 이론물리학 프로젝트에서는 애초부터 정부가 UFO에 진지한 관심을 둔 적이 없었다는 사실을 보여 주는 증거들만 쌓여 갔다.

알렉산더와 그의 동료들은 2년 동안 더 많은 답을 찾기 위해 계속해서 조사를 이어 갔다. 그들은 비밀리에 진행되고 있을지 모르는 UFO 관련 프로젝트에 대한 정보를 얻기 위해서 엔지니어, 정부 관료, 기관과 접촉했다. 한때 알렉산더는 미국 항공공학 분야에서 가장 권위 있는 자리로 여겨지는 록히드마틴 스컹크웍스의 사장 벤 리치를 직접 만나기도 했다. 리치는 SR-17과 F-117 스텔스 전투기 개발에 깊이 관여한 인물이었다. 그러나 리치 역시 UFO에 대해서는 아는 바가 없다고 말하면서, 알렉산더에게 록히드마틴에서 개발하고 싶어 하는 최첨단 기술들에 대한 희망 리스트를 보여 주었다. 리치는 자신도 알렉산더와 같은 의심을 품은 적이 있다고 고백했다. 분명 누군가는 UFO와 관련된 일을 하고 있을 거라 생각했고, 개발 부서 한 곳에 다른 경쟁 방산업체가 진행하는 UFO 프로젝트가 있는지 추적 지시를 한 적이 있지만, 아무 증거를 확보하지 못했다고 말했다.

리치는 예의상 알렉산더를 국방부 연구 및 엔지니어링 부서에 있는 전 부국장에게 소개시켜 주었지만, 그 역시 기밀 프로젝트에 대해 아는 정보가 없었다. 관련 기관에서 UFO에 대해 무언가 알고 있을 거라 기대했던 사람들을 하나둘 만날 때마다 알렉산더의 비밀 조사는 계속 실패로 돌아갔다. NORAD, DIA, CIA, NSA 모두 그가 원하는 정보와 답을 갖고 있지 않았다. NORAD 직원들은 알렉산더에게 한 달에 한두 번 정도 그들의 대륙조기경보레이더에 포착되는 미확인비행물체, 즉 UFO에 대해 설명하기는 했지만 이런 물체들이 지휘 계통에 보고되지 않는다고 설명했다. 알렉산더는 "컴퓨터코드의 핵심은 위협과 비위협을 구분하는 것"이었다며 "위협적이지 않은 경로로 움직이는 미확인물체들은 대부분 배제되었다"라고 말했다.

고급 이론물리학 프로젝트의 주요 참가자 중에는 국가안보국의 오랜 직원이었던 하월 매코널이 있었다. 그는 수년 동안 국가안보국 내부의 비공식적인 UFO 전문가로 알려져 있었다. 미국 정부 내에서 UFO 관련 극비 프로그램의 징후를 포착할 수 있는 위치에 있는 인물로 여겨졌다. 만일 미국과 소련을 통틀어 그러한 징후를 포착할 수 있는 인물을 꼽으라면 단연 매코널이었다. 1968년 그는 국가안보국 지도부를 위한 UFO 현상에 관한 성명문을 작성했고, 그 이후로 동료들은 전 세계에 펼쳐진 정보망을 통해 포착한 관련 자료들을 그에게 보내곤 했다. 매코널은 UFO 학계에서 유명한 인물이 되었고, 자크 발레와 교분을 유지하며 수년에 걸쳐 UFO와 종교에 관해 철학적 대화를 주고받았다(발레가 자신의 전기에서 회상한 대화에 따르면, 매코널은 정보기관은 UFO의 진실을 숨기기에는 너무 리스크가 크고 회피적인 곳이라며 그를 안심시키려고 했다. "정부 관료들은 과학자들과 다르지 않네." 매코널은 발레에게 이렇게 말했다. "나는 부인이 습관화된 관료들 밑에서 일하지. 정부 기관들은 어떠한 위험도 감수할 생각이 없어. 그렇기에 우리는 주변에서 벌어지는 모든 것을 주시한다네. 그래야 무슨 일이 벌어지든, 이미 상황을 파악하고 있었고 수사관 중 한 명이 관련 정보를 확보하고 있었다고 말할 수 있기 때문이야"). 매코널이 그동안 접하거나 들었거나 읽은 그 어떤 정보에도 이러한 그의 믿음을 뒤흔들 만한 건 없었다. 그리고 정부의 극비 프로젝트가 존재하고 있을 거라 의심하게 만들 만한 증거도 없었다.

레이건 대통령의 임기가 끝나 갈 무렵, 알렉산더의 연구는 이제 실질적인 자금이 필요한 시점에 도달했다. 그는 일명 "스타워즈"라는 별명으로 불렸던 전략방위구상 프로젝트에 손을 뻗었다. SDI는 아직 시작 단계인 UFO 연구 프로그램을 수용하기에 아주 적합해 보였다. 알렉산더가 보기에 SDI는 핵전쟁의 가능성을 줄이기 위한 것이었고, 만일 UFO 오인 식별이나 다수의 UFO 출현 같은 사건이 발생하면, 그런 핵전쟁을 촉발할 가능성이 있다고 본 것이다. SDI는 알렉산더의 연구에 관심을 가졌지만, 예산에 여유가 없다는 입장을 분명히 했다.

알렉산더는 재차 육군과학위원회(ASB)에 접촉했다. 그들은 그의 연구에 더 호의적이었다. 하지만 대가도 있었다. 알렉산더의 노력은 국방부 고위층의 심기를 불편하게 만들었고, 육군과학위원회가 그의 연구를 지원할 의향이 있었음에도 알렉산더는 국방부에서 전출 통보를 받았다.

알렉산더는 새로운 곳에서 답 없는 지루한 직책을 수용하는 대신 그만두는 것을 선택했다. 끝내 로스앨러모스국립연구소에 정착한 그는 결국 이루지 못한 프로젝트를 포기하지 않고 계속 추구하기로 마음먹었다. 그가 이곳에 정착한 건 결코 우연이 아니었다. 알렉산더는 만약 로즈웰 추락 사건이 정말 실재했다면, 추락한 비행 물체는 정부 관료들의 허브 기지인 라이트패터슨공군기지가 아니라 맨해튼계획이 진행되었던 로스앨러모스로 옮겨졌을 가능성이 더 높다고 생각했다. 알렉산더는 "로스앨러모스의 과학적 수준은 미 공군보다 훨씬 뛰어날 것"이라고 추정했다. "만약 로즈웰 추락 사건이 사실이고 극소수만 이 사건에 관여했다면, 원자폭탄의 아버지인 텔러 박사도 분명 그중 한 명이었을 것이다."* 그러나 알렉산더가 고령의 텔러 박사를 만나게 되었을 때, 그는 로즈웰 사건에 대해서는 전혀 알지 못하는 것처럼 보였다. 알렉산더가 사건에 대해 설명하자, 텔러는 만약 비행 물체가 수거되었다면 후속 연구가 진

---

* 사실 알렉산더의 가정에 따르면, 1950년 로스앨러모스에서 텔러와 엔리코 페르미를 비롯한 세 명의 위대한 지식인들이 나누었던 대화에서 시작된 페르미 역설의 존재 자체가 미국이 그때까지 외계인 우주선을 발견하거나 포착했을 것이라는 생각을 무력화시킨다.

행될 가능성이 가장 높은 곳이 로스앨러모스일 것이라는 생각에는 동의했다.

결국 알렉산더와 그의 팀은 숨겨진 비행접시나 외계인 시신이 보존되고 있는 시설 같은 건 존재하지 않는다는 결론에 도달했다. 그들은 오히려 정부를 지나치게 많이 신뢰했던 것이다. 정부는 기존 UFO 목격 사례들과 데이터조차 체계적으로 수집하거나 관리하지 않았고, 외계 비행 물체를 비밀스럽게 보관할 만한 능력은 더욱 없었다. 알렉산더는 이후 자신의 회고록에서 "모든 기관 사람들이 가정하고 있던 가장 핵심적인 생각은 다른 누군가 UFO에 대한 책임을 맡고 있을 거란 것이었다"라고 회상했다. "결국 궁극적인 답은, 그 어떤 기관도 그 누구도 그러한 책임을 지지 않고 있다는 것이었다."

* *

알렉산더의 연구 팀은 그들의 주요한 질문에 대한 답을 찾는 데 어려움을 겪었지만, 소련이 UFO에 대해 대체 어떤 생각을 갖고 있는지를 이해하는 데는 성과를 거두었다. 국가안보국은 알렉산더의 연구 팀에게 UFO의 실제 기원에 대한 답은 거의 제공하지 못했지만, 여러 대화를 통해 얻은 정보와 결론은 공유할 수 있었다. 특히 소련 당국이 미국 정부와 마찬가지로 외계 생명체의 존재 가능성을 두고 혼란스러워하고 했다는 사실을 알 수 있었다. 한 브리핑에서 알렉산더는 소련에서 "UFO 연구의 아버지"로 불리던 펠릭스 유리예비치 지겔이 많은 경우 목격된 현상들이 "인공적이고, 기이하며, 지능적이라는 점을 분명히 보여 준다"라고 생각했으며 "이 사건들을 자연적인 원인으로 설명하는 것은 무의미하다"라고 생각했음을 알게 되었다. 또 다른 국가안보국 보고서는 지겔이 언급한 "비정상적인 속도와 역학적 움직임, 발광하는 특징, 파괴되지 않는 특징, 그리고 공격적 의도 가진 마비 능력"을 인용하고 있었는데, 이것은 소련군이 적어도 한 번 이상은 UFO를 요격하거나 공격하려 시도했으나 실패한 적이 있었다는 것으로 들렸다.

진실이 무엇이든 간에, 철의장막 너머에서도 아마추어들과 공식 기관에서 UFO 연구가 활발하게 이루어졌음은 분명했다. 서방세계와 마찬가지로, 소련에서도 아널드의 첫 목격 이후 얼마 지나지 않아 기이한 목격 사례들이 꾸준히 쌓였다. 소련 정부는 이 주제에 대해 간헐적으로 조사를 진행했고, 대중 과학 강연을 통해 전국적으로 그 괴담이 퍼졌다. 원래 정부가 후원한 행사의 취지는 음모론을 불식하고 과학적인 사실을 제대로 교육하기 위한 목적이었으나, 오히려 사람들에게는 흥미로운 이야기와 미스터리한 일화들이 지속적인 관심을 끌었다. 소련의 학자 알렉세이 골루베프는 "UFO 연구는 철의장막이 마치 존재하지 않기라도 하듯 자연스럽게 넘어갔다"라면서 "사람들은 사실뿐 아니라 강연자들이 제시한 이야기의 서사에도 매료되었다"라고 말했다. 지겔은 저명한 천문학자이자 교과서 집필진이었는데, 그는 도널드 멘젤의 『비행접시』의 러시아어 번역본을 접하고 UFO에 매료되었다. 1967년, 미국이 콘던 위원회를 소집하던 바로 그 시기에, 그는 표트르 A. 스톨랴로프 소장과 함께 소련 국방부의 우주비행위원회 산하에서 최초의 공식 "소련 UFO 연구 그룹" 중 하나를 이끌었다.

소련 중앙 텔레비전 방송에 출연한 지겔은 자신의 새로운 노력을 언급하며 "미확인비행물체는 아주 심각한 문제이며, 우리는 이것을 철저하게 연구해야 합니다. 소련 영토에서 기이한 비행 물체를 목격하신 시청자가 계시다면 자세한 내용을 내용을 알려주시기 바랍니다"라고 발표했다. 이 성명과 그에 따른 조사는 수백 건의 목격 사례를 밝혀냈고, 당시 당국의 예상보다 더 강한 대중의 반응을 이끌어 냈다. 그로 인해 당황은 당국은 연구를 중단시켰다. 그렇게 콘던위원회를 비롯한 다른 UFO 연구 팀이 소련의 연구 팀과 협력하고자 했던 노력도 모두 묵살되었다. 그러나 지겔은 끝까지 관심을 잃지 않고 계속해서 목격 사례를 수집했고, 결국 3000건에 달하는 정보를 모았다.* 그는 이 현상이 실재한다고 굳게 믿게 되었다. 1981년 지겔은 한 이탈리아 언론과의 인터뷰에서 이렇게 말했다. "우리는 소련 상공에서 이 UFO들을 목격했다. 크고 작은, 납작한 형태나 구형 등, 모든 종류의 비행 물체들이 있다. 이 비행 물체들은 대기권에 정지해 있거나, 시속 10만 킬로미터로 날아다닐 수 있다. 이들은 주변에 공기 진공을 형성해서 성층권에서 불타 버릴 위험으로부터 스스로를 보호하며, 아무 소리도 내지 않고 이동한다. 또 이 비행 물체들은 사라졌다가 갑자기 다시 나타나는 신비로운 능력을 갖고 있으며, 우리의 전력 자원에도 영

---

* 지겔은 유대인 이름을 가진 독일계 인물로 많은 소련 출신의 과학자와 마찬가지로 공산주의 정권의 인종차별, 반유대주의, 그리고 전반적인 잔혹함에 맞서야 했다. 그의 아버지가 그들의 아파트를 탐낸 이웃의 익명 제보로 인해 체포되면서 그는 대학에서 퇴학당했다. 그의 아버지는 2년간 감옥에 갇혀 고문을 당한 끝에 다리를 잃었다. 그 후, 제2차세계대전이 발발하자 가족들은 카자흐스탄으로 추방되었다.

향을 끼쳐 발전소, 라디오 방송국, 차량 엔진을 멈추게 하지만 영구적인 손상을 남기지는 않는다. 이 정도로 정교한 기술은 인간보다 훨씬 뛰어난 지성의 산물이라고 볼 수밖에 없다."

1977년 목격자들이 "해파리" 모양이라고 묘사한 밝은 빛이 페트로자보츠크 상공에 등장했다. 이 사건은 온 나라의 헤드라인을 장식했고, 소련과학아카데미는 이를 조사하기 위해서 "이상 대기현상"을 연구할 팀을 구성했다. 이는 "미확인비행물체"라는 표현에 비해 더 과학적으로 다가왔다. 이후 서방 세계에서도 "미확인공중현상(UAP)"이라는 용어가 등장하게 된 것과 비슷한 맥락이다. 천체물리학자 율리 플라토프가 이 조사를 이끌었으며, 이것은 소련 역사상 공식적으로 두 번째로 구성된 UFO 연구 팀이었다.

플라토프가 이끄는 연구 팀은 일명 "네트워크"로 불렸다. 이들은 여러 기관과 과학계 전문가들을 결집시켰다. 그러나 그들이 UFO 제보들과 지겔의 조사 파일에 더 깊게 파고들수록 오히려 조사는 이전과 마찬가지로 뻔하고 별다른 성과 없이 이어졌다. 소련 내에서 UFO에 대한 국가적 규모의 신화가 조금씩 형성되고 있었지만, 미국과 마찬가지로 소련에서도 확실한 증거를 찾는 건 어려웠다.* 플라토프는 이후 이렇게 말했다. "과학자는 이해하지 못하는 문제에 직면하면 이를 탐구하고 연

---

* 소련에도 페름 삼각지대라고 불리는 비슷한 미스터리한 지역이 있는데, 우랄산맥 부근에 위치한 이곳은 UFO가 자주 출몰하는 곳으로 알려져 있다. 이 지역은 소련의 UFO 관련 보도에 자주 등장했으며, UFO 연구자들이 즐겨 찾는 지역으로도 유명하다.

구하지만, 군은 명확하지 않은 것을 잠재적인 적으로 간주하는 경향이 있다."

그의 연구가 끝나 가던 시점이 소련 붕괴 시기와 맞물린 것은 어쩌면 우연이 아닐 것이다. 플라토프는 1980년대 중반, 아에로플로트 항공사의 항공기 주위에 UFO가 맴돌았다는 제보를 포함해, 몇몇 기이한 목격 사례를 접했으나, 외계인 방문에 대한 신빙성이 있는 증거는 찾지 못했다. 페트로자보츠크 목격 사건조차 철의장막이 모두 허물어지고 나서야 해결되었다. 당시 목격된 빛의 정체는 인근 플레세츠크에 있던 소련 기지에서 발사한 로켓이 원인이었다. 이후《모스크바타임스》는 이렇게 썼다. "소련의 엄격한 정보 분산체계로 인해 러시아에서는 두 사실 관계를 더 일찍이 연결 지을 수 없었던 것으로 보인다."

37장
MJ-12

1984년 12월 11일, TV 프로듀서 제이미 샌드라에게 비밀스러운 봉투가 하나 전달되었다. 그는 UFO 연구자 스텐트 프리드먼과 빌 무어의 동료이기도 했다. 샌드라가 발신자를 알 수 없는 갈색 테이프로 칭칭 감긴 빳빳한 봉투를 열었을 때 그 안에는 또 다른 봉투가 들어 있었다. 봉투 안에는 코닥 Tri-X 흑백 35밀리미터 필름이 담긴 통이 들어 있었다. 샌드라는 서둘러 무어를 찾았고, 두 사람은 곧 무어의 욕실에서 필름을 현상했다. 그 뒤 거실 커튼 봉에 필름을 걸어서 말리면서 돋보기를 사용해서 이미지를 확인했다.

무어의 눈에 처음 들어온 것은 각 사진마다 "최고 기밀/오직 눈으로"라는 문구가 하단에 작게 찍혀 있었다는 점이다. 더 자세하게 살펴보니 그 이미지들은 대통령 당선자 드와이트 아이젠하워를 위해 준비된 브리핑 문서의 사진이라는 것을 알게 되었다. 문서에 찍힌 날짜는 "1952년 11월 18일"이었고, 문서는 로즈웰 추락 사건과 다른 목격 사례들이 실제로 있었다는 내용을 다루고 있었다. 이 「원 오브 원」이라는 브리핑은, 당시 추락한 비행접시가 "단거리 정찰선"이며 내부에서 발견된 네 구의 시신은 "인간과 비슷하지만, 생물학적 및 진화적 특징이 인간과 매우 다르다"라고 분석한 비밀 조사 결과에 대해 설명하고 있었다. 필름 속 브리핑 문서는 그 시신들을 "외계 생물체"로

부르고 있었고, 1950년 12월 텍사스와 멕시코 국경 근처에서 발견된 또 다른 추락 사건에서도 비슷한 발견이 있었다고 설명했다. 또한 브리핑 문서에서는 A부터 H까지 총 여덟 개에 달하는 부록이 언급되어 있었지만 내부 소식통을 통해 유출된 것으로 보이는 건 첫 번째 부록뿐이었다. 그것은 1947년 9월 24일 해리 트루먼 대통령이 국방 장관 제임스 포레스털에게 보낸 두 문단짜리 서신이었다. 서신에는 "마제스틱 12 작전으로 명명된 이 사안을 신속하고 신중하게 진행도록" 승인하는 내용이 담겨 있었다.

무어와 샌드라는 문서에서 마제스틱 그룹이라고 명명된 열두 명의 멤버들은 이미 모두 세상을 떠난 상태라는 사실에 주목했다. 이 명단에는 전후 국방부와 정보기관의 주요 인물들이 여럿 포함되어 있었다. 초대 국방 장관 제임스 포레스털, CIA 국장 (그리고 이후 NICAP 이사회 멤버가 된) 로스코 힐렌코터, 해군 제독 시드니 서스, 대통령 과학 고문 버니바 부시, 공군 장군 네이선 트와이닝과 호이트 반덴버그 등이 있었다. 그리고 매우 주목할 만한 인물이 하나 더 있었는데 바로 UFO 회의론자로 잘 알려진 도널드 멘젤이었다. 미국의 대표적인 회의론자가 이 미스터리가 실제 벌어진 게 맞다는 사실을 알고 있던 몇 안 되는 사람 중 한 명이란 말인가?

무어와 샌드라가 문서를 검토하던 중, 무어는 이 봉투 속 내용을 정말 믿을 수 있는지에 대해 의문을 품고 고민했다. 낙관적인 관점에서는 어떤 정부의 내부고발자가 저널리즘 역사상 가장 중요한 은폐 사건이 올바르게 처리될 수 있을 거라 믿고 그들에게 알린 것일 수도 있다. 그러나 정부가 추락한 UFO

를 어딘가에 숨기고 있을 거라는 주장을 해 오고 있던 무어와 프리드먼 앞에 갑자기 그들에게 정말 필요하고 그들이 바랐던 공식 문서가 나타났다는 사실은 오히려 너무 절묘해서 선뜻 믿기 어려웠다.

문서를 신뢰하기 어렵게 만들었던 이유 중 하나는 그 내용이 완벽하게 새로운 것이 아니었다는 점이다. 전 공군정보장교 리처드 도티는 무어에게 또 다른 유출 문서를 전달했는데, 그 문서에는 워싱턴의 미공군조사국(AFOSI)과 뉴멕시코 커틀랜드 공군기지 현지 사무소가 서로 주고받은 전보 내용이 담겨 있었다. 여기에는 UFO 사진에 대한 분석과 당시 정부의 UFO 연구에 대한 상세한 설명이 포함되어 있었다. 특히 NASA가 "극비리 은폐" 아래 이 문제를 계속 연구하고 있으며, 미국해안및측지조사국(USG&GS) 안에 UFO 보고 센터가 숨겨 있다는 내용도 포함되어 있었다. 문서는 "NASA는 특정한 목격 제보의 조사 결과를 관련된 군부대를 거쳐 보고한다"라고 설명했다. "미국 정부의 공식적인 정책과 프로젝트 아쿠아리스의 조사 결과는 여전히 기밀로 분류되어 있으며, 공식 정보 채널 바깥으로 유출되는 것은 금지된다. 오직 MJ-12만 접근이 허용된다." 이 전보를 받은 후, 무어는 프리드먼, 샌드라와 함께 프로젝트 아쿠아리스를 다룬 소설과 TV 특집을 조사했다. 그런데 이제 그들은 마제스틱 12를 언급하는 두 번째 문서도 입수했다. 이건 아주 큰 사건이었다.

이후 2년 동안 프리드먼, 샌드라, 무어는 이 문서들의 진위 여부를 확인하기 위해 협력했고, 결국 1987년 5월에 이 문서들을 언론에 공개하며 그들의 이러한 노력을 세상에 알렸다.

그들이 주장을 입증하기 위해 제시한 증거 중에는 1985년에 미 국립문서기록관리청에서 발견된 메모가 있었다. 이 메모는 1954년 7월 14일에 작성된 것으로, 국가안보보좌관 로버트 커틀러가 트와이닝 장군에게 보낸 메모였다. "대통령이 예정대로 7월 16일에 MJ-12 SSP 브리핑을 백악관 회의에서 진행하기로 결정했다"라는 내용이 담겨 있었다. 무어는 이것은 일상적인 회의 관리 메모이며, 극비 팀을 운영하는 정부 관료들이 주고받을 법한 내용이라고 주장했다. 만약 이 메모가 사실이라면, 마제스틱 12도 사실이며, UFO도 실재한다는 것이었다.

문서가 공개되자 대중은 큰 충격을 받았다. 《뉴욕타임스》와 ABC의 〈나이트라인〉에도 문서의 공개 소식이 보도되었고, 정부 내부에서도 큰 논란이 일었다. 문제는 그 누구도 수십 년이 지난 이 문서들이 진짜인지 확신할 수 없었다는 것이었다. 전문가들은 문서의 진위 여부와 출처에 대해 의문을 가졌다. 특히 샌드라가 아무런 라벨이 없는 필름 통을 무어의 도움을 받아 개인적으로 현상한 이유에 대해 의문이 제기되었다. 이들은 문서의 진위를 확인하기 위해 수많은 시간을 들였다. 국방부와 국방정보국에 파견된 FBI 방첩요원들은 MJ-12 문서와 함께 다른 기록 문서들을 비교했고, 문서 도난 사건이 제보된 적이 있는지를 조사했다.

뉴욕과 로스앤젤레스에서 진행된 공식 조사는 하나씩 실패로 돌아갔다. 문서 도난 사건 같은 범죄가 발생한 적이 있다는 증거는 전혀 발견되지 않았다. 미 국립문서기록관리청에서도 MJ-12가 언급된 메모가 기밀문서 목록에 존재하지 않았다. 그 메모가 있을 법한 파일들에서 다른 비슷한 문서들도 찾을 수 없었다. 아이젠하워 대통령 기록 보관소는 1954년 7월 일정이 기록된 파일들에서 메모에 언급된 회의에 관한 그 어떤 자료도 찾지 못했다고 알려 왔다. 이것은 비밀 회담이나 정부 관료들의 은밀한 대화가 있었더라도 그것이 전혀 기록으로 남지 않았다는 것을 의미했다. 기자 하워드 블럼은 1990년에 "1년 이상의 조사와 수개월에 걸친 문서 검토 끝에, FBI는 MJ-12 문서가 기밀문서 보관소에서 도난당했다는 주장을 입증할 만한 기관 또는 개인적 차원의 증거를 찾지 못했다"라고 보도했다.

한 요원은 "우리는 워싱턴에서 MJ-12 문서를 들고 모든 문을 두드려 보았다"라고 말하면서 "우리가 알 수 있었던 것은 정부 무엇을 알고 있는지 모른다는 사실뿐이었다. 너무 많은 기밀 등급이 있어서, 일관된 이야기를 들을 수 없었다. 그 문서가 진짜인지 아닌지 끝내 알 수 없다고 해도 전혀 놀랍지 않을 것이다"라고 언급했다.

그러나 시간이 흐르면서 이 문서들이 진짜가 아닐 가능성이 점점 더 커졌다. 전문가들은 "극비 제한 정보"라는 문구를 문제 삼았는데, 이것은 닉슨 행정부가 들어서고 나서야 생긴 표현이므로, 문서가 조작되었을 가능성이 높다는 증거였다. 이어서 기록보관청 직원들이 로버트 커틀러의 일정을 조사한 결과, 그는 메모가 언급한 7월 전반기에 유럽과 북아프리카 미군기지를 순방하느라 해외에 머무르고 있었다. 이것은 그가 7월 14일에 일상적인 일정과 관련된 메모를 작성할 상황에 있지 않았다는 것을 의미했다.* 그리고 대통령에 대한 중요한 질문이

* 브리핑 문서에는 페이지 번호도 없었고, "로즈웰육군공군기지(현 워커 필드)"라는 잘못된 명칭을 사용하는 등, 라벨링과 문구에서 이상한 오류들이

남아 있었다. 브리핑 메모는 마치 드와이트 아이젠하워가 외계인과 UFO에 관한 소식을 처음 듣는 것처럼 작성되어 있었지만 그것도 어색했다. 만약 정말로 1947년의 아널드 목격 사건과 로즈웰 추락 사건 당시 외계인과 UFO에 관한 은폐 시도가 있었다면, 당시 미 육군과 육군항공사령부의 참모총장을 맡고 있었던 아이젠하워의 귀에 그 소식이 반드시 들어갔어야 했다.*

결국 가장 결정적인 증거는 필 클래스라는 이름의 UFO 회의론자에 의해 발견되었다. 그는 브리핑 문서의 날짜 "18 November, 1952"에 찍힌 쉼표에 주목했다. 그 당시 정부 문서에서는 월을 쓴 다음 그 뒤에 쉼표를 쓰는 경우가 없었다. 클라스는 그런 쉼표를 자주 사용하는 한 사람을 찾아냈다. 바로 문서를 발표했던 무어 자신이었다.

최선의 경우라면, 이 사진들은 프리드먼, 무어, 샌드라에게 누군가 장난을 친 것이었고, 최악의 경우라면 그들 중 최소한 명이 의도적으로 조작한 것이었다. 이것은 우주 버전의 워터게이트 그 이상도 이하도 아니었다.†

많이 발견되었다. 현재 미 국립문서기록관리청은 이 메모에서 발견한 열 가지 구체적인 문제에 대한 별도의 FAQ 웹페이지를 운영하고 있다.
* 공군은 1947년 9월까지 독립된 군대가 아니었다.
† 1989년 라스베이거스에서 열린 MUFON 컨퍼런스에서 빌 무어는 기묘하고 두서없는 연설을 했다. 그는 자신이 수십 년 동안 정부에 의해 고용된 이중 간첩이었다고 주장했다. 무어는 정부와 손을 잡으면 진실에 대한 내부정보를 더 얻을 수 있을 거라 생각했다고 말했다. 그 연설의 진실 여부 역시 미궁에 빠져 있다.

38장
크롭 서클

무어의 메모 사건이 거의 해결되면서, UFO 커뮤니티의 관심은 영국에서 벌어지고 있던 또 다른 신비로운 현상으로 옮겨 갔다. 영국 농부들의 밭에 기이한 패턴의 흔적들이 등장하기 시작했다. 보리, 밀, 카놀라 같은 곡물들이 평평하게 눕거나 구부러지면서 밭에 거대한 기하학적인 패턴을 이루었다. 이른바 "크롭 서클"이라고 불리는 이 형태들은 지름이 수백 피트에 이르는 경우도 있었고 때로는 매우 복잡한 형태와 상징을 이루고 있기도 했다. 일부는 단순히 완벽한 원에 가까운 모양이었고, 또 가끔 동심원의 형태, 정교한 별 모양 또는 켈트 스타일의 룬 문자 같은 패턴을 하고 있기도 했다.

이러한 현상에 대한 제보는 1600년대까지 거슬러 올라가지만, 특히 1970년대와 1980년대에 들어서면서 제보가 많아졌다. 시간이 지나면서 UFO 목격 사례와 더 본격적으로 연결되기 시작했다. 특히 스톤헨지가 있는 월트셔 지역에서 이런 신비로운 이상 현상이 자주 목격됐다. 농부들이 아침에 일어나 보면 밤사이 자신들의 밭에 쉽게 설명할 수 없는 복잡한 패턴이 그려진 상황을 마주했다.* 이 현상을 직접 보기 위해 많은 관

---

* 1990년 잉글랜드에 거대한 여러 개의 도형으로 이루어진 이스트필드 픽토그램이 등장했다. 이 크롭 서클은 마치 외계 기술로 구현한 듯했다. 이 픽토그

광객과 함께 이른바 "크로피" 또는 "세레올로지스트"라고 불리는 열정적인 팬들이 현장을 찾았다. 그들은 마치 자연적으로 만들어진 옥수수밭 미로 속을 거닐듯이 서클 곳곳을 돌아다녔고, 그러한 경험이 자신들의 삶을 송두리째 바꾸고 있다고 여겼다. 한 캐나다의 영화 제작자는 처음으로 서클을 방문한 뒤, "서클 안에서 어떤 에너지가 느껴졌다. 일종의 깨어난 상태에 있는 듯한 기분이 들었다"라고 말했다. 이 미스터리는 수많은 책과 잡지 기사, 그리고 농업의 여신 세레스의 이름을 딴 "서클효과연구(CERES)"라는 그룹을 포함해 서클 현상을 별도로 조사하는 연구 그룹들의 새로운 소재가 되었다. 한편 《세레올로지스트》라는 이름의 정기적인 범과학 간행물도 발행되었다.

    모든 연구 그룹과 간행물들은 모두 비슷한 질문을 던졌다. 이 패턴들은 머나먼 문명에서 온 암호화된 메시지일까? 아니면 UFO가 단지 재미 삼아 정교한 디자인의 작품을 지구에 남긴 것일까? 또는 알 수 없는 어떤 영적인 에너지를 모으기 위한 흔적일까? 일부 사람들은 이 작물들이 누워서 만들어진 흔적들이 비행접시가 착륙하면서 남긴 부수적인 결과일 것이라 믿기 시작했고, 이것을 "원반 둥지"라는 이름으로 부르기도 했다.

    1991년 9월, 영국의 두 예술가 데이브 출리와 더그 바우어가 농부들을 골탕 먹이기 위해 영국 들판에 기존에 있던 트랙터 자국과 판자와 밧줄을 이용해 크롭 서클을 만들었다고 고백하면서 이 미스터리는 쉽게 해결된 것처럼 보였다. 곧이어 이

램은 곧바로 대중문화의 상징적 아이콘이 되었고, 같은 해 레드 제플린의 앨범 《리마스터스》의 표지에 실리기도 했다.

를 모방한 사람들이 잇따라 등장하면서 아주 많은 서클이 생겨났다. 13년 이상에 걸쳐 모두 2000개의 크롭 서클을 만들었을 거라 추정했다.

이러한 주장이 실제로 가능한지 확인하기 위해서 영국의 〈채널4〉는 이 예술가들이 직접 밭에서 크롭 서클을 제작하는 과정을 촬영했다. 이들은 판자, 밧줄 그리고 긴 철사를 고정한 모자를 활용해서 빠른 속도로 밭을 변형시켰다. 작업이 끝난 뒤, 자칭 크롭 서클 전문가들을 불러서 현장의 진위 여부를 확인하도록 했다. 그 전문가는 그 서클이 "진짜"라고 선언했다. 초자연적인 현상으로 만들어졌거나 UFO의 작품으로 여겨진다는 의미였다. 그는 "이건 인간이 할 수 있는 일이 아닙니다. 여기 작물들은 설명할 수 없는 미지의 에너지로 인해 감각적인 패턴을 그리며 누웠습니다. 이것은 아주 높은 수준의 지능의 존재를 반영하는 것입니다" 하고 자신 있게 말했다. 그러나 기자들이 이 서클이 인간에 의해 제작된 결과물이라는 것을 알렸을 때, 그가 느낀 당혹감은 명백해 보였다. 그는 "우리가 속았군요"라고 외치면서, "이건 더러운 속임수예요. 이로 인해 수천 명의 삶이 망가질 것"이라고 불평했다.*

---

* 하지만 매년 잉글랜드 남부에서는 "크롭 서클 시즌"이 되면 비슷한 현상이 발생한다. 심지어 피해를 당한 일부 농부들조차 이 현상이 단순히 인간이 한 장난이 아니라고 확신하고 있다. 2021년 BBC의 한 인터뷰에서 윌트셔의 한 농부는 "일부 형태는 너무 거대하고 복잡해서 겨우 두 사람이 만들 수 없는 수준"이라고 말했다.

이처럼 작물들에 의한 무해한 혼란이 한창 벌어지는 와중에, 새로운 "내부고발자"들이 등장하면서 정부의 더 거대한 은폐와 음모론이 부상하기 시작했고, UFO 논쟁의 어두운 측면은 또 다른 국면으로 접어들고 있었다. 이 새로운 움직임은 온라인 게시판이 등장하면서 더욱 힘을 얻었다. 1986년에 설립된 FidoNet과 ParaNet 게시판은 다양한 초자연적 현상들을 다루었는데, 특히 UFO 분야에서 가장 활발하고 열띤 토론이 집중되었다. ParaNet은 "미스터리한 UFO 현상에 관한 정보를 제공하는 세계 최초의 뉴스 조직"으로 스스로를 홍보했고, UFO 커뮤니티의 "주요 인사"와 일반인을 이어 주는 것을 목표로 삼았다. 이 웹사이트는 활발한 토론장이 되었을 뿐 아니라 연구자들이 기여한 문서들을 저장하는 파일 저장소의 역할도 함께했다.

    1987년 12월 29일, 전직 파일럿이자 한때 CIA 화물수송기 파일럿이었으며, 항공기 제조사 리어제트의 창립자의 아들로 유명한 존 리어가 ParaNet에 3000자에 달하는 충격적인 메시지를 게시했다. "미국 정부는 약 20년 동안 작은 회색 외계 생명체들과 거래를 해 왔다"라는 문장으로 시작된 이 글은 "이것을 공개적으로 밝히려다가 수많은 사람이 목숨을 잃었지만, 그 실체는 절대 밝혀지지 않을 것이다"라고 주장했다. 리어는 1년 전 당시 공군 관계자들로부터 영국 런던 근처의 벤트워터스공군기지에서 벌어진 비밀스러운 UFO 착륙 사건에 대한 이야기를 들으면서 UFO에 대해 관심을 갖기 시작했다고 설명했다. 그곳에서 세 명의 작은 외계인이 기지 사령관 고든 윌리엄스 장군과 접촉해서 그와 관계를 형성했다는 이야기였다. 리어는 이 외계인들을 "지구 바깥 생물학적 존재", 줄여서 EBE라고 불렀다. 발음은 "이브"였다. 그의 주장에 따르면 미국 정부와 외계인 사이의 첫 공식적 소통은 1960년대 중반 뉴멕시코 홀로먼 공군기지에서 이루어졌다. 그곳에 세 대의 비행접시가 사전에 협의된 장소에 착륙해서 대화를 나눴고, 결국 MJ-12와의 거래가 성사되었다. 이 거래는 외계 기술을 제공받는 대가로 인간의 납치를 허용하는 것이었다. 리어는 납치 대상자 목록까지 정부가 제공했다고 주장했다.

존 리어는 ParaNet의 독자들에게 외계인과 미국 정부 사이에 50년에 걸친 음모가 존재하며, 이것은 비밀 조직 MJ-12에 의해 유지되고 있다고 주장했다. 그는 이 음모에 수많은 충격적인 비밀이 감춰져 있다고 밝혔다. 외계인들은 아마 자신들의 고향 행성에서 벌어진 핵전쟁이나 사고로 인한 후유증으로 유전적 결함을 앓고 있고, 생존을 위해서 인간과 소에서 효소를 추출해야 한다고 주장했다. 납치사건과 가축 절단 사건이 벌어진 이유가 바로 이것이라고 주장했다. 스웨덴에서 벌어진 "유령 로켓" 사건도 사실 실제로 외계인의 비행 물체였고, 그 안에는 지구보다 약 10억 년 더 발전한 기괴한 사마귀 같은 생명체들이 타고 있었다고 주장했다. 이 끔찍한 진실을 알게 된 미국 정부의 수많은 관료가 스스로 목숨을 끊었는데, 그중에는 1949년 베데스다해군병원에서 창문 바깥으로 뛰어내린 제임스 포레스털 국방 장관도 포함된다고 설명했다.

그는 해리 트루먼 대통령도 이 음모에 가담했으며, 로즈웰, 아즈텍, 러레이도에서 비행 물체가 꾸준히 추락했음에도 미국 국민과 UFO 신봉자들의 눈과 귀를 막아 아무런 문제가 없는 것처럼 우리를 속여 왔다고 주장했다. 게다가 리어는 미국 정부가 네바다주 51구역 그룸 호수에 외계인과 함께 거대한 지하 복합 연구시설을 만들었고, 뉴멕시코 덜스 인근 암반 지하에 또 다른 비밀 기지가 존재한다고 주장했다. 이 시설은 외계인과 CIA가 함께 운영하고 있으며, 외계 실험에 의해 희생된 인간들이 이곳에 감금되어 있다고 주장했다.

1970년대 후반, 외계인과 나눴던 협정에 금이 가기 시작했다. 외계인들이 약속했던 기술이 인간의 기대에 미치지 못했고, 그들이 약속했던 것보다 더 많은 인간을 납치했다는 사실이 드러났기 때문이었다. 1979년, 미국 특수부대는 덜스 기지를 급습했고 그곳에 갇혀 있는 미국인 과학자들을 구출하려고 시도했지만, 이 치열한 전투에서 66명의 미군이 목숨을 잃었다고 주장했다.

리어는 "1983년쯤 MJ-12가 자신들이 외계인과 거래를 한 것이 크나큰 실수였다는 사실을 깨닫고 공포에 휩싸였다"라고 주장했다. 그는 MJ-12가 〈미지와의 조우〉 또는 〈E.T.〉와 같은 영화를 통해 대중문화를 "미묘하게 조작"했고, 이 영화들은 외계인들이 "이상하게 생겼지만 자비롭고 우호적인, 우리의 '우주 형제들'"이라는 이미지를 각인시키면서, 그러한 충격적인 사실을 세상에 공개하는 준비를 하기 위한 시도였다고 주장했다. 그러나 MJ-12 지도부는 자신들이 상대하고 있던 기술적으로 우월한 외계인들이 결코 우호적이지 않다는 사실을 너무 뒤늦게 깨달았으며, 레이건 대통령의 전략방위구상이 ICBM에 대응하기 위해 시작된 것이 아니라 외계인을 겨냥한 것이었다고 주장했다.

리어의 주장들은 UFO 학계에 큰 반향을 일으켰다.《라스베이거스뉴스》의 기자 조지 냅은 이 이야기를 취재하게 되었다. 그 과정에서 냅은 빌 쿠퍼라는 또 다른 내부고발자를 인터뷰하게 되었는데, 쿠퍼는 반물질로 구동되는 우주선에 대한 놀라운 주장을 펼쳤다. 냅은 계속해서 그의 말을 들었고, 쿠퍼는 자신의 이야기를 이어 갔다.

* *

밀턴 윌리엄 쿠퍼의 주장에 따르면, 그는 일종의 예언자였다. 어린 시절부터 UFO에 매료되었던 그는 레이먼드 팔머의 잡지《페이트》를 읽으면서 자랐다. 1970년대 해군에서 복무를 마치고 돌아왔을 때, 미국은 분열되고 있었다. 인종 갈등, 악화되는 경제 상황, 절망과 빈곤으로 나라 전체가 혼란스러운 상태였다. 쿠퍼는 베트남전쟁 당시 해군에서 정보장교로 복무하면서, 군사적인 비밀뿐 아니라 닉슨 행정부가 전쟁에 대해서 거짓말을 하고 있다는 사실을 알게 되었다고 주장했다. 그의 주장들은 훨씬 더 은밀하고 충격적이었다. 예를 들어, 미국 정부가 존 F. 케네디 암살에 연루되어 있다는 식이었다. 그는 이와 같은 정보를 접하면서 세상을 전혀 다른 관점으로 바라볼 수 있게 되었고, 진실과 거짓을 구별하는 눈을 갖게 되었다고 주장했다. 하지만 그로 인해 더 많은 위험에 노출되었다고 했다.

그는 이후 자신의 회고록에서 정부의 이중성에 대한 진실을 기자에게 설명하려고 했지만 끝내 좌절되었다고 말했다. 그가 기자를 만나고서 얼마 지나지 않아 오토바이를 탄 그를 향해 검은 캐딜락이 빠르게 달려들었고 그는 거의 죽을 뻔했다.

그로부터 한 달 뒤, 또다시 똑같은 검은 캐딜락이 그를 길 바깥으로 밀어 버렸고 그 결과 그는 한쪽 다리를 잃었다. 병원에서 깨어났을 때 그의 앞에 두 남자가 찾아왔고, 그에게 이제 그만 입을 닫으라고 협박했다. 그렇지 않는다면 다음에는 그가 정말 죽게 될 것이라고 경고했다. 그때 쿠퍼는 정부가 정말 자신을 몰래 뒤쫓고 있을지 모른다고 생각했다. 그 정체가 FBI인지, CIA인지, 아니면 더 비밀스러운 조직이었을지, 또는 두려움의 대상이었던 맨인블랙이었을 수도 있었다. 어쨌든 그는 감시를 받고 있었다.

잠깐 숨을 고르고 나서, 1988년 쿠퍼는 UFO에 대한 대중의 관심이 다시 커지는 것을 계기로 ParaNet에 새로운 게시물을 올리기 시작했다. 한 게시물에서 그는 1966년 USS 티루 잠수함에 타고 있을 때 목격했던 사건에 대해 이야기했다. 그는 "우리가 본 것의 정체가 무엇인지 의심의 여지가 없었다"라고 썼다. "그것은 금속으로 된 비행 물체였다. 외부에는 기계장치도 있었다." 지휘관이 그에게 무슨 일이 있었냐고 물었을 때, 쿠퍼는 그 질문의 톤이 이상하다고 느꼈다. 몇 초 뒤, 그는 눈치를 챘다. "아무것도 아닙니다. 대장님." 그가 대답했다. "아무것도 보지 못했습니다." 지휘관은 그를 격려하고 제자리로 돌려보냈다. 이후 그는 정부의 비밀에 대해 더 많은 것을 알게 되었다고 주장했다.* 그의 주장에 따르면, 제2차세계대전 이후 실제로

* 쿠퍼는 자신이 많은 비밀을 알 수 있었던 것이 1970년대 태평양함대사령관이었던 버나드 A. 클래리 제독의 브리핑 당시 함께 있던 멤버였기 때문이라고 주장했다. 또한 그는 클래리의 특수 제작된 비밀 금고를 살펴볼 기회가 있었다고 주장했다. 그는 금고가 마치 어두운 비밀이 담긴 판도라의 상자처럼 보였다고 언급했다.

외계인들이 로즈웰에 추락했으며, 정부가 미국인들의 자유를 외계 기술과 맞바꿨다고 했다(1989년, 그는 미국의 주요 UFO 총회에 참석해 "외계인 없이는 지난 45년 동안 이 나라에서 벌어진 일들을 이해할 수 없다"라고 연설했다).

쿠퍼의 이야기들은 빠르게 퍼져 나갔고, 존 리어를 포함한 다른 ParaNet의 주요한 사용자들의 관심을 끌었다. 쿠퍼는 해군 정보장교 출신으로서 경력을 갖고 있었는데, 리어가 주장한 기이한 내용과 일치하는 세부 정보를 제공했다는 사실은 그를 신뢰할 만한 인물처럼 보이게 했다. 이들은 자신들을 내부고발자로 지칭하면서 미국 정부를 "미국 국민에 대한 살인 및 헌법에 대한 반역죄"와 "우리 국경 안에 존재하는 외계 국가의 존재를 지원하고 방조하고 은폐한 혐의"로 고발했다.

이제 쿠퍼와 리어는 대중을 상대로 경고했다. 미국 정부는 비밀 조직에 의해 운영되고 있으며, 이것을 막아야 한다고 주장했다. 실제로 제2차세계대전 이후 일어난 모든 일들이 사실 엘리트 집단이 미국 국민들의 자유를 억압하고 통제하려는 점점 더 정교하고 복잡하게 발전된 음모의 일부였다고 주장했다. 쿠퍼가 1989년에 작성한 「비밀 정부: MJ-12의 기원, 정체, 목적」에 따르면, 미국 정부는 최소 한 명 이상의 외계인을 생포했다. 쿠퍼는 지구와 그 주변 우주에 실제로 아홉 개의 서로 다른 외계 종족이 살고 있으며, 그중에는 금발에 인간과 비슷한 외형을 한 모습으로 목격된 일명 노르딕이라는 이름으로 알려진 우호적이고 자비로운 종족도 존재한다고 주장했다. 그러나 그중에서 가장 두려운 존재도 있었는데 인간을 먹잇감으로 삼는 호전적인 그레이라는 이름의 외계인들이었다.

쿠퍼는 아이젠하워 대통령이 삼극위원회를 상징하는 삼각형 모양의 패치가 붙은 우주복을 입고 있던 외계인과 개인적으로 직접 만나 조약을 체결했다고 주장했다. 쿠퍼는 리어가 주장하는 그레이 외계인과의 조우가 곧 다가오고 있다는 가설을 지지하면서, 달에는 식물도 자라고 있고, 미국과 소련, 그리고 외계인들이 공동으로 함께 달 기지를 운영하고 있다는 이야기도 덧붙였다. 이 거대한 프로젝트들을 운영하는 예산은 MJ-12가 CIA를 통한 마약 밀매로 조달했다고 주장했다. 쿠퍼는 존 F. 케네디가 이러한 음모를 폭로하려고 하자, 댈러스에서 비밀 요원이 케네디의 머리에 총을 쏴서 그를 암살했다고 주장했다.

UFO 커뮤니티의 일부 사람들은 한때 리어와 쿠퍼를 지지하면서 그들을 강연 무대의 슈퍼스타로 추앙했지만, 그들의 주장은 점점 더 황당해지면서 가장 열정적인 신봉자들조차 그들의 말을 받아들이기 어려운 수준이 되었다. 자크 발레는 그들의 주장에 대해 "내 어린 시절 어머니가 읽어 주던 그림 형제 동화 이후 들은 최고의 공포 이야기 중 하나"라고 표현하면서, 직접적으로 몇 가지 간단하고 논리적인 질문을 던졌다. 예를 들어 수십억 년이나 앞선 기술을 갖고 있는 외계 문명이 굳이 지구까지 와서 한다는 짓이 고작 인간과 소에서 단순한 효소를 추출하는 것이었을까라는 질문이었다.

1989년 무렵이 되면서, 쿠퍼는 강연을 할 때마다 청중들의 야유와 질문을 피할 수 없게 되었다. MUFON 컨퍼런스에 참석한 자리에서 그는 자신의 연설을 방해하던 한 여성에게 반박하면서 이렇게 말했다. "오 그만하세요. 제발 좀 그만하세요. 당신이 나를 어떻게 생각하든 상관없습니다. 당신이 나를 뭐라고 부르든 상관없어요. 내가 걱정하는 것은 오직 내가 제시한 이 정보들이 우리의 생존을 위해 아주 중요하다는 것뿐입니다. 당신이 이 정보를 갖고 무엇을 하든 상관없습니다." 이후 쿠퍼는 당시의 연설을 "안도와 구원의 순간"이라고 묘사하면서, 정부 때문에 그가 오랫동안 짊어지고 있던 비밀들을 털어놓는 기회가 되었다고 회상했다.

1990년대 초에 이르러서는 상황이 너무 고조되면서, 리어조차 쿠퍼가 일종의 "UFO병"에 걸렸다고 믿게 되었다. 리어는 쿠퍼가 "이미 알고 있는 범위를 훨씬 벗어난 이상한 이야기까지 주장하고 있다"라고 말했고, 결국 내부고발자 두 명의 파트너십은 끝이 났다.*

쿠퍼는 여기서 멈추지 않았다. 그의 주장들은 점점 더 복잡하게 다른 종류의 음모론들과 얽히기 시작했다. 심지어 그는 미국외교협회와 삼극위원회가 이끄는 전 지구적인 음모론을 주장하기에 이르렀다. 1990년대가 시작되면서 쿠퍼의 관심사는 UFO에서 신세계 질서의 영향력으로 옮겨 갔다. 이것은 미국 우익 정치권에 초현실적인 사고와 음모론이 확산되는 데 영향을 미쳤다. 초자연현상 역사학자 콜린 디키가 이후 관찰한 바에 따르면, 쿠퍼와 리어의 파트너십은 UFO 분야뿐만 아니라 미국 사회 전반에 변화를 일으켰다. 디키는 "쿠퍼와 리어는 우리가 두려워해야 할 가장 중요한 대상이 작은 녹색 외계인이 아니라, 그들과 공모해 우리를 상대로 그들의 기술을 이용하려는

* 이후 쿠퍼는 리어가 CIA의 스파이라고 비난했다.

음모를 꾸미고 있는 정부라고 주장하는 사람들 중 가장 극단에 서 있었다"라고 평가했다.

비록 쿠퍼는 UFO 커뮤니티에서 잠깐 빛나고 곧바로 사라진 유성처럼 보였지만, 그의 영향력은 그의 개인적인 삶보다 훨씬 더 오랫동안 지속되었다. 그는 보수적인 성격을 띠고 있는 라디오방송에 단골 게스트가 되었고, 그의 베스트셀러 『비루먹은 말을 보라』는 1990년대 정부와 관련된 UFO 음모론을 대중화하는 데 아주 중요한 역할을 한 TV 드라마 〈X파일〉 작가들에게 큰 영감을 주었다.* 이 드라마의 유명한 슬로건 "진실은 저 너머에 있다"라는 말은 쿠퍼, 리어를 비롯한 여러 사람이 걸쳐 있었던 가느다란 논리의 경계를 상징한다. 결국 진실이라는 건 까다로운 것이었고, 진실이 더 확장되는 건 시간 문제일 뿐이었다.

---

* 그로부터 몇 년 동안 쿠퍼는 라디오 쇼에서 신세계 질서와 전 세계 엘리트에 대한 두려움에 관해 계속해서 폭탄 발언을 퍼부으면서 많은 팬을 확보했는데, 쿠퍼의 쇼 〈디 아워 오브 더 타임스〉를 좋아했던 티머시 맥베이라는 이름의 청년은 나중에 폭탄 테러 공범이 되는 테리 니콜스와 함께 애리조나에 있는 쿠퍼의 거주지를 방문해 "오클라호마를 주의하라" 하고 경고했다고 전해진다. 또한, 오스틴 공영방송국의 알렉스 존스라는 토크쇼 진행자도 쿠퍼의 열렬한 팬이었다. 하지만 1990년대 말이 되면서 이 두 사람은 서로 격렬하게 대립하는 관계가 되었다. 쿠퍼의 사상은 더 극단적으로 치달으면서 세금 납부를 거부하기에 이르렀다. 결국 이는 당시 애리조나의 떠오르는 신예 검사였던 재닛 나폴리타노와의 갈등을 촉발시켰다. 2001년 말, 쿠퍼는 자신을 체포하러 온 경찰관들에게 총을 발사했고, 총격전 과정에서 사망했다.

39장
벨기에 파동

1989년 11월 29일, 벨기에가 주목을 받게 된 UFO 사건이 발생했다. 경찰과 민간인 들이 독일 동부 국경 근처의 작은 도시 오이펜 상공에서 밝은 빛을 내면서 정지한 듯한 비행 물체를 목격했다고 제보한 것이다. 1992년 방송된 〈풀리지 않은 미스터리〉의 에피소드에서 당시 상황에 대해 신고 접수 담당자 알베르트 크로이츠는 이렇게 회상했다. "갑자기 동료들이 하늘에서 이상한 물체가 보인다고 말했습니다. 소리도 나지 않았습니다. 우리는 농담처럼 '산타클로스가 착륙하려나 보다'라면서 웃었습니다." 현지 경찰관은 소리를 내지 않는 그 비행 물체를 추적했다. 목격자들은 그것이 검은 삼각형 모양을 하고 있으며, 각 모서리에서 주황색 불빛이 달려 있었다고 묘사했다. 그 후 몇 주 동안 벨기에의 다른 주민들도 유사한 비행 물체를 목격했다고 제보했다.

벨기에우주현상연구협회(SOBEPS)는 곧바로 조사에 착수했다. 첫 번째 질문은 미군이 비밀리에 실험용 비행 물체를 테스트한 것이 아닌지에 관한 것이었다. 이에 대해 벨기에 공군 작전 책임자 빌프리트 더 브라위어 소장은 "미국대사관에 문의했으나, 그들은 곧바로 벨기에 상공에서 스텔스나 다른 비행 물체의 실험이 진행된 적이 없었다고 확인해 주었다"라고 회상했다.

목격 사례가 수개월 동안 지속되자, 공군은 F-16 전투기를 배치한 신속 대응 경계 팀을 대기시켰다. 경찰과 레이더 기술자들이 새로운 비행 물체의 출현을 보고하면 곧바로 출격할 준비를 하기 위해서였다. 하지만 당시에는 휴대전화가 없었던 시절이기 때문에 실시간으로 보고하는 것이 어려웠고, 즉각적인 출동은 거의 불가능했다.

3월 30일이 되어서야 비로소 답을 얻을 기회가 찾아왔다. 그날 밤, 무전 담당자들은 수상한 불빛에 대한 보고받았고, 지원을 요청할 수 있었다. 1시간 이상, 아홉 번에 걸친 시도 끝에 F-16 전투기들은 "비행 물체를 요격하려 했고, 한때 레이더에서 비정상적인 움직임을 보이는 물체가 포착되기도 했다. 예를 들어 몇 초만에 엄청난 거리를 이동하거나 인간의 능력을 초월한 속도로 가속하는 듯한 움직임을 보였다". 이것은 인상 깊은 성과였지만, 더 브라위어 소장은 "안타깝게도 육안으로 확인하는 건 불가능했다"라고 기록했다. 이후 분석 결과 "해당 사건에서 실제 비행 물체가 공중에 존재했다는 것을 입증할 만한 증거가 충분하지 않다"라고 결론 내려졌다.

그럼에도 비슷한 제보는 끊이지 않았다. 대부분 삼각형의 비행 물체를 봤다는 목격이었고, 혼자 또는 두 대가 함께 비행하는 경우도 많았다. 그리고 대개 서치라이트를 장착하고 있었다. 때로 현존하는 항공 기술을 훨씬 뛰어넘는 비행 기술을 보이기도 했다. 이 비행 물체들은 적대적인 모습을 보이지는 않았고, 목격자로부터 몸을 숨기려는 시도도 없었다. 전자기기의 간섭도 제보되지 않았다. 벨기에는 2년 동안 약 2000건의 목격 사례를 수집했고, 그중 650건에 대해 조사를 진행했지만 공군의 요격 실패와 비행 물체에서 별다른 적대적인 모습을 보이지 않았던 탓에 벨기에 정부의 관심도 빠르게 식어 갔다. 더 브라위어는 "벨기에 정부는 이 사건을 우선순위에 두고 있지 않았으며, 어떠한 공식 조사도 이뤄지지 않았다"라고 설명했다.

이후의 조사를 통해 국가적인 규모의 대규모 히스테리가 원인이었을 가능성에 무게가 실렸다. 제보가 언론의 관심을 끌었고, 이것이 또 더 많은 제보를 만들면서 일종의 자가증식 피드백의 순환 고리를 형성했다는 것이다. 연구자들은 목격 사례 대부분에서 제보된 비행 물체의 정체가 야간 비행을 하고 있던 헬리콥터일 가능성을 제기했지만, 더 브라위어는 2010년 "벨기에 영공에 기원을 알 수 없는 미스터리한 공중 활동이 존재했을 가능성이 있다"라고 주장하면서, "목격 사례의 수와 목격자들의 신빙성을 고려할 때, 이건 흥미로운 미스터리로 남아 있다"라고 썼다.

더 브라위어의 기록이 발표되고 1년이 지난 뒤, 벨기에 TV 방송국은 세 개의 불빛이 각 모서리에서 빛나고 있는 검은 삼각형 모양의 비행 물체 사진이 사실 누군가 사무실에서 장난으로 만든 사기극이었다는 사실을 폭로했다. 프티르셍에서 목격된 UFO는 "먼 은하계에서 온 외계인들의 우주선이 아니라, 세 개의 조명이 부착된 스티로폼 패널"이었다는 결론이 내려졌다. 벨기에를 발칵 뒤집었던 그 유명한 "검은 삼각형 UFO"가 재차 미국 상공에서 목격되기까지는 거의 10년이라는 시간이 걸렸다.

물론 그 물체가 정말 존재했다면 말이다.

40장
중단된 여정

1990년대에 들어서면서 오랫동안 UFO 연구 분야 변두리에 머물러 있던 외계인 납치사건의 진위 여부가 무대의 중심에 떠올랐다. 외계인 납치에 대한 이야기들은 1950년대부터 이미 UFO 커뮤니티에 존재하고 있었지만, 그것들은 그때부터 3종 근접조우 사건 중에서도 가장 논란이 많은 사례였다. J. 앨런 하이넥과 같은 베테랑들도 불편함을 느낄 정도였으니 말이다. 그럼에도 이런 이야기들은 사라지지 않았다.

존 풀러의 책에서 다룬 바니와 베티 힐 사건 이후, 다른 사람들도 자신이 외계인에게 납치를 당한 적이 있다는 이야기를 하기 시작했다. 그리고 그들의 주장은 관련 사례가 늘 그렇듯 논리적으로 난해했다.* 1975년 10월 NBC에서 98분짜리 영화

---

* 아주 많은 납치사건이 있었지만, 힐 부부 사건 이전에 벌어진 것으로 보이는 건 단 한 건뿐이다. 1957년 10월, 농부의 아들인 안토니오 빌러스보어스는 밤에 그들의 목장 위로 밝은 빛이 나타나더니 창문 쪽으로 다가오는 것을 목격했다. 일주일 뒤, 저녁에 밭을 갈던 중 그 위로 다시 빛이 나타났고, 다음 날 밤에는 계란 모양의 물체가 나타나더니 마침내 착륙했다. 그 뒤 빌러스보어스는 머리가 커다란 네 명의 조그마한 존재들에게 붙잡혔다. 그는 저항했지만, 결국 그들은 그를 우주선으로 끌고 갔고 그의 옷을 벗겼다. 그들은 그에게 어떤 액체를 발랐다. 그 뒤 금발에 높은 광대뼈, 크고 기운 눈을 한 약 4피트 정도 되는 아름다운 여성 외계인이 나타났고, 그와 섹스를 했다. 그 뒤 그는 옷을 돌려받았고, 우주선 내부를 구경한 뒤 밖으로 나왔다. 1958년 2월, 그가 브라질의 한 UFO 연구자에게 이 이야기를 들려준 이후 이 사건에 대해

〈UFO 사건〉이 방영되고 2주가 지난 뒤, 애리조나 산림청의 팀 리더인 마이클 로저스는 자신의 직원 중 한 명인 트래비스 월튼이 외계인에게 납치되었다고 신고했다. 로저스의 주장에 따르면 그들은 11월 5일 저녁 시트그리브스 국유림에서 하루 일과를 마치고 집으로 돌아가던 중 숲속에 떠 있는 UFO를 발견했다. 월튼은 트럭에서 뛰어내려 그 물체 쪽으로 달려갔는데, 그가 접근하자 번개처럼 밝은 빛이 갑자기 번쩍였다. 로저스는 당황해서 트럭을 몰고 도망쳤다가, 이내 다시 멈추고 돌아가서 두 번째 빛을 목격했다(아마 UFO가 떠나가는 모습 같았다). 현장에 돌아갔지만 이미 월튼은 사라진 상태였다.

경찰은 며칠 간 대대적인 수색을 벌였다. 마침내 11월 11일, 월튼이 근처 마을에 있던 주유소의 한 전화 부스에서 가족에게 전화를 걸어왔다. 기자들과 APRO의 짐 로렌젠을 포함한 수사관들은 월튼과 그의 팀의 주장에 많은 모순점이 있다는 사실을 발견했다(월튼은 맨 처음 실시한 거짓말탐지기 테스트도 통과하지 못했다). 많은 사람은 이 사건이 큰 금전적 이득을 취할 목적으로 만들어진 거짓 이야기라고 받아들였지만, 진실 여부와 상관없이 이 이야기는 UFO 괴담 속에 빠르게 자리를 잡았다. 이 사건은 화가 출신이자, 마크 로스코 그리고 잭슨 폴록과도 친분이 있었던 버드 홉킨스의 관심을 끌었다.*(《뉴욕타임스》는 그의 예술을 "긴장감 있고 결단력 있는" 작품이라고 평가했다).

>공개적으로 언급하는 데는 거의 20년이라는 세월이 흘렀다. 이제 그는 변호사로서 네 아이의 아버지가 되어 평범한 삶을 살고 있다.
>* 이 사건은 1993년 영화 〈트래비의 실종〉의 배경이 되었다.

1960년대 홉킨스는 UFO 연구에 빠져들었고, 곧 납치된 사람들에 관해 관심을 갖기 시작했다.* 1981년 그는 『사라진 시간』이라는 책을 출판했다. 이 책의 제목은 많은 납치된 사람들이 공통적으로 경험한 "사라진 시간" 현상을 의미했다. 이 책은 그가 신중하게 연구한 열아홉 건의 납치 사례를 바탕으로, 총 서른일곱 명의 사람들과 나눈 대화를 다루고 있었다. 그는 외계 생명체가 "상당히 많은 인간 표본을 대상으로 오랜 기간에 걸친 심층적인 연구를 진행하고 있다"라고 주장했다.

그는 이렇게 썼다. "우리의 모든 사고와 경계는 인간 중심적이다. 우리를 연구하는 '우리보다 우월하면서 분명히 다른' 지적존재의 본질은 문자 그대로 이해할 수 없는 것이다. 이 모든 것은 잠재적으로 코페르니쿠스 혁명에 버금가는, 그보다 더 파괴적인 두 번째 혁명이 될 것이며, 과학자든 아니든 우리 중 그 누구도 그 다가올 혁명에 대해 진정으로 대비된 사람은 있을 수 없다."

홉킨스에게 외계인들이 그들의 연구를 통해 무엇을 이루려는지는 전혀 확실치 않았다. 그는 외계인들이 실제로 그리 악의적이지는 않을 거라 믿고 있었지만, 뭔가 실제로 일어나고 있었고 그 목적이 무엇인지 알고 싶었다. 홉킨스의 책은 납치 현상에 대해 보다 심도 있는 연구를 촉발시켜서 UFO연구센터의 지원을 받아 연구들을 진행할 수 있었다. 그 연구 결과는

---

* 사실 그의 인생은 어린 시절부터 UFO와 외계인에 대한 관심으로 가득 차 있었다. 그는 1938년 오슨 웰스의 〈우주 전쟁〉이 라디오에서 방송되고 있을 때, 부모님이 겁에 질려서 웨스트버지니아 휠링에 있던 집을 떠나 도망치기 위해 짐을 쌌던 기억을 갖고 있다.

겉보기에 매우 놀라웠다. 연구자들은 납치된 사람들에게서 공통된 정신질환의 징후를 찾지 못했고, 그들이 겪은 트라우마가 강간 피해자들과 유사한 특징을 보인다는 사실을 발견했다.

이 연구는 보다 전통적인 학자들까지 이 주제에 관심을 갖게 만드는 계기가 되었다. 1970년대 박사논문에서 미국의 UFO 논란에 대해 명확한 설명을 해낸 템플대학교의 역사학 교수 데이비드 제이컴스는 많은 사람이 얻을 것도, 딱히 거짓말을 할 이유도 없는 데도 이런 제보들을 하는 이유를 알고 싶어 했다. 그는 풀러의 책을 "매우 흥미롭지만 믿기 힘들다"라고 평가하면서, 아마도 집단적으로 연속해서 기이한 꿈을 공유한 결과일 것이라 생각했다. 하지만 UFO 목격에 대해 학문적 연구를 이어 가면서, 그는 이 분야의 중심에 빈틈이 있다는 것을 느꼈다. 모든 사람들이 목격에 대해 무엇에만 집중하고 있었을 뿐 왜에 대해서는 관심을 갖고 있지 않았던 것이다. 그는 "만약 외계인이라면 왜 그들은 인간과 접촉하지 않고 둥둥 떠다니기만 하는 것일까?"라는 의문을 품었다. 『사라진 시간』이 출판되고 1년이 지난 1982년 그는 홉킨스를 만났고, 외계인 납치사건들이 바로 그 해답을 품고 있을지 모른다고 생각하기 시작했다. 그 이야기들은 복잡하고 혼란스러웠지만 점차 하나의 반복된 서사를 형성했다. UFO 이야기의 관점을 그 외부에서 비행 물체 내부로 옮겨 가게 했고, 외계인이나 다른 존재들이 왜 지구 주위를 배회하는지에 대한 잠재적인 설명을 제공할 수 있을 것처럼 보였다.

연구자들은 여전히 납치된 사람들에게 경계심을 갖고 있었다. 과거 자주 조롱의 대상이 된 "피접촉자" 이야기들이 여전히 비교적 사람들에게 낯설게 남아 있었기 때문이었다. 다수의 새 이야기들은 다소 선정적이거나 "이국적이고 당혹스러운 이상 현상"처럼 느껴졌고, 그저 뇌에서 벌어진 이상한 오작동 정도로 치부할 수 있었다. 제이컵스는 "사람들은 자신에게 이상한 사건이 벌어졌다는 주장을 늘상 많이 해 왔다"라고 언급했다. "아마도 이러한 초자연적인 현상들은 이야기를 만들고 괴담을 창조하려는 인간의 성향에서 비롯된 것일지 모른다. 혹은 집단적인 무의식에서 나온 것일 수도 있다. 어떤 경우든, 이러한 이야기들은 심리학적 관점에서 설명되는 것이지, 객관적 현실로서 설명되지는 않을 것이다."

그러나 납치된 사람들의 이야기를 조사하고, 홉킨스가 진행한 납치당한 사람들을 위한 상담 세션에 참석하기 시작하면서 제이컵스는 단순히 심리학적인 방식만으로 이 현상을 간단하게 설명할 수 없을지 모르겠다는 의심을 품었다. 분명 그 이상의 무언가가 존재하는 것 같았다. 그는 최면술을 독학했고, 1986년쯤에는 직접 납치된 사람들을 만나 인터뷰를 시작했다. 그는 이렇게 회상했다. "그들은 모두 똑같은 이야기를 했다. 이상한 모습을 한 존재들에게 납치를 당해서, 다양한 신체적, 정신적 '절차'를 거쳤고, 다시 원래 있던 장소에 놓여졌다. 그들은 이 사건을 통제할 수 없었고, 사건이 끝나자 거의 모든 기억을 잃었다. 그들 대부분은 자신에게 무언가 벌어졌다는 느낌을 받았지만, 정확히 무엇이었는지는 확신하지 못했다." 세션 중 그들은 두려움과 슬픔을 표현했고, 실제로 심리적이고 감정적인 트라우마를 겪는 것처럼 보였다.

자신의 경험을 자랑스럽게 떠들어 대던 "피접촉자"들과

달리 납치된 사람들은 대체로 익명을 원했다. 그들은 연구에 가명으로 등장했고, 심지어 친구나 가족들에게도 조롱을 받을까 두려워서 이야기를 꺼내려 하지 않았다. 그들의 세계에 깊게 빠져들수록 제이컵스는 이 사건에 압도되기 시작했다. 그 이야기들은 너무나 기이했다. 그는 이렇게 썼다. "납치사건의 최초 몇 초부터 모든 것은 인간의 정상적 경험의 범위를 아득히 벗어난다. 그것은 곧바로 환상적이고 기괴한 세계로의 추락이었다."

* *

1987년 홉킨스는 납치된 사람들의 이야기에서 더욱 기이한 측면을 다룬 후속작 『침입자』를 출간했다. 이 책은 특히 제이컵스가 몰두하고 있던 성적인 유린과 정자 및 난자 채취에 관한 제보들을 다루었다. 이러한 내용은 적어도 일부 납치사건에서 외계인이 인간을 납치한 이유가 생식과 번식에 연관이 있을지 모른다는 암시를 주었다. 같은 해, 홉킨스가 치료하던 납치된 사람 중 한 명인 60세의 소설가 휘틀리 스트리버의 회고록이 출간되면서 큰 화제를 모았다. 『성찬: 실제 이야기』라는 이 책은 벌레 같은 눈을 한, 머리카락이 없고 성별을 알 수 없는 회색 외계인의 모습이 아주 눈에 띄는 표지를 하고 있었다. 이 모습은 이후 외계인을 묘사하는 가장 상징적인 이미지 중 하나가 되었다(이 그림을 그린 예술가는 "한번은 그가 그림을 보고 자신이 본 것과 정확하게 일치한다고 말했다"라고 언급했다).

이 책은 1985년 크리스마스 다음 날 밤, 스트리버가 가족과 함께 캐츠킬에 위치한 별장에서 경험한 약 6시간에 걸친 납치사건을 기록했다. 그는 별장에서 이상한 소리를 들었고, 침대에 있다가 덩치가 작은 어떤 형체들에게 습격을 당했다. 몇 초 후 그는 작은 밀폐된 공간에 벌거벗겨진 채 이들로부터 온갖 신체검사를 당하고 있었다. 그는 그 존재들에게서 "골판지 냄새"가 났다고 기록했다.

저자 자신이 "미지의 영역에서 경험한 충격적인 공격에 대처하려 했던 한 남성의 시도"라고 설명한 이 책은 출판사로부터 100만 달러의 선인세를 받았다. 이것은 이후 회의론자들이 그의 이야기의 진정성을 의심하게 만드는 근거로 사용되기도 했다. 그럼에도 이 책은 베스트셀러 목록에 6개월 동안 올라 있었고, 스트리버는 이후에도 다른 저서들을 내면서 미국에서 외계인에게 납치된 사람들을 대표하는 인물로 자리 잡았다. 그러나 모두가 그것을 진지하게 받아들인 것은 아니었다. 《로스앤젤레스타임스》는 『성찬』의 후속작을 "논픽션" 목록에 올리는 것을 거부했다.

이 주제에 관심을 가진 두 번째 전통적인 UFO 연구자는 존 맥이었다. 겉으로 봤을 때, 맥은 하버드대학교의 저명한 정신과의사였고, 퓰리처상을 수상한 『아라비아의 로렌스』의 실제 인물인 T.E. 로런스의 전기작가이자 반핵운동에서 목소리를 높여 온 인물이었다. 다른 주요 학자들과 비교했을 때도 외계인 논쟁의 가장 기이하고 어두운 구석으로 뛰어들 이유가 전혀 없어 보이는 인물이었다. 게다가 UFO에 회의적이었던 오랜 연구자 도널드 멘젤과 관련이 깊은 하버드대학교 출신이라는 점에서, 그가 이 분야에 관심을 가진 것은 정말 놀라운 일이었다.

그러나 그의 작품을 좀 더 면밀하게 살펴보면, 외계인 납치사건이 그의 연구에 어떻게 자리를 잡게 되었는지를 알 수 있다. 맥의 첫 번째 저서는 어린이들과 그들이 꾼 악몽을 집중적으로 다루면서, 수면과 환상의 미묘한 경계를 탐구한 것이었다. 그의 다른 저작들도 신화와 인간의 상상이 기억에서 어떤 역할을 하는지 집중 탐구한 내용을 담고 있었다. 그는 환자들과의 상담에서 놀라울 정도로 공감적이었고 이해심이 깊은 것으로 유명했다. 겉보기에는 그가 충동적으로 UFO라는 주제에 빠져들어서 연구를 시작한 것처럼 보였지만, 사실은 진지한 지적 탐구를 바탕으로 UFO를 전공에 결합한 독특한 인물이었다. 그의 T.E. 로렌스의 전기는 전설적인 한 영국인 장교의 삶을 세밀하게 탐구하면서, 성적 트라우마가 그를 어떻게 변화시켰는지 새롭게 조명한 작품이었다.* 그가 1962년 어느 날 밤 아내와 외출을 했다가 우연히 영화 〈아라비아의 로렌스〉를 보면서 집필하기 시작한 작품이었다. 그의 전기작가는 "맥의 방대한 연구에서 분명하게 드러나는 것은 고대문화의 신비로운 의식, 의식 상태의 변화, 영적인 돌파구, 그리고 정신과 신체의 연결에 대한 지속적인 관심이었다. 그는 과학적 물질주의 시대에 이러한 요소들이 과소평가되었다고 아쉬워했다"라고 설명했다.

그의 오랜 친구이자 제세동기를 발명했고, 핵전쟁방지국제의사회(IPPNW)를 설립하는 데 기여했던 하버드대 심장병 전문의 버나드 라운은 "존의 정신은 너무나 넓게 방황했다. 그가 그러한 길을 걷는 것이 전혀 놀랍지 않았다"라고 말했다.

* 흥미롭게도 맥은 칼 세이건이 『에덴의 용: 인간 지능의 진화에 대한 추측』으로 퓰리처상을 수상하기 딱 1년 전인 1977년에 퓰리처상을 수상했다.

존 에드워드 맥은 어린 시절 자신만의 트라우마를 겪었다. 1929년 주식시장 붕괴 몇 주 전에 태어났는데, 그의 어머니는 그가 한 살도 채 되지 않았을 때 맹장염에 걸려 치료를 받지 못하고 세상을 떠났다. 이후 그는 젊은 시절 남편이 예일 클럽 건물 16층에서 투신자살한 경험을 가진 계모 아래에서 컸다. 계모는 맥이 친어머니의 사진조차 갖고 있지 못하게 했다.

그럼에도 맥은 성공을 거두었다. 친구들은 그가 성인이 되고 나서 삶을 다소 쉽게 살아간다고 평가했다. 그는 매력적인 외모와 사람을 끌어당기는 성격을 갖고 있었다(그의 전기작가는 "저항할 수 없는 인간 블랙홀"이라고 표현했다). 지능이 뛰어났고, 국가적인 혼란 속에서도 뉴욕에서 재정적으로 안정된 삶을 누렸다. 1951년 오벌린대학교를 졸업한 후 하버드 의과대학에 진학했고, 그 후 어린이 정신과의사, 하버드 교수, 저자로서 눈부신 경력을 쌓았다. 1980년대에 접어들면서 맥은 반핵운동에 더 적극적으로 참여하게 되었고, 핵전쟁방지국제의사회를 단순한 연구 조직에서 강력한 사회운동단체로 발전시키는 데 기여했다. 이 노력은 1985년 이 단체가 노벨평화상을 수상하는 데 크게 기여했다.

맥과 그의 아내는 4년 동안 세 명의 아들을 두었다. 결국 그의 지적 탐구의 여정을 전혀 새로운 방향으로 이끈 것은 다름 아닌 그의 아들 대니의 영적 탐구였다.* 대니는 베티와 바

---

* 맥은 다소 서먹한 아버지였고, 자녀 양육에 대해 거의 임상적인 방식으로 접근하는 것처럼 보였다. 한때 그는 자녀들의 형제간 경쟁을 주제로 한 3일에 걸친 심층적인 연구를 진행했고, 그 결과를 타자기로 21페이지짜리 문서로 남겼다.

니 힐을 치료했던 정신과의사 벤저민 사이먼 박사에게 매료되었고, 1970년대와 1980년대 컬트적인 에르하르트 세미나 훈련, 실바 마인드 컨트롤 등, 명상을 통해 의식을 높이는 기술을 연구하고 시도했다. 대니와 맥은 에르하르트 세미나 훈련의 창립자인 베르너 에르하르트를 만났고, 맥은 에르하르트를 "내가 만난 사람 중 가장 놀라운 인물"이라고 평가했다.

이후 맥은 더 많은 영적, 정신적 변화를 경험할 수 있는 기회를 가졌고, 체코 출신 정신과의사 스타니슬라프 그로프의 호흡 기법과 정신분석에 매료되었다. 그는 브리티시컬럼비아에서 12일간 훈련을 받았고, 마치 태어나던 순간으로 돌아간 듯한 트랜스 상태를 경험하고는 "놀라운 경험"이라고 표현했다. 그는 또한 LSD 같은 환각제를 사용하기 시작했고, 이를 통해 "섹스를 초월한 신성한 황홀감"을 경험했다고 말했다. 남미의 아야와스카 차와 같은 다른 환각 물질들도 실험하면서 점점 더 많은 영적 수련에 참여했고 자신의 의식을 확장시키려는 시도를 이어 갔다.

그들의 학문적 관계가 더 깊어지면서, 그로프는 맥에게 곧 출간될 UFO 목격 사건에 대한 전집을 검토해 달라고 요청했다. 맥은 처음에 이 비정상적인 주제에 대해 상당한 회의감을 갖고 접근했지만, 지적으로 호기심이 많았던 그의 머릿속에 이 주제가 들어오자 그는 쉽게 떨쳐 낼 수 없었다.

1990년 1월 10일, 맥은 처음으로 버드 홉킨스를 만났다. 하버드의 정신과의사는 이 만남을 나중에 "인생에서 모든 것이 송두리째 변하는 순간을 기억하는 날들 중 하나"라고 회상했다. 맥은 "UFO—공포나 SF 판타지가 프로이트의 심리적 투영이 아니라 실제 '다른 우주'에서 온 방문객들로 인한 악몽 같은 트라우마를 극복하려는 노력이라면, 우리는 이러한 현실을 받아들일 수 없기 때문에 그 이야기에 깊게 묻혀 있는 공포가 우리에게 다가오는 것일 수 있다. 우리는 이 감정을 공포스러운 이야기로 치환하는 것일지 모른다"라고 언급했다.

2월에 맥은 뉴욕으로 돌아가 홉킨스와 함께 네 명의 납치된 사람들을 만났다. 이 만남은 그에게 불안감을 주었다. 그는 이후 "나는 뭐든 설명되는 것을 좋아한다. 하지만 이건 설명할 수 없었다"라고 말했다. "이러한 일을 겪는 사람들이 걱정되었고, 한편으로는 내 직업에 대해서도 걱정이 되었다. 우리는 이들에게 도움을 주지 못했고, 나는 이 문제를 더 알고 싶었다."

그해 겨울, 맥의 가장 가까운 동료 중 한 명인 하버드의 정신과의사 레스터 그린스푼은 맥을 이 주제로부터 벗어나게 하려고 노력했다. 그린스푼은 맥을 설득하기 위해서 외계 생명체와 학문적 연구 사이의 미묘한 균형에 대해 잘 알고 있던 칼 세이건에게 도움을 요청했다. 두 학자는 두 시간 동안 대화를 나누면서, 맥에게 조심스럽게 접근하라고 설득했다. 그들은 질문을 던지고 탐구하는 것은 장려할 만한 일이지만, 이 문제는 완전히 다른 차원의 것이라고 설명했다. 그러나 맥은 그들의 우려를 일축했다. 그는 그린스푼에게 이렇게 말했다. "레스터, 너와 칼의 문제는 너무 데카르트적이라는 거야." 그의 뜻은 분명했다. 너희는 너무 융통성 없고 지루하다는 뜻이었다.

앞으로 몇 달 동안 맥은 납치당한 사람들을 비공식적으로 인터뷰하기 시작했다. 그는 매단계마다 자신이 새롭고 독특한 무언가를 다루고 있다는 확신을 가졌다. 그들은 진심으로 자신이 지구 바깥의 경험을 했다고 믿는 사람들이었고, 거짓말을 할 이유가 전혀 없는 사람들이었으며, 힐 부부처럼 실제로 트라우마를 호소하는 사람들이었다. 심지어 그는 실제로 어떤 일이 일어났다고 믿지 않더라도, 그들이 무언가 자신에게 벌어졌다고 믿고 있다는 사실은 받아들일 수 있다고 주장했다. 맥이 보기에 그들의 심리적 고통은 납치 경험에서 비롯된 것이지, 그 반대는 전혀 아니었다. 그는 "납치된 사람"이라는 판단적인 표현 대신 "경험자"라는 더 중립적인 용어를 사용하기로 결정하면서 "지금까지 내 의뢰인들의 과거 사건들을 그들의 납치 경험담과 연결할 만한 방법을 찾지 못했다"라고 결론지었다.

1991년 가을까지 그는 「납치 신드롬」이라는 100페이지 분량의 논문 초안을 완성했다. 이 논문은 맥이 매월 주최한 납치 경험자를 지원하는 모임에서 들은 경험과 발견을 바탕으로, 총 서른네 명의 의뢰인을 치료하고 연구하면서 얻은 내용이었다. 그중에는 네 명의 자녀들이 두 살때부터 납치당했다고 보고한 사례도 있었다. 논문에서는 그중 열여섯 명의 사례에 집중했고, 민속학자 토머스 불러드가 300명에 가까운 납치된 사람들의 이야기를 종합해서 1987년에 출간한 『UFO 납치: 미스터리에 대한 측정』에 담긴 세부적인 내용을 추가로 검토했다. 맥은 이 "경험자"들의 증언이 인간 자신, 의식, 그리고 우주에서 인간중심적 사고에 대한 우리의 인식을 새롭게 바꾼다고 주장했다.

그 논문은 사람들이 보고한 기이한 경험들을 다루었다. 방 침대에서부터 도로 위의 자동차에서까지 다양한 장소에서 납치된 체험을 다뤘다. 이 경험들에는 공통적인 요소들이 많았다. 밝은 빛, 인간을 닮은 존재들, 마비나 무감각, 그리고 자신에게 일어나는 일을 피하거나 도중에 깨어나거나 바꿀 수 없었다는 무기력한 감정이 주로 보고되었다. 많은 사람은 시간이 사라진 듯한 경험을 호소했고, 일부는 "돌아왔을 때" 자신이 물리적으로 다른 장소에 있거나, 옷이 뒤집히거나 바뀌거나 아예 사라져 있었다고도 보고했다. 납치된 사람들 중 소수만이 UFO에 있던 다른 납치된 사람들과 접촉했다. 이러한 이야기들이 갖고 있는 유사성은 더욱 인상적이고 수수께끼 같았다.

납치를 당하는 건 매우 고통스러운 일이었고, 누군가 이것을 자발적으로 경험하고 싶어 할 이유는 전혀 없어 보였다. 맥의 전기작가는 "납치된 사람들은 네 가지 트라우마를 겪는다. (1) 그 자체의 경험, (2) 아무도 그들을 믿지 않는 데서 오는 고립감, (3) 현실에 대한 인식이 깨지면서 얻는 충격, (4) 언제든 다시 비슷한 일이 벌어질 수 있다는 데서 오는 공포감이었다"라고 요약했다. 맥은 납치당한 사람들은 자신들의 경험을 최대한 깊이 묻으려고 한다고 언급했다. 최선의 경우, 그것은 설명할 수 없는 대규모로 공유된 정신이상 증세처럼 보였지만, 그런 진단도 결코 만족스럽지 않았다.* 맥은 이 논문을 《미국정신건강의학저널》에 제출하려고 했지만, 논문이 너무 길다는 이유로 거절당했다.

1991년까지 지속된 맥의 새로운 열정은 그의 하버드대학교 동료들을 당황하게 만들었고, 그의 직업적 정체성과 소속감

---

* 논문 내용 중 일부는 믿기 힘든 내용이었다. 맥은 납치 피해자의 수가 수십만에서 400만 명에 이른다는 추정치를 내놓았는데, 이 수치는 너무 놀라웠기 때문에 이후 비평가들이 그의 진지함과 학문적 소양을 완전히 무시하는 데 빌미가 될 정도였다.

을 위협하기에 이르렀다. 그해 2월, 그는 하버드 교수 클럽 회원들의 모임인 "숍 클럽"에서 자신의 새로운 이론을 발표했다. 그는 아마도 "완벽하게 소화되지 않은" 연구 프로젝트를 공유한다는 월레 세션의 취지를 문자 그대로 받아들인 듯했다. 또 다른 기회에 그는 홉킨스와 함께 하버드 의과대학에서 강연을 진행했는데, 자신의 연구가 과학의 최첨단을 대표한다고 설명했다. 그는 이 작업이 기존 과학의 경계를 넘나들기 때문에, 마치 1794년 이전 운석의 존재가 설명되기 전까지 사람들이 하늘에서 바위가 떨어질 수 있다는 이론을 말도 안 된다고 생각했던 것처럼, 오늘날 사람들도 자신의 이론을 말도 안 되는 이야기처럼 듣는 것이라고 주장했다. 그는 혼란스러워하는 학생들과 교수들 앞에서 "나는 이 놀라운 현상의 경계를 넘어서고 싶다"라고 한 뒤 "내가 조사한 사람들에게 공통점이 있다면, 그것은 그들 모두 어떤 트라우마를 겪고 있다는 것뿐"이라고 말했다.

맥의 연구는 계속되었다. 그리고 UFO 커뮤니티에서 그의 명성도 점점 높아졌다. 그에 따라 납치를 당한 적이 있다는 사람들의 연락이 맥에게 쇄도하기 시작했다. 그들은 모두 자신의 경험을 맥이 이해해 주기를 바랐다. 맥은 한 잠재적 의뢰인을 만난 뒤 친구에게 "명백한 납치사건이야! 의심의 여지가 없어! 무조건 확실해!"라고 말했다.

1992년 4월, 맥은 달라이 라마의 초대를 받았다. 그리고 그는 인도의 남걀 사원에서 UFO와 외계인 납치사건에 대해 논의를 나눴다. 맥과 다른 환자들, 전문가들은 히마찰프라데시에 3일 동안 함께 모였다. 그들은 납치사건부터 이 세상의 것이 아닌 "검은 옷을 입은 남자들"에 대한 무시무시한 보고서들까지, UFO 현상에 관한 가장 기묘하고 신비로운 부분에 대해 이야기를 나눴다. 모임이 거의 끝나 갈 무렵, 달라이 라마는 간단하게 "당신은 어떻게 생각합니까?"라고 물었다. 맥은 이렇게 답했다. "나는 우리가 서로(외계인과 인간)에게서 배울 것이 많다고 생각합니다. 그들이 우리와 접촉하는 이유는 마음과 영혼, 그리고 우리에 대한 지식을 얻기 위해서라고 생각하며, 우리는 그들에게서 이 좁은 세상 너머 영혼의 세계, 그리고 우주가 있다는 사실을 배울 수 있습니다."

41장
외계인과의 섹스

그해 6월, MIT는 5일 동안 유서 깊은 대학 역사상 가장 이상한 주제로 과학 컨퍼런스를 개최했다. 바로 외계인 납치에 관한 주제였다. 이 컨퍼런스에는 과학자를 비롯한 다양한 분야의 학자, UFO 연구자, 특별하게 선정된 기자 열 명, 그리고 납치 경험자 약 열두 명을 포함한 전문가들 약 오십 명이 한자리에 모였다. 이들 중에는 수십 년 전 《네이처》에 글을 기고하면서 돌고래기사단 모임의 논의를 촉발시켰던 장본인, 필립 모리슨도 있었다. 참석자들은 납치사건을 모든 측면에서 논의했고, 발표가 총 150건 진행되었다.

그중에는 캘리포니아의 의사 존 G. 밀러의 발표가 있었다. 그는 납치 경험자들이 겪었다고 주장하는 다양한 의료 검사와 탐침 검사에 대한 보고를 다루었다. 이 검사들 중 많은 부분은 지구에서 진행되는 의료 절차와는 뚜렷하게 달라 보였다. 이것은 이러한 "경험"이 단순히 현실 세계에서의 실제 의료 행위에 대한 기억이 왜곡된 것이 아니라는 증거일 수 있었다. 다른 세션에서는 납치 경험담의 또 다른 주요한 공통점과 차이점, 과학자들이 이 사건의 진위를 입증하기 위해 할 수 있는 일이 무엇인지에 대해 다루었다.

데이비드 제이컵스는 이 컨퍼런스에서 큰 주목을 받았다. 그는 납치 경험자 60명이 보고한 납치사건 300건을 정리한 신간 『시크릿 라이프』를 준비하고 있었다. 이 책에서 그는 납치 보고를 크게 세 가지 카테고리로 분류했다. 첫 번째는 주요한 경험(납치 경험자들이 겪은 가장 흔한 절차), 두 번째는 이차적 경험(덜 흔한 절차), 세 번째는 보조적 경험(일반 사람들 사이에서는 드물게 발생하지만, 개별 납치 경험자들에게는 반복적으로 발생하는 성적인 절차와 같은 특수한 절차)이었다. 그는 수십 페이지에 걸쳐 인터뷰 기록에 담긴 기이하고 선정적인, 이해하기 어려운 모든 측면을 문자 그대로 다루었다. 그러고는 한 가지 점을 분명히 했다. "납치 경험자들이 각자의 경험을 어떻게 다루든 상관없이, 모든 납치 경험자들에게는 한 가지 공통점이 있습니다. 그들은 피해자라는 사실입니다. 성폭력 피해 여성들이나 외상후스트레스장애를 겪는 군인들이 피해자이듯, 납치 경험자들도 섬세한 처우, 그리고 필요하다면 자신에게 벌어진 일을 이해하는 데 도움을 필요로 하는 피해자들입니다."

데이비드 제이컵스는 이 분야의 몇몇 전문가들이 납치 경험자들의 주장을 단지 더 끔찍하고 어두운 기억을 덮기 위해서 상상한 이야기로 생각하고 있다는 것을 이해했다. 많은 정신과의사는 외계인 납치가 성적 또는 신체적인 학대에 대한 억압과 기억을 다루기 위한 하나의 수단일 수 있다고 생각하고 있는 것 같았다. 하지만 그는 납치 피해자가 성적 또는 신체적인 학대 경험을 외계인에 의한 납치로 잘못 기억하고 있는 사례는 본 적이 없다고 설명했다. 또한 이 현상은 이른바 "히스테리성 전염"의 사례로도 보이지 않았다. 피해자들은 대부분 서로 모르는 사람들이었고, 그들이 주장하는 이야기들이 벌어진 지리적 위치나 시간대도 제각각이었기 때문이다. 게다가 많은 보고는 대중매체의 보도나 대중의 관심이 촉발되기 전에 등장했다. 이것을 단순히 모방이나 집단히스테리로 치부하기는 어려웠다. 제이컵스는 이렇게 썼다. "납치 현상에 대해 더욱 알게 될수록 그것의 개인적, 사회적 영향을 고려했을 때 더욱 두려워졌다. 우리는 납치 현상을 허풍이나 심리적으로 불안정한 사람들의 헛소리로 치부해서는 안 된다는 것을 깨달아야 한다."

초자연적현상주장에대한과학적조사위원회에 소속되어 있던 로버트 셰퍼는 컨퍼런스에서 회의적인 목소리를 냈다. 그는 세계 각지의 납치 이야기들에 서로 다른 점이 있다는 점을 강조했다. 북미에서는 주로 작은 회색 외계인에게 납치되었다는 주장이 많은 반면, 유럽에서는 키가 큰 북유럽인처럼 생긴 존재들에게 납치를 당했다는 주장이 많았다. 셰퍼는 "과연 대륙에 따라 찾아오는 외계인 종족이 다른 것일까?"라는 의문을 제기했다. 또한 각기 다른 최면술사들이 각기 다른 고객들을 만났는데, 어떻게 전부 자신의 고객과 환자에게서 비슷한 납치를 경험했다고 보고하는 것일까? (맥의 전기작가는 이것을 "부드럽고 교양 있는 외계인을 경험했나요? 레오 스프링클 박사를 찾아 상담을 받으라. 정자와 난자, 태아를 훔치고, 이식 장치를 넣고, 상처를 남기는 외계인을 경험했나요? 버드 홉킨스에게 달려가라"라고 요약했다.) 셰퍼는 이어서 이렇게 질문했다. "왜 이렇게 많은 사례가 괴물 네시나 빅풋, 설인과 같은 미확인 생명체만큼이나 빈약한 증거들뿐일까요? 외계인 중 적어도 한 명은 납치사건 현장에 은하계 커피잔 정도는 하나쯤 떨어뜨렸을 것이라고 기대할 수 있지 않을까?"

그 며칠간의 논의가 컨퍼런스의 공동 주최자였던 데이비드 프리처드의 마음을 특히나 무겁게 했다. 이야기를 들으면 들을수록, 그는 이 문제의 답을 결코 알 수 없을 것이라는 확신을 갖게 되었다. 그는 한탄하며 말했다. "다시는 이런 일을 하지 않을 것이다. 내가 어떻게 이런 발견을 해낼 수 있을 거라 생각한 건지 모르겠다."

그러나 다른 많은 사람에게 이 대화는 활력을 불어넣어 주었다. 과학이 인간이 직면한 가장 어려우면서도 진정한 미스터리에 맞서 공개적으로 싸우고 있었기 때문이다. 여기에서 배울 수 있는 교훈은 아주 많았다. 컨퍼런스가 끝날 무렵, UFO연구센터의 과학 책임자인 물리학자 마크 로더기어는 컨퍼런스에 대한 자신의 최종적인 인상을 이렇게 요약했다. "나는 우리가 앞으로 어디로 가야 할지 정확히 알고 있다. 우리는 존 맥을 따라가야 한다!"

* *

1993년 초, 존 맥의 연구는 하버드에서 더욱 심각한 문제를 일으키기 시작했다. 특히 대중문화가 UFO 논란을 더 받아들이기 시작하면서 문제가 커졌다. 그해 9월, 폭스는 1990년대를 대표하는 TV쇼가 될 〈엑스파일〉을 방영했다. 이 프로그램은 맥이 연구하던 세계의 이야기들에서 일부 영감을 받았다. 다음 해 봄, 맥이 출간한 더 확장된 저서 『납치: 외계인과 인간의 만남』이 서점에 깔리기 시작했고, 그는 〈오프라 윈프리 쇼〉에 출연하기도 했다. 이때쯤 그의 가설은 이미 납치사건이라는 믿기 어려운 세계를 넘어선 수준에 이르렀다. 그가 자신의 가설을 전달하는 방식은 섬세하고 안정된 학자의 이미지와는 거리가 멀었다.

1994년, 《뉴욕타임스매거진》에 실린 맥의 연구 사례를 소개하는 기사는 외계인과 성관계를 했다고 주장하는 이들과 맥 교수를 동일 선상에 놓는 충격적인 첫 문장으로 시작되었다. "피터 파우스트는 매사추세츠 워터타운에 있는 자택 거실에서 커피를 마시며 이렇게 말했다. '몇 달 전까지만 해도 내가 외계인과 성관계를 하고 있다는 사실을 알지 못했어요. 그런데 진실을 알게 되었습니다. 내 정자 샘플을 채취하는 것이 외계인 혼혈아와 관련이 있다는 사실을 알게 되었고, 내 정자가 외계인에게 사용되고 있다는 사실을 알게 되었죠. 결국 외계인 여성과 함께 있는 나 자신의 모습을 보게 되었고요.'"

맥, 홉킨스, 제이컵스를 둘러싼 논쟁에 영감을 받아 작성된 「심리학 연구」에 실린 한 논문은 이 문제에 대해 명확한 결론을 내리지 못했다. 논문은 납치 이야기를 "진지하게 받아들이되, 문자 그대로 해석하지는 말라"라고 권장하면서, 이 이야기들은 본질적으로 "외계인적 사디즘과 마조히즘"으로 설명할 수 있을지도 모르겠다고 언급했다. 이러한 가상의 이야기를 만듦으로써 피해자들은 일상생활의 압박에서 벗어나 상상 속 존재들에게 자신의 통제권을 넘겨줄 수 있었다. 논문의 저자들은 그 존재들이 주기적으로 등장해 피해자들에게 결박, 성적 만족 또는 굴욕감을 경험하게 했을 것이라고 주장했다.

일리노이대학교의 레너드 뉴먼과 케이스웨스턴리저브대학교의 로이 바우마이스터는 이렇게 썼다. "대부분의 사례는 거짓말, 주목을 끌기 위한 술책, 또는 정신질환의 증상으로 치부할 수 없다." 그러나 동시에, 맥, 홉킨스, 제이컵스가 믿고 있는 수준으로 외계인에 의한 납치사건이 실재할 가능성은 없어 보였다. 수백 명, 심지어 수천 명의 사람들이 지난 수십 년에 걸쳐 정기적으로 납치를 당했는데, 그 어떤 물리적인 증거도 남지 않는다는 것이 대체 어떻게 가능할까?

그들은 제이컵스의 연구 결과 중 하나에서 가능한 결론을 도출했다. 제이컵스와 이야기를 나눈 많은 사람이 "마조히즘과 결박에 대한 환상"을 고백했다는 것이었다. 두 저자는 이렇게 설명했다. "우리는 이 둘이 동일한 기원에서 비롯된다고 생각한다. 바로 자아로부터의 도피이다. 마조히즘과 UFO 납치 현상은 둘 모두 현대 사회에서 자아를 구성하는 과정에 발생하는 과도한 요구와 스트레스에서 비롯되었을 것이다……. 그리고 일상적인 자기 인식에서 벗어나고자 하는 욕망에서 유래한 결과일지 모른다."

* *

맥이 공개적으로나 글을 통해 주장했던 가장 큰 부분은 외계인에 의한 납치나 인간과 외계인 사이에서 벌어진 명백한 만남을 이상하게 바라보는 건 오직 서구문화에서만 그렇다는 것이었다. 그는 〈오프라 윈프리 쇼〉에 나가서 이렇게 말했다. "왜 인류 역사상 다른 모든 문화권은 우주에 다른 존재, 다른 지성이 있다고 믿었을까요? 왜 우리는 이것에 대해 이렇게 어리석게 대응할까요? 왜 누군가 다른 존재나 다른 지성을 경험했다고 하면 그들을 그저 미치광이로 취급하고 모욕하는 것일까요?"

맥은 진행자에게 "이 현상을 통해 칼 세이건이 우리를 가 뒤 두려고 했던 상자를 벗어날 가능성이 있습니다"라고 말했다. 다른 기자는 책상과 의자, 소파, 그리고 티베트의 탕카 그림이 걸려 있는 그의 작은 사무실에 방문해 직접 인터뷰를 하면서 맥에게 왜 이 주제에 이렇게 집중하는지 물었다. 그는 간단하게 답했다. "지금 이 지구에서 벌어지고 있는 가장 흥미로운 이야기에 대체 누가 관심을 갖지 않겠습니까?"

납치 연구의 타당성에 대한 그의 확신은 곧 그가 모든 것을 다 알고 있다는 것을 의미하는 건 아니었다. 그는 납치사건들이 정신적인 요소와 물리적인 요소가 뒤섞인 연장선상에 존재하는 것처럼 보인다는 점에서 여전히 혼란스러워했다. 홉킨스와 제이콥스가 납치사건을 실제 사건, 즉 어떤 특정한 사람이 연구 대상으로 쓰일 목적으로 비행 물체나 우주선에 실려 납치를 당한 것이라고 이해한 반면, 맥은 사람의 신체는 현장에 그대로 남아 있고 그의 의식이나 정신만 납치 과정을 경험한 것처럼 보이는 사례들도 접했다.

외계인과의 접촉에 더 깊은 영적인 역사가 있을 것이라고 의문을 품은 인물은 맥이 유일하지 않다. 자크 발레는 그의 연구와 저서 『보이지 않는 대학』에서 외계인 납치가 단순한 행성 간 방문이 아니라, 차원 간 이동 또는 시간 여행일 수도 있다고 주장했다. 일부 비행접시가 "비물질화"를 하면서 순식간에 시야에서 사라지는 현상이나, 고속 회전, 가속 및 감속 같은 물리학 법칙을 무시하는 듯한 움직임을 보이는 것은 어떻게 설명할 수 있을까? 그리고 단순히 육안에 의한 시각적 목격뿐 아니라, 그것을 목격하거나 상호작용한 사람들이 경험하는 삶 자체를 바꾸는 "심리적인 효과"는 어떻게 설명해야 할까?

발레는 더 깊게 파고들면 들수록 역사 속에서 UFO가 인간 삶에 끊임없이 함께해 왔다는 점을 알 수 있다고 주장했다. 여러 세대에 걸쳐 사람들은 설명할 수 없는 이상한 현상을 목격했고, 그들만의 문화적 틀 안에서 그 현상을 해석해 왔다. 그는 이렇게 썼다. "고대인들은 그것을 신으로 여겼고, 중세에는 마법사로, 19세기에는 과학적으로 우월한 천재로 여겼다. 그리고 마침내 현대에 와서 그들을 행성 간 여행자로 해석하기 시작했다."

이어서 발레는 이렇게 결론을 덧붙였다. "비행접시가 단순히 다른 행성에서 온 방문자들이 사용하는 운송수단이라는 개념은 순진한 생각일 수 있다. 이 현상은 훨씬 더 복잡한 기술의 발현일 수 있다. 만약 시간과 공간이 지금까지 물리학자들이 가정한 것만큼 단순하지 않다면, '그들은 어디에서 오는가?'라는 질문은 무의미하다. 그들은 전혀 다른 시간의 한 지점에서 찾아오는 것일 수도 있다."

맥의 책과 그것의 홍보 투어는 과학계와 동료들에게 큰 충격을 주었고, 그는 광범위한 비판에 직면했다. 두 차례 퓰리처상 최종 후보에 올랐던 과학역사가 제임스 글릭은 《뉴리퍼블릭》에서 하버드 정신과의사가 잘못된 신념을 가진 사기꾼 바보가 되었다면서 맥을 공격했다. 글릭은 외계인 납치를 주장하는 사람들에 대해 "저급한 믿음의 광기"이자 "반이성적이고 반과학적인 광신도 집단"이라고 묘사하면서, 불쾌하게도 그러한 사상이 널리 번성하고 있다고 말했다. 그는 정신과의사들이 납치사건을 다루는 데 적합한 사람이라고 생각한 것 자체가 비웃음거리라고 이야기했다. 글릭은 "잠시 맥이 옳다고 가정해 보

자. 만약 미국이나 지구 전체가 '외계인 성폭력자들의 대규모 침략'을 받고 있다면, 이것은 천문학자, 물리학자, 법 집행 기관, 군대, 심지어 세계 지도자 들이 다뤄야 하는 문제가 아닌가?"라고 반문했다. 인류 역사상 가장 중대한 사건 중 하나를 이렇게 어떤 특정한 한 사람에게만 맡겨도 되냐는 뜻이었다. 글릭은 누구든 이 이야기가 사실일 리 없다는 것을 잘 알고 있으며, 아마도 맥 자신만 그것을 믿고 있을 거라고 비꼬았다. 그는 이렇게 썼다. "맥의 믿음의 핵심은 다음과 같은 단순한 논리에 불과합니다. 자신이 납치되었다고 생각하는 사람들이 있다. 그들은 미친 것처럼 보이지 않는다. 맥은 정신질환 전문가다. 결론, 따라서 사람들은 납치를 당했다."

한편 맥이 너무 멀리 나갔다는 것을 보여 주는 경고신호들도 더욱 선명해졌다. 《뉴욕타임스매거진》의 표지 기사에 그의 상사가 한 충격적이고 노골적인 발언이 실렸다. 하버드 정신과 학과장 대행은 "아무도 그의 주장을 믿지 않는다. 그가 다른 일을 하면 좋겠다. 이건 너무 비이성적이다"라고 말했다. 1994년 봄, 책이 출간된 직후 하버드대학교는 외부 전문가로 구성된 위원회를 소집해 "외계인 납치 연구와 관련된 프로토콜 수립, 동의 절차, 그리고 환자 수납 청구서"에 대해 검토할 것이라고 그에게 통보했다. 공식적으로는 절차상의 문제만 논의될 예정이었지만, 그 이면의 의미는 누구도 쉽게 읽을 수 있었다.

그다음 해 하버드대학교는 맥 박사의 연구 방식에 대한 정당성을 심사하기 위해, 정신과의사를 비롯해 13명의 증인을 불러 스무 차례가 넘는 청문회를 열었다. 그들은 맥의 신념과 그가 실제 행했던 연구를 조사했다. 맥은 법률 팀을 꾸려서 이에 맞섰다. 시간이 지나면서 이 갈등은 하버드 교내 신문 《크림슨》뿐 아니라 《뉴욕타임스》에까지 보도되었고, 결국 MUFON을 비롯한 다른 UFO 신봉자들이 하버드를 거세게 비판하도록 만들었다.

결국 하버드는 41쪽에 달하는 보고서를 통해 맥에게 징계 조치가 필요하지 않다고 결론지었지만, 맥이 과도한 열정으로 넘지 말아야 할 선을 넘었다고 지적했다. 또한 맥의 연구가 "환자의 경험과 그 함의를 이해하려는 방식은 일반적인 임상의의 접근방식을 심각하게 벗어났다"라고 지적했고, 다시는 그 선을 넘지 말라고 주의를 당부했다.

이 과정을 거친 이후, 확실히 맥은 더 자중하게 되었다. 하버드의 조사가 마무리될 무렵 출간된 그의 저서 『납치』의 개정판에서 그는 이렇게 썼다.

"이러한 보고들이 진실일 것이라는 확신이 점점 커졌다. 이 사건들이 지닌 잠재적인 중요성에 대한 인식 또한 깊어졌다. 그래서 나는 사람들이 주장하는 경험의 사실성과 현실성이 이미 입증된 것처럼 글을 쓰는 경향이 생겼다. 그러면서 자연스럽게 회의적인 시선을 가진 독자들이 스스로 객관적 판단을 할 수 있는 기회를 빼앗았는지도 모른다."

하버드가 맥을 부끄러워한 것이냐는 질문에 학교 대변인은 말을 아끼면서, 하버드의 모든 교수들이 각자 기이한 관심사를 갖고 있다고 말했다. 그는 "교수들은 누구나 이상하고 당혹스러운 면이 한 가지씩은 있다"라고 덧붙였다.

* *

혼란 속에서도 맥은 외계인 납치사건에 대한 관심을 계속 이어 갔다. 하지만 그 방식은 이전에 비해 더 신중해졌다. 그는 자신의 진화한 사고와 자신이 활동해야 할 영역의 경계를 새롭게 반영한 후속 저서 『코스모스로 가는 여권: 인간의 변형과 외계인과의 조우』를 집필했다. 한편 그는 "경험자"들과의 작업을 계속 이어 갔지만, 여전히 그들을 어떤 관점으로 봐야 할지 혼란스러워하고 있었다. 맥은 처음에 이 "경험"들을 "알 수 없는 힘에 의한 이상하고 불쾌한 침입"으로 보았지만, 시간이 지나면서 더 깊고 의미 있는 것으로 바라보기 시작했다고 썼다. 그는 이 경험들이 인류에게 고대로부터 이어지는 존재론적 질문을 제기한다고 봤다. 우리는 누구인가? 우리는 어떻게 여기까지 왔는가? 우리는 어디로 가고 있는가? 그는 이렇게 썼다. "나는 납치 보고가 반드시 문자 그대로 인간의 신체가 물리적으로 납치되는 것만을 반영한다고 생각하지 않는다. 오히려 나는 이 경험들이 이른바 납치 경험자들과 인류 전반에 대해 어떤 의미를 지니고 있는지에 대해 더 많은 관심을 갖고 있다."

맥은 이제 외계인 납치 경험자들을 자연법칙, 물리학, 오감, 그리고 이성적인 분석만 갖고 이해하려고 하는 건 부족하다는 것을 깨달았다. 수백 건의 사례에도 일관된 정신병리학적인 증거는 발견되지 않았다. 그것이 꿈, 환상, 망상이라면 일관되게 공유하는 배경이나 특징이 있어야 했지만 그렇지 않았다. 그는 과학, 더 나아가 서구문화 자체가 주변 세상을 근본적으로 잘못 이해해 왔을 가능성을 고려하게 되었다. 그는 이렇게 말했다. "이토록 터무니없는 짓을 진지하게 고민하려면, 적어도 우리가 우주를 바라보는 방식과 그것을 이해하는 방식이 불완전하고, 어쩌면 결함을 갖고 있을 가능성에 최소한으로 마음을 열어야 한다."

맥은 어쩌면 고대의 다른 문명, 특히 물리적 세계와 영적 세계의 차이를 보다 유연하게 이해했던 원주민이나 고대문화들이 더 올바르게 세상을 바라보고 있었을지 모른다고 생각하게 되었다. 어쩌면 이곳과 저곳, 혹은 "그곳"이 어디든 간에 그 경계는 서구의 과학과 의식이 이해하고 있는 것처럼 고정된 개념이 아닐지 모른다고 생각했다. 그는 브라질의 이피슈나족, 부르키나파소의 다가라족, 미국 라코타족 원로 들과 나눈 대화에서 더 복잡한 이해를 지닌 문화를 발견했고, 이것은 "과학적으로 길러진 마음"이 상상할 수 있는 것 이상을 가리키고 있었다. 그들은 다른 세계나 영혼과 소통이 가능했다. 그는 그것이 현대에 벌어지고 있는 외계인 납치 경험에 대한 답을 제시할 수 있다고 생각했다. 맥은 이렇게 썼다. "내가 발견한 것들은 내 배경에 따르면 불가능한 것들투성이다. 하지만 내 임상경험과 판단에 따른 관점에서 다시 바라보면 어떤 면에서는 사실인 것 같다." 『코스모스로 가는 여권』에서 그는 빛이 물리적, 차원적, 영적 세계를 이어 주는 다리일 수도 있으며, 이것은 과학이 아직 이해하지 못한 방식일 수 있다고 추측했다. 그는 이 현상을 세상을 더 거시적으로 바라보고 모든 것이 서로 연결되어 있다는 사실을 일깨워 주고자 하는 메시지로 받아들였다.

그러나 맥 자신도 이 미스터리를 끝내 해결하지는 못했다. 런던에서 강연을 하던 중 그는 음주 운전자가 몰던 차에 치여 세상을 떠났다. 하버드의 장엄한 메모리얼교회에서 진행된 그의 추모식에서 하버드대학교의 목사인 피터 J. 고메스는 이렇게 이야기했다. "이번 생에서 다음 생으로의 전환은 우리가 아직 아무것도 알지 못하는 거대한 미스터리입니다. 이제 맥은 그 모든 답을 알게 되었습니다."

42장
로즈웰 재조사

UFO와 외계인 방문 가능성에 대한 논의가 다시 불거지면서, 이 현상의 시초 중 하나로 여겨진 로즈웰 사건에 대한 이야기가 다시 대중의 의식 속에서 재조명되어 떠오르기 시작했다. UFO 커뮤니티에서 수년간 떠돈 음모론이었던 MJ-12에 대한 이야기에 이어서, 잔해를 직접 발견했던 제시 마르셀의 증언이 변하면서 이 이야기는 1989년에 정점을 찍었다. 당시 TV 프로그램 〈풀리지 않는 미스터리〉는 로즈웰 추락 사건을 중심으로 한 에피소드를 구성했고, UFO 연구자 스탠턴 프리드먼과 케빈 랜들과 진행한 인터뷰를 담았다. 이듬해 같은 사건을 주제로 한 책이 출간되었다. UFO연구센터의 두 명의 수사관, 랜들과 도널드 슈밋이 저술한 『로즈웰 UFO 추락』은 뉴멕시코주의 작은 마을을 일약 미국 시민 모두가 아는 가장 유명한 동네로 만들었다.

일명 로즈웰 외계인 산업 복합체가 성장하면서, 이 사건이 30년 동안 대중에게 거의 잊혀 있다가 다시 부활한 진짜 이유가 분명해졌다. 수십 년간 이어진 UFO 목격, 접촉자들의 주장, 납치사건, 크롭 서클, 가축 절단 사고 등 기괴하고 이상한 현상들에도 불구하고, 로즈웰은 여전히 우주 속에서 우리의 위치를 완벽하게 뒤바꿀 수 있는 가장 확실한 두 가지 증거, 즉 "잔해와 시체"를 제공할 가능성이 가장 높은 사건이었다. UFO에 우호적인 학자인 칼 플록은 지난 10년 동안 뉴멕시코 사막에서 실제로 무슨 일이 벌어졌던 것인지 진실을 추적하러 나섰다. 그는 "로즈웰 사건의 결론이 어떻게 끝나는지에 따라 UFO학의 미래가 결정될 수 있다고 해도 과언이 아니다"라고 썼다.

로즈웰 사건이 어디까지 진실일지에 대해서는 사람마다 생각이 달랐지만, 전국적인 여론조사에서 미국인의 3분의 1 이상이 정부가 로즈웰 사건의 진실을 숨기고 있을 거라 믿고 있다는 결과가 꾸준히 확인되었다. 한 작가는 "로즈웰은 다른 훌륭한 서사와 마찬가지로, 당신이 무엇을 덧붙이든 그것을 받아들이고 확장시킨다. 신화와 전설의 본질은 그것이 실제처럼 보일 만큼 세부적이면서도 객관적 증거에 닿을 수 없을 정도로 모호하다는 것이다. 로즈웰은 매번 거론될 때마다 조금씩 확장되었다"라고 썼다. 이 새로운 인식의 변화를 받아들이면서, 로즈웰은 그 명성을 활용하기 시작했다. 오래된 영화관을 개조해서 국제UFO박물관및연구센터를 개관했다. 이것은 마을 전역에 새로운 관광 붐을 일으켰다. 네온 조명으로 만든 은빛 비행접시 모양의 맥도날드, UFO 테마 기념품 가게 등 다양한 명소들이 들어서며 마을은 관광지화되었다.

이러한 변화와 세간의 관심은 너무나 뚜렷했다. 지역 주민들이 계속해서 로즈웰 사건에 대해 질문하면서 "진짜" 진실을 밝혀 달라고 요구하는 바람에 뉴멕시코주의 연방 하원의원이자 공군 예비역 장교였던 스티븐 시프도 이 사건에 개입할 수밖에 없었다. 그는 국방부에 사건을 조사해 달라고 요청했지만 거부당했다. 대신 의회의 조사 기관인 회계감사원에 이 사건을 조사해 달라고 요청했다. 1994년 1월에 이 사건을 조사에 회부한 그는 외계인이 발견될 가능성에는 회의적이었다. 그는 지역 신문인《앨버커키저널》에서 "내 생각에는 군사 실험이었을 가능성이 크다"라고 말했다. 그러나 이 조사는 예상치 못한 복잡한 문제들을 일으켰다.

시프 청문회와 회계감사원의 감사를 준비하는 과정에서 미 국방부와 공군참모총장이 뜻밖에도 로즈웰 사건에 대한 방대한 보고서를 의뢰했다. 그 결과「로즈웰 보고서: 뉴멕시코주 사막에서의 진실 대 허구」라는 1000페이지에 달하는 보고서가 단 5개월 만에 완성되었다. 이 보고서에서는 끝없이 이어지는 음모론에 대한 관료주의적인 좌절감이 곳곳에 묻어났다*(보고서의 요약본은 로즈웰 사건에 대한 괴담이 어떻게 진화해 왔는지 그 과정을 다루면서, 다양한 전문가들이 제기한 수많은 주장들을 하나하나 반박하는 건 불가능하다고 언급했다. 그 이유는 "위에서 언급한 저자들조차 가설에 대한 합의를 이루지 못했기 때문"이라고 적었다).† 대신 공군은 이러한 음모론이 지루해 보

---

* 보고서 전반에는 이례적 분노가 묻어 있었다. 다소 까다롭고 분노에 찬 어조의 한 예로 작성자들은 이렇게 지적했다. "언론 인터뷰에 등장하는 수백 명의 사람들과 비정부 소속 연구자들이 '로즈웰 사건'에 대해 (별다른 피해를 입지 않고) 무언가 알고 있다고 자백하고 있는 것을 보면, 미 육군항공사령부 요원들이 사람들을 입막음하기 위해서 가했다고 주장하는 '살해 협박', 맹세, 그리고 다른 강압적 수단들이 효과적이지 않았던 것 같다."
† UFO학 연구자들은 1970년대와 1980년대에 걸쳐 새롭게 "수정된" 로즈웰 사건의 이야기가, 비슷한 시기에 벌어졌던 별개의 두 가지 사건을 뒤섞은 결과라는 사실을 이해했다. 하나는 마르셀과 관련된 "실제" 로즈웰 추락 사건이었고, 다른 하나는 이미 오래전에 반박된 뉴멕시코 아즈텍에서 벌어진 UFO 추락과 관련된 이야기였다. 이 이야기는 맨 처음에 문자 그대로 한 지역신문에 실린 패러디 기사였는데, 이후 프랭크 스컬리가 자신의 초기 저서에 맹목적으로 그 이야기를 받아 적으면서 사실처럼 확산된 이야기였다.

일 수 있도록 철저하고 신속하게 무력화했다. 보고서는 "특수하거나 이례적인 프로젝트가 수행될 가능성이 있는 오늘날의 기관뿐 아니라 역사 기록 보관소, 아카이브, 다양한 기록 센터"를 광범위하게 수색했고, 로즈웰에서 잔해를 수습했던 세 명 중 한 유일한 생존자인 셰리든 캐비트 미 공군 (퇴역) 대령으로부터 "공식적인 서명이 있는 진술서"를 확보했다.

또한 1947년 7월 그 운명적인 날에 "비행접시" 소문이 군 내부에 확산되었지만, "외계인이 탑승한 비행 물체가 미국 영토에 들어왔을 경우 발생할 수 있는 경고, 작전 활동의 증가, 혹은 기타 비정상적인 근무에 대한 징후"는 전혀 보고되지 않았다는 점을 강조했다.

그러나 이 방대한 정부 조사의 세부 사항들 속에서도 그들이 인정한 놀라운 사실이 하나 있었다. 로즈웰에서 실제로 은폐된 사건이 있었다는 점이었다. 단, 그것은 UFO 음모론자들이 믿고 싶어 했던 외계인과 관련된 건 아니었다.

* *

1948년 켄터키에서 발생한 사령관 맨텔의 치명적인 추락 사고가 사실 해군의 기밀 프로젝트 스카이훅 기구와 연관이 있었던 것처럼, 로즈웰 사건의 신화도 사실 공군 기밀 모굴프로젝트까지 거슬러 올라갈 수 있었다. 모굴은 1947년에 시작된 비밀작전으로, 소련의 원자폭탄 실험을 탐지하고 추적하는 것을 목표로 했다. 공군은 이후 이렇게 설명했다. "소련이 핵실험을 하고 있는지 여부를 파악하는 것은 국가적으로 최우선 과제였다. 획득한 정보를 유용하게 활용하기 위해서는 최대한 비밀이 보장되어야 했다. 모굴의 목표는 소련의 핵폭발 및 탄도미사일 발사 여부를 탐지할 수 있는 장거리 시스템을 개발하는 것이었다."

이 프로젝트는 군대와 뉴욕대학교, 우즈홀해양연구소, 컬럼비아대학교, 캘리포니아대학교 로스앤젤레스(UCLA)가 공동으로 수행했다. 주로 마이크로폰을 포함해 소련의 핵실험 징후를 장거리에서 탐지할 수 있는 센서를 개발하는 데 집중했다. 이 프로젝트는 맨해튼계획과 같은 등급에 해당하는 미국의 최고 우선순위 등급인 1A를 받았을 정도로 가장 중요한 사업으로 간주되었다.*

모굴프로젝트는 지구물리학자 모리스 유잉 박사의 아이디어에서 시작되었다. 유잉 박사는 제2차세계대전 동안 우즈홀해양연구소에서 해양의 온도와 염분층이 음파를 어떻게 다르게 전달하는지를 연구했다. 제트기 시대가 도래하면서 대기에서도 이처럼 소리를 전달하는 층이 존재할지 궁금해졌다. 그가 이 아이디어를 미 육군항공사령부에 제시했을 때, 군대는 이 기술을 소련에서 진행하고 있을지 모르는 핵실험을 장거리에서 도청하는 데 쓰일 수 있다는 잠재력을 곧바로 알아차렸다. 그리고 프로젝트를 승인했다. 이 프로젝트는 이후 고고도 연구의 표준이 되는 폴리에틸렌 기구를 처음으로 사용하는 등 최첨단 연구를 이끌어 갔다.

뉴멕시코는 모굴프로젝트 시험비행의 중심지였다. 연구자들은 그곳에서 거대한 기구를 발사했고, 화이트샌즈미사일기

---

* 사실, 모굴과 로즈웰, 그리고 UFO가 연관되었을 가능성은 이미 1990년 초 풍선프로젝트의 정체를 밝혀냈던 자랑스러운 역사를 갖고 있던 UFO 연구자 로버트 G. 토드에 의해 활발하게 연구되고 있었다.

지에서 기술자들이 터뜨린 폭탄의 탐지 능력을 테스트했다. 서른 개의 기구로 구성된 600피트짜리 거대한 편대를 비밀로 유지하는 건 어려웠지만, 군대는 민간인들의 접근을 막기 위해 최선을 다했다. 프로토타입 하나가 추락했을 때, 추적 비행을 맡았던 B-17 폭격기는 착륙 순간을 목격하고 추락하는 기구 쪽으로 접근하던 석유 시추 노동자들을 쫓아내기 위해 저공비행을 하기도 했다. 6월 초에 모굴프로젝트에서 두 번의 비행이 정상적으로 실시되었다. 기구들은 고고도로 올라갔다가 3~6시간 후에 추락했고 군은 장치를 수거했다. 그러나 세 번째로 비행에 오른 뉴욕대학교 비행 번호 4번 기구가 실종되었다. 1974년 6월 4일, 앨라모고도육군비행장에서 발사된 이 기구는 북동쪽으로 날아가 포스터 목장에서 약 15마일 떨어진 곳에서 연구 팀에 의해 마지막으로 추적되었고, 그 이후 통신이 끊겼다.*

맥 브래즐이 발견한 잔해는 아마도 그 풍선이었을 가능성이 크다. 그 당시 그나 정보장교 제시 마르셀, 로즈웰공군기지의 관계자들이 곧바로 그 물체의 정체를 알아보지 못했던 것도 전혀 이상하게 생각할 일이 아니었다. 모굴 풍선은 엄청난 크기를 갖고 있었고, "서른 개가 넘는 기구와 실험용 센서들이 600피트 이상으로 길게 이어진 거대한 기구 편대"였다. 이러한 구성은 넓은 지역에 걸쳐 다양한 장치, 금속 조각, 파편으로 가득 찬 대규모 잔해를 남겼을 가능성이 있다.

모굴프로젝트 수십 년 후 기밀이 해제되었지만, 크게 주목받지 못했던 이유 중 하나는 이 프로젝트가 전혀 성공적이지

* 풍선 편대가 이륙했을 때 그 높이는 워싱턴 기념탑보다 102피트 더 높았다. 이것은 거대한 잔해 현장을 만들기에 충분한 크기였다.

않았기 때문이다. 기구 장치는 너무 크고 눈에 잘 띄었고, 핵폭발을 모니터링하는 더 간단한 방법들이 등장했다. 예를 들어, 바람을 타고 날아오는 방사선을 공중에서 검출하거나, 지상에서 지진파를 통해 실험 여부를 파악하는 방식이었다. 1949년 소련의 첫 번째 핵폭탄 실험은 결국 특수 방사선 센서를 장착한 공군의 기상정찰기를 통해 포착되었고, 해리 트루먼이 그 소식을 전 세계에 발표했다. 당시 로즈웰에서 발견된 잔해와 그와 관련된 이상행동 및 보안 조치들은 극비 프로젝트의 성격 때문이었다. 비밀 유지가 아주 엄격했기 때문에 로즈웰공군기지의 그 누구도 이 혼란을 제대로 이해할 수 없었다.

공군 보고서는 로즈웰 사건의 역사와 신화에서 전해져 내려오는 가장 기이한 제보 중 하나에 대해서도 해답을 내놓았다. 잔해 일부에서 발견된 "상형문자 같은" 문자와 작은 분홍색 또는 보라색 꽃무늬는 외계인의 언어가 아니라, 공학적 자재가 제한된 바람에 생긴 부작용이었다. 전후 물자가 부족한 상황에서 뉴욕의 프로젝트 계약 업체가 군사 기구를 제작하면서, 장난감 제작에 사용하는 분홍색과 보라색 꽃무늬 테이프와 기하학적 디자인이 들어간 테이프를 이음새를 붙일 때 쓴 것이다. 이런 민감한 군사 프로젝트에 그런 테이프를 사용했다는 사실은 당시 프로젝트에 참여했던 사람들에게도 우스꽝스럽게 느껴졌기 때문에, 그들은 수십 년이 지난 후에도 이 사실을 분명하게 기억했다. 한 프로젝트 관계자는 "그건 우리에게 일종의 즐거운 화젯거리였다"라고 회상했다.

공군 보고서의 마지막 한 부분에서는 UFO 연구자들이 오랫동안 간과해 온 미묘하지만 설득력 있는 주장을 제시했다.

1947년 7월, "비행접시"라는 개념 자체가 겨우 몇 주 전에 등장한 시점이었기 때문에 당시에는 "비행접시"가 무엇인지, 어떻게 생겼는지에 대한 명확한 정의조차 없었다는 것이다. 보고서는 이렇게 설명했다. "당시에는 그 용어가 무엇을 의미하는지 아무도 확실히 알지 못했기 때문에 블랜처드 대령과 마르셀 소령이 처음 '비행접시'를 발견했다고 보고한 것은 지나친 표현이었던 것으로 보인다." 또한 보고서는 "전후 미군 (혹은 지금의 군)이 이러한 사건을 신속하게 식별하고, 수거, 조율, 은폐하고 대중의 관심을 빠르게 불식할 만한 능력을 갖추고 있었을 것이라는 주장은 믿기 어렵다. 그들이 47년 동안 의심스러운 문서 기록을 단 한 문장도 남기지 않았다는 것은 말도 안 된다"라고 덧붙였다.

공군의 보안 및 특수 프로그램 감독을 맡고 있던 리처드 위버 대령은 1994년 9월에 발표된 이 결과가 음모론자들을 진정시키는 데 별다른 도움이 되지 않는다는 사실을 잘 알았다. 그는 보고서에 첨부한 서한에 공군참모총장에게 이렇게 썼다. "UFO에 우호적인 단체들은 이 보고서에 대해 강력하게 반발하면서, 근시안적 은폐의 연장선에 있다고 비난할 것입니다." 그럼에도 위버는 "첨부된 보고서는 선의의 노력의 일환이며, 로즈웰 사건을 둘러싼 주장에 대해 정부 기관이 처음으로 공식적으로 응답한 사례"라고 평가했다.

실제로 공군의 발표에 대한 반론이 잇따랐다. 1947년에 비행접시를 수거에 대한 악명 높은 보도자료를 발표했던 당시 군 공보 담당관이자 현 로즈웰국제UFO박물관및연구센터의 소장인 월터 하우트는 공군 보고서를 공개적으로 비웃었다. 그는

《뉴욕타임스》와의 인터뷰에서 "그건 말도 안 되는 헛소리입니다. 그들이 한 일은 우리에게 또 다른 종류의 기구를 제시한 것일 뿐입니다. 당시엔 기상관측 기구라고 주장하더니, 이제는 모굴이라고 하네요. 기본적으로 변한 건 아무것도 없습니다. 냉소적으로 들리겠지만, 이제 유치한 게임을 그만둬야 합니다"라고 말했다.

거의 정확하게 1년 뒤, 회계감사원은 자체 보고서를 발표했다. 이 보고서는 결과적으로 펜타곤의 결론을 뒷받침하는 세 가지의 중요한 문서를 공개했다. 첫 번째, 1947년 7월 8일 저녁 6시 17분에 FBI 댈러스 지부에서 J. 에드거 후버와 신시내티 FBI 지부장에게 발송된 전보였다. 이 문서는 "로즈웰 근처에서 비행접시로 추정되는 물체가 수거되었고, 그 물체는 육각형 모양을 하고 있으며 케이블로 기구에 연결되어 있었다"라고 보고하고 있었다. 두 번째, 해당 기간에 로즈웰공군기지의 활동을 기록한 기밀 해제 문서「통합 역사, 제509 폭격 비행단 및 로즈웰육군비행장. 1947년 7월 1일~1947년 7월 31일」이었다. 이 문서에는 "공보실은 제509 폭격비행단이 소유한 것으로 보이는 '비행접시'에 대한 문의를 처리하느라 매우 바빴다. 그 물체는 결국 레이더 추적 기구로 밝혀졌다"라는 간단한 기록이 있었다. 세 번째, 회계감사원은 1947년과 1948년의 국가안전보장회의 회의록을 검토했는데, 이는 정보공개법이 제정되기 이전에 작성된 문서로 대중에게 공개될 계획이 전혀 없던 문서였다. 이 회의록에는 로즈웰 사건에 대한 그 어떤 언급도 없었다(회계감사원은 "외계인 우주선이 미국에 추락했는데 국가안전보장회의에서 아예 논의조차 되지 않았다는 것은 믿기 어렵다"라고 언급했다).* 마지막으로 CIA는 처음으로 공식성명을 통해 로즈웰과 관련된 기록이 전혀 존재하지 않는다고 발표했다.†

스티븐 시프 의원은 1995년 7월 28일 회계감사원 보고서 대표 발표자로 나섰다. 그는 신중하게 내린 결론을 강조하는 동시에, 자신의 고향인 뉴멕시코주에서 계속 늘어나는 UFO 신봉자들과 음모론에 기반한 관광산업에 민감하게 대응하고자 했다. 그는 로즈웰공군기지 관계자들이 발견한 물체를 어떻게 설명했는지에 대한 단서를 제공할 것이라 생각한 1946년부터 1949년 사이에 해당 기지에서 발신된 메시지들이 완전히 사라졌다는 점을 지적했다. 따라서 로즈웰 사건에 대한 최종적 답변이 불가능할 수도 있다고 밝혔다. 시프는 회계감사원 보고서나 다른 그 어떤 보고서도 진정으로 UFO 신봉자들의 마음을 바꿀 수 없을 것이라 예상했다. 결국 그는 이렇게 말했다. "사람들이 스스로 각자 결론을 내릴 수 있게 하는 것이 나의 목표였고, 나는 그 목표를 달성했습니다."

---

* 시프는 국가안전보장회의 회의록에 로즈웰에 대한 언급이 없다고 해서 그것이 반드시 결정적 증거가 되는 건 아니라고 생각했다. 한 인터뷰에서 그는 "그 사건은 매우 이례적인 사건이기 때문에…… 어떻게 처리해야 할지, 심지어 국가 지도자들과 NSC에서도 회의록에 그 내용을 어떻게 다루어야 할지 확신할 수 없었을 것"이라고 언급했다.
† 이 사실들은 겉보기에는 매우 중요해 보이지만, CIA와 NSC는 로즈웰 추락 사건이 발생한 지 두 달이 지난 1947년 9월이 되어서야 설립되었기 때문에 생각보다 덜 중요했을 수 있다. 다시 말해서, 만약 1947년 여름에 외계인이 뉴멕시코주에 불시착했다면 그 사건의 여파는 그해 가을 정부 관리들 사이에서 여전히 논의되고 있었을 것이다.

우주 시대

* *

펜타곤이 로즈웰 이야기가 종결되고 사람들의 기억 속에서 묻히기를 바라던 바로 그때, 한 외계인이 텔레비전에 등장했다. 1995년 8월 28일, 폭스 방송은 추락 사고에서 수거한 외계인 시신 중 하나를 부검하는 모습을 담은 17분짜리 흑백 영상에 대한 특집 방송을 방영했다. 영국의 음악 프로듀서 레이 샌텔리는 이 영상을 비밀 군 정보원에게서 직접 입수했다고 주장했다. 당시 인기 있던 외계인 관련 드라마 〈엑스파일〉을 방영 중이던 폭스는 이 영상을 〈스타트렉〉의 배우 조너선 프레이크스가 이끄는 프라임타임 TV쇼로 만들었다. 이 방송은 엄청난 인기를 끌었고, 두 번째 재방송 때만 1000만 명 이상이 시청했다. 《타임》은 이 영상을 "제푸르더 필름 이후 미국을 이토록 강렬하게 매혹시킨 홈 비디오는 없었다"라고 묘사했다.

영상의 화질은 다소 거칠었지만, 회색빛을 띤 작은 머리와 커다란 검은 눈, 털이 없는 작은 몸을 갖고 있는 인간형 외계인이 금속 테이블에 누워 있는 모습이 보였다. 그 주변에는 가운을 입은 의사들이 있었고, 그들이 외계인 몸에서 장기를 제거하고 있었다. 폭스 방송의 한 시간짜리 특집 프로그램 〈외계인 부검 (진실 혹은 거짓?)〉에서는 이 부검 장면을 분석하는 전문가 인터뷰도 나왔다. 할리우드 특수효과 전문가들이 이 영상이 조작인지 여부에 대해 논의했다. 실제 영상에서 약 4분 정도에 해당하는 일부 장면만 편집되어 방영되었다. 《스켑티컬인콰이어러》는 MTV 스타일로 짧게 편집된 똑같은 클립들이 한 시간 내내 반복되었다고 보도했다. "과학과 이성의 잡지"를 자처하는 이 잡지는 "터무니없는 주장"을 폭로하는 데 중점을 두고 있었다.*

영상을 면밀하게 검토하는 사람들이 많아지면서, 점점 더 많은 세부 사항이 잘 맞지 않는다는 사실이 드러났다. 부검 절차는 실제 의사들이 진행하는 모습과는 많이 달랐다. 영상 속 의사들은 부적절한 장비를 사용했다. 또 만약 과학자들이 실제로 외계 생명체를 처음 본 상황에 상상할 수 있는 긴장감이나 신중한 모습이 화면에 전혀 담겨 있지 않다는 사실도 지적받았다. 《스켑티컬인콰이어러》의 과학 저널리스트 진 에머리는 "사실 이처럼 특별한 생명체에 대한 부검은 이런 방식으로는 절대 진행되지 않을 것"이라고 결론 내렸다. 또한 폭스가 정부 소식통을 통해 이 영상의 진위 여부를 확인하려는 시도를 전혀 하지 않았다는 점, 무엇보다 외계인 부검 영상을 프레임 단위로 분석하는 시도가 이루어지지 않았다는 점도 많은 의문을 남겼다.

2년 뒤, 레이 샌탤리는 자신이 공개한 외계인 부검 영상의 진실성을 강조하기 위해 원본 필름이 담겨 있었다는 필름 통의 사진을 공개했다. 하지만 오히려 이 과정에서 그의 사기가 드러났다. 필름 통에는 분명히 "국방부"라는 라벨이 붙어 있었

* 이 잡지는 1980년대와 1990년대에 로즈웰에 대한 관심이 다시 높아지게 된 것이 그 당시 UFO학의 다른 측면들이 상당히 엉뚱하게 보였기 때문이라는 가설을 세웠다. 다른 UFO학 가설들에 비해 로즈웰은 훨씬 단순하고 직접적인 음모론처럼 보였다. 《스켑티컬인콰이어러》는 기사에서 "사건의 세부 사항들은 여전히 상상력을 자극할 만큼 흥미롭고, 사실과 기억들은 시간의 흐름 순서에 맞춰서 다시 명확하게 다듬어졌다. 추락한 비행접시, 몇 명의 외계인, 정부의 은폐라는 단순한 이야기들을 품고 있는 로즈웰 사건은, 오늘날 회자되는 벽을 통과하는 외계인, 섹스에 집착하는 우주 생명체에 의해 납치되었다고 주장하는 수백만 명의 미국인, 그리고 인간과의 사이에서 아기를 낳은 외계인보다 (상대적으로) 훨씬 더 그럴듯하게 들린다"라고 설명했다.

는데, 이것은 로즈웰 추락 사건이 벌어진 당시에는 존재하지 않던 명칭이었다. 당시 새롭게 통합된 군 체계는 국가군사기구라는 이름으로 불렸기 때문이다. 이듬해 폭스는 〈세계 최고의 사기극: 마침내 밝혀진 비밀〉이라는 프로그램에서 샌탤리의 사기를 다루었다. 샌탤리가 자신의 범행을 자백하기까지 10년이라는 시간이 걸렸지만, 그는 끝까지 완전한 사기는 아니었다고 주장했다. 그는 자신이 돈을 모아서 실제 영상을 구입할 즈음에는 원본 영상이 너무 손상되어서, 그가 본 영상을 기억하기 위해 영상을 새롭게 복원해서 제작할 수밖에 없었다고 주장했다.

하지만 이 영상을 믿지 않았던 사람이 한 명 더 있었다. 바로 폭스의 인기 드라마 〈엑스파일〉의 주인공이자 가상의 FBI 요원 데이나 스컬리였다. 1995년 말 방영된 한 에피소드에서 의심스러운 외계인 부검 영상을 다룬 한 에피소드에서 스컬리는 영상에 대해 "폭스 네트워크에서 방송한 영상보다 더 허술하네요"라고 말하며 영상을 조롱했다.*

* 1990년대 중반은 1950년대와 마찬가지로 대중문화에서 외계인의 전성기였다. 1993년에는 트래비스 월튼의 납치사건을 배경으로 한 영화 〈트래비의 실종〉이, 1996년에는 팀 버튼의 패러디 영화 〈화성 침공〉, 그리고 여름 블록버스터 〈인디펜던스 데이〉가 개봉했고, 윌 스미스와 빌 풀먼이 지구에 침략한 외계인들의 우주선과 맞서 싸우는 모습에 관객들이 환호하면서 8억 달러 이상의 흥행수익을 올렸다. 이 영화는 UFO 마니아와 신봉자들을 위한 모든 요소를 갖추고 있었다. 로즈웰 사건이 진실이라고 주장하는 사람들은, 영화 속 미국 대통령이 51구역의 존재와 미군이 1947년 로즈웰에서 외계인 시체와 비행접시를 수거했다는 사실을 알게 되는 주요 반전에 설득되었다. 영화 속에서 제임스 레브혼은 수년간 은폐에 가담했다가 국가가 위협을 받자 대통

UFO

* *

1997년 7월, 로즈웰 추락 사건의 50주년을 앞두고, 로즈웰시는 대규모 축제를 열면서 사건에 대한 불명예를 온전하게 받아들였다(비록 기대했던 10만 명의 방문객을 끌어모으지는 못했지만, 로즈웰은 서부의 다른 작은 마을들처럼 힘들었던 반세기를 지나 다시 활기를 되찾았다). 1965년 지역 공군기지가 폐쇄되면서 약 5000명이 마을을 떠났고, 인구를 전후 최고치로 회복하는 데까지 약 20년의 시간이 걸렸다. 하지만 이번 축제에는 4만 5000명의 외계인 신봉자들, 호기심 많은 방문객, 그리고 괴짜들이 한데 모였다. 그 이후로도 추락 현장을 방문하는 사람들의 발걸음이 끊이지 않았다.

기업들은 외계인 테마 창문 장식 대회에 참여했다. 그리고 크래쉬앤번 경주(비누 상자 경주), 비행접시 먹기 대회(팬케이크 먹기 대회), 에일리언 체이스(E.T. 테마의 코스프레를 포함한 경주)와 같은 이벤트들이 개최되었다. 《투손위클리》는 "지역 미술관에서 UFO 퀼트 전시회가 열렸고, 지역 극단은 에스겔이 '불타는 바퀴'를 목격했다고 하는 성경 속의 이야기가 원시적인 외계인 접촉 사건이었을 가능성에 대해 탐구하는 자체 제작 무대극 〈에스겔의 바퀴〉 공연을 선보였다"라고 보도했다.

이제 전설은 브래즐 목장뿐 아니라 추락한 우주선과 외계인 시신이 발견된 곳으로 추정되는 세 곳의 다른 추락 장소까

> 령에게 그 사실을 폭로하는 기만적인 국방부 장관을 연기했다. 이 영화에는 외계인 침공을 자신이 오래전부터 주장해 온 납치 경험의 증거로 여기고, 오히려 그들의 침공을 자신에게 트라우마를 남긴 외계인에게 복수할 수 있는 기회라고 여기는 인기 캐릭터도 등장한다.

지 아우를 정도로 퍼져 있었다. 콘 목장 추락 현장에서는 주차비가 15달러였다. 한때 잔해를 수집했던 정보장교 제시 마르셀의 아들 제시 마르셀 주니어가 방문객들을 상대로 자신이 실제로 목격했던 잔해에 대한 이야기를 들려주었다. 그는 《워싱턴 포스트》의 기자 조엘 애컨바흐에게 이렇게 말했다. "우리가 더는 유일한 존재가 아니라는 것을 알고 있어요."

로즈웰 사건 50주년 축제에는 "납치 엘리트"라 불릴 만한 인물들도 대거 참가했다. 휘틀리 스트리버, 버드 홉킨스, 스탠턴 프리드먼과 같은 유명 인사들 외에도 고대 외계인 이론으로 유명한 에리히 폰 데니켄도 뉴멕시코 군사연구소에서 90분 동안 강연을 진행하면서, 쿠푸왕 대피라미드에 외계에서 온 방문자들에 대한 비밀스러운 정보가 숨겨 있을 가능성을 암시했다. 그는 "고대 조상들이 존재하지 않는 신들을 위해 평생 신전을 지을 정도로 멍청하거나 원시적이지 않았을 것"이라고 설명했다. 신전은 외계에서 온 방문자들을 기리기 위한 것이었지만, 그들이 외계인의 기술을 이해하지 못했기 때문에 그것을 신성한 현상과 구분할 수 없었을 것이라고 덧붙였다.

외계인 납치와 UFO에 대한 이런 지속적인 관심은 공군을 좌절시키기도 했다. 1997년 공군은 1947년에 벌어진 추락 사건을 둘러싼 음모론을 완벽하게 종결시키기 위한 방대한 두 번째 보고서를 발표했다. 이번에 펜타곤은 로즈웰에서 외계인 시신이 발견되었다는 주장을 반박하는 데 주력했다. 「로즈웰 보고서: 사건 종결」이라는 230페이지 분량의 낙관적인 새 보고서는 이렇게 밝혔다. "1947년에 수거된 '비행접시' 잔해는 모굴프로젝트의 기구였던 것으로 밝혀졌지만, '외계인' 시신에 대한 묘사를 포함한 일화적 증언들에 대해서는 여전히 의문이 남아 있다. 1994년 보고서에서 '시신' 문제를 광범위하게 다루지 않은 이유는 1947년에 발생한 사건과 관련된 시신이 없었기 때문이다."

공군은 "시신"에 관한 소문에 대해서도 해명했다. 지역 주민들과 기지 관계자들의 오래된 기억, 기지 병원에서 발견된 시신, 그리고 사막에서 발견된 이상한 인간형 유해는 사실 1950년대에 발생한 두 건의 인명 사고를 비롯해 서로 관련 없는 사건들이 잘못 짝지어진 것이라고 설명했다. 하나는 열한 명의 공군 인원이 사망한 KC-97 항공기 사고였고, 또 다른 하나는 두 명의 파일럿이 부상당한 유인 열기구 사고였다. 또한 화이트샌즈미사일기지에서 실시된 일련의 사출 좌석 및 고고도 낙하산 시험도 있었는데, 이것은 "고고도 항공기 탈출 프로젝트"라고 불렸다. 이 프로젝트는 고고도 비행을 하는 파일럿이나 우주비행사를 위한 안전 시스템을 설계하기 위해 군은 1940년대 말과 1950년대에 인간과 유사한 더미를 전국에 수백 개 투하했다. 하이다이브와 엑셀시어라고 명명된 이 두 작전에는 키 약 6피트에 무게 200파운드의 더미 "시에라 샘"이 사용되었다. 1953년, 군은 로즈웰 인근 동쪽 지역에서만 서른 개의 더미를 고도 9만 8000피트에서 기구를 사용해 떨어뜨렸다. 이들은 몇 분 동안 자유낙하를 하다가 낙하산이 펼쳐지면 이론적으로는 지면에 안전하게 착륙해야 했다. 공군은 로즈웰과 뉴멕시코 동부 UFO 추락 현장으로 추정되던 지역 중 최소 일곱 곳이 이 더미 실험의 착륙 지점과 일치한다는 사실을 밝혔다.

당시 이러한 더미 수거 작업은 우연히 그 모습을 목격한 사람의 눈에는 굉장히 수상하게 보였을 것이다. "통상적으로 8~12명의 민간 및 군 수거 인원이 더미가 착륙한 직후 현장에 곧바로 도착했다. 그들은 견인차, 미군용 6×6 트럭, 무기 운반용 차량, L-20 정찰기와 C-47 수송기 등 다양한 항공기와 차량을 활용했다. 이러한 장비와 항공기는 목격자들이 추락한 비행접시 현장에서 봤다고 묘사한 것들과 정확하게 일치한다." 평평한 뉴멕시코주 사막에서 벌어진 이런 대규모 군사훈련과 알록달록한 낙하산은 분명 주변 지역 주민들의 이목을 끌었을 것이다. 더미는 나무 상자나 검정색 또는 은색 단열 가방에 담겨 운반되었는데, 이는 목격자들이 "관"이나 "시신 가방"이라고 묘사한 것과 동일했다. 게다가 더미들은 종종 곧바로 수거되지 못하고 손상된 상태로 발견되거나 아예 찾지 못한 경우도 있었는데, 한번은 거의 3년이나 방치된 적도 있었다. 군은 목격자가 손상된 더미를 발견하고 그 모습을 기이한 인간형 시신이라고 제보했을 가능성이 충분히 있다고 말했다. "손가락이 하나 없는 더미는 외계인에게 손가락이 네 개뿐이었다는 또 다른 증언 내용과 일치한다."

공군 보고서는 로즈웰 사건의 신화를 구성하는 목격자들의 증언을 분석하는 데 수십 페이지를 할애했다. 보고서는 뉴멕시코주 사막에서 이상한 물체를 봤다고 주장하는 사람들이 실제로 매우 특이한 것을 본 건 맞다고 지적했지만, 그것이 외계인과는 무관하다고 결론지었다. 거기에 수십 년의 시간이 흘렀으니, 목격자들이 자신이 정확히 무엇을 본 건지 잊었을 가능성이 크다고 덧붙였다. 1980년대나 1990년대에, 누군가 1949년이나 1953년에 본 물체를 1947년에 봤다고 착각하게 될 가능성이 있다는 것은 그리 이상한 일이 아니었다.

로즈웰 사건과 관련된 역사적 기록은 수십 년에 걸쳐 기밀이 해제된 약 마흔한 개의 문서로 이루어졌다. 그중 일곱 개는 최고 기밀, 서른한 개는 기밀, 세 개는 비밀 또는 제한 문서로 분류되었다. 이 문서들은 정보공개법이 시행되기 훨씬 전에 작성된 것이었으며, 일반 시민이 열람할 가능성은 거의 없었고 군부터 FBI, CIA까지 다양한 정보 안보 기관이 걸쳐 있었다. UFO 연구자이자 로즈웰 사건에 회의적이었던 칼 플록은 그의 결정판 저서에서 이렇게 썼다. "[이 문서들은] 비행접시 미스터리를 해결하는 임무를 가진 사람들이 작성한 것이다. 그들은 자신들의 대화가 허가받지 않은 일반 시민에게는 절대 공개되지 않을 것이라 확신하며 이것을 기록했다……. 이들은 미국 정보기관과 공식적인 과학계 최고위층에 앉아 있는 일류 전문가들이었다." 이 문서들 중 그 어떤 것도 UFO나 외계인의 시신이 뉴멕시코주 사막에서 수거되었다는 주장을 뒷받침하지 않았다.*

* 여기에는 1948년 3월 공군물자사령부 정보국장이었던 하워드 매코이 대령이 브리핑에서 한 증언이 포함된다. 그는 사인프로젝트에 대해 "우리는 모든 보고서를 검토하고 있다. 비행물체가 특정 지역에 추락해서 무엇이든 수거할 수 있다면 얼마나 큰 도움이 될까"라고 말했다. 6개월 후, 매코이는 CIA에 도움을 요청하면서 "현재까지 보고된 어떤 문서에서도 그 정확한 실체를 입증할 수 있는 증거는 접수되지 않았다. 마찬가지로 이른바 '비행접시'의 기원 역시 여전히 불분명하다"라고 말했다. 이후 1952년 8월의 CIA 비밀 브리핑에서는 "미확인비행물체 목격 이후 어떤 잔해나 물질적인 증거도 수거된 적이 없다"라고 간단하게 언급했다.

하지만 이제 이러한 사실들은 더 이상 중요하지 않았다. 세상은 이미 로즈웰 사건을 믿고 있었다. 로즈웰은 외계인과 정부의 은폐를 상징하는 국제적인 아이콘이 되었고, 그곳에서 무슨 일이 벌어졌든 벌어지지 않았든 이제 이건 상관없었다. 장난기 많은 UFO 연구자 제임스 모즐리는 로즈웰 사건 50주년 축제에서 기쁜 목소리로 이렇게 말했다. "이것은 내가 경험한 최고의 '비사건' 축제입니다."

43장
"누가 존 F. 케네디를 죽였는가?"

미국의 42대 대통령 빌 클린턴의 초상화는 전국의 거의 모든 정부 기관에 걸려 있었고, 할리우드의 한 곳에도 걸려 있었다. 바로 〈엑스파일〉의 특수 요원 멀더와 스컬리의 상사인 FBI 부국장 월터 스키너의 사무실이었다. 매주 금요일 밤 수백만 명의 시청자들은 폭스 채널에서 범죄 해결사 멀더와 의사인 스컬리가 외계인의 진실을 밝히기 위해 노력하는 모습을 지켜봤다. 그리고 실제 클린턴 행정부도 외계 생명체의 가능성에 대해 여러 가지로 고려했다.

클린턴은 그의 전임자들과 마찬가지로 취임 직후부터 외계인에 대한 관심사를 드러냈다. 클린턴의 오랜 친구이자 법무부 차관으로 임명된 웹스터 허블은 클린턴으로부터 구체적인 임무를 부여받았다. 클린턴은 "웹, 자네가 법무부에 배속되면 두 가지 질문에 대한 답을 찾아주기를 바라네. 하나, 누가 JFK를 죽였는지. 그리고 둘, UFO가 존재하는지"라고 말했다.

허블은 자신의 회고록에 "그는 진지했다"라고 썼다. "나는 두 가지 질문을 모두 조사했지만, 그는 내가 얻은 해답에 만족하지 않았다."

세월이 흐르면서 클린턴의 UFO에 대한 관심, 특히 정부가 외계인과 관련된 진실을 국민들에게 제대로 공개하지 않을 것이라는 생각은 그를 계속 사로잡았다. 1995년 아일랜드를 방문하던 중 라이언이라는 아이가 던진 질문에 대해 클린턴은 "내가 아는 한 1947년 뉴멕시코주 로즈웰에서 외계인 우주선은 추락하지 않았어요"라고 답하고는 "라이언, 만약 미 공군이 나에게도 말하지 않고 외계인 시신을 수거했다면 나도 그 사실을 알고 싶네요"라고 농담을 덧붙였다.

비공식적으로 클린턴의 외계인에 대한 관심은 더 진지한 대화로 이어졌다. 잭슨홀에서 휴가를 보내던 중, 부유한 자선 사업가 로런스 록펠러는 빌과 힐러리 클린턴에게 외계인 문제를 보다 진지하게 다룰 것을 촉구했다.* 록펠러는 UFO와 외계 생명체에 대한 기존의 지식들을 종합하려는 노력을 지원하고 있었다. 그 결과 중 하나로 「가장 유용한 최상의 증거」라는 보고서가 완성되었다. 이 보고서는 하이넥의 UFO연구센터, MUFON, UFO연구기금에서 확보한 증거를 집대성한 아주 드문 협력의 산물이었다. 록펠러는 백악관에 "UFO의 존재 여부"에 대한 정보를 기밀 해제해 줄 것을 요청했고, 이것이 "최우선적이고 중요성을 지닌 문제"라고 보았다. 1995년, 록펠러와 함께 산책을 하던 힐러리가 폴 데이비스가 쓴 『우리는 혼자일까?

---

* 클린턴의 과학기술정책실 과학 고문이었던 잭 기븐스가 휴가를 앞두고 보낸 브리핑 메모에 따르면 "[록펠러는] 초능력, 초자연현상, UFO에 대한 그의 관심에 대해 이야기하고 싶어 할 것"이라고 경고했다. "그는 우리가 UFO와 인간의 잠재력에 대한 그의 우려에 응답하려고 노력하고 있으며, 그러한 문제에 열린 마음을 갖고 있다는 것도 잘 알고 있다"라면서도 "그러나 저는 우리가 하늘을 신경 쓰느라 땅 위에서 벌어지는 일에서 너무 멀리 벗어나서는 안 된다는 신념을 굽히지 않았다"라고 덧붙였다.

외계 생명체 발견의 철학적인 함의』라는 책을 들고 있는 모습이 사진에 찍히기도 했다.*

클린턴 행정부는 UFO 목격에 관한 과거 정보에 대해서 새로운 수준의 투명성을 제공했다. 록펠러의 로비를 통해 부분적으로 영감을 받은 것으로 보이는 로즈웰 사건에 관한 이중 보고서와, UFO 현상에 대한 역사적인 관심을 홍보하고자 한 CIA의 광범위한 추진이 포함된다. 그러나 클린턴 행정부는 특히 두 가지의 특정한 외계인 관련 사건으로 가장 잘 알려지게 되었다. 하나는 화성 생명체의 존재 가능성에 대한 극적인 발표였고, 다른 하나는 서부 지역에서 발생해 세간의 주목을 끈 목격 제보로 1950년대 이후 UFO 사건으로는 가장 많이 보도가 된 사건이었다.

* *

지난 10년 동안 질 타터는 SETI 프로젝트에 대한 자금 지원을 유지하기 위해 의회와 협상하고 설득하는 데 대부분의 시간을 바쳤다. 워싱턴에 있는 홀리데이인 호텔은 그녀가 자주 방문한 것에 대한 감사의 뜻으로 크리스마스 선물을 보내주기도 했다. 그녀의 노력 덕분에 두 개의 SETI 프로젝트가 출범했다. 하나는 그녀가 직접 이끄는 프로젝트로, 지구로부터 100광년 이내에 있는 별을 대상으로 그곳에서 날아오는 약한 전파 신호를

---

* 힐러리 클린턴이 관련 주제에 흥미를 보인 건 사실이지만 〈위클리월드뉴스〉 1993년 6월 15일자 커버스토리의 주장처럼, 그녀가 백악관에서 외계인 아기를 입양했다거나, 비밀경호국이 백악관에 별도의 외계인 아기를 위한 특별 보육시설을 만들었다는 주장은 입증된 바 없다.

스캔하는 방대한 프로젝트였다. 다른 하나는 NASA의 제트추진연구소가 주도하는 프로젝트로, 우주에서 오는 매우 강력한 신호를 찾는 것이었다. 그러나 상황은 여전히 위태로웠다. 의회와 벌인 치열한 다툼은 그들의 접근방식을 더 성숙하고 신중하게 만들었다. SETI 연구의 선구자 버나드 올리버는 "의회의 의식 수준을 일상적인 문제에서 천상의 문제로 끌어올리는 건 어렵다"라고 말했다. 프랭크 드레이크는 "SETI는 항상 괴짜 학문, 과학의 언저리, 또는 유사 과학으로 간주될 위험을 안고 있기 때문에, 매우 훌륭한 자격을 갖춘, 올바른 사고를 가진 사람들이 참여하고 있다는 사실을 아주 신중하게 보여 줄 필요가 있다"라고 경고했다.

결국 SETI는 1985년 NASA의 우주왕복선을 타고 우주 궤도에 오른 유타주 상원의원 제이크 가른 덕분에 구원을 받았다.* 그의 여행은 쉽지 않았다. 그는 우주멀미를 평가하기 위한 특별한 테스트를 받았는데, 임무를 진행하던 중 극심한 고통을 호소했다. 이후 우주비행사들이 아예 자신들의 우주멀미를 표현할 때 "가른 척도"로 평가할 정도였다. 그러나 우주 궤도를 도는 경험은 그가 세계와 우주를 바라보는 시각을 완전히 바꿔 버렸다. 가른이 외계 생명체 존재 가능성을 옹호하자 그는 의회에서 E.T. 가른이라는 별명을 얻었다.

제이크 가른 상원의원은 자신의 고향 지역신문인 《데저트 뉴스》와의 인터뷰에서 이렇게 말했다. "무신론자 수학자라도

---

* 우주왕복선 탑승 당시 55세였던 가른은, 베트남전쟁 해군 파일럿 출신으로 모르몬교도로서 하늘의 왕국을 믿는 신앙적 환경에서 성장했기 때문에 종교적 신념을 바꾸기에 가장 적합한 후보자였을 것이다.

대수의 법칙에 따라, 우주 어딘가에는 태양과의 거리, 온도, 대기 같은 조건이 딱 맞아떨어져, 바다에서 인간 생명이 탄생한 지구 같은 행성이 존재할 가능성이 있다고 생각해야 하지 않을까요?" 이어서 그는 "나처럼 신을 믿는다면, 하나님께서 우주 전체를 바라보면서 '내 아이들을 이 작은 먼지 조각(지구)에만 둘 것이다'라고 말하는 게 과연 논리적일까요? 그건 너무 과하지 않나요!"라고 덧붙였다.

제이크 가른의 후원 덕분에 SETI는 새로운 시대를 맞이했다. 1400만 개의 전파 채널을 스캔할 수 있는 시스템을 건설하는 데 필요한 400만 달러 이상의 자금을 확보할 수 있게 된 것이다. 《뉴욕타임스》와의 인터뷰에서 질 타터의 한 동료는 "첫 1분 동안, 우리는 이전 모든 프로젝트를 다 합한 것보다 더 많은 성과를 낼 것"이라고 말했다. 드레이크는 나중에 이렇게 덧붙였다. "끝없이 가설을 세울 수는 있지만, 우리가 알고 있듯 지적 생명체는 그 행동과 철학이 너무나 복잡하기 때문에 외계인의 심리를 파악하고 그들이 어떻게 행동할지 논리적으로 추론하는 건 불가능하다. 우리가 진실을 알 수 있는 유일한 방법은 직접 탐사하는 것뿐이다."

1992년 콜럼버스의날, 유럽의 한 탐험가의 "신대륙" 도착 500주년을 기념하는 날에 SETI의 가장 큰 프로젝트가 시작되었다. 아레시보 전파망원경은 헤라클레스자리 방향으로 63광년 떨어진 별 GL615.1A를 향해 거대한 안테나를 돌리고 신호를 기다리면서 우주를 탐색하기 시작했다.

NASA의 존 빌링엄은 SETI 프로젝트의 출범식에서 "우리는 오늘 500년 전 콜럼버스가 했던 것처럼 미래로 향한다. 우리는 새로운 세계를 탐사하는 도전에 응한다"라고 선언했다. 동시에 모하비사막에서는 112피트 규모의 골드스톤 전파망원경이 하늘을 스캔하는 작업을 시작했다. 의회의 요청에 따라 SETI 프로젝트는 더 중립적이고 점잖게 들리는 "고해상도마이크로파탐사(HRMS)"라는 이름으로 변경되었다. 타터의 동료들은 농담으로 HRMS라는 약자가 "그는 사실 SETI를 의미한다(He Really Means SETI)"라는 의미라고 말하곤 했다. 이 프로젝트는 몇 가지 흥미로운 신호를 빠르게 포착했다. 푸에르토리코의 작업실에서는 흥분이 감돌았다. 그러나 시간이 지나면서 그 신호들이 다 성과로 이어지지는 않았다.

안타깝게도 초기의 들뜬 분위기는 오래가지 못했고, 곧 절망으로 바뀌었다. 이번에도 의회가 개입했는데, 이번에는 네바다주 상원의원 리처드 브라이언이 나서서 SETI에 새롭게 할당된 예산을 완전히 삭감했다. 해마다 1200만 달러의 예산을 지원해야 한다는 목소리는 의회 내에 거의 없었다. SETI는 의회에 주요 로비를 펼치는 항공우주업체나 대형 엔지니어링 업체들과 계약관계도 없었고, 의회 핵심 의원들의 지역구에 고임금 일자리를 창출할 만한 시설도 없었다. SETI는 겨우 수십 명의 엔지니어들에 의해 프로젝트 전체가 돌아가고 있었고, 그들 중 아무도 브라이언의 유권자가 아니었다. NASA 역사학자들이 안타깝게 지적했듯이, SETI 프로젝트의 예산은 NASA 전체 예산의 1퍼센트도 되지 않았지만, 10년에 1억 달러에 달하는 총예산은 연방 지출 증가를 걱정하는 유권자들에게는 어마어마한 거액으로 느껴졌다.

또 하나는 NASA가 말한 이른바 "비웃음 유발 요인"도 이

프로젝트의 발목을 잡았다. 브라이언 상원의원은 이렇게 빈정댔다. "수백만 달러를 쏟아부었건만, 아직 초록 꼬마 외계인 하나도 잡지 못했습니다. 단 한 명의 화성인도 '나를 당신의 지도자에게 데려가 달라'라고 말하지 않았습니다. 비행접시가 연방항공청(FAA)에 비행 승인을 신청한 일도 없습니다."*
SETI 연구 팀은 CEO 톰 피어슨과 함께 캘리포니아 회의실에서 C-SPAN 방송으로 긴장 속에 상원 표결을 지켜봤다. 그 결과 77 대 23으로 우주탐사 예산이 삭감되었다. 《뉴욕타임스》는 〈E.T.〉의 유명한 명대사를 인용하면서 "이 번호는 연결이 끊겼다"라고 보도했다.

SETI는 또다시 좌절을 맞이한 듯 보였다. 연방정부는 고가의 천체 탐사 장비를 "잉여 자산"으로 지정하고 이것들을 SETI 연구소에 기증했고, 덕분에 이미 구축된 장비를 잃지는 않았다. 버나드 올리버는 분노하면서 이렇게 말했다. "미국 납세자들의 세금을 매년 8센트씩 아껴 주기 위해, 우주과 우주에 있는 지적 생명체를 탐사할 수 있는 기회를 박탈했다."

* *

NASA와 우주탐사 커뮤니티가 직면한 문제는 단순히 자금 부족뿐만이 아니었다. 1986년 챌린저호 폭발 사고는 NASA에 큰 타격을 주었고, 전 세계는 우주여행의 위험성과 아폴로계획의 영광 이후 수십 년간 NASA 내부에 만연했던 문화적 결함

---

* 브라이언은 상원에서 12년 동안 두 번의 임기를 보냈다. 적어도 그에 대한 위키백과의 설명에 따르면 SETI에 대한 그의 반대 의견은 미국 정치에서 그가 한 일 중 가장 기억에 남는, 또 가장 의심스러운 유일한 업적이었다.

을 공개적으로 인식하게 되었다. 이 폭발 사고는 너무 충격적이었기 때문에 문제 원인을 파악하고 책임을 규명하기 위해 수많은 조사와 위원회가 소집되었다. 그사이 우주왕복선 프로그램은 2년 동안 중단되었다. 4년 뒤, 우주왕복선 디스커버리호가 허블우주망원경을 우주로 올려보냈다. 수년간 지연되어 기존 예산을 초과한 끝에 어렵게 우주로 쏘아 올린 우주망원경이었지만 이 10억 달러짜리 망원경의 주경은 2마이크로미터, 즉 0.00007874인치 정도 어긋나 있었다. 이 사실을 뒤늦게 깨달은 과학자들은 크게 당황했다. 전례 없이 선명한 우주 이미지를 보내 주는 대신 흐릿하고 쓸모없는 이미지만 제공했다. 이런 공개적 실수로 허블우주망원경과 NASA는 전국적인 조롱거리가 되었다.

이러한 위기 속에서 NASA의 새로운 얼굴, 댄 골딘이 우주탐사의 깃발을 다시 들었다. 그는 과거 NASA의 활력을 되살리고 특히 화성 생명체를 탐사하는 노력을 재개하는 데 큰 관심을 갖고 있었다. 골딘은 1962년 NASA의 글렌연구센터에서 5년을 근무했고, 그 뒤 25년 동안 항공우주 기업에서 일하다가 1992년 4월 조지 H.W. 부시 대통령에 의해 우주국 국장으로 임명되었다. 그가 NASA에 돌아왔을 때, 그곳에서는 허블우주망원경을 수리하기 위한 대담한 우주 수리 미션이 준비되고 있었다. 1993년 12월, 우주왕복선 엔데버에 탑승한 우주비행사들은 허블우주망원경 옆으로 접근해서 새로운 교정용 거울 장치를 설치했다. 며칠 만에 허블이 새롭게 찍은 이미지들은 천문학자들을 놀라게 했다. 허블의 관측은 우주의 나이에 대한 새로운 기록을 갱신하는 데 기여했다. 슈메이커레비 9 혜성이 목성에 충돌하는 장면을 포착했고, 초거대질량 블랙홀의 존재를 확인했으며, 더 나아가 생명체 탐사에서 중요한 발견인 목성의 위성 유로파에서 산소를 발견하기도 했다. 이는 생명체를 구성하는 가장 중요한 성분인 산소가 지구 바깥에서 발견된 세 번째 사례였다. NASA는 다시 과학계에서 가장 흥미로운 장소 중 한 곳이 되었고, 골딘은 그 기회를 감사히 여겼다. 그는 이렇게 말했다. "인간의 삶은 단순한 생존 그 이상이다. 음식과 쉼터도 필요하지만, 지적인 양분도 필요하다. 우리는 겸손해야 한다. 나이가 들고 더 많은 것을 배울수록, 우리가 얼마나 많은 것을 모르고 있는지 압도될 정도다."

몇 가지 큰 성공과 긍정적인 평가를 거머쥔 골딘은 이제 화성에 주목했다. 그곳에서 생명체의 흔적을 찾기 위한 새로운 연구를 시작하려고 했다. 1970년대 중반에 바이킹 1호와 바이킹 2호 탐사선이 화성을 방문했지만, 화성이 죽은 행성이라는 인식은 크게 바뀌지 않았다. 화성에서 찍은 최초의 컬러사진은 화성의 검붉은 표면과 흐린 분홍빛 하늘의 모습을 인간에게 보여 주었지만, 바이킹 탐사선으로 진행한 생물학 실험의 결과는 기대에 부응하지 못했다. 처음에는 화성의 토양에서 생물학적인 요소를 발견할 수 있을 거라는 기대가 있었지만, 결국 아무 성과도 없었다. 칼 세이건은 1976년 18분 30초 걸려 받은 화성의 첫 번째 사진을 보고 한탄하며 말했다. "생명의 흔적은 없었다. 나무도, 선인장도, 기린도, 영양도, 토끼도 아무것도 없었다." 지구에서 수백만 마일 떨어진 곳에서 4만 가지의 개별 부품으로 구성된 복잡하고 자동화된 도구들이 펼친 놀라운 작업은 과학사에서 가장 위대한 실험으로 평가를 받았지만, 결국 중요한 발견은 없었다. 한 과학자는 이렇게 이야기했다. "이제 끝났다. 화성에 유기물이 없다면 생명체도 없는 것이다."*

그러나 골딘의 희망은 지금의 화성보다 과거의 화성에 있었다. 그는 화성이 지구와 다르다는 사실을 이해했다. 지구의 대륙은 끊임없는 변화를 겪었기 때문에, 많은 과학자는 지구에 수억 년 전에 고도로 발전된 문명이 있었더라도 그 흔적을 찾을 수 있을지에 대해서는 의문을 품었다. 반면 화성은 사실상 지질학적으로 정적인 세계였다. 30억 년 동안 지질학적으로 거의 변화가 없었다. 골딘은 과학자 팀에게 "어쩌면 우리는 생명의 기본 구성 요소가 두 행성에 동시에 퍼져 있었다는 사실을 발견하게 될지 모릅니다. 지구에서 발견한 것과 유사한 단백질 성분을 가진 세포의 화석을 찾게 될지도 모르고요. 혹은 두 행성을 연결하는 단 하나의 화석 세포를 발견할 수도 있고, 실제 생명체를 발견할지도 모릅니다. 상상해 보세요!"라고 말했다.

그 후 얼마 지나지 않아, 골딘은 지구상에서 가장 흥미로운 과학적 발견을 알게 된 소수 중 한 명이 되었다.

---

* 장기적으로 보면 이 선언은 애매하다. 일부 과학자들은 이러한 초기 생물학 실험이 완전히 다른 형태의 생명체를 정확하게 식별했을지 궁금해하기 시작했다. SETI의 과학자 세스 쇼스택은 이렇게 썼다. "바이킹 질량 분석기에 대한 새로운 분석에 따르면 화성에 존재하는 분자 구성 요소를 쉽게 놓쳤을 가능성이 있다. 미생물로 가득 찬 칠레 아타카마사막의 소금기 섞인 토양에서 유기물을 찾지 못하는 것처럼 말이다. 이 새로운 연구는 화성에 생명체가 존재한다는 것을 증명하지는 못했지만 적어도 그 가능성에 대한 문을 다시 열어 주었다." 예를 들어, 회복력이 뛰어난 생명체가 화성 지하 대수층에서 번성할 가능성도 있지만, 쇼스택의 표현을 빌리자면 "단세포 연못 찌꺼기"보다 더 큰 생명체가 존재할 것이라 믿는 과학자는 거의 없다.

44장
화성 돌멩이

1970년대와 1980년대에 걸쳐 지구에서 진행된 연구들은 생명이 가장 혹독한 환경에서도 존재할 수 있다는 사실을 계속해서 밝혀냈다. 염도가 높은 소금물 웅덩이, 해저의 열수구에서 발견된 황을 영양분으로 삼는 생명체를 비롯해 옐로스톤의 온천, 심지어 스리마일섬 주변 방사선에 노출된 물웅덩이에서도 미생물들이 발견되었다.* 생각했던 것보다 훨씬 적대적인 환경에서도 생명체가 존재할 수 있다는 사실은, 우리 생각보다 우주에도 생명을 유지할 수 있는 환경이 훨씬 더 많을 수 있음을 시사했다. 과학자들은 지구 표면 약 2킬로미터 이내의 거의 모든 곳에서 생명체를 발견했다. 가령 섭씨 -18도에 달하는 히말라야의 저온 환경부터 섭씨 121도에서 127도에 이르는 심해 바닥의 고온에서도 번식하는 미생물들까지. 이것은 물, 산소와 같이 생명체에게 필수적이라고 생각했던 요소들조차 혐기성생물이나 메탄 기반의 생명체에게는 중요하지 않을 수 있다는 뜻이었다. 외계 생명체는 우리가 상상하는 것과는 매우 다른 형태일 가능성이 있었다.

1990년대 "외계생물학"이라고 알려졌던 분야는 "생물천

* 옐로스톤의 박테리아는 섭씨 41도 이상의 온도에서 번성하기 때문에 "따뜻한 목욕물 거주자"라는 뜻의 테르무스아쿠아티쿠스라는 이름이 붙었다.

문학"이라는 이름을 거쳐 이제는 "우주생물학"이라는 이름으로 굳어졌다. 1995년 가을에는 또 다른 중요한 발견이 있었다. 스위스와 미국의 과학자들이 우리 태양계 바깥에서 일곱 개의 행성을 발견했다고 발표한 것이다. 이것은 외계 행성으로 불리는 최초의 행성들이었다. 우리 태양계의 행성 배열이 우주 전체에서 봤을 때 전혀 특별하지 않을 수 있다는 것을 확인해 주었다.* 30년 동안 SETI 프로젝트는 다른 행성이 있는지조차 확신하지 못한 상태로 진행되었다. 하지만 이제 태양계 바깥에도 지구와 유사한 천체들이 존재할 가능성이 있다는 것을 알게 되었다. 이러한 사실은 드레이크 방정식의 변수에 극적인 변화를 가져올 수 있었고, 우주의 작동 방식에 대한 우리의 이해를 완벽하게 바꾸는 발견이었다.†

스위스와 미국 연구 팀이 새로운 행성들을 연구하는 동안, 휴스턴에 있는 존슨우주센터의 연구 팀은 새로운 전자현미경을 사용하기 시작했다. 이 현미경은 챌린저호 폭발 사고와 같

* 이 발견은 천문학자이자 SETI의 선구자인 오토 스트루베가 1952년에 썼던 논문을 확인시켜 주는 결과였다. 하지만 이 논문은 소중한 관측 시간을 낭비하고 싶지 않았던 회의적인 천문학자들에 의해 40년 동안 무시되었다. 논문은 다음과 같은 주장을 담고 있었다. 항성 가까이에 바짝 붙어서 공전하며, 항성에 중력의 영향을 주는 거대 행성은 상대적으로 발견이 쉬울 것이라는 내용이었다.
† 터프츠대학교의 에릭 차이슨 교수가 주장하듯, "우주 진화"에는 일곱 단계가 있다. 입자 단계, 은하 단계, 항성 단계, 행성 단계, 화학적 단계, 생물학적 단계, 그리고 문화적 단계. 우리가 아는 한, 우리는 일곱 단계를 모두 통과한 유일한 존재지만, 먼 우주에서 다른 행성의 존재를 확인했다는 사실만으로도 우리는 곧바로 네 번째 단계인 행성 단계에 도달한 예시를 발견한 셈이 되었다.

은 재앙을 방지하기 위해, 미래에 쓰일 우주왕복선의 타일을 검사하도록 설계된 장비였다. 하지만 원래의 목적뿐 아니라 다른 분야에서도 유용하게 쓰일 수 있었다.

지구화학자 데이비드 매케이와 에버렛 깁슨은 이 새로운 도구를 생물학 연구에 적극적으로 활용했다. 그들은 1984년 남극에서 발견된 운석을 연구하기 시작했다. 이것은 매년 정부가 실시하는 운석 수집 연구 프로젝트를 통해 발견된 것으로, ALH84001이라는 이름이 붙었다. 이 운석은 약 40억 년 전에 형성된 화성 운석이었다. 당시에는 화성 표면에도 액체 상태의 물이 존재했다. 이 4파운드짜리 행성 파편은 1700만 년 전 더 거대한 운석이 화성에 충돌하면서 화성 표면 바깥으로 날아간 것으로 보인다. 그 당시 지구에서는 최초의 유인원이 등장하고 있었고, 아라비아반도가 유라시아 대륙과 충돌하고 있었다. 이 운석은 기원전 1만 3000년, 초기 인류가 메소포타미아에서 양을 길들이기 시작하고 있을 때 지구에 떨어졌다.

이 운석을 강력한 현미경으로 들여다본 매케이와 깁슨은 놀랍게도 그 안에서 생명체처럼 보이는 무언가를 발견했다. 그것은······ 벌레 같은 모습이었다. 아니면 적어도 작은 벌레 모양의 세균이었다. 두 사람은 이 잠재적인 발견을 일단 비밀에 부쳤고, 존슨우주센터 31동 건물의 주변 동료들에게도 알리지 않고 추가 연구를 계속 이어 갔다. 얼마 지나지 않아, 그들은 화학물질과 원소를 추가로 발견했고, 깁슨은 이것을 "생물학적 흔적"이라고 불렀다. 이 발견은 그들이 수십억 년 된 생명체에 가까운 무언가를 보고 있다는 것을 시사했다.

매케이는 처음에는 회의적이었다. 오랜 우주 연구 경력은 그에게 섣불리 기대하지 말라는 교훈을 주었다. 그는 1962년, 학생 시절 라이스대학교 경기장에서 존 F. 케네디 대통령의 달 착륙 도전 연설을 들었다. 그 경험은 그에게 NASA에 합류하고 싶다는 희망을 갖게 했다. 하지만 존슨우주센터에서의 경험은 그에게 이 여정의 현실을 보여 주었다. 매케이는 수백 편의 논문을 썼고, 약 5만 개의 암석을 분석했으며 행성 과학 분야에서 명성을 쌓았지만 지나친 기대보다는 신중함과 보수성을 유지하면서 경력을 쌓았다.

하지만 이 운석은 그 이전에 본 것들과는 전혀 달랐다.

그와 깁슨은 점차 더 많은 전문가를 합류시켰다. "당신이 하고 있는 일을 절대 그 누구에게도 말하지 마시오." 그들은 우주먼지에 관한 세계적인 전문가 캐시 토머스케프타에게 주의를 주었다. "우리가 이 샘플에서 발견할 수 있는 것 중 하나는 생명의 기원과 관련한 진화 과정에 대한 단서일 수 있어요." 토머스케프타는 그날 저녁 집에 돌아가 남편에게 직장 동료들이 미친 것 같다고 말했지만, 점차 그녀도 그 증거에 설득되기 시작했다. 그녀는 연구에 합류했고, 약 2년 동안 연구 팀은 감자 크기의 운석 ALH84001의 미세한 조각들을 분석하고 또 분석했다. 1996년 초, 토머스케프타는 그레자이트라는 작은 광물 입자를 발견했는데, 그녀는 이 광물이 거의 항상 박테리아의 부산물로 나온다는 것을 알고 있었다. 그녀는 "오늘이 내 인생에서 가장 멋진 날이 될 수도 있겠어" 하는 생각이 들었다.

연구 팀은 가설과 증거가 충분히 탄탄하게 쌓였다고 확신했고, 그들의 발견을 논문으로 정리해서 《사이언스》에 보내기로 했다. 논문의 마지막 문장은 신중하게 선택된 단어로 채워졌고, 저널의 에디터와 아홉 명의 동료 평가자들은 그 문장을 거의 손대지 않고 그대로 남겨 두었다. "각각의 현상을 개별적으로 고려하면 다른 대체 가능한 설명이 있을 수 있지만, 이들을 종합적으로, 특히 공간적 연관성을 고려할 때 우리는 이것이 화성에 존재하던 원시 생명체의 증거라고 결론 내렸다."

이 발견 이후 조엘 애컨바흐는 이렇게 썼다. "'아마도'를 표현하는 방법은 무궁무진하다. 강력한 '아마도'와 약한 '아마도', 명확한 결론으로 들리는 '아마도'와 커다란 비상구가 있는 '아마도' 등 다양하다. 이번 건은 강력하고 확고하며, 가슴을 두근거리게 만드는 '아마도'였다."

1996년 7월 31일, 매케이, 깁슨, 토머스케프타는 자신들의 발견을 발표하기 위해 워싱턴으로 가서 골딘을 만났다. 30분 정도로 예정되었던 회의는 세 시간이나 이어졌고, 골딘은 그들의 설명을 듣고 질문을 하면서 27쪽에 달하는 노트를 작성했다. 회의가 끝날 무렵, 골딘은 중요한 질문을 던졌다. "확실한가요?" 만약 그들이 옳다면, 이것은 과학사에서 가장 중요한 발견이 될 수 있었다.

깁슨은 확신에 찬 목소리로 답했다. "우리는 네 가지 방법으로 확실하게 검증했습니다."

골딘은 잠시 그의 말을 곱씹고 나서 매케이에게 두 번째로 요청했다. "안아도 될까요?"

NASA는 백악관에 전화를 걸었고, 골딘과 그의 보좌관은 서둘러 백악관 비서실장 리언 파네타와 미팅을 가졌다. 그들은 파네타에게 벌레처럼 생긴 생명체의 사진을 확대해서 보여 주었다. 파네타는 그 소식에 깜짝 놀라 곧바로 오벌 오피스로 내려갔다. 몇 분 뒤 NASA의 관리자와 보좌관을 그곳으로 불러들였다. 대통령 빌 클린턴은 책상 너머로 연구 팀에게 꼼꼼하게 질문했고, 브리핑이 끝났을 때 그의 반응은 간명했다. "우리는 오늘을 기억하게 될 것입니다."

과학을 좋아했던 부통령 앨 고어도 이 소식을 듣고 믿을 수 없다는 듯 말했다. "잠깐만, 우리 정부의 과학자들이 이걸 해냈다고?"

이 소식은 서서히, 그러나 꾸준히 세상에 퍼져 나갔다. 8월 7일, 이 발견은 공식적으로 《사이언스》에 발표되었다. 「화성 과거 생명체 탐사: 화성 운석 ALH84001에서 발견된 생물 활동의 흔적」이라는 건조한 제목의 논문이 전 세계에 공개되었다. 100만 명 넘는 사람들이 이 논문을 읽기 위해 온라인으로 접속했다. 아직 초기 단계였던 인터넷에서 이는 아주 놀라운 숫자였다. 같은 날, 클린턴 대통령은 백악관 사우스론에서 이 발견에 대해 발표했다. 매케이는 예정된 가족 휴가 중이었지만 워싱턴으로 급히 불려 와 클린턴 옆에 섰다.

클린턴은 이렇게 말했다. "오늘, 운석 ALH84001은 우리에게 수십억 년의 세월과 수백만 마일의 거리를 넘어 소식을 전해 주고 있습니다. 그것은 생명의 가능성을 이야기하고 있습니다. 만약 이 발견이 확정된다면, 이것은 과학이 우주에 대해 밝혀낸 가장 놀라운 통찰 중 하나가 될 것입니다." 그는 계속해서 말했다. "이 발견의 의미는 상상할 수 있는 만큼 광범위하고 경외감을 불러일으킵니다. 이 발견이 우리의 오래된 질문에 대한 답을 약속하는 만큼, 더 근본적인 새로운 질문도 던지고 있습니다. 우리는 계속해서 이 운석이 들려주는 이야기에 귀를 기울일 것이며, 인류의 오랜 질문과 우리의 미래에 필수적인 지식을 찾기 위한 탐사를 이어 갈 것입니다."

클린턴의 발표가 끝난 뒤, NASA는 도시 반대편에서 기자회견을 가졌다. 이는 NASA가 지난 수십 년 만에 맞이한 가장 기쁜 순간이었다. 골딘은 이날을 "미국 국민, 나아가 전 인류의 역사에서 길이 남을 날"이라고 선언했다. 평소 감정을 잘 드러내지 않던 과학자들의 흥분이 고스란히 느껴졌다. 그들은 약 30여 개의 카메라 팀이 모여 있는 기자회견장을 둘러봤다. 깁슨은 이렇게 말했다. "이건 제가 과학을 해 온 27년 동안 가장 흥미로운 일입니다. 그 대단한 아폴로보다 더 놀랍습니다."

그러나 캘리포니아대학교 로스앤젤레스의 고생물학자 J. 윌리엄 쇼프는 그날의 기자회견에서 약간의 "찬물"을 끼얹었다. 쇼프는 칼 세이건처럼 우주에 생명이 풍부하게 존재하고 있을 것이라고 믿었지만, 우리가 아직 그것을 발견하지는 못했다고 생각하는 회의론자였다. 그는 NASA의 발표를 처음 들은 순간부터 믿지 않았다. 하나는 기자회견에 등장한 사진 속 "벌레"였다. 그 모습은 너무 실제적이고 결정적인 생명체처럼 보였지만, 쇼프는 그 크기가 너무 작다고 생각했다. 그 벌레의 크기는 약 360나노미터였는데, 머리카락 한 가닥의 너비가 되려면 그 벌레가 150마리가 필요할 정도로 작은 크기였다. 그는 생명체가 그렇게까지 작을 수는 없다고 주장했다. 기자회견에서 쇼프는 자기 생각에 운석 AHL84001에서 생명체의 흔적이 있을 가능성에 대해 1부터 10까지 점수를 매긴다면 겨우 2에 불과할 것이라고 말했다.

하지만 대중은 회의적인 과학자들의 의견에 개의치 않았

다. 그 운석과 그것을 발견한 NASA의 과학자들은 전국적인 경외심을 일으켰고, 우주 프로그램에 완전히 새로운 활력을 불어넣었다.* 클린턴 대통령은 화성에서 생명체를 찾기 위한 전면적인 탐사를 촉구했다. 지구에서 가장 유명한 생명체 탐사 옹호론자였던 칼 세이건은 이 발견을 "지구 바깥 생명체에 대한 가장 도발적이고 감동적인 증거"라고 평가하면서, "만약 이 결과가 검증된다면, 이것은 인류 역사에서 가장 중요한 전환점이 될 것이다. 생명이 우리의 빈약한 태양계 내 두 행성에만 존재하는 것이 아니라, 장엄한 우주 전체에 걸쳐 존재할 가능성을 시사한다"라고 덧붙였다.†

그러나 이 발언은 1996년 여름 세이건이 이 운석에 대해 남긴 마지막 발언 중 하나가 되었다. 몇 년간의 암 투병으로 세이건의 건강은 극도로 악화되었다. 드레이크가 샌프란시스코

---

* 한 동료 과학자는 골딘에게 이 암석을 "세이건의 암석"으로 부르자고 제안하기도 했다. 역사적으로 중요한 발견이라면 앨런 힐 1984, 암석 1이라는 이름의 약칭보다는 덜 번거롭고 익숙한 이름이 필요하다고 생각했기 때문이다.
† 매케이는 사무실 서류 캐비닛 위 작은 뚜껑이 달린 용기에 ALH84001의 조각을 보관했다. 이것은 아마 외계 생명체의 첫 증거로 여겨지는 귀한 물체를 보관하기에는 다소 부적절한 장소였을지도 모른다. 시간이 흐르면서 화성에서 생명체를 발견했을 것이라는 기대는 점차 희미해졌지만, 이 모든 과정을 실패라고 간주하기는 어려웠다. 이 사건은 국민의 상상력을 다시 일깨웠고, 매리너와 보이저와 같은 우주탐사 프로젝트를 고리타분한 옛이야기처럼 여기던 새로운 젊은 세대 과학자들에게 영감을 주는 계기가 되었다. 행성 과학자인 세라 스튜어트 존슨은 "ALH84001은 가능성으로 가득 찬 미래를 엿볼 수 있는 창문"이라고 표현했다. 어쩌면 우리가 발견한 것과는 전혀 다른 생화학 반응을 기반으로 살아가는, 우리 상상력을 초월하는 더 기괴한 외계 생명체가 존재할지도 모른다.

에서 함께 점심을 먹기 위해 세이건을 만났을 때, 그가 구부정한 자세로 천천히 걸어오는 모습을 보고 드레이크는 크게 놀랐다. 클린턴 대통령의 우주탐사 서밋이 열렸을 때, 세이건은 이미 설 수조차 없는 상태였다.

1996년 12월 20일, 아인슈타인 이후 가장 유명한 과학자였던 칼 세이건은 62세의 나이로 세상을 떠났다. 그의 마지막 날, 그는 자신의 인생에서 가장 큰 미스터리가 여전히 풀리지 않았다고 인정하면서 "비범한 주장에는 비범한 증거를 필요로 한다"라는 유명한 발언을 남겼다. 그리고 그는 이렇게 덧붙였다. "화성에 생명체가 존재한다는 주장에 대한 증거는 아직 충분히 비범하지 않다."

여러 곳에서 칼 세이건의 영향력을 기리고 그의 죽음을 추모하면서, 세 번의 추모식이 열렸다. 그중에서 가장 감동적이고 그의 영향력을 잘 보여 준 것은 뉴욕시 모닝사이드하이츠에 있는 세인트 존 대성당에서 진행된 추모식이었다. 추모식의 일환으로 세이건이 자신의 책 『창백한 푸른 점』(1990년 NASA를 설득해 태양계에서 37억 마일 떨어져 있던 보이저 1호를 통해 찍은 지구 사진에서 따온 제목)에 있는 문장을 낭독한 녹음된 목소리가 성당 안에 가득 울려 퍼졌다.

"저곳이 바로 이곳입니다, 우리의 집이며, 우리 자신입니다. 이곳에서 당신이 사랑하고, 당신이 알고 있고, 당신이 들어봤으며 지금까지 존재한 모든 인류가 자신의 삶을 살았습니다. 우리의 기쁨과 고통, 자신만만했던 수천 개의 종교와 이데올로기, 그리고 경제체제, 수렵과 채집을 했던 모든 이들이, 모든 영웅과 비겁한 자 들이, 모든 문명의 창조자와 파괴자 들이, 모든 왕과 소작농 들이, 사랑에 빠진 모든 젊은 연인들이, 모든 부모와, 희망찬 아이, 발명가와 탐험가, 모든 스승과, 부패한 정치인들, 모든 슈퍼스타와 위대한 리더 들이, 모든 성자와 죄인 들이, 우리 역사 속의 모든 이들이 태양 빛에 떠다니는 저 작은 먼지 같은 점 위에서 살다 갔습니다."

45장
피닉스 라이트

칼 세이건의 사망 이후, 다른 소식들이 뉴스 헤드라인을 장식하면서 운석 ALH84001에 대한 대중의 관심은 빠르게 식어 갔다. 그리고 화성 탐사에 대한 국가적, 정치적 열망도 점차 줄어들었다. NASA와 탐험가들, 우주탐사에 열정적이었던 사람들은 2010년대쯤이 되면 아폴로계획 때 한 것처럼 화성을 유인 탐사를 하게 될 것이라 이야기했지만, 1990년대 중반까지도 재정적 상황은 그닥 좋지 않았다. 정부 예산이 서서히 증액되는 시기였지만 그럼에도 미국은 그런 거대한 프로젝트에 대한 열망을 거의 갖고 있지 않았다. 그 결과 우주탐사 프로젝트들은 당장 성과를 내야 한다는 압박을 느끼기 시작했다.

SETI의 질 타터, 톰 피어슨, 버나드 올리버와 그 동료들은 몇 달, 그리고 몇 년에 걸쳐 기업과 개인 기부자들에게서 자금을 끌어모아서 연구를 지속했다. 휴렛패커드의 창립자 데이비드 패커드와 윌리엄 휴렛은 각각 100만 달러씩 기부했고, 인텔의 고든 무어와 마이크로소프트의 공동 창립자 폴 앨런도 기부에 동참했다. 이러한 거액의 기부는 패커드와 휴렛을 더욱 독려했고 기부금을 원래 냈던 것의 두 배로 늘리게 했다(패커드는 연구비 회의를 하던 중 한번은 이렇게 한탄한 적이 있다. "정말 정치인 놈들 때문에……" 패커드는 국방부 부차관 출신이었기 때문에, 정치적인 방해물에 대해 잘 알고 있었고 그에 대한 좌절감을 표출했던 것이다).

다행히 다른 곳에서 기부와 지원금이 조금씩 들어오기 시작했다. 로터스의 창립자 미첼 카포르는 타터에게 1만 달러를 건넸고, 올리버는 자신의 돈 10만 달러를 추가로 기부했다. 곧 그들은 750만 달러의 자금을 모을 수 있었다.* 그리고 호주에서 이동식 무선 주파수 차량을 사용할 수 있는 기회를 얻었다. 1995년 11월, 연구 팀은 시드니항에 있는 시설에서 차량을 인수하고 호주의 서해안에 위치한 뉴사우스웨일스주 파크스천문대에 자리를 잡았다. 이곳은 한때 아폴로 11호의 달 착륙 생중계 영상을 수신한 기지국이었던 유서 깊은 시설이었다. 그들은 숙소를 마련하기 위해 타터가 "이케아라고 부른 곳"에서 쇼핑을 했고 천문대에서 144마일 떨어진 곳에 "추적 탐지 장치"로 불린 또 다른 망원경을 배치했다. 이것은 흥미로운 신호가 날아올 경우 그 신호를 재확인하고 혹시 모를 지구 신호의 간섭을 제거할 수 있도록 해 주었다.† 호주에서 여름 대부분을 보내면서 모든 장비를 설치하고 문제를 해결한 끝에, 마침내 2월 1일 피닉스프로젝트가 시작되었다.

* "돌이켜 보면, 너무 쉽게 SETI 자금을 확보했던 초기의 성취는 오히려 우리를 오해하게 만들었다." 쇼스택은 이렇게 회상했다. "올리버가 오후 짧은 시간 사이에 2000만 달러를 확보할 수 있는 거라면, 우리는 앞으로 SETI가 자금 부족으로 위협을 받을 일은 전혀 없을 거라고 착각했다. 시간이 지나고 경험이 쌓이면서 이 가정이 얼마나 순진한 생각이었는지 드러났다."
† 호주의 남성 팀원들은 타터가 진절머리가 날 정도로 부적절한 "멍청한 금발"이라는 농담을 자주 던졌고, 결국 그녀는 농담을 던진 한 사람을 향해 "이해가 안 가는데 설명 좀 해 주시죠"라고 응대하면서 그들의 농담을 멈추게 했다.

그 후 6개월 동안 타터는 종종 야간 근무를 했다. 숙소에서 망원경까지 1마일을 걸어 다니면서 남반구의 어두운 밤하늘을 모니터링했다. 하지만 특별한 성과는 없었다. 하지만 기술적인 개념을 증명하는 데는 성공했다. 그 성공 덕분에 패커드, 휴렛, 무어로 하여금 매년 100만 달러씩 5년간 더 기부를 하겠다는 약속을 이끌어 낼 수 있었다. 이 지원금은 다음 새천년까지 SETI를 유지하기에 충분한 금액이었다. 아쉽지만 연구 팀은 희망을 품은 채, 그린뱅크로 돌아가서 140피트 망원경을 다시 사용하기로 했다.

1997년 6월 24일, 타터의 연구 팀은 고래자리에 있는 적색왜성 YZ 세티를 연구하던 중 신호를 포착했다. 이 별은 지구에서 단 12광년 거리에 있었다. 은하적 관점에서 보면 그냥 같은 동네에 있는 셈이었다. 사실 모니터링 장비에서 봤을 때는 그 어떤 신호도 처음에는 그닥 대단해 보이지 않았다. 빨간불이 깜빡이거나 경고음이 울리는 것도 아니었고, 과학자들이 그 소리를 직접 해독하거나 우주에서 모스부호 같은 메시지를 듣는 것도 아니었다. 이번 신호 역시 그 추세를 따라 흐릿한 흑백 화면에 흰 점들이 줄지어져 하나의 선처럼 보였다. 하지만 이런 명백하게 평범한 모습에도 불구하고, SETI 연구 팀의 눈에는 확실히 특별한 것이 보였다. 캘리포니아에 있는 SETI 연구소에서 모니터링하던 세스 쇼스택은 긴장과 흥분이 고조된 과학자들로 가득 찬 방의 당시 분위기를 이렇게 회상했다. "우리는 두 가지 선택지 중 하나를 골라야 했다. 인공 송신기에서 나온 전파잡음이거나, 아니면 정말 중요한 신호일 터였다."

안타깝게도 조지아에 위치한 SETI의 예비 망원경이 고장이 나는 바람에 신호를 교차검증할 수 없었다. 그래서 그린뱅크 연구 팀은 현장에서 할 수 있는 최선을 다해야 했다. 그들은 거대한 망원경을 이리저리 움직였고, 신호가 날아오는 방향에서 멀어질 때마다 신호가 사라지는 것을 확인했다. 이것은 그 신호가 비행기나 궤도를 도는 인공위성과 같이 지구상에 있는 신호가 아니라, 멀리 떨어진 우주에서 날아오는 신호라는 사실을 확인해 주는 것이었다. 마지막으로 연구 팀은 망원경을 아주 조금만 움직여 보기로 했다. 그 신호가 정말 외계에서 날아온 것이라면, 쇼스택이 '팔을 쭉 뻗은 상태에서 보이는 뜨개질 바늘의 너비' 정도인 0.1도만 망원경의 방향을 틀어도 신호의 세기는 절반 수준으로 떨어져야 했다. 캘리포니아 시간으로 오전 6시에 연구 팀은 서부 해안에 사는 소프트웨어 엔지니어 제인 조던을 깨워서, 그의 집에서 망원경 소프트웨어 업데이트하도록 지시했다. 조던이 테스트를 진행했을 때도 신호는 여전히 강하게 유지되었다. 이것은 좋지 않은 징조였다. 그들이 발견한 것은 멀리 떨어진 행성에서 오는 신호가 아니라 다른 무언가일 가능성이 더 컸다. 어쨌든 연구 팀은 신호를 다시 연구하기 위해 해가 질 때까지 기다려야 했다. 그날 아침 집으로 돌아갈 예정이었던 타터는 비서에게 전화를 걸어서 귀국 비행편을 다시 예약해 달라고 요청했다.

한편 캘리포니아에 있는 SETI 사무실에 있던 쇼스택은 또 다른 시급한 문제에 직면했다. 연구 팀은 언제쯤 아직 현재 진행 중인 이 잠재적 발견을 다른 사람들에게 알려야 할까? 안타깝게도 이 문제는 저절로 해결되었다. 《뉴욕타임스》의 과학 기자인 윌리엄 브로드가 한낮에 갑자기 그에게 전화를 걸어 온 것이었다. "세스, 당신이 추적하고 있는 그 신호는 상태가 어때요?"*

쇼스택은 "우리는 여전히 그 별을 추적하고 있고, 지금 단서를 더 확인하는 중"이라고 답했다. 그는 세 시간 정도 시간을 더 달라고 했고, 그 후에 더 많은 정보를 제공해 주겠다고 약속했다.

실제로는 두 시간밖에 걸리지 않았다. 연구 팀이 새롭게 얻은 결과를 확인했을 때, YZ 세티 곁을 도는 생명체의 흔적을 발견한 것이 아니라는 사실은 분명해졌다. 망원경이 포착한 것은 태양 및 태양권 관측소, 즉 유럽과 미국이 공동으로 태양을 연구하기 위해 운용하고 있던 관측 위성이었다. 쇼스택의 말처럼 "이건 외계인이 아니었다".

이 일련의 사건은 쇼스택에게 최근《UFO매거진》편집자와 TV에서 가졌던 공개적인 토론 순간을 떠올리게 했다. 그들은 SETI가 우주에서 명백한 외계인의 신호를 포착하게 되었을 때 어떤 일이 벌어질지 논의했다. 그 UFO 연구자는 군대가 즉시 출동해서 연구를 중단시키고 모든 것을 비밀로 덮어 버릴 것이라고 주장했지만, 쇼스택은 어떤 것도 오랫동안 비밀로 유지하는 건 어려울 것이라며 그 생각에 대해 공개적으로 의문을 제기했다. 그는 어떤 정부도 그 소식이 퍼지기 전에 움직일 만

* 알고 보니 그날 아침 이 기자는 6개월 전에 사망한 칼 세이건의 유훈에 관한 기사를 작성하던 중이어서, 마침 세이건의 아내 앤 드루얀에게 전화를 걸어 그녀의 비서와 연결되어 있었다. 그 비서는 그날 아침 타터의 비서와 이야기를 나누었고, 대화 중에 천문학자들이 이상한 신호에 대해 조사하는 중이라는 사실을 언급했다. 그것은 브로드가 SETI 연구소에 전화를 걸게 만들 정도로 충분히 흥미로운 정보였다.

큼 관심을 갖지 않을 것이라고 보았고, SETI의 발견은, 예를 들어 외계인들의 우주선이 백악관 상공에 등장해 떠 있는 것과는 근본적으로 다른 문제라고 지적했다. SETI에서 신호를 발견하게 된다면 그것은 수동적 방식일 것이기 때문에, 신호를 보낸 외계 문명 입장에서는 지구에서 자신들의 신호가 수신되었다는 사실조차 알 방법이 없었다. 그리고 그 신호는 아주 먼 곳에서 날아왔을 것이기 때문에 급박한 상황도 펼쳐지지 않을 것이라고 설명했다. SETI가 연구하는 별들도 대개 수백 광년 거리에 떨어져 있었기 때문에, 정말 그곳에 다른 문명이 존재한다고 해도 며칠 안에 지구로 당장 달려오지는 못할 것이라고 설명했다.

그린뱅크에서 일어난 일은 이러한 그의 생각을 더욱 공고하게 했다. 그곳에서 한 발견은 비밀로 유지되기는커녕 24시간도 채 지나지 않아 바깥으로 새어 나갔지만, 그사이 그 어떤 정부 관계자도 관심을 보이지 않았다. 검은 정장을 입은 사람들이 현장에 방문한 적도 없었다. 쇼스택은 이렇게 생각했다. "심지어 SETI 연구소가 있는 실리콘밸리의 마운틴뷰 시장조차 전화를 걸지 않는군. 개인적으로 잘 아는 사람인데도."*

---

* 그린뱅크천문대에서 오보가 발생한 지 몇 주 후, 타터의 대중적인 이미지는 로버트 저메키스 감독이 소설 『콘택트』를 영화화한 작품 속에 등장하는 천문학자의 이미지로 굳어졌다. 조디 포스터가 주연을 맡은 이 영화는 오프닝에서 "칼을 위해"라는 헌사를 올렸다. 감독은 클린턴이 화성에 관한 소식을 발표하던 기자회견 영상을 그대로 사용해, 이것을 "대통령"이 우주에서 날아온 신호에 대해 발표하는 장면으로 편집해 사용해서 논란이 되기도 했다(이후 저메키스 감독은 "하나님께 맹세코, [클린턴의 기자회견이] 이 영화를 위해 쓰인 대본처럼 느껴졌다. 대통령이 '우리는 그 신호가 말하는 것에 귀를 기울일 것입니다'라는 대사를 하는 순간, 나는 거의 기절할 뻔했고, 그

UFO

* *

SETI의 피닉스프로젝트가 하늘을 탐색하던 와중, 1990년대 가장 유명한 UFO 목격담 중 하나가 우연하게도 피닉스시 상공에서 벌어졌다. 1997년 3월 13일 저녁, 약 세 시간 동안 애리조나주 피닉스와 그 주변 지역에 있던 수천 명의 주민들은 밤하늘을 가로지르는 거대한 비행 물체를 목격했다. 오후 7시 30분부터 10시 30분까지 방송국, 경찰서, 그리고 지역 군기지에 전화가 쇄도했다. 처음에는 거대한 V자 또는 삼각형 모양을 한 비행 물체가 머리 위를 지나가는 모습을 봤다는 제보들이 들어왔고, 이후에는 밝은 불빛들이 도시 외곽에 정지한 채 떠 있는 장면을 봤다는 제보가 이어졌다(피닉스시에서 집중적으로 제보된 목격 사례들이었지만, 네바다주에서도 비슷한 제보가 있었다). 목격자들의 제보는 불빛의 색깔, 형태, 배열, 그리고 미스터리한 비행 물체의 속도에 따라 다양했지만, 사람들의 우려가 집단적으로 쏟아지면서 시 당국은 조사에 착수했다.

UFO 연구자들은 피닉스 하늘에 등장한 거대한 검은 V자

저 입을 떡 벌리고 서 있었다"라고 말했다). 이 영화는 1997년 7월 11일에 개봉했다. 그로부터 일주일 뒤 또 다른 고전 외계물이 되는 〈맨인블랙〉이 개봉했다. 토미 리 존스와 윌 스미스 주연의 이 영화는 UFO와 관련된 가장 어두운 음모론을 배경으로 하고 있다. 비록 〈맨인블랙〉이 대중문화에 더 지속적인 영향을 끼쳤지만, 조디 포스터가 타터를 연상시키는 앨리 에로웨이 박사를 연기한 덕분에 타터를 스타로 만들어 주었다. 조엘 애컨바흐는 이렇게 썼다. "세이건은 SETI에 발을 담갔고, 드레이크는 이 분야를 진지한 과학 분야로 이끌었다면, 타터는 이 분야에 완벽하게 헌신했다."

모양의 비행 물체가 거의 10년 전 벨기에 하늘에 등장했던 불길한 물체가 다시 돌아온 것이라고 생각했다. 어쩌면 1989년 유럽에서 발생했던 UFO 사건 당시의 외계인 방문객들이 북미 하늘에 다시 돌아온 것일지 모른다는 추측도 있었다.

아직 인터넷이 널리 보급되지 않았던 시대였기 때문에, 피닉스 불빛 사건은 몇 달이 지나서야 전국적으로 언론 보도를 타게 되었고, 6월에 이르러서 《USA투데이》가 이 사건을 1면에 다루면서 큰 주목을 받았다. 그로 인해 공화당 소속 주지사 파이프 사이밍턴 3세는 아침 뉴스 인터뷰에서 공식 조사를 촉구하면서 "우리는 이 사건의 진상을 밝힐 것이며, 이것이 UFO인지 알아낼 것"이라고 발표했다.

그날 오후, 주지사 사무실은 아주 놀라운 속도로 사건의 책임자를 찾았다고 발표했다. 열광적인 언론들이 실시간으로 생중계한 기자회견 현장에서 사이밍턴 주지사는 키 6피트 4인치인 자신의 비서실장에게 외계인 복장을 입히고 수갑을 채워서 데리고 나왔다. "여러분이 너무 심각하게 받아들이고 있다는 사실을 보여 주고 싶었습니다." 사이밍턴은 웃으며 농담을 던졌다. 사람들은 웃음과 탄식으로 반응했다. 이 퍼포먼스는 사건의 심각성을 곧바로 희석시켰다. 주지사의 의도대로 사건은 웃음거리가 되었다. 이에 따라 전국 언론도 곧바로 다른 주제로 눈길을 돌렸지만, 피닉스 주민들은 여전히 무언가 이상한 일이 벌어진 것이라고 주장했다.

그리고 그 목격 사건 10주년이 되어서야 사이밍턴 주지사는 놀라운 고백을 하게 된다. 그 기이했던 3월 밤에 벌어진 사건에 대해 다룬 한 다큐멘터리에서 인터뷰를 하던 중 그는 갑자기 "나도 그것을 보았습니다"라고 고백했다.

그의 설명에 따르면, 1997년 그날 밤 제보가 쏟아지고 있었을 때, 그는 혼자 근처 산으로 달려갔다. 그의 경호 팀은 이미 집에 돌아간 이후였기 때문에 그가 산 정상에 올라서 UFO를 목격했을 때는 완벽하게 혼자였다. "나는 논리를 거스르고 현실에 도전하는 무언가를 봤어요. 거대한 델타 기호(Δ) 모양의 비행기가 피닉스산맥 보존 구역의 스퀴피크 상공을 조용히 지나가는 장면을 목격했습니다." 그는 이렇게 회상했다. "그것은 환영이 아닌 실재였습니다. 그 크기는 압도적이었고, 선두에는 불빛이 박혀 있었습니다. 그 비행 물체는 애리조나 하늘을 가로질러 지나갔어요. 나는 여전히 그것이 무엇인지 모릅니다. 비행 파일럿이자 전직 공군 장교로서 내가 확실하게 말할 수 있는 것은, 내가 봤던 그 비행 물체는 내가 지금까지 본 그 어떤 인공 물체와도 전혀 닮은 부분이 없었다는 것입니다."

공군은 로즈웰 사건을 완전히 종결시키려고 했던 시점에 또다시 UFO 광풍이 불기 시작한 것에 대해 진저리를 치면서 주민들이 목격한 "비행 물체"는 존재하지 않는다고 주장했다. 군 당국의 주장에 따르면 그날 저녁의 목격들은 전혀 관련이 없는 두 개의 일반적인 사건으로 설명할 수 있었다. 당시 사건은 당시 투손의 데이비스몬탄공군기지에서 진행하고 있던 스노버드작전이라는 이름의 훈련과 관련이 있었다. 공군에 따르면 그날 저녁 다섯 대의 A-10 선더볼트 공격기가 V자 대형을 이루면서 하늘을 가로질렀고, 그것들이 내는 일정하게 빛나는 하얀 불빛은 거대한 비행 물체를 봤다고 이야기한 사람들의 제보와 정확하게 일치했다. 그 뒤 메릴랜드 공군 방위군 소속의 또 다른 A-10 항공기들이 훈련 진행 중 길게 불꽃을 내뿜는 조명탄을 떨어뜨렸는데, 그것이 밝게 빛나며 서서히 떨어지는 모습을 본 사람들이 후속 제보를 한 것으로 보았다.

하지만 많은 사람은, 특히 사이밍턴 주지사도 이러한 설명에 만족하지 않았다. 이후에 그는 더 서둘러서 진실을 밝히려 하지 않았던 것과 군 당국의 철저한 조사를 요구할 기회를 놓친 것을 후회한다고 밝혔다. 그는 그 사건이 위협적으로 보이지는 않았다고 거듭 설명했다. 한 대의 (또는 여러 대의) UFO가 하늘을 조용히 가로질렀기 때문에, 단순히 이상한 경험 정도로 치부하는 게 자연스러웠다는 것이다. 게다가 정치적인 측면도 고려해야 했다. 비록 수천 명의 주민들이 UFO를 목격했다 하더라도, 자신이 UFO를 보았다고 인정하는 것은 정치적으로 큰 리스크를 감수해야 하는 일이었을 것이다. 그는 이렇게 말했다. "만약 다시 그때로 돌아갈 수 있다면 아마도 다르게 대처했을 것이다."*

* 피닉스 라이트 사건이 벌어지고 2주가 지난 뒤, 그해 겨울 미국에서 벌어진 천문학적 현상에 대한 사람들의 열정적인 관심과 UFO 음모론은 비극적인 방식으로 결합되었다. 헤일밥 혜성이 하늘을 가로질러 지나가는 동안, 텍사스의 한 아마추어 천문학자는 그 뒤를 따라 움직이는 "토성 같은" 물체를 봤다고 했다. 다른 천문학자들은 그가 훨씬 더 멀리 떨어진 배경 별을 보고 착각한 것이라 주장했지만, UFO 연구자들은 그가 발견한 것이 혜성 뒤에 숨어서 움직이는 거대한 지구 크기의 외계 우주선이라고 주장했고, 결국 이 소문은 자신들이 절대 죽지 않는 불멸의 외계인이 될 수 있다고 믿었던 "천국의 문"이라는 이름의 뉴에이지 컬트에 심취한 사람들이 집단적으로 목숨을 끊게 만드는 데 영향을 끼쳤다. 이 단체는 미리 준비된 성명문을 통해 "헤일밥 혜성은 천국의 문을 닫고 있다……. 지구에서 22년간 진행된 가르침이 드디어 마무리되고 있다. 인간이 진화 수준에서 '졸업'하는 것이다"라고 발표했다.

UFO

"우리는 기꺼이 '이 세상'을 떠나 티스크루(지상의 지도자를 지칭하는 말)와 함께 갈 준비가 되어 있다." 이 사건은 신문 1면을 장식할 만한 충격적인 사건이었다. 이 사이비종교 신도들은 모두 나이키 운동화를 신은 채로 연이어 자살했고, 살아남은 나머지 신도들은 시신에 보라색 천을 덮어 주었다. 자살한 사람들의 주머니에는 모두 5달러 지폐와 75센트 동전이 들어 있었는데, 이것은 마크 트웨인이 "혜성의 꼬리를 타고 천국으로 가는 데 드는 비용"이 5.75달러라고 했던 말에서 차용한 것으로 보였다. 하지만 이것은 미국 문화에 만연한 편집증적이고 음모론적인 실타래가 매우 복잡하게 얽혀 있으며, 광범위하게 퍼져 있다는 것을 보여 주는 사건이었다.

3부
성간 시대
(2000~2023년)

46장

혜성

1999년 피닉스 라이트 사건이 있고 나서 2년이 지난 뒤, 현대의 UFO 시대가 본격적으로 시작되었다. 기자 레슬리 킨은 프랑스에서 전직 장군, 제독, 과학자, 우주 전문가 13명이 3년에 걸쳐 UFO를 연구한 결과를 담은 90페이지 분량의 보고서를 입수했다.

 이 보고서는 "혜성"이라는 암호명으로 불렸고, GEPAN이 지난 20년 동안 이룬 성과를 평가하는 검토 작업으로 시작했다. 비공식적인 프로젝트였지만, 아주 높은 수준의 전직 관료들이 참여했고 국방부와 특수한 연관성이 있는 것으로 보였기 때문에 이 프로젝트는 1960년대 콘던위원회 이후 가장 높은 수준의 관심을 받았다. 보고서의 핵심적인 발견은 UFO가 추가적 연구를 할 만한 가치를 지니고 있을 뿐 아니라, 이른바 외계생명체가설을 고려할 만한 진정한 이유가 있다는 결론을 도출했다는 점이었다. 이것은 단순한 사건이 아닌 중요한 대전환점으로 여겨졌다.* 보고서 서문에서 "이 현상은 의심의 여지 없이 지속적으로 벌어지고 있으며, 풍부한 양질의 데이터에도 불구

---

* 프랑스어로 UFO는 OVNI *objet volant non identifié*로 표기된다. 따라서 이 연구의 프랑스어 제목 *Les OVNI et la Défense: À Quoi Doit-On Se Préparer?*은 "UFO와 방어: 무엇을 준비해야 하는가?"라는 뜻이다.

하고 완전히 설명할 수 없는 목격 사례가 전 세계적으로 증가하고 있다"라고 언급했다.

프로젝트 혜성은 UFO에 대한 연구 과정에서 천체나 항공기를 보고 오인했거나, 천문 현상을 보고 착각한 것, 그리고 대기현상을 보고 오인한 상황을 모두 배제하고도 약 5퍼센트의 UFO 목격 사례들이 "자연적이거나 인공적인 지능에 의해 조종되는 알 수 없는 비행 물체로, 매우 뛰어난 성능을 보인다"라고 결론지었다. 위원회는 이렇게 설명했다. "여러 현상에 대한 수많은 설명에서 일정하고 일관된 패턴이 나타난다. 접시 모양, 혹은 빛나는 구체 또는 원통형의 비행 물체이며, 정지했다가 번개처럼 빠르게 가속하고, 소음이 들리지 않으며, 음속을 넘어서는 속도에서도 음속 충격파가 없고, 주변 라디오나 전자 장비에 간섭을 일으키는 전자기 효과가 있다는 것이다. 이 외계인들은 분명히 지적으로 매우 발전되어 있고, 우리가 아직 이룰 수 없는 것을 성취할 만큼 기술적으로 우리를 훨씬 앞선다. 하지만 그 나머지는 여전히 미스터리로 남아 있다!"

프로젝트 혜성의 보고서는 한편 외계인들의 방문이 지구의 핵기술과 우주탐사가 확장되고 있는 것에 대한 우려 때문일 수 있다고 추측했다. 위원회는 "현재로서 그들이 우리의 일에 간섭하는 것처럼 보이지는 않지만, 그들이 실제로 무엇을 추구하는지 우리 스스로에게 물어보는 것이 바람직하다"라고 적었다. 이것은 냉전 초기에 수십 년간 UFO를 연구했던 사람들이 제기했던 질문과 일치한다. "그들이 지구를 침략하려고 하는 걸까? 핵전쟁으로 자멸할지도 모르는 위험에 처한 지구를 지키려고 하는 걸까? 그들의 의도에 대한 이런 불확실성을 고려할 때, 우리는 미래에 어떤 일이 벌어질지 예측할 수 없고, 특히 그들이 계속해서 간섭하지 않을 것이라 단언할 수 없다."

보고서의 결론 부분에서는 UFO 제보에 대한 부정적인 낙인을 제거하고 민간과 군 파일럿 모두에게 교육을 강화할 필요가 있다고 강조했다. 또한 정부가 수집한 정보의 질도 더 향상되어야 하고, 제보에 대한 과학적인 추적 관찰이 필요하다고 주장했다. 외계 생명체의 존재 가능성이 확인될 경우, 그 발견이 끼칠 수 있는 "전략적, 정치적, 종교적인 영향"을 고려하는 데 더 큰 노력이 필요하다고도 언급했다. 보고서는 이 가능성이 품고 있는 "기괴한 함의를 지금 당장 말끔하게 없애야 한다"라고 덧붙였다.

궁극적으로 프로젝트 혜성은 전 세계 UFO 연구에 지속적인 영향을 끼쳤다. 여러 대륙에 걸친 정책 결정자들에게 꾸준히 연구할 가치가 있는 무언가가 아직 남아 있을 가능성을 고민하도록 만들었고, 20년에 걸친 기나긴 혁명을 이끌어 냈다.

* *

이 문서는 당시 버클리 라디오방송사의 기자였던 레슬리 킨에게 깊은 영감을 주었다. 뉴욕 출신으로 명문가 집안에서 태어난 그녀는 노예제 폐지 운동가 윌리엄 로이드 개리슨과 청교도들이 세운 매사추세츠만 식민지의 설립자 존 윈스럽의 후손이었다. 이러힌 특권층 집안에서 성징한 킨은 스펜스 학교와 바드대학을 나왔다. 1990년대에는 정치범들을 인터뷰하기 위해 미얀마로 떠났는데, 그때부터 저널리즘에 발을 들였다. 이 경험은 그녀에게 깊은 영향을 끼쳤고, 책을 쓰는 계기가 되었다.*
그녀는 외계 생명체에 대한 국가안보와 천문학적인 논쟁과는 전혀 동떨어진 삶을 살았다. 하지만 프랑스에서 흘러나온 프로젝트 혜성 보고서의 영어 번역본을 접하면서 그녀는 이 분야에 빠져들었다. 당시 그녀는 그 보고서를 소지한 유일한 기자였다. 킨은 이 기회를 통해 밝혀진 것은 무엇이고 밝혀지지 않은 것은 무엇인지에 주목하면서, 이성적이고 진지한 사람들과 그들이 그저 웃으며 무마하기 쉬운 이 주제들 사이에 다리를 놓을 수 있다고 생각했다. 이것은 J. 앨런 하이넥이 사망한 이후의 연구 공백을 다시 메울 수 있는 기회였다. 후에 그녀는 "UFO 이야기는 저널리즘적으로는 다루기 어려웠다. 음모론, 허위 정보, 그리고 단순한 부주의들로 정보가 오염되었기 때문이다. 이 모든 것을 신중하게 걸러 내는 작업이 필요했다"라고 회상했다. "이 사건들은 우리의 세계관에 완전히 새로운 도전이 될 수 있는 혁명적인 무언가를 암시하고 있었다."

킨은 2000년 5월 《보스턴글로브》에 특종기사를 발표했다. 당시는 막 떠오르기 시작한 인터넷 문화가 UFO 음모론에 불을 붙이던 시기였다. 온라인 세계에 새롭게 등장한 자유는 먼 곳에 있는 신봉자들과 연구자들이 서로의 자원을 공유하고 사료를 수집하면서, 이전에는 불가능했던 수준으로 세상을 연결시켰다. 실제로 킨의 기사가 발표되기 한 달 전, 마이크로

* 가계도에서 비교적 가까운 가지에 있는 그녀의 할아버지는 10선 국회의원이었고, 그녀의 삼촌인 톰 킨은 뉴저지주 주지사로 2선을 했으며, 9·11위원회 의장으로도 잘 알려진 인물이다.

소프트, 코닥, 그리고 러시아 위성 회사의 협력 기업 노스캐롤라이나는 네바다주의 그룸 호수 근처에 있는 비밀 군사기지인 51구역의 고해상도 항공사진을 처음으로 발표하기도 했다. 미국 정부는 1990년대가 되어서야 이 군사기지의 존재를 공식적으로 인정했다. 이곳은 오랜 세월 동안 (어쩌면 이 세상에 존재하지 않는) 외계 기술의 테스트와 관련된 음모론의 중심에 있었다.*

새롭게 공개된 사진들은 새로운 정보를 그다지 많이 알려주지는 않았지만, 황량한 사막 한가운데에 있는 활주로와 건물들의 모습만으로도 더 많은 궁금증과 의심을 불러일으켰다. 항공사진 기업 에어리얼이미지주식회사 대표는 기자들에게 "그곳에는 이상한 것들이 있다"라면서 "그룸 호수는 아니지만 다른 곳에 있는 활주로에는 비행기들도 있었고, 그 위에 직물 같은 것이 덮여 있었다……. 이 사진을 본다면 UFO에 대해 더 확신하는 사람들이 생길 것"이라고 설명했다.

하지만 대부분의 미국인들은 정부가 수십 년 전 UFO에 대해 더 이상 관심을 갖지 않을 거라고 발표한 이후에도 여전히 이 주제와 관련된 프로젝트와 연구를 진행하고 있다는 사실은

---

* 1980년대부터 정부는 사막 호수 주변에서 무슨 일이 벌어지고 있는지 밖에서 보기 더 어렵게 만들기 위해서, 한꺼번에 수백, 수천 에이커의 땅을 합병했고, 51구역의 외곽 경계는 더 뒤로 밀리고 밀려났다. 이러한 변화는 그곳에서 대체 무슨 일이 벌어지고 있는지에 관한 음모론을 불식하는 데 전혀 도움이 되지 않았다. 1990년대 정부는 51구역의 활주로를 가장 최근까지 내려다볼 수 있었던 산비탈이었던 프리덤 능선까지 확보했다. 이곳은 열정적인 항공기 애호가들과 음모론자들이 국방부의 비밀 프로젝트를 엿보기 위해서 모여들던 성지와 같은 장소였다.

알지 못했다. 네바다주의 한 대담하고 부유한 사업가는 1990년대 중반부터 물밑에서 UFO와 초자연적 현상에 대한 정부의 관심을 다시 불러일으키고자 애를 쓰고 있었다.

로버트 비글로는 평생을 라스베이거스에서 살았다. 냉전이 한창이던 어린 시절, 그는 아홉 살에 네바다주 실험장에서 벌어진 첫 번째 원자폭탄 실험을 목격했다. 열두 살 때부터 그는 우주에 매료되었지만, 자신의 수학 실력이 부족하다는 사실을 잘 알고 있었기 때문에 대신 부자가 되어서 우주로 갈 수 있는 방법을 찾아야겠다고 결심했다. 그는 부동산업계에서 일했던 아버지의 뒤를 이었고, 시간이 지나면서 큰 성공을 거두었다. 연장 체류형 모텔 체인 "버짓 스위트 오브 아메리카"라는 회사를 설립하면서 그는 남서부 전역의 임시직 근로자들을 대상으로 큰 인기를 끌었다.

그렇게 축적되는 재산과 함께 UFO에 대한 그의 관심도 깊어졌다. 1992년에는 MIT에서 최초로 열린 외계인 납치 관련 컨퍼런스에도 참석했고, 1995년에는 국립발견과학연구소(NIDS)를 설립했다. 이 기관은 소위 가축 절단 사건부터 UFO까지 초자연적 현상만 전담하는 연구 기관으로, 과학자들과 전직 사법기관의 수사관들로 구성되었다. J. 앨런 하이넥의 제자였던 자크 발레와 하버드대학교의 납치사건 전문가 존 맥을 비롯해 이 분야에서 가장 유명한 인물들도 자문위원회에 참여했다. 가장 주목할 만한 연구 팀 멤버 중 한 명으로는 레이건 정부 시절 UFO 연구와 초능력 등을 연구했던 전직 육군 대령 존 알렉산더가 있었다.*

NIDS는 라스베이거스 스트립 근처 2층짜리 건물에 본부를 두고, 현장 조사를 신속히 처리한다는 걸 자랑스럽게 여겼다. 24시간 운영되는 UFO 핫라인(702-798-1700)을 운영했고, 종종 비글로는 자신의 개인 제트기를 활용해 UFO 목격 장소나 가축 절단이 발생한 현장으로 직원들을 보냈다. 특히 동물 관련 사건에 있어서는 신선한 조직 샘플 확보와 부검이 필수였기 때문에 신속한 대응을 아주 중요하게 여겼다. UFO 사건에 대해서는 여러 명의 목격자, 1분 이상의 목격 지속 시간, 맑은 날씨라는 기준을 충족하면서 조사할 가치가 높은 목격 사례에 주로 초점을 맞추려고 했다.

이 연구 팀은 자기장, 전기, 방사선 잔류물을 탐지할 수 있는 장비뿐 아니라 적외선 관측과 분광 장비를 갖추고 있었다. 그들은 이 현상의 비밀을 드디어 풀 수 있을지 모른다는 기대를 품고 있었다. NIDS의 부의장이었던 콜름 켈러허는 기자들에게 "UFO에서 나오는 불빛을 분광 관측한 스펙트럼 데이터를 확보하는 것이 바로 UFO 연구의 가장 중요한 성배입니다. 하지만 지난 50년 동안 이건 가능한 시도가 아니었습니다"라고 말했다.

비글로가 초기 UFO 연구에 기여한 또 다른 일은 한때 테리 셔먼 가족이 거주했던 유타주의 500에이커 규모의 목장을 20만 달러에 매입한 것이었다. 셔먼 가족은 그곳에서 그림자 같은 유령, 거대한 늑대, 그리고 다른 신비로운 존재들에 의한

* 2000년 NIDS의 작업을 설명하는 파워포인트 발표에 따르면 열두 명의 과학 자문위원회는 "우주비행사, 이론 및 실험물리학자, 통계학자, 발달 생물학자, 심리학자, 컴퓨터과학자, 의사, 엔지니어 및 방사선 전문가, 미래학자, 대학교 관리자, 항공우주 컨설턴트, 소아과의사, 천체 물리학자, 현상학자"로 이루어져 있었다.

공포에 시달렸다고 주장했다. 결국 20개월 만에 그곳을 떠나야만 했다. 비글로는 그 목장을 매입한 뒤, NIDS 과학자들과 함께 목장을 다양한 감시장비로 가득 채웠다. 처음에는 목장에서 벌어지고 있는 일을 비밀로 유지하려고 했지만, 목장에 새롭게 이사 온 사람들이 무언가 수상하고 구체적인 꿍꿍이를 갖고 일을 벌이고 있다는 소문이 바깥으로 새 나가기 시작했다. 결국 비글로는 한 지역 기자에게 "우리는 단지 날씨 같은 것 때문에 여기에 모여 있는 게 아니"라고 인정했다.

이 목장은 나바호 전설에 등장하는 마녀 스킨워커의 이름을 따서 스킨워커 목장이라는 이름으로 알려졌다. NIDS의 과학자와 초자연현상 탐험가는 이 목장에서 "금속성의 미확인 공중현상(UAP), 다양한 색깔의 구형 비행 물체, 초자연적인 생물, 몸은 없고 목소리만 들리는 현상, 폴터가이스트 심령현상, 전자기 이상 현상, 그리고 주황빛 차원 이동 문" 등 이상 현상들이 잇따라 발생했다고 말했다. 비글로는 이후 《블룸버그비즈니스워크》의 기자 애덤 히긴보텀과의 인터뷰에서 목장 주방 탁자 위에 놓인 어린이용 잭스 공 장난감을 촬영한 8×10 컬러 사진 두 장을 보여 주었다. 비글로의 말에 따르면, 이 두 사진은 아무도 없는 공간에서 몇 분 간격으로 촬영한 것으로 사진에 찍힌 물체들이 그사이 저절로 움직였다고 주장했다. 그는 "우리는 이것을 잭스 실험이라고 부릅니다. 정말 놀라운 일이죠"라고 말했다.

비글로는 유타주 바깥에서도 NIDS에서 진행하는 다양한 연구에 수백만 달러를 더 투자했다. 그리고 직접 수백 건에 달하는 목격자들과 인터뷰에 직접 참여하기도 했다. NIDS

가 특히 관심을 가졌던 현상 중 하나는 "검은 삼각형"이라는 현상이었다. 이것은 1990년경 벨기에 상공에서 목격된 바 있는, 불빛을 깜빡이는 거대하고 조용한 비행 물체였다.* 이 현상은 주요 도로, 도시 근처, 낮은 고도에서 목격되었기 때문에 미국 정부가 이와 관련해 무언가를 숨기는 것은 불가능해 보였다. 2004년 NIDS는 400건 넘는 이상한 목격 사례들을 바탕으로 이 비행 물체에 대한 연구 결과를 발표했다. 연구에서는 이 미스터리한 비행 물체가 "미국국방부에서 운용하는 비밀 항공기의 배치 현황"과 일치하지 않는다고 설명했다. 그러면서 이것은 아직 밝혀지지 않은 국방부의 비밀 항공기이거나 군 바깥 외부의 누군가(또는 무언가)에 의해 조종되는 존재라고 결론지었다. 캘러허는 한 기자에게 이렇게 말했다. "이것이 미 공군의 항공기인지의 여부는 말할 수 없습니다. 우리는 그것을 알 수 없어요. 하지만 이 비행 물체는 과거 F-117이나 B-2 폭격기가 정식으로 공개되기 전까지 보였던 은밀한 전개 패턴과는 전혀 다릅니다. 이 물체는 더 공공연하고 심지어 대담합니다."

이 보고서는 NIDS에서 진행한 마지막 프로젝트 중 하나가 되었다. 2004년 비글로는 자신의 과외 연구 활동을 또 다른 열정적 프로젝트인 비글로에어로스페이스에 접목시켰다. 그는 다른 일반적인 상업 우주 기업들에 환멸을 느껴서 1999년에는 아예 직접 회사를 차렸다. 비글로는 이후 "그들은 로켓 과학에 대해서는 잘 알고 있을지 몰라도, 비즈니스의 과학에 대해서는 전혀 이해하지 못하고 있다"라고 말했다. 그는 자신이 그

* 그는 한편 죽음 이후의 의식이 존재하는지에 대한 연구를 지원하기 위해 네바다대학교 라스베이거스에 약 400만 달러를 기부했다.

들보다 더 잘할 수 있을 거라 판단했고, 직접 세운 새로운 회사에서 어렸을 때부터 꿈꿔 왔던 우주 관광 호텔을 만들기 시작했다. 비글로는 커다란 팽창식 우주정거장 모듈을 우주에 있는 최초의 민간 소유 목적지로 만들고자 했다. NASA, 우주 자원 채굴자, 그리고 우주 관광객이 머무를 수 있는 임시 숙소를 제공해서, 이것이 하늘에 떠 있는 버짓 스위트 오브 아메리카가 되기를 바랐다. 한때 이 회사 브로슈어에는 궤도에서 머무는 하룻밤 숙박비가 약 84만 달러면 된다고 적혀 있었다. 이 말은 즉, 60일간 머무르게 되면 총 5100만 달러가 넘는 금액이 필요하다는 뜻이었다.

비글로에어로스페이스는 단순히 우주정거장 개발을 넘어서, 그 자체로 UFO와 초자연적 현상을 연구하는 그의 혁신적 연구개발 프로젝트 역할을 수행했다. 이후 비글로에어로스페이스 고급우주연구라는 이름의 자회사가 문을 열면서 미국에서 비공식적 UFO 및 초자연적 현상을 연구하는 새로운 중심이 되었다.

비글로의 연구 팀은 점차 자신들의 연구를 언론과 미디어에 널리 퍼뜨리기 위해 노력했다. NIDS의 켈러허와 라스베이거스의 탐사보도 기자 조지 냅은 비글로의 유타 목장에서 벌어진 이상한 사건들을 다룬 책 『스킨워커에서의 사냥』을 2005년에 출간했다. 냅은 특히 네바다주의 51구역에서 벌어지고 있을지 모르는 UFO와 관련된 은밀한 활동에 대한 획기적 보도로 유명세를 떨쳤다. 이 책은 뜻밖의 예상치 못한 협업의 계기를 마련했는데, 이후 UFO 역사에서 가장 독특한 일화 중 하나를 남겼다. 네바다주의 한 부유한 거물, 국방정보국의 로켓 과학자, 미국 상원의원, TV 방송기자, 그리고 가장 놀라운 인물인 록 스타가 함께 모여서 이 나라가 UFO를 보는 관점을 영원히 바꿔 버렸다.

47장
스킨워커 목장

2007년 6월, 로버트 비글로는 제임스 라카츠키라는 이름의 물리학자로부터 편지 한 통을 받았다. 라카츠키는 국방정보국 산하 방위경고국에서 근무했던 로켓 과학자였다. 그는 비글로가 쓴 스킨워커 목장에 관한 책을 읽고 나서, 미국 하늘에서 벌어지고 있는 미확인 현상(아마도 비행 물체)의 존재에 대한 우려를 품기 시작했다. 이 현상들은 미국 정부와 군의 전략망에는 전혀 포착되지 않은 것 같았다. 그는 비글로와 직접 만나 그의 발견들에 관해 논의하고 "연구를 통해 발견한 현상들의 잠재적 위협 측면을 내 사무실에서 어떻게 분석할 수 있을지 전략을 수립하는 데 도움을 달라"라고 했다. 비글로는 그의 제안에 흥미를 느꼈고, 7월에 라카츠키와 함께 유타주에 있는 그의 목장으로 갔다.

이후에 이 국방정보국의 과학자는 여름이 한창이던 때 러시아산 올리브나무와 삼나무가 무성한 본관 멀리까지 푸른 목초지가 펼쳐져 있던 목장의 풍경을 기억했지만, 당시 여행에서 가장 기억에 남는 장면은 비글로와 목장 관리인이 본관에서 함께 대화를 나누던 때였다고 회상했다. 그의 말에 따르면 "지상의 것이 아닌 듯한 기술 장치"가 갑자기 근처 방에서 맴돌다가 금세 사라졌다. 이 모든 일은 고작 30초밖에 지속되지 않았지만, 라카츠키는 그 광경에 완전히 넋을 잃었다.

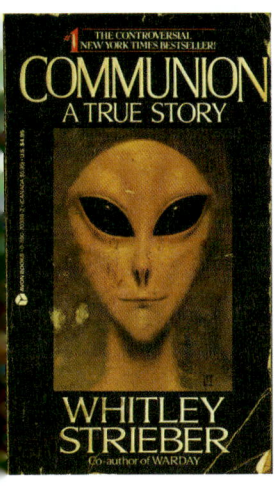

《성찬(Communion)》 표지에 실린 외계인의 모습은 상징적인 아이콘으로 자리 잡았다.

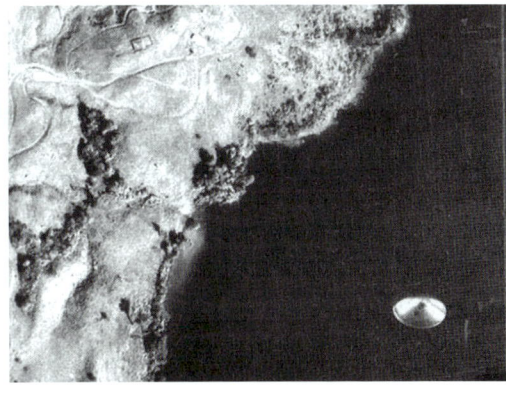

코스타리카의 지형 측량 항공기가 수수께끼와 같은 UFO 모습을 포착했다.

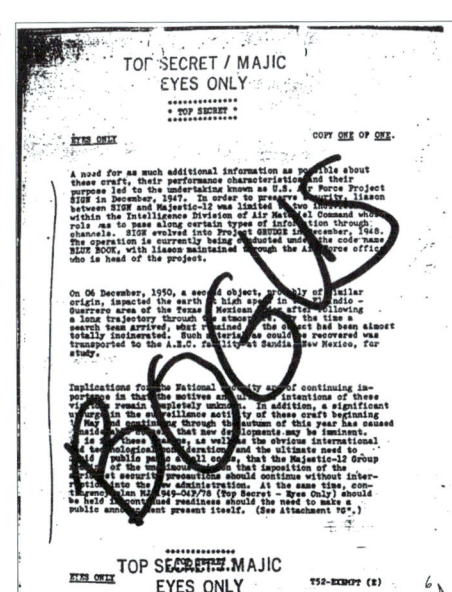

'마제스틱 12' 문서들이 조작되었다는 것을 밝혀내기까지 엄청난 노력이 필요했다.

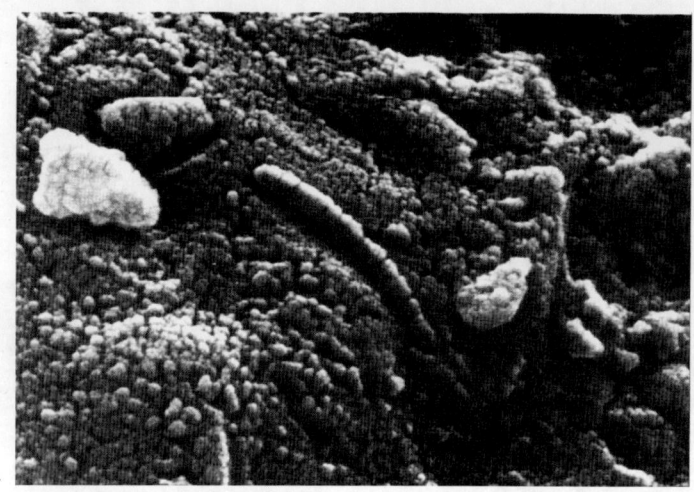

NASA의 과학자는 한때 이 사진이 화성의 원시 생명체를 보여 줄지도 모른다고 기대했다.

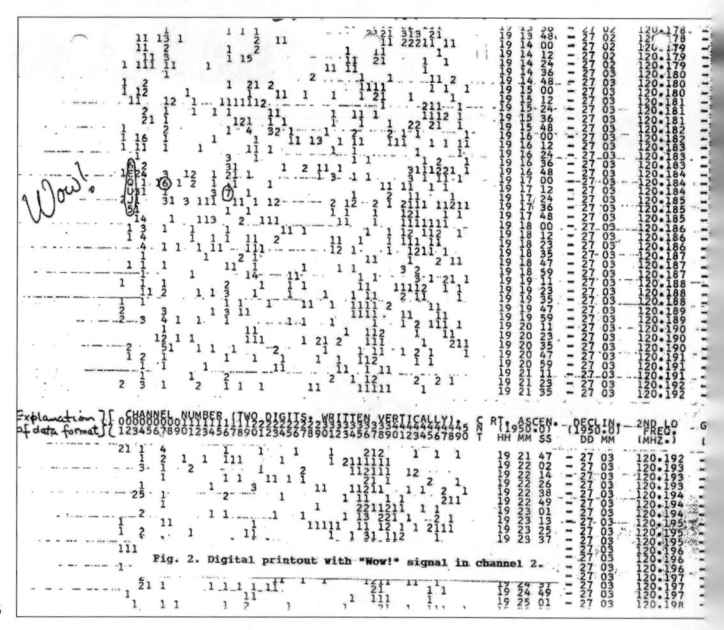

1977년에 포착된 "와우 신호"는 그 이후로 다시 포착되지 않았다.

바니와 베티 힐 부부는
대중적으로 널리 알려진 최초의
"외계인 납치 피해자"가 되었다.

1947년 로즈웰 사건 당시,
군 공보 담당관이었던
월터 하우트는 자신이 정부의
은폐 작업에 일조하고
있다고 확신하게 되었다.

하버드대학교의 정신과의사
존 맥은 자신의 모든 커리어를
걸고, "외계인 납치
경험자들"이라고 불리는
사람들에 대해 연구하고자
했다.

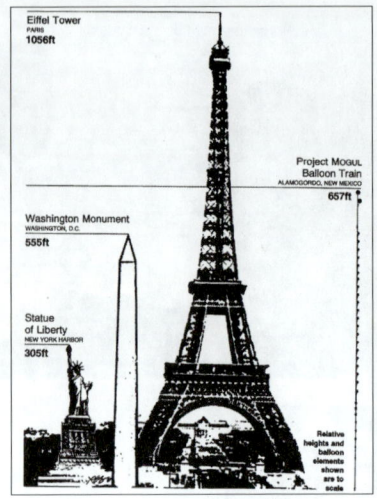

공군은 1990년대에 보고서 두 차례를 통해
로즈웰을 둘러싼 음모론을 불식하고자 했다.
그 과정에서 소위 "시신 가방"이라고
와전된 물체는 단지 더미를 운반하기 위해
제작된 온도조절 가방이었다고 해명했다.

SETI의 개척자 질 타터와
프랭크 드레이크는
1992년 아레시보에 모여서
새로운 탐색 활동을 함께
시작했다.

칼 세이건은 타고난
호기심과 열정으로 대중적인
명성을 얻었다.

SETI의
앨런 전파망원경
배열.

질 타터는 최초의 SETI 전업
천문학자였다.

2000년대 미국 정부의
UFO 연구를 이끈 핵심 인물은
바로 로버트 비글로였다.

블링크-182의 프런트맨
톰 델론지는 UFO 연구에 자금 지원을
하면서 주목을 받았다.

이제 관광객들은 라스베이거스 외곽에 있는
비글로에어로스페이스 시설에 방문해,
그 안에 숨겨져 있을지도 모르는 UFO의 비밀을 상상한다.

유리 밀너의 브레이크스루리슨프로젝트는
스티븐 호킹, 칼 세이건의 아내이자 프로듀서
앤 드루얀, 프리먼 다이슨, 그리고 아비
뢰브와 함께 SETI의 새로운 시대를 열었다.

밀너와 뢰브는 아주 작은
"스타칩"이 먼 은하들을 탐사하는
데에도 도움이 될 것이라
기대한다.

오우무아무아가 실제로 어떤
모양인지는 아무도 모른다.
시가, 팬케이크, 암석, 또는 빙산
모양일 수도 있다. 심지어
지적존재에 의해 설계된 물체일
가능성도 있다.

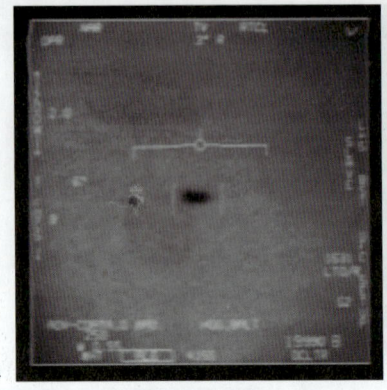

일명 FLIR와 짐벌이라는 이름으로 유명한
미 해군 조종사들이 촬영한 UAP 영상이
공개되면서, UFO에 대한 관심이 더욱 폭넓게
확산되기 시작했다.

UFO에 대한 미국 사회의 집착은 여전히 강력하다.
이는 2023년 중국 스파이(정찰) 풍선 사건에서도
여실히 드러난다. 이 사진은 당시 U-2 정찰기
조종사가 풍선과 함께 찍은 셀카이다. 이것은 어떤
면에서 UFO 열풍을 다시 원점으로 돌려놓는
상징적인 장면이었다. 1950년대에 벌어졌던 UFO
목격 사례 다수가 사실 U-2 때문에 벌어진 경우가
매우 많았기 때문이다.

라카츠키의 모습에서 비글로는 기회를 직감했고, 이 방문 끝에 유타주에서 가장 영향력이 있는 브로커 중 한 명을 찾아가 대화에 동참해 달라고 요청했다.

전직 복서이자 변호사 출신인 해리 리드는 미 상원으로 새롭게 뽑힌 민주당 출신의 신참 의원이자 비밀스러운 UFO 연구자였다. 그는 오랫동안 비글로의 연구에 관심을 가져 왔고, 1980년대 후반부터 조지 냅을 포함한 여러 UFO 논쟁과 관련된 다양한 인물들과 비교적 가까운 관계를 유지했다. 리드 상원의원과 냅은 언뜻 보면 전혀 어울리지 않는 한 쌍이었다. 하지만 리드의 종교적인 신념은 그를 UFO 개념에 더 공감하게 만들었다. 이것은 과거 제이크 가른 상원의원 때의 상황과 비슷했다. 리드는 한때 냅에게 "모르몬교에 대해 조금이라도 알아본 사람이라면 우리 바깥 세계에 무언가 존재한다는 것을 잘 이해할 수 있을 것"이라고 말했다. 이어서 그는 "오랫동안 사람들이 모르몬교를 '이 사람들 정신 나간 거 아니야? 다른 세계 같은 소리를 한다니'라면서 이상하게 바라본 이유 중 하나가 바로 이겁니다. 나는 분명 다른 세계가 존재한다고 생각했어요"라고 덧붙였다.

인터넷 아카이브로는 쉽게 접근할 수 없던 시절에, 리드는 냅이 1960년대에 의회에서 진행된 UFO 청문회 기록과 같은 오래된 정부 자료를 찾는 데 도움을 주었다. 냅은 그에 대한 보답으로 자신의 작업과 연구 결과를 NIDS 이사회에서 발표한 뒤, 1990년대에 리드를 NIDS 멤버로 참여시켰다. 1996년 8월, 리드는 비글로와 친분을 쌓기 시작했다. NIDS 이사회 회의에 참석한 리드는 부의장 켈러허의 발표를 경청했다. 켈러허는 "우리는 외계인을 연구하는 것이 아닙니다. 우리는 이상 현상에 대해 연구하는 것입니다. 많은 사람에게는 이것이 별 차이가 없는 것처럼 보이겠지만, 우리에게는 엄연히 다릅니다"라고 말했다. 리드는 이후 냅에게 "나는 이 문제에 대해 매우 관심이 많다"라고 했다.

리드는 한편 이 주제에 대해 자신의 동료이자 우주비행사, 국가적 영웅이었던 존 글렌과도 개인적으로 논의를 나눴다. 글렌은 비공식적인 대화에서 자신도 국가가 UFO에 대해 더 진지하게 연구해야 한다고 생각한다고 말했다. 리드의 참모들은 그에게 "그 문제에서 손을 떼"라고 주의를 주었지만, 그는 더 많은 것을 알아내고 싶었다.

2007년 리드는 당시 상원 다수당 대표를 맡고 있었다. 비글로가 그에게 전화를 걸었고, 둘은 라카츠키와 함께 집에서 만나기로 했다. 함께 대화를 나누던 중, 국방정보국 직원인 라카츠키는 자신을 로켓 전문가라고 소개하면서, 과학계와 군 커뮤니티에서 왜 UFO 대신 미확인공중현상이라는 뜻의 UAP라는 용어를 쓰기 시작했는지 자세히 알아보고 싶다고 했다. 이 용어는 사람들로부터 비웃음을 살 만한 요소를 없애는 동시에, 일부 목격 사례가 단순 비행 물체가 아닌 대기나 기상현상일 가능성(혹은 개연성)을 아우르기 위한 선택이었다. 리드는 이에 동의하면서 "과학적 맥락에서 UAP와 관련된 현상에 제대로 집중할 때가 되었다"라고 생각했고, 자신이 할 수 있는 모든 방법으로 도움을 주기로 결심했다.

워싱턴으로 돌아간 리드는 상원에서 비공개회의를 소집했다. 그는 상원 세출위원회의 공화당 소속 위원인 테드 스티븐스 의원과 민주당 소속 댄 이노우에 의원을 만났다. 이들은 첩보 기술과 인공위성, 비밀 감시 프로그램에 이르기까지, 군사 및 기밀정보 작전을 지원하는 데 사용되는 비공계 예산을 감독했던 인물들이었다. 깊은 논의 끝에 세 사람은 첨단항공우주무기시스템 응용프로그램(AAWSAP)라는 이름의 프로젝트에 2200만 달러를 배정하는 데 합의했다. 이 프로젝트는 블루북 프로젝트 이후 최초로 국가에서 진행한 공식적인 UFO 연구가 될 것이었다.

　대화를 나누던 중, 스티븐스는 오랫동안 묵혀 둔 이야기를 공유했다. 제2차세계대전 당시 수송기 파일럿이었던 그는 수송기 날개 옆으로 따라붙어 상상 못할 방식으로 움직이는 물체를 목격한 적이 있다고 했다. 이것은 유럽과 아시아에서 미군 파일럿들을 괴롭히던 미확인비행물체, 이른바 푸파이터 중 하나였을 것이다.

　스티븐스는 동료들에게 흥분한 목소리로 "나는 공군에 있을 때부터 이 일을 하게 되는 날만을 기다렸어요"라고 말했다.

* *

비글로와 리드의 작업이 거의 대부분 비공개로 진행되는 동안, 킨은 《보스턴글로브》에 기사를 싣고 난 이후 몇 년 동안 정보공개법을 활용해 연방법원에서 정부를 상대로 정부 문건을 확보하려는 공방을 이어 가고 있었다. 그녀는 1965년 12월 펜실베이니아주 켁스버그에서 발생한 이상한 사건에 대해서 더 많은 정보를 확보하기 위함이었다. 당시 피츠버그 외곽에 있는 작은 마을 숲속에 무언가 추락했는데, 무장한 군인들과 대형 군 트럭에 의해서 물체는 신속하게 수거되었다. 물체가 추락 시에는 거대한 불덩이가 목격되었다. 이 사건은 미국의 여러 주, 심지어 캐나다까지 알려졌다. 목격자들의 증언에 따르면, 그 물체는 도토리 모양이었는데, 곧 방사능 측정기를 든 군인들이 숲속을 돌아다니면서 수색을 펼쳤다는 소문이 퍼졌다. 그 후 몇 년 동안 현지 주민들과 UFO 연구자들은 이 사건이 지구에서 기인한 것인지 아니면 지구 밖에서 기인한 것인지 궁금해했다. 어쩌면 소련의 위성이 추락한 사건일 수도 있고, 아니면 외계에 의한 것일 수도 있었다. 그때부터 켁스버그 마을 중심에는 〈풀리지 않는 미스터리〉 다큐멘터리를 위해 제작된 도토리 모양의 UFO 모형이 놓였다.

킨은 이 사건에 대해 더 많은 정보를 얻기 위해서 존 포데스타의 도움을 받았다. 포데스타는 클린턴 행정부 2기 동안 백악관 비서실장으로 역임했는데, 언론에서는 그를 일명 "클린턴의 해결사"라고 불렀다. 그가 UFO와 〈엑스파일〉의 아주 열정적인 팬이라는 사실은 워싱턴에서는 아주 공공연한 비밀이었다. 포데스타는 〈엑스파일〉의 주인공 멀더와 자신을 동일시했다. 그의 사무실에는 〈엑스파일〉 관련 굿즈들이 진열되어 있었다. 그가 비서실장으로 임명되었을 때, 백악관 동료 도리스 마쓰이는 "당신이 〈엑스파일〉 팬이었다는 사실을 알게 된 순간, 바로 당신이 이 자리에 가장 적합한 인물이라는 것을 알 수 있었어요. 외계인의 존재를 믿는다는 건 무엇이든 가능하고……. 늘 다른 길이 있음을 믿도록 우리를 준비시키죠"라는 축하 메시지를 보냈다. 한편 백악관 대변인 마이크 매커리는 《워싱턴 포스트》에 "포데스타는 가끔 공군에 전화를 걸어서 51구역에서 무슨 일이 벌어지고 있는지 물어보기도 했어요"라며 농담을 하기도 했다.

백악관을 떠난 포데스타는 이제 자신의 관심사를 더 공개적으로 추구할 수 있게 되었다. 그리고 기꺼이 킨을 돕고자 했다. 그는 기자회견에서 "오랫동안 어둠 속에 깊이 잠들어 있던 UFO 조사 기록을 정부가 공개할 때가 되었다"라고 말하면서 정부 문건을 확보하고자 노력했던 킨의 투쟁을 지지했다. "우리는 진실이 무엇인지 알아야 한다. 그것이 옳기 때문이다. 미국 국민은 이 진실을 감당할 수 있는 사람들이다."

포데스타의 지원은 유의미했고 도움이 되었다. 하지만 결국 확인할 수 있는 진실은 거의 없었다. NASA는 일부 중요한 문건 상자를 분실했다고 주장했다. 킨이 확보한 수백 페이지의 문서에서는 사건에 대한 명확한 정보를 제공할 만한 단서를 거의 찾을 수 없었다. 이에 좌절한 포데스타는 훗날 "명확한 사실을 제공하는 단서는 아무것도 없었다. 40년이 지났건만 그들이 사건에 대해 모든 것을 정직하게 밝히지 않을 이유를 전혀 찾지 못했다"라고 말했다.*

그러나 킨은 이에 굴복하지 않았다. 계속해서 더 신뢰할 수 있는 UFO 목격 사례들이 쌓이면서 그녀는 연구를 이어 갔

---

* 2015년, 더 많은 군사 문서와 기밀이 해제되면서 켁스버그 추락 사건에 대해 절반 정도 받아들여진 가설이 등장했다. MUFON 조사관 존 벤트리는 이 물체가 제너럴일렉트릭에서 제작한 미국의 초기 ICBM의 일환이었던 마크 2 재진입체일 것이라 추정한다고 밝혔다. 사건 이틀 전인 1965년 12월 7일, 캘리포니아의 반덴버그공군기지에서 토르 미사일이 오발되는 바람에, 도토리 형태의 재진입체가 이틀 동안 지구 주변을 선회하다가 펜실베이니아 숲에 추락한 일이 있었다.

다. 그중 하나는 2006년 11월 7일 오후 4시 30분, 흐리고 바빴던 시카고 오헤어국제공항 하늘에서 발생한 사건이었다. 공항의 지상직 근무 직원들이 무전으로 C17 게이트 근처 하늘에 금속성의 원반 모양 물체가 떠 있다고 보고했다. 7주 뒤《시카고 트리뷴》은 이 사건을 보도하면서 유나이티드 항공 직원들의 말을 인용해서, 물체가 몇 분 동안 하늘에 떠 있다가 강력한 에너지를 발산하며 두터운 구름을 뚫고 사라졌다고 전했다. 항공사와 연방항공청은 처음에는 이와 같은 사건에 대해 전혀 알지 못한다고 부인했다. 한 노조 지도자는 공항의 악명 높은 항공기 지연을 조롱하면서 "700만 광년을 날아와 오헤어공항에 도착했건만, 게이트가 꽉 찬 바람에 돌아가야 했다면 그건 정말 용납할 수 없는 일"이라고 말했다.

그러나《시카고트리뷴》이 정보공개법에 따라 정보 공개를 요청하자, 연방항공청은 지상직 근무 직원, 파일럿, 그리고 항공교통관제사 사이에서 이상 물체에 대한 대화가 오간 무전 기록을 발견했다. 이것은 정말로 하늘에 뭔가 이상한 물체가 있었음을 뜻했다.

"유나이티드항공 전용 탑승구 위에서 뭐가 보이나요?" 한 지상관제사가 무전으로 물었다. "믿기지 않겠지만, 누군가 우리에게 C17 게이트 약 1000피트 상공에서 원반 모양의 비행 물체를 봤다고 신고했어요"(한 연방항공청의 관리자는 다른 항공교통관제사에게 전화로 이렇게 말했다. "나는 아무것도 보지 못했어요, 설령 봤다고 해도 인정하지 않을 거고요").

이 사건은 결국 홀펀치 구름으로 불리는 아주 드문 기상현상에 의한 것으로 치부되었다. 그러나 킨을 포함한 많은 UFO

연구자는 9·11테러가 발생하고 불과 5년밖에 지나지 않은 시점에서, 정부가 공항 상공에 등장한 의심스러운 비행 물체에 이렇게까지 무신경할 수 있다는 게 매우 당혹스러웠다. 이 사건을 최초로 보도했던 《시카고트리뷴》의 한 항공 칼럼니스트는 킨에게 "연방항공청은 비행기가 착륙하는 동안 갤리에서 커피포트가 흔들려 쏟아지는 것 같은 아주 작은 안전문제도 매우 중요하게 다룬다"라고 말했다.

킨에게 이 사건에 대한 정부의 침묵은 이러한 목격 사례들을 정부가 전혀 진지하게 받아들이고 있지 않다는 것을 보여주는 또 다른 증거였다. 그녀는 이후 "UFO 현상에 대한 공식적인 회피는 비생산적일 뿐 아니라, 어쩌면 위험할 수도 있다고 판단한다"라고 썼다. 하지만 이게 끝이 아니었다. 그녀가 이 문제에 지속적인 관심을 촉구하던 시기는 마침 UFO와 관련된 비밀들이 서서히 풀리기 시작하던 시기와 맞물렸다.

2007년 3월, 프랑스는 수십 년간 축적된 GEPAN 파일 대부분을 공개했다. 대부분의 목격 사례는 설명이 가능했다. 하지만 약 1600건은 여전히 미스터리로 남았다. 그해 말, 오헤어공항의 목격이 있은 뒤 1주년을 무렵, 킨과 다큐멘터리 영화감독 제임스 폭스는 전 세계에서 신뢰할 만한 목격자들을 초청해, 그들의 체험을 공유하는 심포지엄을 내셔널프레스클럽에서 열었다. 카메라 기자들의 플래시가 터지는 가운데, 연사들이 차례로 단상에 올라 전 세계 거의 모든 지역에서 벌어진 각종 이상 현상에 대해 5분가량 발표했다. 미국, 영국, 벨기에, 페루 등 각국의 억양이 단상에서 울려 퍼졌고, 청중과 카메라를 바라보면서, 자신의 전문성을 강조했다.

이 자리에서 전 애리조나 주지사이자 피닉스 라이트 사건의 목격자 중 한 사람이었던 사이밍턴은 이렇게 발언했다. "우리 정부는 분명히 실재하는 이 현상에 대해 적극적인 태도로 조사에 임해야 합니다. 이 자리에 있는 발표자들은 이 문제를 직접적으로 다뤄 온 세계 최고의 전문가들입니다. 이들은 모두 믿을 수 없이 강력하고 절대 부정할 수 없는 증거들을 제시할 것입니다. 일부는 이전에 한 번도 공개된 적이 없는 증거도 있습니다. 우리는 이 현상을 무시하거나 간과해서는 안 됩니다."

그곳에 모인 사람들은 입을 모아 미국이 UFO 조사 작업을 공식적으로 재개하라고 촉구했다. 특히, 9·11테러사건 이후 새롭게 변한 안보 환경에서 이러한 잠재적 위협을 그냥 무시하거나 간과하는 것을 더 이상 용납할 수 없다는 점을 강조했다.

킨은 내셔널프레스클럽의 증언을 바탕으로 책을 출간했다. 『UFO들: 장군, 파일럿, 그리고 정부 관료 들이 남긴 기록』이라는 책은 주로 전직 군인들로 구성된 열두 명의 관계자들이 지난 30년 동안 목격한 사례들을 모아 정리한 에세이집이다. 이 책에는 1976년 테헤란 UFO 사건 때 F-4 전투기를 조종한 파일럿의 경험, 렌들샴 숲 사건 당시 보안 요원의 증언, 그리고 사이밍턴 전 주지사의 피닉스 라이트 사건 목격담이 포함되어 있다. 이 책은 J. 앨런 하이넥의 『UFO체험』의 지적 후속작이라고 부를 수 있었다. 1970년대 이후 전개된 주요한 목격 사례들을 추적하면서 과학 수사관들조차 혼란에 빠뜨린 사례들을 주로 다루었다.*

---

* 킨의 주장 중 일부는 시간이 흐르면서 설득력을 잃었다. 벨기에 파동을 다룬 한 챕터에서 그녀는 삼각형 비행 물체가 흐릿하게 찍힌 사진을 "역사상 UFO

책의 본문에서 킨은 자신이 수집한 증언들이 증명하고 있다고 생각한 주요 전제를 다음과 같이 제시했다. 그중 하나는 "전 세계 하늘에는 어떤 지능에 의해 통제되는 것으로 보이는, 견고하고 물리적인 현상이 존재한다. 이것은 현재 알려진 기술을 아득히 뛰어넘는 속도, 기동성, 발광 능력을 갖고 있다"라는 점이다. 또한 정부가 목격 사례들을 일상적으로 무시하고 무관심하게 대하는 태도는 "종종 전문가를 비롯해 신뢰할 수 있는 목격자들에 대한 무례한 태도이며, 잠재적으로 굉장히 위험한 태도"라고 비판했다. 마지막으로 "UFO가 외계 또는 다른 차원에서 왔을지도 모른다는 추측은 합리적이며, 우리가 가진 데이터를 고려했을 때 반드시 고려되어야 하는 가설"이라고 주장했다. 이 책의 서문에서 포데스타는 "정부, 과학자, 그리고 항공 전문가 들이 이제는 함께 힘을 모아서 그동안 어둠 속에 머물러 있던 UFO에 대한 질문을 풀어낼 때가 되었다"라고 선언했다.*

가 가장 잘 드러난 사진 중 하나"라고 하며 한 페이지 전체를 할애해 3종의 사진을 공개했지만, 책이 나온 바로 다음 해인 2011년 사진은 가짜로 판명되었다.
* 《뉴요커》는 킨에 대해 쓴 기사에서 요약했듯 "킨은 UFO가 실재한다고 확신한다. 그 외 모든 것들, 즉 그들이 무엇이며, 왜 여기에 왔는지, 왜 백악관 잔디에 착륙하지 않는지 등은 모두 추측일 뿐이다".

48장
스타칩

20세기 말, SETI는 21세기를 위한 새로운 미래 계획을 세웠다. 1990년대 후반, SETI 연구소는 약 50명의 SETI 연구자들과 마이크로소프트, 썬 마이크로시스템즈, 심지어 월트 디즈니 이매지니어링 등에서 온 실리콘밸리의 외부 인사들을 새너제이에 있는 스페인 스타일 최고급 맨션인 헤이즈 맨션으로 초대했다. 그리고 그들에게 단 하나를 요청했다. 바로 가능한 한 가장 원대하게 생각해 달라는 것이었다. 3일 동안 열린 네 차례의 워크숍에서 그들은 향후 20년에 걸친 외계 우주과학을 위해 SETI 2020라는 이름의 전략을 구상했다. 그 내용은 600페이지 분량의 책으로도 출간되었다. 워크숍의 주제는 새로운 망원경 설계부터 외계 레이저 및 신호를 탐색하는 광학 SETI의 가능성에 이르기까지 다양했다. 이 세션들은 UFO 문제를 한 세대에서 다음 세대로 전해 주는 또 하나의 중요한 비공식적인 사례였다.

필립 모리슨은 자신이 주세페 코코니와 함께 썼던 논문이 어떻게 천문학 전 분야에 기여했는지를 회상하면서, 전파 기술이 자신의 일생에 걸쳐 얼마나 발전해 왔는지를 되새겼다. 그는 다섯 살 때 처음 에어리올라 주니어 라디오를 통해 1920년 선거 결과를 듣던 순간을 떠올리면서, 이제는 아레시보 망원경과 같은 거대한 장치들이 먼 과거로부터 날아온 메시지를 듣고 있다고 말했다.

질 타터 역시 SETI 연구소의 눈부신 발전에 대해 감탄했다. 그녀와 톰 피어슨 단 둘이서 시작했던 것이 이제는 드레이크 방정식의 다양한 측면을 연구할 수 있는 각기 다른 서른 개의 동료평가 프로젝트를 이끄는 연구소로 성장했다. 1980년에는 이상 신호를 잠지하기 위해 1메가헤르츠의 전파 스펙트럼을 백만 개의 채널로 쪼개기 위해서는 특수 제작된 컴퓨터와 약 100만 달러가 필요했다. 하지만 2000년에는 일반적인 기성 컴퓨터와 약 1000달러의 예산만 있으면 동일한 작업을 수행할 수 있었다.

전문가들은 컴퓨터가 발전에 따라 신호를 탐색하는 데 드는 비용과 복잡성이 계속해서 줄어들 것이라는 사실을 잘 알고 있었다. 그들의 보고서는 컴퓨터의 칩 성능이 18개월마다 두 배씩 향상되고 비용은 절반으로 줄어든다는 무어의 법칙을 거듭 언급했다. 타터의 전기작가 세라 스콜스는 "그 세션에서 참석자들이 내린 주요한 결론은 'SETI만을 위한 자체 망원경이 필요하다'는 것이었고, 그다음으로는 '어떻게 그 망원경을 구축할지 고민해야 한다'는 것이었다"라고 적었다. 그들이 구상한 건 단순히 평범한 망원경이 아니었다. 그들은 2500만 달러 규모의 거대한 1헥타르 크기의 위상 망원경 배열을 계획했다. 이 망원경은 1에서 10기가헤르츠 스펙트럼이 탐색 가능한 한 변이 100미터인 정사각형 형태로, 동일한 형태의 완전히 조정 가능한 350개의 망원경으로 구성되어 있었다.

과학자들이 초대형 배열을 통해 여러 대의 전파망원경을 연결하려고 시도한 것은 이번이 처음이었다. 그들은 3000피트 규모로 망원경을 서로 연결하는 게, 3000피트 크기의 아주 거대한 접시안테나 하나를 만드는 것만큼 유용하다는 사실을 잘 이해하고 있었다. 다만 둘의 차이는 그러한 연결을 가능하게 해 주는 컴퓨터와 칩의 성능에 있었다. 타터는 이것을 "알루미늄만큼 실리콘이 중요해진 것"이라고 표현했다. 그들은 우선 안테나 열 개로 테스트 배열을 만들고, 예산과 자원이 허락하는 대로 규모를 차차 확장해 나갈 계획이었다.

이 계획을 완성하기 위해서는 향후 20년 동안 1억 6900만 달러의 비용이 필요했다. 이것은 SETI처럼 소규모 예산만으로 운영되던 프로그램에서는 감히 상상도 할 수 없는 엄청난 규모의 예산이었다. 하지만 위원회는 이 프로젝트에 그만한 가치가 있다고 굳게 믿고 있었다. 보고서는 이렇게 결론지었다. "미국 의회가 과학적 중요성은 물론 지구상의 모든 사람들에게도 중요한 SETI의 비전을 지원할 수 있도록 해야 한다. 매년 몇백만 달러의 예산은 별들 사이에서 또 다른 문명을 발견할 기회를 얻는 데 비하면 아주 적은 대가다."

한편 SETI는 개인용 컴퓨터의 시대가 시작되고 인터넷에 대한 열기가 뜨거워지는 분위기를 적극 수용했다. 1999년 5월, SETI는 SETI@home이라는 프로그램을 내놓았다. 이 프로그램은 일반 사용자들이 소프트웨어를 다운로드할 수 있도록 했다. 이 소프트웨어는 화면보호기 역할을 하며, 가정용컴퓨터의 유휴시간을 이용해서 작은 데이터패킷을 분석해 우주에서 오는 이상 신호, 에너지 폭발, 또는 펄스파 등을 찾아냈고, 이를 통해 추가 관측이 필요한 우주의 흥미로운 영역을 찾으려 했다. 이 프로젝트는 크라우드소싱 기반 컴퓨터 처리 프로젝트로서 세 번째 시도였으며, 집에서 직접 외계 지적 생명체를 찾는

데 참여한다는 아이디어는 많은 사람을 매료시켰다. 수만 명의 사람들이 자신의 컴퓨터가 갖고 있는 처리 능력의 일부를 이 프로젝트에 투자했고, 첫 2년 동안 SETI@home은 10에 21제곱 번, 즉 무려 1000조 번에 달하는 계산을 수행할 수 있었다.*

SETI 연구소는 새로운 망원경을 설치하기 위해 유서 깊은 장소를 선택했다. 바로 캘리포니아 북부 라센산 용암지대에 위치한 UC 버클리의 햇크릭전파천문대였다. 이곳은 타터와 그녀의 남편 잭 웰치가 1970년대에 함께 일을 시작했던 곳이기도 했다. 결국 그들은 1990년대 당시 의회에서 예산을 삭감당한 이후에도 SETI가 유지될 수 있도록 도와준 마이크로소프트의 공동 창립자 폴 앨런을 설득해서, 새로운 프로젝트를 진행하는 데 필요한 자금을 부분적으로 지원받았다. 앨런은 망원경 설치 및 기술개발이 특정한 이정표를 달성할 때마다 조금씩 나눠서 지원하는 데 동의했다.

첫 번째 단계로, SETI는 버클리 외곽의 한 말 방목장에서 시범 구축에 들어갔다. 빈 헛간에 제어 센터가 설치되었다. 한번은 앨런이 진행 상황을 둘러보기 위해 현장에 방문한 적이 있는데, 들판에서 말이 싼 두엄 더미를 발견한 적도 있었다. 타

---

* 나는 이 컴퓨터 프로그램을 통해 SETI를 처음 알게 되었다. 그해 가을, 대학에 입학했던 나는 처음으로 자유롭게 인터넷에 접속할 수 있었고, 함께 기숙사를 쓰는 몇몇 친구들과 함께 이 프로그램을 다운로드 받았다. 그리고 누구의 컴퓨터가 가장 많은 패킷을 처리하는지를 두고 경쟁을 벌였다. 나는 사탕처럼 새파란 아이맥 컴퓨터를 사용했다. SETI@home은 약 14만 대의 개인 컴퓨터를 분산 사용했고, 이는 기네스북에 등재될 정도로 역사상 가장 큰 규모의 데이터 계산 프로젝트였다. 2020년 프로젝트가 종료될 때까지 약 200만 년에 해당하는 컴퓨팅 시간을 기록했다.

터는 "적어도 인프라를 짓는 데 쓸데없는 돈을 낭비하고 있지는 않아요" 하고 농담을 던졌다.

초반에는 일이 매끄럽게 잘 굴러갔다. 하지만 2000년대 초 닷컴버블이 붕괴하면서 폴 앨런의 자금 지원도 줄어들기 시작했다. 경제 상황이 바뀌자 앨런은 위상 배열 방식의 효과를 입증하기 위해 초기 서른두 대의 망원경 구축에 필요한 자금을 우선 지원하기로 결정했다. 나머지 200대의 망원경을 짓는 데 필요한 자금도 지원할 수 있었지만, 대신 SETI가 별도로 외부에서 1300만 달러의 지원을 받아야 한다는 조건이 있었다. SETI는 이 제안에 동의했지만, 추가 자금을 모으는 데 어려움을 겪었다. 타터에 따르면 앨런은 미지급 자금을 지원하지 않았다. 이러한 한계를 인식한 타터와 SETI 연구 팀은 서른두 대의 망원경과, 미 해군의 지원을 받아 확보한 열 대의 망원경만으로 일단 프로젝트를 진행하기로 결정했다. 이 열 대는 해군이 궤도 위성 추적 프로그램의 일환으로 자금을 지원한 것이었다.

축조는 2004년에 시작되어 2007년에 첫 관측이 개시되었다. 관측 시간은 SETI 연구 팀과 UC 버클리가 50 대 50으로 나뉘가졌다. 하지만 글로벌 금융위기 속에서 캘리포니아대학교는 60년 된 햇크릭전파천문대를 폐쇄하기로 했고, 천문학이 더는 충분히 경이롭지 않다고 판단했다. 이로 인해 망원경 관측 연구는 갑자기 중단되었다. 《타임》은 이런 상황을 다루며, 한 오래된 농담을 인용해 "E.T., 전화해 줘, 단 수신자 부담 전화는 말고"라는 제목의 기사를 냈고, 세스 쇼스택은 당시 연구 팀이 겪었던 자금 부족이 "마치 제임스 쿡 선장을 남태평양으로 보내면서 음식과 장비를 전혀 지원하지 않는 것과 같은 꼴"이라고 말했다.

결국 SETI 연구소는 정부, 군, 민간 부문의 연구를 모두 수행하는 비영리 과학 연구소인 SRI 인터내셔널과 새로운 파트너십을 맺는 데 성공했다. SETI의 망원경이 우주 상황 인식에 기여할 수 있는 잠재력을 보았기 때문이다. 그들은 버클리로부터 1달러에 부지를 매입했고 크라우드펀딩을 통해 25만 달러를 모금했다. 이 돈은 시설에 무성하게 자란 잡초를 제거하고 재운영하는 데 충분한 돈이었다.

같은 시기에 타터는 명목상 SETI에서 퇴임했지만, 지구와 우주 양쪽에서 역경을 겪었음에도 끊임없이 낙관적이었던 그녀의 태도와 경력, 그리고 연구는 모두에게 영감을 주었다. 2000년대가 시작되면서 타터는 과학자로서의 삶을 기념하는 다양한 상을 수상했고 영예를 누렸다. 2004년에는 《타임》이 선정한 "세계에서 가장 영향력이 있는 100인" 중 한 명에 이름을 올렸고, NASA에서 공로 훈장을 받았다. 갈릴레이가 처음으로 망원경을 사용한 지 400주년을 기념하던 2009년에, 타터는 TED 프라이즈를 수상하면서 "우리는 혼자인가?"라는 주제로 강연을 했다. 그동안 이 분야에서 얼마나 많은 일이 있었는지 설명한 이 강연은 온라인에서 무려 100만 회가 넘는 조회수를 기록했다. 타터는 "SETI가 한 지난 40여 년간의 모든 노력은 바다에서 물 한 잔을 퍼올린 것과 같습니다. 누구도 물 한 잔만 보고 바다에 물고기가 존재하지 않는다는 결론을 내리지는 않을 것입니다"라고 말했다. "우리는 더 큰 잔이 필요합니다.

더 많은 사람이 물에 손을 담가야 합니다. 그러한 협력을 통해, 외계 신호를 드디어 처음으로 감지하게 되는 순간을 마주하게 될지도 모릅니다." 2005년에는 새롭게 발견된 소행성이 74824 타터라고 명명되며, 그녀는 천문학 분야에서 가장 특별한 영예 중 하나를 누렸다.

* *

현재 앨런 망원경 배열은 하늘의 표적을 지날 때 단 90초간 신호를 수신하고, 총 5600만 개의 주파수채널을 빠르게 처리한다. SETI 천문학자 세스 쇼스택의 계산에 따르면 "이 짧은 관측 하나 하나는 통계적으로 봤을 때, 밤낮으로 쉬지 않고 30년 동안 라스베이거스의 슬롯머신 손잡이를 당긴 것과 동일한 확률"이었다. 망원경의 컴퓨터가 이상 신호를 감지하면, 다섯 단계에 걸친 자동 확인 및 이중 확인 절차를 거쳐 SETI 체계에 보고된다. 이에 타터의 전기작가는 2017년에 이렇게 적었다. "지금까지 그들이 이상 신호에 대한 문자 메시지를 받은 적은 딱 한 번밖에 없다." 그리고 그 신호는 항상 그렇듯, 외계에서 온 것이 아니라 우리에게서 온 신호였다.

하지만 만약 그런 문자 메시지가 도착하고, 신호가 확인과 재확인 절차를 모두 통과하게 된다면 어떻게 될까? 그렇게 되면 SETI 연구소의 과학자들은, 마치 지진의 리히터 규모를 매기는 것처럼 외계인과의 잠재적인 접촉의 심각성을 수치로 정량화한 리우 척도를 적용하게 된다. 이것은 이론적으로 전 세계 어디에서든 그와 유사한 신호를 포착한 천문학자라면 똑같이 적용할 수 있다. 리우 척도는 1990년대 후반에 지구를 스치는 소행성이나 혜성과 같은 주변 천체가 지구에게 미칠 수 있는 위협을 수치화하기 위해 마련된 토리노 척도를 발전시킨 버전이다.* 리우 척도는 2000년 질 타터와 헝가리 천문학자 이반 알마르에 의해서 처음 개발되었고, 그 내용은 리우데자네이루에서 열린 제51회 국제우주대회에서 처음 발표되었다. 이후 온라인 미디어와 과학의 발전을 통해 미래 신호에 대한 이해가 변화하면서 조금씩 정교하게 개선되었다. 리우 척도는 0에서 10까지, "없음, 미미, 낮음, 경미, 보통, 중간, 주목할 만함, 높음, 광범위함, 탁월함, 그리고 최고 수준인 특별함"까지 숫자를 매겨서 외계에서 온 신호의 중요성을 평가한다. 이 점수는 발생한 신호의 중요성과 실제로 사건이 발생했을 확률 사이의 수학적인 계산을 반영한 것이다.

중요성 판단을 위한 Q라는 요인에는 세 가지 요인이 포함된다. 신호를 보낸 전파원까지의 추정 거리, 발견된 유형(역사적, 일시적, 또는 지속적인 신호인지의 여부), 그리고 전파원이 지구와 인류의 존재를 알고 있을 가능성(예를 들어, 신호가 지구를 목표로 날아온 것인지, 아니면 우주 전체를 대상으로 하는 일반적 전파에 불과한 것인지)이 그것이다. 한편 신호가 발생할 확률은 조금 더 주관적인 변수다. 신호가 실재인지, 아니면 인간이나 다른 자연적 원인에 의한 신호인지 등을 분석해서 매겨졌다.

---

* 토리노 척도는 0단계인 "위험 없음"부터 시작한다. 그로부터 확실성과 위험 수준이 증가하면서 10단계까지 이어진다. 10단계는 지구 전체 기후에 영향을 주고 전 지구적인 재앙을 일으키며 생명과 문명을 위협할 정도로 거대한 물체가 지구와 충돌할 것이 확실한 상황을 의미한다.

연구 팀은 "외계 지적 생명체의 발견을 공개적으로 발표하는 것은 여러 측면에서 봤을 때 대형 소행성에 의한 충돌이 임박했다는 소식을 공개적으로 발표할 때와 맞먹는 사회적인 혼란을 일으킬 수 있다"라고 설명했다. 따라서 신호를 포착했을 때 그 중요성을 대중과 정부의 주요 정책 결정자가 쉽게 이해할 수 있도록 숫자로 전달하는 체계가 필요했다.

세인트앤드루스대학교의 SETI 과학자이자 리우 척도 2.0 개정 작업을 이끈 던컨 포건은 "지구 바깥 지적 생명체의 발견이라는 엄청나게 중요한 주제를 다룰 때, 우리는 분명하고 신중하게 언급해야 한다"라고 말했다. 리우 척도 2.0은 신호가 중요한지 아닌지 여부를 더 신속하게 평가할 수 있게 해 준다. 그리고 대중이 더 쉽게 이해할 수 있다. 덕분에 가짜 뉴스가 판치는 세상에서 그들의 측정을 신뢰하는 데 도움을 준다.

리히터 규모와 달리, 리우 척도는 고정된 값이 아니다. 더 많은 데이터가 수집되고 반영될수록 변화하도록 설계되었다. 신호가 검증 절차를 거치면서 리우 척도의 수치도 상향되거나 하향 조정될 수 있다. 던컨은 리우 척도의 방법론에 대해 "SETI에서 신호에 대한 분석이 전개되는 동안 검증 절차가 진행되면서 새로운 정보가 지속적으로 제공되고, 이것이 발견된 신호의 중요성과 신뢰성에 대한 우리의 인식에 지속적으로 영향을 준다"라고 설명했다.

또한 이것은 1980년대에 천문학자들이 개발했던 원칙에 따라 작동할 수 있도록 고안되었다. 이 원칙은 외계 지적 생명체에 의한 신호가 발견되었을 때, 그 사실을 대중에게 어떻게 발표해야 할지, 어떤 내용을 발표해야 할지에 대한 지침을 제공한다. "외계 지적 생명체 발견 이후 활동에 관한 원칙 선언"으로 알려진 이 관료주의적 원칙에 따르면, 새로운 신호나 외계 생명체의 증거가 발견되고 그것이 가능한 한 완벽하게 검증이 된 경우, 그 데이터는 추가 검증을 위해서 다른 연구 기관과 공유되어야 하며, UN 사무총장 및 여러 국제기관에도 전해져야 한다. 이것은 "외계 지적 생명체 발견이 확인되면 과학적 경로뿐 아니라 대중매체를 통해 신속하고 공개적인 방식으로 그 소식을 널리 알려야 하며, 발표 절차는 이 선언문의 원칙을 준수해야 한다. 발견자는 최초 공개 발표의 특권을 가질 수 있다"라는 원칙이다.* 제네바에 본부를 두고 있는 국제전기통신연합은 필요한 경우, 지구에 도달한 신호의 주파수가 무엇이든 상관없이 지구 신호에 의한 간섭으로부터 보호하고 격리하는 조치를 취할 수도 있다. 또 주목할 만한 점은, 적절한 국제적인 합의가 이루어지기 전까지는 그 신호에 대한 응답이 송출되어서는 안 된다는 원칙도 포함되어 있다는 것이다.†

---

* SETI 연구소의 천문학자 세스 쇼스택은 알마르와 함께 재미 삼아, 또 과학을 위해서, 대중문화 작품에 등장한 다양한 상황을 리우 척도로 분석한 결과를 논문으로 발표했다. 그들은 외계인이 등장하는 다양한 영화와 책 속 상황이 리우 척도 기준에서 어느 정도 단계에 해당하는지 분석했다. 예를 들어, 영화 〈콘택트〉는 리우 척도 4에서 9단계에 해당하고, 〈2001 스페이스 오디세이〉는 6단계에 해당한다.
† 비슷한 기준으로 이반 알마르가 창안한 또 다른 척도인 산마리노 척도가 있다. 이 척도는 지구가 외계 지적 생명체와 소통하거나 그들에게 우리 존재를 노출하기 위해 의도적으로 메시지를 보내는 것이 얼마나 위험한지 평가하는 데 사용한다. 러시아는 2000년에 외계로 메시지를 보내려고 시도했지만 당시 아레시보천문대는 지구 바깥에 알려지지 않은 외계 문명에 인류의 존재를 광고하는 것이 위험을 초래할 수 있다고 우려해서 그들의 요청을 거부했다. 하지만 결국 러시아는 크림반도에 있는 옙파토리야 행성 레이더 안테나

를 통해 10대 청소년들이 준비한 테레민 콘서트의 메시지를 은하계로 송출했다. 이 사건은 소위 "능동적인 SETI"의 실행에 관한 더 시끄러운 논쟁을 불러일으켰다. 이에 비판적이었던 존 빌링엄은 "우리는 다른 문명과 소통을 시도하고 있지만, 정작 그들이 무엇을 원하는지, 어떤 능력을 갖고 있고, 어떤 의도를 갖고 있는지에 대해 전혀 알지 못한다"라고 경고했다.

49장
틱택 사건

펜타곤의 계약은 항상 복잡미묘한 과정으로 진행된다. 국방부는 공식적으로 공개입찰을 요청하지만 많은 경우 문서와 프로젝트가 정확히 무엇인지 내용이 너무 모호하거나 범위가 좁게 작성되어서 작성자 본인 외에는 그 누구도 이해하기 어려운 경우가 많았다. 2008년 8월 18일 국방정보국의 HHM402-08-R-0211 입찰 요청 건도 그런 사례 중 하나였다. 이 요청은 고급 항공우주무기시스템 응용프로그램에 대한 내용으로, 방위경고국에서 감독할 예정이었다. 프로그램의 목표는 다음과 같았다. "미래의 위협적 환경의 한 가지 측면에는 첨단항공우주무기시스템 응용프로그램이 포함된다. 이 프로그램은 이 응용프로그램의 물리학 및 공학 기술을 이해하는 것을 목표로 하며, 2050년까지 외국의 위협에 어떻게 적용되는지 이해하는 것이다. 단순히 오늘날 항공우주 기술에 무엇을 더하는 것이 아니라, 현재의 진화하는 기술 동향에 단절을 부여하는 획기적 기술과 그 응용에 초점을 맞춘다."

이 프로그램의 공개입찰에 지원한 유일한 회사는 비글로항공우주첨단연구소(BAASS)뿐이었다. 그리고 9월 말까지 프로그램 첫해를 위한 1000만 달러 규모의 계약이 공식 체결되었다. 이 프로그램의 관리자는 바로 비글로와 리드에게 처음으로 해명되지 못한 현상에 대한 관심을 표명한 제임스 라카츠키였다.

라카츠키는 이후 "이것은 UFO 프로그램이었다. 애초에 이게 그 프로그램의 진짜 목적이었다"라고 설명했다. 그리고 그는 "더 나아가 이 프로그램은 UFO라는 현상이 우리가 초자연적이라고 생각할 수 있는 영역과 어떻게 잘 들어맞는지를 다루고 있었다"라고 덧붙였다. 그의 관점에서 UFO를 추적하는 것은 문제의 일부에 불과했다. 진짜 질문은 이러한 UFO들이 성간 여행이나 차원 이동, 그리고 아직 알려지지 않은 과학과 물리학의 지평에서 어떻게 설명될 수 있는지에 관한 것이었다. 그는 "지금부터 종말 때까지 외계인을 추적할 수는 있겠지만, 결코 문제를 해결하지는 못할 것"이라고 말했다.

비글로항공우주첨단연구소는 프로젝트 진행을 위해 계약서에 아홉 단계에 걸친 진행 방식을 명시했다. 여기에는 기존의 첨단 항공우주 특성에 대한 글로벌 조사, 실험실 연구의 구성 요건, 구술 기록 수집, 국방정보국의 기존 데이터 연구, 현장에 파견된 전문가 조사, 원격센서의 설치 및 모니터링, 모기업의 우주기술 일부를 적용할 가능성 등이 포함되었다. 하지만 프로젝트를 본격적으로 시작하려면 먼저 시설과 인력을 구축해야 했다. 2008년 비글로는 라스베이거스 외곽에 부분적으로 완공된 건물을 하나 구입했고, 기밀정보를 논의하고 보관할 수 있도록 세심하게 격리된 정보 시설(SCIF)을 설치했다. 그 뒤 약 75명의 계약직 직원을 고용했다.

곧이어 정부자금이 도착했고, 비글로는 초창기 NIDS의 발 빠른 조사 철학을 그대로 이어받아 MUFON에 자금을 지원하면서 목격 사례들에 대해 더 빠르게 대응하고자 했다.* 이렇게

---

* 오래전부터 비글로를 통해서, MUFON의 신속 대응 팀 예산에 정부자금이 투입되고 있다는 루머가 있었다. 첨단항공우주무기시스템 응용프로그램 예

새로운 스타팀임팩트 프로젝트가 시작되었다. 연방항공청의 매뉴얼에 따라 유급 수사관을 항상 대기시켰고, 파일럿이 이상 현상을 목격하면 즉각 자신들에게 전화를 걸라고 공식적으로 요청했다. "UFO/미확인 현상 활동을 신고하고자 하는 사람은 비글로항공우주첨단연구소 같은 UFO/미확인 현상 신고 데이터 수집 기관에 연락을 해야 합니다(음성: 1-877-979-7444 또는 이메일: Reporting@baass.org)"라고 그들의 매뉴얼에 명시했다.

이 프로젝트에 가장 처음 채용된 주요 멤버 중 한 사람은 해병 대령 출신 더글러스 칙스 커스였다. 그는 21세기에 들어 가장 흥미롭고, 또 가장 문서로 잘 정리된 UFO 목격 사건의 핵심 목격자 중 한 명이었다. 2004년, 그는 USS 니미츠 항공모함에 승선한 여러 대의 F/A-18 파일럿 중 한 명이었는데, 이후 수상한 물체와 조우를 하게 되고 이는 "틱택" UFO 사건으로 알려진다.

이 사건은 유도미사일 순양함 USS 프린스턴이 USS 니미츠를 포함해 중동 배치를 준비하고 있던 항공모함 전단과 함께 일상적인 훈련을 수행하던 중에 벌어졌다. 프린스턴함은 미 해군 함대 중 가장 첨단기술을 탑재한 전투함 중 하나였다. 그날 이 배에 있던 세계에서 가장 진보한 복합 레이더 시스템 중 하나인 이지스 레이더 시스템이 이상 신호를 감지했다. 레이더 시스템 엔지니어는 시스템 오작동을 의심했고, 레이더 시스템

산이 시행된 시점과 겹쳤기 때문이었다. 그러나 이 협력은 1년도 채 지나지 않아 종료되었다. 그 이유 중 하나는 비글로가 조사할 가치가 있는 좋은 사례가 부족하다는 사실에 실망했기 때문이다.

을 껐다가 다시 켜서 재관측했다. 이후 그는 "시스템의 전원을 다시 켜고 재관측을 했더니, 오히려 이상 신호의 세기가 더 선명하고 분명해졌다"라고 말했다. "때로 그 신호는 고도 8만 피트 또는 6만 피트 정도에서 감지되었고, 때로는 3만 피트 높이에서 100노트의 속도로 이동하는 것처럼 보였다. 그 물체의 레이더 반사 단면적은 당시까지 알려진 그 어떤 항공기와도 일치하지 않았다." 한편 그는 군의 피아식별시스템(IFF)에 대해 언급하면서 "그들은 100퍼센트로 '응답 없음' 또는 '아군 식별 장치가 없음'을 의미하는 빨간색으로 표시되었다"라고 덧붙였다.

이 새롭게 발견된 신호는 지금껏 알려진 비행기들의 능력을 훨씬 초월했기에, 해군 요원들은 이것이 실제 위협이라기보다는 컴퓨터 오작동일 가능성이 더 높다고 생각했다. 하지만 이후 며칠 동안 이 신호는 계속해서 나타났다. 11월 14일 비행 훈련이 시작되자, 프린스턴함은 니미츠함의 파일럿들에게 이 레이더의 수수께끼를 확인해 달라고 요청했다.

그날은 맑고 푸른 날이었다. 두 대의 F/A-18 전투기가 목표로 향했다. 그들은 멕시코 바하 해안에서 약 30마일 정도 떨어진 목표 지점에 접근했다. 프린스턴함은 무선으로 파일럿들이 목표 지점에 충분히 가까이 접근했으며, 레이더를 통해 누가 누구인지 식별할 수 없는 "합류 지점"까지 도달했다고 알렸다. 그 순간, 파일럿들은 아래 멀리서 교란으로 요동치는 바다를 목격했고, 바다 높이에 떠 있는 달걀 모양의 물체를 목격했다. 파일럿들이 가까이 접근하자, 그 물체는 빠르게 상승했고, 초음속에 도달한 것처럼 보였다. 그리고 시야에서 사라졌다. 이후 해당 지역을 샅샅이 수색했지만 아무것도 발견하지 못했다. 알렉스 "코네" 디트리히 중령은 "우리는 그 물체를 '틱택'이라고 불렀다. 그 모양이 마치 흰 타원형 물체처럼 보였기 때문이다. 그 물체는 아주 빠르게 움직였다"라고 회상했다. 그녀는 "그 물체는 우리가 인식하지 못하는 방식으로 반응하는 것처럼 보였다. 물체 표면에 비행을 제어하는 장치의 모습이나 추진체가 보이지 않아서 우리를 놀라게 했다"라고 덧붙였다.

그녀는 "우리가 무엇을 본 건지 모르겠다. 자연현상이었을 수도 있다. 그것은 매우 기이해서 우리가 제대로 판단할 수 없었다"라고 말했다. 당시 해병대 VMFA-232 호넷 비행대대의 지휘관이었던 더글러스 "칙스" 커스 대령도 현장에 있었다. 그는 곧바로 교란으로 크게 요동치는 바다를 목격했는데, 당시 바다는 전반적으로 매우 잔잔했기 때문에 이 교란은 더욱 두드러졌다. 그는 이 교란된 바다의 범위를 축구장 크기 정도에 해당한다고 추정했지만, 커스는 물체 자체는 목격하지는 못했다(항모 전단 소속 핵잠수함 USS 루이빌은 그 어떠한 수중 이상 현상을 발견하지 못했다고 보고했으며, 이것은 물체가 수중에 잠수하지 않았음을 의미했다).

그날 오후, 두 번째 전투기 편대가 출격했다. 파일럿 채드 언더우드는 자신의 전투기에 있던 적외선 레이더에서 무언가 정지한 듯한 물체를 포착했다. 그 물체는 이번에도 겉보기에 별다른 추진 수단 없이 공중에 떠 있었다. 당시 기록된 영상은 총 1분 정도 길이로, 물체가 다시 빠르게 속도를 높여서 프레임 바깥으로 나가는 모습까지 촬영되었다. 그러나 물체는 그 이후로 다시 발견되지 않았다. 첫 번째 F/A-18 편대가 모함으로 복귀했을 때, 항공모함 지휘실의 승선원들은 은박지로 만든 모자를 쓰고 그들에게 UFO에 대해 물었다. 그러나 목격자들은 그 상황을 단순히 웃어넘기지 못했다. 그날 밤, 파일럿 중 한 명인 데이비드 "섹스" 프레이버 중령은 다른 파일럿에게 "내가 무엇을 본 건지 모르겠어. 그건 연기도, 날개도, 로터도 없었는데, 우리 F-18을 앞질러 날아갔어"라고 말했다. 그는 이어서 "그게 무엇이었든 간에, 나는 그걸 타 보고 싶었어"라고 말했다.

분위기는 확연히 달라졌다. 승선원들 사이에는 신원이 확인되지 않은 두 사람이 헬리콥터를 타고 항공모함에 도착해, 그들이 가져온 하드드라이브에 해당 사건의 영상과 레이더 증거들을 담아 갔다는 소문이 돌기 시작했다. 프린스턴함의 레이더 엔지니어는 몇 년 뒤 당시 상황을 이렇게 회상했다. "헬리콥터를 타고 두 사람이 나타났다. 헬리콥터가 항공모함에 오는 건 드문 일은 아니었지만, 그들이 도착하고 20분쯤 지났을 때 나의 상관이 이지스 레이더 시스템에 있는 모든 데이터를 그들에게 넘기라고 지시했다."*

당시 이 사건은 놀라울 정도로 어떤 관심과 우려도 일으키지 않았다. 항공모함 전단은 계속 훈련을 실시했고, 수뇌부는 추가 조사를 딱히 원하지 않는 듯했다. 파일럿들 또한 비밀 유지 계약 서명을 요구받지도 않았다. 비글로는 "완전히 무시당했다"라고 언급했다. 그러나 몇 년이 지난 뒤, 커스가 비글로의 연구 팀에 합류하면서 니미츠 사건에 다시 초점이 맞춰졌다. 비글로 연구 팀의 한 수사관은 파일럿들, 레이더 운영자들, 그리

---

* USS 니미츠 사건은 2015년까지 완전히 비밀에 부쳐졌지만, 그해 프레이버의 전 동료 중 한 명이 《파이터스윕》에 장문의 기사를 통해 이 사건을 폭로해서 세상에 알려졌다.

고 다른 관련 인원들을 직접 인터뷰했고, 결국 이 사건은 미국 역사에서 가장 중요한 동시에 가장 수수께끼 같은 UFO 조우 사건 중 하나로 남게 되었다. 비글로 연구 팀의 최종 보고서에는 다음과 같이 적혀 있다. "이상 항공기(AAV)는 현재 미국이나 그 어떤 다른 나라에서 보유하고 있는 항공기 또는 비행 물체도 아니다."

* *

2009년 비글로의 국방정보국 연구는 2200만 달러를 지원받으면서 2년마다 갱신되었다. 이에 해리 리드는 국방부에 직접 편지를 보내서, 비글로의 연구를 특수 접근 프로그램으로 업그레이드해서 더 많은 기밀을 연구하고 개발할 수 있게 해 달라고 요청했고, 사실상 극비 프로젝트로 전환하려고 했다. 리드는 편지에서 러시아와 중국이 미확인공중현상 연구에서 미국을 앞지를 수도 있다고 우려했다. 그는 "이 국가적 노력을 지원하기 위해서는 국방부와 민간 부분에서 고도로 특화된 소수의 정예 인력이 필요합니다"라고 하고는 "획득한 기술적 통찰과 역량은 미국이 그 어느 나라로부터 위협을 받더라도 우위를 점할 수 있게 할 것입니다. 그리고 세계 선도국으로서 미국의 위치를 유지하는 데 도움을 줄 것입니다"라고 썼다.

단호한 시도였지만, 불행하게도 역효과를 낳았다. 리드의 요청은 비글로의 연구를 더 비밀스러운 영역으로 확장시키기보다는, 오히려 국방부 내 고위층이 라카츠키와 비글로의 프로젝트에 관심을 갖도록 만들었고, 이로 인해 과도한 관심과 더 큰 저항에 직면했다. 결국 리드는 자금을 추가로 확보하는 데 실패했다. 비록 이 프로젝트의 계약이 매년 새롭게 갱신되는 옵션을 제공하고는 있었지만, 끝내 자금 지원이 철회되었다. 한때 라카츠키는 이 프로그램을 미국 국토안보부로 이관해서 더 안정적 지원을 받을 수 있는 길을 찾아보려고 했지만, 곧 프로젝트가 종료될 운명에 처해 있는 건 분명했다.

2011년까지 최종 보고서가 드문드문 제출되었다. 비록 AAWSAP는 국방정보국에 100개가 넘는 보고서와 열한 개의 데이터베이스를 제공했지만, 최후의 순간 프로젝트를 다시 구원할 정도로 중요한 발견을 확보하는 데는 실패했다. 리드의 한 보좌관은 나중에 이렇게 회상했다. "시간이 지나자 우리가 실질적인 성과를 거두지 못했다는 것이 중론이 되었다. 결국 세금으로 이 연구를 지속해야 한다는 주장을 정당화할 만한 근거가 아무것도 없었다."

마지막 작별 인사이자 공익을 위한 마지막 임무 차원에서, 비글로의 연구 팀은 첨단 항공우주 기술에 중점을 둔 수십 편의 연구 논문을 작성하고 편집했다. 이 논문들은 UFO 성능을 연구할 때 기초가 될 만한 지식을 제공하고자 했다. 피직스프로젝트는 그 노력의 일환으로, 수사관들은 목격 사례들의 파일을 샅샅이 뒤져서, 블루북프로젝트, 캐나다, 영국 등에서 수집한 수만 건의 목격 사례들을 정리해 데이터베이스를 구축했다. 이 데이터들은 발레가 만들었던 기준과 프로토콜을 따라 신중하게 평가되었다. 수사관들은 미국 전역을 돌아다니면서 캘리포니아, 오리건, 조지아, 메릴랜드와 같은 다양한 지역에서 발생한 이상 현상에 대응했다. 이들은 소련에서 진행한 스레드

III라는 이름의 UFO 목격 사례 관련 프로젝트에 대한 상세한 보고서를 작성했다. 이 보고서는 1990년대에 조지 냅이 폭로를 하는 데 도움이 되었다.* 동시에 특별 팀은 브라질에 파견되어서 그곳의 UFO 목격 사례들을 조사했다. 라카츠키, 켈러허, 냅이 작성한 프로그램의 역사에 따르면, 다양한 정보 전문가들이 스킨워커 목장을 오가면서 국방정보국의 프로젝트에 참여했는데, 그들 모두 초자연적인 현상을 경험했다. 이 프로그램이 완전하게 종료될 때까지, 자신들의 뒤를 이어 UFO 연구를 수행하게 될 미래 연구자들이 연구를 이어 갈 수 있도록, 자금을 확보를 위한 모든 노력이 진행되었다.

2016년 5월, 라카츠키는 국방정보국에서 물러나면서 자신의 경력을 마무리했다.

* * *

2017년 가을 AAWSAP 프로젝트가 종료된 지 몇 달 지나지 않아, 기자 레슬리 킨은 이상한 초대를 받았다. 전직 국방부 정보차관보였던 크리스토퍼 멜런이 펜타곤 근처 호텔 바에서 만나자고 제안한 것이다. 10월 4일, 킨은 그곳에서 루이스 에리존도라는 이름의 한 남자를 소개받았다. 그는 몇 주 전까지 펜타곤에서 또 다른 UFO 연구 프로젝트를 이끌었다고 설명했다. 킨

---

* 1990년대 냅은 두 차례의 연구를 통해 소련 시절에 벌어진 목격 사건을 폭로했다. 그는 당시 여러 사람과 인터뷰를 나누었고, 수백 페이지에 달하는, 한때 기밀이었던 UFO 관련 문서에 접근할 수 있었다고 주장했다. 그러나 그가 공개한 소련의 문건 중 일부는 그 진위 여부에 대한 의문이 제기되었다. 냅은 다른 연구자들에게 이 자료들을 공개하길 거부했다.

은 충격을 받았다. 그녀가 오랫동안 정책 결정자들에게 지원을 해 달라고 요구했던 바로 그 연구가 이미 펜타곤에서 진행되고 있었기 때문이었다.

세 시간에 걸친 대화에서, 엘리존도는 자신이 했던 일에 대해 설명했다. 그가 이끌었던 프로그램은 첨단항공우주 위협식별프로그램(AATIP)라는 이름으로 불렸는데, 이것은 비글로의 연구 프로젝트와는 별개였다. 그러나 그는 비글로 연구 팀과 회의에서 만난 적이 있고, 일부 교류도 한 적이 있다고 설명했다.

정부를 떠난 후, 엘리존도는 멜런과 함께 투더스타즈아카데미 아트앤사이언스에 합류했다고 설명했다. 이 조직은 인기 밴드 블링크-182의 프런트맨 톰 델론지가 설립한 것이었다. 델론지는 오랫동안 열렬한 UFO 마니아로 유명했는데, 블링크-182의 가장 잘 알려진 앨범 중 하나인 국가의 관장에는 〈외계인은 존재해〉라는 곡이 수록되어 있었다. 델론지는 UFO 분야에 대해 상당히 해박했는데, 그의 노래 가사 중 하나에서는 1980년대 UFO와 관련해 악명이 높았던 "MJ-12"를 언급하는 "열두 명의 MJ가 거짓말을 해"라는 구절이 있었다.

세월이 지나면서 델론지는 자신의 여행용 카라반을 타고 51구역과 같은 곳을 방문하면서, 야간투시경을 통해 수거된 비행접시를 포착하려고 시도했다. 그는 국가의 UFO 비밀에 대한 높은 수준의 접근 권한이 있다고 자랑하기도 했다. 2015년 밴드가 해체된 이후, 델론지는 비밀작전과 UFO를 다루는 소설과 상업영화에 흠뻑 빠지면서 본격적으로 UFO에 몰두했다. 그는 2016년 《롤링스톤》과 한 인터뷰에서 "나와 함께 일하고 있는 사람 중 열 명은 국방부, NASA, 그리고 군에서 가장 높은 직책에 있는 사람들입니다. 거대한 일이 벌어지고 있는데, 아무도 이걸 모릅니다. 나는 이미 이 모든 걸 해내고 있어요"라고 말했다.

이건 다소 믿기 어려운 주장처럼 보였다. 적어도 허풍처럼 느껴졌다. 그러나 러시아 군 정보 해커들이 2016년 민주당 대선 후보였던 힐러리 클린턴의 선거 캠페인 담당자였던 존 포데스타의 지메일 계정을 해킹하고, 위키리크스를 통해 그의 이메일 수천 개가 온라인에 유출되었을 때, 포데스타와 델론지가 주고받은 이메일 여러 개가 드러났다. 그중 하나에서 델론지는 "매우 '중요한' 인물 두 사람을 DC에서 만나게 하고 싶어요. 그들은 우리의 민감한 주제와 관련된 핵심 지도자들입니다"라고 썼다.* 놀랍게도 델론지의 가장 가까운 동료와 파트너 중 일부는 실제로 과거 비글로의 작업에 참여했던 인물이었고, 그중에는 자크 발레도 포함되어 있었다.

투더스타즈아카데미는 톰 델론지의 연구를 위한 중앙 허브 역할을 하게 되었고, 그곳에서는 다른 사람들도 연구 장소를 제공받았다. 이들의 웹사이트에는 "미확인공중현상은 신뢰할 만한 증거가 충분하며, 이것은 인간의 경험을 혁신할 수 있는 낯선 기술이 어딘가 존재한다는 것을 증명한다"라고 적혀 있었다. 델론지는 세상에 이 진실을 보여 주고자 했다. 2017년 10월, 시애틀에서 화려하게 열린 론칭 행사에서 델론지는 자

---

* 포데스타는 항상 UFO에 지속적인 관심을 유지했다. 오바마 행정부에서 근무한 뒤, 그는 2015년 2월 마지막 근무일에 트위터에 이런 글을 남겼다. "결국 2014년에도 나는 대실패: 또다시 UFO 파일 공개하지 못함. 진실은 여전히 저 너머에."

신의 연구 팀을 이끄는 브레인이자 실력자, 루이스 엘리존도와 크리스토퍼 멜런을 공개했다. 그들은 이날 발표에서 1957년 스푸트니크 발사 60주년을 기념하면서, 당시와 마찬가지로 미국은 다시 한번 기술 경쟁에 직면했지만, 이번에는 그 상대가 누구인지, 무엇인지 알 수 없다고 주장했다.

델론지의 연구 팀은 더 많은 자료를 공개하면서 지지를 얻었다. 그리고 그들의 연구를 가시화하려고 노력했다. 군 내부에서 엘리존도는 니미츠 틱택 사건을 포함한 UAP 조우 영상 세 건을 수집했고, 이것을 공개할 수 있도록 기밀을 해제하는 데 성공했다. 가을이 지나면서 에리존도, 델론지, 그리고 멜런은 그 내용을 더 많은 사람에게 널리 알리기로 결정했고, 라스베이거스에서 열린 기자회견에서 이 자료들을 공개했다. 그러나 곧 그들은 전국적인 분위기를 바꾸려면 더 큰 무대가 필요하다는 사실을 깨달았다.

멜런과 엘리존도는 킨에게 《뉴욕타임스》에 기사를 실을 수 있게 해 준다면 UAP 영상을 넘겨 주겠다고 제안했다. 킨은 이 기회를 놓치지 않고, 친구이자 전 《뉴욕타임스》 기자였던 랠프 블루먼솔에게 도움을 요청했다. 블루먼솔은 당시 존 맥에 대한 첫 번째 전기를 집필하는 중이었을 정도로 이 주제에 대해 깊은 관심을 갖고 있었다. 블루먼솔은 즉시 신문사 편집장에게 이메일을 보내 "충격적이고 매우 시급한 기밀 이야기"가 있다며, "오랫동안 신화로만 여겨졌지만 이제는 비로소 확인된, 깊이 감춰진 프로그램"에 대해 폭로할 것이라고 설명했다.

11월 7일, 킨과 그녀의 동료는 워싱턴에서 《뉴욕타임스》의 편집장과 만났다. 편집장은 그들이 모든 정보를 익명이 아닌 실명으로 확인했다는 사실에 깊은 인상을 받았다. 편집장은 이들에게 신문사의 펜타곤 특파원인 헬렌 쿠퍼와 함께 팀을 이뤄서 움직이도록 했다. 기사를 담당한 기자들은 다시 한 호텔에서 엘리존도를 만나 더 긴 대화를 나눴다. 기자들은 엘리존도가 대화를 나누는 동안 계속 벽에 등을 대고 앉아 호텔 문 쪽을 주시하는 모습을 유심히 지켜봤다.

2017년 12월 16일, 《뉴욕타임스》는 1면 하단에 「빛나는 아우라와 '검은 돈': 펜타곤의 미스터리한 UFO 프로그램」이라는 기사를 실었다. 이 기사는 큰 파장을 일으켰고, 같은 날 《폴리티코》의 브라이언 벤더가 멜런과 함께 취재한 심층기사가 연이어 나오면서 하루만에 전국적으로 사람들의 관심이 바뀌는 듯했다. UAP에 대한 오래된 낙인이 사라졌다. 비글로는 《뉴욕타임스》와의 인터뷰에서 "국제적으로 우리는 이 문제에 있어 가장 뒤처진 국가라 할 수 있다. 우리 과학자들은 조롱받고 외면당할까 두려워했고, 언론은 낙인찍히는 것에 겁을 먹었다. 중국과 러시아는 훨씬 개방적이어서, 이 문제에 대해 자국 내 거대 조직들과 협력하고 있다. 벨기에, 프랑스, 영국과 같은 작은 나라들이나 칠레와 같은 남미 국가들은 오히려 더 개방적이다. 그들이 이 주제를 다루는 데 있어 우리보다 훨씬 앞서 나가고 있으며, 유치한 금기에 얽매이지 않고 자유롭게 논의할 준비가 되어 있다"라고 언급했다.

기사 중간에는 펜타곤이 수년간 UFO를 비밀리에 연구해왔다는 사실을 폭로한 내용이 담겨 있었다. 그중에는 네바다주에서 최근 은퇴한 해리 리드 상원의원의 흥미로운 발언이 있었다. 그는 《뉴욕타임스》와의 인터뷰에서 "나는 이 일을 시작한 것이 부끄럽다거나 후회되지 않는다"라고 말했다. 이 발언은 뜻밖의 예상치 못한 뒷이야기를 암시하면서 더 많은 사람의 관심을 끌었다. 한편 사람들을 당혹스럽게 만드는 언급도 있었다. "비글로의 지휘 아래, 회사는 라스베이거스에 있는 건물들을 UAP에서 수거한 금속 합금과 다양한 물질을 보관하기 위한 건물로 개조했습니다." 미국이 정말 외계에서 건너온 금속을 수거했을까? 그것은 정말로 추락한 비행접시에서 나온 물질이었을까?

그에 못지 않게 흥미로웠던 것은 USS 니미츠에서 발생한 틱택 사건 당시의 영상이었다. 《뉴욕타임스》는 이 영상을 온라인에 공개했는데, 이와 더불어 추가로 이전에 공개된 적 없는 "짐벌"이라는 이름의 영상도 있었다. 이 영상은 2015년, USS 시어도어루스벨트의 F/A-18 전투기가 미국 동해안에서 빠르게 이동하는 UAP와 조우한 사건 당시 상황을 담고 있었다. 이후, 멜런은 《워싱턴포스트》에서 기고문을 통해 전투기 카메라로 촬영한 세 번째 영상인 고패스트(GOFAST)를 공개했는데, 이 영상에는 물살 위를 재빠르게 이동하는 물체가 보인다.* 영상 속 파일럿들은 서로 "저게 뭐야?"라고 묻는다.

---

* 수년에 걸친 후속 조사 결과, 조사관들은 전투기에서 촬영한 적외선 영상에 담긴 것이 사실은 카메라 렌즈의 왜곡과 거리에 대한 착각으로 인한 현상을 오인한 것일 수 있다는 의문을 품었다. UFO 회의론자 믹 웨스트는 미 해군의 모든 함정 중 하필 USS 프린스턴함과 시어도어루스벨트함의 레이더에서 이상한 물체가 목격된 것은 우연이 아니라고 설명했다. 이 목격 사건이 벌어지기 직전 두 함정의 레이더가 기술 업그레이드를 거쳤고, 따라서 그는 레이더에 포착된 물체의 일부 원인이 기계의 오작동에 있다고 추정했다.

또 다른 한 사람은 "오, 세상에, 친구! 저거 좀 봐!" 하고 외친다.

멜런은 기고문에서 역사와 먼 미래의 이야기를 하나로 묶으면서 새로운 차원의 참여를 강력하게 촉구했다. "스푸트니크와 마찬가지로, 이러한 사건들이 국가안보에 끼칠 영향은 우려스럽지만, 한편 과학적인 기회라는 관점에서 봤을 때 아주 흥미진진하다", "미래는 육체적으로 용맹할 뿐 아니라, 지적으로도 민첩한 사람들에게도 열려 있다".

50장
생명과학

우주에 생명, 특히 지적 생명체가 얼마나 드문 존재인지는 여전히 수수께끼로 남아 있다. 하지만 2000년대에 들어서면서 과학은 적어도 지구에서 생명이 어떻게 시작되었는지에 대한 이해에 한 걸음 더 다가갔다. 이러한 질문들은 생명이 지구 바깥 다른 곳에서도, 어떻게, 또 어디에서 탄생할 수 있을지에 대한 중요한 단서를 제공한다.

2010년 MIT 지질학자 린다 엘킨스탠턴은 생명의 가장 기본적인 구성 요소 중 하나인 물에 대해서, 물은 상당히 희귀하며, 지구에 있는 물의 종류는 더욱 희귀하다는 오랜 논쟁에 대해 한 가지 해결책을 제시했다. 과학자들은 오랜 시간 동안 물이 지구에 어떻게 자리 잡게 되었는지에 대한 여러 가설에 동의해 왔다. 특히 약 39억 년 전 태양계 형성 후기 미행성 대충돌기에 얼음을 품고 있던 혜성과 소행성이 지구에 충돌하면서 수조 갤런의 물이 지구에 공급되었다는 가설을 믿어 왔다. 그러나 과학 작가 대니얼 스톤은 "이 가설에는 큰 결함이 있다. 고등학교 화학 시간에 배운 것과 달리 모든 H_2O가 동일하지 않다는 것이다. 일부 물은 양성자가 하나만 들어 있는 수소 원자로 이루어져 있는 반면, 또 다른 물 분자는 양성자 하나와 중성자 하나로 이루어진 수소 원자로 이루어져 있는 경우도 있다. 이 미묘한 차이는 과학자들이 '동위원소 기호'라고 부르는 특성의 차이를 만들어 낸다"라고 설명했다. 실제로 지구의 물은 혜성에서 발견되는 얼음 속 물 성분과 동위원소 기호가 다르다는 점에서, 지구의 물 중 일부는 혜성이 아닌 다른 곳에서 기원했을 가능성이 있다. 또한 과학자들이 원래 생각했던 것에 비해 훨씬 더 이른 시기에 물이 존재했을 가능성도 제기되었다. 새로운 연구는 지구에 물이 약 44억 년 전, 즉 지구에 최초로 고체 물질이 형성되고 나서 겨우 1억 6400만 년밖에 지나지 않은 시점부터 존재했을 가능성을 보여 주는 증거를 제시했다.

엘킨스탠턴은 현재 애리조나주립대학교에서 행성 연구를 이끌고 있다. 그녀는 태양계의 첫 1억 년 사이에 행성이 어떻게 형성되었는지 연구해 왔다. 2010년, 엘킨스탠턴은 혜성이 아닌 다른 곳에서 우리의 생명에 필수적인 물이 기원했을 수 있다는 답을 제시했다. 바로 암석이다. 그녀는 암석에 존재하는 미량의 물들이 모여서 오늘날 지구의 바다, 호수, 강과 비를 만들어 냈으리라 추정했다. 가장 단단해 보이는 암석조차 상당히 많은 양의 물을 포함하고 있으며, 엘킨스탠턴의 계산에 따르면 지구의 다섯 배 크기 정도인 거대한 행성의 맨틀을 구성하는 암석의 불과 1~3퍼센트만 물로 이루어져 있어도, 행성이 냉각되면서 바다를 형성할 수 있다.

실제로 이 수치는 매우 낮은 기준이다. 화강암은 약 2퍼센트의 물을 함유하고 있고, 진흙은 20퍼센트에서 30퍼센트까지 물을 함유할 수 있다. 엘킨스탠턴은 가장 흔하게 볼 수 있는 광물인 녹니석은 10~13퍼센트까지 물을 함유할 수 있으며, 비교적 덜 흔한 붕사와 같은 광물은 최대 50퍼센트까지 물을 함유할 수 있다고 지적했다. 시간이 지나면서 이러한 암석과 광물들이 냉각되고, 그 속에서 물이 스며나와 지구 표면으로 올라왔고, 증기로 증발해서 구름이 되었다가 다시 비가 되어 땅으로 내렸고, 지구의 낮은 지역을 채우면서 지금의 바다가 형성되었을 것이다.

지구의 바다를 채우기 위해서는 생각보다 많은 물이 필요하지 않다. 비록 현재 지구의 표면 70퍼센트가 물로 되어 있어서 지구에 물이 아주 많은 것처럼 보이지만, 실제로 물의 양은 그리 많지 않다. 바다는 지질학적으로 봤을 때 굉장히 얕다. 대부분 2마일 깊이에 불과하다. 대니얼 스톤은 "지구의 물을 모두 합쳐도 우리 생각만큼 많지 않다"라고 설명했다. 만약 지구를 농구공만 한 크기로 축소한다면, 바다, 강, 호수, 그리고 빙하의 물까지 포함해 지구에 있는 모든 물을 다 모아도 작은 구슬을 겨우 채울까 말까 한 수준이다. 담수만 따지면 그 양은 쌀알 크기도 되지 않을 것이다. 스톤에 따르면 지구를 농구공 크기로 축소했을 때 평균 2마일에 해당하는 바다의 깊이는 농구공 표면에 쌓인 먼지 한 겹 정도의 두께에 불과하다.

물이 지구에서 기존 예상보다 5억 년 더 일찍 축적되기 시작했다는 추정은 생명의 출현을 설명하는 측면에서도 굉장히 큰 의미가 있었다. 워싱턴주립대학교의 우주생물학자 더크 슐체마쿠흐는 "달을 만들었던 대충돌이 벌어진 직후(약 44억 5000만 년 전) 지구에 이미 바다가 존재하고 있었다면, 생명이 진화할 수 있는 시간적 여유는 훨씬 더 많았을 것이다. 우리가 암석 기록에서 발견할 수 있는 초기 생명이 이미 상대적으로 꽤 복잡한 형태를 하고 있은 이유를 설명할 수 있다"라고 말했다.

지금은 널리 받아들여지고 있는 엘킨스탠턴의 새로운 가

설은 물이 우주의 다른 곳에서 기원했을 가능성을 주로 고민하던 과학자들의 생각을 완전히 바꿔 버렸다. 엘킨스탠턴은 "많은 행성들이 액체 상태의 바다와 함께 탄생했을 가능성이 매우 크다"라면서, "우리 태양계에서 확보한 증거는 자연적으로 물을 생성해 생명체가 살 수 있는 환경을 갖춘 행성이 우주 곳곳에 존재할 가능성이 매우 높다는 것을 보여 준다"라고 말했다. 즉 물은 우리가 생각만큼 희귀하지 않을 수도 있다.

최근 아폴로계획에서 수집된 달 암석에 대한 실험을 진행한 결과, 달 암석에 최대 수천 ppm의 물이 포함되어 있다는 사실이 밝혀졌다. 이것은 이전에 생각했던 수준에 비해 100배 더 많은 양이다. 또 과학적 방법론이 발전하면서 달에 있는 물의 동위원소 기호를 조사할 수 있게 되었고, 그 물은 달 자체에서 기원했을 가능성이 크며, 그중 일부는 혜성에서 공급받은 것일 수 있다는 사실을 확인했다. 엘킨스탠턴은 이러한 발견을 "혁명적"이라고 표현하면서, "이 광물들이 예상했던 것보다 훨씬 더 많은 물을 품고 있다는 사실이 발견되고 있다. 이것은 달이 형성되던 시기 때 이미 원시적인 물이 존재하고 있었다는 사실을 보여 준다"라고 말했다.

많은 행성들이 형성될 때 물을 축적했을 가능성은 지구에서 지적 생명체가 발전할 수 있었던 또 다른 미스터리를 설명하는 데도 도움이 된다. 바로 지구가 딱 적당량의 물만을 생성했다는 것이다. 대니얼 스톤은 "지구의 얕은 바다 깊이는 지구에 생명이 존재할 수 있었던 가장 마지막 행운이었다"라고 설명했다. 지구의 크기와 암석의 특징을 보면, 지금도 지구 지각 내부에는 열 개 이상의 바다가 더 존재할 수 있을 만큼 아주 많은 양의 물이 잠재할 수 있음을 알 수 있다. 만약 지구가 지금보다 두 배 더 많은 양의 물을 지각 바깥으로 방출했다면, 해수면 위로 드러난 육지는 거의 없었을 것이다. 지구에서 가장 높은 산맥으로 이루어진 섬 몇 개만 남았을 것이다.* 그러나 지구는 수십억 년 전 육지와 바다의 적절한 균형에 도달했고, 공룡을 비롯한 다른 육지 생명체들이 물 위로 고개를 내밀고 살 수 있는 환경을 조성했다.

* *

최근 몇 년 사이, 과학자들은 지구에서 생명이 어떻게 출현하고 진화하게 되었는지 그 타임라인을 보다 잘 이해할 수 있게 되었다. 지적 생명체가 지구에 출현하기 훨씬 전, 가장 원시적인 형태인 미생물이 최초의 생명으로서 약 40억 년 전에서 37억 년 전 사이에 등장했다. 이는 지구가 형성된 지 불과 5억 년밖에 지나지 않았을 때 벌어진 놀라운 일이다. 이런 짧은 시간 사이에 지구에 최초의 생명체가 출현할 수 있었다는 것만 봐도, 이미 또 다른 곳에 기본적인 수준의 생명체가 존재하거나, 최소한 과거에 존재했을 가능성이 높다고 볼 수 있다. 세스 쇼스택은 "만약 지구가 탄생한 직후, 즉 지구 역사를 놓고 봤을 때 숨 한 번 쉬는 찰나의 시기에 생명이 생겨난다는 건 거의 불가능한 일일 것"이라고 설명했다.

---

* 예를 들어 목성의 위성인 유로파에서 벌어진 일이 이와 유사하다. 유로파는 태양계에서 유일하게 얼음 바다를 품고 있는데, 그 바다의 깊이가 100마일에 달하며 육지는 전혀 존재하지 않는다.

그러나 미생물이 다세포생물로 진화하는 데는 약 20억 년의 시간이 더 걸렸다. 그 과정에서 출현한 시아노박테리아는 산소를 만들면서 지구의 대기를 지금처럼 숨 쉴 수 있는 환경으로 바꾸기 시작했다. 이러한 변화에는 고통이 따랐다. 산소 없이도 살아갈 수 있었던 혐기성생물들이 대거 멸종했다. 하지만 결국 지금으로부터 6억 년 전 등장한, 오늘날 우리가 "동물"이라고 부르는 생명체들에게는 이런 변화된 환경이 유리하게 작용했다.

지구 역사에서 거대 화산과 운석 충돌로 생명이 송두리째 멸종될 뻔한 사건들이 있었다. 약 2억 5000만 년 전, 페름기에서 트라이아스기로 넘어가던 시기, 전체 생명의 약 90퍼센트가 멸종했다. 고생물학자 스티븐 브루사티가 소위 "터무니없이" 거대한 규모라고 불렀던 거대 화산들이 고대 지구의 환경을 오염시켰고, 바다를 산성화하면서, 숲을 불태우는 일이 있었다. 그는 이 사건을 "이로 인해 지구 생태계 전체가 마치 카드로 쌓아올린 집처럼 와르르 무너졌다"라고 표현했다.

페름기 대멸종 이후, 트라이아스기 초기에 등장한 포유류는 새로운 기회를 맞이했다. 그들은 여러 방향으로 움직이는 턱을 진화시켰고, 씹을 수 있는 능력을 얻었다. 브루사티의 설명에 따르면 이것은 아주 희귀한 능력으로, 이 덕분에 포유류는 "음식 가공 기계"처럼 변모할 수 있었다. 이를 통해 포유류는 음식을 더 효과적으로 섭취하고, 음식이 위에 도달하기 전부터 일찍이 소화를 시작할 수 있게 되었다. 이것은 중요한 진화적 이점을 제공했다.

한편 공룡들은 한때 지구에서 번성했지만 오늘날 우리가 이야기하는 지적 생명체로 진화하는 모습을 보이지는 않았다. 만약 소행성이 20분만 더 일찍 또는 늦게 지구를 향했다면, 소행성은 지구와 충돌하지 않았을 것이다. 그랬다면 브론토사우루스는 아무것도 모른 채 계속 지구에 존재했을 것이다. 하지만 이러한 공룡들이 현대에 이르러 별을 바라보며 망원경을 통해 우주를 연구하거나 커다란 픽업트럭을 몰고 숲을 누비고 있을 가능성은 굉장히 낮다.* 고생물학자 나일스 엘드리지는 "공룡들은 1억 5000만 년 동안 똑똑해지지 못했다"라며 "그렇기 때문에 6500만 년이 더 주어졌다고 해서 크게 달라졌을 것 같지 않다"라고 농담을 섞어 말했다.

그 대신 포유류가 버텨 온 놀라운 시간들을 돌아보자. 포유류들은 공룡이 살아온 역사 전체 그리고 몇 차례에 걸친 대멸종, 특히 약 6600만 년 전 유카탄반도 근처에 핵폭탄 10억 개를 터뜨린 것에 맞먹는 위력으로 충돌한 6마일 너비의 소행성 충돌 속에서까지 살아남았다. 브루사티는 그의 저서 『포유류의 등장과 지배』라는 책에서 "포유류는 거의 멸종할 뻔했다"라고 설명하면서, "털과 젖, 귀 뼈로 변한 턱뼈, 다양한 이빨을 비롯해 그들이 쌓아 온 모든 진화적 유산들이 거의 영원히 사라질 뻔했다. 털복숭이 매머드, 잠수함 크기의 고래, 르네상스, 그리고 이 글을 읽고 있는 당신까지, 그들이 그 이후에 이룩한 모든

---

* 하지만 오늘날의 새들이 공룡의 후손이며, 많은 새가 놀라울 정도로 영리하다는 사실에 주목할 필요가 있다. 까마귀는 여러 작업에서 침팬지를 능가할 수 있고, 새의 뇌가 포유류보다 더 많은 뉴런을 가진 경우도 있다. 그러나 새들이 크로넛을 발명하는 데까지는 아직 한참 멀었을 것이다.

것들이 시작도 하기도 전에 깔끔하게 끝날 뻔했다"라고 말했다. 실제로 대멸종 시기 포유류는 단 7퍼센트만 살아남았다.

오늘날 우리는 모두 그들의 후손이다. DNA 연구에 따르면 약 6000종에 달하는 포유류가 지금으로부터 약 3억 2500만 년 전에 파충류에서 갈라져 나왔다. 그 당시 지구는 남극 근처에 있던 곤드와나 대륙과 적도를 둘러싸고 있던 로라시아 대륙, 두 개의 대륙으로 이루어져 있었다. 브루사티는 "오늘날의 모든 포유류는 세 그룹 중 하나에 속한다. (오리너구리처럼) 알을 낳는 단공류, (캥거루, 코알라처럼) 작은 새끼를 주머니에 넣어서 기르는 유대류, 그리고 (우리 인간과 같이) 잘 발달된 새끼를 낳아서 키우는 태반류가 있다"라고 설명했다.

사실 (우리를 비롯한) 포유류는 그들의 역사 전반에 걸쳐 지구에서 절대 지배적인 존재가 아니었다. 거의 모든 포유류는 역사를 통틀어, 코끼리처럼 거대한 크기를 갖지 못했고 쥐처럼 작았다. 비록 우리가 오늘날 지구에서 가장 큰 영향력을 행사하고 있지만, 지구 전체로 봤을 때 포유류는 진화의 비교적 좁은 한구석을 차지하고 있을 뿐이다. 예를 들어, 조류는 포유류에 비해 두 배나 더 많은 종으로 이루어져 있다. 사실 조류 자체가 공룡의 후손이다. 또한 곤충은 거의 백만 종에 달한다. 인간은 그 얼마 되지 않는 포유류 중에서도 극히 일부분이며, 원숭이와 토끼에 가깝다. 포유류의 약 20퍼센트는 사실 박쥐인데, 그들은 약 1400종에 달한다.

감정을 표현하고 복잡한 사회적 행동을 하는 것처럼 보이는 코끼리나, 수천 마일 거리에 떨어진 다른 고래들과 정교하게 의사소통할 수 있는 고래, 또 직접 도구를 쓰면서 인간이 할 법한 작업을 수행하는 영장류를 비롯한 포유류들은 우리 인간만큼 똑똑해 보이지만, 사실 인간과 그다음으로 가장 지능이 높은 생명체 사이의 간극은 엄청나다.

유인원과 초기 인류 사이의 분화는 약 500만 년에서 700만 년 전에 일어났으며, 약 400만 년 전까지는 서로 유전자를 공유했다. 브루사티는 "초기 인류는 아프리카라는 국한된 지역에서만 살아가는 토착종이었고, 이곳에서 인류는 직립보행, 지능의 발달, 도구의 사용을 시작했다"라고 썼다. 처음에는 아주 많고 다양한 초기 인류종이 있었지만, 그중 하나만 지금의 현생인류로 진화했다. 브루사티는 "현생인류로서 단 하나 호모사피엔스밖에 남지 않았다는 것은 인류가 가장 다양성이 낮은 종이라는 것을 보여 준다. 우리는 역사적으로 볼 때 아주 예외적인 존재다"라고 설명했다.

우리가 생존하고 번성할 수 있었던 이유는 칼로리가 풍부한 고기 섭취법을 터득했기 때문이다. 단백질이 풍부한 고기를 먹으면서 우리 뇌는 성장할 수 있었고, 사회적 행동과 같은 더 발전된 활동을 위해 필요한 시간과 에너지를 얻을 수 있었다. 필리핀에서 번성했던 호모 루조넨시스와 인도네시아에서 살았던 호모 플로레시엔시스 등, 우리의 가까운 친척 중 일부는 고기보다는 채소를 주로 섭취하는 난쟁이형 인간들로, 약 5만 년 전까지 살았다.*

---

* 이 역사조차 새로운 발견이 이어지면서 다시 쓰이고 있다. 약 12년 전, 시베리아 동굴에서 아시아를 기반으로 활동한 데니소바인이라는 새로운 계통의 인류 화석이 발견되었다. 이들은 약 4만 년 전 유럽의 네안데르탈인과 비슷한 시기에 살았다.

약 5만 년 전 발생한 빙하기는 마지막 거대 동물들의 대멸종을 야기했다. 우리는 그 대멸종 속에서도 살아남았다. 그리고 지금으로부터 약 2만 년 전 우리는 동물을 처음으로 가축화하기 시작했다. 그 이후로 가족을 이루고, 정착지를 형성하고, 농업을 하는 모습 등 우리가 인식하는 "현대적 생활" 양상의 흔적들이 나타나기 시작했다. 이렇듯, 아주 사소한 작은 변화만 있었더라도 우리는 지금의 모습까지 진화하지 못했을 가능성이 있다. 지구에 생명이 출현한 지 37억 년이 지났지만, 우리가 별을 바라보고 우주의 존재를 인식하는 존재가 되기까지 걸린 시간은 그중 92만 5000분의 1에 불과하다.

그러나 어쩌면 우리의 진화는 우리가 생각하는 것만큼 단순히 우연은 아니었을 수도 있다. 우리의 진화는 사실 더 필연적이고 자연스러운 현상이었을 가능성도 있다. 동물 지능의 전문가인 신경과학자 로리 마리노는 생명의 중요한 전환점이 단세포에서 다세포생물로의 도약이라고 설명한다. 그녀는 "다세포생물이 나타난 순간, 비로소 모든 것이 갖춰진다. 다소 우습게 들릴 수 있지만 지렁이 같은 환형동물과 인간의 뇌는 그다지 차이가 없다. 모든 다세포생물은 미세한 변주만 있을 뿐, 거의 동일한 구조의 뇌를 갖고 있다"라고 설명했다.

ALH84001 운석에서 출발한 지난 25년에 걸친 과학의 발전은 지구의 모든 구석까지 생명이 얼마나 널리 퍼져 존재할 수 있는지 강조해서 보여 주는 결과를 낳았다. 가장 뜨거운 지역부터 가장 추운 곳까지, 그리고 지구의 가장 깊은 곳까지, 생명은 어디에나 존재했다. 천문학과 우주생물학이 발전하면서 점점 더 많은 사람은 생명이 지구 바깥에서 도래했을 가능성에 대해 더 그럴듯하게 받아들이게 되었다. ALH84001 운석은 결코 이례적인 사례가 아니었다. 과학자들은 이와 비슷한 화성 파편이 100개 넘게 지구에 날아왔다는 사실을 발견했다. 또한 세균에 대해서도 더 많은 것을 알게 되었다. 일부 세균 종은 자외선에 대해서도 아주 강한 내성을 보였다. 하버드 천문학과의 학과장은 "이들이 화성에서 기원했을 가능성이 있다"라고 설명했다. 그의 계산에 따르면, 화성에서 벌어진 운석 충돌로 인해 화성으로부터 수십억 개에 달하는 파편이 떨어져 나가면서 우주공간으로 날아갔고, 그중 일부는 초기 화성에 존재하고 있던 세균을 품고 다른 행성에 도착할 가능성이 있었다. 그 반대도 마찬가지였다. 연구를 통해 드러난 흥미로운 사실에 따르면, 지구의 대기권을 스치며 날아가는 운석들은 상공 약 50킬로미터에서 지구의 하늘을 떠다니는 세균을 포획한 뒤 그들을 더 깊은 우주로 운반할 수 있다. 한 천문학자는 "수십억 개의 '숟가락'이 지구 대기를 휘저었다"라고 설명했다. 또한 과학자들은 시베리아 영구동토층에서 발견된 선형동물 두 마리를 "해동"시켜서, 약 4만 년 동안 측정 가능한 모든 대사 과정이 멈춘 채 얼어붙어 있던 선형동물을 되살리는 데 성공했다는 연구 결과를 발표했다. 2007년 과학자들은 일명 물곰이라는 별명으로 불리는 완보동물이 우주의 진공상태에서까지 생존할 수 있다는 사실을 발견했다. 이것은 생명체가 행성과 행성을 넘나들면서 이동할 수 있다는 가능성을 보여 준 또 다른 사례였다.

    과학자들이 더 깊게 탐구할수록, 생명은 그야말로 경이롭고 회복력이 있는 존재임이 밝혀졌다.

51장
브레이크스루리슨

외계 생명체의 존재 가능성에 대해 정부가 더 개방적인 태도를 취하고, 과학자들이 생명의 기원에 대해 한 발짝 더 다가가게 되면서, SETI의 과학적 전망도 보다 더 희망적으로 변하게 되었다. 2010년대에 들어서 외계 행성의 발견은 아주 흔한 일이 되었다. 20년 전까지만 해도 이론적 개념에 불과했던 외계 행성의 존재는 더 이상 큰 뉴스거리가 되지도 않았다, 2010년 케플러우주망원경 연구 팀은 한꺼번에 외계 행성 306개를 발견했다고 발표했는데, 그 수는 궁극적으로 수천 개까지 불어났다. 세스 쇼스택은 이에 대해 "의심할 여지 없이 지난 2년간 벌어진 가장 위대한 천문학적 발견 중 하나"라고 평가했다. 천문학자들은 이제 우주에 있는 모든 별의 약 3분의 1이 지구와 유사한 행성, 또는 지구보다 크기는 크지만 목성 정도로 크지는 않아서 숨 막힐 정도로 두꺼운 대기를 갖고 있지는 않은 슈퍼지구를 거느리고 있을 거라 추정한다. 쇼스택은 "오늘날 우리는 적어도 지질학적으로 우리 세상이 거리의 비둘기만큼 평범하다는 것을 확인하게 되는 기로에 서 있다"라고 말했다.

2015년, 러시아의 억만장자이자 기술 기업가 유리 밀너는 SETI에 무려 1억 달러의 거금을 기부하면서 힘을 실어 주었다. 이 자금은 브레이크스루리슨이라는 새로운 프로젝트를 지원하면서, 향후 10년 넘게 이 분야의 연구를 뒷받침할 수 있게 해 주었다. 밀너는 1961년 11월에 태어났고, 그의 이름은 그해 활약한 소련의 영웅적 우주비행사 유리 가가린의 이름에서 비롯되었다. 밀너는 초기 기술 투자자로서 막대한 재산을 벌었다. 페이스북이 상장되기 3년 전, 그는 페이스북의 지분 2퍼센트를 약 2억 달러에 사들였다. 이후 페이스북은 1000억 달러의 시장가치를 기록하면서 상장되었다. 그는 어릴 적 시클롭스키의 저서 『우주의 지적 생명체』를 읽고 외계 생명체의 가능성에 매료되었다.

유리 밀너는 런던에서 자신의 기부 소식을 발표하면서, 이 분야를 열었던 인물인 프랭크 드레이크, 칼 세이건의 아내 앤 드루얀, 그리고 스티븐 호킹과 함께 무대에 올랐다. 밀너는 "이 프로젝트에 전적으로 헌신할 것"이라고 말하면서 "만약 10년 안에 아무것도 발견하지 못한다 해도, 그다음 10년을 더 기회를 줄 것이며, 필요하다면 그다음 20년 동안에도 더 기회를 줄 것입니다. 우리는 답을 찾아낼 때까지 멈추지 않을 것입니다"라고 선언했다.

드레이크는 "우리는 아직 초짜입니다. 경험이 부족합니다. 어둠 속을 탐험하는 동안, 유리 밀너와 같은 사람들이 우리가 끝내 성공할 때까지 계속해서 지원해 주기를 바랍니다"라고 덧붙였다.

SETI에 있어 정확히 어떤 방법으로, 그리고 어디에서 다른 존재들의 신호를 찾아야 할지는 여전히 커다란 의문으로 남아 있었다. 외계 생명체가 전파가 아닌 레이저로 소통을 하려고 한다면 어떻게 해야 할까? 오랜 기간 전파천문학 관점에서만 초점을 맞추고 진행되었던 SETI는 레이저와 집중된 빛의 섬광을 찾고 연구하는 광학 SETI라는 새로운 가능성을 탐구하기 시작했다. 우리의 과학 수준이 부족해서, 또는 시점이 어긋나서, 또는 운명적으로 우리가 고도로 발전된 문명과 소통할 수 있는 마땅한 방법을 찾지 못했을 가능성은 항상 도사리고 있었다. 쇼스택은 항상 "내가 너무 이른 시점에 살고 있는 건 아닐까?" 하는 의문이 들었다고 설명했다. "오늘날의 SETI는 실패할 운명에 처해 있는 것은 아닐까? 한 세기가 더 지난 뒤, SETI는 미지의, 너무나 명백한 우주의 진실에 희생된 기이하고 참신한 아이디어로 평가받을 운명일까?" 아니면 물리학자 폴 데이비스가 궁금해했듯, 저 바깥에 덜 진화한 다른 문명이 실제로 존재하지만 그들은 사실 우리에게 메시지를 아직 보내지 않은 것일지 모른다. 그들은 자신들이 보내지도 않은 메시지를 우리가 해독하기를 기다리는 대신, 우리가 먼저 그들과 접촉하기를 기다리고 있을지도 모른다.

SETI는 단순히 외계에서 오는 신호를 듣는 것을 넘어서 "기술적 신호", 즉 은하에 살지도 모르는 지능적이고 야심 찬 문명이 존재할 가능성을 탐색하는 방향으로 나아가기 시작했다. 이것은 질 타터가 처음으로 제안한 개념이었다. 2010년대 중반, 펜실베이니아주립대학교의 천문학자들은 "외계 기술에서 반짝이는 열(G-HAT)"이라는 연구를 진행했는데, 이것은 다이슨 구체 같은 거대한 에너지 수집 장치를 사용해 엄청난 에너지를 활용하고 있을지 모를 매우 발전된 카르다쇼프 3단계 문명의 흔적을 찾기 위해서 적외선으로 10만 개가 넘는 은하를 탐색하는 연구였다.

하지만 연구 팀은 이론적으로 이러한 문명의 흔적으로 보이는 흔적을 하나도 발견하지 못했다. G-HAT의 창립자인 제이슨 라이트는 "이 은하들 중 어느 곳에도 은하계의 별빛 대부분을 자신들의 목적을 위해 사용하는 외계 문명이 널러 거주하는 것처럼 보이지 않았다. 이것은 흥미로운 발견이다. 왜냐하면 이 은하들은 수십억 년이나 된 오래된 은하이기 때문이다. 만약 외계 문명이 정말 존재한다면, 이 기간은 그들이 은하를 가득 채우고 점령하기에 너무나 충분한 시간이었을 것이다. 이 말은 그들이 존재하지 않거나, 또는 그들이 사용하는 에너지가 아직 우리에게 인식될 만큼 충분히 강하지 않다는 의미일 수 있다"라고 설명했다.

그러나 연구 팀은 이후 후속 관측을 통해 50개의 은하에서 예상보다 높은 적외선을 발견했다. 추가 분석에 따르면 이는 머나먼 거리에 놓인 외계 문명의 징후일 수도 있고, 혹은 더 일반적인 다른 현상일 가능성도 있었다. 라이트는 지금 우리가 상상할 수 있는 가장 극단적이고, 가장 고도로 발전된 문명만을 찾는다면 우리를 놀라게 할 정도로 거대하고 정교한 문명을 발견하는 건 불가능할 것이라고 지적했다. 우리가 가늠할 수 없을 만큼 방대하지만, 여전히 우리가 감지하기에는 너무나 미미한 소박한 문명이 존재할 가능성도 고려해야 한다는 것이다.

브레이크스루프로젝트 중 하나인 스타샷은 센타우루스자리 알파별까지 가는 성간 우주선을 개발하고 제작하는 것을 목표로 한다. 이 우주선은 불과 한 세대 만에 이웃한 다른 별까지 도달할 수 있는 계획이다. 이 프로젝트를 이끌기 위해서 밀너는 하버드 천문학과의 학과장인 아비 뢰브를 영입했다. 뢰브는 UFO 회의론자였던 도널드 멘젤이 근무했던 하버드대학교에서 근무했으며, 많은 과학자와 함께 우리가 외계에 대해 잘 알고 있다고 자신하고 있던 것에 대해 점점 더 많은 의문을 품었다. 특히 기술적 신호를 탐색해서 머나먼 문명의 흔적을 찾고자 하는 노력에 대해서 많은 의문을 품었다. 예를 들어, 허블 우주망원경의 초점을 제대로 맞춘다면 명왕성 거리에 있는 도쿄 정도 규모 도시의 존재를 가늠할 수 있었다. 2011년 뢰브는 프린스턴대학교의 에드 터너와 함께 외계 도시를 찾기 위한 연구 계획을 발표하면서 "외계 도시를 찾는 건 성공 가능성이 낮을지 모르지만, 추가적인 지원을 필요로 하지 않는다. 만약 성공한다면, 우리가 우주에서 어떤 위치를 차지하고 있는지에 대한 기존 인식이 완전히 뒤집힐 것"이라고 설명했다.

밀너가 죽기 전 가장 가까운 별인 센타우루스자리 알파별까지 우주선을 도달시킬 것이라는 스타샷 이니셔티브의 야심찬 계획은 매력적이지만 동시에 공학적으로 극도로 도전적인 과제였다. 수십 년 안에 그 먼 거리를 주파하려면 최소 광속의 5분의 1에 달하는 속도로 날아가야 하고, 수 그램을 넘지 않는 탑재 중량 내에 사진을 지구에 전송할 수 있게 우주선을 설계해야 했기 때문이다. (스타샷 프로젝트가 전개되는 동안, 과학자들은 센타우루스자리 알파별 항성계에서 이른바 생명 거주 가능 구역 내에 암석 행성일 가능성이 있는 천체, 프록시마 센타우리가 존재한다는 사실을 발견했다. 이것은 뢰브에게 더없이 큰 기쁜 소식이었다.)

뢰브와 그 동료들은 기본적으로 바람이 아닌 출력 100기가와트짜리 레이저를 통해 이동하는 성간 범선이라는 아이디어를 고안했다. 이 범선은 13피트 크기의 거대한 돛을 펼치는 방식의 우주선이었다. 스타칩으로 불린 그들의 아이디어는 일단 비교적 저렴한 소형 우주선 1000대를 센타우루스자리 알파별을 향해 발사하는 것이었다. 그렇게 많은 수를 발사하는 이유는, 도중에 우주먼지와 충돌해서 망가지더라도 그중 일부는 살아남아 지구로 사진을 전송할 수 있도록 하기 위해서였다. 밀너는 스타샷 프로젝트를 시작하는 데 약 50~100억 달러가 들 것이며, 빠르면 2036년에 하늘로 올라가 그로부터 25년 안에 태양계의 가장 가까운 이웃 별의 사진을 지구로 전송할 수 있을 것이라고 예상했다. 이 프로젝트는 2016년까지 어느 정도 진척을 이뤘고, 밀너는 제1세계무역센터 꼭대기에서 열린 화려한 기자회견에서 이 소식을 발표했다.

* *

유리 밀너의 브레이크스루리슨프로젝트가 시작되고 2년 뒤, 다른 항성계에서 무언가가 우리에게 다가왔다.

2017년 10월 19일, 하와이 할레아칼라천문대에 위치한 팬스타스(Pan-STARRS) 망원경은 우리 태양계 바깥에서 날아온 최초의 방문객을 발견했다. 천문학자 로버트 웨릭이 그 물체를 발견했을 때, 그 빛나는 작은 점은 태양계 내부에서 기원한 물체라고는 볼 수 없을 정도로 너무나 빠르게 움직이고 있었다. 그것은 지구에서 약 2100만 마일 떨어져 있었고 우리와 태양으로부터 멀어지고 있었다. 이 물체가 목격되자 전 세계 천문학자와 과학자는 이 물체가 시야에서 사라지기 전까지 약 11일에 걸쳐 이 신비로운 천체에 대해 가능한 모든 것을 기록하고 관측하기 위해 치열한 경쟁을 벌였다. 결국 이 천체는 하와이 말로 "방랑자"라는 뜻의 "오우무아무아"라는 이름으로 명명되었다.

    수집된 모든 데이터는 과학계를 더욱 의아하게 만들었다. 망원경으로 최대한 가까이 관측된 데이터에 따르면 이것은 아주 길쭉한 모양을 하고 있거나 두께가 몇 밀리미터에 불과한 매우 얇은 팬케이크 형태였다(예술가들은 상상도를 통해 이것을 거대한 시가 모양의 바위로 표현했고, 이 이미지는 대중들 사이에서 큰 인기를 끌었다). 또 매우 밝아서 일반적인 소행성이나 혜성이 반사하는 태양 빛의 거의 10배를 반사해서 마치 반짝이는 금속처럼 보였다. 심지어 태양에서 멀어질수록 예상보다 약간 더 빠르게 가속하는 것처럼 보였는데, 이것은 소위 얼음으로 이루어진 혜성에서 기체가 방출될 때 흔히 보이는 현상이었다. 이때 얼어붙어 있던 물이 증발하면서 소위 가스 방출이 발생하는데, 오우무아무아에는 혜성 같은 꼬리도 이산화탄소 방출도 없었고, 과학자들은 기체가 증발하는 혜성에서 흔히 예상할 수 있는 질량 손실이나 회전 속도 감소도 확인하지 못했다. 뢰브는 "이 방랑자 별은 이전에 발견된 다른 모든 혜성이나 소행성과 비교했을 때 확실히 이상하고 신비롭고 기묘하다"라고 썼다. "과학자들은 이것이 혜성인지 소행성인지조차 확실하게 알 수 없었다."

    처음에 국제천문연맹은 이 물체를 공식적으로 C/2017 U1으로 명명했는데, 여기서 C는 혜성을 의미했다. 그러다가 다시 소행성을 의미하는 A를 붙여서 A/2017 U1으로 명명했다. 하지만 추가로 수집된 데이터를 검토한 결과, 이 물체는 혜성도,

소행성도 아니었다. 결국 11월 14일 국제천문연맹은 이 물체를 1I/2017이라고 다시 명명했고, 여기서 I1은 이 물체가 최초로 관측된 인터스텔라, 즉 성간을 여행하는 물체임을 뜻했다.

아비 뢰브는 오우무아무아의 데이터를 계속 분석하면서 이 물체에서 어떤 기시감이 느껴진다고 생각했다. 그건 마치 그가 밀너와 함께하던 스타샷프로젝트에서 프로토타입으로 개발한 라이트 세일과 비슷했다. 어쩌면 오우무아무아의 데이터가 기존의 자연물과 부합하지 않았던 진짜 이유는, 그것이 자연물이 아니었기 때문일 수도 있었다. 어쩌면 이 최초로 발견된 성간 방문자는 외계에서 날아온 우주 쓰레기일 가능성도 있었다. 만일 오우무아무아가 지금까지 생각처럼 기다란 시가 모양이 아니라, 납작하고 둥근 팬케이크 모양이라면 더더욱 스타샷프로젝트에서 구상하던 탐사선의 속성과 거의 일치했다.

뢰브는 이 물체가 태양에서 멀어지면서 약간 더 가속하는 움직임을 보였던 이유가 태양 빛을 통해 속도를 높였기 때문일 수 있다고 생각했다. 그는 "우리는 오우무아무아가 태양 빛으로 추진력을 얻으려면 그 두께가 1밀리미터 미만이어야 한다고 결론을 내렸다"라며 "자연적으로는 이러한 크기와 구성을 가진 물체가 만들어질 수 없다. 따라서 누군가 또는 무언가에 의해서 이런 라이트 세일이 제작되었을 가능성이 크다고 본다. 오우무아무아는 외계 지적존재에 의해 설계되고, 제작되고, 발사된 것"이라고 주장했다.

2018년 뢰브와 그의 박사 후 연구원들은 자신의 주장을 담은 「태양 복사압으로 오우무아무아의 특이한 가속운동을 설명할 수 있는가?」라는 논문을 《천체물리학저널레터》에 발표했다. 이 논문은 스푸트니크의 발사 이후, 하버드 천문학과에서 J. 앨런 하이넥이 언론을 상대로 벌인 커다란 소동 이후로 다시 한번 가장 큰 화제를 불러일으켰다. 한 기자는 뢰브에게 이렇게 물었다. "외계 문명이 존재한다고 믿으시나요?"

"우주 모든 별의 4분의 1은 지구 정도 크기와 표면온도를 가진 행성을 거느리고 있습니다." 그리고 그 과학자는 이렇게 답했다. "우리가 혼자일 것이라 생각하는 건 큰 오만입니다."

그 뒤 몇 년 동안 벌어진 또 다른 사건들은 오우무아무아의 정체를 더욱 혼란스럽게 만들었다. 2019년 러시아의 한 천문학자는 또 다른 성간 천체를 목격했다(발견한 사람의 이름을 따서 이 천체는 2I/보리소프로 명명되었다). 이 천체는 혜성처럼 움직이는 매우 평범한 형태의 성간 방문자였기에, 오우무아무아를 더욱 돋보이게 만들었다. 이 외에 다른 비슷한 상황이 전무했기 때문에 명확한 설명은 불가능했지만, 아비 뢰브는 이에 굴하지 않고 자신의 주장을 2021년 베스트셀러 『오무아무아』를 통해 확장시켰다. 책이 출간되고 한 인터뷰에서 뢰브는 "오우무아무아를 보냈을지 모르는 문명이 지금은 더 이상 존재하지 않을지 모르지만, 오래전에 우주선을 보냈을 수도 있습니다. 우리가 보이저 1호와 2호를 보냈듯이요. 우주에는 이처럼 수많은 우주선이 떠돌고 있을지도 몰라요. 이것은 일종의 병 속에 담긴 메시지입니다. 우리는 열린 마음으로 바라봐야 해요"라고 설명했다.

뢰브는 이 물체가 우리에게 미래 그리고 먼 과거로부터 날아온 일종의 계시이자 단서처럼 보인다고 생각했다. "인류는 불과 몇 년 안에 오우무아무아의 모든 특징을 그대로 보여 주는 우주선을 만들 수 있게 될 것입니다. 다시 말해, 오우무아무아에서 관찰된 모든 특징을 지니게 될 그 물체를 통해 이야기할 수 있는 가장 간단하고 직접적인 해답은 그 물체가 실제로 누군가에 의해 제작된 결과물이라는 겁니다." 한편 뢰브는 다른 과학자들이 자신의 이러한 주장에 대해 거부감을 나타내는 이유는 단지 기존의 패러다임을 너무나 크게 뒤흔드는 생각이기 때문이어서 라고 주장했다. 그는 "인류 역사상 가장 심오한 발견 중 하나이자, 인류의 가장 깊은 철학적 질문에 답할 수 있는 발견이 우리 곁을 스쳐 지나갔다는 현실을 인정하기 싫은 것일 뿐"이라고 덧붙였다.

같은 해 애리조나주에서 두 천문학자 앨런 잭슨과 스티븐 데시는 훨씬 덜 논쟁적이고 좀 더 익숙한 방식의 설명을 제안했다. 그들에 따르면 오우무아무아는 기본적으로 질소로 이루어진 성간의 빙산 조각이었다. 《뉴욕타임스》는 데시의 설명을 인용하면서 "다른 태양계에 있는 명왕성과 비슷한 모습의 외계 명왕성에 해당하는 행성의 파편일 것"이라고 보도했다. 그들은 오우무아무아가 보여 준 밝은 밝기 특징이 명왕성, 그리고 해왕성의 위성과 일치한다고 주장했다. 해왕성의 위성 트리톤과 마찬가지로 오우무아무아는 얼음으로 덮힌 질소덩어리이며, 가속이 관측된 것은 그 질소 얼음이 증발하면서 방출된 질소 기체에서 비롯된 결과일 수 있었다. 그렇기 때문에 일반적으로 물 얼음이 증발할 때 관측되는 수증기와 이산화탄소 분출 흔적이 후속 관측에서 확인되지 않은 것이라고 설명했다. 과학자들은 오우무아무아가 우리가 지금까지 봤던 것들과는 다를 수 있지만, 그것이 외계인이 보낸 우주선이 아니라 조금 낯선 모습의 외계에서 온 빙산일 가능성이 더 크다고 추정했다.*

한편 뢰브는 이미 또 다른 대발견을 향한 새로운 여정에 나섰다. 그는 하버드에서 외계의 기술적 유물에 대한 체계적 과학 탐사를 목표로 하는 갈릴레오프로젝트를 발족시켰다. 이 프로젝트를 통해 뢰브와 동료들은 2014년 파푸아뉴기니 근처에 추락한 수상한 운석 조각을 발견했다. 이 물체는 일반적인 운석보다 훨씬 빠른 속도로 날아왔는데, 뢰브는 이를 외계에서 온 우주 탐사선일 가능성을 시사하는 증거로 여겼다(실제로 2014년에 날아온 이 운석은 우리가 보낸 보이저 탐사선이나 매리너 탐사선이 먼 미래 다른 행성 표면에 추락할 때 보이게 될 특성과 비슷했다). 갈릴레오프로젝트는 이 운석의 잔해를 찾기 위해 태평양 해저를 샅샅이 뒤졌다. 그리고 2023년 여름, 뢰브의 연구 팀은 자석을 사용해서 이전에 본 적 없는 금속 구체 수십 개를 수거했다고 발표했다. 언론을 통해 뢰브는 "이 물질은 지금까지 NASA에서 기록한 모든 운석 조각들보다 훨씬 더 강한 강도를 지니고 있다"라고 말했다. "이 물체는 철질 운석보다 더 강한 물질로 이루어져 있다. 태양 주변을 움직이는 95퍼센트의 별들보다 훨씬 더 빠른 속도로 날아왔다는 사실은 이것이 외계 문명에서 날아온 우주선이나 기술 장치의 파편

---

* 두 천문학자의 생각이 옳았는지에 대해선 여전히 논쟁의 여지가 남아 있다. 뢰브를 포함한 다른 과학자들은 이들이 몇 가지 변수를 정확히 고려하지 않았다고 지적하며, 오우무아무아의 정체가 얼어붙은 질소덩어리일 확률은 낮다고 보고 있다.

일 가능성을 시사한다." 뢰브의 연구 팀은 이 물질이 자연적으로 생긴 것인지, 아니면 인공적인 물체인지 결론을 내리기 전까지 더 많은 연구가 필요하다고 봤지만, 그의 발표는 많은 사람의 열광적인 관심을 불러일으키기에 충분했다.

어쩌면 수천 년, 혹은 수백만 년 전, 프랭크 드레이크와 칼 세이건의 외계인 동료들이 그들만의 골든 레코드를 우주를 향해 발사했는지도 모른다. 그러다가 그 물체가 광활한 우주 속에서 우연히 지구로 떨어진 것일지도 모르고.

누가 알겠는가? 뢰브의 연구 팀이 최초로 외계에서 날아온 성간 우편물을 발견했을지.

에필로그
진실은 저 너머에

우리는 어둠 속에서 시작되었고, 이제 우리는 모두 별로 이루어졌다. 2022년 여름, 제임스웹우주망원경은 100억 년 전의 시공간을 거슬러 맨눈으로는 볼 수 없는 수십억 년 전 은하들의 빛을 담은 이미지를 공개했고, 미국의 모든 사람들을 매료시켰다. 이것은 태양보다 훨씬 거대한 수 광년 길이의 성운이 우주 공간에 펼쳐진 모습을 다채로운 색감으로 담아냈다. 그리고 광활한 은하계의 모습을 보여 주었다. 우주 너머에 대한 우리의 이해는 순식간에 확장되었다. 제임스웹우주망원경을 운영하는 NASA의 천체물리학자 제인 릭비는 기자들에게 "이것들은 항상 저 밖에 존재했다"라고 말했다. "우리는 단지 저기에 무엇이 있는지 보기 위해서 망원경을 만들어야 했을 뿐이다."

수많은 은하와 별은 그 존재를 가늠할 수조차 없을 정도로 너무 먼 거리에 떨어져 있어서 사진으로 담는 것도 불가능하다. 우리는 태양계에서 창백한 푸른 점에 살아간다. 매일 수많은 감정을 느끼고 극적인 하루를 보내고 있지만 은하계에서 우리는 상상할 수 없을 정도로 미미한 존재에 불과하다는 사실을 부정하는 것은 불가능하다. 사실 우리는 이러한 감정을 느끼고 살아가는 최초의 세대일 것이다.

불과 500년 전까지만 해도 대부분의 인류는 태양과 별들, 그리고 행성들이 오직 지구를 중심으로 돌고 있다고 믿었다. 그로부터 수 세기 후, 19세기에 이르러 또 다른 세대의 천문학자들은 우리의 태양이 우주의 중심이 아니라는 사실을 이해하기 시작했다. 우리는 수많은 은하 중 하나에 불과했고, 그마저도 특별히 주목할 만한 은하도 아니었다. 그리고 지난 수십 년 사이에 우리는 제임스웹우주망원경과 같은 새로운 기술을 통해 시공간을 거슬러 우주의 진정한 깊이를 엿보기 시작했다. 인류의 모든 존재, 모든 생각, 감정과 말, 책, 그리고 인류가 그동안 창조한 모든 것들은 137억 년의 역사에 460억 광년 너비 안에 수천억 개의 은하들을 품고 있는 우주에 비하면 그저 미세한 점조차 되지 않는 아주 짧은 찰나의 흔적일 뿐이라는 사실을 깨닫는다. 우리는 우주가 너무 거대한 나머지, 가장 발전된 기술로도 은하계의 약 90퍼센트는 절대로 볼 수 없다는 사실을 잘 이해하고 있다. 우주는 너무 크고, 우리는 너무 작다.

외계 생명체의 존재 가능성에 관해, 적어도 수학적으로는 그들의 존재 가능성이 더 우세해 보인다. 가장 맑고 어두운 밤하늘에서 맨눈으로 볼 수 있는 별의 수는 대략 2000개에서 3000개 정도에 불과하지만, 실제로 하늘에 있는 별의 수는 지구에 있는 모든 모래알의 수보다 훨씬 많다. 세상 어느 해변이든 눈앞에 펼쳐진 모든 모래알이 얼마나 많을지 상상해 보라. 그리고 밤하늘을 올려다보면, 우리는 그 작은 별들의 조각에 비해 모래알의 수가 차지하는 비율이 여전히 훨씬 적다는 사실을 알게 된다.

우리는 지난 2500년 동안 우주에서 우리가 차지하는 위치를 퍼즐처럼 맞춰 왔다. 먼 과거 문명, 고대 천문학자들은 밤하늘을 가로지르는 희미하고 흰 빛줄기에 주목하고 이를 연구했

에필로그

다. 체로키족은 이 빛줄기를 "개가 달려간 길"이라고 불렀는데, 옥수수 가루를 훔친 개가 북쪽으로 달려가면서 그것을 하늘에 쏟아 버린 것이라고 상상했다. 중국에서는 이것을 "은하수" 또는 "하늘의 강"이라고 불렀다. 이집트인, 로마인, 그리고 그리스인은 모두 이 빛줄기가 우유와 닮았다고 생각했다. "은하(Galaxy)"라는 단어 자체도 그리스어로 우유를 의미하는 "갈라(Gala)"에서 유래했다. 오늘날, 물론 천문학자들은 은하수가 "유일한" 은하가 아니라, 사실 수많은 은하 중 하나에 불과하다는 사실을 잘 이해하고 있다. 우리의 우주에 대한 이해는 결국 과학의 아이콘 칼 세이건조차 수년 동안 논쟁했던 가장 기이한 계산 결과를 가리킨다. 외계 생명체가 지구에 방문했을 가능성이 있고, 심지어 지금 당장은 아닐지라도 그럴 확률이 높다는 것이다.

* *

세이건은 통계적으로 봤을 때, 수십만 년에 한 번씩 지구 곁을 지나는 외계 생명체들이 지구를 방문할 가능성이 있다고 추정했다. 누군가 바로 지금 당장 인류를 조사하기 위해 지구에 방문하는 것을 상상하기란 거의 불가능하다. SETI의 선도적인 과학자 중 한 명인 세스 쇼스택은 이렇게 말했다. "외계 생명체가 이곳에 왔다면, 그 이유는 그들이 우리가 여기에 있다는 것을 알고 있기 때문이 아닐 것이다. 그들은 우리를 모른다." 지구, 특히 인간은 너무 미미해서 전혀 주목할 만한 가치가 없다. 사실 지금까지 누구라도 지구의 존재를 알아챘을 가능성은 극도로 희박해 보인다. 쇼스택이 계산한 바에 따르면 "가장 가까운 이웃 별인 센타우루스자리 알파별에서 지구를 발견하려는 노력은 1만 마일 떨어진 곳에서 전구 주변을 맴도는 모기의 존재를 알아차리는 것에 버금간다"라고 설명했다.

그러나 이 계산조차 틀렸을지도 모른다. 지적 생명체가 다른 곳에 존재하더라도, 너무 멀리 있어서 우리가 알아차릴 수도 없을 가능성이 있다. 심지어 그런 생명체들이 그저 자신의 고향을 벗어나 우주를 탐험할 생각을 하지 않는 형태로 살고 있을 가능성도 높다. 생물학자들과 천문학자들이 자주 논의하듯, 다른 곳에서 살아가는 생명의 모습이 어떨지를 상상하는 건 어렵다. 별을 향해 손을 뻗고자 하는 인간의 욕망이 다른 종들에게도 똑같이 존재할지 확실치 않다. 아예 그런 생각을 하지 않고 살고 있을 가능성도 있다. 생명을 유지할 수 있는 바다 행성에는 온갖 다양한 형태의 생명체들이 존재할 수도 있다. 그중에는 높은 지능을 가진 고래와 돌고래 생명체들이 존재할 수도 있다. 하지만 그들은 한 번도 은하수를 보거나 별을 향한 우주여행을 꿈꿔 본 적이 없을지 모른다.

"오우무아무아"이 신비는 영원한 수수께끼로 남을 가능성이 크다. 뢰브는 외계 기술이 우리를 방문할 가능성을 진지하게 고려하지 않으면 큰 기회를 놓치게 될 것이라 생각한다. 뢰브는 "인간은 외계 존재와의 만남에 대해 참으로 준비가 덜 되어 있다"라고 썼다. "인간의 과학은 더 성숙해야 한다. SETI뿐 아니라 우리의 제한된 상상력도 마찬가지다." 또 다른 성간 물체의 방문에 더 잘 대비하려는 마음가짐에 대체 무슨 해가 있을까? "오우무아무아가 단순히 외계에서 온 암석일 뿐이라고 단언한다면, 우리는 새로운 성간 물체가 찾아왔을 때 그 대응에 필요한 도구를 급하게 만드느라 허둥지둥할 것이다. 하지만 오우무아무아가 외계 기술에 의한 것이라고 생각하고 미리 준비한다면, 우리는 바로 내일부터 이 분야를 새롭게 구축해 나갈 수 있다." 언젠가 뢰브는 우주언어학, 우주정치학, 우주경제학, 우주사회학, 우주심리학과 같은 다양한 학문 분야가 필요하게 될 것이라 주장한다.

"이제 주류 이론물리학자들은 우리에게 익숙한 세 가지 차원, 높이, 너비, 깊이를 넘어 네 번째 차원인 시간을 추가한 초공간 차원에 대한 연구를 널리 받아들이고 있다."*

어쩌면 우리는 수많은 현실 중 하나에 살고 있는 것일지 모른다. "생각할 수 있는 모든 일들이 동시에 벌어지는 무한한 우주들이 존재하는 가상의 다중우주는 우리 행성에서 가장 존경받고 있는 지성들 대다수가 지지하고 있는 개념이다." 뢰브에게 있어 과학은 다시 균형을 맞추고 스스로를 확장할 필요가 있다. 과학계는 가장 발전된 입자물리학의 난제들을 연구하기 위해서 50억 달러를 들여 전 세계 대학과 연구소 수백 곳에서 1만 명의 과학자들이 함께 참여하는 대형 강입자 충돌기를 스위스에 건설했다. 매년 운영에만 10억 달러가 쓰인다. 뢰브는

---

* 비글로의 NIDS 팀은 AAWSAP 프로그램을 통해 미국 정부에 "워프 드라이브, 암흑에너지, 그리고 초차원 여행"이라는 엄청난 제목의 34쪽 분량의 보고서를 제출했다. 이 보고서는 언젠가 물리학의 혁신을 통해 아주 빠르게 이동할 수 있는 웜홀과 워프 드라이브가 실현된다면 약 1600광년 거리에 떨어진 오리온성운까지 가는 데 걸리는 여행 시간을 겨우 16개월 수준으로 단축시킬 수 있다는 내용을 담고 있다. 이론물리학자들은 여전히 이러한 주장이 터무니없고 실현 가능성이 아주 낮은 꿈에 불과하다고 말하지만, 하이넥은 가끔 연설에서 "30세기" 물리학의 눈으로 "21세기" 물리학을 본다면 석기시대 수준으로 보일 거라고 이야기하곤 한다.

이와 비슷한 규모의 지원이 SETI에 이루어진다면 무엇을 발견할 수 있을지 궁금해한다.

뢰브는 "오늘날 젊은 이론천체물리학자들은 외계 지적 생명체를 찾는 것보다 다중우주를 고민하는 것이 정규직 일자리를 얻을 가능성이 높다"라고 썼다. "이것은 안타까운 일이다. 과학자들이 커리어 초반에 가장 상상력 풍부한 시기를 보내기 때문이다. 젊은 과학자들은 이런 아이디어 넘치는 비옥한 시기에, 암묵적 또는 명시적으로 주류 과학에서 벗어나는 것에 대한 두려움을 부추겨, 자신의 관심사를 제한하게 만드는 압박과 직면하게 된다." 안타깝게도 SETI에 대한 지원과 그 전반적 상태는 2020년 12월에 벌어진 사건으로 잘 요약된다. 국립과학재단의 예산 삭감과 심각한 시설 노후화로 인해 그 유명한 아레시보 망원경이 붕괴되었다. 아레시보 망원경은 여전히 획기적인 연구를 계속 이어오고 있었지만, 정부는 이 연구에 대한 지원을 더는 하지 않았다.

이러한 과학적 금기는 물리학의 진보와 외계 행성의 발견, 그리고 오우무아무아의 발견에 이르기까지 지난 20년 동안 과학 분야에 있었던 수많은 발견을 통해 우주에서 우리의 위치를 재정립하는 과정에서도 계속 이어졌다. 《뉴요커》는 2021년 기사 "펜타곤은 어떻게 UFO를 진지하게 여기기 시작했는가"에서 이렇게 썼다. "이러한 발전들은 우리보다 수백만 또는 수십억 년 앞서 있는 다른 외계 이웃들과 비교할 때 우리 문명이 중간 정도이거나 심지어 열등할 수도 있다는 새로운 추론을 하게 만들었고, 이 생각은 UFO가 외계에서 기원했을 것이라는 생각에 최소한의 신빙성을 부여했다."

여전히 과학계는 외계 생명체에 대한 진지한 연구에 비판적이지만, 정부의 태도는 변하고 있는 것으로 보인다. 지난 수십 년간 반복되었던 조사 중단과 재개, 그리고 가끔씩 보였던 미온적인 태도와 달리, 이제 정부는 지구에서 보고되는 미확인 공중현상에 대한 연구를 진지하게 받아들이려고 한다. 어떤 면에서 보면, 매번 UFO학계가 조만간 모든 비밀이 "폭로"될 거라고 기대해 온 것과 크게 다르지 않을지도 모른다. 하지만 이번에는 정말로 새로운 변화가 일어나고 있다. 지금까지 이어져 온 UFO에 대한 공공의 인식이 크게 바뀌고 있다. 저녁 파티에서 킨이 그동안 자신이 해 왔던 일에 대해 이야기를 하자 사람들은 비웃음을 멈췄다. 그녀는 계속해서 UFO에 관한 이야기를 써 왔다. 다큐멘터리에 참여하면서 빠르게 유명세를 얻었다. 그 후 몇 달 그리고 몇 년 동안 엘리존도를 비롯해 이 프로그램에 참여한 다른 사람들은 텔레비전과 토크쇼에 단골로 출연하는 유명 게스트가 되었고, 의회는 반세기만에 처음으로 UAP에 대한 진지한 논의를 시작했다.

국방부는 이러한 오명을 벗어던지고 더 나은 데이터를 수집하기 위해서 파일럿들에게 새로운 UAP 제보 지침을 배포했다. 2021년에는 미확인 비행 현상 태스크포스를 신설한다고 발표했고, 그해 국방예산안에 이 부서를 영구화하는 문구를 포함시키면서 대중의 신뢰에 큰 변화를 일으켰다. 한편 상원 정보위원회의 위원장인 버지니아주 마크 워너 민주당 의원과 부위원장인 플로리다주 마르코 루비오 공화당 의원 모두가 반복해서 이 문제를 언급하면서 추가 연구에 대한 (아주 드문) 초당적인 지지를 얻었다. 루비오는 심지어 "군사훈련이 실시되는 군

사기지 상공에 우리 것이 아닌 무언가 날아다니고 있는데, 우리는 그것이 무엇인지도 모르기 때문에 이것은 정당한 질문"이라고 주장하며, 미국 정보기관의 UAP 분석 강화 법안에 문구를 추가하기도 했다. 이후 거의 매년 내부고발자를 보호하고 이를 장려하는 조항을 포함해 새로운 UAP 관련 법 조항이 마련되었다. 새로운 법안에 포함된 모호한 표현들이 새롭고 흥미로운 질문을 낳기도 했다. 2022년 하원 정보위원회가 발의한 법안에는 회계감사원이 미국 정보기관의 UAP 관련 과거 활동을 연구할 수 있도록 지시하는 내용이 포함되었다. 이 내용 중 "관련 기술을 미국 기반 산업 또는 국립연구소로 확보하거나 이전하려는 노력"을 포함시켜야 한다는 조항이 눈길을 끌었다. 이를 지켜본 사람들은 의아해했다. 이것은 미국이 정말 무언가 의심스러운 외계 기술을 발견했다는 암시였을까?

한편 이 보고서는 정부 고위 관계자들이 처음으로 이 문제에 대한 전문적 논의에 공개적으로 언급하게 만들면서 UAP에 대해 이야기하는 방식을 크게 변화시켰다. 2020년 12월, CIA에서 경력을 쌓으며 이 기관을 이끌었고, 오바마 행정부에서 백악관 국토안보자문을 맡기도 한 미국 정보기관의 베테랑 존 브레넌은 타일러 카우언과의 인터뷰에서 자신도 최근의 UFO 제보에 대해 다른 사람들만큼 혼란스럽다고 고백했다. "해군 파일럿들이 찍은 그 영상을 몇 개 봤는데, 솔직히 말해서 그건 꽤 놀라운 장면들이었습니다"라고 단순 부정보다 한두 발자국 더 넘어서 발언했다. 그리고 여전히 모든 진실을 파악하기 어려울지 모른다는 점을 애둘러서 표현했다. "우리가 보게 될 일부 현상들은 아직도 설명을 하지 못하는 상태입니다. 실제로 우리가

에필로그

아직 이해하지 못하는 어떤 것의 결과일 수도 있고, 다른 형태의 생명체라고 할 수 있는 특정 유형의 활동과 연관되어 있을 수도 있죠."

그다음 해, 오바마 전 대통령도 이 현상에 대해 언급했다. 심야 토크쇼 진행자인 제임스 코든에게 이렇게 말했다. "내가 취임했을 때, '자, 외계인 표본과 우주선을 보관하고 있는 실험실이 어디 있을까?' 하고 생각했어요. 그래서 약간의 조사를 해봤는데, 그 답은 '아니요'였습니다. 정말 진지하게 말하는 건데요, 실제로 하늘에 있는 물체들에 대한 영상과 기록 들이 있지만, 그것들이 정확히 무엇인지 모른다는 게 진실입니다. 우리는 그것이 어떻게 움직였는지 그들의 궤적을 설명할 수 없습니다. 그 움직임은 쉽게 설명할 수 있는 패턴이 아니었죠."

한편, 일부 니미츠 전투기 파일럿들은 〈60분〉에 출연해서 자신들의 조우 경험에 대해 이야기했다. 자신들의 경험을 수백만 명의 새로운 시청자들에게 전달했고, 이로 인해 더 많은 사람이 이 현상을 궁금해하도록 만들었다.

* *

이 주제에 대한 인식이 개방적으로 바뀌면서 다른 파일럿들과 목격자들도 그들이 목격한 이상 현상에 대해 편안하게 이야기할 수 있는 새로운 공간이 마련되었고, 이것은 큰 변화로 이어졌다. 많은 사람이 UAP의 일부가 러시아나 중국 같은 외국의 적대 세력이 만든 무인 드론일 가능성이 있고, 그들이 미국 군사기지나 함대 근처에서 테스트를 했을지 의심스럽다고 인정했다. 실제로 한 보고서에서 정보기관은 새롭게 시작한 UAP

연구의 일환으로 소위 미확인잠수물체(USO)의 정체가 지금껏 알려지지 않은 중국의 수중 드론이었음을 발견했다고 인정했다. 그리고 이것이 어쩌면 물속과 공기 중에서 모두 작동하는 소위 "트랜스미디엄" 드론일 수도 있다고 밝혔다(실제로 오늘날의 UAP 중 상당한 비율이 이러한 적대국의 최첨단 기술 장비일 가능성이 높다. 한 전직 정보기관 고위 관계자는 "우리가 이상한 것을 개발하고 있는 만큼, 그들도 충분히 그러고 있을 거라는 우려가 항상 있다"라고 말했다). 2021년에 사망한 해리 리드는 더 거대한 비밀이 더 많이 있을 거라는 암시를 남겼다. 그는 《뉴요커》와의 인터뷰에서 록히드마틴이 오래전 수거된 비행접시의 잔해를 연구해 왔다는 소문을 들었다고 주장했다. "수십 년 동안 록히드가 수거한 외계 물체의 잔해를 보유하고 있다는 말을 들었다"라고 말했다. "그리고 내가 기억하기로, 나는 그 물체를 볼 수 있게 국방부에 기밀 승인을 요청했습니다. 하지만 그들은 승인하지 않았어요."

의회의 압박에 못 이긴 미군은 결국 국가정보국을 통해 2021년에 작성했던 UAP에 대한 간략한 9쪽 분량의 보고서를 공개했다. 이 보고서에 따르면 2004년 이후 최소 144건의 UAP 제보가 있었고, 그중 80건은 여러 센서에서 동시에 확인되었다. 열여덟 건에 대해서는 "고급 기술을 가진 것으로 보인다"라고 평가했다. 이후 정보기관에서 매년 발행하는 보고서를 통해 비밀을 감추고 있던 장막이 조금 더 걷혔지만, 여전히 정부가 이 문제를 해결하기 위해 애쓰고 있다는 점은 분명해 보인다.* 이것은 해결해야 하는 문제다. 2022년 보고서에 따르면 UAP 전체 제보 수가 총 510건까지 급증한 것으로 나타나기 때문이다. 여기에는 이전 해의 보고 이후 새롭게 들어온 247건의 추가 제보와 더불어, 관계자들이 과거 기록을 더 샅샅이 파헤치면서 새롭게 밝혀낸 119건의 과거 제보를 포함한다.

같은 해, 하원 정보위원회는 UFO에 대한 공개 토론을 열었다. 이것은 제럴드 포드가 열었던 "습지 가스" 논란을 일으킨 토론회 이후 열린 첫 공개 토론이었다. 이후 이제는 보다 완곡하게 "펜타곤의 공중 물체 식별 및 관리 동기화 그룹"이라고 불리게 된 사안을 논의하기 위해서 비공개 기밀 회의가 이어졌다. 공개 청문회에서 두 명의 국방부 관계자는 가장 악명 높은 UFO 음모론 중 하나에 대해 설명했다. 그들은 증인 선서 아래 미국이 외계에서 착륙한 물체를 수거한 적이 없고 외계인이 방문했다는 그 어떤 증거도 없다고 증언했다. "우리가 가진 물체에 관해 말씀드리자면, 우리는 그 어떤 물체도 갖고 있지 않습니다." 한 관계자가 말했다. "UAP 태스크포스 내에서 지구가 아닌 기원을 시사하는 그 어떤 증거도 감지되지 않았습니다."

하지만 몇 가지 포괄적인 발표와 설명할 수 없는 신비한 물체들이 공중에 떠 있는 듯한 새 영상이 공개되긴 했지만, 관계자들은 모든 것을 투명하게 공개하는 데 한계가 있음을 강조했다. 그 이유 중 하나는 이러한 UAP 중 상당수가 중국이나 러시아에서 군사기지나 핵시설 같은 민감한 장소를 정찰하기 위해 투입된 것일 가능성이 있기 때문이었다. 실제로 캘리포니아

---

* 크리스토퍼 멜런은 2023년 UAP 보고서에 대해 "정부는 본질적으로 흥미로운 주제를 관료적이고 재미없어 보이는 용어로 바꾸는 아주 독특하고 괴상한 능력을 다시금 보여 주었다. 만약 보고서를 최대한 무미건조하고, 시시하며, 평범하고 지루하게 만드는 것이 그들의 목적이었다면, 그들은 그 목적을 아주 훌륭하게 해냈다"라고 반응했다.

해안 근처에서 미 해군 구축함을 드론 무리가 여러 날 밤 계속해서 둘러싼 사건이 있었는데, 익명의 목격자에 따르면 이 미확인비행물체들은 확실히 지구의 것으로 보였고 적대세력의 소행일 가능성이 높아 보였다.

"우리는 잠재적 적들에게 우리가 정확히 무엇을 보고 이해하고 있는지, 혹은 우리가 어떤 결론에 도달했는지 알려 주고 싶지 않습니다." 해군정보국 부국장은 이렇게 말했다. "따라서 공개 여부는 개별 사안에 따라 신중하게 고려되어야 합니다."

2023년 겨울, 미국은 다시 한번 UFO 열풍에 휩싸였다. 그리고 이 사건은 1947년 이후로 과학기술과 항공, 그리고 사회의 발전 여부와 관계없이 대중문화에서 집단적 혼란을 일으키는 데는 여전히 UFO 소동만 한 게 없다는 것을 보여 주었다. 이번에는 정체는 알려졌지만 여전히 그 기원은 수상한 물체에서 시작되었다. 케이블 뉴스채널은 거대한 흰색 버스 크기의 중국 스파이 풍선이 미국 전역을 유유히 가로지르는 모습을 일주일 동안 생중계했다. 결국 이 물체는 사우스캐롤라이나 상공에서 격추되었다.

전에 알려진 적 없는 두 번째 카테고리에 속하는 이 적대적 물체의 존재는 우리로 하여금 하늘 자체를 새롭게 바라보게 만들었고, 세 번째 카테고리에 속하는 물체들이 얼마나 많이 하늘에 떠 있는지 발견하게 만들었다. 이 사건 이후로 군은 레이더 프로토콜을 변경할 수밖에 없었고, 그 후 며칠 동안 북미 상공에서 UFO가 하나씩 격추되었다. 신문과 뉴스 프로그램은 F-22 전투기와 25만 달러짜리 미사일들이 불명의 자동차 크기의 기체에 투하되었고, 그것들은 추진 수단이 드러나지 않앉으며 군은 그것을 비밀리에 수거했다는 내용의 헤드라인으로 가득 찼다. 며칠 동안 이어진 정부의 기묘한 침묵은 마침내 백악관 대변인 카린 장피에르의 발표로 막을 내렸다. "이번 사건에서 외계인이나 외계 활동과 관련한 그 어떤 징후도 보이지 않았습니다. 다시 말하지만 외계인이나 외계 활동에 대한 징후는 없습니다."

며칠 뒤, 미군은 하이넥과 루펠트, 그리고 과거 UFO 사냥에 참여했던 사람들이 오랫동안 배운 교훈, 즉 일단 하늘에는 이상한 것들이 아주 많이 있지만 대부분 지구에서 기원한 것들이고 전혀 위협적이지 않다는 사실을 깨달은 듯 보였다. 추가 조사를 통해 미군의 격추 사건 중 적어도 한 건은 일리노이주의 한 취미 모임에서 날린 풍선으로 밝혀졌다.

군이 UAP와 새롭게 협력하게 되면서 NASA는 새로운 프로젝트를 시작했다. 열여섯 명으로 구성된 미확인 이상 현상 연구 팀으로, 맥아더 "천재" 장학금 수혜자였던 천체물리학자 데이비드 스퍼걸이 의장을 맡았고, 그 밖에도 컴퓨터 과학자, 해양학자, 우주 전문가, 군사 및 항공 전문가, 기술 사상가, 심지어 전 우주비행사 스콧 켈리까지 참여했다(NASA 행정관 빌 넬슨은 "그 [군] 파일럿들과 이야기를 나눠 본 결과, 그들은 자신들이 무언가를 목격했고 레이더에도 그것이 포착되었다는 사실을 알고 있었다. 하지만 그들은 그것이 무엇인지는 모른다. 그리고 우리도 그게 무엇인지 모른다"라고 말했다). 연구 팀은 2023년 5월에 열린 첫 번째 공청회에서 "현재까지 참고된 과학 문헌에서 UAP의 외계 기원 가능성을 시사하는 증거는 발견되지 않았다"라고 발표했다. 그리고 UAP의 기원과 그것들이 감추고 있는 미스터리를 밝힐 수 있는 더 나은 데이터를 수집할 것을 촉구했다. 더 나은 데이터를 수집하기 위한 노력은 UFO 관련 미스터리의 일부를 푸는 데 열쇠가 될 것이었다. 적어도 백악관 잔디밭에 비행접시가 착륙하는 것 같은 상황이 벌어지지 않는 한 말이다. 가디언과의 인터뷰에서 킨은 이렇게 말했다. "우리는 그들이 다른 행성에서 온 외계인이라고 말하는 게 아닙니다. 단지 설명할 수 없는 현상이 있다고 말하는 것일 뿐입니다. 그리고 그것을 입증할 수 있는 많은 데이터가 있습니다. 마침내 우리 정부가 직접 그걸 인정하기 시작하게 된 것이고요. 지금은 정말 되돌릴 수 없는, 전례 없는 시기를 보내고 있습니다."

* *

그렇다면 이 모든 일이 끝난 후 밝혀진 진실은 무엇일까? 2022년 "현상"에 관한 12권의 책을 집필하고 500여 건의 사례를 직접 조사한, 이제 여든두 살이 된 자크 발레는 《와이어드》와의 인터뷰에서 여전히 자신도 진실을 궁금해하고 있다고 말했다. 그는 10대 시절 일기장에 적었던 "이 엄청난 문제에 대한 해결책을 결국 보지 못한 채 죽게 될 것"이라는 예언이 실현될 가능성이 높다고 그 어느 때보다 강하게 확신했다. 진실은 UFO나 UAP의 미스터리에 대한 단 하나의 해답은 존재하지 않을 거란 점이다. 비행기나 금성을 보고 오인한 것으로 해결된 사례들은 배제하고, 진정으로 "설명할 수 없는" 사례들의 신비는, 다음 네 가지 사례들이 각각의 비율을 차지하며 동그랗게 모여 있는 파이 차트에 가까울 것이다. 그것들은 각각 (1) 구상 번개나 플라즈마와 같이

에필로그

아직 알려지지 않았거나 잘 이해하고 있지 못한 기상 및 대기현상,* (2) 주로 미국 혹은, 러시아나 중국과 같은 적국의 드론 등 아직 확인되지 않는 군사 기술, (3) 우리가 일반적으로 신경 쓰지 않았던 하늘 위를 떠다니는 지구의 비행 물체, 그리고 마지막으로 천문학과 물리학에 대한 우리의 지식이 발전하면 해결할 수 있는 비밀을 품고 있는 진정한 미스터리이다. 차원 간 이동, 또는 시간 여행에서 온 방문자, 외계인 또는 한 공직자가 "가장 이상한 소설보다 더 이상한 천문학적 진실"이라고 이야기한 것처럼 우리가 이해할 수 없는 더 기묘한 무언가가 숨어 있을지도 모른다.

우리는 배워야 할 것들이 너무나 많다. 우리가 앞으로 다가올 험난한 시기를 잘 헤치고 스스로와 지구를 잘 돌본다면 (물론 아주 큰 "만약"이라는 전제하에) 수백, 수천 년이 아니라 수백만 년 동안 지식을 발전시킬 기회가 있을 수도 있다는 뜻이다. 어쩌면 그 과정 어딘가에서 UAP를 지극히 진부하게 만들어 버릴 아직 해결하지 못한 근본적 원리를 발견할 수도 있다. 또는 반대로, 그리고 더 높은 가능성으로 오늘날 우리가 전혀 상상조차 할 수 없는 미래, 과거, 저 멀리, 심지어 다른 차원에서 온 방문객의 존재를 알게 되면서 UAP에 숨은 진정으로 비범한 원리를 발견하게 될지도 모른다. 영국의 생물학자 J. B. S. 홀데인은 거의 한 세기 전에 이렇게 썼다. "우주는 우

---

* 러시아의 과학자 블라디미르 토르치긴은 2019년 「광학」에 발표한 논문에서 그리스시대부터 미스터리로 여겨졌던 동그란 공 모양의 번개는 사실, 공기 중에서 빛의 광자가 비눗방울 모양으로 갇혀서 벌어지는 현상일 것이라는 이론을 제시했다.

리 상상보다 더 기이할 뿐 아니라, 우리가 상상의 한계를 넘어설 정도로 이상하다."

SF 소설과 과학적 사실 사이의 경계에 선을 긋는 것은 항상 UFO 이야기를 구성하는 핵심이었고, 수십 년 동안 아마추어 연구자들과 진지한 UFO 연구자들이 하늘을 연구하도록 만든 가장 핵심적 원동력이었다. 그 과정에서 많은 사람이 우리가 혼자인지 혹은 그렇지 않은지 고민하며, 스스로도 상상하지 못한 열정과 의미를 발견했다. 국방부 관료, 워싱턴의 정책 결정자, 언론과 수많은 이야기를 나누고, 또 수많은 UFO 연구자의 이야기가 반복되고 또 반복되는 것을 본 뒤, 2004년 사건 당시 니미츠함의 전투기 파일럿이었던 전직 해군 중령 알렉스 디트리히는 UFO를 추적하는 사람들에 대해 중요하고도 근본적인 통찰을 얻었다고 느꼈다. 그는 그 여정을 단 몇 마디로 요약했다.

"그들은 실제 답을 찾는 것보다, 그 과정의 기대감 자체를 더 즐기는 것 같았습니다."

감사의 말

이 책을 나의 아들에게 바친다. 나는 아들이 이 책에 등장하는 주요 인물들처럼 세상으로부터 끝없이 매력과 흥미를 느끼며 성장하기를 바란다. 그러나 감사의 말을 시작하면서 먼저 고백할 것이 있다. 사실 아이들과 떨어져 있는 시간이 없었다면 이 책을 결코 완성할 수 없었을 것이란 점이다. 흔히 책의 감사의 말에는 책을 쓰는 것이 결코 혼자만의 작업이 아니며, 실로 마을 모든 사람들의 도움이 필요하다는 식의 이야기를 한다. 하지만 진정한 현실은 글쓰기의 핵심이 고독 속에서 이루어진다는 점이다. 공간과 시간, 그리고 시공간 모두에 대한 놀랍고 경이로운 현실을 다루는 이 책을 완성하기 위해서는 오롯이 나만을 위한 '공간'과 '시간'이 필수적이었다.

이 책은 내가 아이를 얻은 이후 완성한 세 번째 책이다. 그리고 매번 책을 쓸 때마다 아이를 대신 돌봐 준 보모에게 감사의 뜻을 전했다. 특히 이번 작품을 완성하는 동안 르네 할로웰이 우리 아이들을 나를 대신해 극진히 보살펴 주었고, 케이티 맥마스터와 렉시 조지의 도움이 함께 있었다. 이 세 사람뿐 아니라 나의 처가, 부모님, 그리고 아내의 깊은 배려와 도움이 없었다면 이 책의 단 한 단어도 결코 존재하지 않았을 것이다. 글을 쓰며 산다는 건 정말 이상한 삶이다. 계속 연구하고 글을 읽어야 한다. 아이디어를 글로 표현하기 위해서는 정신적인 명료함과 여유가 함께 필요하다. 하지만 부모가 되면 그런 명료함과 정확성을 유지할 수 있는 시간적인 여유를 갖는다는 것이 아주 어렵다는 사실을 깨닫게 된다. 부모가 되면서 가장 놀랍고 충격적이었던 사실 중 하나는, 작업을 아예 시작조차 할 수 없는 날들이 정말 많아진다는 사실이었다. 부모가 되면서 나는 정말 많은 날 동안 잠을 이루지 못했고, 밤새 몽롱한 하루를 보내야 했다. 유치원에서 아이들을 픽업하고, 예상치 못한 아이들의 갑작스러운 감기나 기침 증상 때문에 병원에 가야 했다. 눈이 오거나 비가 오거나, 심지어 날씨가 좋은 날에도 "오늘 오후는 건너뛰고 재미있는 일을 하러 가자"라고 다짐했던 순간들이 놀라울 정도로 빠르게 스쳐 지나가 버렸다. 레니, 케이티, 렉시 덕분에 나는 마음 놓고 아이들을 맡길 수 있었다. 그들이 내게 선물해 준 평화와 안정감이 없었다면, 나는 작업에 집중할 수 있는 날이 거의 없었을 것이다. 나는 그들에게 정말 말로 다 전할 수 없는 고마움을 느낀다.

나처럼 운이 좋은 부모는 세상에 거의 없다. 마음 놓고 아이를 맡길 수 있다는 건 정말 드문 행운이다. 이 책의 많은 부분을 집필하던 당시, 내가 살고 있는 버몬트주에서는 보육 정책에 대한 대대적인 개편이 논의되고 있었고, 그 기간 동안 아내는 뜻밖에도 딸이 다니는 유치원 운영을 돕는 일을 하게 되었다. 그러면서 그녀는 우리보다 한두 세대 위처럼 간단하지도 않고, 그렇다고 비용이 저렴하지도 않은 이 망가져 가는 보육 시스템을 더 가까이서 겪을 수 있었다. 나는 우리 사회가 맞벌이 부모를 더 많이 지원하고, 자녀들을 더 잘 돌볼 수 있도록 노력해야 한다고 생각한다.

감사의 말

이 책은 2020년 존 브레넌이 타일러 카우언과 대화를 나누면서 시작되었다. 당시에는 몰랐지만, 그해 12월, 전 CIA 국장이었던 존 브레넌은 경제학자 타일러 카우언과의 인터뷰에서 다소 조심스럽게 이렇게 인정했다. 그는 "우리가 목격하고 있는 몇 가지 현상들은 여전히 제대로 설명할 수 없었습니다. 사실 우리가 아직 이해하지 못한 어떤 자연현상으로 인한 결과일 수도 있습니다. 어떤 사람들은 그것이 우리와 다른 형태의 생명체에 의한 생명 활동일 수 있다고 말할지 모릅니다"라고 언급했다.

나는 그를 아주 오랜 시간 취재했다. 그리고 나는 그를 존경하며, 사려 깊은 인물이라고 생각한다. 그는 아마도 미국 정부의 가장 깊숙한 비밀에 접근할 수 있었을 것이다. 그랬던 그가 한 이 발언은 최근 몇 년 사이 늘어난 UFO와 UAP에 대한 관심에 더 많이 주목하게 만들었다. 그리고 그 관심은 이 책을 완성한 2023년 여름까지 계속되었다. 그 당시 미디어에서는 새로운 UFO "내부고발자"들의 등장을 알렸고, 미국 정부가 정말 지구에 추락한 비행 물체를 확보하고 있는지에 대한 논쟁을 벌였다. 이 책의 두 번째 교정을 보고 있었을 때, 미국 의회에서는 UAP의 미스터리에 관한 두 번째 청문회를 진행하고 있었다.

지금까지 내가 작업했던 모든 책들은 내 예상보다 쓰는 게 훨씬 더 어려웠다. 그리고 이제 와서 생각해 보면 이 어려움들은 당연히 내가 짐작했어야 할 이유들에서 비롯된 경우가 많았다. 이번 책을 작업하면서 내가 마주했던 예상치 못한 난관들 역시, 사실 이제 와서 돌이켜 보면 너무 당연했다. 결국 핵심 주제에 '무언가' 정말 숨어 있는 건지, 아니면 '아무것도' 없는지조차 모른다면 그 주제에 대해 글을 쓴다는 건 당연히 아주 어려울 수밖에 없다. 또한 이 책에 등장하는 여러 목격자들의 증언을 어디까지 신뢰할 수 있을지 판단하는 것도 굉장히 어려웠다. 인간의 기억은 매우 불완전하다. 이것은 내가 이전에 썼던 9·11테러사건에서의 트라우마와 워터게이트사건에서 자기 잇속만 차리는 사람들에 대해 쓴 책에서 다룬 주제이기도 하다. 놀랍게도 UFO라는 이번 책의 주제는 트라우마와 자신의 이익이라는 두 가지 요소가 혼합되어 있다.

UFO에 관한 이야기는 군대, 수사관, 과학자가 우리 예상보다 훨씬 구체적이지 않은 목격자들의 증언을 이해 또는 반박하려 애썼던 과정에 대한 이야기다. 이어서 언론 기자와 역사 비평가는 이런 과학자들의 해석을 2차, 3차로 더 분석하려고 한다. 이것은 중요한 질문을 다룰 때 요구되는 아주 엄격한 접근방식과는 거리가 멀어 보인다. 나는 이런 목격자들의 증언을 분석하는 데 최선을 다했다. 이들의 증언 대부분은 남아 있는 증거가 충분하지 않다 보니 오늘날에도 결국 해결되지 않은 채로 남게 될 것이다.

이런 확실한 이유들로 인해, 믿을 만한 증언을 해 줄 수 있는 사람을 찾는 건 정말 어려운 일이다. 그래서 앞서 충분히 신뢰할 수 있고, 존경받는 소수의 역사가들이 이 민감한 주제를 다뤄 준 것에 대해 아주 고맙게 생각하고 있다.

UFO 연구의 역사에 대한 '진지한' 학문적 가치는 과학사를 연구하는 학자들의 작업에서 발견할 수 있다. 현재 펜실베이니아대학교에 재직 중인 케이트 도시 박사의 논문 「신뢰할 수 있는 목격자들과 엉터리 과학: UFO와 미국 냉전시대의 과학」에

감사의 말

서 UFO 분야의 초기 역사를 정리하는 데 도움을 주었고, 제2차 세계대전 이후의 천문학자와 기상학자가 수행했던 획기적 연구들의 성과를 더 깊게 파고들어 갈 수 있도록 귀중한 지침서의 역할을 했다. 마찬가지로 현재 국립전파천문대에서 잰스키펠로로 연구하고 있는 샤르보노 박사는 「혼합 신호: 냉전시대 전파천문학을 통한 외계인과의 소통」이라는 논문을 출간했는데, 글이 너무 훌륭한 바람에 나는 난데없이 그녀에게 불쑥 이메일을 보내서 그녀의 논문을 정말 기쁜 마음으로 읽었다고 전했다. 연구할 때 논문에 자주 의존하는 사람으로서 말하자면, 논문을 보고 기쁨이라는 감정을 느끼는 건 정말 드문 일이다.

이 책에서 인용한 다른 기술적인 노트와 인용문 외에도 UFO와 관련된 다양한 책이 도움을 주었다. 데이비드 마크 오코널이 쓴 J. 앨런 하이넥의 전기 『접촉한 사람들』, 랠프 블루먼솔이 쓴 존 맥의 전기 『신봉자』와 더불어 조엘 애컨바흐의 『외계인에 의한 포착』, 커티스 피블스의 『하늘을 지켜라!』, 그리고 데이비드 마이클 제이컵스의 『미국에서의 UFO 논쟁』은 UFO학의 첫 25년에 대한 고전으로 남아 있는 UFO 관련 가장 중요한 세 책들이다. 이 책들 외에도 나는 이번 작품을 쓰면서, 제롬 클라크가 쓴 두 권짜리 『UFO백과사전』을 거의 매일 달고 살았다. 그리고 UFO 관련 가장 최신의 폭로들에 대해 가장 깊고 자세한 해설을 제공하면서, 이 혼란스러운 주제에 대해 투명성을 부여하고 빛을 불어넣는 데 큰 공헌을 한 존 그리니월드 주니어가 블랙볼트에서 수집한 문서들에도 많이 의존했다. 이 모든 작가들의 작품들은 내가 이번 주제를 이해하고 책으로 엮는 데 아주 많은 도움을 주었다. 이들이 얼마나 큰 도움이 되었는지는 페이지마다 달린 형식적인 주석 표시만으로는 충분히 표현할 수 없다. 그리고 약 25년 넘게 이 주제를 지속적으로 탐구해 온 레슬리 킨의 헌신이 아니었다면 내가 이 주제에 결코 관심을 가질 수 없었을 것이라는 점도 언급하지 않을 수 없다.

이 책을 집필하는 동안, 참고했던 프랭크 드레이크의 『밖에 누군가 있을까?』에서부터 세라 스튜어트 존슨의 『푸른 석양이 지는 별에서』까지, 천문학자들의 위대한 회고록에서 발견한 그들의 끝없는 희망과 낙관주의에 감탄하게 되었다. 연구 현장에서 후손들에게 영감을 줄 수 있는 아름다운 회고록을 남긴 그들에게 감사의 뜻을 전한다.

타일러 로고웨이는 〈더 드라이브〉 웹사이트에서 오랫동안 리더십을 발휘하면서 이 주제에 대한 다양한 기사를 써 왔다. 그는 군의 세부적인 사항과 항공과 관련된 중요한 정보들을 다루었고, 내가 여러 가지 기이한 현상들을 이해하는 데 큰 도움을 주었다. 나는 이 책을 쓰는 내내 그의 글을 자주 참고했다.

이번 책을 작업하면서 여러 위대한 아카이브들도 참고했는데, 그중에는 항상 놀라곤 하는 미 국립문서기록관리청과 여러 대통령들의 문서가 보관된 도서관, 그리고 지금도 운영되고 있는 J. 앨런 하이넥의 UFO연구센터까지, 그들이 제공하는 많은 자료를 사용했다. 역사적 보존을 위해서 힘겹게 긴 세월 동안 지난한 작업을 도맡아 준 모든 기록 보관소들에 감사의 뜻을 전한다. 특히 1960년대 '습지 가스' 목격 사건에서 있었던 제럴드 포드 대통령의 역할을 밝히는 데 도움을 준 제럴드 R. 포드 대통령 도서관의 스테이시 데이비스와 조엘 웨스트팔에게도 감사의 뜻을 전한다(한 기록 보관소 직원은, 내가 초기 UFO를 연구했던 한 공학자에 대한 기록을 요청한 것에 대해 자기 상사에게 답장을 보내면서 실수로 나에게도 이메일을 공유했는데, 그 이메일에서 "이 일을 더 할 건가요? 그가 좀 이상한 사람 같아서 더 안 해도 될 것 같은데요?"라고 적었다). 그렇다. 이건 확실히 이상한 주제가 맞다.

연구의 일환으로 나는 여러 정부 고위급 관료들과도 이야기를 나누었다. 비록 그들 대부분은 책에서는 언급되지 않았지만, 그들이 제시해 준 귀중한 방향성 덕분에 이 책을 무사히 완성할 수 있었다. 특히, 2022년 여름 애스펀사이버그룹 연례 회의에서 만나 저녁 식사를 함께하면서 이 책의 핵심 주제를 발전시키는 데 큰 도움을 주었던 허브 린을 비롯한 다른 참석자들에게도 깊은 감사의 뜻을 전한다.

고생물학자 스티븐 브루사티는 나의 차가운 이메일에 따뜻한 답장을 보내 주었고, 그는 내 책 원고의 일부를 검토해 주었다. 그는 내게 아주 큰 도움이 되는 따뜻한 조언을 해 주었다. 그가 출간한 두 책, 『공룡의 탄생과 몰락』과 『포유류의 등장과 지배』에서 엿볼 수 있듯이 아주 훌륭하고 마음이 관대한 사람이었다. 나의 친구이자 전 동료이기도 한 브라이던 벤더와 셰인 해리스도 내 책에 쓰일 자료 일부를 직접 제공했고, 이 책의 초기 원고 일부를 읽고 검토하는 데 큰 도움을 주었다.

월 디그라비오는 지난 2년 동안 내 연구조수로 일하면서 매일 방대한 연구와 메모를 작성했다. 그리고 시간이 갈수록 "이것 좀 찾아봐 달라" 하고 내가 이메일을 보내면, 잘 알려지지 않은 문서의 출처를 찾아내고 간행물을 추적하는 등 또 다른 UFO학 전문가로 거듭났다. 나는 그가 거의 항상 무엇이든 결국 찾아내고야 만다는 사실에 놀라움을 감출 수 없었고, 나는 분명 그가 다른 사람들은 접근하지 못하는 어떤 '슈퍼 구글'에 접근하는 능력이 있다는 확신을 갖게 되었다. 그는 여러 번, 이번 책의 초기 원고를 읽고 검토하면서 정말 부끄럽고 뼈아픈 철자 오류와 실수들을 찾아 주었다(물론 아직도 몇 가지 실수가 남아 있겠지만, 그건 전적으로 나의 책임이다)!

이번 책은 내가 질리언 브래실과 함께 작업한 두 번째 책이다. 그녀는 믿을 수 없을 정도로 신중하고 부지런한 눈을 갖고 있으며, 책을 집필하는 데 필요한 초기 연구에 큰 도움이 되었다. 그리고 마지막까지 내가 인용한 문장들과 각주를 꼼꼼하게 체크해 주었다. 보통은 그녀에 대해 더 빛나는 칭송을 하면서 다른 역사가들에게 그녀를 고용하라고 요구할지 모르지만, 그렇게 되면 오히려 내가 그녀의 도움을 받을 수 있는 기회가 줄어들 테니 절대 당신은 책을 쓸 때 그녀를 고용하지 말길 바란다.

이 책은 조피 페러리애들러와 줄리애너 허브너, 두 위대한 콤비와 함께 쓴 네 번째 책이자, 에이비드리더프레스와 함께 작업한 세 번째 책이다. 조피는 아주 뛰어난 출판 전문가로, 내가 쓰고 싶어 하는 여러 책들을 전부 다 쓰지 않도록 설득하는 것이 편집자로서 지닌 가장 큰 능력이라는 사실을 알게 해 주었다. 그리고 줄리애너도 정말 대단하다. 이 책을 포함해, 지금까지 그녀와 함께 작업해서 출간한 책들은 거의 70만 단어에 달한다. 작가로서 그녀처럼 훌륭한 사람이 내게 먼저 손을 내밀고 글을 다듬어 준다는 건 정말 큰 위안이 된다. 이 책, 그리고 그녀와 함께 작업했던 다른 책들 모두 그녀의 손을 거치지 않은 문장은 없다. 정말 말 그대로다. 세 번째로 원고를 다듬던 당시, 마이크로소프트오피스의 계산에 따르면 그녀는 총 9000번이나 원고 문장들을 수정했다. 연하장에 "새해에는 사랑하는 문장들이 더 많이 지워지길 기대합니다"라고 적는 편집자에게서 더 이상 무엇을 바라겠는가!

조피와 줄리애너 뒤에는 에이비드리더프레스와 사이먼앤드슈스터출판사에서 일하는 진정한 전문가들로 이루어진 군단이 있었다. 교열 편집자인 조너선 에번스와 에디터 롭 스터니츠키는 이 책에 나오는 1500개가 넘는 명사와 이름을 포함한 20페이지 분량의 서식 가이드를 만들었다. 홍보 담당자인 데이비드 카스와 캐서린 에르난데스, 마케팅 팀장 메러디스 빌라렐로, 디자인 전문가 앨리슨 포너와 루엘린 폴랑코, 캐럴라인 맥그리거, 캐럴린 켈리 등 많은 사람이 이번 책을 완성하는 데 함께 참여했다(이 책의 뒷부분을 보면 얼마나 다양한 출간 경력을 지닌 많은 사람이 이번 책을 완성하는 데 참여했는지 알 수 있다). 존 카프는 여전히 나의 작업에 대한 든든한 지원군이다. 나는 그가 있는 사이먼앤드슈스터출판사의 일원이 된 것을 자랑스럽게 여긴다.

그 누구와도 비교할 수 없는 로스윤에이전시 소속의 문학 에이전트 하워드 윤은 오랫동안 나와 함께 고생했고, 우리가 이번 작품의 주제를 무엇으로 할지 막연하게 고민하고 있을 때, 우리에게 답을 주었다. 그는 거의 10년 넘게 나를 환상적으로 조력하고 있다. 게일 로스, 다라 케이, 제니퍼 망게라를 비롯해 지금은 WME의 일부가 된 로스 윤 팀의 모든 사람들에게 감사의 뜻을 전한다. 그리고 내가 책 쓰기라는 '취미' 활동에 전념하고 도전할 수 있도록 자유를 제공해 준 애스펀연구소 소속, 세상에서 가장 위대한 상사 비비언 실러에게 감사의 뜻을 전한다. 그리고 특히 베스 세멜, 제프 그린, 크리스 크랩스에게도 감사의 뜻을 전한다. 2021년 1월 16일 이후로 나는 매일 우리의 동료 사빌라 피트를 그리워하고 있다. 더 넓은 범위에서 이 책이 완성되어 가는 과정을 곁에서 지켜봐 준 친구들, 힘든 날들 속에서도 내가 현실을 직시하고 계속 작업에 몰두할 수 있게 해 준 친구들, 메리 스프레이리건, 데이브 실링, 케이티와 리치 밴 헤이스트, 댄 라일리, 탬 베이스, 존 머래드, 메그 리틀 라일리, 리비 프랭클린, 그리고 엘리자베스 랠프에게도 감사의 뜻을 전한다.

이 책을 작업하면서 놀라워했던 것 중 하나는, 이 책에 묘사된 많은 사건이 벌어지고 흘러오는 동안에도 내가 얼마나 많은 이야기를 미처 알지 못하고 놓치고 살아왔는지를 깨닫게 된 것이었다. 연구에 한참 몰두하면서, 특히 랠프 블루먼솔이 쓴 환상적인 맥의 전기를 감명 깊게 읽고 있었는데, 맥의 문학 에이전트가 바로 내 첫 번째 문학 에이전트이자 지금은 고인이 된 팀 셀데스였다. 몇 페이지를 더 읽고 나서는 맥의 장례식을 주관한 사람이 바로 나의 대학 시절 목사님이었던 피터 J. 고메스였다는 사실도 알게 되었다. 두 사람 모두 지금까지 내 삶에 큰 영향을 주었다. 오늘날 내가 누구이며, 어디에 있는지를 알 수 있도록 가장 결정적인 영향을 끼친 사람들이다. 그 외에도 내게 영향을 준 사람으로, 샬럿 스토섹, 메리 크리든, 마이크 바긴스키, 롬 에이자, 케린 매카든, 찰리 필립스, 존 로젠버그, 리처드 메데로스, 브라이언 딜레이, 스티븐 슈메이커, 제니퍼 액

감사의 말

섬, 키트 시일, 팻 레이히, 러스티 그리프, 제시카 샐키, 폴 엘리, 톰 프리드먼, 잭 림퍼트, 제프 샌들러, 수전 글래서, 그리고 무엇보다 내가 너무나 큰 빚을 지고 있어서 앞으로도 평생 빚을 갚고 살아야 할 나의 사촌 코니가 있다.

어릴 때부터 내가 글을 쓸 수 있도록 격려하고, 역사와 연구에 대한 사랑, 그리고 지적 호기심을 가질 수 있게 해 주었던 부모님, 크리스와 낸시 프라이스 그래프에게 감사의 뜻을 전한다. 그들이 내게 물려준 호기심은 나의 일상에도 정말 큰 도움이 되고 있다. 나의 여동생 린지도 항상 나의 가장 든든한 팬이었다. 나도 그녀의 팬이다. 이제 그녀는 '이모'로서의 역할도 누구보다 진지하게 잘 수행하고 있다.

매일 우리 가족이 앞으로 나아갈 수 있도록 도와주는 멋진 처가 부모님, 도나와 폴 비로에게도 감사의 뜻을 전한다. 그리고 내 아내 캐서린은 나의 끝없는 글쓰기와 연구를 응원했다. 게다가 우리 동네 집배원인 피터와 조엘이 우리 집에 배달해 주는 갈수록 더 이상하고, 기괴하고, 드물고, 어딘가 수상한 책들이 집에 쌓여 가는 것을 너그럽게 이해해 주었다(얼마전 조엘이 노란 봉투 한 묶음을 들고 와서는 "대체 이 책들은 어디에 쓰는 건가요?"라고 묻기도 했다). 특히 이번 책은 지금까지 내가 연구했던 것들 중에서 가장 기괴한 연구 자료들을 포함하는데, 바로 내 아내가 가장 관심 없어 하는 주제인 우주에 대한 책이다. 고마워, KB.

개릿 M. 그래프
버몬트주 벌링턴, 2023년 8월 1일

옮긴이의 말
또 하나의 천체, UFO
과학과 안보가 만난 현장, 사건과 사유의 연대기

2025년 7월, 천문학자들은 목성 궤도 너머에서 수상한 흔적 하나를 포착했다. 속도가 이상했다. 태양의 중력에 매여 있다고 보기 어려울 만큼 빠른 궤적이었다. 태양계 바깥에서 날아든 성간(星間) 천체였다. 처음 이 대상을 찾아낸 망원경의 이름을 따 3I/ATLAS라 부른다. 앞의 3I는 지금까지 세 번째로 발견된 성간 천체(Interstellar Object)라는 뜻이다. 그렇다, 벌써 세 번째다. 정체 모를 무언가가 태양계를 스치듯 통과하곤 홀연히 사라진 사건이 어느새 세 번이나 된다.

첫 성간 천체는 2017년 10월의 1I/오우무아무아였다. 인류가 처음으로 태양계 밖에서 날아든 천체를 확인한 순간, 전 세계의 관심이 한곳으로 쏠렸다. 더구나 그 물체는 상식으로 설명되지 않는 움직임을 보였다. 아직 논란이 남아 있지만, 길게 찌그러진 원기둥에 가까운 형태였다고 추정된다. 태양을 스쳐 지나 떠나던 길에 속도가 마치 한 번 더 높아지는 듯한 비정상인 가속까지 보였다. 마치 외계인이 조종하는 기다란 로켓이 마지막 부스터를 내뿜으며 빠르게 퇴장하는 장면처럼 보였다. 외계인의 방문만을 기다렸던 SF 팬들에겐 정말 설레는 순간이었을 것이다.

세상이 1I/오우무아무아로 떠들썩하던 사이, 곧 두 번째 성간 천체 2I/보리소프가 찾아왔다. 2I/보리소프는 비교적 평범한 혜성과 흡사한 모습이었고, 그래서인지 덜 회자된다. 그리고 이제 세 번째, 3I/ATLAS가 등장했다. 3I/ATLAS도 굉장히 독특한데, 우선 크기가 아주 크다. 고작 수백 미터 크기에 불과했던 1I/오우무아무아와 달리 이번 3I/ATLAS는 5킬로미터에 달한다. 그래서 짓궂은 SF 팬들은 맨 처음 찾아왔던 1I/오우무아무아는 정찰기였고 지구가 괜찮다는 걸 확인한 다음, 이제 3I/ATLAS는 모선이 찾아온 것이라고 농담을 던진다.

그리고 왜 갑자기 우리 지구와 태양계가 외계인들에게 관심을 받기 시작했는지 분석하려 든다. 얼핏 보면 최근 들어 갑자기 성간 천체의 방문이 잦아진 것처럼 느껴지기 때문이다. 그런데 이건 잘못된 생각이다. 갑자기 최근에서야 우리가 외계인의 심기를 건드리고, 갑자기 성간 물체가 연이어 찾아오고 있는 것이 아니다. 아마 성간 천체는 아주 오래전부터 비슷한 빈도로 찾아오고 있었을 것이다. 단지, 최근 들어 지구 전역에 쉬지 않고 하늘을 탐색하는 망원경들이 깔리면서 이런 성간 천체를 더 많이 발견하게 되었을 뿐이다. 우리에게 포착된 바람에 이름을 지어 준 손님이 지금까지 셋이었을 뿐, 실제로 태양계를 스쳐 간 성간 천체는 훨씬 많았을 것이다.

3I/ATLAS 같은 성간 천체는 UFO 담론이 더 이상 지구 대기권 안에만 갇힌 이야기가 아니라는 것을 보여 준다. 드디어 UFO가 지구 대기권을 벗어난 진정한 우주공간에서 벌어진다. 특히 이들은 UFO인 동시에 실제 우주공간에서 벌어지는 엄연한 천체라는 점에서 더욱 특별하게 느껴진다. 지금껏 발견된 UFO 중에서 가장 과학적인 대우를 받는 사례일 것이다. 이렇게 많은 천문학자들이 달라붙어서 논문을 쏟아 내는 UFO는 없

옮긴이의 말

었다. 그리고 동시에 가장 극적인 SF의 상상력이 펼쳐지는 무대이기도 하다. 여전히 사람들은 조금이라도 이해하기 어려운 무언가를 발견하기만 하면 서둘러 그 작은 점 안에 외계에서 찾아온 방문자를 태우려고 한다.

*

뉴멕시코 상공의 흔들리는 불빛에서부터 목성 궤도 너머 희미한 움직임까지. 우리는 이유를 묻기 전에 먼저 의미를 채워 넣으려 한다. 나는 우리들의 이런 습성의 밑바닥에서 어떤 종류의 외로움을 느낀다. 우리는 우주에서 외롭다. 이 광막한 무대에서 아직 우리와 같은 처지, 같은 방식으로 살아가는 이웃을 만나지 못했다. 그들이 존재하는지조차 확신할 수 없다. "이 거대한 우주에 우리뿐이라면, 그건 끔찍한 공간의 낭비일 것이다"라는 칼 세이건의 말은 이제 공허한 메아리처럼 울려 퍼질 뿐이다. 이젠 그 로맨틱한 한마디도 우리의 외로움에 별로 위로도 되지 않는다. 외계 문명이 흘려보냈을지 모르는 신호를 잡겠다며 야심 차게 시작되었던 SETI의 기다림도 빈손으로 끝났다. 영화 속 우주는 온갖 외계 문명으로 바글바글하지만, 우리 머리 위에 펼쳐진 현실의 우주는 그저 적막만이 가득할 뿐이다. 외계 생명체의 존재를 기대했던 전통적인 낙관주의마저 흔들린다. 우주의 빈자리는 더 크게 느껴진다. 우리는 이러한 공허 속에서 극심한 고독을 느낀다. 그리고 그 외로움을 떨쳐 내고자 우린 자꾸 우주에 상상 속의 존재를 채워 넣으려 든다.

    이 책에서 다룬 UFO의 이야기는 곧 외로움의 이야기다. 우리가 외로움을 모르는 존재였다면, 지구 바깥에 또 다른 누가 살고 있는지, 그들이 우리를 찾아올지 애초에 궁금해하지도 않았을 것이다. 그러나 인간은 홀로 살아갈 수 없는 종인 것 같다. 흔히 말하는 '사회적 동물'이라는 규정은 결코 과장이 아니다. 그러한 규정은 심지어 우주까지 확장된다. 우리는 고향 행성을 벗어나 우주의 또 다른 존재와 새로운 유대를 맺고 싶어 한다. 그 외로움은 여러 방식으로 모습을 드러냈다. 어떤 때는 불안과 공포로 이어져 예기치 않은 '적'을 만들어 내고 전쟁의 문턱까지 인류를 몰아세우기도 했다. 천문학자에게는 그 감정이 오히려 추진력이 되어 외계 생명이 살 수 있는 세계를 찾기 위해 탐색을 지속했고, 거주 가능 지역에 놓인 유망한 행성 후보들을 실제로 목록에 올릴 수 있게 만들었다. 반면 또 누군가는 그 갈증을 이용해 신비에 가격표를 매기고 개인의 욕망을 채우기까지 했다.

『UFO』는 그 욕망과 희망이 교차해 온 약 80년의 기록이다. UFO에서 UAP로, 신화와 공포에서 데이터와 거버넌스로의 경로를 한 권에 정직하게 펼쳐 보인다. 개릿 M. 그래프는 관련 사건과 사고를 객관적으로 집대성하고, 제도와 과학이 부딪힌 현장에서 과학자들의 고민과 탐구의 과정을 좇으며 역사적 맥락을 짚는다. 여기엔 열광도 냉소도 없다. 대신 우리가 무엇을 보았다고 믿어 왔는지, 정부와 군, 과학자와 언론, 대중문화가 그 믿음을 어떻게 만들고 흔들었는지를 인내심 있게 추적한다. 여전히 '사이비 과학(유사 과학)' 정도의 취급을 받는 UAP 논의를 과학적 검증의 언어로 끌어오는 관문으로서도 뜻깊다.

결국 UFO를 둘러싼 우리의 상상과 탐색은, 우주가 선사하는 끔찍한 외로움을 견디기 위해 지성을 동원하는 방식에 대한 이야기다. 우리는 두려움에 빠져들지 않기 위해 노력하고, 경이로움에 취하지 않도록 데이터와 통계를 쌓는다. 그러면서도 마음 한쪽에서는 언젠가 도착할지도 모를 응답을 기다린다. 그 응답은 전파의 패턴일 수도, 스펙트럼의 미세한 흠집일 수도, 아니면 성간 천체의 궤도에 남은 뜻밖의 흔적일 수도 있다. 만약 끝내 아무도 오지 않더라도, 그 적막을 확인하는 일 역시 인류에겐 또 다른 교훈이 될 것이다. 우리는 오늘도 하늘을 본다. 상상과 공포가 아니라 증거와 겸손으로, 언젠가 닿을지 모를 만남과 끝내 오지 않을지도 모를 침묵을 함께 감당할 준비를 하면서. 이 책은 그 준비의 일부다. 적막이든 응답이든, 우리가 올바로 해석할 사유의 지평을 넓히기 위해.

옮긴이 지웅배
2025년 11월

참고 문헌

프롤로그

John Dunning, *On the Air: The Encyclopedia of Old-Time Radio* (New York: Oxford University Press, 1998), 452–454; "Orson Welles—War of the Worlds—Radio Broadcast 1938 Complete Broadcast," audio, 57:02, https://www.youtube.com/watch?v=XsoK4ApWl4g.

John Houseman, *Run-Through: A Memoir* (New York: Touchstone, 1972), 305.

A. Brad Schwartz, "The Infamous 'War of the Worlds' Radio Broadcast Was a Magnificent Fluke," *Smithsonian*, May 6, 2015, https://www.smithsonianmag.com/history/infamous-war-worlds-radio-broadcast-was-magnificent-fluke-180955180/.

"Radio Listeners in Panic, Taking War Drama as Fact," *New York Times*, October 31, 1938, 1.

W. Joseph Campbell, "Fright Beyond Measure?: The Myth of The War of the Worlds," in *Getting It Wrong: Debunking the Greatest Myths in American Journalism* (Berkeley: University of California Press, 2010), 26–27.

서론

Thomas E. Bullard, *The Myth and Mystery of UFOs* (Lawrence: University Press of Kansas, 2010), 4–15.

David M. Jacobs, *UFOs and Abductions: Challenging the Borders of Knowledge* (Lawrence: University Press of Kansas, 2000), 6.

Steven Weinberg, *The First Three Minutes: A Modern View of the Origin of the Universe* (New York: Bantam, 1983), 2.

Seth Shostak, *Confessions of an Alien Hunter* (Washington, DC: National Geographic, 2009), 4.

J. Allen Hynek, "UFO's Merit Scientific Study," *Science* 154, no. 3747 (October 1966): 329.

Joel Achenbach, *Captured by Aliens: The Search for Life and Truth in a Very Large Universe* (New York: Simon & Schuster, 1999), 37.

James W. Moseley and Karl T. Pflock, *Shockingly Close to the Truth!: Confessions of a Grave-Robbing Ufologist* (Amherst, NY: Prometheus, 2002), 42.

Author interview with Herb Lin.

Carl Sagan, ed., *Communication with Extraterrestrial Intelligence (CETI)* (Cambridge, MA: MIT Press, 1979), ix–x.

1장

Report of Air Force Research Regarding the 'Roswell Incident,'" NSA, July 1994, 4, https://www.nsa.gov/portals/75/documents/news-features/declassified-documents/ufo/report_af_roswell.pdf.

"Leave It to a Texan—He 'Found' Flying Disk; World's End Predicted," *Statesman Journal* (Salem, OR), July 1, 1947.

"'Flying Saucers' Became a Thing 70 Years Ago Saturday with Sighting Near Mount Rainier," *Seattle Times*, June 24, 2017, https://www.seattletimes.com/seattle-news/northwest/flying-saucers-became-a-thing-70-years-ago-saturday-with-sighting-near-mount-rainier/.

Kenneth Arnold, interview by Bill Bequette, KWRC, June 25, 1947, http://www.konsulting.com/K-Arnold%20Layer-3.WAV.

Edward J. Ruppelt, *The Report on Unidentified Flying Objects* (Garden City, NY: Doubleday, 1956), 17.

Sarah Scoles, "How UFO Sightings Became an American Obsession," *Wired*, March 3, 2020, https://www.wired.com/story/how-ufo-sightings-became-an-american-obsession/.

Bullard, *The Myth and Mystery of UFOs*, 27.

Frank M. Brown to the Officer in Charge, July 16, 1947, Project 1947, http://www.project1947.com/fig/kabrown.htm.

"The 1947 UFO Sighting Wave: A Comprehensive Chronological Summary of the Period," National Investigations Committee on Aerial Phenomena, November 12, 2018, http://www.nicap.org/chronos/1947fullrep.htm.

"RAAF Captures Flying Saucer on Ranch in Roswell Region," *Roswell* (NM) *Daily Record*, July 8, 1947, 1.

"AP Wires Burn with 'Captured Disk' Story," *Daily Illini* (Champaign, IL), July 9, 1947, 5.

"Flying Saucers Still Mystery," *Philadelphia Inquirer*, July 9, 1947, 1.

"Captured New Mexico 'Disc' Proves Dud," *Arizona Republic* (Phoenix, AZ), July 9, 1947, 1.

Joseph C. McHenry to Thomas A. McMillan, affidavit, July 11, 1947, Project 1947, http://project1947.com/fig/muroc47.htm.

J. C. Wise to Thomas A. McMillan, affidavit, August 13, 1947, Project 1947, http://project1947.com/fig/muroc47.htm.

참고 문헌

John Paul Stapp to Thomas A. McMillan, affidavit, August 12, 1947, Project 1947, http://project1947.com/fig/muroc47.htm.

"U. S. Planes Hunting Discs, Russ Tells of 'Atom Saucers,'" *Milwaukee Sentinel*, July 7, 1947.

"Saucers? Maybe a Mighty Russian Throwing a Discus, Gromyko Hints," *New York Times*, July 10, 1947, 23.

Harry S. Truman, "Special Message to the Congress on Greece and Turkey: The Truman Doctrine" (speech, Washington, DC, March 12, 1947), American Presidency Project, https://www.presidency.ucsb.edu/documents/special-message-the-congress-greece-and-turkey-the-truman-doctrine.

Andrew Glass, "Bernard Baruch Coins the Term 'Cold War,' April 16, 1947," *Politico*, April 16, 2010, https://www.politico.com/story/2010/04/bernard-baruch-coins-term-cold-war-april-16-1947-035862.

Geoffrey Wawro, *Sons of Freedom: The Forgotten American Soldiers Who Defeated Germany in World War I* (New York: Basic Books, 2018), 55.

Herman S. Wolk, "Toward Independence: The Emergence of the U.S. Air Force, 1945–1947," Air Force History and Museums Program, 1996, https://apps.dtic.mil/sti/pdfs/ADA433273.pdf.

Harry S. Truman, "Our Armed Forces MUST Be Unified," *Collier's Weekly*, August 26, 1944, 16, https://www.unz.com/print/Colliers-1944aug26-00016/.

Public Law 235, *U.S. Statutes at Large* 61 (1947).

"Department of Defense, 9/18/1947," National Archives Catalog, https://catalog.archives.gov/id/10455766.

"Flying Saucers Baffle Radar, but People Keep on Seeing Em," *Washington Post*, July 7, 1947.

David Michael Jacobs, *The UFO Controversy in America* (Bloomington: Indiana University Press, 1975), 42.

"'Bring One in, Let's See It,' Say Scientists," *Salt Lake Tribune*, July 6, 1947, 8.

Tom Rogan, "The Roswell Mystique," *Washington Examiner*, July 9, 2020, https://www.washingtonexaminer.com/opinion/the-roswell-mystique.

"Mysterious 'Flying Saucers' Reported Seen Over 10 States," *Washington Post*, July 4, 1947, 1.

"Planes Chasing Disks Find Only Empty Sky," *Milwaukee Journal Sentinel*, July 7, 1947, 19.

"Army Planes Comb Skies for Flying Saucers," *Portland Press Herald*, July 7, 1947.

"Flying 'Whatsits' Supplant Weather as No. 1 Topic Anywhere People Meet," *Los Angeles Times*, July 7, 1947.

"End of World Held Near," *Lodi* (CA) *News-Sentinel*, July 1, 1947, 4.

Ted Bloecher, *Report on the UFO Wave of 1947* (National Investigations
 Committee on Aerial Phenomena, 2005), http://nicap.org/waves/Wave47Rpt
 /ReportOnWaveOf1947.pdf.
"Eyewitness Account of Flying Discs," *Columbus* (NE) *Telegram*, July 5, 1947, 3.
Frank Brown to Officer in Charge, July 16, 1947, FBI, https://vault.fbi.gov/UFO
 /UFO%20Part%203%20of%2016.

2장

David Michael Jacobs, *The UFO Controversy in America* (Bloomington: Indiana
 University Press, 1975), 10, 12–14, 36, 38, 41.
"The Mysterious Airship," *Detroit Free Press*, April 10, 1897, 2.
"See Airship or a Star," *Chicago Daily Tribune*, April 10, 1897, 1.
Jo Chamberlin, "The Foo Fighter Mystery," *American Legion Magazine*,
 December 1945, 44.
Graeme Rendall, "The Foo Fighters: Today's Pilots Encounters with UAP Are Nothing
 New," Debrief, April 15, 2021, https://thedebrief.org/the-foo-fighters-todays
 -pilots-encounters-with-uap-are-nothing-new/.
"Swedes Use Radar in Fight on Missiles," *New York Times*, August 13, 1946, 4.
"Doolittle, Sarnoff Stir Swedish Talk," *New York Times*, August 21, 1946, 3.
"Doolittle Consulted by Swedes on Bombs," *New York Times*, August 22, 1946, 2.
Hoyt Vandenberg to Harry S. Truman, August 22, 1946, Project 47,
 http://www.project1947.com/gr/gr2.gif.
Jerome Clark, *The UFO Book: Encyclopedia of the Extraterrestrial* (Detroit: Visible
 Ink, 1998), 247.
"Flying Discs," *Courier-Gazette* (McKinney, TX), July 9, 1947, 1.
Kenneth Arnold to Commanding General, Wright Field, July 12, 1947,
 https://www.saturdaynightuforia.com/html/articles/articlehtml
 /positivelytruestoryofkennetharnold3.html.
Kenneth Arnold to the Officer in Charge, July 16, 1947,
 https://www.saturdaynightuforia.com/html/articles/articlehtml
 /positivelytruestoryofkennetharnold3.html.
"Wright Raps Saucers As War Propaganda," *Cincinnati Enquirer*, July 9, 1947, 1.
C. G. Fitch to D. M. Ladd, July 10, 1947, FBI, https://vault.fbi.gov/UFO
 /UFO%20Part%201%20of%2016.
Unknown author to D. M. Ladd, July 12, 1947, FBI, https://vault.fbi.gov/UFO
 /UFO%20Part%202%20of%2016.
FBI New Orleans to FBI Director, July 7, 1947, FBI, https://vault.fbi.gov/UFO
 /UFO%20Part%202%20of%2016.

참고 문헌

D. M. Ladd to J. Edgar Hoover, September 25, 1947, FBI, https://vault.fbi.gov/UFO/UFO%20Part%204%20of%2016.

J. Edgar Hoover to George C. McDonald, September 27, 1947, https://vault.fbi.gov/UFO/UFO%20Part%204%20of%2016.

"(D) Flying Discs," memorandum, October 6, 1947, FBI,https://vault.fbi.gov/UFO/UFO%20Part%204%20of%2016.

3장

Kate Dorsch, "Reliable Witnesses, Crackpot Science: UFO Investigations in Cold War America, 1947–1977" (PhD diss., University of Pennsylvania, 2019), 30, https://repository.upenn.edu/cgi/viewcontent.cgi?article=5017&context=edissertations.

Wolk, "Toward Independence," 29.

Lesley M. M. Blume, *Fallout: The Hiroshima Cover-Up and the Reporter Who Revealed It to the World* (New York: Simon & Schuster, 2020), 6.

"History Milestones," US Air Force, https://web.archive.org/web/20121020162322/http://www.af.mil/information/heritage/milestones.asp?dec=1940&sd=01%2F01%2F1940&ed=12%2F31%2F1949.

N. F. Twining to Commanding General, Army Air Forces, September 23, 1947, https://medium.com/on-the-trail-of-the-saucers/twining-memo-ufo-c719bed1d287.

Edward J. Ruppelt, *The Report on Unidentified Flying Objects* (Garden City, NY: Doubleday, 1956), 16.

Chuck Yeager and Leo Janos, *Yeager: An Autobiography* (London: Century, 1985), 3, 110, 119, 122, 129–30, 150.

David DeVorkin, "Organizing for Space Research: The V-2 Rocket Panel," *Historical Studies in the Physical and Biological Sciences* 18, no. 1 (1987): 2–4, 21.

Mark O'Connell, *The Close Encounters Man: How One Man Made the World Believe in UFOs* (New York: Dey St., 2017), 14, 17–19, 31.

Kevin Krisciunas, "Otto Struve," in National Academy of Sciences, *Biographical Memoirs* 61 (Washington, DC: National Academies Press, 1992), 351–352, https://nap.nationalacademies.org/read/2037/chapter/17.

Alan H. Batten, *Resolute and Undertaking Characters: The Lives of Wilhelm and Otto Struve* (Dordrecht, Holland: D. Reidel, 1988), 239.

4장

H. M. McCoy to Commanding General, Army Air Forces, September 24, 1947, https://www.fold3.com/image/11885481/blank-blank-page-50-project-blue-book-ufo-investigations.

Edward J. Ruppelt, *The Report on Unidentified Flying Objects* (Garden City, NY: Doubleday, 1956), 22, 32.

H. M. McCoy to Chief of Staff, United States Air Force, December 19, 1947, https://www.fold3.com/image/11885484/blank-blank-page-51-project-blue-book-ufo-investigations.

L. C. Craigie to Commanding General, Air Material Command, December 30, 1947, Project 47, http://project1947.com/shg/condon/appndx-s.html.

"Check-List—Unidentified Flying Objects," January 7, 1948, https://documents2.theblackvault.com/documents/projectbluebook/projectbluebook-thomasmantell-allfiles.pdf.

Guy F. Hix, written statement, January 9, 1948, https://documents2.theblackvault.com/documents/projectbluebook/projectbluebook-thomasmantell-allfiles.pdf.

Quinton A. Blackwell, written statement, January 9, 1948, https://documents2.theblackvault.com/documents/projectbluebook/projectbluebook-thomasmantell-allfiles.pdf.

Curtis Peebles, *Watch the Skies!: A Chronicle of the Flying Saucer Myth* (Washington, DC: Smithsonian Institution Press, 1994), 18–19, 20, 33–34.

"Did Airman Hit 'Saucer,' Fall to Death?," *Tennessean* (Nashville, TN), January 9, 1948, 1.

David Michael Jacobs, *The UFO Controversy in America* (Bloomington: Indiana University Press, 1975), 45.

Kate Dorsch, "Reliable Witnesses, Crackpot Science: UFO Investigations in Cold War America, 1947–1977" (PhD diss., University of Pennsylvania, 2019), 40, 47. https://repository.upenn.edu/cgi/viewcontent.cgi?article=5017&context=edissertations.

L. H. Truettner and A. B. Deyarmond, *Unidentified Aerial Objects: Project "SIGN,"* February 1949, 3. https://archive.org/details/ProjectSIGN/page/n11/mode/2up.

Alex Abella, *Soldiers of Reason: The Rand Corporation and the Rise of the American Empire* (Boston: Mariner Books, 2009), 12.

Mark Wade, "Lipp, James Everett," http://www.astronautix.com/l/lipp.html.

J. E. Lipp, "RAND Report RA-15032," February 1, 1947, quoted in Robert L. Perry, "Origins of the USAF Space Program, 1945–1956," History of DCAS, 1961, https://www.nro.gov/Portals/65/documents/foia/declass/WS117L_Records/288.PDF.

Mark O'Connell, *The Close Encounters Man: How One Man Made the World Believe in UFOs* (New York: Dey St., 2017), 27, 35.

J. Allen Hynek, "Are Flying Saucers Real?," *Saturday Evening Post*, December 17, 1966, 18.

J. Allen Hynek, *The UFO Experience: A Scientific Inquiry* (Collector's Library of the Unknown) (Alexandria, Va.: Time-Life Books, 1989), 1.

참고 문헌

A. C. B. Lovell, "Meteor Research in Great Britain," *Physics Today* 1, no. 8 (1948): 26–27.

5장

Curtis Peebles, *Watch the Skies!: A Chronicle of the Flying Saucer Myth* (Washington, DC: Smithsonian Institution Press, 1994), 22–24.

Edward J. Ruppelt, *The Report on Unidentified Flying Objects* (Garden City, NY: Doubleday, 1956), 28, 40–42, 45–46.

David Michael Jacobs, *The UFO Controversy in America* (Bloomington: Indiana University Press, 1975), 46.

Robert B. Landry, interview by James R. Fuchs, February 28, 1974, Harry S. Truman Library & Museum, https://www.trumanlibrary.gov/library/oral-histories/landryr.

Kate Dorsch, "Reliable Witnesses, Crackpot Science: UFO Investigations in Cold War America, 1947–1977" (PhD diss., University of Pennsylvania, 2019), 88, https://repository.upenn.edu/cgi/viewcontent.cgi?article=5017&context=edissertations; Ruppelt, The Report, 41; Jacobs, *The UFO Controversy*, 309n25.

Paul J. Sherry, "Flying Saucers," agent report, December 23, 1948, http://www.nicap.org/docs/MAXW-PBB4-768-770.pdf.

Richard Hall, "Gorman 'Dogfight,'" in Ronald D. Story, ed., *The Encyclopedia of UFOs* (New York: Dolphin Books, 1980), 151–152.

"Those Discs Again," *National Guardsman*, 26, http://www.nicap.org/docs/MAXW-PBB4-774-777.pdf.

"Incident w172, a, b, c—Fargo, North Dakota—1 October 1948," Aerospace Studies Institute Archives, http://www.nicap.org/docs/MAXW-PBB4-685-701.pdf.

George F. Gorman to Kenneth Arnold, December 10, 1948, National Investigations Committee on Aerial Phenomena, http://www.nicap.org/reports/gorman.htm.

L. H. Truettner and A. B. Deyarmond, *Unidentified Aerial Objects: Project "SIGN,"* February 1949, iv–v, vii, 2, 6, 8–10. https://archive.org/details/ProjectSIGN/page/n11/mode/2up.

G. E. Valley, "Some Considerations Affecting the Interpretation of Reports of Unidentified Flying Objects," in Truettner and Deyarmond, *Unidentified Aerial Objects*, 24–25, 35.

J. Allen Hynek, *The Hynek UFO Report* (New York: Barnes & Noble Books, 1997), vi, 3.

Lipp to Putt, December 13, 1948, 29.

Truettner and Deyarmond, *Unidentified Aerial Objects*, 9–10.

6장

Curtis Peebles, *Watch the Skies!: A Chronicle of the Flying Saucer Myth* (Washington, DC: Smithsonian Institution Press, 1994), 17, 47, 67–71.

Sidney Shalett, "What You Can Believe About Flying Saucers," *Saturday Evening Post*, April 30, 1949, 20, 36, 184, 186. https://www.saturdayeveningpost.com/reprints/what-you-can-believe-about-flying-saucers/.

"Flying Saucers Hold 'No Joke' to Air Force," *New York Times*, April 27, 1949, 29.

"Air Force Disowns 'Flying Disk' Finds," *New York Times*, August 21, 1949, 39.

Donald Keyhoe, *The Flying Saucers Are Real* (Greenwich, CT: Fawcett, 1950), https://www.gutenberg.org/files/5883/5883-h/5883-h.htm.

Edwin N. McClellan, ed., *The Marines Corps Gazette* (Philadelphia: Marine Corps Association, March 1922), 227.

H. W. Smith and G. W. Towles, eds., *Unidentified Flying Objects: Project "GRUDGE,"* August 1949, iii, iv, vii, 5. https://www.academia.edu/43389931/Project_GRUDGE_Report_1949.

Kate Dorsch, "Reliable Witnesses, Crackpot Science: UFO Investigations in Cold War America, 1947–1977" (PhD diss., University of Pennsylvania, 2019), vi, 46. https://repository.upenn.edu/cgi/viewcontent.cgi?article=5017&context=edissertations.

Edward J. Ruppelt, *The Report on Unidentified Flying Objects* (Garden City, NY: Doubleday, 1956), 63.

Donald E. Keyhoe, "The Flying Saucers Are Real," *True*, May 1949, 11–12, 17. https://www.saturdaynightuforia.com/library/fsartm/truemagazinetheflyingsaucersarereal1950.html.

Robert B. McLaughlin, "How Scientists Tracked a Flying Saucer," *True*, March 1950, 96, 99. http://www.nicap.org/articles/TrueMar1950.pdf.

Frank Scully, *Behind the Flying Saucers* (New York: Henry Holt, 1950), xi, 2, 10.

"Science: Saucers Flying Upward," *Time*, September 25, 1950, https://content.time.com/time/subscriber/article/0,33009,813368,00.html.

Gerald Heard, *Is Another World Watching?* (New York: Harper & Brothers, 1951), 28, 166.

7장

David McCullough, *Truman* (New York: Simon & Schuster, 1992), 915.

Edward J. Ruppelt, *The Report on Unidentified Flying Objects* (Garden City, NY: Doubleday, 1956), 84–85, 87, 93, 114.

Wright-Patterson Air Force Base History Office, 2015, 11, https://www.wpafb.af.mil/Portals/60/documents/Index/History-of-WPAFB.pdf.

참고 문헌

"National Air and Space Intelligence Center History," 15. https://web.archive.org/web/20121025053015/http://www.afisr.af.mil/shared/media/document/AFD-120627-049.pdf.

Amending the Act Relating to U.S. Participation in the Hemisfair 1968 Exposition: Hearing on H.R. 15098, 89th Cong. 334 (1966), https://books.google.com/books?id=grmguksdXhAC&pg=RA4-PA334.

Kate Dorsch, "Reliable Witnesses, Crackpot Science: UFO Investigations in Cold War America, 1947–1977" (PhD diss., University of Pennsylvania, 2019), 57, https://repository.upenn.edu/cgi/viewcontent.cgi?article=5017&context=edissertations.

Curtis Peebles, *Watch the Skies!: A Chronicle of the Flying Saucer Myth* (Washington, DC: Smithsonian Institution Press, 1994), 55.

Brad Steiger, ed., *Project Blue Book: The Top Secret UFO Findings Revealed* (New York: Ballantine, 1976), 394.

8장

Edward J. Ruppelt, *The Report on Unidentified Flying Objects* (Garden City, NY: Doubleday, 1956), 37, 131.

Mark O'Connell, *The Close Encounters Man: How One Man Made the World Believe in UFOs* (New York: Dey St., 2017), 66.

J. Allen Hynek and Jacques Vallée, *The Edge of Reality: A Progress Report on Unidentified Flying Objects* (Chicago: Henry Regnery, 1975), 74.

Brad Steiger, ed., *Project Blue Book: The Top Secret UFO Findings Revealed* (New York: Ballantine, 1976), 51–52.

Earl G. Droessler, "'Skyhook' Plastic Balloons for High-Altitude Soundings," *Bulletin of the American Meteorological Society* 31, no. 6 (June 1950): 191.

Curtis Peebles, *Watch the Skies!: A Chronicle of the Flying Saucer Myth* (Washington, DC: Smithsonian Institution Press, 1994), 19, 60.

Air Technical Intelligence Center, Wright-Patterson Air Force Base, July 25, 1953, 2, http://www.cufon.org/cufon/FLYOBRPT.pdf.

H. B. Darrach Jr. and Robert Ginna, "Have We Visitors from Space?," *Life*, April 7, 1952, 80, 96.

David Michael Jacobs, *The UFO Controversy in America* (Bloomington: Indiana University Press, 1975), 73.

9장

Harry G. Barnes, "Radar Man Tells How He Tracked Flying Saucers over Washington," *Kingsport* (TN) *Times*, July 31, 1952, 18.

"Flying Objects Near Washington Spotted by Both Pilots and Radar," *New York Times*, July 22, 1952, 27.

E. B. White, *Here Is New York* (New York: Little Bookroom, 1999), 54.

Report to the National Security Council by the Acting Executive Secretary of the Council, December 31, 1952, NSC files, lot 63 D 351, NSC 139, Office of the Historian, https://history.state.gov/historicaldocuments/frus1952-54v06p2/d958.

Kate Dorsch, "Reliable Witnesses, Crackpot Science: UFO Investigations in Cold War America, 1947–1977" (PhD diss., University of Pennsylvania, 2019), 54, https://repository.upenn.edu/cgi/viewcontent.cgi?article=5017&context=edissertations.

Harry G. Barnes to Chief, Facility Operations, "Unidentified Targets," July 20, 1952, http://www.nicap.org/docs/1952_07_19_US_DC_Radar_968_970.pdf.; Mark O'Connell, *The Close Encounters Man: How One Man Made the World Believe in UFOs* (New York: Dey St., 2017), 73, 77, 78.

Edward J. Ruppelt, *The Report on Unidentified Flying Objects* (Garden City, NY: Doubleday, 1956), 18, 166, 168.

John G. Norris, "Jets Poised for Pursuit; 'Saucer' Peril Discounted," *Washington Post*, July 29, 1952, 7.

Paul Sampson, "'Saucer' Outran Jet, Pilot Reveals," *Washington Post*, July 28, 1952, 1, https://archive.org/details/per_washington-post_1952-07-28_27801/.

Donald Keyhoe, *Flying Saucers from Outer Space* (New York: Henry Holt, 1953), 76.

Harry S. Truman, "Statement by the President on the Ground Observer Corps' 'Operation Skywatch,'" July 12, 1952, Harry S. Truman Library & Museum, https://www.trumanlibrary.gov/library/public-papers/202/statement-president-ground-observer-corps-operation-skywatch.

W. Patrick McCray, *Keep Watching the Skies!: The Story of Operation Moonwatch & the Dawn of the Space Age* (Princeton, NJ: Princeton University Press, 2008), 30.

"'Flying Saucer' Queries Hamper Air Force Work," *New York Times*, August 1, 1952, 19, 156–157.

Dr. Edward U. Condon, *Scientific Study of Unidentified Flying Objects* (London: Vision Press, 1970), 155.

Analysis of Reports of Unidentified Aerial Objects, May 5, 1955, US Air Force Historical Archives, 1–2, 4. https://archive.org/details/ProjectBlueBookSpecialReport14/page/n8/mode/1up.

Second Status Report on Project Stork, PPS-100, June 6, 1952, National Archives and Records Administration, viii, 1–15; https://www.cufon.org/cufon/stork1-7.htm.

J. Allen Hynek and Jacques Vallée, *The Edge of Reality: A Progress Report on Unidentified Flying Objects* (Chicago: Henry Regnery, 1975), 190.

참고 문헌

10장

Curtis Peebles, *Watch the Skies!: A Chronicle of the Flying Saucer Myth* (Washington, DC: Smithsonian Institution Press, 1994), 73–75, 77, 80–81.

"Howard Percy Robertson—IN—2464," July 5, 1949, FBI, https://documents2.theblackvault.com/documents/fbifiles/scientists/howardrobertson-fbi1.pdf.

Jesse L. Greenstein, "Howard Percy Robertson, 1903–1961," National Academy of Sciences, 1980, 358, http://www.nasonline.org/publications/biographical-memoirs/memoir-pdfs/robertson-howard-p.pdf.

Steven Aftergood, "Documenting the Weapons System Evaluation Group," Federation of American Scientists, March 8, 2018, https://fas.org/blogs/secrecy/2018/03/wseg/.

Thornton Page to James L. Klotz, October 3, 1992, http://www.cufon.org/cufon/tp_corres.htm.

F. C. Durant, *Report of Meetings of Scientific Advisory Panel on Unidentified Flying Objects*, February 15, 1953, CIA, Tab A, 3, 9–11, 19. https://documents.theblackvault.com/documents/ufos/robertsonpanelreport.pdf.

Jan. L. Aldrich, "Brigadier General William Madison Garland, USAF," Project 1947, http://www.project1947.com/fig/garland.htm.

Dewey J. Fournet, Jr. to Robert E. Barrow, January 6, 1976, Robert Barrow Collection, https://ufothemovie.blogspot.com/2008/06/maj-dewey-j-fournet-man-who-knew-too.html.

Robert Emenegger, *UFO's Past, Present, & Future* (New York: Ballantine, 1974), 53–54.

Mark O'Connell, *The Close Encounters Man: How One Man Made the World Believe in UFOs* (New York: Dey St., 2017), 90.

11장

Michael L. Fleisher, *The Great Superman Book* (New York: Warner Books, 1978), 392.

Laura Poppick, "Superman's Origins Possibly Born from Star Explosion," Space.com, July 12, 2013, https://www.space.com/21949-superman-origin-star-explosion.html.

Todd McCarthy, *Howard Hawks: The Grey Fox of Hollywood* (New York: Grove Press, 1997), 482.

Bosley Crowther, "The Screen: Two Films Have Local Premieres," *New York Times*, May 3, 1951, 34; McCarthy, Howard Hawks, 483.

James W. Moseley and Karl T. Pflock, *Shockingly Close to the Truth!: Confessions of a Grave-Robbing Ufologist* (Amherst, NY: Prometheus, 2002), 45, 53, 72–73, 275.

J. A. Hynek, "Unusual Aerial Phenomena," *Journal of the Optical Society of America* 43, no. 4 (April 1953): 311–313.

Donald Keyhoe, *Flying Saucers from Outer Space* (New York: Henry Holt, 1953), 8, 35–36, 248.

"Jet Liner Crashes in Storm in India with 40 on Board," *New York Times*, May 3, 1953, 1.

David Michael Jacobs, *The UFO Controversy in America* (Bloomington: Indiana University Press, 1975), 103.

N. F. Twining, "Unidentified Flying Objects Reporting," Air Force Regulation 200–202, August 12, 1954, https://www.cufon.org/cufon/afr200-2.htm.

"General Description and Purpose of Communication Instructions for Reporting Vital Intelligence Sightings," National Security Administration, 1, https://www.nsa.gov/portals/75/documents/news-features/declassified-documents/ufo/janap_146.pdf.

James C. Hagerty, statement, July 29, 1955, https://www.eisenhowerlibrary.gov/sites/default/files/research/online-documents/igy/1955-7-29-press-release.pdf.

W. Patrick McCray, *Keep Watching the Skies!: The Story of Operation Moonwatch & the Dawn of the Space Age* (Princeton, NJ: Princeton University Press, 2008), 63; "A New Moon in the Sky," *New York Times*, July 30, 1955, 16.

Robert L. Perry, *Origins of the USAF Space Program, 1945–1956*, History Office, Space and Missile Systems Center (1997), https://spp.fas.org/eprint/origins/part05.htm.

12장

Joe Pappalardo, "Declassified: America's Secret Flying Saucer," *Popular Mechanics*, February 11, 2013, https://www.popularmechanics.com/military/a8699/declassified-americas-secret-flying-saucer-15075926/.

4602d Air Intelligence Service Squadron, *UFOB (Unidentified Flying Objects) Guide*, March 1955, 4, 6, https://documents.theblackvault.com/documents/ufos/4602HistoryUFOs.pdf.

Jared V. Crabb, "General Orders Number 47," October 17, 1952, https://www.cufon.org/cufon/4602smpl1.htm.

Leo Orlovsky, "Historical Data for 4602d Air Intelligence Service Squadron," May 26, 1953, 2, https://www.cufon.org/cufon/4602smpl1.htm.

David Michael Jacobs, *The UFO Controversy in America* (Bloomington: Indiana University Press, 1975), 133, 135.

Dwight D. Eisenhower, "The President's News Conference" (Washington, DC, December 15, 1954), American Presidency Project, https://www.presidency.ucsb.edu/documents/the-presidents-news-conference-363.

Analysis of Reports of Unidentified Aerial Objects, May 5, 1955, US Air Force Historical Archives, 1, https://archive.org/details/ProjectBlueBookSpecialReport14/page/n8/mode/1up.

참고 문헌

"California Committee for Saucer Investigation," memorandum, February 9, 1953, http://www.project1947.com/shg/csi/csicia1.html.

Jerome Clark, *The UFO Encyclopedia: The Phenomenon from the Beginning*, 3rd ed. (Detroit, MI: Omnigraphics, 2018), EPUB. "Lorenzen, Coral E. Lightner (1925–1988) and Leslie James (Jim) Lorenzen (1922–1986)."

Curtis Peebles, *Watch the Skies!: A Chronicle of the Flying Saucer Myth* (Washington, DC: Smithsonian Institution Press, 1994), 111.

13장

Donald Keyhoe, *Flying Saucers from Outer Space* (New York: Henry Holt, 1953), 120.

David Michael Jacobs, *The UFO Controversy in America* (Bloomington: Indiana University Press, 1975), 109.

Thomas E. Bullard, "Abduction Phenomenon," in Jerome Clark, *The UFO Encyclopedia: The Phenomenon from the Beginning*, 3rd ed. (Detroit, MI: Omnigraphics, 2018), EPUB.

Desmond Leslie and George Adamski, *Flying Saucers Have Landed* (New York: British Book Centre, 1953), 194, 210.

George Adamski, *Inside the Space Ships* (London: Neville Spearman, 1966), 79.

James W. Moseley and Karl T. Pflock, *Shockingly Close to the Truth!: Confessions of a Grave-Robbing Ufologist* (Amherst, NY: Prometheus, 2002), 45.

Truman Bethurum, *Aboard a Flying Saucer* (Los Angeles: DeVorss & Co., 1954).

Truman Bethurum, "Bethurum Contact Claims."

Orfeo Angelucci, *The Secret of the Saucers* (Stevens Point, WI: Worzalla, 1955), 5, 24–25, 34, 46.

Long John Nebel, *The Way Out World* (Englewood Cliffs, NJ: Prentice Hall, 1961), 37.

14장

Isabel L. Davis, "Meet the Extraterrestrial," *Fantastic Universe* 8, no. 5 (1957): https://archive.org/details/Fantastic_Universe_v08n05_1957-11_Gorgon776The_Elves/page/n57/.

Edward J. Ruppelt, *The Report on Unidentified Flying Objects* (Garden City, NY: Doubleday, 1956), 9, 212–213.

James W. Moseley and Karl T. Pflock, *Shockingly Close to the Truth!: Confessions of a Grave-Robbing Ufologist* (Amherst, NY: Prometheus, 2002), 25–26, 30, 54, 108, 119, 121, 223.

Gray Barker, "The Monster and the Saucer," *Fate*, January 1953, https://www.fatemag.com/post/the-monster-and-the-saucer; Joe Nickell, "The Flatwoods UFO Monster," Skeptical Inquirer, November/December 2000, 15, https://cdn.centerforinquiry.org/wp-content/uploads/sites/29/2000/11/22164839/p15.pdf.

Gray Barker, *They Knew Too Much About Flying Saucers* (New York: University Books, 1956), 81, 138.

John A. Keel, "Beyond the Known: Return of the Men in Black," *Fate*, December 1994, 24.

Curtis Collins, "George Adamski, R. E. Straith and the Seven Letters of Mischief," February 10, 2014, https://www.jimmoseley.com/2014/02/george-adamski-r-e-straith-and-the-seven-letters-of-mischief/.

Jim G. Lucas, "Group Formed to Seek Answer on 'Saucers,'" *Albuquerque Tribune*, October 24, 1956, 34.

"'Toward a Broader Understanding ... ': The Story of How NICAP Began," *UFO Investigator*, October 1971, 2, http://www.cufos.org/UFOI_and_Selected_Documents/UFOI/067%20OCTOBER%201971.pdf/; Lucas, "Group Formed."

"Guided Missile Expert Says: 'Saucers' Reported Entering Our Atmosphere," *Arizona Daily Star* (Tucson, AZ), January 17, 1957, 1.

"Flying Saucers Now Respectable," *Victoria* (TX) *Advocate*, January 22, 1957, 4.

"'Operation Skylight,'" *Bennington* (VT) *Banner*, January 22, 1957, 2.

"Adm. Fahrney Quits Saucer Probers," *Washington Daily News*, April 10, 1957, https://web.archive.org/web/20120222013443/http://www.bluebookarchive.org/page.aspx?PageCode=NARA-PBB89-856; Vince Anselmo, "Guided Missile Expert Enjoys Farm in County," *Chester* (PA) *Times*, February 21, 1957, 6.

Delmer S. Fahrney, "Statement on Unidentified Flying Objects," FBI, https://vault.fbi.gov/National%20Investigations%20Committee%20on%20Aerial%20Phenomena%20%28NICAP%29/National%20Investigations%20Committee%20on%20Aerial%20Phenomena%20%28NICAP%29%20Part%201%20of%203/view.

Donald E. Keyhoe, letter, April 3, 1957, FBI, https://vault.fbi.gov/National%20Investigations%20Committee%20on%20Aerial%20Phenomena%20%28NICAP%29/National%20Investigations%20Committee%20on%20Aerial%20Phenomena%20%28NICAP%29%20Part%201%20of%203/view.

Charles A. Maney and Richard Hall, *The Challenge of Unidentified Flying Objects* (Washington, DC: National Investigations Committee on Aerial Phenomena, 1961), 84, http://www.nicap.org/books/coufo/partII/chVIII.htm.

Donald E. Keyhoe, *Flying Saucers: Top Secret* (New York: G. P. Putnam's Sons, 1960), 48.

"Report on Unidentified Flying Object(s)," *UFO Investigator*, November 1976, https://archive.org/details/sim_u-f-o-investigator_1976-11/page/n1/.

Douglas Larsen, "Afraid the Neighbors Will Laugh? Tell It to Confidential Service for Saucer-Seers," *Sandusky* (OH) *Register*, August 26, 1957, 17.

참고 문헌

"8 Point Plan Offered Air Force," *UFO Investigator*, July 1957, 1, 25. http://www.cufos.org/UFOI_and_Selected_Documents/UFOI/001%20JULY%201957.pdf.

Curtis Peebles, *Watch the Skies!: A Chronicle of the Flying Saucer Myth* (Washington, DC: Smithsonian Institution Press, 1994), 117.

Lawrence J. Tacker, *Flying Saucers and the U.S. Air Force* (Princeton, NJ: D. Van Nostrand, 1960), 29.

The Report on Unidentified Flying Objects: Clark, *The UFO Encyclopedia*, "Ruppelt, Edward J. (1923–1960)."

15장

Mark O'Connell, *The Close Encounters Man: How One Man Made the World Believe in UFOs* (New York: Dey St., 2017), 122–123, 126, 128, 135–136, 147.

W. Patrick McCray, *Keep Watching the Skies!: The Story of Operation Moonwatch & the Dawn of the Space Age* (Princeton, NJ: Princeton University Press, 2008), 79, 98, 103, 136, 177, 230.

Ian Ridpath, "The Man Who Spoke Out on UFOs," *New Scientist*, May 17, 1973, 422, 424.

C. C. Furnas, "Why Did U.S. Lose the Race? Critics Speak Up," *Life*, October 21, 1957, 22–23, 25.

"Common Sense and Sputnik," *Life*, October 21, 1957, 35.

"'Great Sound, Rush of Wind'—Flaming, Flying Object Leaves Public Puzzled," *Shreveport* (LA) *Journal*, November 4, 1957, 1.

"Texan Thinks Weird Object Came from Another Planet," *Nashville Banner*, November 4, 1957, 2.

George Dolan, "Whatnik Sidelines Sputnik, Woofnik," *Fort Worth Star-Telegram*, November 4, 1957, 1.

Air Force Press Release No. 1108-57, November 15, 1957, quoted in "The Levelland Sightings," J. Allen Hynek Center for UFO Studies, 2, http://www.cufos.org/cases/1957_11_23_US_TX_Levelland_NICAP_MultWit_CEII_PartII.pdf.

Curtis Peebles, *Watch the Skies!: A Chronicle of the Flying Saucer Myth* (Washington, DC: Smithsonian Institution Press, 1994), 126, 163.

"Author Digresses on TV, Sound Is Cut," *New York Times*, January 23, 1958, 55.

Unknown to Donald Keyhoe, January 23, 1958, quoted in Richard H. Hall, "Air Force Censorship of TV Broadcast about UFOs Stirred Controversy in 1958," *Journal of UFO History*, January/February 2005, 4, http://www.nicap.org/jufoh/JournalUFOHistoryVol1No6.pdf.

Herbert A. Carlborg to I. E. Epperson, January 31, 1958, http://www.nicap.org/cbs_letter.htm.

Donald Keyhoe, interview by Mike Wallace, March 8, 1958, video, 29:53, Harry Ransom Center, University of Texas at Austin, https://hrc.contentdm.oclc.org/digital/collection/p15878coll90/id/51/.

"Russia Just Repeats U.S. Self-Criticism on Rocket," *Dayton Daily News*, December 8, 1957, 20.

Ridpath, "The Man Who Spoke Out," 422.

G. Jacquemin, Stress Analysis of 1/12 Scale Hovering and Transition Model, September 1957, Avro Aircraft Limited, https://www.secretsdeclassified.af.mil/Portals/67/documents/AFD-121113-024.pdf.

Project 1794: Final Development Summary Report, U.S. Air Force, June 1, 1956, 33, https://www.secretsdeclassified.af.mil/Portals/67/documents/AFD-121113-019.pdf.

Bernard Lindenbaum and William Blake, "The VZ-9 'Avrocar,'" 5, 7. https://www.robertcmason.com/textdocs/avro-car-VZ9.pdf.

Air Force Declassification Office, "Project 1794 Documents (Saucer-Type Aircraft)," November 13, 2012, https://www.secretsdeclassified.af.mil/News/Article-Display/Article/459834/project-1794-documents-saucer-type-aircraft/.

16장

Curtis Peebles, *Watch the Skies!: A Chronicle of the Flying Saucer Myth* (Washington, DC: Smithsonian Institution Press, 1994), 135.

A History of the Committee on Science and Technology, August 1, 2008, U.S. House of Representatives, https://republicans-science.house.gov/_cache/files/b/1/b164acf0-738a-490a-8c00-c9b7d827a16d/AB2938CE6D7DBB932F6F601EBBEC10D5.committee-history-50years.pdf.

Thomas S. Ryan, *Report No. IR 193-55*, October 14, 1955, 1–2, http://www.nicap.org/reports/551004russia_report_swords38C.pdf.

Marcia S. Smith, *The UFO Enigma*, March 9, 1976, Congressional Research Service, 60, https://digital.library.unt.edu/ark:/67531/metadc993849/m2/1/high_res_d/76-52SP_1976march9.pdf.

J. Edgar Hoover to SAC, New Orleans, July 17, 1961, FBI, https://vault.fbi.gov/National%20Investigations%20Committee%20on%20Aerial%20Phenomena%20%28NICAP%29/National%20Investigations%20Committee%20on%20Aerial%20Phenomena%20%28NICAP%29%20Part%202%20of%203/view.

"National Investigations Committee on Aerial Phenomena (NICAP)," FBI, https://vault.fbi.gov/National%20Investigations%20Committee%20on%20Aerial%20Phenomena%20%28NICAP%29.

참고 문헌

Milton Viorst, "FBI Invokes New Law to Arrest Woman in Debt-Collection Scheme," attached in Lawrence J. Tacker to J. Edgar Hoover, August 23, 1960, FBI, https://vault.fbi.gov/National%20Investigations%20Committee%20on%20Aerial%20Phenomena%20%28NICAP%29/National%20Investigations%20Committee%20on%20Aerial%20Phenomena%20%28NICAP%29%20Part%201%20of%203/view.

Tacker to Hoover, August 23, 1960.

Study by AFCIN-4E4: *Unidentified Flying Objects—Project #5771*, September 28, 1959, https://www.saturdaynightuforia.com/html/articles/articlehtml/saucsum13.html.

"New Capitol Hill Backing for NICAP," *UFO Investigator*, April–May 1961, 2, http://www.cufos.org/UFOI_and_Selected_Documents/UFOI/012%20APR-MAY%201961.pdf; "Congressman Confirm AF Secrecy: Pressure for Investigation Increasing," UFO Investigator, December–January 1960–1961, 1, http://www.cufos.org/UFOI_and_Selected_Documents/UFOI/011%20DEC-JAN%201960-61.pdf.

"Majority Leader Support Indicates Early Congressional Action," *UFO Investigator*, October 1961, 1, http://www.cufos.org/UFOI_and_Selected_Documents/UFOI/014%20OCT%201961.pdf.

David Michael Jacobs, *The UFO Controversy in America* (Bloomington: Indiana University Press, 1975), 182, 184.

17장

Eric M. Jones, "'Where Is Everybody?': An Account of Fermi's Question," Los Alamos National Laboratory, 2, 3. https://www.osti.gov/servlets/purl/5746675.

"New Radio Waves Traced to Centre of the Milky Way," *New York Times*, May 5, 1933, 1.

Ronald Smothers, "Commemorating a Discovery in Radio Astronomy," June 9, 1998, https://www.nytimes.com/1998/06/09/nyregion/commemorating-a-discovery-in-radio-astronomy.html.

John Kraus, "The First 50 Years of Radio Astronomy, Part 1: Karl Jansky and His Discovery of Radio Waves from Our Galaxy," *Cosmic Search* 3, no. 4 (Fall 1981): http://www.bigear.org/CSMO/HTML/CS12/cs12p08.htm.

Robert Buderi, *The Invention That Changed the World: How a Small Group of Radar Pioneers Won the Second World War and Launched a Technological Revolution* (New York: Touchstone, 1997), 33–35, 48, 98, 149, 168–169, 225, 279, 287–288.

Jack Gould, "Contact with Moon Achieved by Radar in Test by the Army," *New York Times*, January 25, 1946, 1.

"Radar Scientists Hoping to Detect Life on Moon," *Fort Myers* (FL) *News-Press*, January 26, 1946, 1.

Bart J. Bok, "Toward a National Radio Observatory," National Radio Astronomy Observatory, August 7, 1956, 5, https://www.nrao.edu/archives/items/show/21729.

Symposium on Radio Astronomy, C.S.I.R.O. Radiophysics Laboratory, September 1956, https://books.google.com/books?id=r-jPAAAAMAAJ.

18장

Frank Drake and Dava Sobel, *Is Anyone Out There?: The Scientific Search for Extraterrestrial Intelligence* (New York: Delta, 1992), 5, 8, 11–12, 15, 18–19, 24–25, 27, 43, 215.

"Messenger Lecture Explains Nebulae, Star Origin Theory," *Cornell Daily Sun*, December 6, 1951, 3.

Richard Emberson, "National Radio Astronomy Observatory," *Science* 130 (1959): 1307, https://www.gb.nrao.edu/~fghigo/biwf/biwf2/biwf2016final70pt.pdf; Bart J. Bok, "Toward a National Radio Observatory," National Radio Astronomy Observatory, August 7, 1956, 5, https://www.nrao.edu/archives/items/show/21729, 23.

Eggers and Higgins, *Feasibility Report for the National Science Foundation*, May 5, 1955, 17, https://www.nrao.edu/archives/files/original/3672bc248757ed6fc145276db88e474b.pdf.

D. S. Heeschen to L. V. Berkner, November 12, 1957, https://www.nrao.edu/archives/files/original/e2543ba8b7515aa9acb84cf93d7404a3.pdf.

Graham DuShane, "Groundbreaking at Green Bank," *Science* 126 (November 1957), https://www.gb.nrao.edu/~fghigo/biwf/biwf2/biwf2016final70pt.pdf.

John W. Finney, "Radio Telescope to Expose Space," *New York Times*, June 19, 1959, 6.

Martin's Mann, "New Radio Telescope Is Man's Biggest Machine," *Popular Science*, December 1959, 85.

James Bamford, "The Agency That Could Be Big Brother," *New York Times*, December 25, 2005, https://www.nytimes.com/2005/12/25/weekinreview/the-agency-that-could-be-big-brother.html.

Seth Shostak, *Confessions of an Alien Hunter* (Washington, DC: National Geographic, 2009), 9.

Karl S. Guthke, *The Last Frontier: Imagining Other Worlds, from the Copernican Revolution to Modern Science Fiction*, trans. Helen Atkins (Ithaca, NY: Cornell University Press, 1990), ix , 2, 4, 45, 50, 95, 148, 200, 325.

Giuseppe Cocconi and Philip Morrison, "Searching for Interstellar Communications," *Nature* 184 (September 1959): 846.

참고 문헌

Philip Morrison, interview by Owen Gingerich, February 22, 2003, Niels Bohr Library & Archives, American Institute of Physics, https://www.aip.org/history-programs/niels-bohr-library/oral-histories/30591-1.

19장

Kenneth I. Kellermann, Ellen N. Bouton, and Sierra S. Brandt, *Open Skies: The National Radio Astronomy Observatory and Its Impact on US Radio Astronomy* (Cham, Switzerland: Springer, 2021), 234.

H. Paul Shuch, ed., *Searching for Extraterrestrial Intelligence: SETI Past, Present, and Future* (Chichester, UK: Praxis, 2011), 15, 33, 36–37, 41.

Annie Jacobsen, *Area 51: An Uncensored History of America's Top Secret Military Base* (New York: Little, Brown, 2011), 5, 88.

Michael R. Beschloss, *Mayday: Eisenhower, Khrushchev and the U-2 Affair* (New York: Harper, 1986), 90–91, 92, 108–109.

Richard M. Bissell Jr., Jonathan E. Lewis, and Frances T. Pudlo, *Reflections of a Cold Warrior: From Yalta to the Bay of Pigs* (New Haven, CT: Yale University Press, 1996), 105.

Gregory W. Pedlow and Donald E. Welzenbach, "Developing the U-2," in *The Central Intelligence Agency and Overhead Reconnaissance: The U-2 and Oxcart Programs* (Central Intelligence Agency, 1992), 59–60, 62, 72–73. https://nsarchive2.gwu.edu/NSAEBB/NSAEBB434/docs/U2%20-%20Chapter%202.pdf.

20장

Frank Drake and Dava Sobel, *Is Anyone Out There? The Scientific Search for Extraterrestrial Intelligence* (New York: Delta, 1992), 45–46, 49, 52, 54, 60, 62–63.

Carl Sagan, "Growing Up with Science Fiction," *New York Times Magazine*, May 28, 1978, 24.

William Poundstone, *Carl Sagan: A Life in the Cosmos* (New York: Henry Holt, 1999), 12, 15, 20, 23, 39–40, 59.

Keay Davidson, *Carl Sagan: A Life* (New York: John Wiley, 1999), 49.

Melvin Calvin, "Chemical Evolution," *American Scientist* 63, no. 2 (March–April 1975): 169.

The Cell, episode 3, "The Spark of Life," aired August 26, 2009, on BBC, https://www.bbc.co.uk/programmes/b00mbvfh.

Jeffrey L. Bada and Antonio Lazcano, "Prebiotic Soup—Revisiting the Miller Experiment," *Science* 300, no. 5620 (May 2, 2003): 745–746.

John F. Kennedy, "The Goal of Sending a Man to the Moon" (Washington, DC, May 25, 1961), Miller Center, University of Virginia, https://millercenter.org/the-presidency/presidential-speeches/may-25-1961-goal-sending-man-moon.

Walter Sullivan, *We Are Not Alone: The Search for Intelligent Life on Other Worlds* (New York: McGraw-Hill, 1966), 249, 252, 254.

21장

Steven Johnson, *Where Good Ideas Come From: The Natural History of Innovation* (New York: Riverhead, 2010), 31.

Frank Drake and Dava Sobel, *Is Anyone Out There?: The Scientific Search for Extraterrestrial Intelligence* (New York: Delta, 1992), 68, 97–98, 104.

Iosif Shklovsky, *Five Billion Vodka Bottles to the Moon: Tales of a Soviet Scientist*, trans. Mary Flemin Zirin and Harold Zirin (New York: W. W. Norton, 1991), 250.

"Is Communication Possible with Intelligent Beings on Other Planets? by I. S. Shklovskiy," card catalog entry, CIA, https://www.cia.gov/readingroom/docs/CIA-RDP91-00772R000200960023-6.pdf.

L. M. Gindilis and Leonid I. Gurvits, "SETI in Russia, USSR and the Post-Soviet Space: A Century of Research," *Acta Astronautica* (2019), 2, https://arxiv.org/pdf/1905.03225.pdf.

David W. Swift, *SETI Pioneers: Scientists Talk about Their Search for Extraterrestrial Intelligence* (Tucson: University of Arizona Press, 1990), 168–169.

William Poundstone, *Carl Sagan: A Life in the Cosmos* (New York: Henry Holt, 1999), 77, 92.

L. M. Gindilis, "Conference on Extraterrestrial Civilizations," *Soviet Astronomy* 9, no. 2 (March–April 1965): 370.

Rebecca A. Charbonneau, "Mixed Signals: Communication with the Alien in Cold War Radio Astronomy" (PhD diss., University of Cambridge, 2021), 72, 79, 81–83. https://api.repository.cam.ac.uk/server/api/core/bitstreams/7e186d38-914c-4175-bdoc-d9501279dd98/content.

Leonid I. Gurvits, Yuri Y. Kovalev, and Philip G. Edwards, "Nikolai Kardashev," *Physics Today*, December 16, 2019, https://pubs.aip.org/physicstoday/Online/5586/Nikolai-Kardashev; "Nicolay S. Kardashev," International Astronomical Union, https://www.iau.org/administration/membership/individual/3990/.

N. S. Kardashev, "Transmission of Information by Extraterrestrial Civilizations," *Soviet Astronomy* 8, no. 2 (September–October 1964): 217, 219–220.

Michio Kaku, "The Physics of Interstellar Travel," https://mkaku.org/home/articles/the-physics-of-interstellar-travel/.

Kellermann, Bouton, and Brandt, *Open Skies*, 249.

참고 문헌

Walter Sullivan, "Russians Say a Cosmic Emission May Come from Rational Beings," *New York Times*, April 13, 1965, 1.

"People in Space? 'No Proof Yet,'" *Evening Standard* (London, UK), April 13, 1965, 11.

22장

Mark O'Connell, *The Close Encounters Man: How One Man Made the World Believe in UFOs* (New York: Dey St., 2017), 146.

Jacques Vallée, *Forbidden Science: Journals 1957–1969* (Berkeley, CA: North Atlantic Books, 1992), 67–68, 71–72, 76, 84, 87–88, 92, 100.

Wilkins, *Flying Saucers Uncensored*, 59.

Joshua Malin, "The 1954 French UFO Craze that Led to the World's Weirdest Wine Law," VinePair, July 7, 2015, https://vinepair.com/wine-blog/chateauneuf-du-pape-ufo-wine-law/.

"Unidentified Flying Object, Socorro, New Mexico, April 24, 1964," May 8, 1964, FBI, 2, https://documents2.theblackvault.com/documents/fbifiles/paranormal/FBI-UFO-Socorro-fbi1.pdf.

Clark, *The UFO Encyclopedia*, "Socorro CE2/CE3."

Albuquerque 62-1028 3P to Director, teletype, April 27, 1964, FBI, https://documents2.theblackvault.com/documents/fbifiles/paranormal/FBI-UFO-Socorro-fbi1.pdf.

Hector Quintanilla, Jr., "The Investigation of UFO's," CIA, 18, https://www.cia.gov/static/835f2989f8b975cc31ebbfd2f78e7d34/Investigation-of-UFOs.pdf.

David Michael Jacobs, *The UFO Controversy in America* (Bloomington: Indiana University Press, 1975), 190–191.

23장

Sarah Stewart Johnson, *The Sirens of Mars: Searching for Life on Another World* (New York: Crown, 2021), 5, 7, 11, 13, 15, 17, 25, 29.

Rebekah Higgitt, "Mapping Mars: A Long and Highly Imaginative History," *Guardian*, August 6, 2012, https://www.theguardian.com/science/the-h-word/2012/aug/06/mapping-mars-history.

Percival Lowell, *Mars* (Boston: Houghton, Mifflin, 1895), 208, https://books.google.com/books?id=w9JJAAAAMAAJ.

W. W. Campbell, "Mars," Publications of the Astronomical Society of the Pacific, August 1, 1896 (Vol. 8, No. 51), p. 209, https://www.jstor.org/stable/40667612?seq=3.

Nikola Tesla, "Talking with the Planets," Collier's Weekly, February 9, 1901, https://earlyradiohistory.us/1901talk.htm.

Marc J. Seifer, "Nikola Tesla: The Lost Wizard," *Extra-Ordinary Technology* 4, no. 1 (January–March 2006), https://teslatech.info/ttmagazine/v4n1/seifer.htm.

Lyndon B. Johnson, "Inaugural Address" (Washington, DC, January 20, 1965), Miller Center, University of Virginia, https://millercenter.org/the-presidency/presidential-speeches/january-20-1965-inaugural-address.

Lyndon B. Johnson, "Remarks Upon Viewing New Mariner 4 Pictures from Mars" (Washington, DC, July 29, 1965), American Presidency Project, https://www.presidency.ucsb.edu/documents/remarks-upon-viewing-new-mariner-4-pictures-from-mars.

Walter Sullivan, "Mariner 4's Final Photos Depict a Moonlike Mars," *New York Times*, July 30, 1965, 1.

David Michael Jacobs, *The UFO Controversy in America* (Bloomington: Indiana University Press, 1975), 193–194, 196, 198.

Frank Edwards, *Flying Saucers—Serious Business* (New York: Bantam, 1966), 165; "The Sherman, Texas, Photo Case," National Investigations Committee on Aerial Phenomena, http://www.nicap.org/650802sherman_dir.htm.

Richard H. Hall, *The UFO Evidence: A Thirty-Year Report*, Vol. 2 (Lanham, MD: Scarecrow Press, 2001), 4.; "'Saucers' Are Flying," *Fort Worth Star-Telegram*, August 4, 1965, 4.

"Appendix I," *Special Report of the USAF Scientific Advisory Board: Ad Hoc Committee to Review Project "BLUE BOOK,"* March 1966, http://www.cufon.org/cufon/obrien.htm.

Jacques Vallée, *Forbidden Science: Journals 1957–1969* (Berkeley, CA: North Atlantic Books, 1992), 170.

William Poundstone, *Carl Sagan: A Life in the Cosmos* (New York: Henry Holt, 1999), 64–66, 92; Jacobs, *The UFO Controversy*, 198.201 One night after giving: Carl Sagan, "UFO's: The Extraterrestrial and Other Hypotheses," in Carl Sagan and Thornton Page, eds., *UFO's—A Scientific Debate* (Ithaca, NY: Cornell University Press, 1972), 272–273.

24장

David Michael Jacobs, *The UFO Controversy in America* (Bloomington: Indiana University Press, 1975), 200, 203, 213.

Oscar Handlin, "Reader's Choice," *Atlantic*, August 1966, https://www.theatlantic.com/magazine/archive/1966/08/readers-choice/659614/.

"Those 'Flying Saucers' ... Air Force Explainings-Away of UFOs Deepens Mystery," *Evening Express* (Portland, ME), January 17, 1966, 2.

James W. Moseley and Karl T. Pflock, *Shockingly Close to the Truth!: Confessions of a Grave-Robbing Ufologist* (Amherst, NY: Prometheus, 2002), 193–194.

참고 문헌

Jack Butler, "UFO: In 1966, Hillsdale Had Its Own Close Encounter," *Collegian* (Hillsdale, MI), March 19, 2015, https://hillsdalecollegian.com/2015/03/ufo-in-1966-hillsdale-had-its-own-close-encounter/.

Jacques Vallée, *Forbidden Science: Journals 1957–1969* (Berkeley, CA: North Atlantic Books, 1992), 173, 175.

Unidentified Flying Objects: Hearing by Committee on Armed Services, 89th Cong. 6050 (1966), https://archive.org/details/ufo_1966_1/ufo_1966_2/page/n11/mode/2up.

Mark O'Connell, *The Close Encounters Man: How One Man Made the World Believe in UFOs* (New York: Dey St., 2017), 184, 187, 191, 194, 242.

J. Allen Hynek, "Are Flying Saucers Real?," *Saturday Evening Post*, December 17, 1966, 20.

Paul O'Neil, "'Invasion'—by Something," Life, April 1, 1966, 29; William B. Treml, "Findings on 'Saucers' Draw Sharp Reactions," *Ann Arbor News*, March 26, 1966, https://aadl.org/taxonomy/term/9218.206 It was perhaps: O'Connell, *The Close Encounters Man*, 194.

Gerald R. Ford to L. Mendel Rivers, March 28, 1966, in *Unidentified Flying Objects*, 6046–47; Gerald R. Ford, "Radio Tape for Fifth District Stations" (Washington, DC, March 30, 1966), Gerald R. Ford Presidential Library and Museum, https://www.fordlibrarymuseum.gov/library/document/0054/4526519.pdf.

Gerald R. Ford, statement, March 29, 1966, Gerald R. Ford Presidential Library and Museum, https://www.fordlibrarymuseum.gov/library/document/0054/12130682.pdf.

25장

J. Allen Hynek and Jacques Vallée, *The Edge of Reality: A Progress Report on Unidentified Flying Objects* (Chicago: Henry Regnery, 1975), 193–194, 202, 204.

Ann Druffel, *Firestorm: Dr. James E. McDonald's Fight for UFO Science* (Columbus, NC: Wild Flower Press, 2003), 20, 52, 61.

Jacques Vallée, *Forbidden Science: Journals 1957–1969* (Berkeley, CA: North Atlantic Books, 1992), 186–187, 190–191, 229, 231, 236, 245.

Lewis M. Branscomb, "Edward U. Condon, Ph.D., 1958–1964," Washington University in St. Louis University Libraries, https://libguides.wustl.edu/c.php?g=338660&p=2280746.

Jessica Wang, "Edward Condon and the Cold War Politics of Loyalty," *Physics Today* 54, no. 12 (December 2001): 38.

Grace Marmor Spruch, "Reporter Edward Condon," *Saturday Review*, February 1, 1969, 55.

J. Allen Hynek, "Are Flying Saucers Real?," *Saturday Evening Post*, December 17, 1966, 20–21.

David Michael Jacobs, *The UFO Controversy in America* (Bloomington: Indiana University Press, 1975), 208–212.

Mark O'Connell, *The Close Encounters Man: How One Man Made the World Believe in UFOs* (New York: Dey St., 2017), 229.

J. Allen Hynek, "The UFO Gap," *Playboy*, December 1967, 144, 146, 271. https://www.cia.gov/readingroom/docs/CIA-RDP81R00560R000100010006-5.pdf.

Edward U. Condon, *Final Report of the Scientific Study of Unidentified Flying Objects* (New York: E. P. Dutton, 1969), 60.

David R. Saunders and R. Roger Harkins, *UFOs? Yes!: Where the Condon Committee Went Wrong* (New York: World Publishing, 1969), 69, 129, 135.

26장

Donald H. Menzel to J. Edward Roush, July 24, 1968, in *Symposium on Unidentified Flying Objects: Hearings Before the Committee on Science and Astronautics*, 90th Cong. 205 (1968), https://books.google.com/books?id=Yx4vAAAAMAAJ.

Symposium on Unidentified Flying Objects, 1, 4–5, 21, 26–27, 86–87.

William Poundstone, *Carl Sagan: A Life in the Cosmos* (New York: Henry Holt, 1999), 171–173.

John Yaukey, "Life on Mars," *Ithaca Journal*, August 19, 1966, 4A.

Edward U. Condon, *Final Report of the Scientific Study of Unidentified Flying Objects* (New York: E. P. Dutton, 1969), 1, 5, 62.

J. Allen Hynek, "The Condon Report and UFOs," *Bulletin of the Atomic Scientists*, April 1969, 39.

David Michael Jacobs, *The UFO Controversy in America* (Bloomington: Indiana University Press, 1975), 252.

David J. Shea, "NCAS Presentation," September 8, 2018, 6–7, https://www.politico.com/f/?id=00000168-3213-db11-ab7d-33fb55e70000.

"Air Force to Terminate Project 'BLUE BOOK,'" news release, December 17, 1969, 1, https://www.esd.whs.mil/Portals/54/Documents/FOID/Reading%20Room/UFOsandUAPs/asdpa1.pdf.

Sarah Stewart Johnson, *The Sirens of Mars: Searching for Life on Another World* (New York: Crown, 2021), 34, 48.

W. David Compton, *Where No Man Has Gone Before: A History of Apollo Lunar Exploration Missions*, NASA, 1989, https://www.hq.nasa.gov/pao/History/SP-4214/ch4-3.html.

"Space: Is the Earth Safe from Lunar Contamination?," *Time*, June 13, 1969, https://content.time.com/time/subscriber/article/0,33009,942095,00.html.

참고 문헌

27장

Iosif Shklovsky, *Five Billion Vodka Bottles to the Moon: Tales of a Soviet Scientist*, trans. Mary Flemin Zirin and Harold Zirin (New York: W. W. Norton, 1991), 41, 257, 259.

Frank Drake and Dava Sobel, *Is Anyone Out There?: The Scientific Search for Extraterrestrial Intelligence* (New York: Delta, 1992), 96, 107, 109, 111.

V. A. Ambartsumian, "Prospect," in Sagan, *Communication*, 3, 5.

F. H. C. Crick and L. E. Orgel, "Directed Panspermia," *Icarus* 19 (1973): 341–345.

Thomas Gold, "'Cosmic Garbage,'" *Space Digest*, May 1960, 65.

Carl Sagan, "Is There Life Elsewhere, and Did It Come Here?," *New York Times Book Review*, November 29, 1981, 32.

Francis Crick, *Life Itself: Its Origin and Nature* (New York: Simon & Schuster, 1981), 148; Crick and Orgel, "Directed Panspermia," 345.

Nicholas Wade, "Francis Crick, Co-Discoverer of DNA, Dies at 88," *New York Times*, July 30, 2004, 261. https://www.nytimes.com/2004/07/30/us/francis-crick-co-discoverer-of-dna-dies-at-88.html.

28장

Freeman J. Dyson, "Search for Artificial Stellar Sources of Infrared Radiation," *Science* 131, no. 3414 (1960): 1667.

Robert Dixon, "Project Cyclops: The Greatest Radio Telescope Never Built," in Shuch, *Searching for Extraterrestrial Intelligence*, 20.

Seth Shostak, *Confessions of an Alien Hunter* (Washington, DC: National Geographic, 2009), 64, 166.

"Announcing the Reprint of the Cyclops Report," SETI League, http://www.setileague.org/articles/cyclops.htm. 171.

Astronomy and Astrophysics for the 1970's: *Report of the Astronomy Survey Committee*, Vol. 1 (Washington, DC: National Academy of Sciences, 1972), 51.

Frank Drake and Dava Sobel, *Is Anyone Out There?: The Scientific Search for Extraterrestrial Intelligence* (New York: Delta, 1992), 73, 76, 164, 167, 169, 176, 180, 183–184.

Willy Ley, *Rockets, Missiles, and Space Travel* (New York: Viking, 1957), 32.

Michael J. Crowe, *The Extraterrestrial Life Debate, 1750–1900* (Mineola, NY: Dover, 1999), 36–37, 205.

Dava Sobel, "New Radio Telescope: A Greeting from Arecibo Speeds to the Stars," *Cornell* (Ithaca, NY) *Chronicle*, November 21, 1974, 2.

Dava Sobel, "The Long Hello," http://www.davasobel.com/blog/124.

Carl Sagan, *Murmurs of Earth: The Voyager Interstellar Record* (New York: Random House, 1978), 65–66.

29장

Leonard H. Stringfield, *Situation Red: The UFO Siege* (Fawcett Crest Books, 1977), 15.

Leonard H. Stringfield, "Retrievals of the Third Kind—Part 3: A Case Study of Alleged UFOs and Occupants in Military Custody," *Flying Saucer Review*, https://ilpoliedrico.com/wp-content/uploads/2017/07/Retrievals-of-the-Third-Kind.pdf.

James W. Moseley and Karl T. Pflock, *Shockingly Close to the Truth!: Confessions of a Grave-Robbing Ufologist* (Amherst, NY: Prometheus, 2002), 253, 255, 261.

"Retrievals of the Third Kind—Part 1: A Case Study of Alleged UFOs and Occupants in Military Custody," *Flying Saucer Review*, https://ilpoliedrico.com/wp-content/uploads/2017/07/Retrievals-of-the-Third-Kind.pdf.

Curtis Peebles, *Watch the Skies!: A Chronicle of the Flying Saucer Myth* (Washington, DC: Smithsonian Institution Press, 1994), 226, 249.

Clark, *The UFO Encyclopedia*, "Crashes and Retrievals of UFOs in the Twentieth Century."

Jerome Clark, *UFOs in the 1980s: The UFO Encyclopedia*, Vol. 1 (Detroit, MI: Apogee, 1990), 117, 232, 451.

David Michael Jacobs, *The UFO Controversy in America* (Bloomington: Indiana University Press, 1975), 257, 283.

J. Allen Hynek, *The UFO Experience: A Scientific Inquiry* (Collector's Library of the Unknown) (Alexandria, Va.: Time-Life Books, 1989), viii, 87, 138, 143, 229, 234.

"Center for UFO Studies Explained," *Skylook: The UFO Monthly*, March 1974, 7, 61, 63. https://dailydialectics.com/space/MUFON/MUFON%20UFO%20Journal%20-%201974%203.%20March%20-%20Skylook.pdf/.

Clark, *The UFO Encyclopedia*, "Hill Abduction Case."

Terence Dickinson, "The Zeta Reticuli (or Ridiculi) Incident," *Astronomy*, https://astronomy.com/bonus/zeta.

William Poundstone, *Carl Sagan: A Life in the Cosmos* (New York: Henry Holt, 1999), 130.

Colin Johnston, "The Truth about Betty Hill's UFO Star Map," Armagh Observatory and Planetarium, August 19, 2011, https://armaghplanet.com/betty-hills-ufo-star-map-the-truth.html.

J. Allen Hynek and Jacques Vallée, *The Edge of Reality: A Progress Report on Unidentified Flying Objects* (Chicago: Henry Regnery, 1975), 51–52, 54–55.

Mark O'Connell, *The Close Encounters Man: How One Man Made the World Believe in UFOs* (New York: Dey St., 2017), 262, 273, 276, 279.

Alan Hendry, *The UFO Handbook* (Garden City, NY: Doubleday and Co., 1979), 285.

참고 문헌

30장

David Michael Jacobs, *The UFO Controversy in America* (Bloomington: Indiana University Press, 1975), 293.

Clark, *The UFO Encyclopedia*, "Coyne CE2."

David J. Skal, *Screams of Reason: Mad Science and Modern Culture* (New York: W. W. Norton, 1998), 200–201.

Ralph Blum and Judy Blum, *Beyond Earth: Man's Contact with UFOs* (New York: Bantam, 1974), 203.

Jacques Vallée, *Forbidden Science, Volume Two: Journals 1970–1979* (San Francisco: Documatica Research, 2017), 213.

Mark O'Connell, *The Close Encounters Man*, 299, 302–303.

31장

Matthew Hayes, *Search for the Unknown: Canada's UFO Files and the Rise of Conspiracy Theory* (Montreal: McGill-Queen's University Press, 2022), introduction, EPUB.

Ronald D. Story, ed., *The Encyclopedia of UFOs* (New York: Dolphin Books, 1980), 276, chap. 4.

O. H. Turner, "Scientific and Intelligence Aspects of the UFO Problem," May 27, 1971, Department of Defence Joint Intelligence Organization, i, https://documents.theblackvault.com/documents/ufos/australia/A13693_3092-2-000_30030606.pdf.

Frank B. McKenzie, message, undated, Department of Defense, 2, http://www.nicap.org/reports/iran22.htm.

Lawrence Fawcett and Barry J. Greenwood, *The UFO Cover-Up: What the Government Won't Say* (New York: Fireside, 1984), 84.

J. Allen Hynek, "The UFO Gap," *Playboy*, December 1967, 270, https://www.cia.gov/readingroom/docs/CIA-RDP81R00560R000100010006-5.pdf.

Gildas Bourdais, "From GEPAN to SEPRA: Official UFO Studies in France," *International UFO Reporter*, Winter 2000–2001, 11, https://web.archive.org/web/20160604010219/http://www.ufoevidence.org/newsite/files/GEPANSEPRA.pdf.

"French Government UFO Study," National Security Agency, https://www.nsa.gov/portals/75/documents/news-features/declassified-documents/ufo/french_gov_ufo_study.pdf.

Claude Poher, *GEPAN Report to the Scientific Committee*, June 1978, https://ufologie.patrickgross.org/rec/claudepoher.htm.

Jim Wilson, "When UFOs Land," *Popular Mechanics*, May 2001, 66.

Peter A. Sturrock, *The UFO Enigma: A New Review of the Physical Evidence* (New York: Warner, 1999), 264–266.

Clark, *The UFO Encyclopedia*, "Trans-en-Provence CE2."

32장

William Poundstone, *Carl Sagan: A Life in the Cosmos* (New York: Henry Holt, 1999), 187–189, 235, 247.

Robert Krulwich, "Aliens Found in Ohio? The 'Wow!' Signal," NPR, May 28, 2010, https://www.npr.org/sections/krulwich/2010/05/28/126510251/aliens-found-in-ohio-the-wow-signal.

John Kraus, "The Tantalizing 'Wow!' Signal," National Radio Astronomy Observatory, 1, 232. https://www.nrao.edu/archives/files/original/2ec6ba346ab16e10a10d09462507beda.pdf.

Frank Drake and Dava Sobel, *Is Anyone Out There?: The Scientific Search for Extraterrestrial Intelligence* (New York: Delta, 1992), 186, 189–190.

Drake and Sobel, *Is Anyone Out There?*, 186.

"Greetings to the Universe in 55 Different Languages," NASA Jet Propulsion Laboratory, https://voyager.jpl.nasa.gov/golden-record/whats-on-the-record/greetings/.

Jimmy Carter, "Voyager Spacecraft," statement, July 29, 1977, American Presidency Project, https://www.presidency.ucsb.edu/documents/voyager-spacecraft-statement-the-president/.

Frances Lewine, "Star Trek Fans Win on Space Shuttle," *Lewiston* (ME) *Daily Sun*, September 6, 1976, 20.

Wil S. Hylton, "The Gospel According to Jimmy," *GQ*, December 5, 2005, https://www.gq.com/story/jimmy-carter-ted-kennedy-ufo-republicans.

Bob Reddick, "Lionism Changed Jimmy Carter's Life," Westport Lions Club, April 9, 2020, https://westportlions.ca/2020/04/09/lionism-changed-jimmy-carters-life/.

Howell Raines, "Carter Once Saw a UFO on 'Very Sober Occasion,'" *Atlanta Constitution*, September 14, 1973, 1D.

C. G. Justus, "What Was That 'UFO' Jimmy Carter Saw?," February 2020, 6–7, 19, 23. http://www.debunker.com/texts/What%20Jimmy%20Carter%20Saw.pdf.

Bryce Zabel, "UFOs Hovered over the 1976 Election," *Trail of the Saucers*, September 8, 2020, https://medium.com/on-the-trail-of-the-saucers/the-ufo-factor-in-the-1976-election-d1ac7cdc1b31/.

Curtis Peebles, *Watch the Skies!: A Chronicle of the Flying Saucer Myth* (Washington, DC: Smithsonian Institution Press, 1994), 204.

Mark O'Connell, *The Close Encounters Man: How One Man Made the World Believe in UFOs* (New York: Dey St., 2017), 324–325.

참고 문헌

Charlene Engel, "Language and the Music of the Spheres: Steven Spielberg's Close Encounters of the Third Kind," *Literature/Film Quarterly* 24, no. 4 (1996): 376, https://archive.org/details/literaturefilmquoo23vari/page/380/mode/2up/.

Joseph Mcbride, *Steven Spielberg: A Biography* (New York: Simon & Schuster, 1997), 17, 348.

33장

Stephen Webbe, "'Stealth' Plane: A Secret That's Been Out Since 1976," *Christian Science Monitor*, August 25, 1980, https://www.csmonitor.com/1980/0825/082544.html.

Peter Westwick, *Stealth: The Secret Contest to Invent Invisible Aircraft* (New York: Oxford University Press, 2020), 39, 44, 78.

Clark, *The UFO Encyclopedia*, "Animal Mutilations and UFOs."

"Are UFO Sightings and Mutilations Related? Mutilated Livestock, Helicopters and UFOs Source of Wonder, Worry," *Daily Tribune* (Hastings, NE), August 29, 1974, 8, https://vault.fbi.gov/Animal%20Mutilation/Animal%20Mutilation%20Part%201%20of%205/view#document/p4.

Michael J. Goleman, "Wave of Mutilation: The Cattle Mutilation Phenomenon of the 1970s," *Agricultural History* 85, no. 3 (2011): 403, 409–410, 413.

Lorraine Boissoneault, "How the Death of 6,000 Sheep Spurred the American Debate on Chemical Weapons," *Smithsonian*, April 9, 2018, https://www.smithsonianmag.com/history/how-death-6000-sheep-spurred-american-debate-chemical-weapons-cold-war-180968717/.

Grace Lichtenstein, "11 States Baffled by Mutilation of Cattle," *New York Times*, October 30, 1975, 77.

Clark, The UFO Encyclopedia, "Animal Mutilations and UFOs"; Grace Lichtenstein, "11 States Baffled by Mutilation of Cattle," *New York Times*, October 30, 1975, 77.

Harrison Schmitt, press release, July 17, 1979, FBI, https://vault.fbi.gov/Animal%20Mutilation/Animal%20Mutilation%20Part%205%20of%205/view#document/p16.

Curtis Peebles, *Watch the Skies!: A Chronicle of the Flying Saucer Myth* (Washington, DC: Smithsonian Institution Press, 1994), 218, 221.

Charles I. Halt to RAF, "Unexplained Lights," January 13, 1981, https://upload.wikimedia.org/wikipedia/commons/thumb/b/bd/Halt_Memorandum.jpg/1024px-Halt_Memorandum.jpg.

Nick Pope, John Burroughs, and Jim Penniston, *Encounter in Rendlesham Forest: The Inside Story of the World's Best Documented UFO Incident* (New York: Thomas Dunne, 2014), xvi, 7.

34장

William Poundstone, *Carl Sagan: A Life in the Cosmos* (New York: Henry Holt, 1999), 264, 268, 285, 350.

Joel Achenbach, *Captured by Aliens: The Search for Life and Truth in a Very Large Universe* (New York: Simon & Schuster, 1999), 108.

Frank Drake and Dava Sobel, *Is Anyone Out There? The Scientific Search for Extraterrestrial Intelligence* (New York: Delta, 1992), 193, 196, 198–199, 201, 219.

Martin Tolchin, "The Perplexing Mr. Proxmire," *New York Times Magazine*, May 28, 1978, 8, 56.

"… But Proxmire Debunks Space Encounters," *Miami News*, February 15, 1978, 14A.

"Outer Space Signals to Pass Us by," *Sioux City Journal*, August 9, 1978, A15.

Sarah Scoles, *Making Contact: Jill Tarter and the Search for Extraterrestrial Intelligence* (New York: Pegasus Books), 36–37, 42–43, 52, 66–67, 145–148, 159.

"The Longest Search: The Story of the Twenty-One-Year Pursuit of the Soviet Deep Space Data Link, and How It Was Helped by the Search for Extraterrestrial Intelligence," *National Security Administration*, 1, 3, https://nsarchive2.gwu.edu/NSAEBB/NSAEBB501/docs/EBB-49.pdf.

James D. Burke, "The Missing Link," National Security Administration, 3, https://nsarchive2.gwu.edu/NSAEBB/NSAEBB501/docs/EBB-28.pdf.

"Sir Bernard Lovell Feared 'Poisoning To Remove Memories,'" BBC, September 21, 2012: https://www.bbc.com/news/uk-england-manchester-19674135; John Hodgson, "Sir Bernard Lovell (1913–2012)," University of Manchester, September 24, 2012, 25, 152. https://rylandscollections.com/2012/09/24/sir-bernard-lovell-1913-2012/.

35장

Iosif Shklovsky, *Five Billion Vodka Bottles to the Moon: Tales of a Soviet Scientist*, trans. Mary Flemin Zirin and Harold Zirin (New York: W. W. Norton, 1991), 19.

William Poundstone, *Carl Sagan: A Life in the Cosmos* (New York: Henry Holt, 1999), 320.

Frank Drake and Dava Sobel, *Is Anyone Out There?: The Scientific Search for Extraterrestrial Intelligence* (New York: Delta, 1992), 205, 207.

Joel Achenbach, *Captured by Aliens: The Search for Life and Truth in a Very Large Universe* (New York: Simon & Schuster, 1999), 53, 55.

Sebastian von Hoerner, "The Search for Signals from Other Civilizations," *Science* 134, no. 3493 (December 8, 1961): 1839.

Joseph Packer, *Alien Life and Human Purpose: A Rhetorical Examination Through History* (Lanham, MD: Lexington Books, 2015), 188.

참고 문헌

David W. Swift, *SETI Pioneers: Scientists Talk about Their Search for Extraterrestrial Intelligence* (Tucson: University of Arizona Press, 1990), 101, 107.

36장

Jerome Clark, *UFO Encounters: Sightings, Visitations, and Investigations* (Lincolnwood, IL: Publications International, 1992), 53.

Jimmy Orr, "Reagan and Gorbachev Agreed to Fight UFOs," *Christian Science Monitor*, April 24, 2009, https://www.csmonitor.com/USA/Politics/The-Vote/2009/0424/reagan-and-gorbachev-agreed-to-fight-ufos.

Ronald Reagan, "Address to the 42d Session of the United Nations General Assembly" (New York, September 21, 1987), Ronal Reagan Presidential Library & Museum, https://www.reaganlibrary.gov/archives/speech/address-42d-session-united-nations-general-assembly-new-york-new-york.

John B. Alexander, *UFOs: Myths, Conspiracies, and Realities* (New York: Thomas Dunne, 2011), 15–18, 25, 27, 34.

"UFO Hypothesis and Survival Questions," National Security Administration, https://web.archive.org/web/20160409041818/https://www.nsa.gov/public_info/_files/ufo/ufo_hypothesis.pdf.

Jacques Vallée, *Forbidden Science: Journals 1957–1969* (Berkeley, CA: North Atlantic Books, 1992), 160.

Sharon Weinberger, "Col. John Alexander Plants UFO Doubts in New Book: Exclusive Interview," *Popular Mechanics*, February 9, 2011, https://www.popularmechanics.com/space/a6488/colonel-john-alexander-plants-ufo-doubts-in-new-book/.

Alvin Powell, "A Fact Is No Match for a Martian," Harvard Radcliffe Institute, May 20, 2021, https://www.radcliffe.harvard.edu/news-and-ideas/a-fact-is-no-match-for-a-martian.

Timothy Good, *Above Top Secret: The Worldwide UFO Cover-Up* (New York: William Morrow, 1988), 233, 237, 240, 247.

Joseph Kellner, "The End of History: Radical Responses to the Soviet Collapse" (PhD diss., University of California, Berkeley, 2018), 135, https://escholarship.org/content/qt148662nt/qt148662nt_noSplash_c2c303c1364d5af8804cb6a13be4c38a.pdf.

Matthew Bodner, "Little Green Men: A Look at the Official Soviet X-Files Investigation," *Moscow Times*, March 31, 2016, https://www.themoscowtimes.com/2016/03/31/little-green-men-a-look-at-the-official-soviet-x-files-investigation-a52335.

37장

Howard Blum, *Out There: The Government's Secret Quest for Extraterrestrials* (New York: Simon & Schuster, 1990), 240–241, 252–253, 259, 263–264, 266–267.

"Briefing Document: Operation Majestic 12," November 18, 1952, in Timothy Good, *Above Top Secret: The Worldwide UFO Cover-Up* (New York: William Morrow, 1988), 547–551.

"Request for Photo Imagery Interpretation Your Msg 292030Z Oct. 80," November 1980, in Good, *Above Top Secret*, 528.

Howard Blum, *Out There: The Government's Secret Quest for Extraterrestrials* (New York: Simon & Schuster, 1990), 252–253, 259, 263–264, 266–267.

"Majestic 12 or 'MJ-12' Reference Report," National Archives, https://www.archives.gov/research/military/air-force/ufos#mj12.

38장

Rob Irving and Peter Brookesmith, "Crop Circles: The Art of the Hoax," *Smithsonian*, December 15, 2009, https://www.smithsonianmag.com/arts-culture/crop-circles-the-art-of-the-hoax-2524283/.

Matt Ridley, "Crop Circle Confession," *Scientific American* 287, no. 2 (2002): 25.

Soo Youn, "Inside the Mystical World of Crop Circle Tourism," *National Geographic*, October 19, 2018, https://www.nationalgeographic.com/travel/article/pictures-crop-circles-tourism-wiltshire-england.

William Touhy, "'Crop Circles' Their Prank, 2 Britons Say," *Los Angeles Times*, September 10, 1991, https://www.latimes.com/archives/la-xpm-1991-09-10-mn-2463-story.html.

Daniel Stables, "England's Crop Circle Controversy," BBC, August 23, 2021, https://www.bbc.com/travel/article/20210822-englands-crop-circle-controversy.

Michael Corbin, "Welcome to ParaNet," email, https://www.abovetopsecret.com/forum/thread992225/pg1.

John Lear, statement, December 29, 1987, https://cdn.preterhuman.net/texts/alien.ufo/UFOBBS/1000/1953.ufo.

Mark Jacobson, *Pale Horse Rider: William Cooper, the Rise of Conspiracy, and the Fall of Trust in America* (New York: Blue Rider Press, 2018), ch. 5, 7–8, 19. EPUB.

Curtis Peebles, *Watch the Skies!: A Chronicle of the Flying Saucer Myth* (Washington, DC: Smithsonian Institution Press, 1994), 274–275, 278.

Colin Dickey, "A Pioneer of Paranoia," *New Republic*, August 28, 2018, https://newrepublic.com/article/150922/pioneer-paranoia.

참고 문헌

39장

Jeva Lange, "30 Years Later, We Still Don't Know What Really Happened During the Belgian UFO Wave," *Week*, March 30, 2020, https://theweek.com/articles/905215/30-years-later-still-dont-know-what-really-happened-during-belgian-ufo-wave.

Leslie Kean, *UFOs: Generals, Pilots, and Government Officials Go on the Record* (New York: Harmony, 2010), 35–38.

Robert Sheaffer, "'Classic' UFO Photo from Belgian Wave—the Hoaxer Confesses," July 26, 2011, https://badufos.blogspot.com/2011/07/classic-ufo-photo-from-belgian-wave.html.

40장

Robert Sheaffer, "'Classic' UFO Photo from Belgian Wave—the Hoaxer Confesses," July 26, 2011, https://badufos.blogspot.com/2011/07/classic-ufo-photo-from-belgian-wave.html. "Villas-Boas CE3"; David M. Jacobs, *Secret Life: Firsthand Accounts of UFO Abductions* (New York: Simon & Schuster, 1992), 20–24, 29, 39, 43.

Ralph Blumenthal, *The Believer: Alien Encounters, Hard Science, and the Passion of John Mack* (Albuquerque, NM: High Road, 2021), 37, 39, 68, 72, 76, 87, 91–92, 98, 100–103, 107, 116, 119, 121, 131, 139.

Budd Hopkins, *Missing Time: A Documented Study of UFO Abductions* (New York: Richard Marek, 1981), 217.

Will Bueché, "Ted Seth Jacobs: An Interview with the Artist," Beyond Communion, October 6, 1999, http://www.beyondcommunion.com/communion/9910tsjacobs.html.

Whitley Strieber, *Communion* (New York: William Morrow, 1987), 15.

William Poundstone, *Carl Sagan: A Life in the Cosmos* (New York: Henry Holt, 1999), 360. This story is related similarly, with minor differences, in Blumenthal, *Believer*, pp. 100-102, 107, 116.

41장

David M. Jacobs, *Secret Life: Firsthand Accounts of UFO Abductions* (New York: Simon & Schuster, 1992), 28, 256, 285, 287–288, 317.

Ralph Blumenthal, *The Believer: Alien Encounters, Hard Science, and the Passion of John Mack* (Albuquerque: High Road, 2021), 147, 150, 166, 192, 196, 224, 274.

Stephen Rae, "John Mack," *New York Times Magazine*, March 20, 1994, 30.

Leonard S. Newman and Roy F. Baumeister, "Toward an Explanation of the UFO Abduction Phenomenon: Hypnotic Elaboration, Extraterrestrial Sadomasochism, and Spurious Memories," *Psychological Inquiry* 7, no. 2 (1996): 100, 122, 182.

Jacques Vallée, *Dimensions: A Casebook of Alien Contact* (San Antonio, TX: Anomalist, 2008), 163, 178–179.

James Gleick, "The Doctor's Plot," *New Republic*, May 30, 1994, 31–32.

John E. Mack, *Abduction: Human Encounters with Aliens* (New York: Ballantine, 1994), ix.

Mary Roach, "Probed in Space," *Salon*, July 30, 1999, https://www.salon.com/1999/07/30/abductions/.

John E. Mack, *Passport to the Cosmos: Human Transformation and Alien Encounters* (Largo, FL: Kunati, 2008), xi–xii, 8, 30–31

42장

Karl T. Pflock, *Roswell: Inconvenient Facts and the Will to Believe* (Amherst, NY: Prometheus, 2001), 14, 17, 19, 146–147, 158, 185, 187, 190.

Frank Kuznik, "Aliens in the Basement," *Air & Space*, August/September 1992, 34–39.

William Claiborne, "GAO Turns to Alien Turf in Probe," *Washington Post*, January 14, 1994, A21.

Steve Brewer, "Letters Lead to UFO Inquiry," *Albuquerque Journal*, January 14, 1994, 3D.

Richard L. Weaver and James McAndrew, *The Roswell Report: Fact Versus Fiction in the New Mexico Desert*, United States Air Force, 1995, 3, 5, 8, 14–16, 21, 30. https://books.google.com/books?id=2Kp4oWwUKwwC.

Albert C. Trakowski, statement, June 29, 1994, in Weaver and McAndrew, *The Roswell Report*.

William J. Broad, "Wreckage in the Desert Was Odd but Not Alien," *New York Times*, September 18, 1994, 40.

"Combined History 509th Bomb Group and Roswell Army Air Field: 1 July 1947 through 31 July 1947," 39, in Weaver and McAndrew, *The Roswell Report: Results of a Search for Records Concerning the 1947 Crash Near Roswell, New Mexico*, United States General Accounting Office, July 28, 1995, 5, 7, https://media.defense.gov/2021/Jul/13/2002761373/-1/-1/0/GENERAL_ACCOUNTING_OFFICE_S_SCHIFF.PDF.

Philip J. Klass, "The GAO Roswell Report and Congressman Schiff," *Skeptical Inquirer*, November/December 1995, 21, 22. https://cdn.centerforinquiry.org/wp-content/uploads/sites/29/1995/11/22165051/p22.pdf.

참고 문헌

Richard Corliss, "Autopsy or Fraud-Topsy?," *Time*, November 27, 1995, https://content.time.com/time/subscriber/article/0,33009,983764,00.html.
C. Eugene Emery, Jr., "'Alien Autopsy' Show-and-Tell: Long on Tell, Short on Show," *Skeptical Inquirer*, November/December 1995, 15, 16. https://cdn.centerforinquiry.org/wp-content/uploads/sites/29/1995/11/22165051/p17.pdf.
Jake Rossen, "E.T. or B.S.? When Fox Aired Its Infamous 'Alien Autopsy' in 1995," *Mental Floss*, October 6, 2022, https://www.mentalfloss.com/posts/fox-1995-alien-autopsy-hoax.
Jim Nintzel, "Crash Fest," *Tucson Weekly*, July 10, 1997, https://www.tucsonweekly.com/tw/07-10-97/curr1.htm.
Joel Achenbach, *Captured by Aliens: The Search for Life and Truth in a Very Large Universe* (New York: Simon & Schuster, 1999), 224, 229.
James McAndrew, *The Roswell Report: Case Closed*, United States Air Force, 1997, 1, 23, 30, 33. https://www.esd.whs.mil/Portals/54/Documents/FOID/Reading%20Room/UFOsandUAPs/RoswellReportCaseClosed.pdf.
James W. Moseley and Karl T. Pflock, *Shockingly Close to the Truth!: Confessions of a Grave-Robbing Ufologist* (Amherst, NY: Prometheus, 2002), 318.

43장

Web Hubbell, *Friends in High Places: Our Journey from Little Rock to Washington, D.C.* (New York: William Morrow, 1997), 282.
Public Papers of the Presidents of the United States: William J. Clinton, Book II, Government Publishing Office, November 30, 1995, 1815, https://www.govinfo.gov/content/pkg/PPP-1995-book2/html/PPP-1995-book2-doc-pg1813-2.htm.
John Gibbons to William J. Clinton, "Inquiry from Laurance Rockefeller," August 4, 1995, http://www.paradigmresearchgroup.org/Rockefeller%20Documents/RID-8-4-95.htm.
Laurance S. Rockefeller to William J. Clinton, "Lifting Secrecy on Information about Extraterrestrial Intelligence as Part of the Current Classification Review," attached in Henry L. Diamond to John Gibbons, November 1, 1995, http://www.paradigmresearchgroup.org/Rockefeller%20Documents/RID-11-1-95.htm#1.
Robin Seemangal, "Extraterrestrial Lobbyist Explains Hillary Clinton's Controversial UFO Statements," January 16, 2016, https://observer.com/2016/01/extraterrestrial-lobbyist-explains-hillary-clintons-controversial-ufo-statements/.
"Hillary Clinton Adopts Alien Baby," *Weekly World News*, June 15, 1993, 1.
Sarah Scoles, *Making Contact: Jill Tarter and the Search for Extraterrestrial Intelligence* (New York: Pegasus Books), 164, 166, 174, 180–181, 188.

William J. Broad, "Hunt for Aliens in Space: The Next Generation," *New York Times*, February 6, 1990, C1, C12.

Jacob V. Lamar, Jr., "Jake Skywalker: A Senator Boards the Shuttle," *Time*, April 22, 1985, https://content.time.com/time/subscriber/article/0,33009,966871,00.html.

John Hollenhorst, "Former Senator Garn Memorialized with 'Garn Scale,'" KSL, December 19, 2005, https://www.ksl.com/article/141307/former-senator-garn-memorialized-with-garn-scale.

Lee Davidson, "'E.T.' Garn Trying to Save Program That Seeks Aliens," *Deseret News* (Salt Lake City, UT), June 8, 1990, https://www.deseret.com/1990/6/8/18865595/e-t-garn-trying-to-save-program-that-seeks-aliens.

John Noble Wilford, "Astronomers Start Search for Life Beyond Earth," *New York Times*, October 13, 1992, C1.

Stephen J. Garber, "Searching for Good Science: The Cancellation of NASA's SETI Program," *Journal of the British Interplanetary Society* 52 (1999): 5, 9. https://history.nasa.gov/garber.pdf.

"Richard Bryan," Wikipedia, accessed May 16, 2023, https://en.wikipedia.org/wiki/Richard_Bryan.

Seth Shostak, *Confessions of an Alien Hunter* (Washington, DC: National Geographic, 2009), 39, 41, 155–157.

"This Number Has Been Disconnected," *New York Times Magazine*, November 14, 1993, 25.

Bernard M. Oliver, "Congress Spurns Unique Silicon Valley Jewel," *Signals* 9, no. 10 (November 1993), http://www.naapo.org/NAAPO-News/Vol09/v09n10.htm.

William Harwood, "How NASA Fixed Hubble's Flawed Vision—and Reputation," *CBS News*, April 22, 2015, https://www.cbsnews.com/news/an-ingenius-fix-for-hubbles-famously-flawed-vision/.

Joel Achenbach, *Captured by Aliens: The Search for Life and Truth in a Very Large Universe* (New York: Simon & Schuster, 1999), 25, 27.

William Poundstone, *Carl Sagan: A Life in the Cosmos* (New York: Henry Holt, 1999), 205, 219.

Gilbert V. Levin, "The Curiousness of Curiosity," *Astrobiology* 15, no. 2 (2015): 101.

Sarah Stewart Johnson, *The Sirens of Mars: Searching for Life on Another World* (New York: Crown, 2021), 168.

44장

Seth Shostak, *Confessions of an Alien Hunter* (Washington, DC: National Geographic, 2009), 79.

참고 문헌

Keith Cooper, *The Contact Paradox: Challenging Our Assumptions in the Search for Extraterrestrial Intelligence* (Dublin: Bloomsbury, 2021), 28, 133.

Joel Achenbach, *Captured by Aliens: The Search for Life and Truth in a Very Large Universe* (New York: Simon & Schuster, 1999), 133–135, 137, 304, 369.

Mimi Swartz, "It Came from Outer Space," *Texas Monthly*, November 1996, https://www.texasmonthly.com/news-politics/it-came-from-outer-space/.

David S. McKay et al., "Search for Past Life on Mars: Possible Relic Biogenic Activity in Martian Meteorite ALH84001," *Science* 273, no. 5277 (August 16, 1998): 929.

William J. Clinton, "Statement Regarding Mars Meteorite Discovery" (Washington, DC, August 7, 1996), NASA, https://www2.jpl.nasa.gov/snc/clinton.html/.

David L. Chandler, "Online Document: Clinton Calls for Intensified Search for Life on Mars," *Deseret News* (Salt Lake City, UT), August 8, 1996, https://www.deseret.com/1996/8/8/19259540/online-document-clinton-calls-for-intensified-search-for-life-on-mars.

William Poundstone, *Carl Sagan: A Life in the Cosmos* (New York: Henry Holt, 1999), 379, 381.

Blaine Friedlander, "CU Scientists Laud Research on Mars Rock," *Cornell Chronicle* (Ithaca, NY), August 15, 1996, https://news.cornell.edu/stories/1996/08/cu-scientists-laud-research-mars-rock; Cynthia Hanson, Yvonne Zipp, and Sally Steindorf, "News in Brief," *Christian Science Monitor*, August 9, 1996, https://www.csmonitor.com/1996/0809/080996.news.news.1.html.

Sarah Stewart Johnson, *The Sirens of Mars: Searching for Life on Another World* (New York: Crown, 2021), 85.

Cosmos, episode 12, "Encyclopaedia Galactica," directed by Adrian Malone, Geoffrey Haines-Stiles, and Rob McCain, written by Carl Sagan, Ann Druyan, and Steven Soter, aired December 14, 1980, on PBS.; Poundstone, *Carl Sagan*, 379.

"Voyager 1's Pale Blue Dot," NASA, February 13, 2020, https://solarsystem.nasa.gov/resources/536/voyager-1s-pale-blue-dot/.

45장

Sarah Scoles, *Making Contact: Jill Tarter and the Search for Extraterrestrial Intelligence* (New York: Pegasus Books), 13–14, 16–18, 185, 192–193.

Seth Shostak, *Confessions of an Alien Hunter* (Washington, DC: National Geographic, 2009), 178.

Joel Achenbach, *Captured by Aliens: The Search for Life and Truth in a Very Large Universe* (New York: Simon & Schuster, 1999), 285.

Leslie Kean, *UFOs: Generals, Pilots, and Government Officials Go on the Record* (New York: Harmony, 2010), 248–249, 254, 256, 262.

Diedtra Henderson, "Internet Rife with Chatter of Comet's 'Companion'—Debate Raged on Whether Saturn-Like Object Is a Star or UFO," *Seattle Times*, May 27, 1997, https://archive.seattletimes.com/archive/?date=19970327&slug=2530904.

"Hale-Bopp Brings Closure to Heaven's Gate," captured February 19, 1999, Internet Archive, https://web.archive.org/web/19990219190134/http://www.sunspot.net/news/special/heavensgatesite/2index.shtml.

46장

UFOs and Defense: What Should We Prepare For?, COMETA, 1999, 7, 34, 56–57. https://ia800403.us.archive.org/17/items/pdfy-NRIQie200Vehep7K/The%20Cometa%20Report%20%5BUFO%27s%20And%20Defense%20-%20What%20Should%20We%20Prepare%20For%5D.pdf.

Gideon Lewis-Kraus, "How the Pentagon Started Taking U.F.O.s Seriously," *New Yorker*, May 10, 2021, https://www.newyorker.com/magazine/2021/05/10/how-the-pentagon-started-taking-ufos-seriously.

Mary Manning, "At Last, a Glimpse of Area 51," *Las Vegas Sun*, April 18, 2000, https://lasvegassun.com/news/2000/apr/18/at-last a-glimpse-of-area-51/.

Adam Higginbotham, "Robert Bigelow Plans a Real Estate Empire in Space," *Bloomberg Businessweek*, May 2, 2013, https://www.bloomberg.com/news/articles/2013-05-02/robert-bigelow-plans-a-real-estate-empire-in-space.

Colm A. Kelleher, "What Is NIDS?," July 15, 2000, 4, 8, 11. https://web.archive.org/web/20071012102520/http://www.nidsci.org/pdf/mufon2000.pdf.

Brandon M. Mercer, "The UFO Hunters—Scientists at National Institute for Discovery Science Study Anomalous Phenomena," *TechTV*, January 16, 2003, https://web.archive.org/web/20030124024516/http://www.techtv.com/news/culture/story/0%2C24195%2C3414589%2C00.html.

Zack Van Eyck, "Private UFO Study Takes a Public Turn," *Deseret News* (Salt Lake City, UT), August 10, 1998, https://www.deseret.com/1998/8/10/19395824/private-ufo-study-takes-a-public-turn.

James T. Lacatski, Colm A. Kelleher, and George Knapp, *Skinwalkers at the Pentagon: An Insiders'* [sic] *Account of the Secret Government UFO Program* (self-published, 2021), xxvi.

Leonard David, "'Flying Triangle' Sightings on the Rise," *NBC News*, September 2, 2004, https://www.nbcnews.com/id/wbna5897539.

Geoffrey Little, "Mr. B's Big Plan," *Air & Space*, January 2008, https://www.smithsonianmag.com/air-space-magazine/mr-bs-big-plan-23798796/.

참고 문헌

47장

James T. Lacatski, Colm A. Kelleher, and George Knapp, *Skinwalkers at the Pentagon: An Insiders'* [sic] *Account of the Secret Government UFO Program* (self-published, 2021), 13–14, 17, 39,

Brandon M. Mercer, "The UFO Hunters—Scientists at National Institute for Discovery Science Study Anomalous Phenomena," *TechTV*, January 16, 2003, https://web.archive.org/web/20030124024516/http://www.techtv.com/news/culture/story/0%2C24195%2C3414589%2C00.html.

Helene Cooper, Ralph Blumenthal, and Leslie Kean, "Glowing Auras and 'Black Money': The Pentagon's Mysterious U.F.O. Program," *New York Times*, December 16, 2017, https://www.nytimes.com/2017/12/16/us/politics/pentagon-program-ufo-harry-reid.html.

David Templeton, "The Kecksburg Files," *Pittsburgh Post-Gazette*, September 9, 1998, https://old.post-gazette.com/magazine/19980908ufo1.asp.

Lloyd Grove, "John Podesta: Clinton's Mr. Fix-It," *Washington Post*, September 30, 1998, https://www.washingtonpost.com/wp-srv/politics/special/clinton/stories/podesta093098.htm.

Doris O. Matsui to John Podesta, email, October 20, 1998, https://pbs.twimg.com/media/Fs8JLelXwAA9uhh?format=jpg&name=medium.

John Podesta, "Remarks at a Press Conference Sponsored by the SciFi Channel" (Washington, DC, October 22, 2002), https://www.paradigmresearchgroup.org/Podesta_2002_Statement.htm.

Leonard David, "Is Case Finally Closed on 1965 Pennsylvania 'UFO Mystery'?," Space.com, November 249, 2009, https://www.space.com/7589-case-finally-closed-1965-pennsylvania-ufo-mystery.html.

Gideon Lewis-Kraus, "How the Pentagon Started Taking U.F.O.s Seriously," *New Yorker*, May 10, 2021, https://www.newyorker.com/magazine/2021/05/10/how-the-pentagon-started-taking-ufos-seriously.

"O'Hare Workers Say They Saw a UFO," *Chicago Tribune*, January 2, 2007, https://www.chicagotribune.com/news/ct-xpm-2007-01-02-0701020212-story.html.

Richard F. Haines et al., *Report of an Unidentified Aerial Phenomenon and Its Safety Implications at O'Hare International Airport on November 7, 2006*, National Aviation Reporting Center on Anomalous Phenomena, May 14, 2007, 12, 29. https://static1.squarespace.com/static/5cf80ff422b5a90001351e31/t/5d02ec731230e20001528e2c/1560472703346/NARCAP_TR-10.pdf.

David Bates, "The O'Hare Field UFO Remains a Great Case," *Trail of the Saucers*, September 17, 2021, https://medium.com/on-the-trail-of-the-saucers/why-skeptical-inquirers-debunking-of-the-o-hare-field-ufo-is-ridiculous-428d4ee077ad.

Leslie Kean, *UFOs: Generals, Pilots, and Government Officials Go on the Record* (New York: Harmony, 2010), xii, 13, 69, 72.

"GEIPAN UAP Investigation Unit Opens Its Files," Centre National D'Études Spatiales, March 26, 2007, https://cnes.fr/en/web/CNES-en/5866-geipan-uap-investigation-unit-opens-its-files.php.

"Pilots to Tell Their UFO Stories for the First Time," press release, November 7, 2007, https://www.prweb.com/releases/unidentified_flying/object_ufo_event/prweb567548.htm.

48장

Ronald D. Ekers et al., eds., *SETI 2020: A Roadmap for the Search for Extraterrestrial Intelligence* (Mountain View, CA: SETI Press, 2002), xxix, xxxv, xlii–xliii, xlvii.

Benjamin Svetkey, "Making Contact: The Story Behind the Controversial Space Odyssey," *Entertainment Weekly*, July 18, 1997, https://ew.com/article/1997/07/18/making-contact/, 71, 74, 76.

Jill Tarter, "Join the SETI Search," TED Talks, 2009, https://www.ted.com/talks/jill_tarter_join_the_seti_search

Scoles, *Making Contact*, 74, 76, 80–81, 90.

Michael D. Lemonick, "ET, Call Us—Just Not Collect," *Time*, April 28, 2011, https://content.time.com/time/health/article/0,8599,2067855,00.html.

Seth Shostak, *Confessions of an Alien Hunter* (Washington, DC: National Geographic, 2009), 13.

"The Rio Scale," International Academy of Astronautics, 1–2, https://iaaspace.org/wp-content/uploads/iaa/Scientific%20Activity/setirio.pdf.

Meghan Bartels, "To Fight Fake News, SETI Researchers Update Alien-Detection Scale," Scientific American, August 1, 2018, https://www.scientificamerican.com/article/to-fight-fake-news-seti-researchers-update-alien-detection-scale/.

"Declaration of Principles Concerning Activities Following the Detection of Extraterrestrial Intelligence," International Academy of Astronautics, 1989, https://iaaseti.org/en/declaration-principles-concerning-activities-following-detection/.

Seth Shostak and Ivan Almar, "The Rio Scale Applied to Fictional SETI Detections," International Academy of Astronautics, 2002, 4, 7, http://resources.iaaseti.org/abst2002/rio2002.pdf.

"Who Speaks for Earth?," *Seed*, July 11, 2009, https://web.archive.org/web/20090711205859/http://seedmagazine.com/content/article/who_speaks_for_earth.

참고 문헌

49장

"B—Advanced Aerospace Weapon System Applications Program—Solicitation HHM402-08-R-0211," August 18, 2008, http://www.fbodaily.com/archive/2008/08-August/20-Aug-2008/FBO-01643684.htm.

James T. Lacatski, Colm A. Kelleher, and George Knapp, *Skinwalkers at the Pentagon: An Insiders'* [sic] *Account of the Secret Government UFO Program* (self-published, 2021), 22–26, 81, 91.

"Air Traffic Control," Federal Aviation Administration, February 11, 2010, https://web.archive.org/web/20100412064244/http://www.faa.gov:80/air_traffic/publications/atpubs/ATC/atc0908.html.

Tim McMillan, "The Witnesses," *Popular Mechanics*, November 12, 2019, https://www.popularmechanics.com/military/research/a29771548/navy-ufo-witnesses-tell-truth/.

Greg Taylor, "Tic-Tac Tactics: Pilot Discusses the U.S. Military's Engagement with a UFO in 2004," *Daily Grail*, June 18, 2021, https://www.dailygrail.com/2021/06/tic-tac-tactics-pilot-discusses-the-u-s-militarys-engagement-with-a-ufo-in-2004/.

Pavithra George, "'Normalizing' UFOs—Retired U.S. Navy Pilot Recalls Tic Tac Encounter," video, *Reuters*, June 25, 2021, https://www.reuters.com/lifestyle/science/normalizing-ufos-retired-us-navy-pilot-recalls-tic-tac-encounter-2021-06-25/.

"FLIR1: Official UAP Footage from the USG for Public Release," To the Stars Academy of Arts & Sciences, December 16, 2017, 2:45, https://www.youtube.com/watch?v=6rWOtrke0HY.

Paco Chierici, "There I Was: The X-Files Edition," March 14, 2015, Fighter Sweep, https://fightersweep.com/1460/x-files-edition/.

Jonathan Axelrod, "Executive Summary," Advanced Aerospace Weapon System Applications Program, 9, https://www.theblackvault.com/casefiles/wp-content/uploads/2018/01/tictac.pdf.

Helen Cooper, Leslie Kean, and Ralph Blumenthal, "2 Navy Airmen and an Object That 'Accelerated Like Nothing I've Ever Seen," *New York Times*, December 16, 2017, https://www.nytimes.com/2017/12/16/us/politics/unidentified-flying-object-navy.html.

George Knapp, "Robert Bigelow Opens Up About AAWSAP, the Tic Tac Incident, Weird Events on the Skinwalker Ranch, the Connection to Consciousness," video, Mystery Wire, January 25, 2021, https://www.mysterywire.com/ufo/robert-bigelow-aawsap/.

Bryan Bender, "The Pentagon's Secret Search for UFOs," *Politico*, December 16, 2017, https://www.politico.com/magazine/story/2017/12/16/pentagon-ufo-search-harry-reid-216111/.

Gideon Lewis-Kraus, "How the Pentagon Started Taking U.F.O.s Seriously," *New Yorker*, May 10, 2021, https://www.newyorker.com/magazine/2021/05/10/how-the-pentagon-started-taking-ufos-seriously.

"Aliens Exist," Genius, https://genius.com/Blink-182-aliens-exist-lyrics.

Patrick Doyle, "Tom DeLonge on 'Scary' UFO Footage, Angels and Airwaves and Blink-182's Future," *Rolling Stone*, June 4, 2019, https://www.rollingstone.com/music/music-features/tom-delonge-interview-ufo-footage-angels-airwaves-blink-182-843812/.

Bryan Bender, "How Harry Reid, a Terrorist Interrogator and the Singer from Blink-182 Took UFOs Mainstream," *Politico*, May 28, 2021, https://www.politico.com/news/magazine/2021/05/28/ufos-secret-history-government-washington-dc-487900.

Al Kamen, "Obama Aide John Podesta Says 'Biggest Failure' Was Not Securing the Disclosure of UFO Files," *Washington Post*, February 13, 2015, https://www.washingtonpost.com/blogs/in-the-loop/wp/2015/02/13/obama-aide-john-podesta-says-biggest-failure-was-not-securing-the-disclosure-of-ufo-files/.

Ralph Blumenthal, "On the Trail of a Secret Pentagon U.F.O. Program," *New York Times*, December 18, 2017, https://www.nytimes.com/2017/12/18/insider/secret-pentagon-ufo-program.html.

Helene Cooper, Ralph Blumenthal, and Leslie Kean, "Glowing Auras and 'Black Money': The Pentagon's Mysterious U.F.O. Program," *New York Times*, December 16, 2017, https://www.nytimes.com/2017/12/16/us/politics/pentagon-program-ufo-harry-reid.html.

Christopher Mellon, "The Military Keeps Encountering UFOS. Why Doesn't the Pentagon Care?," *Washington Post*, video, March 9, 2018, https://www.washingtonpost.com/outlook/the-military-keeps-encountering-ufos-why-doesnt-the-pentagon-care/2018/03/09/242c125c-22ee-11e8-94da-ebf9d112159c_story.html.

50장

Daniel Stone, *Sinkable: Obsession, the Deep Sea, and the Shipwreck of the Titanic* (New York: Dutton, 2022), 46–48.

Alvin Powell, "How Earth Was Watered," *Harvard Gazette*, February 27, 2014, https://news.harvard.edu/gazette/story/2014/02/how-earth-was-watered/.

Linda T. Elkins-Tanton, "Formation of Early Water Oceans on Rocky Planets," *Astrophysics and Space Science* 332 (2011): 359–364.

Bruce Dorminey, "Earth Oceans Were Homegrown," *Science*, November 29, 2010, https://www.science.org/content/article/earth-oceans-were-homegrown.

참고 문헌

Eric Hand, "Old Rocks Drown Dry Moon Theory," *Nature* 464, no. 7286 (March 11, 2010): 150.

Andrew Fazekas, "Moon Has a Hundred Times More Water Than Thought," *National Geographic*, June 15, 2010, https://www.nationalgeographic.com/science/article/100614-moon-water-hundred-lunar-proceedings-science.

Seth Shostak, *Confessions of an Alien Hunter* (Washington, DC: National Geographic, 2009), 96.

Steve Brusatte, *The Rise and Reign of the Mammals: A New History, from the Shadow of the Dinosaurs to Us* (New York: Mariner, 2022), xviii, 6, 169, 175, 259, 382–383, 390.

Keith Cooper, *The Contact Paradox: Challenging Our Assumptions in the Search for Extraterrestrial Intelligence* (Dublin: Bloomsbury, 2021), 58, 170.

Avi Loeb, *Extraterrestrial: The First Sign of Intelligent Life Beyond Earth* (New York: Houghton Mifflin Harcourt, 2021), 169–172.

Meilan Solly, "Ancient Roundworms Allegedly Resurrected from Russian Permafrost," *Smithsonian*, July 30, 2018, https://www.smithsonianmag.com/smart-news/ancient-roundworms-allegedly-resurrected-russian-permafrost-180969782/.

51장

Seth Shostak, *Confessions of an Alien Hunter* (Washington, DC: National Geographic, 2009), 6, 75, 77, 284–285.

Avi Loeb, *Extraterrestrial: The First Sign of Intelligent Life Beyond Earth* (New York: Houghton Mifflin Harcourt, 2021), 4, 54, 57, 65, 67, 177.

Lee Billings, "Search for Extraterrestrial Intelligence Nets Historic Cash Infusion," *Scientific American*, July 20, 2015, https://www.scientificamerican.com/article/search-for-extraterrestrial-intelligence-nets-historic-cash-infusion/.

"Gravity Assist: If They Call, Will We Listen? The Search for Technosignatures," NASA, June 26, 2020, https://www.nasa.gov/mediacast/gravity-assist-if-they-call-will-we-listen-the-search-for-technosignatures.

Paul Gilster, "G-HAT: Searching for Kadashev Type III," *Centauri Dreams*, April 16, 2015, https://www.centauri-dreams.org/2015/04/16/g-hat-searching-for-kardashev-type-iii/.

"City Lights Could Reveal E.T. Civilization," Harvard & Smithsonian Center for Astrophysics, November 3, 2011, https://www.cfa.harvard.edu/news/city-lights-could-reveal-et-civilization.

"Proxima Centauri b," NASA, https://exoplanets.nasa.gov/exoplanet-catalog/7167/proxima-centauri-b/.

Dennis Overbye, "Reaching for the Stars, Across 4.37 Light Years," *New York Times*, April 12, 2016, https://www.nytimes.com/2016/04/13/science/alpha-centauri-breakthrough-starshot-yuri-milner-stephen-hawking.html.

"The IAU Approves New Type of Designation for Interstellar Objects," International Astronomical Union, November 14, 2017, https://www.iau.org/news/announcements/detail/ann17045/.

Shmuel Bialy and Abraham Loeb, "Could Solar Radiation Pressure Explain 'Oumuamua's Peculiar Acceleration?," *Astrophysical Journal Letters* 868, no. 1 (2018): 1–5.

Isaac Chotiner, "Have Aliens Found Us? A Harvard Astronomer on the Mysterious Interstellar Object 'Oumuamua," *New Yorker*, January 16, 2019, https://www.newyorker.com/news/q-and-a/have-aliens-found-us-a-harvard-astronomer-on-the-mysterious-interstellar-object-oumuamua.

Dennis Overbye, "Why Oumuamua, the Interstellar Visitor, Looks Eerily Familiar," *New York Times*, March 23, 2021, https://www.nytimes.com/2021/03/23/science/astronomy-oumuamua-comet.html.

Mike Sullivan, "Harvard professor Avi Loeb believes he's found fragments of alien technology," CBS News Boston, July 7, 2023, https://www.cbsnews.com/boston/news/avi-loeb-harvard-professor-alien-technology-fragments/.

에필로그

Dennis Overbye, Kenneth Chang, and Joshua Sokol, "Webb Telescope Reveals a New Vision of an Ancient Universe," *New York Times*, July 12, 2022, https://www.nytimes.com/2022/07/12/science/james-webb-telescope-images-nasa.html.

Avi Loeb, *Extraterrestrial: The First Sign of Intelligent Life Beyond Earth* (New York: Houghton Mifflin Harcourt, 2021), xii, 50, 94, 97, 162.

Daniel Alarcón, "The Collapse of Puerto Rico's Iconic Telescope," *New Yorker*, April 5, 2021: https://www.newyorker.com/magazine/2021/04/05/the-collapse-of-puerto-ricos-iconic-telescope.

Gideon Lewis-Kraus, "How the Pentagon Started Taking U.F.O.s Seriously," *New Yorker*, May 10, 2021, https://www.newyorker.com/magazine/2021/05/10/how-the-pentagon-started-taking-ufos-seriously.

Ryan Browne, "Pentagon to Launch Task Force to Investigate UFO Sightings," *CNN*, August 13, 2020, https://www.cnn.com/2020/08/13/politics/pentagon-ufo-task-force/index.html.

John O. Brennan, interview by Tyler Cowen, *Conversations with Tyler*, December 16, 2020, https://conversationswithtyler.com/episodes/john-o-brennan/.

참고 문헌

Duncan Phenix, "Barack Obama Talks About UFOs Again on Late Night Television," WGN 9, May 18, 2021, https://wgntv.com/news/barack-obama-talks-about-ufos-again-on-late-night-television/.

Tim McMillan, "'Fast Movers' and Transmedium Vehicles—The Pentagon's Unidentified Aerial Phenomena Task Force," *The Debrief*, December 2, 2020, https://thedebrief.org/fast-movers-and-transmedium-vehicles-the-pentagons-uap-task-force/.

Preliminary Assessment: Unidentified Aerial Phenomena, Office of the Director of National Intelligence, June 25, 2021, 5, https://www.dni.gov/files/ODNI/documents/assessments/Prelimary-Assessment-UAP-20210625.pdf.

Christopher Mellon, "Key Takeaways from 2023 ODNI UAP Report," January 12, 2023, https://www.christophermellon.net/post/key-takeaways-from-2023-odni-uap-report.

Alex Rogers, "House Panel Will Hold First Public Hearing on UFOs in Decades," *CNN*, May 10, 2022, https://www.cnn.com/2022/05/10/politics/ufo-hearing-house-intelligence-committee/index.html.

Unidentified Aerial Phenomena, transcript of a meeting of the U.S. House Permanent Select Committee on Intelligence, Subcommittee on Counterterrorism, Counterintelligence, and Counterproliferation, May 17, 2022, 34, https://www.congress.gov/117/meeting/house/114761/documents/HHRG-117-IG05-Transcript-20220517.pdf.

Adam Kehoe and Marc Cecotti, "Multiple Destroyers Were Swarmed by Mysterious 'Drones' Off California Over Numerous Nights," *War Zone*, May 23, 2021, https://www.thedrive.com/the-war-zone/39913/multiple-destroyers-were-swarmed-by-mysterious-drones-off-california-over-numerous-nights.

Julian E. Barnes, "Many Military U.F.O. Reports Are Just Foreign Spying or Airborne Trash," *New York Times*, October 28, 2022, https://www.nytimes.com/2022/10/28/us/politics/ufo-military-reports.html.

Libby Cathey, "White House Says 'No Indication of Aliens' as Questions Swirl about Objects Shot Down," *ABC News*, February 13, 2023, https://abcnews.go.com/Politics/white-house-indication-aliens-questions-swirl-objects-shot/story?id=97090516.

Matt Berg and Lee Hudson, "A Hobby Group May Have the Answer to What the U.S. Shot Down Over Canada Last Week," *Politico*, February 16, 2023, https://www.politico.com/news/2023/02/16/mystery-object-balloon-illinois-biden-00083355.

"NASA Announces Unidentified Anomalous Phenomena Study Team Members," NASA, October 21, 2022, https://www.nasa.gov/feature/nasa-announces-unidentified-aerial-phenomena-study-team-members/.

Whitelaw Reid, "Space Jam: Former Senator Talks Aliens, Asteroids and 'Star Trek' with Larry Sabato," *UVAToday*, October 20, 2021, https://news.virginia.edu/content/space-jam-former-senator-talks-aliens-asteroids-and-star-trek-larry-sabato.

Soo Youn, "The Woman Who Forced the US Government to Take UFOs Seriously," *Guardian*, June 14, 2021, https://www.theguardian.com/world/2021/jun/14/leslie-kean-ufo-reporter-us-government-report.

Chantel Tattoli, "Jacques Vallée Still Doesn't Know What UFOs Are," *WIRED*, April 2022: https://www.wired.com/story/jacques-Vallée-still-doesnt-know-what-ufos-are/.

Paul Scott Anderson, "Has the Ball Lightning Mystery Been Solved?" EarthSky, June 14, 2019, https://earthsky.org/earth/ball-lightning-lightning-atmosphere-earth-optik/.

London's Roll of Fame (London: Cassell & Company, 1884), 305, https://books.google.com/books?id=ne6yXTyC61wC.

Ronald D. Ekers et al., eds., *SETI 2020: A Roadmap for the Search for Extraterrestrial Intelligence* (Mountain View: SETI Press, 2002), xxx.

J. B. S. Haldane, *Possible Worlds and Other Essays* (London: Chatto and Windus, 1937), 286.

도판 목록

흑백 도판

1. 텍사스주 알링턴, 텍사스대학교도서관 특수 컬렉션, 《포트워스스타텔레그램》 제공.
2. 《로즈웰데일리레코드》, 위키미디어 코먼스.
3. 크로니클(Chronicle), 앨러미스톡포토.
4. 크로니클(Chronicle), 앨러미스톡포토.
5. 베트먼아카이브(Bettman Archive) 제공, 게티이미지.
6. 《데일리그레일퍼블리싱(Daily Grail Publishing)》, 위키미디어 코먼스.
7. 베트먼아카이브(Bettman Archive) 제공, 게티이미지.
8. 미 공군, 물자사령부 산하 수명주기관리센터(Air Force Life Cycle Management Center) 역사실, 라이트패터슨공군기지.
9. 미 해군.
10. 미 해군, 해군역사및유산사령부(Naval History and Heritage Command).
11. 미 공군, 미 공군 문서.
12. 크로니클(Chronicle), 앨러미스톡포토.
13. 클로이드 테터(Cloyd Teter), 《덴버포스트》 컬렉션, 게티이미지.
14. 미 국립문서기록관리청(National Archives) 6981836.
15. 미 공군, 미공군국립박물관(National Museum of the US Air Force).
16. 삽화: 미 육군.
17. AP 미연합통신, 앨빈 퀸(Alvin Quinn).
18. 워슈테노카운티보안관실(Washtenaw County Sheriff's Office) 공개 도해, 미시간주 앤아버.
19. 스미스소니언기관아카이브(Smithsonian Institution Archives), Record Unit 371, Box 4, 폴더: 1983년 12월.
20. 《인터내셔널UFO리포터》, UFO연구센터(Center for UFO Studies) 발행.
21. 미 연방정부.
22. 스미스소니언기관아카이브, Record Unit 9520, Box 1, 프레드 휘플의 구술사 인터뷰.

23. 미국 국립전파천문대(National Radio Astronomy Observatory).
24. 카를 이와사키(Carl Iwasaki), 《더크로니클컬렉션(The Chronicle Collection)》, 게티이미지.
25. NRAO / AUI / NSF.
26. 아르네 노르트만(Arne Nordmann), 크리에이티브 코먼스 저작자표시-동일조건변경허락 3.0 미인가, 위키미디어 코먼스.
27. NASA.
28. NASA.

컬러 도판
1. 아이린 P. 어트먼(Irene P. Ertman) SF 컬렉션, 피츠버그주립대학교 디지털 코먼스.
2. 코스타리카 국립지리원(Instituto Geográfico Nacional de Costa Rica), 위키미디어 코먼스.
3. FBI 기록: 더 볼트(The Vault), https://vault.fbi.gov/Majestic%2012
4. NASA, 위키미디어 코먼스.
5. 미국 국립전파천문대.
6. 월드 히스토리 아카이브(World History Archive), 앨러미스톡포토.
7. AP 미연합통신, 에릭 드레이퍼(Eric Draper).
8. AP 미연합통신, 수전 월시(Susan Walsh).
9. 미 국방부 문서, 1994 로즈웰 보고서.
10. 미 공군.
11. 미 공군(연합통신 경유), 문서.
12. 미 국방부 문서, 1997 로즈웰 보고서.
13. SETI연구소.
14. NASA.
15. 사진: 세스 쇼스택, SETI연구소.
16. NASA / JPL.
17. 사진: NASA, 앨러미스톡포토.
18. 사진: 헤인 펄모어 4세(Hayne Palmour IV), 《샌디에이고유니언트리뷴(San Diego Union-Tribune)》 / 《ZUMA와이어(ZUMA Wire)》 / 《앨러미라이브뉴스(Alamy Live News)》.
19. 사진: 데이비드 베커(David Becker) / 주마와이어(ZUMA Wire)》 / 《앨러미라이브뉴스(Alamy Live News)》.
20. 사진: 티머시 A. 클러리(Timothy A. Clary) / AFP, 게티이미지.

21. 브레이크스루 스타숏(Breakthrough Starshot).
22. 유럽남방천문대(European Southern Observatory), 마르틴 코른메서(M. Kornmesser).
23. NASA / ESA / 조지프 옴스테드(Joseph Olmsted)·프랭크 서머스(Frank Summers), STScI.
24. 미 연방정부 공식 영상 스틸, https://www.navair.navy.mil/foia/documents
25. 미 연방정부 공식 영상 스틸, https://www.navair.navy.mil/foia/documents
26. 미 국방부.

찾아보기

ㄱ

가이 힉스 92
「가장 유용한 최상의 증거(The Best Available Evidence)」 581
가축 절단 사건 463-470, 522, 561, 618
간첩법 190
갈릴레오 갈릴레이 25, 271, 314, 325-326, 639
갈릴레오프로젝트 680-681
감마선 274
게리 더 465
겐나디 쇼로미츠키 310
고고도 정찰 프로그램 281-283, 285-287
고고도 항공기 탈출 프로젝트 576-577
고급 이론물리학 프로젝트 501, 503-504
고대 그리스 29, 325
고드먼육군비행장 91-93, 151, 153
고든 무어 600, 602
고든 윌리엄스 521
고릴라 29
"고전적" UFO 사건 104, 109, 366
    고먼 사건 109-112, 121, 131
    맨텔 사건 92-95, 104, 121, 131, 150-153, 213, 564
    차일스휘티드 사건 104, 114, 121, 131

『고정된 별들의 책(The Book of Fixed Stars)』(알수피) 25
"고패스트" 영상 658
공군
    과학자문위원회 114, 122
    규정 189, 195
    베를린 봉쇄 실험 105
    서신 224
    창설 74, 77
    항공의학연구소 95, 107, 115, 127
    UFO 조사 종료 380
    UFOB 보고 매뉴얼 154, 195-196
공군기술정보센터 → ATIC 참조
공룡 666-667
공무상비밀누설죄 190
공산주의자 65, 69, 70, 139, 245
공습 및 낙진 대피소 183
〈공중의 살인(Murder in the Air)〉 496
공중현상그룹 149
공중현상연구기구 → APRO 참조
『과학에 대한 도전(Challenge to Science)』(발레) 344
광학 추적 프로그램 228
〈괴물 디 오리지널(The Thing from Another World)〉 182
구상 번개 95, 234, 697
구스타프 키르히호프 273
국가보안법 52, 73

국가안보국(NSA) 268, 484-486, 502, 504, 507-508
국가안전보장회의(NSC) 172, 198, 569-570
국립과학원 173, 293, 318, 377, 397, 475, 479
국립과학재단 266, 400, 477, 688
국립발견과학연구소(NIDS) 618-622, 625, 646, 687
국립천문학전리층센터 400, 407
국무부 138-139, 218
국방고등연구계획국(DARPA) 461-462
국방부 52, 129, 562-563, 573, 621, 645, 651, 655
국방연구위원회 172
국방정보국(DIA) 440, 502, 504, 515, 622, 624, 626, 645-646, 651-653
    첨단항공우주무기시스템 응용 프로그램(AAWSAP) 627, 645, 652, 653, 687
국부은하군 26
국제UFO박물관및연구센터 562, 568
국제라이온스협회 455, 496
국제비행접시협회 215
국제지구물리학의 해 190, 228-229
군대
    군산복합체 50
    전쟁 이후 군대 개편 44-45, 49-52, 73-75
굴리엘모 마르코니 329
〈굿모닝아메리카(Good Morning America)〉 494
〈그날 이후(The Day After)〉 498

『그들은 비행접시에 대해 너무 많은 것을 알고 있다(They Knew Too Much About Flying Saucers)』(바커) 216
그레이 바커 213, 215-218, 417
그레이디 "바니" 버넷 414
그로트 리버 255
그루지프로젝트 119, 122, 127-128, 132, 143, 145, 148, 200, 223, 228, 436
그룸 호수 282-283, 523, 617
그린뱅크에 위치한 국립전파천문대 → 그린뱅크천문대 참조
그린뱅크천문대 265, 267-268, 276-277, 288, 294, 296, 301-302, 384, 390, 399, 447, 605
    그린뱅크천문대 컨퍼런스 293-296
"근접 조우" 사건 419-422, 425, 445, 533
글레니스 에거 78
금성 94, 135, 150-151, 260, 456
    금성 레이더 지도 작성 485-486
    매리너 탐사선의 탐사 292, 331-332
금성인 202, 204-205
〈기묘한 추수(A Strange Harvest)〉 468
기상관측 풍선(기구) 47, 49, 55, 95, 111, 127-128, 144, 185, 362, 414, 569
    기상관측 풍선과 맨텔 사건 151-153
기상국 95
기상위성 376
기온역전현상 163, 336-337

ㄴ

나가사키 74, 296
〈나이트라인(Nightline)〉 515
나일스 엘드리지 666
나치 독일
    독일에서 포획한 항공기 82, 87, 142
    독일의 과학자와 엔지니어 81, 142, 154, 238
    독일의 레이더 256-259
    독일의 장거리 폭격기 89
    독일의 U-보트 258
낙진 대피소 및 공습 158, 183
납치 → 외계인 납치 참조
『납치(Abduction)』(맥) 551, 557
「납치 신드롬(Abduction Syndrome)」(맥) 544
"내부고발자" 521-529
《내셔널태틀러(National Tattler)》 415
내셔널프레스클럽 631
냉전 50, 52, 142, 165, 169, 183, 209, 212, 281-283, 302, 306, 325, 359, 399, 487, 496, 498, 500, 614, 618, 702-703
네바다 시험장 282, 463
네스호 괴물 67, 200, 367, 550
네이선 "칩" 코언 492
네이선 트와이닝 75-77, 224, 513, 515
《네이처(Nature)》 274-276, 303, 548
노먼 레빈 369
노벨상 23, 122, 173, 257, 268, 289, 293, 297, 374, 384
노벨평화상 541
노스롭그루먼 461-462
노스아메리칸항공 197
노스웨스턴대학교 358
《뉴리퍼블릭(The New Republic)》 555
뉴멕시코주 덜스 523
뉴멕시코주 소코로 318, 320-322, 324
뉴멕시코주 아즈텍 134-135, 563
《뉴스위크(Newsweek)》 465
《뉴요커(The New Yorker)》 74, 251-252, 313, 633, 688, 692
《뉴욕타임스(The New York Times)》 17, 56, 63, 122, 163, 183, 191, 254, 258, 268, 311, 334, 391, 475, 515, 534, 557, 569, 584, 603, 656-658, 680
《뉴욕타임스매거진(The New York Times Magazine)》 552, 556
뉴저지주 포트 몬머스 143-144
뉴햄프셔주 엑서터 336-337, 343, 357
니콜라 테슬라 329
니콜라스 코페르니쿠스 85, 271, 325
니콜라이 1세 85
니콜라이 세묘노비치 카르다쇼프 306-311, 384, 479
니키타 흐루쇼프 286-287, 330-331
닐 암스트롱 381-382

ㄷ

다나 앳츨리 294
『다른 세계가 우리를 보고 있는가(Are We Being Watched?)』(허드) 136
다바 소벨 408
다이슨 구체 394-395, 673
달 258, 270-272, 347, 401, 490, 527
    달 착륙 292, 380, 381-383, 398, 593
달라이 라마 546

대니 맥 541-542
대니얼 밀턴 래드 69, 71
대니얼 스톤 660, 662-663
대니얼 케이건 469
대니얼 프라이 205-207
대륙간탄도미사일(ICBM) 233, 498, 523, 629
대형 강입자 충돌기 687
댄 골딘 587-589, 594, 596-597
댄 이노우에 626
더그 바우어 519
더그웨이 시험장 466
더글러스 맥아더 139
더글러스 커스 647
더글러스에어크래프트 96-97
더미 회수 작전 576-577
더크 슐체마쿠흐 662
던컨 포건 642
데이브 촐리 519
데이비드 디보킨 82
데이비드 릴리엔솔 53
데이비드 매케이 592-595, 597
데이비드 사르노프 63
데이비드 선더스 367-369, 379
데이비드 셰이 379
데이비드 스퍼걸 695
데이비드 제이컵스 22, 67, 94, 96, 196, 201, 248, 324, 334, 353, 416-417, 537-538, 548-550, 552-554
데이비드 패커드 600
데이비드 프레이버 650
데이비드 프리처드 551
데일 코슨 481
《데일리메일(Daily Mail)》 46

덴버대학교 134, 135
델머 S. 파니 220-222
델버트 뉴하우스 175
도널드 럼즈펠드 372
도널드 멘젤 184-187, 245, 315, 343, 353, 358, 371, 427-428, 508, 513
도널드 슈밋 561
도널드 키호 123-127, 129-135, 138, 161-162, 183, 187-189, 198-199, 203, 222-226, 235-238, 243, 245, 247-248, 324, 343, 350-351, 353, 368-369, 379, 412, 416, 423, 425
  루펠트와 키호 223-224
  〈암스트롱 서클 극장〉에서의 발언 235-236
  애덤스키와 키호 203
  NICAP 국장으로서 활동 222-226, 243, 245, 247-248
도리스 마쓰이 628
"도시 전설" 468
도플러효과 86, 264, 449
독일 64, 105, 113, 193
  → 나치 독일 참조
독자적 특별 팀 192
돌고래 294-295, 297-300, 686
돌고래기사단 300-301, 384, 390, 395, 400, 403, 548
듀이 J. 포넷 155, 174, 178
드론 32
드루 피어슨 161
드와이트 아이젠하워 51, 63, 161, 190-191, 196, 281-282, 284, 286-287, 516-517, 527
디스커버리 우주왕복선 587
디즈니랜드 180

찾아보기

《디트로이트프리프레스(Detroit Free Press)》 58
디펜더프로젝트 399
〈딕 캐벗 쇼(The Dick Cavett Show)〉 432-433

ㄹ

라니아케아 초은하단 26
라이카 232-233, 330
라이트패터슨공군기지 45, 140, 321, 368, 462, 506
라이트형제(오빌 라이트와 윌버 라이트) 141, 191
《라이프(LIFE)》 67, 154, 156, 232-233
라일 보이드 358
래리 코인 432-433
랠프 블루먼솔 656, 703, 708
랠프 스티븐스 45
랠프 클라크 169
러스티작전 142
러시아 32, 85, 643, 651, 678, 691, 697
 → 소련 참조
레나토 니콜라이 445
레너드 A. 게바우어("G 박사") 136
레너드 뉴먼 552
레너드 스트링필드 411-413
레드 제플린 519
레스 아렌즈 244
레스터 그린스푼 543
레슬리 블룸 74
레슬리 오겔 387-391
레슬리 킨 613, 615-616, 627-629, 631-633, 653, 656, 689, 696
레이 샌텔리 571-572
레이니어산 39-40
레이더 102-103, 112-113, 143-144, 187, 257-259, 305, 339, 462, 486-487, 648
레이더 오류 658
 워싱턴 D.C. 사건에서 레이더 157-159, 163, 164
레이먼드 팔머 524
렌들샴 숲 사건 471-473, 632
『렌들샴 숲에서의 조우(Encounter in Rendlesham Forest)』(포프 외) 472
로너 F. 카터 338
로널드 레이건 496-500, 505, 523, 618
로니 자모라 318-320, 324, 345
로라 리니 217
로런스 록펠러 581-582
로런스 태커 225-246
로리 마리노 669
로버트 G. 토드 153, 565
로버트 랜드리 106-107, 161
로버트 로 363, 367
로버트 부데리 257, 259
로버트 비글로 618-622, 624-627, 645-647, 650-652, 654-655, 658, 687
로버트 셰퍼 550
로버트 스태퍼드 352
로버트 시먼 379
로버트 웨릭 676
로버트 저메키스 605
로버트 지나 154
로버트 커틀러 515-516
로베르트 분젠 273
《로스앤젤레스타임스(Los Angeles Times)》 44, 539
로스앨러모스국립연구소 251, 506-507

《로즈웰데일리레코드(Roswell Daily
　　Record)》 46
로스코 힐렌코터 226-227, 355, 513
로이 바우마이스터 552
로이드 버크너 173, 190-191
로저 레이미 47
로저 맥권 311
로즈웰 574
　　50주년 기념행사 574-575, 579
　　국제UFO박물관및연구센터 562,
　　　568
　　로즈웰 사건과 관광업 562, 570,
　　　574
　　로즈웰 사건 37-38, 45-47, 51-53,
　　　412-414, 501, 506-507, 561-579,
　　　581, 608
　　　로즈웰 사건 정부 보고서 563-
　　　　564, 575-576, 582
　　　로즈웰 사건과 관련된 음모론 33,
　　　　198, 501, 505-507, 512-513,
　　　　516-517, 523-524, 561-564,
　　　　568-573, 575
　　　모굴 기구와 로즈웰 사건의 연관성
　　　　566-567, 576
　　　시신에 대한 소문 414, 507, 561,
　　　　571-573, 575-576, 581
　　　잔해에 새겨진 문자 37, 414-415,
　　　　567
『로즈웰 사건(The Roswell Incident)』
　　(무어와 벌리츠) 413-414
『로즈웰 UFO 추락(UFO Crash at
　　Roswell)』(랜들과 슈밋) 561
로켓 82-83, 98, 117
　　뱅가드프로젝트 191, 228-229,
　　　238-239

　　유령 로켓 63, 65, 522
　　주피터 로켓 238
　　V-2 로켓 63, 82-83, 87, 100, 102,
　　　131, 171, 176
록히드 206, 282-283, 461-462,
　　501-507, 692
《롤링스톤(Rolling Stone)》 654
롱 존 네벨 209, 345
루 캐넌 497, 499
루돌프 폐섹 384
루이스 앨버레즈 173
루이스 엘리존도 654, 656-657, 689
루이스 프리드먼 476
루이지애나주 슈리브포트 70
루크레티우스 270
《룩(Look)》 156, 189, 369
리베카 A. 샤르보노 310
리언 데이비드슨 214
리언 파네타 594
리우 척도 640-643
리처드 기어 217
리처드 닉슨 161, 183, 359, 405, 415,
　　516, 524
리처드 도티 514
리처드 돌런 502
리처드 드라이퍼스 458
리처드 러셀 244
리처드 리 384
리처드 보든 163
리처드 브라이언 585-586
리처드 비셀 282-284
리처드 위버 568
리처드 포터 338
리처드 홀더 320-321
리플리캠프 153

찾아보기

릭천문대 166
린다 살츠먼 세이건 405
린다 엘킨스탠턴 660-663
린다 하우 468
린든 존슨 332-334, 349

ㅁ

마거릿 헐리 277
마르코 루비오 689
마오쩌둥 139
마이크 매커리 628
마이크 월리스 238
마이크로소프트 600, 634, 637, 706
마이클 H. 하트 491-492
마이클 J. 골먼 466
마이클 J. 크로 401
마이클 로저스 534
마이클 베슐로스 284
마이클 콜린스 382
마이클 크라이튼 382
마조리 피시 425
마크 로더기어 551
마크 워너 689
마틴 라일 409
『말 없는 증거(Silent Invasion)』
　(케이건과 서머스) 469
망원경 638-640, 671
　제임스웹우주망원경 683-684
　팬스타스(Pan-STARRS) 망원경 676
　허블우주망원경 587, 675
매리너 탐사선 292, 331-333, 380, 597, 681
매슈 헤이즈 436-438
맥 브래즐 37, 39

맥도널더글러스 502
맥밀린천문대 149
맨인블랙 216-217, 411, 525
〈맨인블랙(Men in Black)〉 606
맨해튼계획 63, 75, 82, 252, 257, 289, 487, 506, 565
머큐리극단 14-17
《메릴랜드접시매거진(Maryland Saucer Magazine)》 219
메릴랜드주 122-123
멜빈 캘빈 290-291, 293-294, 297-298, 300
명왕성 49, 409, 675, 680
모굴프로젝트 564-566, 575
모르몬교 583, 625
모리섬 66
모리스 바이엇 154
모리스 유잉 565
『모스맨 예언(The Mothman Prophecies)』(킬) 217, 465
모스부호 329
《모스크바타임스(The Moscow Times)》 511
모하비사막 209-210
목성 112, 159, 261, 263, 271, 404, 442, 588, 664
몬태나주 173-174
몰리브덴 390
무기 시스템 평가 그룹 172
무록육군비행장 43, 53, 55, 68, 78, 81
무어의 법칙 635
문워치작전 229-230, 232, 239
물 274, 175, 333, 396, 590, 592, 660-664

물고기자리-고래자리 복합초은하단 27
물곰 670
미국과학진흥협회 360
미국광학회 184
미국천문학회 166, 404, 450
《미국핵과학자회 회보(Bulletin of the Atomic Scientists)》 75
미사일 629
  소련 미사일 246, 287, 331, 399
  V-1 미사일 172, 176
미셸 모르강 315
미시간주 345-350, 354-355, 454, 496
미시간주 덱스터 346
〈미지와의 조우(Close Encounters of the Third Kind)〉(스필버그) 21, 457, 476-477, 523
미첼 카포르 601
미치오 카쿠 308
미하일 고르바초프 498
미해군연구소 152-153, 260, 266
미확인항공우주현상연구단(GEPAN) 442-446, 613, 631
『미확인 비행물체에 관한 보고서(The Report on Unidentified Flying Objects)』(루펠트) 224-225
믹 웨스트 658
민간비행접시정보모임 197, 211, 214, 219
민주당 전당대회 157, 161

ㅂ

『바깥 우주에서 온 비행접시(Flying Saucers from Outer Space)』(키호) 187-188
바니 올리버 280, 294, 299, 384, 395-396, 398, 403, 487-488, 494-495, 583, 586, 600-601
바니와 베티 힐 사건 422-425, 533, 541, 544
바륨 구름 456
바이킹 탐사선 588-589
박테리아 381, 590, 593, 665
반덴버그공군기지 629
발렌티나 테레시코바 330
발터 리델 154, 197
발터 호르텐과 라이마르 호르텐 89
배리 그린우드 153
배텔연구소 165-166, 196
버나드 A. 클래리 525
버나드 라운 540
버나드 러벌 259, 312, 484, 486-487
버나드 린덴바움 194
버나드 바루크 49
버니바 부시 256, 513
버드 홉킨스 534-538, 542-543, 546, 550, 552-554, 575
《버라이어티(Variety)》 134
버락 오바마 655, 690-691
『버뮤다삼각지대(The Bermuda Triangle)』(벌리츠) 411
버즈 311
버즈 올드린 382
벅 넬슨 209
번개 185
  구상 번개 234, 697
  전자기적 메아리 329
범종설 387, 391
법무부 468
베르너 에르하르트 542

찾아보기

베르너 폰 브라운 180, 238-239, 296, 347, 398, 400
베이커넌 카메라 229, 239
베트남전쟁 49, 398, 410, 481, 524, 583
벤 리치 503, 504
벤저민 사이먼 423-424, 542
벨기에 530-532, 607, 621, 633
별 261-263, 270-273, 361-362, 671, 683, 684
    별의 반짝임 150
    스펙트럼 분석 85, 155, 273
    특이한 별 100
보리스 "밥" 벨리츠키 386
《보스턴글로브(The Boston Globe)》 616, 627
보슬리 크라우더 183
보이아나이 사건 427-429
보이저프로젝트 450-452, 597-598, 679, 681
『보이지 않는 대학(The Invisible College)』(발레) 554
볼링공군기지 123, 160
분광학 85, 101, 262
뷰라칸 회의 384-392
브라이언 벤더 657, 705
브라이언 오브라이언 338, 356
브래드 리카 181
브레이크스루리슨 671-681
브루스 머리 333, 476
브와디스와프 스푸드 포토스키 241
블라디미르 토르치긴 697
블루북 → 블루북프로젝트 참조
블루북프로젝트 149, 151, 154, 156, 160, 164-165, 167, 174-175, 178, 187-189, 195, 200, 212, 214, 223-225, 228, 245-247, 285, 316-317, 335, 337, 345-346, 363, 420, 427, 436, 458, 464, 627, 652
    블루북프로젝트의 종료 379-380, 416
    소코로 사건과 블루북프로젝트 321-324
    오브라이언위원회와 블루북프로젝트 338-339, 350, 352, 356-357, 366
블링크-182 654
비글로에어로스페이스 621-622
『비루먹은 말을 보라(Behold a Pale Horse)』(쿠퍼) 529
비행선 58-60, 65, 184
비행선 59, 126
비행접시
    비행접시 용어의 사용 148, 184-185
    비행접시의 개념 40, 568
    아브로 비행접시 192, 194, 240-242, 461
    제작 시도 191-194, 240-242, 461
    → UFO 참조
『비행접시가 착륙했다(Flying Saucers Have Landed)』(애덤스키) 201-202
「비행접시는 실재한다(Flying Saucers Are Real)」(키호) 133-134
『비행접시를 타다(Aboard a Flying Saucer)』(베서럼) 204
『비행접시: 미신-진실-역사(Flying Saucers: Myth, Truth, History)』(멘젤) 184-185, 508

『비행접시 비검열자료(Flying Saucers Uncensored)』(윌킨스) 22
『비행접시와 세 명의 남자(Flying Saucers and the Three Men)』(벤더) 218
『비행접시와 일직선의 미스터리(Straight-Line Mystery)』(미셸) 315
비행접시인터내셔널 183
『비행접시의 이면(Behind the Flying Saucers)』(스컬리) 134, 344
빅뱅 23, 24, 474
빅트로 암바르추미안 384-385
빌 넬슨 695
빌 쿠퍼 524-529
빌 클린턴 580-582, 595-598, 605, 628
빌 페인터 497
빌 폴먼 573
빌프리트 더 브라위어 530-532

ㅅ

사기 66-67, 69, 135-136, 159, 185, 218-220, 344, 361, 378, 572-573, 633
『사라진 시간(Missing Time)』(홉킨스) 535-536
《사이언스(Science)》 344, 359, 370, 418, 593, 595
《사이언티픽아메리칸(Scientific American)》 260
사이클롭스프로젝트 397, 481
사인프로젝트 91, 95-97, 101, 104-105, 107, 111, 121-122, 129, 145, 149, 151, 168, 200, 228, 379, 578
　고전 사례 → "고전적" UFO 사건 참조

"미확인비행물체" 보고서 113-120, 127-128
"상황 추정" 보고서 108-109, 224
사일러스 뉴튼 134-135
산마리노 척도 643
산소 588, 590
삼각형자리 은하 26
상원 52, 625-626, 689
새뮤얼 에이브러햄 고즈미트 173, 177
《새터데이리뷰(Saturday Review)》 343, 360
《새터데이이브닝포스트(The Saturday Evening Post)》 121-124, 129, 360, 362
《샌프란시스코이그재미너(San Francisco Examiner)》 46
생명
　물과 생명 274, 333, 396, 590, 592, 660-664
　외계 → 외계 생명 참조
　지구 → 지구의 생명 참조
샤를 드골 442
샬린 엥겔 459
성 엘모의 불 61-62
성경 57, 574
『성찬(Communion)』(스트리버) 538-539
세라 스콜스 482, 635
세라 스튜어트 존슨 326, 328-329, 380, 475, 597, 704
세상의 다양성 270
세스 쇼스택 27, 269, 589, 601-605, 638, 640, 643, 664, 671, 673, 685
세실리아 페인가포슈킨 277
세이지브러시 반란 470

찾아보기

센타우루스자리 알파별 674-675, 686
센티널프로젝트 476
셰리든 캐비트 564
소련 49-50, 53, 56, 62-65, 69, 73, 81, 89, 97, 107, 125-126, 142, 169-171, 188, 191, 193, 228, 230, 341-342, 416, 438, 462, 478, 527
   고고도 정찰 프로그램 281-282, 285-287
   군비 경쟁 98, 138
   사인프로젝트 보고서에서 소련 116-117
   소련 간첩 138
   소련 붕괴 498, 511
   소련 우주선에 대한 첩보 시도 484-487
   소련과 UFO 364, 507-511, 652
   소련과 뷰라칸 회의 384-392
   소련과 쿠바미사일위기 287, 331
   소련과의 냉전 49-52, 142, 165, 169, 183, 209, 212, 281-283, 302, 306, 325, 359, 399, 487, 496-500, 614, 618
   소련에 의한 서베를린 봉쇄 105
   소련에서의 러셀 244
   소련의 공격에 대한 비상 대응 158-159, 183
   소련의 금성 탐사선 485-486
   소련의 미사일 246, 287, 331, 399
   소련의 핵실험 138, 564-567
   소련의 화성 탐사 330-332
   스카이워치작전 163, 165
   포획한 항공기 142
손턴 리 페이지 173
수성 400
수소 86, 99, 406-407, 660
   수소선 264, 267, 274-275, 304, 396, 449
수직 이착륙기(VTOL) 193
슈거그로브기지 267-268
슈퍼맨 181-182
스노버드작전 608
스레드 III 652-653
스미스소니언 천체물리학 천문대 228-229, 239
스카이라이트프로젝트 220
《스카이룩(Skylook)》 416
스카이워치 162-163, 165
스카이워치작전 162-163
스카이훅 152-153, 564
스컹크웍스 283, 501, 503
《스켑티컬인콰이어리(Skeptical Inquirer)》 571-572
스콧 켈리 695
스킨워커 목장 620, 624, 653
『스킨워커에서의 사냥(Hunt for the Skinwalker)』(켈러허와 냅) 622
스타니슬라프 그로프 542
스타샷 이니셔티브 675
"스타워즈"(전략 방위 구상) 498, 505, 523
〈스타워즈(Star Wars)〉 21, 457, 477
스타칩 675
〈스타트렉(Star Trek)〉 454, 457, 490, 571
스탠리 밀러 290-291
스탠턴 프리드먼 413-415, 512, 514, 517, 561, 575
스토크프로젝트 165

스톤하우스기지 485
스톤헨지 518
스튜어트 사이밍턴 81
스티븐 데시 679-680
스티븐 브루사티 665-668
스티븐 스필버그 457-459, 476
스티븐 시프 562, 570
스티븐 와인버그 23-24
스티븐 존슨 301
스티븐 호킹 493, 672
《스페이스리뷰(Space Review)》 215
스푸트니크 231-233, 235, 238, 243, 267, 287, 291, 301-302, 330-331, 364, 490, 659, 678
스푸트니크2호 233
습지 가스 348, 350, 362, 430, 693, 704
시간 372, 535, 545, 554-555, 571, 687
시드니 샬렛 121-122
시드니 서스 513
시어도어 헤스버그 280
시카고 오헤어국제공항 630-631
《시카고트리뷴(Chicago Tribune)》 59, 630
『시크릿라이프(Secret Life)』(제이컵스) 549
『신들의 전차(Chariots of the Gods?)』(폰 데니켄) 411
신세계 질서 528-529
『실종의 림보(Limbo of the Lost)』(스펜서) 411
「심리학 연구(Psychological Inquiry)」 552

ㅇ
아들라이 스티븐슨 161
아레시보 망원경 399, 407-408, 447, 634, 688
아레시보 메시지 393-409
아레시보 천문대 400, 643
아르크투루스 347
아리스토텔레스 29, 270
아브로 192-194, 240-242, 461
아비 뢰브 674-675, 677-681, 686-688
아서 C. 클라크 269
아서 버나드 59
아쿠아톤프로젝트 282-287
아폴로계획 586, 600, 663
안드레이 사하로프 386
『안드로메다 스트레인(The Andromeda Strain)』(크라이튼) 382
안드로메다은하 26, 448, 491
안토니오 빌러스보어스 533
알랭 에스테를 444
알렉산더 임셰네츠키 341
알렉세이 골루베프 508
알렉스 디트리히 649, 698
알렉스 존스 529
알베르트 아인슈타인 138, 598
알베르트 크로이츠 530
알프레드 리 루미스 257
〈암스트롱 서클 극장(Armstrong Circle Theatre)〉 235
압드 알라흐만 알수피 25
애니 제이컵스 282
애덤 히긴보텀 620
애덤스산 40
《애리조나리퍼블릭(The Arizona Republic)》 47
《애틀랜틱먼슬리(The Atlantic Monthly)》 344

찾아보기

앤 드루얀 451, 474, 604, 672
앤드루스공군기지 157, 160
앨 고어 595
앨 촙 155, 187-188, 200
앨런 던 252
앨런 배열 망원경 640
앨런 잭슨 679-680
앨버트 벤더 215-216, 218
앨버트 보이드 79
앨버트 웨더마이어 221
앨저 히스 138
양 466
어빙 랭뮤어 122
《어스트로노미(Astronomy Magazine)》 425
언더스탠딩 206
에네웨타크 환초 251
『에덴의 용(The Dragons of Eden)』 (세이건) 540
에드 뉴전트 157
에드 설리번 197
에드 터너 675
에드거 라이스 버로스 288, 496
에드먼드 핼리 273
에드워드 루펠트 108-109, 139-141, 143-155, 159, 161-165, 169, 174, 178, 195, 212, 223-226, 235-236, 245, 357, 695
에드워드 스노든 268
에드워드 콘던 359, 362-363, 366, 368-370, 378-379
에드워드 텔러 251-252, 506
에드워즈공군기지 53, 282
에르하르트 세미나 훈련(EST) 542
에리다니누스자리 엡실론 278-279

에리히 폰 데니켄 411, 575
에릭 존스 252
에릭 차이슨 591
에메 미셸 315-316, 427
에밀 스미스 45
에밀 코노판스키 251-252
에버렛 깁슨 592-594
《에비에이션위크(Aviation Week & Space Technology)》 80
에스겔 57, 574
에스텔 파슨스 425
에이브러햄 소넨벤드 219
에임스연구센터 395
에티오피아 484-485
「엑서터에서 벌어진 일(Incident at Exeter)」(풀러) 343
〈엑스파일(The X-Files)〉 551, 571, 573, 580, 628
엔데버 우주왕복선 587
엔리코 페르미 251-252, 506
엘런 군더만 277
여키스천문대 84-87, 262
연방극장프로젝트 14
연방수사국(FBI) 69-72, 73, 96, 136, 172, 216, 359, 410-411, 525
　　연방수사국과 가축 절단 사건 267-268
　　연방수사국과 로즈웰 사건 569, 578
　　연방수사국과 소코로 사건 320-322
　　연방수사국과 애덤스키 202, 204
　　연방수사국과 MJ-12 문서 515
　　연방수사국과 NICAP 245-246
연방항공청(FAA) 630-631, 647

영국 102, 256-257, 436, 471-472, 483, 657
　영국의 크롭 서클 518-520
오르페오 안젤루치 206-209
오리온성운 260, 687
오버캐스트작전 142
오브라이언위원회 339, 350, 352, 356, 358, 366
오스카 핸들린 344
오슨 웰스 13-18, 127, 334, 535
오우무아무아 676-680, 686-688
『오무아무아(Extraterrestrial)』(아비 뢰브) 679
오이펜 530
오징어 29
오컬트 198, 206, 217, 465
오토 스트루베 85-86, 100, 255, 262-263, 273, 275-276, 294, 300, 591
〈오프라 윈프리 쇼(The Oprah Winfrey Show)〉 551, 553
와우 신호 449-450
《와이어드(Wired)》 696
외계 생명체 357, 596-597, 664-665, 667-679
　외계문명의 척도로서 카르다쇼프 척도 307-308, 673
　정부 주도 최초의 외계 생명체 연구 98
　드레이크 방정식과 외계 생명체 295-296, 298-302, 385, 390, 494, 591, 635
　외계 문명의 존속 기간 299, 301-302, 390
　외계 생명체 탐색 → SETI 참조
　외계 생명체로 인한 오염의 위험 341, 381-383
　외계 생명체의 존재 가능성 27, 98, 118, 261, 291, 295-297, 361, 584, 684-685
　외계 생명체의 형태 136, 298, 686
　지구 생명의 외계 기원 가설 387-390
　페르미 역설과 외계 생명체 253, 261, 490, 506
　화성에서 외계 생명체의 존재 가능성 327-330, 333-334, 377, 380, 401, 582, 588-589, 592-598
　UFO의 기원으로서 외계 생명체 21, 374, 633, 688
　→ 외계인 참조
『외계 생명체 논쟁(The Alien Debate)』 (크로) 401
외계인
　노르딕과 그레이 외계인 526-527
　대중문화에서의 외계인 21, 28, 180, 200, 329, 343, 457, 494, 523, 551, 573, 606, 643
　외계 생명체 → UFO 참조
　외계인과 더미 회수 작전 576-577
　인류 역사 속에서 외계인 411, 434, 555, 575
　피접촉자 200-212, 219, 343, 353, 424, 536-537
외계인 기술에서 반짝이는 열(G-HAT) 673-674
외계인 납치
　윌튼의 외계인 납치 사건 573

바니와 베티 힐 외계인 납치 사건 422-426

외계인 납치 컨퍼런스 618

외계인 납치에 의한 성적 경험 538, 549, 552

패스커굴라에서의 외계인 납치 430, 432

〈외계인 부검 (진실 혹은 거짓?)(Alien Autopsy: Fact or Fiction)〉 571

"외톨이" 가설 490-495

요하네스 케플러 314, 325

요한 볼프강 폰 괴테 271

『우리는 혼자일까?(Are We Alone?)』(데이비스) 581

『우리 시대의 가장 위대한 임무(The Greatest Mission of Our Time)』(네오비우스) 401

우리은하 25-26, 253, 299, 304, 492, 686

  우리은하 내 행성 수 262, 276

우주 23-24, 362, 591, 683-684

  다중우주 687

  우주의 기원 23-24, 270

  우주의 크기 25-27, 118, 684

  우주의 행성 수 26-27

  인류의 고립 270-271, 490-495, 678

우주 다원주의 270-271

『우주선 내부(Inside the Space Ships)』(애덤스키) 204

『우주의 지적 생명체(Intelligent Life in the Universe)』(시클롭스키와 세이건) 303, 305, 672

『우주 전쟁(The War of the Worlds)』(웰스) 14-16, 183

웰스의 라디오 드라마 9-19, 127, 334, 362, 535

우주 진화 591

우주왕복선 454, 583, 587, 592

우즈홀해양연구소 565

우 탄트 357

운석 186, 388, 441, 546

  화성에서 온 운석 592-593, 595-597, 600, 670

워싱턴내셔널공항 157, 160, 260

《워싱턴포스트(The Washington Post)》 161, 346, 658

워싱턴회전목마 사건 161-162, 169, 188, 235, 336, 496

워터게이트사건 33, 410, 415-416, 447, 466, 702

원자력위원회 172, 282

원자폭탄 → 핵무기 참조

월터 베들스미스 171

월터 하우트 568

월트 디즈니 180

웨스턴 비비안 349

웹스터 허블 580

위키리크스 655

윌 스미스 573, 606

윌리스 H. 웨어 338

윌리엄 갈랜드 174-175

윌리엄 길 427-429

윌리엄 내처 244

윌리엄 로즈 48, 66

윌리엄 무어 413-415, 512-515, 517-518

윌리엄 브로드 603-604

윌리엄 블랜처드 37-38, 45-47, 568

윌리엄 스콧 367

윌리엄 패터슨 160
윌리엄 프록스마이어 476-477, 482
윌리엄 허셜 326
윌리엄 휴렛 600, 602
윌못 부부(댄 윌못과 그 부인) 46
윌버트 브룩하우스 스미스 437
윌슨산천문대 166
월터 크롱카이트 353
유나이티드항공 45, 630
유령 로켓 63-65, 522
유리 가가린 330, 672
유리 밀너 671-672, 674-677
유성 64, 76, 102-103, 215, 442
유타주 스컬밸리 466
유타주 트레몬턴 173
육군과학위원회 506
육군항공단 76
육군항공사령부 37-38, 41, 44, 53, 68, 74, 76, 565
율리 플라토프 510
은하 448, 683-684
 → 우리은하 참조
음모론 410-412, 524-526, 528, 609-610
 → UFO 음모론 참조
음악 450-453, 644
응용물리학연구소 83, 87
의회 52, 244-245, 247-248, 334, 479, 495, 637, 689, 692
 UFO 청문회 349-352
 상원 52, 244, 477, 586, 625-626, 689
 의회와 미회계감사원 562-563, 569-570, 690
 → 하원 참조

이글린공군기지 457
이마누엘 칸트 25
이반 알마르 641, 643
《이스트오레고니언(East Oregonian)》 41
이언 서머스 469
이오시프 S. 시클롭스키 303-306, 309, 311, 384-386, 388, 392, 396, 426, 475, 480, 490-491, 672
이오시프 스탈린 139, 183, 306
이저벨 데이비스 211
이집트 28, 261, 325
익스플로러 1호 239-240
『인간과 돌고래(Man and Dolphin)』 (릴리) 295
인공위성 97, 190-191, 228-229, 416
 문워치작전과 인공위성 229-230, 239
인디펜던스호 163
〈인디펜던스 데이(Independence Day)〉 573
"인접 가능성" 301
인터넷 595, 607, 616, 625, 636
일본 112, 142
 원자폭탄 투하 74, 137
잉글랜드 → 영국 참조

ㅈ

자이언트록우주선총회 209, 353
자크 발레 110, 314-318, 321, 339, 344, 350, 354, 356-357, 363, 420-421, 433, 442, 458, 505, 527, 554-555, 618, 652, 655, 696
재닛 나폴리타노 529
잭 기븐스 581

찾아보기

잭 앤더슨 500
잭 웰치 482, 637
『적색 상황(Situation Red)』
    (스트링필드) 411
전략공군사령부 284, 337
전미대기현상조사위원회
    → NICAP 참조
전파 102
전파천문학 253-255, 258-260,
    263-265, 398, 484, 634
    국립전파천문대와 전파천문학
        265-269, 274
    아레시보 망원경과 전파천문
        399-400, 407-408, 447-449,
        584, 634
    CTA-102와 전파천문학 309-312,
        426
    SETI와 전파천문학 259, 263-265,
        269, 274-281, 672-673
《접시(Saucers)》 183
《접시뉴스(Saucer News)》 214, 345
《접시인회보(Saucerian Bulletin)》 217
정보공개법 77, 569, 578, 627, 630
정부
    전쟁 이후 정부의 발전 49
    정부 관련 음모론 → 음모론 참조
    정부가 숨긴 정보 32-33
제1차세계대전 50, 85, 95, 124
제2차세계대전 30, 39, 48-52, 54, 63,
    76, 80, 82, 87, 89, 92, 96, 109,
    123-124, 141, 152, 161, 172, 176,
    190, 192, 205, 213, 220, 252-253,
    255, 282-283, 303-304, 307, 359,
    395, 471, 484, 486, 496, 509,
    525-526, 565, 627

노르망디상륙작전 258
러벌의 참전 486-487
제2차세계대전 이후 군 체계 개편
    44-45, 49-51, 73-74
제2차세계대전 중 목격된
    '푸파이터' 61-62, 65, 627
제2차세계대전 중 사용된 레이더
    255-259
필라델피아 실험 전설 220
    → 나치 독일 참조
제너럴밀스 153
제너럴일렉트릭(GE) 82, 95, 629
제니 제이드먼 178
제라르 앙리 드 보쿨뢰르 26
제러 저스터스 456
제러드 카이퍼 291
제럴드 포드 349-350, 454, 496, 693
제럴드 허드 137
제롬 클라크 198, 202, 322, 415,
    426-427, 432, 468, 703
제리 시걸 181
제리 에먼 448-450
제리 커밍스 143-145
제바스티안 폰 회르너 301-302, 493
제시 그린스테인 259
제시 마르셀 37, 46, 414, 561, 563, 566,
    568, 575
제시 마르셀 주니어 575
제시 올란스키 338
제이미 샌드라 512-515, 517
제이슨 라이트 674
제이크 가른 583-584, 625
제인 릭비 683
제인 앨런 407
제인 조던 603

제인 폰다 312
제임스 E. 립 97-100, 117-118
제임스 글릭 555-556
제임스 둘리틀 63
제임스 라카츠키 624-626, 645, 651-653
제임스 레브혼 573
제임스 맥도널드 355-358, 363, 369, 371, 373, 379, 416
제임스 맥디빗 432
제임스 모즐리 31, 188, 213-214, 217-219, 411, 413, 415, 417, 579
제임스 밴 앨런 83, 87, 238
제임스 뱀퍼드 268
제임스 얼 존스 425
제임스 코든 691
제임스 코즈 447
제임스 포레스털 74, 130, 513, 522
제임스 폭스 631
제임스웹우주망원경 683-684
조 슈스터 181
조너선 프레이크스 571
조드럴뱅크천문대 103, 483-486
조드럴뱅크천문대 483-486
조디 포스터 605
조류 667
조반니 스키아파렐리 326
조슈아 레더버그 289
조엘 애컨바흐 30, 575, 594, 606, 703
조지 F. 슐겐 68-69
조지 H. W. 부시 587
조지 게일로드 심슨 290
조지 고먼 109-112, 121, 131
조지 냅 524, 622, 625, 653
조지 루카스 457

조지 마셜 50
조지 바우라 135
조지 밴 태슬 209
조지 밸리 114, 127
조지 애덤스키 201-205, 212, 218-219
조지 윌콕스 46
조지 케넌 49
조지프 매카시 139
조지프 매켄리 54
조지프 카스 247
존 C. 릴리 295-296, 298
존 F. 케네디 33, 292, 410, 496, 524, 527, 593
존 G. 밀러 548
존 글렌 626
존 데이비스 408
존 듀배리 126
존 듀이 371
존 리어 521-524, 526-529
존 매코맥 244-245, 247
존 맥 539-547, 550-560, 618, 656
존 버로스 472
존 벤트리 629
존 브레넌 690, 701
존 빌링엄 395, 398, 482, 487-488, 584, 644
존 샘퍼드 162, 188, 373
존 스파크먼 161
존 알렉산더 500-507
존 윌리스 스펜서 411
존 윌킨스 272
존 챈슬러 432
존 카버 메도스 "잭" 프로스트 192-195, 240

찾아보기

존 크라우스 255
존 킬 217, 465
존 포데스타 628-629, 633, 655
존 폴 스텝 55
존 풀러 343-344, 357, 369, 422, 533, 536
존 하우스먼 14-15
존 허시 74
존 휘티드 104, 114, 121, 131
존드-2 탐사선 332
존스홉킨스대학교 응용물리학연구소 83, 87
존슨우주센터 591-593
종교 270-274, 280, 357, 584
종말의 날 시계 75
죄르지 막스 384
주세페 코코니 274, 302, 304, 449, 494, 634
주피터 로켓 238
중국 32, 139, 165, 296, 325, 651, 657, 691-693, 697
  중국 스파이 풍선 287, 694
『중단된 여정(Interrupted Journey)』 (풀러) 422, 533, 536
중앙정보국(CIA) 52, 169-173, 226, 244, 303, 355, 366, 410, 462, 502, 504, 578, 582
  중앙정보국과 소코로 사건 324
  중앙정보국과 칼 세이건 341
  중앙정보국과 "내부고발자" 521, 524
  로버트슨위원회 169-180, 182, 184, 195, 201, 224-225, 237, 338, 356, 366
  아쿠아톤프로젝트 282-283

중앙정보국과 로즈웰 사건 570, 578
UFO 기원 가설과 중앙정보국 169-170
중앙정보그룹(CIG) 63-64
쥘 베른 314
지구 25, 270-273
  외계인이 지구를 인식할 가능성 685-687
  지구와 유사한 행성 592, 671, 678-679
〈지구가 멈추는 날(The Day the Earth Stood Still)〉 183
지구연방주의 498
지구의 생명 25, 289-291, 296, 307-308, 361, 588-589, 660-670
  물과 생명 274, 590, 660-664
  사진을 통한 지구 생명 감지 376-377, 393
  생명의 진화 298, 389-390, 663-670
  외계 기원 가설 387-391
  지구 생명의 회복력 590, 669-670
지미 카터 454-457, 461, 496
지상관측대 230
진 에머리 572
진화
  우주 진화 591
  지구에서의 진화 298-299, 389-390, 663-670
질 타터 480-488, 582, 584-585, 600-606, 635-641, 673
짐 로렌젠 197-199, 321, 344, 368, 415, 534

"짐벌" 영상 658
짐 페니스턴 472

ㅊ

찰스 린드버그 124
찰스 무어 153
찰스 벌리츠 411
찰스 캐벌 144-145
찰스 하딘 195
찰스 힉슨 429-430
『창백한 푸른 점(Pale Blue Dot)』
  (세이건) 598
채드 언더우드 649
챌린저 우주왕복선 586, 591
처녀자리 초은하단 26
척 예기 78-81
천국의 문 609
천문학 259, 261, 265, 271
  전파 → 전파천문학 참조
《천체물리학저널(The Astrophysical
  Journal)》 255
《천체물리학저널레터
  (The Astrophysical Journal
  Letters)》 678
초은하단 26-27
초자연적인 현상 21, 76, 120, 184,
  197-198, 217, 329, 343, 419, 463,
  500, 520-521, 528, 537, 581, 618,
  620, 622, 653
『최초의 3분(The First Three Minutes)』
  (와인버그) 23
『충격적일 정도로 진실에 다가가다!
  (Shockingly Close to the Truth!)』
  (모슬리) 219
『침입자(Intruders)』(홉킨스) 538-539

ㅋ

카를 융 212
카를 프리드리히 가우스 401
카린 장피에르 695
카미유 플라마리옹 327
칼 구스케 270-271
칼 세이건 288-289, 291-292, 294, 300,
  303-305, 308, 340-342, 374-377,
  381, 387-388, 426, 447-448,
  474-476, 553, 604
  "외톨이" 가설과- 491-494
  드루얀과의 결혼 451
  맥과 세이건 543
  뷰라칸 회의에서 세이건 384,
    387-388
  블루북 검토 위원회에서 세이건
    338-340
  세이건과 UFO 목격 사례 338,
    362
  세이건과 보이저 골든 레코드
    450-453
  세이건과 파이어니어 동판
    404-406
  세이건의 사망 598, 600, 604
  시클롭스키와 세이건 303-305,
    491
  아레시보 메시지와 세이건 407-
    408
  우주 오염의 위험성 341, 381-
    382
  의회 증언 371-388, 393
  프록스마이어와 세이건 478
  하이넥과의 논쟁 432-435
  행성협회 창설 476
  화성 운석에 대한 견해 596-598

찾아보기

SETI와 세이건 300, 384, 404-408, 435, 447-449, 459, 478, 606, 681, 685
칼 스파츠 121
칼 잰스키 253-254
칼 화이트사이드 468
캐나다 190, 406, 436-438
캐슬린 메이 215
캐시 토머스케프타 593-594
캘빈 파커 429-430, 433
커티스 르메이 52, 71
커티스 피블스 98, 120
케네스 롬멜 467
케네스 아널드 39-42, 50, 66-68, 98, 103, 112, 121, 123, 198, 235-236, 289, 413, 508
케네스 퍼디 123-127, 129-130
케빈 랜들 561
케이트 도시 73, 96, 108-109, 128, 145, 159, 458
케플러우주망원경 671
켄터키주 91-92
켄터키주 메이즈빌 91
켈빈 경 387
코넬대학교 375, 398, 447, 452, 480
《코넬데일리선(The Cornell Daily Sun)》 263
《코넬크로니클(Cornell Chronicle)》 408
코럴 로렌젠 197-199, 218, 248, 321, 344, 368, 468
〈코스모스: 사적인 여정(Cosmos: A Personal Voyage)〉(세이건) 474, 478-479

『코스모스로 가는 여권(Passport to the Cosmos)』(맥) 558-559
코스타리카 439
코안다 효과 192
코트 호수 439
콘던위원회 359-360, 366, 368-369, 371, 377, 379-380, 421, 438, 442-443, 464, 503, 508-509, 613
〈콘택트(Contact)〉(영화) 605, 643
『콘택트(Contact)』(세이건) 479, 605
콜로라도대학교 358, 369
콜름 켈러허 619, 622, 625, 653
《콜리어스위클리(Collier's Weekly)》 50-51, 329
콜린 디키 528
콜린 파월 499
쿠바미사일위기 287, 331
퀘이사 312
퀸틴 블랙웰 92
크롭 서클 518-520
크리스토퍼 멜런 653-654, 656-659, 693
크리스토퍼 콜럼버스 271, 584
크리스티안 요한 도플러 86
클라라 존 219
클라우드갭작전 322
클라우스 푹스 139
클라이드 톰슨 69-70
클래런스 차일스 104, 114, 121, 131, 235-236
클로드 포에르 443-444
키슬러공군기지 214

ㅌ

타이리 비커스 163-164
타일러 카우언 690
《타임(TIME)》 135, 280, 382, 475, 571, 638-639
태양 24-25, 86, 262, 272, 361, 683
태양 및 태양권 관측소 604
태양계 24-25, 273, 296, 396, 661
　태양계 바깥 행성 591, 671
턱시도파크 257
테네시센테니얼박람회 59
테드 블로처 419
테드 스티븐스 626-627
테리 니콜스 529
테리 셔먼 619
테헤란 439, 441, 632
텍사스주 레벌랜드 233, 458
텍사스주 셔먼 335
토드 매카시 182
토리노 척도 641
토머스 골드 375, 388, 398-399
토머스 맨텔 92-95, 104, 121, 131, 150-153, 213, 564
토머스 불러드 21, 23, 40, 201, 544
토머스 타운센드 브라운 220
토미 리 존스 606
토성 202
톰 델론지 654-656
톰 킨 616
톰 피어슨 488, 586, 600, 635
투더스타즈아카데미 아트앤사이언스 654-655
튀르키에 484
튀코 브라헤 325
트래비스 월튼 534, 573

〈트래비의 실종(Fire in the Sky)〉 534, 573
《트루(True)》 120-121, 130, 132, 138
트루먼 베서럼 204-205, 212
트리니티 실험 82
트윙클프로젝트 174
티머시 맥베이 529
틱택 사건 647-649, 656, 658
팀 버튼 573

ㅍ

파라넷 521-522, 525-526
파이어니어 계획 404-406, 452
《파이터스윕(Fighter Sweep)》 650
파이프 사이밍턴 3세 607, 609, 632
《파퓰러메카닉스(Popular Mechanics)》 242, 267, 444
《파퓰러사이언스(Popular Science)》 40
판구조론 29
팔로마천문대 203
팔미로 캄파냐 193
패스커굴라 납치사건 430, 432
패티 데이비스 497
퍼시벌 로웰 327-328
펄서 400
페네뮌데육군연구소 63-64
페르미 역설 251, 260, 490, 506
페르세우스자리-페가수스자리
　필라멘트 27
《페이트(Fate)》 121, 203, 215, 524
페이퍼클립작전 81, 142
페트르자보츠크 510-511
펜실베이니아주 켁스버그 627-628
펠릭스 유리에비치 지겔 507-510

찾아보기

『포유류의 등장과 지배(The Rise and Reign of the Mammals)』(브루사티) 666

폴 데이비스 581, 673

《폴리티코(Politico)》 657

폴 앨런 600, 637-638

폴 오너 91

폴 티비츠 38

폴 호로비츠 476

표트르 A. 스톨랴로프 508

표트르 우펌체프 462

푸파이터스 61-62, 65, 627

〈풀리지 않은 미스터리(Unsolved Mysteries)〉 530, 561, 628

풍선(기구) 576, 695
- 모굴 풍선 566
- 중국 스파이 풍선 287, 694
- → 기상관측 풍선(기구) 참조

프랑스 256, 313-316, 327, 427, 442-444, 446, 616, 631, 657

프랜시스 게리 파워스 287

프랜시스 크릭 387, 391

프랭크 M. 브라운 41, 67

프랭크 드레이크 261-266, 268-270, 273-281, 288, 293-295, 297-299, 301-303, 311, 384-385, 393, 396, 398-400, 402-409, 447-453, 459, 476-477, 479, 492, 494, 583-584, 597-598, 606, 672, 681
- 드레이크방정식 288, 295, 297-299, 302, 385, 390, 488, 494, 591, 635
- 드레이크와 보이저 골든 레코드 450-454
- 드레이크와 뷰라칸 회의 384, 386
- 드레이크와 수소선 264, 274-275, 396, 449
- 드레이크와 오즈마프로젝트 261, 269, 273, 276, 279-281, 286, 288, 293-294, 387, 393, 396, 447, 494
- 드레이크와 프록스마이어 476-477
- 드레이크의 아레시보 메시지 407-409
- 드레이크의 텔레비전 출연 494

프랭크 매너 348

프랭크 스컬리 134-136, 138, 184, 563

프랭크 스튜어트 패터슨 142

프랭크 에드워드 219

프랭크 자파 475

프랭크 티플러 492

프랭클린 델러노 루스벨트 14, 97

프랭클린 콜봄 97

프레더릭 듀런트 173, 176-177

프레드 휘플 232, 239

프리먼 다이슨 393-394

프세볼로트 트로이츠키 387

프톨레마이오스-아리스토텔레스 세계관 270

"플라잉 팬케이크"(보우트 V-173) 48

"플라잉 플랩잭"(보우트 XF-5-U) 90

플래처의 얼음 섬 230

플랩(목격 파동) 22, 39

《플레이보이(Playboy)》 364, 442

플레이아데스 263-265, 278

피닉스 라이트 사건 609, 613, 632

피스공군기지 336-337, 343

피접촉자 200-212, 343, 536-537

《피직스투데이(Physics Today)》 103

피직스프로젝트 652
피타고라스의정리 401
피타고라스학파 270
피터 J. 고메스 560
피터 파우스트 552
필 클래스 517
필라델피아 실험 220
필립 모리슨 33, 274-275, 294, 296-298, 302, 304, 384, 449, 494, 548, 634

ㅎ
『하늘에서 본 것들의 현대 신화: 비행접시(Flying Saucers: A Modern Myth of Things Seen in the Sky)』 (융) 212
하버드대학교 50, 263, 268, 277, 304, 315, 355, 358, 678, 680
  하버드대학교에서 맥 539-541, 543, 545-546, 551, 555-557, 559-560
하비프로젝트 461
하와이 450
하워드 P. 로버트슨 172
하워드 매코이 578
하워드 맹거 209, 218
하워드 블룸 500, 516
하원 244, 247, 349
  과학우주위원회 371-374, 393
  반미활동조사위원회 359, 366
  정보위원회 690, 693
하월 매코널 504-505
한국전쟁 49, 141-142, 183
할레아칼라천문대 676
할로 섀플리 26

합동참모본부 52, 190
항공기 48-49
해럴드 "독" 이웬 304
해럴드 C. 유리 289-290, 374-375
해럴드 매클렐런드 259
해럴드 브라운 350
해럴드 윌킨스 22
해럴드 헤스 346
해리 S. 트루먼 31, 49, 50-52, 64, 80, 106, 157-158, 161-163, 268, 496, 513, 522, 567
해리 리드 625-627, 645, 651-652, 657, 692
해리 반스 157, 159
해리 터너 438
해리슨 슈밋 468
해왕성 680
핵무기 38, 51-53, 63, 67, 74-75, 81, 133, 139, 182, 212, 290, 295
  무기 개발 경쟁 97-98, 138, 359
  미국의 핵실험 82, 251, 282, 618
  소련의 핵실험 138, 564-567
  슈퍼밤 138
  외계 존재의 핵무기 경고 202, 205, 614
  전략방위구상과 핵무기 498-499, 505, 523
  핵무기에 대한 외계 문명의 반응 가능성 98-99, 117-118, 131-132, 137
  히로시마와 나가사키 원자폭탄 투하 74-75, 137
핵전쟁방지국제의사회 540-541
핼리 혜성 460
햅 아널드 96-97

찾아보기

햇크릭전파천문대 482, 637, 638
행성 25, 27, 271, 273, 661
   외계 행성 591, 671
   우리은하 내 행성 수 262, 276
   지구와 유사한 행성 591, 671, 678
『행성 클라리온의 목소리(Voice of the Planet Clarion)』(베서럼) 205
허먼 멀러 289
허버트 밀러 282
허버트 요크 251
허버트 칼보그 237
허버트 프리드먼 490-491
허블우주망원경 587, 675
헤라클레스자리 신성 182
헤이든 휴스 455
헤일밥 혜성 609
헥터 퀸타닐라 317, 321-324, 337, 350
헨리 메처 145
헨리 티저드 256
헬렌 쿠퍼 657
헬리오스 152
헬리콥터 194, 532
   검은 헬리콥터 465
   오하이오 사건의 헬리콥터 432-433
『현상의 해부학(Anatomy of a Phenomenon)』(발레) 344
『현실을 마주하다(Facing Reality)』(베서럼) 205
호이트 S. 반덴버그 63, 108, 156, 513
호주 259, 436, 438, 601
홀거 토프토이 83
홀로먼공군기지 320, 323, 522

화성 9-13, 15-18, 59, 98-99, 130, 133, 136, 169, 185, 203, 209, 288, 296, 314, 388, 475, 484, 490, 496, 605
   화성 사진 325-334, 376-377, 380, 588
   화성에서 온 운석 592-598, 600, 669-670
   화성의 생명 326-330, 333, 377, 401, 581-582, 587-589, 592-598
   화성의 "운하" 327, 333, 380
『화성(Mars)』(로웰) 328
〈화성 침공(Mars Attacks!)〉 573
화이트샌즈미사일기지 81-82, 87, 132-133, 205, 234, 238, 320, 323, 463, 565, 576
『화이트샌즈 사건(White Sands Incident)』(프라이) 205
황금양털상 476
황서우슈 295, 297
회계감사원 562-563, 569-570, 690
휘틀리 스트리버 538-539, 575
휴렛패커드 280, 294, 395, 600
휴이 헬리콥터 사건 432-433
히로시마 38, 74-75
힌덴부르크 비행선 추락 사고 15
힐러리 클린턴 581-582, 655
힐스데일대학 345-346, 454

기타
〈2001 스페이스 오디세이(2001: A Space Odyssey)〉 643
51구역 282-283, 463, 501, 523, 573, 617, 622, 628, 654
   51구역 사진 617

⟨60분(60 Minutes)⟩ 691
9·11테러 631-632, 702
A. J. 파울러 234
A. W. 클레멘츠 93
A-12 옥스카트 462
AATIP(첨단항공우주 위협식별 프로그램) 654
AAWSAP(첨단항공우주무기시스템 응용프로그램) 627, 645, 652-653, 687
ALH84001 운석 592-593, 595-597, 600
APRO(공중현상연구기구) 197-198, 218-219, 248, 321, 366, 368, 415-416, 433, 464, 468, 534
  APRO와 NICAP 366, 368, 416
ATIC(공군기술정보센터) 141, 143, 161, 195, 246-248, 335
B. A. 해먼드 93
B-2 폭격기 463, 621
BOAC 783편 187
CETI (외계 지적 생명체 통신) 300, 384-385
  → SETI 참조
CTA-102 309-312, 426
DNA 291, 387, 390, 407, 667
E. B. 르베일리 338
E. B. 화이트 158
E. E. 네오비우스 401
⟨E.T.⟩ 476, 490, 523, 586
F-117 나이트호크 463, 501, 503, 621
G. 해리 스타인 233
H. B. 대러크 주니어 154
H. G. 웰스 14-15, 59, 115, 183, 362
H. 마설 채드웰 172
H. 폴 슈크 279
I. M. 레빗 336
IAU(국제천문연맹) 305, 367, 479, 677
J. B. S. 홀데인 698
J. C. 와이즈 54-55
J. P. M. 프랜티스 181
J. P. 커켄들 214
J. 앨런 하이넥 29, 84-87, 100-101, 108, 116, 127-128, 149-150, 165-168, 184-187, 228-230, 238-239, 313, 321-322, 338, 354-358, 362-365, 370, 416, 442-443, 457-460, 533, 687, 695
  길 사건과 하이넥 426-430
  노스웨스턴대학교와 하이넥 358
  로버트슨위원회와 하이넥 173, 175-179, 180
  문위치작전과 하이넥 229-230, 239
  미시간 목격 사건과 하이넥 346-349, 355, 430
  소코로 사건과 하이넥 321-322, 324
  스푸트니크와 하이넥 231-235, 678
  외계인 납치 이야기와 하이넥 417-418, 426-430
  의회 청문회 출석 350-352, 371-373
  자크 발레와 하이넥 316-318, 344-345, 354, 356, 363
  제임스 맥도널드와 하이넥 356-358, 363
  칼 세이건과의 논쟁 432-435

찾아보기

콘던위원회와 하이넥 360-363,
   368-370, 378-379
하이넥의 UFO 분류 체계 417-
   419, 458
하이넥의 UFO 설명 360-363
하이넥의 UFO 핫라인과 추적에
   관한 아이디어 364-365
하이넥의 사망 459-460, 616
GEPAN과 하이넥 444
MUFON과 하이넥 416
UFO 연구센터 설립 420-422
『UFO체험』 416-422, 442, 458,
   632
J. 에드거 후버 68, 89, 71, 359, 366
   로즈웰 사건과 후버 569
   NICAP과 후버 245-246
J. 에드워드 로시 371
J. 윌리엄 쇼프 596
J. 피터 피어먼 293-295
JANAP(육해공 공동 간행물) 190
L. C. 크레이기 90
L. 멘델 리버스 351
M. S. 체베즈 320
META(메가채널 외계지능조사)
   476
MIT(매사추세츠공과대학) 240, 257,
   276, 358, 374, 548, 618, 660
   MIT 방사선연구소 257
   MIT에서 열린 외계인 납치
      컨퍼런스 548-551, 618
MJ-12 513-517, 522-523, 526-527,
   561, 654
MUFON(중서부 UFO 네트워크) 413,
   416, 421, 468, 517, 527, 557, 581,
   646

NACA(국가항공자문위원회) 286
NASA(미 항공우주국) 27, 30, 286,
   292, 295, 303, 323, 333, 340, 356,
   381-382, 404-406, 454, 456, 478,
   485, 514, 587-588, 593-598, 600,
   622, 629, 639, 655, 681, 683, 695
   타터와 NASA 482-483
   프록스마이어의 NASA 비판 477
   NASA와 SETI 395-396, 476-477,
      487-489, 582-586
   NASA의 예산 397-398, 477, 495,
      585-586
   NASA의 창설 239
NATO 138, 436
NICAP(전미대기현상조사위원회)
   225, 322, 324, 343, 350, 355,
   368-369, 412, 425, 464, 513
   키호의 고문 활동 222-226,
      243-248
   APRO와 NICAP 248, 366, 416
NORAD 368, 504
R. B. 매클로플린 132
R. 브렌트 틸리 26
RAND 조직 96-98, 127-128
SAUCERS(비행접시및미확인천문현상
   연구회) 214
SERENDIP(주변의 발전된 지적
   생명체에서 오는 외계 전파 탐색)
   482
SETI(외계 지적 생명체 탐색) 27-33,
   273-313, 373, 393-395, 490-495,
   582-586, 591-592, 604-605,
   634-644, 671-673, 685-688
   검증된 신호에 대한 프로토콜
      642-643

광학 SETI 673
보이저 골든 레코드와 SETI 450-454, 681
뷰라칸 회의와 SETI 384-395
사이클롭스프로젝트와 SETI 397
소련에서의 SETI 301-312, 384-392, 426
앨런 망원경 배열 637-640
오즈마프로젝트와 SETI 269, 273, 276-281, 286, 288, 293-294, 387, 393, 395-396, 447, 494
진전과 해답의 부재 494-495
타터의 연구와 SETI 480-489, 582-584, 600-603, 605, 635-641, 673
프록스마이어와 SETI 476-478
피닉스프로젝트와 SETI 601, 606
SETI를 위한 모금 477-479, 487, 495, 583-586, 600-602, 636-639, 671, 688
SETI와 CTA-102 309-312, 426
SETI와 META 476
SETI와 NASA 395, 397, 477, 487, 583-586
SETI와 국제천문연맹 479
SETI와 수소선 264, 274-275, 304, 396, 449
SETI와 아레시보 메시지 407-409
SETI와 오신호 602-605
SETI와 와우 신호 448-449
SETI와 파이어니어 동판 404-406, 452
SETI의 브레이크스루리슨 프로젝트 671-675

SETI 2020 워크숍 634-635
SETI 연구소 488, 586, 602, 604-605, 634-635, 637, 639-640, 643
SETI@home 636-637
SRI 인터내셔널 639
T. E. 로런스 539
TASS 310, 312
U-2 항공기 284-287, 461
UAP(미확인공중현상, Unidentified Aerial Phenomena) 689-697
  용어의 사용 28, 32, 626, 657
UFO(미확인비행물체, Unidentified Flying Objects) 31-32
  "근접 조우" 사례 419-420, 425, 533
  목격 사례 분류 418-421, 458
  삼각형 형태 UFO 471, 530-532, 606, 621, 633
  외계 기원 가설 21, 374, 633, 688
  정부의 은폐 의혹 32-33, 461
  지구 기원 가설 214
  추락 66-67, 135, 512-513, 576-577
  UAP(미확인공중현상)로 명칭 변경 28
  UFO 출현 이유로서 핵기술에 대한 우려 202, 205, 614
  UFO가 지구를 찾을 가능성 99
  UFO와 시간 535, 545, 554-555
  UFO의 개념 40, 178
  → 외계인, 비행접시 참조
『UFO들(UFOs)』(킨) 632-633
《UFO매거진(UFO Magazine)》 604
『UFO백과사전(The UFO Encyclopedia)』(클라크) 703

찾아보기

〈UFO 사건(The UFO Incident)〉 425, 534
UFO 음모론 33, 67, 214, 216, 224, 226, 411-413, 460, 463, 529, 609, 616-617, 693
   UFO 음모론과 "내부고발자" 521-529
   UFO 음모론과 루펠트의 저서 224-225
   UFO 음모론과 인터넷 616
   UFO 음모론과 키호의 TV 출연 236
《UFO인베스티게이터(UFO Investigator)》 223
〈UFO: 친구, 적 그리고 환상(UFOs: Friend, Foe or Fantasy?)〉 353
UFO 커뮤니티 197
UFO연구기금 581
UFO연구센터 421, 425, 443-444, 459, 469, 535, 551, 561, 581, 704
UFO학 21, 23, 31, 52, 212, 214, 227, 314, 378, 563, 572, 689, 703, 705
UFO학과 가축 절단 사건 463-464, 468-469
UFO학과 카터 454, 456
UN 330, 499
《U.S.뉴스&월드리포트(U.S. News & World Report)》 457
《USA투데이(USA Today)》 607
USS 니미츠 647-648, 650, 656, 658, 691, 698
USS 루이빌 649
USS 시어도어루즈벨트 658
USS 엘드리지 220
USS 티루 525
USS 프린스턴 649, 658
V-1 미사일 63, 172, 176
VZ-9 아브로카 194, 241
W. 조지프 캠벨 17
W. 패트릭 매크레이 230
X-1 78-79
Y-2 프로젝트 194
YZ 세티 602, 604

Philos 043

UFO: 기밀 해제된 진실, UAP의 과학적 탐구

1판 1쇄 인쇄 2025년 11월 20일　1판 1쇄 발행 2025년 12월 12일

지은이 개릿 M. 그래프
옮긴이 지웅배
펴낸이 김영곤
펴낸곳 (주)북이십일 아르테

책임편집 김지영 박지석
기획편집 장미희 최윤지
디자인 전용완
영업 정지은 한충희 남정한 장철용 강경남 황성진 김도연 이민재
해외기획 최연순 소은선 홍희정
제작 이영민 권경민

출판등록 2000년 5월 6일 제406-2003-061호
주소 (10881) 경기도 파주시 회동길 201(문발동)
대표전화 031-955-2100 팩스 031-955-2151 이메일 book21@book21.co.kr

ISBN 979-11-7357-622-5 (03400)

(주)북이십일 경계를 허무는 콘텐츠 리더
북이십일 채널에서 도서 정보와 다양한 영상 자료, 이벤트를 만나세요!

인스타그램
instagram.com/21_arte
instagram.com/jiinpill21

블로그
blog.naver.com/21_arte
blog.naver.com/21c_editors

페이스북
facebook.com/21arte
facebook.com/jiinpill21

유튜브
www.youtube.com/@sgmk
www.youtube.com/@book21pub

홈페이지
arte.book21.com
book21.com

— 책값은 뒤표지에 있습니다.
— 이 책 내용의 일부 또는 전부를 재사용하려면 반드시 (주)북이십일의
　동의를 얻어야 합니다.
— 잘못 만들어진 책은 구입하신 서점에서 교환해 드립니다.